国家电网
STATE GRID

电网企业专业技能考核题库

换流站直流设备检修工（一次）

国网宁夏电力有限公司　编

中国电力出版社
CHINA ELECTRIC POWER PRESS

内 容 提 要

    本书编写依据国家职业技能鉴定、电力行业职业技能鉴定与国家电网有限公司技能等级评价（认定）相关制度、规范、标准，立足宁夏电网生产实际，融合新型电力系统构建及新时代技能人才发展目标要求。本书主要内容为电网企业技能人员技能等级认定与评价实操试题，包含技能笔答及技能操作两大部分，其中技能笔答主要以问答题形式命题，技能操作以任务书形式命题，均明确了各个环节的考核知识点、标准答案和评分标准。

    本书为电网企业生产技能人员的培训教学用书，可供从事相应职业（工种）技能人员学习参考，也可作为电力职业院校教学参考书。

图书在版编目（CIP）数据

换流站直流设备检修工. 一次/国网宁夏电力有限公司编. —北京：中国电力出版社，2022.7
电网企业专业技能考核题库
ISBN 978-7-5198-6326-5

Ⅰ. ①换… Ⅱ. ①国… Ⅲ. ①换流站–直流输电–电气设备–检修–职业技能–鉴定–习题集 Ⅳ. ①TM63-44

中国版本图书馆 CIP 数据核字（2021）第 269716 号

出版发行：中国电力出版社
地   址：北京市东城区北京站西街 19 号（邮政编码 100005）
网   址：http://www.cepp.sgcc.com.cn
责任编辑：马 丹（010-63412725）
责任校对：黄 蓓 郝军燕 于 维 李 楠
装帧设计：郝晓燕
责任印制：钱兴根

印   刷：北京天宇星印刷厂
版   次：2022 年 7 月第一版
印   次：2022 年 7 月北京第一次印刷
开   本：889 毫米×1194 毫米 16 开本
印   张：31
字   数：887 千字
定   价：120.00 元

《电网企业专业技能考核题库
换流站直流设备检修工（一次）》
编 委 会

《电网企业专业技能考核题库
换流站直流设备检修工（一次）》
编 写 组

主　编　杨　晨

副主编　陈　瑞　尹　磊

编写人员　安燕杰　陈昊阳　陆洪建　崔　鹏　尹琦云

　　　　　黄　欣　刘若鹏　刘　钊　李　昊　温　泉

　　　　　毛春翔　刘廷堃　宋海龙　柴　斌　刘书吉

审稿人员　邹洪森　韦　鹏　相中华　赵欣洋　李　宁

前　言

国网宁夏电力有限公司以国家职业技能鉴定、电力行业职业技能鉴定与国家电网有限公司技能等级评价（认定）相关制度、规范、标准为依据，主要针对电网企业各类技能工种的初级工、中级工、高级工、技师、高级技师等人员，以专业操作技能为主线，立足宁夏电网生产实际，结合新型电力系统构建要求，编写了《电网企业专业技能考核题库》丛书。丛书在编写原则上，以职业能力建设为核心；在内容定位上，突出针对性和实用性，涵盖了国家电网有限公司相关政策、标准、规程、规定及现代电力系统新设备、新技术、新知识、新工艺等内容。

丛书的深度、广度遵循了"适应发展需求、立足实践应用"的工作思路，全面涵盖了国家电网有限公司技能等级评价（认定）内容，能够为国网宁夏电力有限公司实施技能等级评价（认定）专业技能考核命题提供依据，也可服务于同类电网企业技能人员能力水平的考核与认定。本套丛书可供电网企业技能人员学习参考，可作为电网企业生产技能人员的培训教学用书，也可作为电力职业院校教学参考用书。

由于时间和水平有限，难免存在疏漏之处，恳请各位专家和读者提出宝贵意见。

目 录

第一部分
初级工

第一章　换流站直流设备检修工（一次）初级工技能笔答

Jb1001532001　直流断路器 A、B、C、D 类检修分别包含哪些检修项目？（5分）

考核知识点： 直流断路器检修要点

难易度： 中

标准答案：

（1）A 类检修：包含整体更换、解体检修。

（2）B 类检修：包含部件的解体检查、维修及更换。

（3）C 类检修：包含本体检查维护、操动机构检查维护及整体调试。

（4）D 类检修：包含专业巡视、SF$_6$ 气体补充、辅助二次元器件更换、金属部件防腐处理、传动部件润滑处理、箱体维护、充电装置电压监视等不停电工作。

Jb1001533002　单柱垂直伸缩式直流隔离开关本体绝缘子检修关键工艺质量控制包括哪些内容？（5分）

考核知识点： 直流隔离开关本体绝缘子检修要点

难易度： 难

标准答案：

（1）绝缘子外观及绝缘子辅助伞裙清洁无破损（瓷套管无破损，单个缺釉不大于 25mm^2，釉面杂质总面积不超过 150mm^2），瓷套表面无裂纹、脏污及放电痕迹。

（2）绝缘子法兰无锈蚀、裂纹。

（3）绝缘子胶装后露砂高度为 10～20mm，且不应小于 10mm，胶装处应涂防水密封胶。

（4）防污闪涂层完好，无龟裂、起层、缺损，憎水性应符合相关技术要求。

Jb1001532003　直流断路器支柱瓷套管检修中吊装的安全注意事项有哪些？（5分）

考核知识点： 直流断路器操动机构检修要点

难易度： 中

标准答案：

（1）吊装应按照厂家规定程序进行，选用合适的吊装设备和正确的吊点，设置缆风绳控制方向，并设专人指挥。

（2）起吊前确认连接件已拆除，对接密封面已脱胶。

（3）起吊平稳，对法兰密封面、槽应采取保护措施，使其不受到损伤。

Jb1001532004　针对直流断路器频繁打压的处理原则是什么？（5分）

考核知识点： 直流断路器频繁打压处理要点

难易度： 中

标准答案：

（1）现场检查油泵（空气压缩机）运转情况。

（2）检查液压操动机构油位及压力是否正常，有无渗漏油，手动释压阀是否关闭到位；气动操动机构有无漏气现象，排水阀、气水分离器电磁排污阀是否关闭严密。

（3）现场检查油泵（空气压缩机）启、停值设定是否符合厂家规定。

（4）低温季节检查加热驱潮装置是否正常工作。

（5）若压力异常，必要时断开储能电机电源，或申请停运处理。

Jb1001531005　直流隔离开关出现哪些情况需要紧急停运？至少说出 5 个。（5 分）

考核知识点： 直流隔离开关异常处理要点

难易度： 易

标准答案：

（1）线夹有裂纹、接头处导线断股。

（2）导电回路发热达到危急缺陷。

（3）绝缘子严重破损且伴有放电声或严重电晕。

（4）绝缘子发生严重放电、闪络现象。

（5）绝缘子瓷套径向有穿透性裂纹。

（6）其他根据现场实际认为应紧急停运的情况。

Jb1001533006　直流断路器振荡回路充电装置检修整体更换关键工艺质量控制包括哪些内容？至少说出 5 个。（5 分）

考核知识点： 直流断路器检修要点

难易度： 难

标准答案：

（1）设备型号及技术参数应满足设计要求，并对照货物清单检查元件是否齐全。

（2）安装使用说明书、出厂试验报告、产品合格证、装配图纸等技术文件完整。

（3）充电装置外观完好、无脏污。

（4）充电装置油色清亮、无渗油现象。

（5）充电装置可对电容器充电至额定电压。

（6）充电装置二次电缆拆除前做好标记，恢复接线时应按做好的标记进行恢复。

（7）充电装置接线板、设备线夹、导线外观无异常，螺栓应与螺孔相配套。

（8）复合绝缘外套顶部密封用螺栓及垫圈应采取防水措施。

（9）禁止在装配中改变接线板、设备线夹原始角度。

（10）充电装置引线弧垂、截面应符合规范要求。

Jb1001531007　直流断路器动静触头及中间触头因电流致热，如何通过热点温度划分缺陷等级？（5 分）

考核知识点： 直流断路器检测要点

难易度： 易

标准答案：

（1）一般缺陷：温度超过 10℃，未达到严重缺陷的要求。

（2）严重缺陷：热点温度大于 55℃或相对温差大于 80%。

（3）危急缺陷：热点温度大于80℃或相对温差大于95%。

Jb1001532008　直流断路器红外检测要点是什么？（5分）

考核知识点： 直流断路器检测要点

难易度： 中

标准答案：

（1）普测每周不少于1次，迎峰度夏期间每天1次。

（2）精确测温每月1次；±800kV换流站迎峰度夏期间每月增加1次精确测温；±660kV及以下换流站迎峰度夏期间增加1次精确测温。

（3）断路器检测范围包括引线、线夹、灭弧室、外绝缘，振荡回路非线性电阻、电容器、电抗器检测范围包括本体及电气连接部位。

（4）设备最高温度超过GB/T 11022—2020《高压交流开关设备和控制设备标准的共用技术要求》规定的最高允许温度的缺陷应立即安排处理。

（5）对电流致热型设备异常温升应立即降低负荷电流立即消缺，对电压致热型设备异常温升当缺陷明显时，应立即消缺或退出运行。

Jb1001532009　简述直流断路器SF₆气体压力降低处理原则。（5分）

考核知识点： 直流断路器检修处理要点

难易度： 中

标准答案：

（1）检查SF₆密度继电器（压力表）指示是否正常，气体管路阀门是否正确开启。

（2）严寒地区检查断路器本体保温措施是否完好。

（3）若SF₆气体压力降至告警值，但未降至闭锁值，应在保证安全的前提下进行补气，并对断路器本体及管路进行检漏。

（4）若运行中SF₆气体压力降至闭锁值以下，立即汇报值班调控人员，断开断路器操作电源，必要时申请停运处理。

（5）检查人员应按规定使用防护用品；室外应从上风侧接近断路器进行检查。

Jb1001532010　简述直流断路器操动机构压力低闭锁处理原则。

考核知识点： 直流断路器检修处理要点

难易度： 中

标准答案：

（1）现场检查设备压力表指示是否正常。

（2）检查断路器储能操动机构电源是否正常、机构箱内二次元件有无过热烧损现象、油泵（空气压缩机）运转是否正常。

（3）检查储能操动机构手动释压阀是否关闭到位，液压操动机构油位是否正常，有无严重漏油，气动操动机构有无漏气现象，排水阀、气水分离器电磁排污阀是否关闭严密。

（4）运行中储能操动机构压力值降至闭锁值以下时，应立即断开储能操动电机电源，汇报值班调控人员，断开断路器操作电源，必要时申请停运处理。

Jb1001532011　简述直流断路器操作拒动处理原则。（5分）

考核知识点： 直流断路器检修处理要点

难易度：中

标准答案：

（1）核对断路器状态是否正确，软件联锁条件是否满足。

（2）远方/就地把手位置是否在远方位置。

（3）有无控制回路断线信息，控制电源是否正常、接线有无松动、各电气元件有无接触不良，分、合闸线圈是否有烧损痕迹。

（4）气动、液压操动机构压力是否正常，弹簧操动机构储能是否正常，SF$_6$气体压力是否在合格范围内。

（5）无法及时处理时，应汇报值班调控人员，并暂停操作。

Jb1001532012　简述直流断路器振荡回路非线性电阻外绝缘破损处理原则。（5分）

考核知识点： 直流断路器检修处理要点

难易度： 中

标准答案：

（1）判断外绝缘表面缺陷的面积和深度。

（2）查看振荡回路非线性电阻外绝缘的放电情况，有无火花、放电痕迹。

（3）巡视时应注意与振荡回路非线性电阻设备保持足够的安全距离。

（4）发现振荡回路非线性电阻外绝缘破损、开裂等，需要更换外绝缘时，应汇报值班调控人员，申请停运处理。

Jb1001532013　简述直流断路器振荡回路非线性电阻本体爆炸、引线脱落接地处理原则。（5分）

考核知识点： 直流断路器检修处理要点

难易度： 中

标准答案：

（1）检查保护动作情况，记录保护动作信息。

（2）现场查看振荡回路非线性电阻损坏、引线脱落情况和临近设备外绝缘的损伤状况，核对一次设备动作情况。

（3）查找故障点，判明故障原因后，立即将现场情况汇报值班调控人员，按照值班调控人员指令隔离故障。

Jb1001531014　直流断路器液压油处理有哪些安全注意事项？（5分）

考核知识点： 直流断路器检修要点

难易度： 易

标准答案：

（1）注意滤油机进、出油方向正确。

（2）工作前应将机构压力充分泄放。

（3）工作前应断开各类电源并确认无电压。

Jb1001532015　直流断路器转头及触头因电流致热，如何通过热点温度划分缺陷等级？（5分）

考核知识点： 直流断路器检测要点

难易度： 中

标准答案：

（1）一般缺陷：温度超过 15℃，未达到严重缺陷的要求。

（2）严重缺陷：热点温度大于 90℃ 或相对温差大于 80%。

（3）危急缺陷：热点温度大于 130℃ 或相对温差大于 95%。

Jb1001531016 更换直流断路器 SF₆ 密度继电器有哪些安全注意事项？（5分）

考核知识点： 直流断路器检修

难易度： 易

标准答案：

（1）工作前将 SF_6 密度继电器与本体气室的连接气路断开，确认 SF_6 密度继电器与本体之间的阀门已关闭或本体 SF_6 已全部回收，工作人员位于上风侧，做好防护措施。

（2）工作前断开 SF_6 密度继电器相关电源并确认无电压。

Jb1001531017 直流断路器机构二次回路检修有哪些安全注意事项？（5分）

考核知识点： 直流断路器检修要点

难易度： 易

标准答案：

（1）断开与断路器相关的各类电源并确认无电压。

（2）拆下的控制回路及电源线头所做标记正确、清晰、牢固，防潮措施可靠。

（3）对于储能型操动机构，工作前应充分释放所储能量。

Jb1001531018 直流断路器的分、合闸同期性应满足什么要求？（5分）

考核知识点： 直流断路器检测要点

难易度： 易

标准答案：

（1）各断口合闸不同期不大于 3ms。

（2）各断口分闸不同期不大于 2ms。

Jb1001533019 直流断路器本体检修灭弧室检修针对吊装有哪些安全注意事项？（5分）

考核知识点： 直流断路器检修要点

难易度： 难

标准答案：

（1）吊装应按照厂家规定程序进行，选用合适的吊装设备和正确的吊点，设置缆风绳控制方向，并设专人指挥。

（2）起吊前确认连接件已拆除，对接密封面已脱胶。

（3）起吊平稳，对法兰密封面、槽应采取保护措施，使其不受到损伤。

Jb1001533020 直流断路器本体检修 SF₆ 气体回收、抽真空及充气有哪些安全注意事项？至少说出 5 条。（5分）

考核知识点： 直流断路器检修要点

难易度： 难

标准答案：

（1）回收、充装 SF$_6$ 气体时，工作人员应在上风侧操作，必要时应穿戴好防护用具。作业环境应保持通风良好，尽量避免和减少 SF$_6$ 气体泄漏到工作区域。户内作业要求开启通风系统，监测工作区域空气中 SF$_6$ 气体含量不得超过 1000μL/L，含氧量大于 18%。

（2）抽真空时要有专人负责，应采用出口带有电磁阀的真空处理设备，且在使用前应检查电磁阀动作可靠，防止抽真空设备意外断电造成真空泵油倒灌进入设备中。被抽真空气室附近有高压带电体时，主回路应可靠接地。

（3）抽真空的过程中，严禁对设备进行任何加压试验。

（4）抽真空设备应用经校验合格的指针式或电子液晶体真空计，严禁使用水银真空计，防止抽真空操作不当导致水银被吸入电气设备内部。

（5）从 SF$_6$ 气瓶中引出 SF$_6$ 气体时，应使用减压阀降压。运输和安装后第一次充气时，充气装置中应包括一个安全阀，以免充气压力过高引起设备损坏。

（6）避免装有 SF$_6$ 气体的气瓶靠近热源、油污或受阳光暴晒、受潮。

（7）气瓶轻搬轻放，避免受到剧烈撞击。

（8）用过的 SF$_6$ 气瓶应关紧阀门，盖上瓶帽。

Jb1001532021　直流断路器本体检修更换吸附剂有哪些安全注意事项？至少说出 5 条。（5分）
考核知识点： 直流断路器检修要点
难易度： 中
标准答案：

（1）打开气室工作前，应先将 SF$_6$ 气体回收并抽真空后，用高纯氮气冲洗 3 次。

（2）打开气室后，所有人员应撤离现场 30min 后方可继续工作，工作时人员应站在上风侧，应穿戴防护用具。

（3）对户内设备，应先开启强排通风装置 15min 后，监测工作区域空气中 SF$_6$ 气体含量不得超过 1000μL/L，含氧量大于 18%，方可进入。工作过程中应当保持通风装置运转。

（4）更换旧吸附剂时，应戴防毒面具和使用乳胶手套，避免直接接触皮肤。

（5）旧吸附剂应倒入 20%浓度 NaOH 溶液内浸泡 12h 后，装于密封容器内深埋。

（6）从烘箱取出烘干的新吸附剂前，应适当降温，并戴隔热防护手套。

Jb1001532022　直流断路器本体检修吸附剂更换的关键工艺质量控制包括什么？（5分）
考核知识点： 直流断路器检修要点
难易度： 中
标准答案：

（1）正确选用吸附剂，吸附剂安装罩应使用金属罩或不锈钢罩，吸附剂规格、数量符合产品技术规定。

（2）吸附剂使用前放入烘箱进行活化，温度、时间符合产品技术规定。

（3）吸附剂取出后应立即将新吸附剂装入气室（小于 15min），尽快将气室密封抽真空（小于 30min）。

（4）对于真空包装的吸附剂，使用前真空包装应无破损。

Jb1001532023　直流断路器分、合闸线圈绝缘检查标准是什么？（5分）
考核知识点： 直流断路器检测要点

难易度：中
标准答案：
用 500V 或 1000V 绝缘电阻表检查绝缘电阻不小于 10MΩ。

Jb1001532024 简述直流断路器本体载流金具检修安全注意事项。（5分）

考核知识点：直流断路器检修要点

难易度：中

标准答案：

（1）按力矩要求紧固，导线接触良好，力矩参照 GB 50149—2016《电气装置安装工程 母线装置施工及验收规范》，力矩紧固后进行标记。

（2）引线无散股、扭曲、断股现象，握手线夹无开裂。

（3）连接管型母线表面光滑、无毛刺。

（4）初测直流电阻，不超过 15μΩ，对超标的接头进行打磨、清洁处理，涂抹导电膏，紧固后复测。

Jb1001531025 简述直流断路器液压弹簧操动机构检修整体更换安全注意事项。（5分）

考核知识点：直流断路器检修要点

难易度：易

标准答案：

（1）工作前应将机构压力充分泄放。

（2）拆除各二次回路前，确认均无电压。

（3）拆除机构各连接、紧固件，确认连接部位松动无卡阻，按厂家规定正确吊装设备，设置缆风绳控制方向，并设专人指挥。

Jb1001531026 简述直流断路器液压弹簧操动机构高压油泵检修安全注意事项。（5分）

考核知识点：直流断路器检修要点

难易度：易

标准答案：

（1）检修前断开储能电源并确认无电压。

（2）工作前应将机构压力充分泄放。

（3）高压油泵及管道承受压力时不得对任何受压元件进行修理与紧固。

Jb1001531027 简述直流断路器液压弹簧操动机构电动机检修安全注意事项。（5分）

考核知识点：直流断路器检修要点

难易度：易

标准答案：

（1）工作前应断开电动机电源并确认无电压。

（2）工作前应将机构压力充分泄放。

Jb1001531028 简述直流断路器二次回路电压回路和电流回路严禁事项。（5分）

考核知识点：直流断路器检修要点

难易度：易

标准答案：

（1）电流回路二次侧严禁开路。

（2）电压回路二次侧严禁短路。

Jb1001531029　直流断路器分合闸线圈电压可靠动作范围是什么？（5分）

考核知识点：直流断路器检修要点

难易度：易

标准答案：

（1）合闸线圈在额定电源电压的85%～110%范围内，应可靠动作。

（2）分闸线圈在额定电源电压的65%～110%（直流）或85%～110%（交流）范围内，应可靠动作。

（3）当电源电压低于额定电压的30%时，不应动作。

Jb1001531030　简述直流断路器液压弹簧操动机构阀体检修安全注意事项。（5分）

考核知识点：直流断路器检修要点

难易度：易

标准答案：

（1）阀体及管道承受压力时不得对任何受压元件进行修理与紧固。

（2）工作前应将机构压力充分泄放。

（3）工作前应断开各类电源并确认无电压。

Jb1002531031　交流滤波器的操作方式有哪几种？（5分）

考核知识点：交流滤波器操作方式

难易度：易

标准答案：

（1）手动方式时在就地继电器室交流滤波器控制保护柜上投切交流滤波器。

（2）手动方式时运行人员在工作站投切交流滤波器组。

（3）控制系统自动投切交流滤波器组。

Jb1002531032　请列举至少5项交直流滤波器验收关键环节。（5分）

考核知识点：交直流滤波器验收

难易度：易

标准答案：

交直流滤波器验收内容包括可研初设审查、厂内验收、到货验收、隐蔽工程验收、中间验收、竣工（预）验收、启动验收七个关键环节。

Jb1002531033　交直流滤波器新投运或经过大修后投运设备巡视内容有哪些？（5分）

考核知识点：交直流滤波器设备巡视

难易度：易

标准答案：

（1）交直流滤波器光电流互感器监视数据是否正常。

（2）交直流滤波器电容器不平衡电流是否在正常范围内。

（3）交直流滤波器场声音是否正常。

Jb1002531034 《国家电网公司直流换流站检修管理规定 第11分册：交直流滤波器检修细则》中A类检修有哪些检修项目和检修周期要求？（5分）

考核知识点： 交直流滤波器检修

难易度： 易

标准答案：

A类检修指整体性检修。检修项目包含整体更换、解体检修。检修周期按照设备运行工况进行，应符合厂家说明书要求。

Jb1002531035 《国家电网公司直流换流站检修管理规定 第11分册：交直流滤波器检修细则》中B类检修有哪些检修项目和检修周期要求？（5分）

考核知识点： 交直流滤波器检修

难易度： 易

标准答案：

B类检修指局部性检修。检修项目包含部件的解体检查、维修及更换。检修周期按照设备运行工况进行，应符合厂家说明书要求。

Jb1002531036 《国家电网公司直流换流站检修管理规定 第11分册：交直流滤波器检修细则》中C类检修有哪些检修项目和检修周期要求？（5分）

考核知识点： 交直流滤波器检修

难易度： 易

标准答案：

C类检修指例行检查及试验。检修项目包含清扫、检查与维护。检修基准周期是1年。

Jb1002531037 《国家电网公司直流换流站检修管理规定 第11分册：交直流滤波器检修细则》中D类检修有哪些检修项目和检修周期要求？（5分）

考核知识点： 交直流滤波器检修

难易度： 易

标准答案：

D类检修指在不停电状态下进行的检修。检修项目包含检修人员专业巡检、金属部件防腐处理、防锈补漆工作（带电距离足够的情况下）、其他不停电的处理工作。检修周期依据设备运行工况及时安排，应符合厂家说明书要求。

Jb1002532038 《国家电网公司直流换流站检修管理规定 第11分册：交直流滤波器检修细则》中电容器专业巡视要点有哪些？至少写出10条。（5分）

考核知识点： 交直流滤波器专业巡视

难易度： 中

标准答案：

（1）设备外观完好，外绝缘无破损或裂纹，无异物附着。

（2）防鸟害设施完好。

（3）本体密封良好，无渗漏油、膨胀变形，无过热，外壳油漆完好，无锈蚀。

（4）瓷套管表面清洁，无裂纹，无闪络放电和破损。

（5）设备内部无异常声响。

（6）各连接部件固定牢固，螺栓无松动。

（7）引线平整无弯曲，相序标示清晰可识别。

（8）防污闪涂料无鼓包、起皮及破损。

（9）防污闪辅助伞裙无塌陷变形，黏接面牢固。

（10）引线可靠连接，各引线无断股、散股、扭曲现象，弧垂符合技术标准，设备线夹无裂纹、变色、烧损，连接螺栓无松动、锈蚀、缺失。

（11）接地可靠连接，无松动及明显锈蚀、过热变色、烧伤，焊接部位无开裂、锈蚀等。

（12）支架、基座等金属部位无锈蚀，底座、构架牢固，无倾斜变形，无破损、沉降。

（13）构架焊接部位无开裂、连接螺栓无松动。

（14）构架应可靠接地且有接地标识，接地无锈蚀、烧伤、连接可靠。

（15）绝缘底座（或绝缘支柱）表面无破损、积污，法兰无锈蚀、变色、积水。

Jb1002532039 《**国家电网公司直流换流站检修管理规定 第11分册：交直流滤波器检修细则**》中电抗器专业巡视要点有哪些？至少写出10条。（5分）

考核知识点： 交直流滤波器专业巡视

难易度： 中

标准答案：

（1）本体表面应清洁、无变形，油漆完好，无锈蚀。

（2）器身清洁无尘土、异物，无流胶、裂纹。

（3）表面涂层应无破损、脱落或龟裂，表面憎水性能良好，无浸润。

（4）运行中无异常噪声、振动情况。

（5）包封表面无爬电痕迹。

（6）包封与支架间紧固带无松动、断裂。

（7）包封间导风撑条无松动、脱落，支撑条无明显脱落或移位情况。

（8）防护罩外观清洁，无异物，无破损，无倾斜。

（9）附近金属围栏无过热现象。

（10）引线可靠连接，各引线无断股、散股、扭曲现象，弧垂符合技术标准，设备线夹无裂纹、变色、烧损，连接螺栓无松动、锈蚀、缺失。

（11）接地可靠连接，无松动及明显锈蚀、过热变色、烧伤，焊接部位无开裂、锈蚀等，电抗器接地不应构成闭合环路并两点接地。

（12）支架、基座等金属部位无锈蚀，底座、构架牢固，无倾斜变形，无破损、沉降。

（13）构架焊接部位无开裂、连接螺栓无松动。

（14）构架应可靠接地且有接地标识，接地无锈蚀、烧伤、连接可靠。

（15）绝缘底座（或绝缘支柱）表面无破损、积污，法兰无锈蚀、变色、积水。

Jb1002532040 《**国家电网公司直流换流站检修管理规定 第11分册：交直流滤波器检修细则**》中电阻器专业巡视要点有哪些？至少写出5条。（5分）

考核知识点： 交直流滤波器专业巡视

难易度： 中

标准答案：

（1）设备外观完好，外绝缘无破损或裂纹，无异物附着。

（2）设备内部无异常声响。

（3）引线可靠连接，各引线无断股、散股、扭曲现象，弧垂符合技术标准，设备线夹无裂纹、变色、烧损，连接螺栓无松动、锈蚀、缺失。

（4）接地可靠连接，无松动及明显锈蚀、过热变色、烧伤，焊接部位无开裂、锈蚀等。

（5）支架、基座等金属部位无锈蚀，底座、构架牢固，无倾斜变形，无破损、沉降。

（6）构架焊接部位无开裂，连接螺栓无松动。

（7）构架应可靠接地且有接地标识，接地无锈蚀、烧伤，连接可靠。

（8）绝缘底座表面无破损、积污，法兰无锈蚀、变色、积水。

（9）支柱绝缘子外观清洁，无异物，无破损，瓷瓶完好，无裂纹，无放电痕迹。

Jb1002532041 《国家电网公司直流换流站检修管理规定 第 11 分册：交直流滤波器检修细则》中电流互感器专业巡视要点有哪些？至少写出 5 条。（5 分）

考核知识点： 交直流滤波器专业巡视

难易度： 中

标准答案：

（1）设备外观完好，复合外套及瓷外套表面无裂纹、破损、变形、漏胶，明显积污，无放电、烧伤痕迹。

（2）设备外涂漆层清洁、无大面积掉漆。

（3）本体二次接线盒密封良好，无锈蚀。

（4）无异常声响、异常振动和异味。

（5）充油设备油位正常，无渗漏油。

（6）引线可靠连接，各引线无断股、散股、扭曲现象，弧垂符合技术标准，设备线夹无裂纹、变色、烧损，连接螺栓无松动、锈蚀、缺失。

（7）接地可靠连接，无松动及明显锈蚀、过热变色、烧伤，焊接部位无开裂、锈蚀等。

（8）支架、基座等金属部位无锈蚀，底座、构架牢固，无倾斜变形，无破损、沉降。

（9）构架焊接部位无开裂，连接螺栓无松动。

（10）构架应可靠接地且有接地标识，接地无锈蚀、烧伤、连接可靠。

Jb1002532042 《国家电网公司直流换流站检修管理规定 第 11 分册：交直流滤波器检修细则》中避雷器专业巡视要点有哪些？至少写出 10 条。（5 分）

考核知识点： 交直流滤波器专业巡视

难易度： 中

标准答案：

（1）复合外套及瓷外套表面无裂纹、破损、变形、明显积污，无放电、烧伤痕迹。

（2）复合外套及瓷外套法兰无锈蚀、裂纹，黏合处无破损、裂纹、积水。

（3）瓷外套防污闪涂层无龟裂、起层、破损、脱落。

（4）整体连接牢固、无倾斜，连接螺栓齐全，无锈蚀、松动。

（5）内部无异响。

（6）接线板无变形、变色、裂纹。

（7）均压环表面无锈蚀，无变形、开裂、破损，固定牢固，无倾斜。

（8）均压环滴水孔通畅，安装位置正确。

（9）压力释放通道处无异物，防护盖无脱落、翘起，安装位置正确，防爆片应完好。

（10）相序标识清晰、完整，无缺失。

（11）低式布置的金属氧化物避雷器遮栏内无异物。

（12）引线可靠连接，各引线无断股、散股、扭曲现象，弧垂符合技术标准，设备线夹无裂纹、变色、烧损，连接螺栓无松动、锈蚀、缺失。

（13）接地可靠连接，无松动及明显锈蚀、过热变色、烧伤，焊接部位无开裂、锈蚀等。

（14）支架、基座等金属部位无锈蚀，底座、构架牢固，无倾斜变形，无破损、沉降。

（15）构架焊接部位无开裂，连接螺栓无松动。

（16）构架应可靠接地且有接地标识，接地无锈蚀、烧伤，连接可靠。

（17）绝缘底座表面无破损、积污，法兰无锈蚀、变色、积水。

（18）支柱绝缘子外观清洁，无异物，无破损，瓷瓶完好，无裂纹，无放电痕迹。

（19）抄录避雷器动作次数，检查避雷器是否动作。

（20）抄录避雷器泄漏电流，检查泄漏电流是否正常。

Jb1002532043 《国家电网公司直流换流站检修管理规定　第 11 分册：交直流滤波器检修细则》中二次回路专业巡视要点有哪些？至少写出 4 条。（5 分）

考核知识点： 交直流滤波器专业巡视

难易度： 中

标准答案：

（1）交直流滤波器电容器不平衡电流是否在正常范围内。

（2）交直流滤波器光电流互感器监视数据是否正常。

（3）光电流互感器光纤绝缘子是否完好，是否破损断裂。

（4）光纤转接盒密封良好，无受潮痕迹。

Jb1003531044　单套阀内冷系统的主循环冷却回路主要由哪些设备构成？答出任意 5 个即可。（5 分）

考核知识点： 阀内冷系统的构成

难易度： 易

标准答案：

主循环泵、主管道过滤器、电加热器、电动三通阀、电动蝶阀、脱气罐。

Jb1003531045　单套阀内冷系统的去离子水处理回路主要由哪些设备构成？氮气稳压系统主要由哪些设备构成？答出 3 条即可。（5 分）

考核知识点： 阀内冷系统的构成

难易度： 易

标准答案：

去离子水处理回路主要设备包括离子交换器（或去离子树脂罐）和精密过滤器。

氮气稳压系统主要设备包括膨胀罐、减压阀、补气电磁阀、排气电磁阀、安全阀、氮气瓶、原水罐、补水泵、原水泵。

Jb1003531046　阀内冷系统配置的涉及跳闸的变送器有哪些？（5 分）

考核知识点： 阀内冷系统的构成

难易度：易

标准答案：

流量变送器、进阀压力变送器、进阀温度变送器、膨胀罐液位变送器、回水压力变送器。

Jb1003532047　阀冷系统主要作用是什么？（5分）

考核知识点： 阀冷系统基础知识

难易度： 中

标准答案：

内水冷系统的去离子水在换流阀处吸收热量升温，在主循环泵驱动下流出阀厅，由外冷系统利用空气和外冷水两种冷却介质带走热量，降温后的内冷却水通过闭式循环系统再送回至换流阀继续吸收热量。

Jb1003531048　阀冷系统控制回路采用冗余控制器（PLC）的控制保护系统实现什么功能？（5分）

考核知识点： 阀冷系统基础知识

难易度： 易

标准答案：

（1）对阀冷系统的监控与保护。

（2）将阀冷系统的工作状况上传给直流控制与保护系统。

（3）阀冷系统的远程控制。

Jb1003532049　请简单介绍主循环泵。（5分）

考核知识点： 阀冷系统基础知识

难易度： 中

标准答案：

（1）主循环泵为离心泵，采用机械密封，一用一备，每台均为100%容量。

（2）主循环泵进出口与管道连接部分采用软连接，主循环泵设计有轴封漏水检测装置，及时检测轻微漏水。

（3）主循环泵前后设置有阀门，以便在不停运阀内冷系统时进行主循环泵故障检修。

Jb1003531050　请介绍宁夏换流站阀冷系统的组成。（5分）

考核知识点： 阀冷系统基础知识

难易度： 易

标准答案：

（1）灵州换流站采用阀内水冷系统+阀外风冷系统+阀外水冷系统的组成方式。

（2）银川东换流站采用阀内水冷系统+阀外风冷系统的组成方式。

Jb1003533051　请说出灵州站与银川东换流站的阀外冷系统的主要区别。（5分）

考核知识点： 阀冷系统基础知识

难易度： 难

标准答案：

（1）灵州站阀外冷系统由阀外风冷系统+阀外水冷系统组成；银川东换流站仅配置阀外风冷系统。

（2）灵州站阀外风冷系统风机采用一体免维护小型风机，每阀组配置96台；银川东站阀外风冷系

第一部分　初级工
第一章　换流站直流设备检修工（一次）初级工技能笔答

统采用电机皮带传动大型风机，每阀组配置 36 台。

（3）灵州站配置有防冻棚，银川东站未配置防冻棚。

Jb1003531052　请介绍宁夏换流站配置的阀内冷系统的冷却介质。（5分）

考核知识点： 阀冷系统基础知识

难易度： 易

标准答案：

灵州换流站采用的冷却介质为纯水。

银川东换流站采用的冷却介质为纯水与乙二醇的混合物。

Jb1003533053　简述内水冷系统正常工作条件。（5分）

考核知识点： 阀冷系统基础知识

难易度： 难

标准答案：

（1）至少一台主循环泵可用。

（2）外风冷系统冷却风扇满足冷却要求。

（3）内水冷控制系统正常，就地水冷控制屏 OP 面板显示无故障信号。

（4）无进出水温度高/低报警、膨胀罐无高/低水位报警、无主水流量低报警、无电导率高报警。

（5）各阀门在正常位置，特别注意旁通阀在开启状态。

Jb1003532054　内水冷系统温度保护有哪几种？（5分）

考核知识点： 基础知识

难易度： 中

标准答案：

内水冷系统温度保护主要包括阀进水温度保护、阀出水温度保护、阀进出水温度差保护、冷却水出水温度保护。

Jb1003533055　宁夏换流站阀冷系统稳压系统的原理是什么？专业巡视主要包括哪些内容？（5分）

考核知识点： 阀内水冷系统检修细则

难易度： 难

标准答案：

（1）宁夏换流站阀冷系统稳压系统均为氮气稳压系统。

（2）膨胀罐、氮气罐压力应不低于正常值。

（3）管道接头及排气阀应无泄漏。

（4）膨胀罐液位就地显示应与控制室远方监测液位一致。

Jb1003532056　主过滤器的专业巡视主要包括哪些内容？（5分）

考核知识点： 阀内水冷系统检修细则

难易度： 中

标准答案：

（1）罐体密封性能良好，无渗漏、溢水现象。

（2）过滤器固定螺栓应无松动、内部应无异响。

（3）主过滤器前后压差应在正常范围之内。

Jb1003532057　传感器的专业巡视主要包括哪些内容？（5分）

考核知识点：阀内水冷系统检修细则

难易度：中

标准答案：

（1）传感器接头应无松动、无渗漏水现象。

（2）传感器面板显示值应正常且无黑屏现象。

（3）两套或三套传感器就地测量结果相互偏差应满足要求。

（4）就地显示与远传数据一致。

Jb1003531058　阀外水冷系统的D类检修项目主要包括哪些工作？至少答出5条。（5分）

考核知识点：阀外水冷系统检修细则

难易度：易

标准答案：

阀外水冷系统的D类检修项目主要包括专业巡视、反渗透膜清洗、加药系统药水补充、喷淋泵更换、气动阀空压机更换、冷却塔风机更换、加热器更换、过滤网更换，冷却塔风机变频器更换等工作。

Jb1004531059　换流变压器的基本结构组成是什么？（5分）

考核知识点：换流变压器原理

难易度：易

标准答案：

换流变压器主要由铁芯、绕组、绝缘、分接开关及辅助设备组成。

Jb1004531060　换流变压器正常运行时为什么要调压？（5分）

考核知识点：换流变压器原理

难易度：易

标准答案：

（1）换流变压器正常运行时，由于负载变动或一次侧电源电压变化，导致二次侧电压也随着变化。

（2）为了保证二次侧电压恒定在一定范围之内，需要对换流变压器进行调压。

Jb1004531061　有载调压分接开关中最主要的四个部件分别是什么？（5分）

考核知识点：分接开关原理

难易度：易

标准答案：

有载调压分接开关中最主要的四个部件分别是切换开关、选择开关、极性开关、操动机构箱。

Jb1004532062　换流变压器哪些部位易渗油？至少回答5条。（5分）

考核知识点：换流变压器维护

难易度：中

标准答案：

（1）套管升高座TA小绝缘子引出线桩头。

（2）气体继电器及连接管道处。

（3）潜油泵接线盒、观察窗、连接法兰。

（4）蝶阀法兰面。

（5）全部放气塞处。

（6）全部密封部位胶垫处。

（7）部分焊缝不良处。

Jb1004532063 换流变压器存在哪些较为严重的缺陷时，不宜过负荷运行？（5分）

考核知识点： 换流变压器维护

难易度： 中

标准答案：

冷却器运行异常、严重漏油、有局部过热现象、油中溶解气体分析结果异常或者绝缘有弱点时，不宜过负荷运行。

Jb1004532064 换流变压器的功能作用是什么？（5分）

考核知识点： 换流变压器原理

难易度： 中

标准答案：

（1）为换流阀提供换相电压。

（2）实现交、直流间的能量传输。

（3）实现交直流系统隔离。

（4）抑制网侧过电压进入阀本体。

Jb1004533065 平波电抗器的作用有哪些？（5分）

考核知识点： 平波电抗器原理

难易度： 难

标准答案：

（1）限制故障电流的上升速率。

（2）防止直流低负荷时直流电流间断。

（3）平滑直流电流的纹波。

（4）和直流滤波器组成滤波网，滤掉部分谐波。

Jb1004532066 直流穿墙套管例行检查的安全注意事项有哪些？（5分）

考核知识点： 直流穿墙套管检修

难易度： 中

标准答案：

（1）高处作业应做好防高空坠落、高空坠物措施。

（2）严禁攀爬穿墙套管或将安全带打在穿墙套管上。

Jb1004533067 换流变套管主要有哪些检测项目？（5分）

考核知识点： 换流变压器附件

难易度： 难

标准答案：

红外热像检测，高频局部放电检测，相对介质损耗因数，相对电容量比值，微水测试。

Jb10045330068　换流变压器本体及储油柜专业巡视包括哪些内容？（5分）

考核知识点： 换流变压器检修

难易度： 难

标准答案：

（1）油温及绕组温度计外观应完整，表盘密封良好，无进水、凝露，温度指示正常，并应与远方温度显示比较，相差不超过±5℃。

（2）油位计外观完整，密封良好，无进水、凝露，指示应符合油温油位曲线的要求。

（3）法兰、冷却装置、油箱、油管路等密封连接处应密封良好，无渗漏痕迹，油箱、升高座等焊接部位质量良好，无渗漏油。

（4）各阀门接头密封良好，无渗漏油现象，发现密封圈老化应予以更换，开闭状态应符合设备运行要求，阀门指示开闭位置的标志清晰正确。

（5）无异常振动声响。

（6）油箱及外部螺栓等部位无异常发热。

（7）单极大地回线运行方式下中性点直流电流正常。

Jb1005531069　直流分压器的作用？（5分）

考核知识点： 直流分压器

难易度： 易

标准答案：

直流分压器是直流电压互感器的一次电压传感器，它产生与施加于一次端子的电压相对应的信号，其输出信号可经一次转换器通过光缆传送给合并单元，也可通过电缆传送给二次分压隔离装置。

Jb1005532070　直流分压器D类检修项目有哪些？（5分）

考核知识点： 直流分压器

难易度： 中

标准答案：

D类检修项目包含：

（1）专业巡视、二次元器件更换。

（2）SF_6气体补充、密度继电器校验及更换。

（3）压力表校验及更换。

（4）下部金属部件防腐处理。

（5）接线盒密封性检查等不停电工作（阀厅内直流分压器除外）。

Jb1005533071　充气式直流分压器巡视要点有哪些？至少说出5条。（5分）

考核知识点： 直流分压器

难易度： 难

标准答案：

（1）设备外观完好，复合外套及瓷外套表面无裂纹、破损、变形、漏胶，明显积污，无放电、烧伤痕迹。

（2）构架外涂漆层清洁、无大面积掉漆。

（3）本体二次接线盒密封良好，无锈蚀，并应加装防雨罩，安装牢固。

（4）无异常声响、异常振动和异常气味。

（5）SF$_6$密度继电器指示正常，表计防震液无渗漏。

（6）引线可靠连接，各引线无断股、散股、扭曲现象，弧垂符合技术标准，设备线夹无裂纹、变色、烧损，连接螺栓无松动、锈蚀、缺失。

（7）接地可靠连接，无松动及明显锈蚀、过热变色、烧伤，焊接部位无开裂、锈蚀等。

（8）抱箍、线夹应无裂纹、过热。

（9）支架、基座等金属部位无锈蚀，底座、构架牢固，无倾斜变形，无破损、沉降。

（10）构架焊接部位无开裂，连接螺栓无松动。

（11）构架应可靠接地且有接地标识，接地无锈蚀、烧伤，连接可靠。

（12）绝缘底座（或绝缘支柱）表面无破损、积污。

（13）绝缘底座法兰无锈蚀、变色、积水。

（14）支柱绝缘子外观清洁，无异物，无破损，瓷瓶完好，无裂纹，无放电痕迹。

Jb1005532072　简述光电流互感器远端模块、合并单元的作用。（5分）

考核知识点：光电流互感器

难易度：中

标准答案：

（1）远端模块是高压直流测量装置的一次转换器，将来自一次直流电流或电压传感器的信号转换成适合于传输系统的数字光信号。

（2）合并单元是一种装置，将接收直流电压、电流测量装置测量信息，按规定的协议转换，输出到直流控制保护系统等设备，一台合并单元可以接收并处理多个一次传感器或一次转换器的信号。

Jb1005531073　光电流互感器D类检修项目包含哪些内容？（5分）

考核知识点：光电流互感器

难易度：易

标准答案：

D类检修项目包含：

（1）专业巡视。

（2）光接口板更换。

（3）主机（合并单元）更换等工作。

Jb1005533074　为保证光电流互感器正常运行，光纤回路应符合哪些要求？（5分）

考核知识点：光电流互感器

难易度：难

标准答案：

（1）光电流互感器二次回路应有充足备用光纤，备用光纤一般不低于在用光纤数量的100%，且不得少于3根，防止备用光纤数量不足导致测量系统运行可靠性降低。

（2）选用可靠的防震、防尘、防水光纤耦合器。

（3）光纤弯曲半径应大于纤（缆）径的15倍或不宜小于100mm。

（4）同轴电缆两端可靠接地。

Jb1005531075 简述零磁通直流电流互感器二次屏柜及电子模块专业巡视的要点。（5分）

考核知识点： 零磁通直流电流互感器

难易度： 易

标准答案：

（1）电子模块端子排整洁规范，端子无松动，指示灯显示正常，标签清晰。

（2）电子模块外壳接地线，应安全可靠地连接到屏柜接地铜排。

（3）二次屏柜内无发热现象。

（4）屏柜内孔洞封堵严密，照明完好。

（5）监控系统无测量故障的告警信息。

Jb1005532076 零磁通直流电流互感器电子模块上电检查项目有哪些？（5分）

考核知识点： 零磁通直流电流互感器

难易度： 中

标准答案：

（1）上电前必须测量直流电源电压以确保其在规定的工作电压范围内，接线正确，极性未接反。

（2）确认本体和电子模块相关回路无开路后，合上功率放大器电源对补偿绕组通电。

Jb1005533077 零磁通直流电流互感器的试验项目有哪些？（5分）

考核知识点： 零磁通直流电流互感器

难易度： 难

标准答案：

（1）一次绕组、二次绕组绝缘电阻测量。

（2）绝缘介质损耗因数测量、相对电容量比值。

（3）绝缘油的试验。

（4）直流耐压试验、局部放电测量。

（5）互感器准确度试验。

Jb1005531078 直流避雷器外绝缘部分检修安全注意事项有哪些？（5分）

考核知识点： 直流避雷器

难易度： 易

标准答案：

（1）高空作业禁止将安全带系在避雷器及均压环上。

（2）瓷外套表面防污闪涂层未风干前禁止触摸、践踏及送电。

（3）雷雨天气禁止进行避雷器检修。

Jb1005533079 简述直流避雷器监测装置检修安全注意事项。（5分）

考核知识点： 直流避雷器

难易度： 难

标准答案：

（1）雷雨天气禁止更换监测装置。

（2）高空作业禁止将安全带系在避雷器及均压环上。

（3）更换监测装置前，应将避雷器与监测装置的连接线可靠接地。

（4）断开监测装置二次电源，并采取隔离措施。

（5）雷雨天气禁止进行避雷器检修。

Jb1005532080　简述直流避雷器本体外表面检查标准。（5分）

考核知识点： 直流避雷器

难易度： 中

标准答案：

（1）外套及底座外表清洁无积污。

（2）外套外表修补良好，如瓷套径向有穿透性裂纹，外表破损面超过单个伞群10%或破损总面积虽不超过单个伞群10%，但同一方向破损伞裙多于两个以上者，应更换瓷套。

（3）防污涂层、硅橡胶的憎水性良好。

Jb1006532081　空调系统螺杆机组检修安全注意事项有哪些？（5分）

考核知识点： 空调系统螺杆机组检修安全注意事项

难易度： 中

标准答案：

（1）工作前确认空调机组停运，检修设备交、直流电源已断开。

（2）备品备件等重物搬运，人员应相互配合。

（3）使用电焊、塑焊、氧割等设备作业时，现场应有防火措施。

Jb1006532082　空调系统控制系统检修安全注意事项有哪些？（5分）

考核知识点： 空调系统控制系统检修安全注意事项

难易度： 中

标准答案：

（1）工作前确认空调机组停运，检修设备交、直流电源已断开。

（2）工作中应使用绝缘良好的工具。

Jb1006532083　空调系统多联机组检修安全注意事项有哪些？（5分）

考核知识点： 空调系统多联机组检修安全注意事项

难易度： 中

标准答案：

（1）工作前确认多联机机组停运，检修设备交、直流电源已断开。

（2）工作中应使用绝缘良好的工具。

Jb1006532084　消防系统联动控制系统检修安全注意事项有哪些？（5分）

考核知识点： 消防系统联动控制系统检修安全注意事项

难易度： 中

标准答案：

（1）拆除损坏电机接线时，应做好标记。

（2）更换电机前，应将回路电源断开，防止发生低压触电。

Jb1006531085　接地极 D 类检修项目有哪些？（5 分）

考核知识点：接地极 D 类检修项目

难易度：易

标准答案：

接地极 D 类检修项目包含专业巡视、辅助二次元器件更换、金属部件防腐处理、传动部件润滑处理、框架箱体维护、充电装置电压监视等不停电工作。

Jb1006531086　接地极接地网专业巡视要点有哪些？（5 分）

考核知识点：接地极接地网专业巡视

难易度：易

标准答案：

（1）接地引下线无锈蚀、无松动、无脱落。

（2）最近一次接触电阻检测数据无异常，与历史检测数据对比无明显变化。

Jb1006532087　接地极检测井专业巡视要点有哪些？（5 分）

考核知识点：接地极检测井专业巡视

难易度：中

标准答案：

（1）井上设置有防护栏和警示标志，且标志完好。

（2）水位正常，土壤无严重干燥情况。

（3）水温正常，土壤温湿度正常。

（4）井盖覆盖良好，无破损情况。

Jb1006532088　接地极渗水井专业巡视要点有哪些？（5 分）

考核知识点：接地极渗水井专业巡视

难易度：中

标准答案：

（1）井上设置有防护栏和警示标志，且标志完好。

（2）渗水井回填土无沉陷，低于附近地面。

（3）渗水砾石表面无明显污泥，未被其他杂物覆盖。

Jb1006531089　站用直流电源充电模块专业巡视有哪些？（5 分）

考核知识点：站用直流电源充电模块专业巡视要点

难易度：易

标准答案：

（1）交流输入电压、直流输出电压和电流显示正确。

（2）充电装置工作正常、无告警。

（3）风冷装置运行正常，滤网无明显积灰。

Jb1006531090　站用直流电源母线调压装置专业巡视有哪些？（5 分）

考核知识点：站用直流电源母线调压装置专业巡视

难易度：易

标准答案：

（1）在动力母线（或蓄电池输出）与控制母线间设有母线调压装置的系统，应采用严防母线调压装置开路造成控制母线失压的有效措施。

（2）直流控制母线、动力母线电压值在规定范围内，浮充电流值符合规定。

Jb1006531091　简述直流避雷器直流参考电压和泄漏电流试验标准值。（5分）

考核知识点： 直流避雷器

难易度： 易

标准答案：

（1）直流参考电压 U_{1mA} 实测值与初值差不超过 $\pm 5\%$ 且不低于 GB/T 11032—2020《交流无间隙金属氧化物避雷器》规定值。

（2）$75\%U_{1mA}$ 下的泄漏电流初值差应小于或等于 30% 或小于或等于 $50\mu A$。

Jb1006531092　避雷器内部受潮的主要原因是什么？（5分）

考核知识点： 直流避雷器

难易度： 易

标准答案：

（1）在避雷器生产过程中，安装环境湿度超标；阀片及内部零件烘干不彻底，有部分潮气滞留；装配时将密封圈漏放、放偏，或在密封圈与磁套密封面之间有杂物。

（2）运行一段时间后密封部件损坏造成进潮。

Jb1006531093　空载线路合闸过电压产生的原因是什么？（5分）

考核知识点： 直流原理

难易度： 易

标准答案：

（1）空载线路本身就是一个复杂的电气系统，有感性成分也有容性成分等。

（2）空载合闸时电压的冲击会造成系统的 LC 振荡，振荡电压与稳态电压的叠加产生过电压。

第二章　换流站直流设备检修工（一次）初级工技能操作

Jc1001543001　直流隔离开关双柱水平开启式本体整体更换的前期准备工作。（100分）

考核知识点：直流隔离开关检修

难易度：难

技能等级评价专业技能考核操作工作任务书

一、任务名称

直流隔离开关双柱水平开启式本体整体更换的前期准备工作。

二、适用工种

换流站直流设备检修工（一次）初级工。

三、具体任务

（1）工作状态为模拟直流隔离开关双柱水平开启式本体整体故障，工作内容为直流隔离开关双柱水平开启式本体整体更换的前期准备工作。

（2）工作任务：

1）模拟直流隔离开关双柱水平开启式本体整体故障，进行直流隔离开关双柱水平开启式本体整体更换的前期准备工作。

2）模拟现场工作，准备安全工器具及材料，实施安全措施（按照直流隔离开关双柱水平开启式本体整体更换完成），完成现场检修任务。

四、工作规范及要求

（1）工器具使用及安全措施。

（2）按要求进行直流隔离开关双柱水平开启式本体整体更换的前期准备工作。

（3）检修步骤及安全注意事项。

五、考核及时间要求

（1）本考核操作时间为60分钟，时间到停止考评，包括安全工器具准备时间。

（2）检修过程中，如确实不能完成某项目，可向考评员申请帮助，该项目不得分，但不影响其他项目。

（3）按照技能操作记录单的要求进行操作，正确记录操作步骤、关键检修节点等。

技能等级评价专业技能考核操作评分标准

工种	换流站直流设备检修工（一次）		评价等级	初级工
项目模块	一次及辅助设备日常维护、检修—直流断路器、直流隔离开关日常维护、检修	编号	Jc1001543001	
单位		准考证号		姓名
考试时限	60分钟	题型	单项操作	题分	100分
成绩		考评员		考评组长		日期

续表

试题正文	直流隔离开关双柱水平开启式本体整体更换的前期准备工作					
需要说明的问题和要求	（1）要求单人完成更换操作。 （2）操作应注意安全，按照标准化作业书的技术安全说明做好安全措施。 （3）安全工器具由考场提供					

序号	项目名称	质量要求	满分	扣分标准	扣分原因	得分
1	工具使用及安全措施					
1.1	各种工器具正确使用	熟练正确使用各种工器具	5	未正确使用，一次扣1分，扣完为止		
1.2	相关安全措施的准备	（1）电动机构二次电源确已断开，隔离措施符合现场实际条件。 （2）拆、装直流隔离开关时，结合现场实际条件适时装设个人保安线。 （3）按厂家规定正确吊装设备	10	电动机构二次电源未断开扣4分； 未合理使用个人保安线扣4分； 未按厂家规定正确吊装设备扣2分		
2	关键工艺质量控制					
2.1	检修过程要求	（1）检查包装箱无破损，技术文件等齐全。 （2）检查各导电部件正常，无变形等。 （3）检查均压环（罩）和屏蔽环（罩）外观清洁，无变形。 （4）绝缘子探伤试验合格，胶装符合要求。 （5）底座无锈蚀、变形，转动灵活。 （6）操动机构箱体外观无变形，密封良好	60	按照步骤开展，每少一步扣5分，扣完为止		
3	现场恢复	恢复现场	10	未进行现场恢复扣10分		
4	填写报告					
4.1	操作记录	字迹工整，无误	5	每少填写一项扣1分，扣完为止		
4.2	修试记录	将检修（更换）步骤填写清楚，并分析故障原因，提出改进意见	10	每少填写一项扣1分，扣完为止		
	合计		100			

Jc1001543002 直流隔离开关双柱水平开启式本体整体更换过程中的底座组装。（100分）
考核知识点： 直流隔离开关检修
难易度： 难

技能等级评价专业技能考核操作工作任务书

一、任务名称
直流隔离开关双柱水平开启式本体整体更换过程中的底座组装。
二、适用工种
换流站直流设备检修工（一次）初级工。
三、具体任务
（1）工作状态为模拟直流隔离开关双柱水平开启式本体整体故障，工作内容为直流隔离开关双柱水平开启式本体整体更换过程中的底座组装。
（2）工作任务：
1）模拟直流隔离开关双柱水平开启式本体整体故障，进行直流隔离开关双柱水平开启式本体整体更换过程中的底座组装。

2）模拟现场工作，准备安全工器具及材料，实施安全措施（按照直流隔离开关双柱水平开启式本体整体更换完成），完成现场检修任务。

四、工作规范及要求

（1）工器具使用及安全措施。

（2）按要求进行直流隔离开关双柱水平开启式本体整体更换过程中的底座组装。

（3）检修步骤及安全注意事项。

五、考核及时间要求

（1）本考核操作时间为60分钟，时间到停止考评，包括安全工器具准备时间。

（2）检修过程中，如确实不能完成某项目，可向考评员申请帮助，该项目不得分，但不影响其他项目。

（3）按照技能操作记录单的要求进行操作，正确记录操作步骤、关键检修节点等。

技能等级评价专业技能考核操作评分标准

工种	换流站直流设备检修工（一次）			评价等级	初级工
项目模块	一次及辅助设备日常维护、检修—直流断路器、直流隔离开关日常维护、检修		编号		Jc1001543002
单位		准考证号		姓名	
考试时限	60分钟	题型	单项操作	题分	100分
成绩		考评员		考评组长		日期	

试题正文	直流隔离开关双柱水平开启式本体整体更换过程中的底座组装
需要说明的问题和要求	（1）要求更换人员单人完成更换操作。 （2）操作应注意安全，按照标准化作业书的技术安全说明做好安全措施。 （3）安全工器具由考场提供

序号	项目名称	质量要求	满分	扣分标准	扣分原因	得分
1	工具使用及安全措施					
1.1	各种工器具正确使用	熟练正确使用各种工器具	5	未正确使用，一次扣1分，扣完为止		
1.2	相关安全措施的准备	（1）电动机构二次电源确已断开，隔离措施符合现场实际条件。 （2）拆、装直流隔离开关时，结合现场实际条件适时装设个人保安线。 （3）按厂家规定正确吊装设备	10	电动机构二次电源未断开扣4分； 未合理使用个人保安线扣4分； 未按厂家规定正确吊装设备扣2分		
2	关键工艺质量控制					
2.1	检修过程要求	底座安装牢固且在同一水平线上，连接螺栓紧固力矩值符合要求，并做紧固标记	60	按照步骤开展，每少一步扣5分，扣完为止		
3	现场恢复	恢复现场	10	未进行现场恢复扣10分		
4	填写报告					
4.1	操作记录	字迹工整，无误	5	每少填写一项扣1分，扣完为止		
4.2	修试记录	将检修（更换）步骤填写清楚，并分析故障原因，提出改进意见	10	每少填写一项扣1分，扣完为止		
	合计		100			

Jc1001543003　直流隔离开关双柱水平开启式本体整体更换过程中的绝缘子组装。（100分）

考核知识点：直流隔离开关检修

难易度：难

技能等级评价专业技能考核操作工作任务书

一、任务名称

直流隔离开关双柱水平开启式本体整体更换过程中的绝缘子组装。

二、适用工种

换流站直流设备检修工（一次）初级工。

三、具体任务

（1）工作状态为模拟直流隔离开关双柱水平开启式本体整体故障，工作内容为直流隔离开关双柱水平开启式本体整体更换过程中的绝缘子组装。

（2）工作任务：

1）模拟直流隔离开关双柱水平开启式本体整体故障，进行直流隔离开关双柱水平开启式本体整体更换过程中的绝缘子组装。

2）模拟现场工作，准备安全工器具及材料，实施安全措施（按照直流隔离开关双柱水平开启式本体整体更换完成），完成现场检修任务。

四、工作规范及要求

（1）工器具使用及安全措施。

（2）按要求进行直流隔离开关双柱水平开启式本体整体更换过程中的绝缘子组装。

（3）检修步骤及安全注意事项。

五、考核及时间要求

（1）本考核操作时间为 60 分钟，时间到停止考评，包括安全工器具准备时间。

（2）检修过程中，如确实不能完成某项目，可向考评员申请帮助，该项目不得分，但不影响其他项目。

（3）按照技能操作记录单的要求进行操作，正确记录操作步骤、关键检修节点等。

技能等级评价专业技能考核操作评分标准

工种	换流站直流设备检修工（一次）			评价等级	初级工	
项目模块	一次及辅助设备日常维护、检修—直流断路器、直流隔离开关日常维护、检修			编号	Jc1001543003	
单位			准考证号		姓名	
考试时限	60 分钟	题型		单项操作	题分	100 分
成绩		考评员		考评组长	日期	
试题正文	直流隔离开关双柱水平开启式本体整体更换过程中的绝缘子组装					
需要说明的问题和要求	（1）要求单人完成更换操作。 （2）操作应注意安全，按照标准化作业书的技术安全说明做好安全措施。 （3）安全工器具由考场提供					

序号	项目名称	质量要求	满分	扣分标准	扣分原因	得分
1	工具使用及安全措施					
1.1	各种工器具正确使用	熟练正确使用各种工器具	5	未正确使用，一次扣 1 分，扣完为止		

续表

序号	项目名称	质量要求	满分	扣分标准	扣分原因	得分
1.2	相关安全措施的准备	（1）电动机构二次电源确已断开，隔离措施符合现场实际条件。 （2）拆、装直流隔离开关时，结合现场实际条件适时装设个人保安线。 （3）按厂家规定正确吊装设备	10	电动机构二次电源未断开扣4分； 未合理使用个人保安线扣4分； 未按厂家规定正确吊装设备扣2分		
2	关键工艺质量控制					
2.1	检修过程要求	（1）应垂直于底座平面。 （2）各绝缘子间安装时可用调节垫片校正其偏差。 （3）连接螺栓紧固力矩值符合要求，并做紧固标记	60	按照步骤开展，每少一步扣5分，扣完为止		
3	现场恢复	恢复现场	10	未进行现场恢复扣10分		
4	填写报告					
4.1	操作记录	字迹工整，无误	5	每少填写一项扣1分，扣完为止		
4.2	修试记录	将检修（更换）步骤填写清楚，并分析故障原因，提出改进意见	10	每少填写一项扣1分，扣完为止		
	合计		100			

Jc1001543004　直流隔离开关双柱水平开启式本体整体更换过程中的导电部件组装。（100分）

考核知识点： 直流隔离开关检修

难易度： 难

技能等级评价专业技能考核操作工作任务书

一、任务名称

直流隔离开关双柱水平开启式本体整体更换过程中的导电部件组装。

二、适用工种

换流站直流设备检修工（一次）初级工。

三、具体任务

（1）工作状态为模拟直流隔离开关双柱水平开启式本体整体故障，工作内容为直流隔离开关双柱水平开启式本体整体更换过程中的导电部件组装。

（2）工作任务：

1）模拟直流隔离开关双柱水平开启式本体整体故障，进行直流隔离开关双柱水平开启式本体整体更换过程中的导电部件组装。

2）模拟现场工作，准备安全工器具及材料，实施安全措施（按照直流隔离开关双柱水平开启式本体整体更换完成），完成现场检修任务。

四、工作规范及要求

（1）工器具使用及安全措施。

（2）按要求进行直流隔离开关双柱水平开启式本体整体更换过程中的导电部件组装。

（3）检修步骤及安全注意事项。

五、考核及时间要求

（1）本考核操作时间为60分钟，时间到停止考评，包括安全工器具准备时间。

（2）检修过程中，如确实不能完成某项目，可向考评员申请帮助，该项目不得分，但不影响其他项目。

（3）按照技能操作记录单的要求进行操作，正确记录操作步骤、关键检修节点等。

技能等级评价专业技能考核操作评分标准

工种	换流站直流设备检修工（一次）		评价等级	初级工
项目模块	一次及辅助设备日常维护、检修—直流断路器、直流隔离开关日常维护、检修		编号	Jc1001543004
单位		准考证号	姓名	
考试时限	60分钟	题型	单项操作	题分	100分
成绩		考评员	考评组长	日期	
试题正文	直流隔离开关双柱水平开启式本体整体更换过程中的导电部件组装			
需要说明的问题和要求	（1）要求单人完成更换操作。 （2）操作应注意安全，按照标准化作业书的技术安全说明做好安全措施。 （3）安全工器具由考场提供			

序号	项目名称	质量要求	满分	扣分标准	扣分原因	得分
1	工具使用及安全措施					
1.1	各种工器具正确使用	熟练正确使用各种工器具	5	未正确使用，一次扣1分，扣完为止		
1.2	相关安全措施的准备	（1）电动机构二次电源确已断开，隔离措施符合现场实际条件。 （2）拆、装直流隔离开关时，结合现场实际条件适时装设个人保安线。 （3）按厂家规定正确吊装设备	10	电动机构二次电源未断开扣4分； 未合理使用个人保安线扣4分； 未按厂家规定正确吊装设备扣2分		
2	关键工艺质量控制					
2.1	检修过程要求	（1）导电带无断片、断股，焊接处无裂纹，连接螺栓紧固，旋转方向正确。 （2）接线端子应涂薄层电力复合脂，触头表面应根据本地环境条件确定。 （3）合闸位置符合产品技术要求，触头夹紧力均匀接触良好。 （4）分闸位置触头间的净距离或拉开角度，应符合产品的技术要求。 （5）动、静触头及导电连接部位应清理干净，并按厂家规定进行涂覆。 （6）导电接触检查可用 0.05mm×10mm 的塞尺进行检查。对于线接触应塞不进去，对于面接触其塞入深度：在接触表面宽度为50mm 及以下时不应超过 4mm；在接触表面宽度为 60mm 及以上时不应超过 6mm。 （7）检查所有紧固螺栓，力矩值符合产品技术要求，并做紧固标记	60	按照步骤开展，每少一步扣5分，扣完为止		
3	现场恢复	恢复现场	10	未进行现场恢复扣10分		
4	填写报告					
4.1	操作记录	字迹工整，无误	5	每少填写一项扣1分，扣完为止		
4.2	修试记录	将检修（更换）步骤填写清楚，并分析故障原因，提出改进意见	10	每少填写一项扣1分，扣完为止		
	合计		100			

Jc1001543005　直流隔离开关双柱水平开启式本体整体更换过程中的传动部件组装。（100分）

考核知识点：直流隔离开关检修

难易度：难

技能等级评价专业技能考核操作工作任务书

一、任务名称

直流隔离开关双柱水平开启式本体整体更换过程中的传动部件组装。

二、适用工种

换流站直流设备检修工（一次）初级工。

三、具体任务

（1）工作状态为模拟直流隔离开关双柱水平开启式本体整体故障，工作内容为直流隔离开关双柱水平开启式本体整体更换过程中的传动部件组装。

（2）工作任务：

1）模拟直流隔离开关双柱水平开启式本体整体故障，进行直流隔离开关双柱水平开启式本体整体更换过程中的传动部件组装。

2）模拟现场工作，准备安全工器具及材料，实施安全措施（按照直流隔离开关双柱水平开启式本体整体更换完成），完成现场检修任务。

四、工作规范及要求

（1）工器具使用及安全措施。

（2）按要求进行直流隔离开关双柱水平开启式本体整体更换过程中的传动部件组装。

（3）检修步骤及安全注意事项。

五、考核及时间要求

（1）本考核操作时间为60分钟，时间到停止考评，包括安全工器具准备时间。

（2）检修过程中，如确实不能完成某项目，可向考评员申请帮助，该项目不得分，但不影响其他项目。

（3）按照技能操作记录单的要求进行操作，正确记录操作步骤、关键检修节点等。

技能等级评价专业技能考核操作评分标准

工种	换流站直流设备检修工（一次）				评价等级	初级工	
项目模块	一次及辅助设备日常维护、检修—直流断路器、直流隔离开关日常维护、检修				编号	Jc1001543005	
单位				准考证号		姓名	
考试时限	60分钟		题型		单项操作	题分	100分
成绩		考评员		考评组长		日期	
试题正文	直流隔离开关双柱水平开启式本体整体更换过程中的传动部件组装						
需要说明的问题和要求	（1）要求单人完成更换操作。 （2）操作应注意安全，按照标准化作业书的技术安全说明做好安全措施。 （3）安全工器具由考场提供						

序号	项目名称	质量要求	满分	扣分标准	扣分原因	得分
1	工具使用及安全措施					

续表

序号	项目名称	质量要求	满分	扣分标准	扣分原因	得分
1.1	各种工器具正确使用	熟练正确使用各种工器具	5	未正确使用，一次扣1分，扣完为止		
1.2	相关安全措施的准备	（1）电动机构二次电源确已断开，隔离措施符合现场实际条件。 （2）拆、装直流隔离开关时，结合现场实际条件适时装设个人保安线。 （3）按厂家规定正确吊装设备	10	电动机构二次电源未断开扣4分； 未合理使用个人保安线扣4分； 未按厂家规定正确吊装设备扣2分		
2	关键工艺质量控制					
2.1	检修过程要求	（1）传动部件与带电部位的距离应符合有关技术要求。 （2）连杆应与操动机构相配合，连接轴销无锈蚀、缺失。 （3）当拉杆损坏或折断可能接触带电部分而引起事故时，应加装保护环。 （4）转动轴承、拐臂等部件，安装位置正确、固定牢固，齿轮咬合准确、操作轻便灵活。 （5）定位、限位部件应按产品的技术要求进行调整，并加以固定。 （6）检查破冰装置是否完好。 （7）传动箱固定可靠、密封良好、排水孔通畅。 （8）转动及传动连接部位，应涂以适合当地气候的润滑脂	60	按照步骤开展，每少一步扣5分，扣完为止		
3	现场恢复	恢复现场	10	未进行现场恢复扣10分		
4	填写报告					
4.1	操作记录	字迹工整，无误	5	每少填写一项扣1分，扣完为止		
4.2	修试记录	将检修（更换）步骤填写清楚，并分析故障原因，提出改进意见	10	每少填写一项扣1分，扣完为止		
	合计		100			

Jc1003541006 阀内冷系统就地启动。（100分）

考核知识点：阀冷系统基本操作

难易度：易

技能等级评价专业技能考核操作工作任务书

一、任务名称

阀内冷系统就地启动。

二、适用工种

换流站直流设备检修工（一次）初级工。

三、具体任务

（1）工作状态为阀内冷系统停运，工作内容为阀内冷系统启动。

（2）工作任务：通过在阀冷系统PLC控制面板上操作，对阀内冷系统进行就地启动。

四、工作规范及要求

按要求进行阀内冷系统的就地启动。

五、考核及时间要求

本考核操作时间为30分钟，时间到停止考评，包括阀冷系统状态确认和报告整理时间。

技能等级评价专业技能考核操作评分标准

工种	换流站直流设备检修工（一次）				评价等级	初级工	
项目模块	一次及辅助设备日常维护、检修—阀冷却系统的日常维护、检修			编号		Jc1003541006	
单位			准考证号			姓名	
考试时限	30分钟	题型		单项操作		题分	100分
成绩		考评员		考评组长		日期	
试题正文	阀内冷系统就地启动						
需要说明的问题和要求	（1）要求单人操作。 （2）操作应注意安全，按照标准化作业书的技术安全说明做好安全措施。 （3）在阀冷系统控制屏上完成操作，并完成操作及启动检查记录。 （4）填写操作及启动检查记录						

序号	项目名称	质量要求	满分	扣分标准	扣分原因	得分
1	安全措施					
1.1	相关安全措施的准备	（1）进入作业现场正确佩戴安全帽，现场作业人员应穿全棉长袖工作服、绝缘鞋。 （2）核对设备双重名称。 （3）确认阀冷设备现场无人员逗留	20	安全帽佩戴不规范扣2分，未穿全棉长袖工作服扣1分，未穿绝缘鞋扣2分； 未核对设备双重名称扣5分； 未确认阀冷设备现场无人员逗留扣10分（可口述）		
2	阀冷系统检查					
2.1	阀冷系统关键点检查	能对阀冷系统进行启动前关键点检查，确认无异常后方可进行启动。 关键点：阀冷设备管道阀门状态、阀冷系统保护投入状态、阀冷系统控制界面告警、阀冷控制系统在自动状态	20	未检查阀冷设备管道阀门状态扣5分； 未检查阀冷系统保护投入状态扣5分； 未检查阀冷系统控制界面告警扣5分； 未检查阀冷控制系统在自动状态扣5分（可口述）		
3	阀冷系统启动					
3.1	阀冷系统就地启动	能正确进行阀冷系统就地启动： （1）单击控制屏"阀冷系统启动"按钮。 （2）在弹出窗口内输入账号、密码。 （3）弹出运行确定提示框后单击"确定"。 （4）检查阀冷系统启动正常。 （5）单击操作密码退出按钮。 （6）启动后检查阀冷系统冷却水流量、主泵出水压力、主泵回水压力、进阀压力、主过滤器压差、主回路电导率、进阀温度、主泵电动机电流、膨胀罐压力、膨胀罐液位	30	启动成功但未检查阀冷系统启动正常扣10分；（可口述） 未能单击操作密码退出按钮扣10分； 未能启动扣10分		
4	填写报告					
4.1	操作记录	正确填写启动结果。 记录应包括启动后阀冷系统冷却水流量、主泵出水压力、主泵回水压力、进阀压力、主过滤器压差、主回路电导率、进阀温度、主泵电动机电流、膨胀罐压力、膨胀罐液位	30	每少填写一项扣3分，扣完为止		
	合计		100			

Jc1003541007 阀外水冷系统就地启动。（100分）

考核知识点：阀冷系统基本操作

难易度：易

技能等级评价专业技能考核操作工作任务书

一、任务名称

阀外水冷系统就地启动。

二、适用工种

换流站直流设备检修工（一次）初级工。

三、具体任务

（1）工作状态为阀外水冷系统停运，工作内容为阀外水冷系统启动。

（2）工作任务：通过在阀外水冷系统 PLC 控制面板上操作，对阀外水冷系统进行就地启动。

四、工作规范及要求

按要求进行阀外水冷系统的就地启动。

五、考核及时间要求

本考核操作时间为 30 分钟，时间到停止考评，包括阀外水冷系统状态确认和报告整理时间。

技能等级评价专业技能考核操作评分标准

工种	换流站直流设备检修工（一次）			评价等级	初级工
项目模块	一次及辅助设备日常维护、检修—阀冷却系统的日常维护、检修		编号		Jc1003541007
单位		准考证号		姓名	
考试时限	30 分钟	题型	单项操作	题分	100 分
成绩		考评员	考评组长		日期
试题正文	阀外水冷系统就地启动				
需要说明的问题和要求	（1）要求单人操作。 （2）操作应注意安全，按照标准化作业书的技术安全说明做好安全措施。 （3）在阀外水冷系统控制屏 AP17 上完成操作。 （4）填写操作及启动检查记录				

序号	项目名称	质量要求	满分	扣分标准	扣分原因	得分
1	安全措施					
1.1	相关安全措施的准备	（1）核对设备双重名称。 （2）进入作业现场正确佩戴安全帽，现场作业人员应穿全棉长袖工作服、绝缘鞋。 （3）确认阀冷设备现场无人员逗留	20	未核对设备双重名称扣5分； 安全帽佩戴不规范扣2分，未穿全棉长袖工作服扣1分，未穿绝缘鞋扣2分； 未确认阀冷设备现场无人员逗留扣10分（可口述）		
2	阀冷系统检查					
2.1	阀外水冷系统关键点检查	能对阀外水冷系统进行启动前关键点检查，确认无异常后方可进行启动。 关键点：阀外水冷系统设备管道阀门状态、阀外水冷系统控制屏界面告警、各类水泵电机状态、工业水系统压力	20	未检查阀外水冷系统设备管道阀门状态扣5分； 未检查阀外水冷系统控制屏界面告警扣5分； 未检查阀外水冷系统各类水泵电机状态扣5分； 未检查工业水系统压力扣5分（可口述）		

序号	项目名称	质量要求	满分	扣分标准	扣分原因	得分
3	阀冷系统启动					
3.1	阀外水冷系统就地启动	能正确进行阀外水冷系统就地启动： （1）单击控制屏"阀外水冷系统启动"按钮。 （2）在弹出窗口内输入账号、密码。 （3）弹出运行确定提示框后单击"确定"。 （4）检查阀外水冷系统启动正常。 （5）单击操作密码退出按钮。 （6）启动后检查平衡水池液位、补充水电导率、自循环水泵状态、加药泵状态、反渗透高压泵状态、反渗透装置压力	30	启动成功但未检查阀冷系统启动正常扣10分；（可口述） 未能单击操作密码退出按钮扣10分； 未能启动扣10分		
4	填写报告					
4.1	操作记录	正确填写启动结果。 记录应包括启动后平衡水池液位、补充水电导率、自循环水泵状态、加药泵状态、反渗透高压泵状态、反渗透装置压力	30	每少填写一项扣5分，扣完为止		
	合计		100			

Jc1003541008 阀内冷系统自动模式下的冷却风机手动启停。（100分）
考核知识点： 阀冷系统基本操作
难易度： 易

技能等级评价专业技能考核操作工作任务书

一、任务名称
阀内冷系统自动模式下的冷却风机手动启停。

二、适用工种
换流站直流设备检修工（一次）初级工。

三、具体任务
（1）工作状态为阀内冷系统处于自动模式，工作内容为冷却风机手动启停。
（2）工作任务：通过在阀冷系统PLC控制面板上操作，对冷却风机手动启停。

四、工作规范及要求
按要求进行阀内冷系统自动模式下对冷却风机手动启停。

五、考核及时间要求
本考核操作时间为30分钟，时间到停止考评，包括阀冷系统状态确认和报告整理时间。

技能等级评价专业技能考核操作评分标准

工种	换流站直流设备检修工（一次）			评价等级	初级工
项目模块	一次及辅助设备日常维护、检修—阀冷却系统的日常维护、检修		编号		Jc1003541008
单位		准考证号		姓名	
考试时限	30分钟	题型	单项操作	题分	100分
成绩		考评员	考评组长	日期	
试题正文	阀内冷系统自动模式下的冷却风机手动启停				

续表

需要说明的问题和要求	（1）要求单人操作。 （2）操作应注意安全，按照标准化作业书的技术安全说明做好安全措施。 （3）在阀冷系统控制屏上完成操作，填写操作记录					
序号	项目名称	质量要求	满分	扣分标准	扣分原因	得分
1	安全措施					
1.1	相关安全措施的准备	（1）核对设备双重名称。 （2）进入作业现场正确佩戴安全帽，现场作业人员应穿全棉长袖工作服、绝缘鞋。 （3）确认冷却风机设备现场无人员逗留	20	未核对设备双重名称或在 AP5 控制屏操作扣 5 分； 安全帽佩戴不规范扣 2 分，未穿全棉长袖工作服扣 1 分，未穿绝缘鞋扣 2 分； 未确认阀冷设备现场无人员逗留扣 10 分（可口述）		
2	阀冷系统检查					
2.1	阀冷系统关键点检查	能对阀内冷系统进行关键点检查，确认无异常后方可进行启动。 关键点：阀内冷系统是否处于自动状态、阀冷系统冷却风机 G07 安全空气开关是否合上、阀冷系统告警界面有无 G07 风机告警、G07 风机外观是否正常	20	未检查阀内冷系统是否处于自动状态扣 5 分； 未检查阀冷系统冷却风机 G07 安全空气开关是否合上扣 5 分； 未检查阀冷系统告警界面有无 G07 风机告警扣 5 分； 未检查 G07 风机外观是否正常扣 5 分（可口述）		
3	G07 风机启停					
3.1	阀冷系统 G07 风机启动	能正确进行阀冷系统 G07 风机启动： （1）单击控制屏"冷却器风机控制"按钮。 （2）在弹出窗口内输入账号、密码。 （3）选定自动模式下的 G07 风机维护按钮。 （4）确定 G07 风机已处于维护状态。 （5）选定维护状态的 G07 风机启动按钮。 （6）检查 G07 风机启动正常	25	启动成功但未检查 G07 风机启动正常扣 5 分；（可口述） 未能启动扣 20 分		
3.2	阀冷系统 G07 风机停止	能正确进行阀冷系统 G07 风机停止： （1）单击维护状态的 G07 风机停止按钮。 （2）确定 G07 风机停止正常。 （3）选定 G07 风机投入按钮。 （4）确定 G07 风机已处于投入状态。 （5）检查阀冷系统运行状态正常，无相关告警。 （6）单击操作密码退出按钮。 （7）风机启动后应检查：阀冷系统有无异常告警、风机运行过程中有无异常振动及异响	25	停止成功但未检查 G07 风机停止正常扣 5 分；（可口述） 未能切换回投入状态扣 10 分； 未能单击操作密码退出按钮扣 10 分		
4	填写报告					
4.1	操作记录	正确填写操作结果。 记录应包括风机启停前后状态、阀冷系统有无异常告警、风机运行过程中有无异常振动及异响	10	每少填写一项扣 3 分，扣完为止		
	合计		100			

Jc1003541009　阀冷系统定值核对。（100 分）

考核知识点：阀冷系统基本操作

难易度：易

技能等级评价专业技能考核操作工作任务书

一、任务名称
阀冷系统定值核对。

二、适用工种
换流站直流设备检修工（一次）初级工。

三、具体任务
（1）工作状态为阀内冷系统处于自动停止模式。工作内容为阀冷系统定值核对。

（2）工作任务：通过在阀冷系统 PLC 控制面板上操作，对阀冷系统定值进行核对。

四、工作规范及要求
按要求进行阀内冷系统自动停止模式下对阀冷系统定值核对。

五、考核及时间要求
本考核操作时间为 30 分钟，时间到停止考评，包括阀冷系统状态确认和报告整理时间。

技能等级评价专业技能考核操作评分标准

工种	换流站直流设备检修工（一次）			评价等级	初级工
项目模块	一次及辅助设备日常维护、检修—阀冷却系统的日常维护、检修		编号		Jc1003541009
单位		准考证号		姓名	
考试时限	30 分钟	题型	单项操作	题分	100 分
成绩		考评员	考评组长		日期
试题正文	阀冷系统定值核对				
需要说明的问题和要求	（1）要求单人操作。 （2）操作应注意安全，按照标准化作业书的技术安全说明做好安全措施。 （3）在阀冷系统控制屏 AP4 上完成操作，并填写操作记录				

序号	项目名称	质量要求	满分	扣分标准	扣分原因	得分
1	安全措施					
1.1	相关安全措施的准备	（1）核对设备双重名称。 （2）进入作业现场正确佩戴安全帽，现场作业人员应穿全棉长袖工作服、绝缘鞋	20	未核对设备双重名称或在 AP5 控制屏操作扣 10 分； 安全帽佩戴不规范扣 4 分，未穿全棉长袖工作服扣 3 分，未穿绝缘鞋扣 3 分		
2	阀冷系统检查					
2.1	阀冷系统关键点检查	能对阀内冷系统进行关键点检查，确认无异常后方可进行启动。 关键点：阀内冷系统是否处于自动状态、阀冷系统告警界面有无告警	20	关键点检查缺一项扣 10 分（可口述），扣完为止		
3	定值核对					
3.1	阀冷系统定值核对	能正确进行阀冷系统定值核对： （1）确认定值单与阀冷系统对应。 （2）单击操作界面"定值设定"按钮。 （3）在弹出窗口内输入账号、密码。 （4）邀请考官对定值进行核对。 （5）核对完毕后单击操作密码退出按钮	30	定值单与阀冷系统不对应扣 10 分； 未成功进入定值界面扣 10 分； 核对定值后未单击操作密码退出按钮扣 10 分		
4	填写报告					

序号	项目名称	质量要求	满分	扣分标准	扣分原因	得分
4.1	操作记录	正确填写核对信息： ××年××月××日××时××分，检修人员××与运维人员（考官）共同进行阀冷系统定值核对，核对结果××××	30	根据核对信息酌情扣分		
	合计		100			

Jc1003541010　阀外冷系统空冷散热器换热管束除尘。（100分）

考核知识点： 阀冷系统基本操作

难易度： 易

技能等级评价专业技能考核操作工作任务书

一、任务名称

阀外冷系统空冷散热器换热管束除尘。

二、适用工种

换流站直流设备检修工（一次）初级工。

三、具体任务

（1）工作状态为阀外冷系统处于停运模式。工作内容为阀外冷系统空冷散热器换热管束除尘。

（2）工作任务：阀外冷系统空冷散热器换热管束除尘。

四、工作规范及要求

按要求进行阀外冷系统停运模式下对阀外冷系统空冷散热器换热管束除尘。

五、考核及时间要求

本考核操作时间为30分钟，时间到停止考评，包括阀外冷系统状态确认和报告整理时间。

技能等级评价专业技能考核操作评分标准

工种	换流站直流设备检修工（一次）			评价等级		初级工
项目模块	一次及辅助设备日常维护、检修—阀冷却系统的日常维护、检修		编号		Jc1003541010	
单位			准考证号		姓名	
考试时限	30分钟	题型		单项操作	题分	100分
成绩		考评员		考评组长	日期	
试题正文	阀外冷系统空冷散热器换热管束除尘					
需要说明的问题和要求	（1）要求单人进行操作。 （2）操作应注意安全，按照标准化作业书的技术安全说明做好安全措施。 （3）填写修试记录					

序号	项目名称	质量要求	满分	扣分标准	扣分原因	得分
1	安全措施					
1.1	相关安全措施的准备	（1）核对设备双重名称。 （2）进入作业现场正确佩戴安全帽，现场作业人员应穿全棉长袖工作服、绝缘鞋	20	未核对设备双重名称操作扣10分；安全帽佩戴不规范扣4分，未穿全棉长袖工作服扣3分，未穿绝缘鞋扣3分		
2	阀冷系统检查					

续表

序号	项目名称	质量要求	满分	扣分标准	扣分原因	得分
2.1	阀冷系统关键点检查	能对阀外冷系统进行关键点检查，确认无异常后方可进行更换操作。 关键点：阀冷系统在停运状态、冷却器在停止状态、阀冷系统告警界面告警信息	20	关键点检查缺一项扣 5 分（可口述），扣完为止		
3	阀外冷系统空冷散热器换热管束除尘	能正确进行阀外冷系统空冷散热器换热管束除尘： （1）断开该组换热管束电源。 （2）风机就地安全开关置于关位。 （3）按气流的相反方向，使用压缩空气或热蒸汽吹向翅片管，清除翅片管表面的污垢，最大气压不超过 3×10^5Pa。 （4）恢复该组换热管束电源及风机安全开关	40	未断开该组换热管束电源，扣 10 分； 未断开风机就地安全开关，扣 10 分； 未按气流的相反方向，使用压缩空气或热蒸汽吹向翅片管，清除翅片管表面的污垢，或清洁过程中最大气压超过 3×10^5Pa，扣 10 分； 未恢复该组换热管束电源及风机安全开关，扣 10 分		
4	填写报告					
4.1	修试记录	正确填写更换报告。 报告应包括清理的换热管束编号、清理结果、恢复后电源及安全开关状态等信息	20	根据核对信息酌情扣分		
	合计		100			

Jc1003541011　阀内冷系统压力表更换。（100 分）

考核知识点： 阀内冷系统压力表更换

难易度： 易

技能等级评价专业技能考核操作工作任务书

一、任务名称

阀内冷系统压力表更换。

二、适用工种

换流站直流设备检修工（一次）初级工。

三、具体任务

（1）工作状态为阀冷系统停运。工作内容为阀内冷系统压力表 PI03 更换。

（2）工作任务：压力表 PI03 更换，更换步骤应符合要求，确保设备正常稳定运行。

四、工作规范及要求

熟悉阀内冷系统压力表更换的方法，熟练使用仪器仪表及工器具。

五、考核及时间要求

本考核操作时间为 30 分钟，时间到停止考评。

技能等级评价专业技能考核操作评分标准

工种	换流站直流设备检修工（一次）			评价等级	初级工
项目模块	一次及辅助设备日常维护、检修—阀冷却系统的日常维护、检修		编号		Jc1003541011
单位		准考证号		姓名	
考试时限	30 分钟	题型	单项操作	题分	100 分
成绩		考评员	考评组长	日期	

续表

试题正文	阀内冷系统压力表更换					
需要说明的问题和要求	（1）要求单人操作。 （2）操作应注意安全，按照标准化作业书的技术安全说明做好安全措施。 （3）填写修试记录					

序号	项目名称	质量要求	满分	扣分标准	扣分原因	得分
1	工具使用及安全措施					
1.1	相关安全措施的准备	（1）核对设备双重名称。 （2）进入作业现场正确佩戴安全帽，现场作业人员应穿全棉长袖工作服、绝缘鞋	20	未核对设备扣 10 分； 安全帽佩戴不规范扣 4 分，未穿全棉长袖工作服扣 3 分，未穿绝缘鞋扣 3 分		
2	压力表更换	（1）关闭压力表节流阀。 （2）用一把扳手固定节流阀的卡位，另一把扳手卡住压力表的卡位。 （3）逆时针缓慢转动扳手，待压力表与节流阀的连接完全松动后，再手动拆下压力表。 （4）清理节流阀内螺纹里的生料带。 （5）将新的压力表外螺纹处缠绕生料带。 （6）与拆卸相反的程序安装压力表	60	按照步骤开展，每少一步扣 10 分，扣完为止		
3	现场恢复					
3.1	观察设备运行无异常后，恢复现场	安装好压力表后，应保证各连接口无渗漏，再开启节流阀	10	未进行现场恢复扣 10 分		
4	填写报告					
4.1	修试记录	填写修试记录	10	记录填写不全按比例扣分，总计 10 分		
	合计		100			

Jc1003541012　阀内冷系统指示灯更换。（100 分）

考核知识点： 阀内冷系统指示灯更换

难易度： 易

技能等级评价专业技能考核操作工作任务书

一、任务名称

阀内冷系统指示灯更换。

二、适用工种

换流站直流设备检修工（一次）初级工。

三、具体任务

（1）工作状态为换流阀检修、阀内冷系统运行，工作内容为阀内冷系统指示灯更换。

（2）工作任务：阀内冷系统指示灯更换，更换步骤应符合要求，确保设备正常稳定运行。

四、工作规范及要求

熟悉阀内冷系统指示灯更换的方法，熟练使用仪器仪表及工器具。

五、考核及时间要求

本考核操作时间为 30 分钟，时间到停止考评。

技能等级评价专业技能考核操作评分标准

工种	换流站直流设备检修工（一次）		评价等级	初级工
项目模块	一次及辅助设备日常维护、检修—阀冷却系统的日常维护、检修	编号		Jc1003541012
单位		准考证号	姓名	
考试时限	30分钟	题型	单项操作	题分	100分
成绩		考评员	考评组长	日期	
试题正文	阀内冷系统指示灯更换				
需要说明的问题和要求	（1）要求单人操作。 （2）操作应注意安全，按照标准化作业书的技术安全说明做好安全措施。 （3）填写修试记录				

序号	项目名称	质量要求	满分	扣分标准	扣分原因	得分
1	工具使用及安全措施					
1.1	相关安全措施的准备	（1）核对设备双重名称。 （2）进入作业现场正确佩戴安全帽，现场作业人员应穿全棉长袖工作服、绝缘鞋	10	未核对设备扣5分； 安全帽佩戴不规范扣2分，未穿全棉长袖工作服扣1分，未穿绝缘鞋扣2分		
2	指示灯更换	（1）核对备件型号与故障设备型号一致。 （2）记录指示灯安装位置和所需拆卸或更换导线的位置。 （3）断开指示灯接线电源，并用万用表测量对应元器件端子已掉电。 （4）将指示灯上所接导线依次拆下，并用绝缘胶带包好。 （5）取下旧指示灯灯头。 （6）换上新指示灯灯头，并固定牢固。 （7）将拆下的导线按之前所记录的位置依次接上	70	按照步骤开展，每少一步扣10分		
3	恢复现场并填写报告					
3.1	观察设备运行无异常后，恢复现场，填写修试记录	（1）检查新装指示灯工作正常。 （2）填写修试记录	20	记录填写不全按比例扣分，总计15分；无检查扣5分		
	合计		100			

Jc1003541013 阀内冷系统微型断路器更换。（100分）

考核知识点：阀内冷系统微型断路器更换

难易度：易

技能等级评价专业技能考核操作工作任务书

一、任务名称

阀内冷系统微型断路器更换。

二、适用工种

换流站直流设备检修工（一次）初级工。

三、具体任务

（1）工作状态为换流阀检修、阀内冷系统运行。工作内容为阀内冷系统微型断路器更换。

（2）工作任务：阀内冷系统微型断路器更换，更换步骤应符合要求，确保设备正常稳定运行。

四、工作规范及要求

熟悉阀内冷系统微型断路器更换的方法，熟练使用仪器仪表及工器具。

五、考核及时间要求

本考核操作时间为 30 分钟，时间到停止考评。

技能等级评价专业技能考核操作评分标准

工种	换流站直流设备检修工（一次）				评价等级	初级工
项目模块	一次及辅助设备日常维护、检修—阀冷却系统的日常维护、检修			编号		Jc1003541013
单位			准考证号		姓名	
考试时限	30 分钟	题型		单项操作	题分	100 分
成绩		考评员		考评组长	日期	

试题正文	阀内冷系统微型断路器更换
需要说明的问题和要求	（1）要求单人操作。 （2）操作应注意安全，按照标准化作业书的技术安全说明做好安全措施。 （3）填写修试记录

序号	项目名称	质量要求	满分	扣分标准	扣分原因	得分
1	工具使用及安全措施					
1.1	相关安全措施的准备	（1）核对设备双重名称。 （2）进入作业现场正确佩戴安全帽，现场作业人员应穿全棉长袖工作服、绝缘鞋	10	未核对设备扣 5 分； 安全帽佩戴不规范扣 2 分，未穿全棉长袖工作服扣 1 分，未穿绝缘鞋扣 2 分		
2	微型断路器更换	（1）核对备件型号与故障微型断路器型号一致。 （2）断开微型断路器上级的电源，并用万用表测量微型断路器的各接线是否已掉电。 （3）记录原微型断路器上连接点与导线对应位置，做好记录。 （4）将微型断路器上所接导线依次拆下，并用绝缘胶带包好，拆下元件。 （5）小心更换元器件，保证微型断路器安装稳固，并贴上此微型断路器设备标识符。 （6）将拆下的导线按之前所记录的位置依次接上。 （7）依次试验每根导线是否连接稳固并用万用表测量	70	按照步骤开展，每少一步扣 10 分		
3	恢复现场并填写报告					
3.1	观察设备运行无异常后，恢复现场，填写修试记录	（1）用万用表检查所更换微型断路器功能正常后，回复上级电源，清理工作现场。 （2）填写修试记录	20	记录填写不全按比例扣分，总计 15 分；无检查扣 5 分		
	合计		100			

Jc1003541014　阀内冷系统散热风扇更换。（100 分）

考核知识点： 阀内冷系统散热风扇更换

难易度：易

技能等级评价专业技能考核操作工作任务书

一、任务名称
阀内冷系统散热风扇更换。

二、适用工种
换流站直流设备检修工（一次）初级工。

三、具体任务
（1）工作状态为换流阀检修、阀内冷系统运行。工作内容为阀内冷系统散热风扇更换。

（2）工作任务：阀内冷系统散热风扇更换，更换步骤应符合要求，确保设备正常稳定运行。

四、工作规范及要求
熟悉阀内冷系统散热风扇更换的方法，熟练使用仪器仪表及工器具。

五、考核及时间要求
本考核操作时间为30分钟，时间到停止考评。

技能等级评价专业技能考核操作评分标准

工种	换流站直流设备检修工（一次）		评价等级	初级工
项目模块	一次及辅助设备日常维护、检修—阀冷却系统的日常维护、检修	编号	Jc1003541014	
单位		准考证号	姓名	
考试时限	30分钟	题型	单项操作	题分	100分
成绩		考评员	考评组长	日期	
试题正文	阀内冷系统散热风扇更换			
需要说明的问题和要求	（1）要求单人操作。 （2）操作应注意安全，按照标准化作业书的技术安全说明做好安全措施。 （3）填写修试记录			

序号	项目名称	质量要求	满分	扣分标准	扣分原因	得分
1	工具使用及安全措施					
1.1	相关安全措施的准备	（1）核对设备双重名称。 （2）进入作业现场正确佩戴安全帽，现场作业人员应穿全棉长袖工作服、绝缘鞋	20	未核对设备扣10分； 安全帽佩戴不规范扣4分，未穿全棉长袖工作服扣3分，未穿绝缘鞋扣3分		
2	散热风扇更换	（1）检查新风扇与原风扇参数是否一致，包括供电电压、接线方式、尺寸大小等。 （2）把散热风扇的空气开关关掉，断电后确认空气开关的输出端无电。 （3）记录原散热风扇接线，拆下散热器，注意不要刮花柜体喷漆。 （4）将新的散热风扇安装好，安装完毕后检查已固定牢固。 （5）根据记录将新散热风扇的线接好，并更换好相应的号码管。 （6）在风扇断电情况下，用万用表确认散热风扇无短路或接地情况	60	按照步骤开展，每少一步扣10分		
3	恢复现场并填写报告					

序号	项目名称	质量要求	满分	扣分标准	扣分原因	得分
3.1	观察设备运行无异常后，恢复现场，填写修试记录	（1）合上风扇空气开关，测试风扇运行正常、出风方向正确后，清理工作现场。 （2）填写修试记录	20	记录填写不全按比例扣分，总计15分；无检查扣5分		
	合计		100			

Jc1003541015 阀内冷系统主泵电动机润滑脂添加。（100分）

考核知识点： 阀内冷系统主泵电动机润滑脂添加

难易度： 易

技能等级评价专业技能考核操作工作任务书

一、任务名称

阀内冷系统主泵电机润滑脂添加。

二、适用工种

换流站直流设备检修工（一次）初级工。

三、具体任务

（1）工作状态为阀内冷系统检修。工作内容为阀内冷系统主泵电动机润滑脂添加。

（2）工作任务：阀内冷系统主泵电动机润滑脂添加，更换步骤应符合要求，确保设备正常稳定运行。

四、工作规范及要求

熟悉阀内冷系统主泵电动机润滑脂添加的方法，熟练使用仪器仪表及工器具。

五、考核及时间要求

本考核操作时间为30分钟，时间到停止考评。

技能等级评价专业技能考核操作评分标准

工种	换流站直流设备检修工（一次）			评价等级	初级工
项目模块	一次及辅助设备日常维护、检修—阀冷却系统的日常维护、检修		编号		Jc1003541015
单位		准考证号		姓名	
考试时限	30分钟	题型	单项操作	题分	100分
成绩	考评员	考评组长		日期	
试题正文	阀内冷系统主泵电动机润滑脂添加				
需要说明的问题和要求	（1）要求单人操作。 （2）操作应注意安全，按照标准化作业书的技术安全说明做好安全措施。 （3）填写修试记录				

序号	项目名称	质量要求	满分	扣分标准	扣分原因	得分
1	工具使用及安全措施					
1.1	相关安全措施的准备	（1）核对设备双重名称。 （2）进入作业现场正确佩戴安全帽，现场作业人员应穿全棉长袖工作服、绝缘鞋	30	未核对设备扣15分； 安全帽佩戴不规范扣5分，未穿全棉长袖工作服扣5分，未穿绝缘鞋扣5分		

续表

序号	项目名称	质量要求	满分	扣分标准	扣分原因	得分
2	主泵电动机润滑脂添加	（1）拔掉电动机顶部的注油帽。 （2）使用黄油枪嘴对准电动机顶部的注油帽，向电动机内加脂。 （3）当干净的润滑脂从排油堵头处渗出来时停止添加	50	按照步骤开展，每少一步扣 18 分，扣完为止		
3	恢复现场并填写报告					
3.1	观察设备运行无异常后，恢复现场，填写修试记录	（1）主泵启动后运行正常，无异响。清理工作现场。 （2）填写修试记录	20	记录填写不全按比例扣分，总计 15 分；无检查扣 5 分		
	合计		100			

Jc1002561016 干式平波电抗器投运前验收工作。（100分）

考核知识点：干式平波电抗器投运

难易度：易

技能等级评价专业技能考核操作工作任务书

一、任务名称

干式平波电抗器投运前验收工作。

二、适用工种

换流站直流设备检修工（一次）初级工。

三、具体任务

（1）工作状态为模拟换流站全停检修。工作内容为干式平波电抗器验收。

（2）工作任务：干式平波电抗器投运前验收。

四、工作规范及要求

完成验收检查工作。

五、考核及时间要求

（1）本考核操作时间为 30 分钟，时间到停止考评。

（2）故障查找和排除过程中，如确实不能查找出故障，可向考评员申请排除故障，该项故障项目不得分，但不影响其他项目。

（3）按照技能操作记录单的操作要求进行操作，正确记录操作结果，试验记录项目包括动作元件、相别、动作出口时间等。

技能等级评价专业技能考核操作评分标准

工种	换流站直流设备检修工（一次）			评价等级	初级工
项目模块	一次及辅助设备日常维护、检修—平波电抗器的日常维护、检修		编号	Jc1002561016	
单位		准考证号		姓名	
考试时限	30 分钟	题型	单项操作	题分	100 分
成绩		考评员		考评组长	日期

续表

试题正文	干式平波电抗器投运前验收工作					
需要说明的问题和要求	（1）要求检查人员单人操作，并在检查过程中完成消缺并记录。 （2）操作应注意安全，按照标准化作业书的技术安全说明做好安全措施。 （3）正确使用安全工器具					

序号	项目名称	质量要求	满分	扣分标准	扣分原因	得分
1	正确使用工器具及安全措施					
1.1	安全帽的佩戴	正确佩戴安全帽	5	未正确佩戴扣5分		
1.2	安全带的佩戴	正确佩戴安全带	5	未正确佩戴扣5分		
2	异物检查					
2.1	内部检查	检查电抗器内有无遗留检修工器具（设置两个）并进行清理	10	少发现一个扣5分，扣完为止		
2.2	外部检查	检查电抗器外部有无异物影响设备投运（设置两处异物）并清理	10	少发现一处扣5分，扣完为止		
3	紧固连接件检查	各接头、均压环及金属附件等螺栓按力矩紧固，导体接触面接触良好，金属附件无松动（设置两处）	20	少发现一处扣10分，扣完为止		
4	接地检查	各接地点连接牢固、本体接地良好（设置一处）	10	未发现，扣10分		
5	降噪及泄水检查	各降噪装置外观良好，相应的泄水孔畅通（设置一处）	10	未发现，扣10分		
6	外观检查	电抗器内避雷器表面清洁，瓷套无损伤，喷口盖板、均压环无异常情况（设置两处）	20	少发现一处扣10分，扣完为止		
7	现场恢复	清理并恢复现场	10	未进行现场清理或恢复扣10分		
	合计		100			

Jc1002561017 换流变压器本体检查验收工作。（100分）
考核知识点： 确保设备顺利投运
难易度： 易

技能等级评价专业技能考核操作工作任务书

一、任务名称
换流变压器本体检查验收工作。
二、适用工种
换流站直流设备检修工（一次）初级工。
三、具体任务
（1）工作状态为模拟换流站全停检修。工作内容为换流变压器本体检查验收工作。
（2）工作任务：换流变压器本体检查验收工作。
四、工作规范及要求
完成验收检查工作。

五、考核及时间要求

（1）本考核操作时间为 30 分钟，时间到停止考评。

（2）故障查找和排除过程中，如确实不能查找出故障，可向考评员申请排除故障，该项故障项目不得分，但不影响其他项目。

（3）按照技能操作记录单的操作要求进行操作，正确记录操作结果，试验记录项目包括动作元件、相别、动作出口时间等。

技能等级评价专业技能考核操作评分标准

工种	换流站直流设备检修工（一次）			评价等级	初级工
项目模块	一次及辅助设备日常维护、检修—换流变压器的日常维护、检修		编号		Jc1002561017
单位		准考证号		姓名	
考试时限	30 分钟	题型	单项操作	题分	100 分
成绩		考评员	考评组长	日期	
试题正文	换流变压器本体检查验收工作				
需要说明的问题和要求	（1）要求检查人员单人操作，并在检查过程中完成消缺并记录。 （2）操作应注意安全，按照标准化作业书的技术安全说明做好安全措施。 （3）正确使用安全工器具				

序号	项目名称	质量要求	满分	扣分标准	扣分原因	得分
1	正确使用工器具及安全措施					
1.1	安全帽的佩戴	正确佩戴安全帽	5	未正确佩戴扣 5 分		
1.2	安全带的佩戴	正确佩戴安全带	5	未正确佩戴扣 5 分		
2	外观检查					
2.1	油位外观及渗油检查	油箱及附件清洗干净，全部密封无渗油现象（设置两处渗油点）	10	少发现一处扣 5 分，扣完为止		
2.2	油位检查	油位正常	10	未检查扣 10 分		
3	紧固连接件检查	各触头、均压环及金属附件等螺栓按力矩紧固，导体接触面接触良好，金属附件无松动（设置两处）	20	少发现一处扣 10 分，扣完为止		
4	中性点检查	中性线所有连接良好，各断引点已恢复，各接地点连接牢固、本体接地良好（设置两处）	10	少发现一处扣 5 分，扣完为止		
5	本体器身检查	本体无生锈点（设置一处）	10	未发现，扣 10 分		
6	附件检查					
6.1	呼吸器检查	呼吸器油封完整无损，塑玻缸无损伤，密封圈密封良好，管连接未受损及连接良好（设置一处）	5	未发现，扣 5 分		
6.2	呼吸器油杯检查	呼吸器油杯里的油已更换，油位处于正常位置，硅胶已烘干（设置一处）	5	未发现，扣 5 分		
7	阀门位置检查	所有的阀门位置状态正确（设置两处）	10	少发现一处扣 5 分，扣完为止		
8	现场恢复	清理并恢复现场	10	未进行现场清理或恢复扣 10 分		
	合计		100			

Jc1002561018 换流变压器冷却器验收工作。（100分）

考核知识点：确保设备顺利投运

难易度：易

技能等级评价专业技能考核操作工作任务书

一、任务名称

换流变压器冷却器验收工作。

二、适用工种

换流站直流设备检修工（一次）初级工。

三、具体任务

（1）工作状态为模拟换流站全停检修。工作内容为换流变冷却器验收。

（2）工作任务：换流变压器冷却器验收工作。

四、工作规范及要求

完成投运前检查验收工作。

五、考核及时间要求

（1）本考核操作时间为30分钟，时间到停止考评。

（2）故障查找和排除过程中，如确实不能查找出故障，可向考评员申请排除故障，该项故障项目不得分，但不影响其他项目。

（3）按照技能操作记录单的操作要求进行操作，正确记录操作结果，试验记录项目包括动作元件、相别、动作出口时间等。

技能等级评价专业技能考核操作评分标准

工种	换流站直流设备检修工（一次）				评价等级	初级工
项目模块	一次及辅助设备日常维护、检修—换流变压器的日常维护、检修			编号		Jc1002561018
单位			准考证号		姓名	
考试时限	30分钟	题型		单项操作	题分	100分
成绩		考评员		考评组长		日期	
试题正文	换流变压器冷却器验收工作					
需要说明的问题和要求	（1）要求检查人员单人操作，并在检查过程中完成消缺并记录。 （2）操作应注意安全，按照标准化作业书的技术安全说明做好安全措施。 （3）正确使用安全工器具					

序号	项目名称	质量要求	满分	扣分标准	扣分原因	得分
1	正确使用工器具及安全措施	正确佩戴安全帽	10	未正确佩戴扣10分		
2	外观检查					
2.1	冷却器电机/风扇声音和振动检查	冷却器电机/风扇声音无异常，振动无异常（设置两处异常点）	10	少发现一处扣5分，扣完为止		
2.2	风扇检查	风扇完好、清洁、无锈蚀（设置一处异常点）	10	未检查扣5分，未发现异常点扣5分		
3	连接紧固件检查	冷却器已紧固，连接部件连接螺栓紧固（设置两处）	20	少发现一处扣10分，扣完为止		

续表

序号	项目名称	质量要求	满分	扣分标准	扣分原因	得分
4	电源线检查	中性线所有连接良好，各断引点已恢复，各接地点连接牢固、冷却器接地良好（设置两处）	20	少发现一处扣10分，扣完为止		
5	散热片器身检查	散热片清洁完好，风道通畅（设置一处异常点）	10	未发现，扣10分		
6	潜油泵功能检查	开启潜油泵后油流指示正确，无渗漏油现象（设置一处异常点）	10	未发现，扣10分		
7	现场恢复	清理并恢复现场	10	未进行现场清理或恢复扣10分		
	合计		100			

Jc1002561019　换流变压器有载分接开关投运前检查工作。（100分）

考核知识点：换流变压器有载分接开关投运前检查

难易度：易

技能等级评价专业技能考核操作工作任务书

一、任务名称

换流变压器有载分接开关投运前检查工作。

二、适用工种

换流站直流设备检修工（一次）初级工。

三、具体任务

（1）工作状态为模拟换流站全停检修。工作内容为换流变压器有载分接开关投运前检查工作。

（2）工作任务：换流变压器有载分接开关投运前检查工作。

四、工作规范及要求

完成检查验收工作。

五、考核及时间要求

（1）本考核操作时间为30分钟，时间到停止考评。

（2）故障查找和排除过程中，如确实不能查找出故障，可向考评员申请排除故障，该项故障项目不得分，但不影响其他项目。

（3）按照技能操作记录单的操作要求进行操作，正确记录操作结果，试验记录项目包括动作元件、相别、动作出口时间等。

技能等级评价专业技能考核操作评分标准

工种	换流站直流设备检修工（一次）					评价等级	初级工
项目模块	一次及辅助设备日常维护、检修—换流变压器的日常维护、检修				编号	Jc1002561019	
单位			准考证号			姓名	
考试时限	30分钟		题型		单项操作	题分	100分
成绩		考评员		考评组长		日期	
试题正文	换流变压器有载分接开关投运前检查工作						
需要说明的问题和要求	（1）要求检查人员单人操作，并在检查过程中完成消缺并记录。 （2）操作应注意安全，按照标准化作业书的技术安全说明做好安全措施。 （3）正确使用安全工器具						

序号	项目名称	质量要求	满分	扣分标准	扣分原因	得分
1	正确使用工器具及安全措施	正确佩戴安全帽	10	未正确佩戴扣10分		
2	密封检查	在线滤油机压力正常，无渗油现象（设置两处渗漏油点）	10	未发现并完成处理一处扣5分，扣完为止		
3	分接开关检查					
3.1	功能检查	功能无异常（设置一处异常）	5	未发现异常扣5分		
3.2	电动操动机构的外观检查	电动操动机构的外观完好（设置一处异常）	5	未发现异常扣5分		
3.3	电机操动机构是否松动检查	电机操动机构无松动（设置一处异常）	5	未发现异常扣5分		
3.4	加热器检查	加热器动作正常（设置一处异常）	5	未发现异常扣5分		
4	外观检查	有载开关外观无异常（设置一处外观脏污）	10	未发现异常扣10分		
5	操作箱检查					
5.1	柜门检查	柜门密封良好（设置一处异常）	4	未发现异常扣4分		
5.2	透气孔检查	清理箱透气孔，油漆完好（设置一处异常）	4	未发现异常扣4分		
5.3	柜门照明灯检查	打开柜门照明灯应自动接通	4	未核对检查扣4分		
5.4	机械部分检查	清洁机械部分，加润滑脂（设置一处异常）	4	未发现异常扣4分		
5.5	圆盘开关和位置指示器检查	圆盘开关和位置指示器正确	4	未核对检查扣4分		
6	后台信号核对	检查分接开关计数器读数同步变化正确，与相应 OWS 指示一致	10	未核对检查扣10分		
7	辅助功能检查	有载调压开关：功能无异常；电动操动机构的外观完好；电机操动机构无松动；加热器动作正常；对机构进行润滑（设置一处异常）	10	未发现，扣10分		
8	现场恢复	清理并恢复现场	10	未进行现场清理或恢复扣10分		
	合计		100			

Jc1005543020　回收直流分压器 SF_6 气体。（100 分）

考核知识点：直流分压器检修

难易度：难

技能等级评价专业技能考核操作工作任务书

一、任务名称

回收直流分压器 SF_6 气体。

二、适用工种

换流站直流设备检修工（一次）初级工。

三、具体任务

（1）工作状态为直流系统检修状态。工作内容为使用仪器回收直流分压器 SF_6 气体。

（2）工作任务：使用仪器回收直流分压器 SF_6 气体。

四、工作规范及要求

（1）工器具使用及安全措施。

（2）按要求回收直流分压器 SF_6 气体。

五、考核及时间要求

（1）本考核操作时间为 30 分钟，时间到停止考评。

（2）按照技能操作记录单的操作要求进行操作，正确记录操作结果。

技能等级评价专业技能考核操作评分标准

工种	换流站直流设备检修工（一次）			评价等级	初级工
项目模块	一次及辅助设备日常维护、检修—直流分压器日常维护、检修		编号		Jc1005543020
单位		准考证号		姓名	
考试时限	30分钟	题型	单项操作	题分	100分
成绩		考评员		考评组长		日期	
试题正文	回收直流分压器 SF_6 气体				
需要说明的问题和要求	（1）要求调试人员单人操作，故障查找及分析在调试过程中完成。 （2）操作应注意安全，按照标准化作业书的技术安全说明做好安全措施。 （3）在直流分压器一次设备上完成操作。 （4）可选考场提供的测试仪或自带测试仪。 （5）试验或检修结果填入修试记录				

序号	项目名称	质量要求	满分	扣分标准	扣分原因	得分
1	工具使用及安全措施					
1.1	各种工器具正确使用	熟练正确使用 SF_6 回收装置	10	未正确使用，一次扣2分，扣完为止		
1.2	相关安全措施的准备	（1）工作人员应位于上风口。 （2）使用适宜的带有粉末过滤器与吸附剂的防毒面具，保护施工人员的呼吸道系统，施工人员必须穿专用工作服、戴绝缘手套、专用帽子和防护眼镜，避免与 SF_6 直接接触。 （3）接取电源应专用。 （4）进入作业现场正确佩戴安全帽，现场作业人员应穿全棉长袖工作服、绝缘鞋	20	工作人员站立位置不对扣5分； 防护措施不到位扣5分； 电源未专用扣5分； 安全措施布置不到位扣5分（可口述）		
2	回收 SF_6	（1）SF_6 回收装置与 SF_6 空瓶进行可靠连接，利用专用密封圈对接口做好密封工作，防止 SF_6 气体泄漏，同样方法完成回收装置与设备气管的可靠连接。 （2）启动自冷机组，开 V7 和 V9，使液化容器和贮存容器内压力（由压力表 M4 和 M5 指示）低于 1.0～1.5MPa，关 V7 和 V9。 （3）用软管将分压器与装置进口端连接起来。 （4）开 V2，确定进口压力表（M1）在0表压以下后，启动真空泵电源，开 V1 对软管抽真空。 （5）开真空电源，当真空计（VM）显示达到极限值时，可以认为软管内空气已抽净，依次关真空计电源、V1、V2 和真空泵电源。 （6）开启分压器阀门、V2、V5、V8、V9 和压缩机电源，调节减压阀 V61 使压缩机进口压力表（M2）低于 −0.05MPa，依次关分压器阀门、V2、V5、V8、V9、压缩机电源和制冷机组电源，回收结束	50	装置及空瓶连接不可靠，密封不可靠扣10分； 启动自冷机组压力判断错误扣5分，开关阀门错误扣5分； 连接软管位置错误扣10分； 启动真空泵电源错误扣10分； 抽真空时阀门及电源关闭顺序错误扣5分； 回收气体时，操作顺序错误扣5分		

序号	项目名称	质量要求	满分	扣分标准	扣分原因	得分
3	现场恢复	恢复现场	10	未进行现场恢复扣 10 分		
4	填写报告					
4.1	修试记录	记录回收过程及压力数值	10	过程描述不全面扣 5 分；数值记录不准确扣 5 分		
	合计		100			

Jc1005542021　钳形电流表的使用。（100 分）

考核知识点：钳形电流表的使用

难易度：中

技能等级评价专业技能考核操作工作任务书

一、任务名称

钳形电流表的使用。

二、适用工种

换流站直流设备检修工（一次）初级工。

三、具体任务

（1）工作状态为模拟 330kV 主变压器带电。

（2）工作任务：

1）作业前的检查。

2）使用钳形电流表测量 330kV 变压器铁芯接地电流（0～200mA）。

四、工作规范及要求

（1）工器具使用及安全措施。

（2）按要求进行直流避雷器本体例行检查。

五、考核及时间要求

（1）本考核操作时间为 30 分钟，时间到停止考评。

（2）按照技能操作记录单的操作要求进行操作，正确记录操作结果。

技能等级评价专业技能考核操作评分标准

工种	换流站直流设备检修工（一次）			评价等级	初级工
项目模块	基础知识与专业理论—直流设备试验基本知识		编号		Jc1005542021
单位		准考证号		姓名	
考试时限	30 分钟	题型	单项操作	题分	100 分
成绩		考评员	考评组长	日期	
试题正文	钳形电流表的使用				
需要说明的问题和要求	（1）要求单人操作，由监考人员监护，考生着装规范，穿工作服、绝缘鞋、戴安全帽。 （2）安全文明生产，工器具、材料、设备摆放齐整，现场操作熟练、连贯、有序，正确规范地使用工器具及安全用具。 （3）现场提供检修所需的工器具、仪器、材料及安全防护用品。 （4）考核项目涉及检查项目以填写检修记录为主。 （5）试验或检修结果填入修试记录				

续表

序号	项目名称	质量要求	满分	扣分标准	扣分原因	得分
1	安全措施及仪器准备					
1.1	相关安全措施的准备	（1）穿棉质工作服、绝缘鞋，戴安全帽。 （2）钳形电流表检查：检查钳形电流表是否充足，绝缘性能是否良好，外壳应无破损。 （3）测量时戴绝缘手套，站在绝缘垫上，不得触及其他设备，以防短路或接地	20	未穿工作服，未戴安全帽、未穿绝缘鞋，出现上述任意一项扣 10 分； 未检查钳形电流表电量、绝缘性能、外壳扣 5 分； 测量时未站在绝缘垫上扣 5 分		
2	现场测量					
2.1	本体例行检查	（1）开机，将开机键调至 ON 挡位。 （2）根据需要将量程开关拨至 AC（交流）的合适量程（0～200mA）。 （3）按紧扳手，使钳口张开，将被测导线放入钳口中，然后松开扳手并使钳口闭合紧密，测量电流。 （4）记录测量数据，仪表挡位、量程复位	60	按照步骤开展，每错一步扣 5 分； 挡位使用不正确扣 10 分； 钳口闭合不紧密扣 10 分； 仪表挡位量程未复位扣 10 分； 表计未关机扣 10 分		
3	现场恢复	恢复现场	10	未进行现场恢复扣 10 分		
4	填写修试记录					
4.1	检查记录	按格式正确填写检查结果	10	每少填写一项扣 5 分，扣完为止		
	合计		100			

Jc1005542022　万用表测量不同阻值电阻。（100 分）

考核知识点：万用表的使用

难易度：中

技能等级评价专业技能考核操作工作任务书

一、任务名称

万用表测量不同阻值电阻。

二、适用工种

换流站直流设备检修工（一次）初级工。

三、具体任务

进行用万用表测量不同阻值（50Ω、500Ω、5kΩ、5MΩ 电阻）。

（1）工作内容为测量不同阻值电阻。

（2）工作任务：

1）用万用表测量不同阻值电阻。

2）在规定时间内用万用表测量不同阻值电阻。

四、工作规范及要求

（1）仪器使用及安全措施。

（2）按要求进行用万用表测量不同阻值电阻。

五、考核及时间要求

（1）本考核操作时间为 30 分钟，时间到停止考评。

（2）按照技能操作记录单的操作要求进行操作，正确记录操作结果。

技能等级评价专业技能考核操作评分标准

工种	换流站直流设备检修工（一次）			评价等级	初级工
项目模块	基础知识与专业理论—直流设备试验基本知识		编号		Jc1005542022
单位		准考证号		姓名	
考试时限	30分钟	题型	单项操作	题分	100分
成绩	考评员		考评组长	日期	
试题正文	万用表测量不同阻值电阻				
需要说明的问题和要求	（1）要求单人操作，由监考人员监护，考生着装规范，穿工作服、绝缘鞋。 （2）操作中应注意安全，按照标准化作业书的技术安全说明做好安全措施。 （3）工器具、测试仪、相关配件由考场提供。 （4）试验或检修结果填入修试记录				

序号	项目名称	质量要求	满分	扣分标准	扣分原因	得分
1	安全措施及仪器准备					
1.1	相关安全措施的准备	（1）穿棉质工作服、绝缘鞋、戴安全帽。 （2）试验仪器仪表应齐全、有检验合格证且在检验合格周期内，所有仪器仪表应摆放整齐。 （3）确认测量设备双重名称，且主变压器为带电设备	20	未穿工作服，未戴安全帽、未穿绝缘鞋，出现上述任意一项扣10分； 未检查仪器仪表扣6分； 未确认设备双重名称扣4分		
2	现场测量					
2.1	本体例行检查	（1）检查电量是否充足。 （2）根据测量设备，选择对应的挡位、量程。 （3）将黑色表笔插入COM插孔，红色表笔插入V/Ω/F。 （4）将表笔并接到被测电阻上，从显示器上读取测量结果并记录	60	按照步骤开展，每错一步扣10分； 挡位、量程任一选择不准确扣10分； 表笔插错位置扣10分		
3	现场恢复	恢复现场	10	未进行现场恢复扣10分		
4	填写检查记录					
4.1	检查记录	按格式正确填写检查结果	10	每少填写一项扣5分，扣完为止		
	合计		100			

Jc1005543023　直流避雷器均压环检修。（100分）

考核知识点：直流避雷器检修

难易度：难

技能等级评价专业技能考核操作工作任务书

一、任务名称

直流避雷器均压环检修。

二、适用工种

换流站直流设备检修工（一次）初级工。

三、具体任务

（1）工作状态为直流系统检修状态。工作内容为直流避雷器均压环检修。

（2）工作任务：直流避雷器均压环检修。

四、工作规范及要求

（1）工器具使用及安全措施。

（2）按要求对直流避雷器均压环检修。

五、考核及时间要求

（1）本考核操作时间为40分钟，时间到停止考评。

（2）按照技能操作记录单的操作要求进行操作，正确记录操作结果。

技能等级评价专业技能考核操作评分标准

工种	换流站直流设备检修工（一次）		评价等级	初级工
项目模块	一次及辅助设备日常维护、检修—直流避雷器的日常维护、检修	编号		Jc1005543023
单位		准考证号		姓名
考试时限	40分钟	题型	单项操作	题分	100分
成绩		考评员	考评组长		日期
试题正文	直流避雷器均压环检修			
需要说明的问题和要求	（1）要求调试人员单人操作，故障查找及分析在调试过程中完成。 （2）操作应注意安全，按照标准化作业书的技术安全说明做好安全措施。 （3）在直流避雷器一次设备上完成操作。 （4）测试仪的选择可选考场提供的测试仪或自带测试仪。 （5）试验或检修结果填入修试记录			

序号	项目名称	质量要求	满分	扣分标准	扣分原因	得分
1	工具使用及安全措施					
1.1	各种工器具正确使用	熟练正确使用各种工器具	10	未正确使用，一次扣2分，扣完为止		
1.2	相关安全措施的准备	（1）高空作业禁止将安全带系在避雷器及均压环上。 （2）工作过程中严禁攀爬避雷器、踩踏均压环。 （3）雷雨天气禁止进行避雷器检修。 （4）拆除前应先将被拆除部分可靠固定，避免引流线滑出、均压环坠落、绝缘件倒塌	10	高空未系安全带扣2.5分； 工作过程中踩踏避雷器扣2.5分； 恶劣天气检修避雷器扣2.5分； 拆除部分未可靠固定扣2.5分（可口述）		
2	均压环检修					
2.1	外绝缘部分检修	（1）均压环应牢固、水平，无倾斜、变形、锈蚀。 （2）均压环变表面无毛刺、平整光滑，表面凸起应小于1mm。 （3）均压环焊接部位应均匀一致，无裂纹、弧坑、烧穿及焊缝间断，并进行防腐处理。 （4）均压环对地、对中间法兰的空气间隙距离应符合产品技术标准。 （5）均压环支撑架及紧固件锈蚀严重的应更换为热镀锌件。 （6）均压环排水孔通畅	40	按照步骤开展并向考官口述，每少一步扣10分，扣完为止		

续表

序号	项目名称	质量要求	满分	扣分标准	扣分原因	得分
2.2	检修故障排查	（1）均压环排水孔堵塞一处。 （2）均压环表面一处有毛刺，并用细砂纸（不小于1000目）打磨	20	未找出一处故障扣5分； 故障未处理，一处扣5分		
3	现场恢复	恢复现场	10	未进行现场恢复扣10分		
4	填写检查记录					
4.1	检查记录	按格式正确填写检查结果	10	每少填写一项扣5分，扣完为止		
	合计		100			

Jc1005542024　直流避雷器本体例行检查。（100分）

考核知识点： 直流避雷器检修

难易度： 中

技能等级评价专业技能考核操作工作任务书

一、任务名称

直流避雷器本体例行检查。

二、适用工种

换流站直流设备检修工（一次）初级工。

三、具体任务

（1）工作状态为直流系统检修状态。工作内容为开展直流避雷器本体例行检查。

（2）工作任务：开展直流避雷器本体例行检查。

四、工作规范及要求

（1）工器具使用及安全措施。

（2）按要求进行直流避雷器本体例行检查。

五、考核及时间要求

（1）本考核操作时间为30分钟，时间到停止考评。

（2）按照技能操作记录单的操作要求进行操作，正确记录操作结果。

技能等级评价专业技能考核操作评分标准

工种	换流站直流设备检修工（一次）				评价等级	初级工	
项目模块	一次及辅助设备日常维护、检修—直流避雷器的日常维护、检修				编号	Jc1005542024	
单位			准考证号			姓名	
考试时限	30分钟		题型		单项操作	题分	100分
成绩		考评员		考评组长		日期	
试题正文	直流避雷器本体例行检查						
需要说明的问题和要求	（1）要求调试人员单人操作，故障查找及分析在调试过程中完成。 （2）操作应注意安全，按照标准化作业书的技术安全说明做好安全措施。 （3）在直流避雷器一次设备上完成操作。 （4）测试仪的选择可选考场提供的测试仪或自带测试仪。 （5）试验或检修结果填入修试记录						

续表

序号	项目名称	质量要求	满分	扣分标准	扣分原因	得分
1	安全措施					
1.1	相关安全措施的准备	（1）高空作业禁止将安全带系在避雷器及均压环上。 （2）工作过程中严禁攀爬避雷器、踩踏均压环。 （3）雷雨天气禁止进行避雷器检修。 （4）拆除前应先将被拆除部分可靠固定，避免引流线滑出、均压环坠落、绝缘件倒塌	10	高空未系安全带扣2分； 工作过程中踩踏避雷器扣2分； 恶劣天气检修避雷器扣3分； 拆除部分未可靠固定扣3分（可口述）		
2	本体例行检查及故障排查					
2.1	本体例行检查	（1）基座及法兰无裂纹、锈蚀。 （2）绝缘外套无变形、破损、放电、烧伤痕迹。 （3）复合外套和瓷绝缘外套法兰黏合处无破损、积水、防水性能良好。 （4）避雷器连接螺栓无松动、锈蚀、缺失。 （5）支架各焊接部位无开裂、锈蚀。 （6）密封金属结构件无变色和融孔。 （7）避雷器引流线无烧伤、断股、散股。 （8）均压环装配牢固，无倾斜、变形、锈蚀	50	按照步骤开展并向考官口述，每少一步扣7分，扣完为止		
2.2	检修故障排查	（1）复合外套有破损一处。 （2）避雷器引流散股一处。 （3）均压环倾斜一处，并调平	20	一处故障点扣5分，倾斜未调平扣5分		
3	现场恢复	恢复现场	10	未进行现场恢复扣10分		
4	填写检查记录					
4.1	检查记录	按格式正确填写检查结果	10	每少填写一项扣5分，扣完为止		
	合计		100			

Jc1006551025　接地极检测井检修。（100分）
考核知识点：接地极检测井检修
难易度：易

技能等级评价专业技能考核操作工作任务书

一、任务名称
接地极检测井检修。
二、适用工种
换流站直流设备检修工（一次）初级工。
三、具体任务
（1）工作状态为换流阀检修状态。工作内容为接地极检测井检修。
（2）工作任务：接地极检测井检修。
四、工作规范及要求
（1）工器具使用及安全措施。

（2）按要求进行接地极检测井检修。

五、考核及时间要求

（1）本考核操作时间为 30 分钟，时间到停止考评。

（2）按照技能操作记录单的操作要求进行操作，并填写检修记录。

技能等级评价专业技能考核操作评分标准

工种	换流站直流设备检修工（一次）			评价等级	初级工
项目模块	一次及辅助设备日常维护、检修—接地极的日常维护、检修	编号		Jc1006551025	
单位		准考证号		姓名	
考试时限	30 分钟	题型	多项操作	题分	100 分
成绩		考评员	考评组长	日期	
试题正文	接地极检测井检修				
需要说明的问题和要求	（1）要求单人操作。 （2）操作应注意安全，按照标准化作业书的技术安全说明做好安全措施。 （3）操作记录填入操作记录。试验或检修结果填入修试记录				

序号	项目名称	质量要求	满分	扣分标准	扣分原因	得分
1	工具使用及安全措施					
1.1	各种工器具正确使用	熟练正确使用各种工器具	5	未正确使用，一次扣 1 分，扣完为止		
1.2	相关安全措施的准备	（1）注意与带电设备保持足够的安全距离，同时做好检修现场各项准备工作。 （2）注意观测井时高空风险，防止坠入井中，保证人身安全。 （3）进入作业现场正确佩戴安全帽，现场作业人员应穿全棉长袖工作服、绝缘鞋	10	未做好准备工作扣 2 分； 未做好防坠措施扣 2 分； 安全帽佩戴不规范扣 2 分； 未穿全棉长袖工作服扣 2 分； 未穿绝缘鞋扣 2 分		
2	检测井检修	（1）水位正常，土壤无严重干燥情况；水位不正常，要进行补水。 （2）水温正常，土壤温湿度正常。 （3）检修井盖应覆盖良好，无破损情况	60	未开展水位检查扣 20 分； 未开展水温检查扣 20 分； 未开展井盖检查扣 20 分		
3	现场恢复	恢复现场	5	未进行现场恢复扣 5 分		
4	填写报告					
4.1	修试记录	填写修试记录，包括检修内容及检修结果	20	每少填写一项扣 4 分，扣完为止		
	合计		100			

Jc1006551026　接地极渗水井检修。（100 分）

考核知识点： 接地极渗水井检修

难易度： 易

技能等级评价专业技能考核操作工作任务书

一、任务名称

接地极渗水井检修。

二、适用工种

换流站直流设备检修工（一次）初级工。

三、具体任务

（1）工作状态为换流阀检修状态。工作内容为接地极渗水井检修。

（2）工作任务：接地极渗水井检修。

四、工作规范及要求

（1）工器具使用及安全措施。

（2）按要求进行接地极渗水井检修。

五、考核及时间要求

（1）本考核操作时间为 30 分钟，时间到停止考评。

（2）按照技能操作记录单的操作要求进行操作，并填写检修记录。

技能等级评价专业技能考核操作评分标准

工种	换流站直流设备检修工（一次）			评价等级	初级工
项目模块	一次及辅助设备日常维护、检修—接地极的日常维护、检修		编号		Jc1006551026
单位		准考证号		姓名	
考试时限	30 分钟	题型	多项操作	题分	100 分
成绩		考评员	考评组长	日期	
试题正文	接地极渗水井检修				
需要说明的问题和要求	（1）要求单人操作。 （2）操作应注意安全，按照标准化作业书的技术安全说明做好安全措施。 （3）操作记录填入操作记录。试验或检修结果填入修试记录				

序号	项目名称	质量要求	满分	扣分标准	扣分原因	得分
1	工具使用及安全措施					
1.1	各种工器具正确使用	熟练正确使用各种工器具	5	未正确使用，一次扣1分，扣完为止		
1.2	相关安全措施的准备	（1）注意与带电设备保持足够的安全距离，同时做好检修现场各项准备措施。 （2）注意观测井时高空风险，防止坠入井中，保证人身安全。 （3）进入作业现场正确佩戴安全帽，现场作业人员应穿全棉长袖工作服、绝缘鞋	10	未做好准备措施扣2分； 未做好防坠措施扣2分； 安全帽佩戴不规范扣2分； 未穿全棉长袖工作服扣2分； 未穿绝缘鞋扣2分		
2	渗水井检修	（1）渗水井回填土无沉陷，低于附近地面。 （2）渗水砾石表面无明显污泥，未被其他杂物覆盖	60	未开展渗水井回填土检查扣30分； 未开展渗水砾石检查扣30分		
3	现场恢复	恢复现场	5	未进行现场恢复扣5分		
4	填写报告					
4.1	修试记录	填写修试记录，包括检修内容及检修结果	20	每少填写一项扣4分，扣完为止		
	合计		100			

Jc1006541027　接地极引流井检修。（100分）

考核知识点： 接地极引流井检修

难易度： 易

技能等级评价专业技能考核操作工作任务书

一、任务名称

接地极引流井检修。

二、适用工种

换流站直流设备检修工（一次）初级工。

三、具体任务

（1）工作状态为换流阀检修状态。工作内容为接地极引流井检修。

（2）工作任务：接地极引流井检修。

四、工作规范及要求

（1）工器具使用及安全措施。

（2）按要求进行接地极引流井检修。

五、考核及时间要求

（1）本考核操作时间为 30 分钟，时间到停止考评。

（2）按照技能操作记录单的操作要求进行操作，并填写检修记录。

技能等级评价专业技能考核操作评分标准

工种	换流站直流设备检修工（一次）			评价等级		初级工
项目模块	一次及辅助设备日常维护、检修—接地极的日常维护、检修			编号		Jc1006541027
单位			准考证号		姓名	
考试时限	30 分钟	题型		单项操作	题分	100 分
成绩		考评员		考评组长	日期	
试题正文	接地极引流井检修					
需要说明的问题和要求	（1）要求单人操作。 （2）操作应注意安全，按照标准化作业书的技术安全说明做好安全措施。 （3）操作记录填入操作记录。试验或检修结果填入修试记录					

序号	项目名称	质量要求	满分	扣分标准	扣分原因	得分
1	工具使用及安全措施					
1.1	各种工器具正确使用	熟练正确使用各种工器具	5	未正确使用，一次扣 1 分，扣完为止		
1.2	相关安全措施的准备	（1）注意与带电设备保持足够的安全距离，同时做好检修现场各项准备措施。 （2）注意观测井时高空风险，防止坠入井中，保证人身安全。 （3）进入作业现场正确佩戴安全帽，现场作业人员应穿全棉长袖工作服、绝缘鞋	10	未做好准备措施扣 2 分； 未做好防坠措施扣 2 分； 安全帽佩戴不规范扣 2 分； 未穿全棉长袖工作服扣 2 分； 未穿绝缘鞋扣 2 分		
2	引流井检修	（1）电缆压接头与引流棒之间连接良好，无脱焊。 （2）环氧树脂密封包裹无破损	60	未开展电缆压接头检查扣 30 分； 未开展环氧树脂密封包裹检查扣 30 分		
3	现场恢复	恢复现场	5	未进行现场恢复扣 5 分		
4	填写报告					
4.1	修试记录	填写修试记录，包括检修内容及检修结果	20	每少填写一项扣 4 分，扣完为止		
	合计		100			

Jc1006542028 接地极接地引下线检修。（100 分）

考核知识点：接地极接地引下线检修

难易度：中

技能等级评价专业技能考核操作工作任务书

一、任务名称

接地极接地引下线检修。

二、适用工种

换流站直流设备检修工（一次）初级工。

三、具体任务

（1）工作状态为换流阀检修状态。工作内容为接地极接地引下线检修。

（2）工作任务：接地极接地引下线检修。

四、工作规范及要求

（1）工器具使用及安全措施。

（2）按要求进行接地极接地引下线检修。

五、考核及时间要求

（1）本考核操作时间为 30 分钟，时间到停止考评。

（2）按照技能操作记录单的操作要求进行操作，并填写检修记录。

技能等级评价专业技能考核操作评分标准

工种	换流站直流设备检修工（一次）				评价等级		初级工
项目模块	一次及辅助设备日常维护、检修—接地极的日常维护、检修			编号		Jc1006542028	
单位			准考证号			姓名	
考试时限	30 分钟		题型	单项操作		题分	100 分
成绩		考评员		考评组长		日期	
试题正文	接地极接地引下线检修						
需要说明的问题和要求	（1）要求单人操作。 （2）操作应注意安全，按照标准化作业书的技术安全说明做好安全措施。 （3）操作记录填入操作记录。试验或检修结果填入修试记录						

序号	项目名称	质量要求	满分	扣分标准	扣分原因	得分
1	工具使用及安全措施					
1.1	各种工器具正确使用	熟练正确使用各种工器具	5	未正确使用，一次扣 1 分，扣完为止		
1.2	相关安全措施的准备	（1）采用普通焊接时应佩戴专用手套、护目镜。 （2）开挖接地体时应注意与带电设备保持足够的安全距离，应正确使用打孔及挖掘工具。 （3）进入作业现场正确佩戴安全帽，现场作业人员应穿全棉长袖工作服、绝缘鞋	10	未佩戴手套、护目镜扣 2 分； 未正确使用打孔及挖掘工具扣 2 分； 安全帽佩戴不规范扣 2 分； 未穿全棉长袖工作服扣 2 分； 未穿绝缘鞋扣 2 分		

续表

序号	项目名称	质量要求	满分	扣分标准	扣分原因	得分
2	接地引下线检修	（1）接地引下线弯曲时，应采用机械冷弯；应采取防止发生机械损伤和化学腐蚀的措施。 （2）明敷的引下线表面应有 15～100mm 宽度相等黄绿相间色漆或色带	60	未开展接地引下线弯曲度检查扣30分； 未开展色漆检查扣30分		
3	现场恢复	恢复现场	5	未进行现场恢复扣5分		
4	填写报告					
4.1	修试记录	填写修试记录，包括检修内容及检修结果	20	每少填写一项扣4分，扣完为止		
	合计		100			

Jc1006552029　紫外火焰探测器检修。（100分）

考核知识点： 紫外火焰探测器检修

难易度： 中

技能等级评价专业技能考核操作工作任务书

一、任务名称

紫外火焰探测器检修。

二、适用工种

换流站直流设备检修工（一次）初级工。

三、具体任务

（1）工作状态为消防系统检修状态。工作内容为紫外火焰探测器检修。

（2）工作任务：紫外火焰探测器检修。

四、工作规范及要求

（1）工器具使用及安全措施。

（2）按要求进行紫外火焰探测器检修。

五、考核及时间要求

（1）本考核操作时间为 60 分钟，时间到停止考评。

（2）按照技能操作记录单的操作要求进行操作，并填写检修记录。

技能等级评价专业技能考核操作评分标准

工种	换流站直流设备检修工（一次）				评价等级	初级工
项目模块	一次及辅助设备日常维护、检修—消防系统的日常维护、检修			编号	Jc1006552029	
单位			准考证号		姓名	
考试时限	60分钟		题型	多项操作	题分	100分
成绩		考评员		考评组长	日期	
试题正文	紫外火焰探测器检修					
需要说明的问题和要求	（1）要求单人操作。 （2）操作应注意安全，按照标准化作业书的技术安全说明做好安全措施。 （3）操作记录填入操作记录。试验或检修结果填入修试记录					

续表

序号	项目名称	质量要求	满分	扣分标准	扣分原因	得分
1	工具使用及安全措施					
1.1	各种工器具正确使用	熟练正确使用各种工器具	5	未正确使用，一次扣1分，扣完为止		
1.2	相关安全措施的准备	（1）做好和跳闸回路的隔离工作，防止误跳运行设备。 （2）明确检修、技改项目，准备必要的仪器、仪表、材料及工器具。 （3）进入作业现场正确佩戴安全帽，现场作业人员应穿全棉长袖工作服、绝缘鞋	10	未做好和跳闸回路的隔离工作扣2分； 未准备必要的仪器、仪表、材料及工器具扣2分； 安全帽佩戴不规范扣2分； 未穿全棉长袖工作服扣2分； 未穿绝缘鞋扣2分		
2	紫外火焰探测器检修	（1）检查火焰探测器外干净，安装牢固没有松动，运行正常。 （2）对紫外火焰探测器进行清擦，对其固定件及卡扣进行紧固、更换。 （3）对智能扩展装置、阀厅火灾报警电源汇集箱及信号转接汇集箱二次电缆封堵进行维护。 （4）对紫外火焰探测器进行报警功能、远程功能和地址编码核对检查试验	60	未开展探测器外观检查扣20分； 未开展探测器灰尘清理、卡扣紧固扣20分； 未开展报警功能测试扣20分		
3	现场恢复	恢复现场	5	未进行现场恢复扣5分		
4	填写报告					
4.1	修试记录	填写修试记录，包括检修内容及检修结果	20	每少填写一项扣4分，扣完为止		
	合计		100			

第二部分
中级工

第三章　换流站直流设备检修工（一次）
中级工技能笔答

Jb1001433001　简述高速隔离开关 SF_6 气体及密度继电器评价要点。（5分）

考核知识点： 高速隔离开关评价要点

难易度： 难

标准答案：

（1）SF_6 气体湿度是否符合要求（SF_6 气体湿度检测基准周期3年，充气时 SF_6 气体湿度应小于或等于150μL/L，运行时 SF_6 气体湿度应小于或等于300μL/L）。

（2）SF_6 气体压力显示正常，密度继电器外观无破损。

（3）SF_6 气体密度继电器是否定期校验。

（4）SF_6 气体密度继电器与开关本体连接方式应满足不拆卸校验密度继电器的要求。

（5）防雨罩应能有效防止表计、控制电缆接线端子进水，防雨罩安装部位不存在压迫电缆的现象。

Jb1001432002　SF_6 断路器本体主断口本体导电回路评价要点有哪些？（5分）

考核知识点： 直流断路器评价要点

难易度： 中

标准答案：

（1）主回路电阻是否合格（主回路电阻测试基准周期为3年，主回路电阻初值差小于或等于20%）。

（2）高压引线及端子板连接应无松动、无变形、无开裂现象，无异常发热、放电现象。

（3）连接法兰和连接螺栓无锈蚀，无油漆变色、脱落现象。

（4）主通流回路载流密度应具有充足的设计裕度，防止载流密度不满足要求导致设备接头过热。

Jb1001432003　SF_6 断路器操动机构箱评价要点？至少说出5个。（5分）

考核知识点： 直流断路器评价要点

难易度： 中

标准答案：

（1）机构箱门密封良好，箱内无积水。

（2）机构操作电源与加热器电源应具有各自独立电源或独立空气开关。

（3）机构箱内加热器应正常工作。

（4）机构箱通风滤网应清洁、完好。

（5）电缆孔处防火泥封堵正常。

（6）断路器机构箱传动装置外观正常无变形。

Jb1001431004　隔离开关主通流回路接头接触面载流密度应有足够的设计裕度，防止载流密度过大导致设备接头过热。当回路电流大于2000A时对铜制和铝制接头载流密度有什么要求？（5分）

考核知识点： 直流隔离开关评价要点

难易度： 易

标准答案：

（1）接触面两侧均是铜质材料时，载流密度不能大于 $0.12A/mm^2$。

（2）接触面两侧均是铝质材料时，载流密度不能大于 $0.0936A/mm^2$。

Jb1001431005　简述直流隔离开关操动机构传动连杆评价要点。（5分）

考核知识点： 直流隔离开关评价要点

难易度： 易

标准答案：

（1）分、合闸位置指示正常，标识齐全、清晰可识别。

（2）传动部件润滑良好，分合闸到位，无卡涩。

（3）主开关与接地开关之间有可靠机械闭锁。

（4）调试时应保证隔离开关主拐臂过死点。

（5）传动部件无裂纹、无锈蚀，连接紧固。

Jb1001431006　直流断路器液压弹簧操动机构工作缸检修安全注意事项有哪些？（5分）

考核知识点： 直流断路器检修要点

难易度： 易

标准答案：

（1）工作缸承受压力时不得对任何受压元件进行修理与紧固。

（2）工作前应将机构压力充分泄放。

（3）工作前应断开各类电源并确认无电压。

Jb1001431007　直流断路器液压弹簧操动机构液压油处理关键工艺质量控制包括哪些？（5分）

考核知识点： 直流断路器检修要点

难易度： 易

标准答案：

（1）正确选用符合厂家规定标号液压油。

（2）液压油应经过滤清洁、干燥，无杂质后方可注入机构内使用。

（3）严禁混用不同标号液压油。

（4）注入机构内的液压油油面高度符合产品技术规定。

Jb1001433008　直流断路器液压弹簧操动机构机构箱检修关键工艺质量控制包括哪些？至少说出 5 条。（5分）

考核知识点： 直流断路器检修要点

难易度： 难

标准答案：

（1）二次回路接线正确规范、接触良好，绝缘电阻值符合相关技术标准要求，并做记录。

（2）接线排列整齐美观，端子螺栓无锈蚀。

（3）同一个接线端子上不得接入两根以上导线。

（4）二次元器件无损伤，各种接触器、继电器、微动开关、加热驱潮装置和辅助开关的动作应准确、可靠，接点应接触良好、无烧损或锈蚀。

（5）端子排上相邻端子之间（交、直流回路，直流回路正负极，分合闸回路）应有可靠的绝缘措施。

（6）电缆孔洞封堵到位，密封良好，温湿度控制装置功能可靠，通风口通风良好。

（7）机构箱外壳应可靠接地，并符合相关要求。

Jb1001432009　直流断路器液压弹簧操动机构 SF_6 密度继电器更换关键工艺质量控制包括哪些？（5分）

考核知识点：直流断路器检修要点

难易度：中

标准答案：

（1） SF_6 密度继电器应校检合格，报警、闭锁功能正常。

（2） SF_6 密度继电器外观完好，无破损、漏油等，防雨罩完好，安装牢固。

（3） SF_6 密度继电器及管路密封良好，年漏气率小于0.5%或符合产品技术规定。

（4）电气回路端子接线正确，电气触点切换准确可靠、绝缘电阻符合产品技术规定，并做记录。

（5）带有三通接头的表头阀门在投入运行前应检查阀门处于"打开"位置。

Jb1001432010　直流断路器液压弹簧操动机构压力表更换关键工艺质量控制包括哪些？（5分）

考核知识点：直流断路器检修要点

难易度：中

标准答案：

（1）压力表应经校检合格方可使用。

（2）压力表外观良好，无破损、泄漏等。

（3）压力表及管路密封良好，更换后24h内无渗漏现象。

（4）电触点压力表的电气触点切换准确可靠、绝缘电阻值符合相关技术标准要求，并做记录。

Jb1001432011　直流断路器弹簧操动机构检修过程中油缓冲器检修关键工艺质量控制包括哪些？（5分）

考核知识点：直流断路器检修要点

难易度：中

标准答案：

（1）油缓冲器无渗漏，油位及行程调整符合产品技术规定，测量缓冲曲线符合要求。

（2）缓冲器动作可靠。操动机构的缓冲器应调整适当，油缓冲器所采用的液压油应与当地的气候条件相适应。

（3）缓冲器压缩量应符合产品技术规定。

（4）缸体内表、活塞外表无划痕，缓冲弹簧进行防腐处理，装配后连接紧固。

Jb1001432012　直流断路器弹簧操动机构检修过程中传动及限位部件检修关键工艺质量控制包括哪些？（5分）

考核知识点：直流断路器检修要点

难易度：中

标准答案：

（1）处理传动及限位部件锈蚀、变形等。

（2）卡、销、螺栓等附件齐全无松动、无变形、无锈蚀，转动灵活连接牢固可靠，否则应更换。

（3）转动部分涂抹适合当地气候条件的润滑脂。

（4）检查传动连杆与转动轴无松动，润滑良好。

（5）检查拐臂和相邻的轴销的连接情况。

Jb1001432013　直流断路器弹簧操动机构检修过程中机构二次回路检修关键工艺质量控制包括哪些？至少说出 5 条。（5 分）

考核知识点： 直流断路器检修要点

难易度： 中

标准答案：

（1）二次接线排列应整齐美观，二次接线端子紧固。

（2）分合闸控制回路以及其他二次回路的绝缘电阻合格。

（3）分合闸线圈电阻满足符合产品技术要求。

（4）端子螺栓无锈蚀、松动、缺失。

（5）SF_6 密度继电器校验合格，报警、闭锁功能正常。

（6）压力开关的整定值检验合格。

（7）辅助开关及继电器触点接触良好。

（8）加热驱潮装置回路的功能正常。

（9）计数器回路功能正常。

（10）分、合闸回路低电压动作试验合格。

（11）信号回路正常。

Jb1001432014　直流 SF_6 断路器操动机构机构箱评价要点？至少说出 5 条。（5 分）

考核知识点： 直流断路器评价要点

难易度： 中

标准答案：

（1）机构箱门密封良好，箱内无积水。

（2）机构操作电源与加热器电源应具有各自独立电源或独立空气开关。

（3）机构箱内加热器应正常工作。

（4）机构箱通风滤网应清洁、完好。

（5）电缆孔处防火泥封堵正常。

（6）断路器机构箱传动装置外观正常无变形。

Jb1001432015　直流断路器振荡回路电抗器评价要点？（5 分）

考核知识点： 直流断路器评价要点

难易度： 中

标准答案：

（1）电抗器表面应无破损、脱落或龟裂。

（2）包封与支架间紧固带应无松动、断裂，撑条应无脱落。

（3）线圈无异味及烧焦、流质现象。

（4）电感值测量正常（电感值测量基准周期 6 年，与出厂值偏差不大于 ±5%）。

（5）电阻值测量正常（电阻值测量基准周期 6 年，与历史值偏差不大于 ±3%）。

Jb1001432016　直流断路器振荡回路电容器评价要点？（5分）

考核知识点：直流断路器评价要点

难易度：中

标准答案：

（1）套管完好，无破损、漏油。

（2）套管接头处引线及线夹按标准力矩进行紧固，无松动、脱落现象。

（3）电容器外壳应无明显变形，外表无锈蚀，所有接缝不应有裂缝或渗油。

（4）电容值测量正常（电容值测量基准周期6年，与额定值偏差不大于±5%）。

Jb1001432017　直流断路器振荡回路非线性电阻（避雷器）评价要点？至少说出5条。（5分）

考核知识点：直流断路器评价要点

难易度：中

标准答案：

（1）避雷器密封结构金属件和法兰盘应无裂纹和锈蚀。

（2）避雷器瓷套无裂纹（硅橡胶复合绝缘外套的伞裙不应有破损、变形）及放电痕迹，外观清洁。

（3）避雷器喷口无损伤，喷口盖板完整。

（4）避雷器与振荡回路绝缘平台底座连接良好，连接引线无断裂及锈蚀。

（5）单只避雷器预防性试验正常（预防性试验基准周期6年，直流1mA电压 U_{1mA} 初值差不大于±5%，$0.75U_{1mA}$ 下漏电流初始值差不大于30%或不大于50μA）。

（6）多只并联的避雷器耐压一致性要好，避雷器间直流1mA电流下的电压值偏差不超±5%。

（7）多只并联避雷器各只间的均流特性偏差不超10%。

Jb1001432018　直流隔离开关单柱垂直伸缩式本体检修整体更换过程中绝缘子组装关键工艺质量控制包括哪些？（5分）

考核知识点：直流隔离开关检修要点

难易度：中

标准答案：

（1）应垂直于底座平面，同一绝缘子柱的各绝缘子中心应在同一垂直线上。

（2）各绝缘子间安装时可用调节垫片校正其水平或垂直偏差，垫片不宜超过3片，总厚度不应超过10mm。

（3）连接螺栓紧固力矩值符合产品技术要求，并做紧固标记。

Jb1001432019　直流隔离开关单柱垂直伸缩式本体检修过程中载流金具检修关键工艺质量控制包括哪些？（5分）

考核知识点：直流隔离开关检修要点

难易度：中

标准答案：

（1）按力矩要求紧固，导线、母线接触良好，力矩参照GB 50149—2010《电气装置安装工程母线装置施工及验收规范》，力矩紧固后进行标记。

（2）引线无散股、扭曲、断股现象，线夹无开裂。

（3）连接管型母线表面光滑、无毛刺。

（4）初测直流电阻，直流场不超过15μΩ。对超标的接头进行打磨处理，紧固后复测。

Jb1001433020　直流隔离开关双柱水平开启式本体检修绝缘子检修过程中关键工艺质量控制包括哪些？（5分）

考核知识点：直流隔离开关检修要点

难易度：难

标准答案：

（1）绝缘子外观及绝缘子辅助伞裙清洁无破损（瓷套表面无破损、若外表破损面超过单个伞群10%或破损总面积虽不超过单个伞群 10%但同一方向破损伞裙多于两个以上者，应更换瓷套）。

（2）绝缘子法兰无锈蚀、裂纹。

（3）绝缘子胶装后露砂高度为 10～20mm，且不应小于 10mm，胶装处应涂防水密封胶。

（4）防污闪涂层完好，无龟裂、起层、缺损，憎水性应符合相关技术要求。

Jb1002431021　直流系统运行时，交流滤波器组数不满足绝对最小滤波器组数，不满足的后果有哪些？至少写出 3 条。（5分）

考核知识点：绝对最小滤波器组

难易度：易

标准答案：

自动降功率、自动投滤波器、闭锁极。

Jb1002431022　交直流滤波器故障跳闸后的巡视内容有哪些？至少写出 3 条。（5分）

考核知识点：交直流滤波器巡视

难易度：易

标准答案：

（1）检查各元件有无变色，有无位移、变形、松动或损坏现象。

（2）检查充油式电流互感器有无渗漏油现象。

（3）检查支柱绝缘子有无破损、裂纹及放电闪络痕迹。

Jb1002431023　换流站为什么要装设交流滤波器？（5分）

考核知识点：交流滤波器功能

难易度：易

标准答案：

交流滤波器承担着无功补偿与滤除谐波的作用；对于交流系统而言，换流器总是一种无功负荷，在换流器换流过程中，总是在消耗大量的无功功率，因此在换流器交流侧不得不考虑增加无功补偿设备；同时，换流器在换流过程中会产生谐波，而谐波对于电力系统设备有着巨大的危害，所以每个换流站都需要装设交流滤波器装置。

Jb1002431024　《国家电网公司直流换流站检修管理规定　第 11 分册：交直流滤波器检修细则》中电容器整组更换安全注意事项有哪些？至少写出 4 条。（5分）

考核知识点：交直流滤波器检修

难易度：易

标准答案：

（1）工作前应将电容器内各高压设备逐个多次充分放电。

（2）按厂家规定正确吊装设备，必要时使用缆风绳控制方向，并设专人指挥。

（3）对安全距离小的电容器检修时，应做好安全防护措施。

（4）拆、装电容器一次连接线时应做好防护措施。

Jb1002431025 《国家电网公司直流换流站检修管理规定 第11分册：交直流滤波器检修细则》中电容器单元更换安全注意事项有哪些？至少写出2条。（5分）

考核知识点：交直流滤波器检修

难易度：易

标准答案：

（1）工作前应将电容器各高压设备逐个多次充分放电。

（2）按厂家规定正确吊装设备，必要时使用缆风绳控制方向，并设专人指挥。

Jb1002431026 《国家电网公司直流换流站检修管理规定 第11分册：交直流滤波器检修细则》中电抗器更换安全注意事项有哪些？至少写出2条。（5分）

考核知识点：交直流滤波器检修

难易度：易

标准答案：

（1）工作前应将间隔组内各高压设备充分放电。

（2）按厂家规定正确吊装设备，必要时使用缆风绳控制方向，并设专人指挥。

Jb1002431027 《国家电网公司直流换流站检修管理规定 第11分册：交直流滤波器检修细则》中电阻器更换安全注意事项有哪些？至少写出2条。（5分）

考核知识点：交直流滤波器检修

难易度：易

标准答案：

（1）按厂家规定正确吊装设备，设置缆风绳控制方向，并设专人指挥。

（2）高空作业时工器具及物品应采取防跌落措施，禁止上下抛掷物品。

Jb1002431028 《国家电网公司直流换流站检修管理规定 第11分册：交直流滤波器检修细则》中电流互感器更换安全注意事项有哪些？至少写出2条。（5分）

考核知识点：交直流滤波器检修

难易度：易

标准答案：

（1）按厂家规定正确吊装设备，设置缆风绳控制方向，并设专人指挥。

（2）高空作业时工器具及物品应采取防跌落措施，禁止上下抛掷物品。

Jb1002432029 《国家电网公司直流换流站检修管理规定 第11分册：交直流滤波器检修细则》中电容器整组更换关键工艺质量控制有哪些？至少写出10条。（5分）

考核知识点：交直流滤波器检修

难易度：中

标准答案：

（1）应按照厂家规定程序进行拆装。

（2）清洁瓷套外观，无破损。

（3）吊装时应使用合适的吊带。

（4）紧固各电容器框架连接部件，使其螺栓无松动。

（5）对支架、基座等铁质部件进行除锈防腐处理。

（6）电容器塔各桥臂电容应平衡配置，模块化装配。

（7）电容器套管出线端子应采用软导线连接。

（8）电容器铭牌、编号在通道侧。

（9）按要求处理电气接触面，并按厂家力矩要求紧固电容器连接线，使其接触良好，如有铜铝过渡应采用过渡板。

（10）支柱绝缘子铸铁法兰无裂纹，胶接处胶合良好、无开裂。

（11）电容器母排及分支线应标以相色，焊接部位涂防锈漆及面漆。

（12）接线板表面无氧化、划痕、脏污，接触良好。

（13）电容器构架应保持其应有的水平及垂直位置，固定应可靠。

（14）凡不与地绝缘的每个电容器外壳及电容器的构架均应可靠接地，凡与地绝缘的电容器外壳均应接到固定的电位上。

（15）户外型电容器在使用铝母排与铜接线端子连接时应采用过渡措施。

Jb1002432030 《国家电网公司直流换流站检修管理规定 第 11 分册：交直流滤波器检修细则》中电容器单元更换关键工艺质量控制有哪些？至少写出 5 条。（5 分）

考核知识点：交直流滤波器检修

难易度：中

标准答案：

（1）按照厂家规定程序进行拆除、吊装。

（2）瓷套管表面应清洁，无裂纹、破损和闪络放电痕迹。

（3）软铜线无散股，铜螺丝螺母垫圈应齐全。

（4）外壳无变形、无锈蚀、无裂缝、无渗油。

（5）铭牌、编号在通道侧，顺序符合设计要求。

（6）各导电接触面符合要求，安装紧固有防松措施。

（7）按要求处理电气接触面，并按厂家力矩要求紧固电容器连接线，使其接触良好。

（8）外壳接地端子可靠接地，凡不与地绝缘的每个电器的外壳及电容器构架均应接地，凡与地绝缘的电容器的外壳均应接到固定的电位上。

（9）引线与端子间连接应使用专用压线夹，电容器之间的连接线应采用软连接。

Jb1002432031 《国家电网公司直流换流站检修管理规定 第 11 分册：交直流滤波器检修细则》中电抗器更换关键工艺质量控制有哪些？至少写出 10 条。（5 分）

考核知识点：交直流滤波器检修

难易度：中

标准答案：

（1）检查线圈无变形、受损，内外表面清洁完好，金属汇流排及接线端子无变形损伤，玻璃丝绑带无断裂、开裂。

（2）检查支柱绝缘子表面清洁，无破损、裂纹，胶合处填料应完整，结合应牢固，伞裙与法兰的结合面应涂有防水密封胶。

（3）连接螺栓及绝缘子法兰应使用非磁性材料。

（4）按要求处理电气接触面，并按厂家力矩要求紧固电抗器连接线，使其接触良好。

（5）吊装应按照厂家规定程序进行，使用产品专用吊具进行吊装，吊装中线圈和支柱不应遭受损伤或变形。

（6）电抗器金具完好无裂纹，螺栓紧固，接触良好。

（7）吊装应按照厂家规定程序进行，使用合适的吊带进行吊装。

（8）设备内外表面清洁完好，无任何遗留物。

（9）一次引线应无散股、扭曲、断股。

（10）支柱绝缘子表面清洁，无破损、裂纹。

（11）支柱绝缘子铸铁法兰无裂纹，胶接处胶合良好。

（12）对支架、基座等铁质部件进行除锈防腐处理。

（13）电抗器垂直安装时，各相中心线应一致。

（14）电抗器的支柱绝缘子接地，并应符合下列要求：上下重叠安装的干式空心电抗器，应在其绝缘子顶帽上放置绝缘垫圈；每相单独安装时，每相支柱绝缘子均应接地；支柱绝缘子的接地不应构成闭合环路。

（15）电抗器应注明相色标识。

（16）包封与支架间紧固带无松动、断裂。

（17）包封间导风撑条无松动、脱落，支撑条无明显脱落或移位情况。

（18）气道应通畅无异物。

（19）检查螺栓均已采用不锈钢等非导磁材料。

（20）防护罩检查参考防护罩检修。

Jb1002432032 《国家电网公司直流换流站检修管理规定 第 11 分册：交直流滤波器检修细则》中电阻器更换关键工艺质量控制有哪些？至少写出 5 条。（5 分）

考核知识点： 交直流滤波器检修

难易度： 中

标准答案：

（1）吊装应按照厂家规定程序进行，使用合适的吊带进行吊装。

（2）瓷套管外观应清洁无破损。

（3）设备内外表面清洁完好，无任何遗留物。

（4）电阻器金具完好无裂纹，螺栓紧固，接触良好。

（5）按要求处理电气接触面，并按厂家力矩要求紧固电阻器连接线，使其接触良好。

（6）一次引线应无散股、扭曲、断股。

（7）支柱绝缘子表面清洁，无破损、裂纹，铸铁法兰无裂纹，胶接处胶合良好。

（8）对支架、基座等铁质部件进行除锈防腐处理。

（9）电阻器垂直安装时，各相中心线应一致。

（10）电阻器的支柱绝缘子接地，并应符合下列要求：上下重叠安装的电阻器，应在其绝缘子顶帽上放置绝缘垫圈。

（11）电阻器应注明相色标识。

Jb1002432033 《国家电网公司直流换流站检修管理规定 第 11 分册：交直流滤波器检修细则》中电流互感器更换关键工艺质量控制有哪些？至少写出 5 条。（5 分）

考核知识点： 交直流滤波器检修

难易度：中

标准答案：

（1）安装应按照厂家规定程序进行。

（2）按要求处理电气接触面，并按厂家力矩要求紧固电流互感器连接线，使其接触良好。

（3）继电保护和安全自动装置位置正确，检修设备与运行设备二次回路有效隔离。

（4）接地点连接牢固可靠，互感器应有明显的接地符号标志，接地端子应与设备底座可靠连接，并从底座接地螺栓用两根接地引下线与地网不同点可靠连接，接地引下线截面应满足安装地点短路电流的要求。

（5）电流互感器的二次出线端子密封良好，并有防转动措施。

（6）所有端子及紧固件应有良好的防锈镀层、足够的机械强度和保持良好的接触面。

（7）末屏应可靠接地，接线标识牌完整，字迹清晰。

（8）串并联接线板接线紧固、正确，与上盖保持足够距离。

（9）一次接线板支柱绝缘子无松动、倾斜。

（10）油浸式电流互感器膨胀器内无异物，膨胀完好、密封良好，无渗漏，无永久变形。

（11）安装后，设备外观完好，油浸式电流互感器无渗漏油，油位指示正常；等电位连接可靠，均压环安装正确，引线对地距离、相间距离等均符合相关规定。

Jb1002432034 《国家电网公司直流换流站检修管理规定 第11分册：交直流滤波器检修细则》中避雷器更换安全注意事项有哪些？至少写出5条。（5分）

考核知识点： 交直流滤波器检修

难易度： 中

标准答案：

（1）按厂家规定吊装设备，并根据需要设置缆风绳控制方向。

（2）按要求处理电气接触面，并按厂家力矩要求紧固避雷器连接线，使其接触良好。

（3）高空作业禁止将安全带系在避雷器及均压环上。

（4）工作过程中严禁攀爬避雷器、踩踏均压环。

（5）拆除前应先将被拆除部分可靠固定，避免引流线滑出、均压环坠落、绝缘件倒塌。

（6）避雷器在搬运、吊装避雷器过程中，严禁受到冲击和碰撞。

（7）雷雨天气禁止进行避雷器检修。

Jb1002432035 《国家电网公司直流换流站检修管理规定 第11分册：交直流滤波器检修细则》中避雷器更换关键工艺质量控制有哪些？至少写出10条。（5分）

考核知识点： 交直流滤波器检修

难易度： 中

标准答案：

（1）避雷器外观完好、无脏污。

（2）避雷器法兰排水孔通畅、安装位置正确，无堵塞，法兰黏合牢靠，有防水措施。

（3）避雷器、监测装置元件应检测合格。

（4）避雷器释压板及喷嘴应完整、无损伤，装配中释压板及喷嘴不应受力。

（5）多节避雷器应采取单节方式装配，装配中瓷套法兰黏合处不应受力。

（6）多节避雷器安装应按照使用说明书要求顺序装配，各节之间严禁互换。

（7）避雷器在更换中不允许拆开、破坏密封。

（8）采用微正压结构的避雷器密封状态应良好，各元件上的自封阀完好。

（9）避雷器金属接触面在装配前应清理表面氧化膜及异物，并涂适量电力复合脂。

（10）并列装配的避雷器三相中心应在同一条直线上，垂直度应不大于其总高度的 1.5%，铭牌易于巡视观察。

（11）均压环装配牢靠、水平，不得倾斜，对地、对中间法兰的空气间隙距离应符合技术标准。

（12）避雷器压力释放通道应朝向安全地点，排出的气体不致引起相间短路或对地闪络，并不得喷及其他设备。

（13）泄漏电流表密封良好，三相装配位置一致。

（14）泄漏电流表观察窗清晰、无破损，安装位置应符合运行人员巡视要求。

（15）泄漏电流表绝缘小套管无裂纹、破损。

（16）避雷器接线板、设备线夹、导线外观无异常，螺栓应与螺孔相配套。

（17）埋头螺栓应采用不锈钢材质，螺孔内应涂适量防锈润滑脂。

（18）瓷外套顶部密封用螺栓及垫圈应采取防水措施，底部压紧用的扇形铁片应无松动，底部密封垫完好，并采取防水措施。

（19）避雷器高压侧引线弧垂应符合规范要求。

（20）各焊接处无虚焊，焊接线应平整、光滑，焊接处应进行防腐、防锈处理。

（21）螺栓材质及紧固力矩应符合技术标准。

Jb1003421036 图 Jb1003421036（a）是阀冷冗余控制器的控制系统图，在虚线框内补充出阀冷系统与直流控保系统的交叉冗余连接图。（5 分）

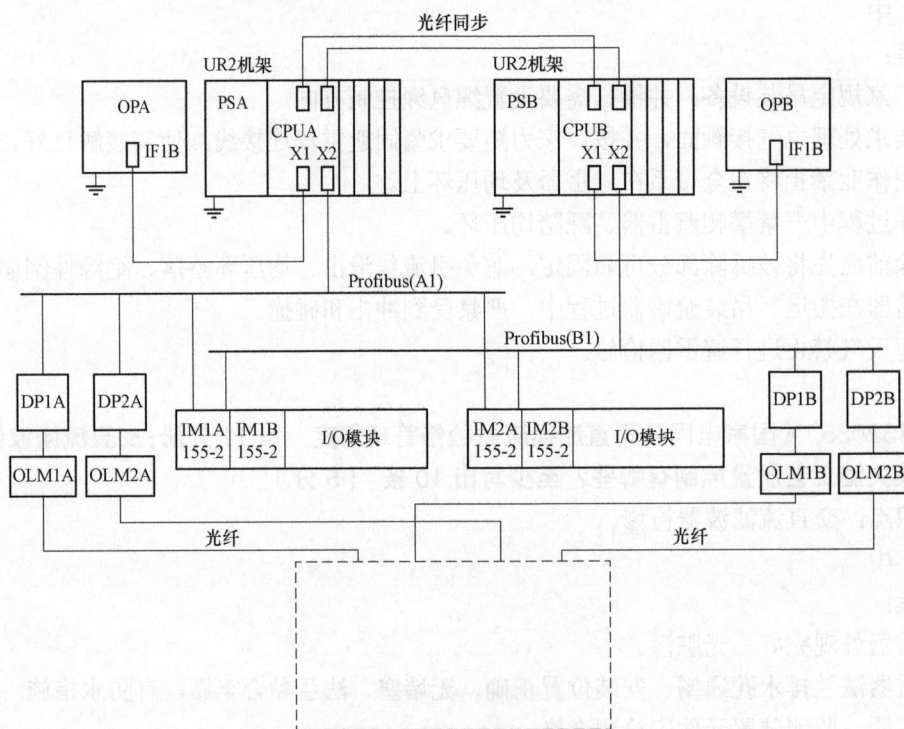

图 Jb1003421036（a）

考核知识点： 阀内冷系统的原理

难易度： 易

标准答案：

如图 Jb1003421036（b）所示。

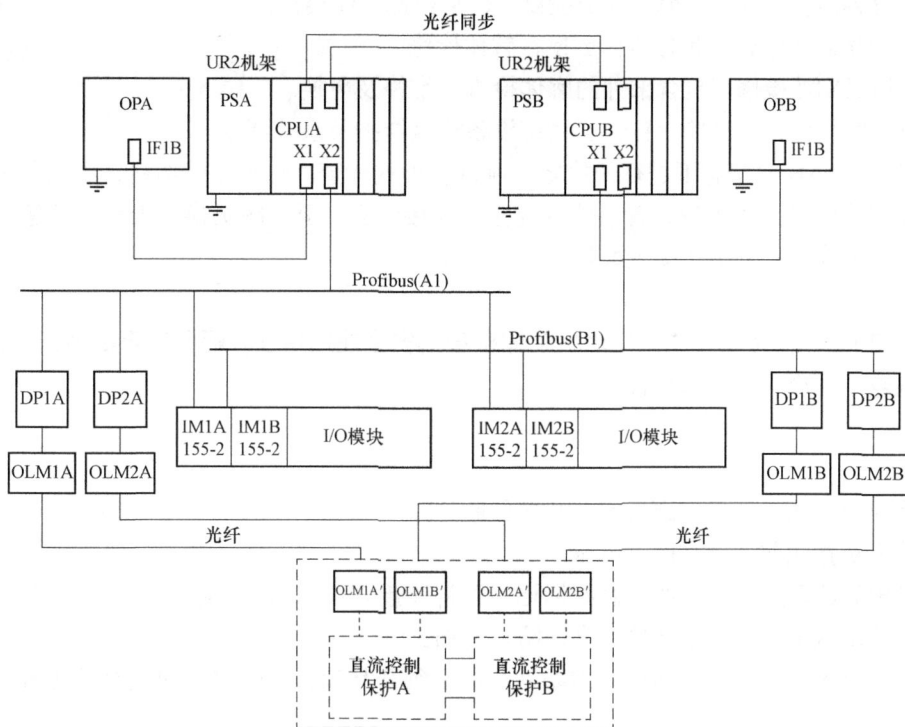

图 Jb1003421036（b）

Jb1003431037 根据阀内水冷系统精益化评价细则，主循环泵例行试验中对电动机绝缘和直阻的要求是什么？（5分）

考核知识点：阀冷却系统精益化细则

难易度：易

标准答案：

（1）主循环泵电动机绕组绝缘电阻不应小于 10MΩ。

（2）主循环泵电动机直阻初值差小于5%，绕组直流电阻三相平衡（三相最大差值/最小值不大于2%）。

Jb1003432038 阀内水冷系统精益化评价细则中对主过滤器的要求有哪些？（5分）

考核知识点：阀冷却系统精益化细则

难易度：中

标准答案：

（1）主过滤器应设置在阀进水管路侧。

（2）主过滤器应配置压差检测功能，以监视过滤器堵塞情况，并能向后台提供报警信号。

（3）主过滤器应能在不停运阀内水冷系统的条件下进行清洗或更换，滤芯应具备足够的机械强度以防止在冷却水冲刷下的损伤，过滤精度应满足换流阀的要求。

（4）按要求定期检查、清洗滤网。

Jb1003432039 简述阀内水冷系统检修的分类及检修项目。（5分）

考核知识点：阀冷系统检修项目

难易度：中

标准答案：

检修工作分为四类：A 类检修、B 类检修、C 类检修、D 类检修。

A 类检修指整体性检修，包含整体更换、解体检修。

B 类检修指局部性检修，包含部件的解体检查、维修及更换。

C 类检修指例行检查及试验，包含子系统设备检查维护及系统调试。

D 类检修指在不停电状态下进行的检修、测试和外观检查，包含专业巡视、主循环泵电机润滑油补充、设备外观清洁及锈蚀处理、管道法兰及接头连接紧固、氮气罐更换、表计和传感器数据比对、辅助二次元器件更换、控制柜风扇更换等不停电工作。

Jb1003432040　阀冷系统主泵电动机解体检查的安全注意事项有哪些？至少写出 5 条。（5 分）

考核知识点： 阀冷系统检修项目

难易度：中

标准答案：

（1）检修前应确认电动机电源及安全开关已断开。

（2）拆除电源接线前，确认已无电压。

（3）拆除电源线前应在电源线上做好标记，并将连接方式、标记做好记录。

（4）工作前确认电机冷却至环境温度，防止烫伤。

（5）进入检修区严禁吸烟和明火，需要动火的必须开具动火工作票，动火时禁止将氧气瓶与乙炔瓶堆放在一起。

（6）现场使用的工具，应是带有绝缘把柄的工具，防止造成短路和接地。

Jb1003432041　简述阀内水冷系统检修中的系统功能试验。（5 分）

考核知识点： 阀内水冷系统检修项目

难易度：中

标准答案：

（1）交流电源切换装置功能正常，当其中一路交流电源故障时，系统应能发出告警，且能自动切换至另一路备用电源。

（2）主循环泵手动（包括远方操作）和自动切换功能正常，当主循环泵切换不成功时，应能自动回切，且内水冷系统流量保护应不动作。

（3）主循环泵漏水检测装置功能正常。

（4）内外循环方式切换功能正常，且切换过程中泄漏保护不动作。

（5）流量、温度、压力、泄漏、液位等保护定值及动作结果正确。

Jb1003433042　《国家电网有限公司防止直流换流站事故措施及释义》中对阀内冷系统泄漏保护的要求是什么？（5 分）

考核知识点： 阀内冷系统泄漏保护原理

难易度：难

标准答案：

（1）微分泄漏保护投报警和跳闸，24h 泄漏保护仅投报警。

（2）对于采取内冷水内外循环运行方式的系统，在内外循环方式切换时应退出泄漏保护，并设置适当延时，防止膨胀罐水位在内外循环切换时发生变化导致泄漏保护误动。

（3）阀内冷水系统内外循环设计应结合地区特点，年最低温度高于 0℃的地区，宜取消内循环运行方式。

（4）膨胀罐液位变化定值和延时设置应有足够裕度，能躲过最大温度、传输功率变化及内外循环切换等引起的水位波动，防止水位正常变化导致保护误动。

Jb1003431043 《国家电网有限公司防止直流换流站事故措施及释义》中规定，在运行阶段，运维单位应加强内冷水系统管理，重点要求有哪些？（5分）

考核知识点：阀内冷系统运行维护要点

难易度：易

标准答案：

（1）在阀内冷水系统手动补水和排水期间，应退出泄漏保护，防止保护误动。

（2）应加强内冷水系统各类阀门管理，装设位置指示装置和阀门闭锁装置，防止人为误动阀门或者阀门在运行中受震动发生变位，引起保护误动。

Jb1003431044 《国家电网有限公司防止直流换流站事故措施及释义》中规定，阀内冷出水温度传感器如何配置？（5分）

考核知识点：阀内冷系统传感器配置

难易度：易

标准答案：

阀内水冷系统应装设双重化的阀出水温度传感器，在每套水冷保护内，阀出水温度保护按"二取二"原则出口，保护动作后执行功率回降命令，或参照换流阀厂家要求执行相应动作逻辑；保护动作延时应小于晶闸管换流阀过热允许时间。

Jb1003431045 《国家电网有限公司防止直流换流站事故措施及释义》中规定，在哪些工作中需要手动退出微分泄漏保护？（5分）

考核知识点：阀内冷系统泄漏保护原理

难易度：易

标准答案：

在阀内冷水系统手动补水、排水和主泵检修期间，应退出微分泄漏保护，防止保护误动。

Jb1003433046 阀内水冷系统验收细则中竣工（预）验收部分，关于主循环泵保护配置及故障切换相关的验收标准是什么？（5分）

考核知识点：阀内水冷系统验收细则

难易度：难

标准答案：

主循环泵应配过热保护装置，备用泵可用时允许切换主泵，备用泵不可用时禁止切换主泵；一台主循环泵故障时应切换到另一主循环泵且发出报警信号；两台主循环泵都故障时不应直接闭锁直流，可增加流量低或进阀压力低闭锁直流；主水流量保护跳闸延时应大于主泵切换不成功回切至原主泵运行的时间。

Jb1003433047 阀内水冷系统验收细则中竣工（预）验收部分，关于去离子系统的验收标准是什么？（5分）

考核知识点：阀内水冷系统验收细则

难易度：难
标准答案：

（1）离子交换器应无锈蚀、无渗漏。

（2）去离子装置应包含装填有离子交换树脂的离子交换器、精密过滤器和调节纯水流量的调节阀。

（3）去离子装置应设置两套离子交换器，采用一用一备工作方式。

（4）每个离子交换器中的离子交换树脂应能满足至少1年的使用寿命；在去离子水出口应设置电导率传感器和精密过滤器，前者用于监视离子交换树脂是否失效，后者用于防止树脂流入主水回路中，精密过滤器过滤精度不宜低于10μm。

（5）去离子系统的设计处理流量应能满足在3h内将内冷水循环一次的要求；去离子系统应具备去离子水流量监视和调节功能。

Jb1003431048　阀内冷系统主要由哪些部分组成？（5分）

考核知识点：基础知识

难易度：易

标准答案：

主循环泵、补水泵、主过滤器、去离子交换器、脱气罐、膨胀罐、补水箱、氮气罐、旁通阀等。

Jb1003432049　电机及风扇的专业巡视主要包括什么？至少写出5条。（5分）

考核知识点：阀外风冷系统检修细则

难易度：中

标准答案：

（1）电机及风扇轴承润滑正常、旋转正常，无阻塞、异常声响。

（2）带负荷运行，红外测量无异常发热。

（3）扇叶无裂纹、破损或异常声响。

（4）传动装置（皮带）外观无裂纹、破损、断裂。

（5）传动正常，无松动、滑脱、过紧。

（6）防雨罩应无破损、锈蚀、进水、受潮现象。

Jb1003431050　根据状态检修工作标准，水冷却系统包括哪些部分，性能指标有哪些？（5分）

考核知识点：状态检修

难易度：易

标准答案：

（1）水冷却系统包括水泵电动机、内冷水处理回路、外冷水处理回路、测量表计、电源系统、管道六部分。

（2）水冷却系统的性能指标包括冷却能力、密封性、水质、电动机性能、测控系统性能、外观。

Jb1004431051　哪些情况下换流变压器本体重瓦斯保护应临时改投信号？（5分）

考核知识点：换流变压器检修

难易度：易

标准答案：

换流变压器运行中滤油、补油或更换潜油泵时；二次保护回路工作时；在气体继电器采集气样或油样时；需要打开放气或放油阀门时。

Jb1004432052　已知换流变压器本体到储油柜油管畅通，本体压力释放阀的动作值是 70kPa，变压器本体顶部至储油柜油位高度为 3 m。现如果对胶囊充入氮气打压，问多大的压强时，本体压力释放阀会动作？变压器油密度 ρ=900kg/m³，g=10m/s。（5 分）

考核知识点：压力释放阀原理

难易度：中

标准答案：

液体底部压强 $P=\rho g h$

$$P=70\times900\times10\times3\times10^{-3}=43（kPa）$$

所以压强为 43kPa 时，本体压力释放阀会动作。

Jb1004432053　试分析为什么换流变压器套管末屏接地不良会损坏套管。（5 分）

考核知识点：换流变压器检修

难易度：中

标准答案：

如果末屏接地不良，因在大电流作用下，其绝缘电位是悬浮的，电容屏不能起均压作用，在一次侧通有大电流后，套管外绝缘电位升高会导致放电，甚至损毁套管。

Jb1004432054　对变压器绕组绝缘介质损耗因数测试的要求是什么？（5 分）

考核知识点：换流变压器检测

难易度：中

标准答案：

测量宜在顶层油温低于 50℃且高于 0℃时进行，测量时记录顶层油温和空气相对湿度，非测量绕组及外壳接地。

Jb1004432055　换流变压器套管末屏接地不良会导致套管出现哪些损坏？（5 分）

考核知识点：换流变压器检修

难易度：中

标准答案：

末屏接地不良，会使套管对变压器外壳放电，甚至引起套管外绝缘放电，损毁套管。

Jb1004431056　干式平波电抗器交接试验项目有哪些？（5 分）

考核知识点：平波电抗器检测

难易度：易

标准答案：

绕组连同套管的直流电阻测量；电感测量；噪声测量。

Jb1004431057　对于一组 12 脉动换流单元的换流变压器，有哪四种选择方案？（5 分）

考核知识点：换流变压器原理

难易度：易

标准答案：

（1）1 台三相三绕组变压器。

（2）2 台三相双绕组变压器。

（3）3 台单相三绕组变压器。

（4）6 台单相双绕组变压器。

Jb1004433058　换流变压器与普通变压器相比有什么特点？（5 分）

考核知识点：换流变压器原理

难易度：难

标准答案：

换流变压器在直流输电系统中是一个关键设备，换流变压器比普通变压器的工作环境要恶劣得多，在阀侧绕组中由于换流器触发相位不一致将有直流分量流过，使铁芯趋于饱和，导致增加铁损和噪声。换流器正常换相实质上是两相交替短路的过程，二换相失败则是三相瞬时短路过程，因此要求换流变压器有足够大的漏抗。

Jb1004433059　运行中换流变压器油温高的原因有哪些？（5 分）

考核知识点：换流变压器检修

难易度：难

标准答案：

换流变压器油温过高的原因包括换流变压器工作环境温度过高；换流变压器工作环境通风状况不良；换流变压器一次侧电压过高或过低；换流变压器过负荷运行；换流变压器的铁芯损耗较大；换流变压器冷却器运行异常；换流变压器内部故障。

Jb1004432060　直流穿墙套管的红外检测标准有哪些？（5 分）

考核知识点：直流穿墙套管检测

难易度：中

标准答案：

与前次比较，热像图无明显变化；与同类型设备比较，相同位置的温差不大于 3K。

Jb1005431061　直流分压器验收包含哪几个环节？（5 分）

考核知识点：直流分压器

难易度：易

标准答案：

直流分压器验收包括可研初设审查、厂内验收、到货验收、竣工（预）验收、启动验收五个关键环节。

Jb1005432062　直流电压互感器试验项目有哪些？（5 分）

考核知识点：直流分压器

难易度：中

标准答案：

（1）电压限制装置功能验证。

（2）分压电阻、电容值测量，分压比校核。

（3）二次电缆绝缘电阻，直流耐压。

（4）绝缘油试验，油中溶解气体的色谱分析（油纸绝缘）。

（5）SF_6 气体湿度检测（SF_6 绝缘）；SF_6 气体成分分析（SF_6 绝缘）；SF_6 气体的密度继电器检验；

SF_6 气体的压力表校验及监视。

Jb1005433063　直流分压器检修周期规定是什么？至少写出 5 条。（5 分）

考核知识点：直流分压器

难易度：难

标准答案：

（1）基本周期为 1 年。

（2）可依据设备状态、地域环境、电网结构等特点，在基准周期的基础上酌情延长或缩短检修周期，调整后的检修周期不大于基准周期的 2 倍。

（3）老旧设备（大于 20 年运龄），检修周期不大于基准周期。

（4）停运 6 个月以上重新投运前的设备，应进行检修，对核心部件或主体进行解体性检修后重新投运的设备，可参照新设备要求执行。

（5）现场备用设备应视同运行设备进行检修；备用设备投运前应进行检修。

（6）符合以下各项条件的设备，检修可以在周期调整后的基础上最多延迟 1 个年度：巡视中未见可能危及该设备安全运行的任何异常；带电检测（如有）显示设备状态良好；上次试验与其前次（或交接）试验结果相比无明显差异；没有任何可能危及设备安全运行的家族缺陷；上次检修以来，没有经受严重的不良工况。

Jb1005431064　直流分压器密度继电器检修关键工艺质量控制包括哪些？（5 分）

考核知识点：直流分压器

难易度：易

标准答案：

（1）使用的密度继电器应经校检合格并出具合格证。

（2）密度继电器外观完好，无破损、漏油等，防雨罩完好，安装牢固。

（3）密度继电器及管路密封良好，年漏气率小于 0.5%或符合产品技术规定。

（4）电气回路端子接线正确，电气接点切换准确可靠、绝缘电阻符合产品技术规定，并做记录。

Jb1005431065　直流光电流互感器电气验收电阻测量要求是什么？（5 分）

考核知识点：光电流互感器

难易度：易

标准答案：

（1）测量直流电流测量装置的电阻值，与同温下出厂试验值相比，偏差不应大于±10%。

（2）主通流回路接头直流电阻直流场不应超过 15μΩ，阀厅不超过 10μΩ。

Jb1005431066　光电流互感器合并单元上电检查内容是什么？（5 分）

考核知识点：光电流互感器

难易度：易

标准答案：

（1）上电前测量直流电源电压应在规定的工作电压范围内，接线和极性正确。

（2）上电后检查装置硬件和软件能正常工作。

（3）装置运行正常，指示灯指示正确，应无异常、无异味。

（4）合并单元装置时钟与同步时钟核对一致。

Jb1005432067 光电流互感器本体专业巡视要点是什么？至少写出5条。（5分）

考核知识点： 光电流互感器

难易度： 中

标准答案：

（1）设备外观完好，无异常声响、异常振动和异常气味。

（2）复合绝缘子表面清洁，无裂纹、破损及放电现象。

（3）金属部位无锈蚀，底座、构架牢固，无倾斜变形，设备外涂漆层清洁、无大面积掉漆现象。

（4）本体接线盒密封良好。

（5）引线无散股、断股，弧垂满足运行要求。

（6）引线两端线夹及连接螺栓无变形、松动、裂纹、锈蚀、变色、缺失。

（7）支柱无倾斜变形、明显脏污情况，各焊接部位无开裂、变形、锈蚀情况。

（8）接地引下线无锈蚀、连接可靠。

（9）基础无破损、开裂、下沉或倾斜现象。

（10）均压环无锈蚀、变形、破损，表面光滑，无倾斜。

（11）充气（充油）式光电流互感器压力（油位）正常。

（12）外绝缘无闪络放电痕迹及破裂现象，光纤绝缘子无大幅度摆动现象。

Jb1005433068 光电流互感器接线盒验收注意事项？（5分）

考核知识点： 光电流互感器

难易度： 难

标准答案：

（1）室外接线盒应密封良好，内部应无受潮、灰尘及杂物。

（2）室外接线盒光缆不得由上部进出，光缆导水方向应斜向下方，防止雨水流入。

（3）室外接线盒应采取防鸟设计并安装紧固。

（4）接线盒内连线应无虚接、锈蚀，电缆、光纤连接应正确。

（5）光纤端子盒内光纤弯曲半径应大于纤（缆）径的15倍，端子盒外壳不得挤压光纤。

（6）光纤本体应未受到光纤接线盒或其他尖锐部件压迫。

Jb1005431069 零磁通直流电流互感器本体例行试验评价要求是什么？（5分）

考核知识点： 零磁通直流电流互感器

难易度： 易

标准答案：

试验内容及评价要求见表 Jb1005431069。

表 Jb1005431069

试验内容	评价要求
红外测温检测	是否按周期开展
	建立红外图谱库
	图谱清晰全面，本体、连接端子及引流线接头均在图谱中体现
一次绕组绝缘电阻	满足技术规范要求
电容量及介质损耗因数	测量记录

Jb1005431070 零磁通直流电流互感器一次部分出厂试验有哪些？（5分）

考核知识点： 零磁通直流电流互感器

难易度： 易

标准答案：

（1）密封性能试验。

（2）频率响应试验、阶跃响应试验。

（3）直流耐压试验、交流耐压试验。

（4）局部放电试验。

（5）电容量和介质损耗因数测量。

Jb1005432071 零磁通直流电流互感器的运行维护要求是什么？（5分）

考核知识点： 零磁通直流电流互感器

难易度： 中

标准答案：

（1）零磁通直流电流互感器二次侧严禁开路。

（2）环氧树脂绝缘的零磁通直流电流互感器应当紧凑设计、外观完好，二次绕组接线盒密封良好。

（3）零磁通直流电流互感器的二次接线盒连接电缆外应有导线管，且密封良好。

（4）零磁通直流电流互感器电子模块应由两路独立电源或使用二极管来实现电源的冗余连接，正常运行时应保证均在运行状态。

（5）零磁通直流电流互感器直流准确度等要满足主回路的技术要求。

（6）零磁通直流电流互感器电子模块运行正常。

Jb1005433072 零磁通直流电流互感器本体例行检查项目有哪些？至少写出5条。（5分）

考核知识点： 零磁通直流电流互感器

难易度： 难

标准答案：

（1）设备防腐处理应先打磨干净，涂刷底漆干透后再刷面漆。

（2）本体无锈蚀，器身外涂漆层清洁，无爆皮掉漆情况。

（3）若套管径向有穿透性裂纹应及时更换套管，单片伞裙外表破损面积大于 $5mm^2$，破损深度大于1mm，总缺陷面积大于套管面积 0.2% 的应及时修补或更换。

（4）套管表面应清洁，无裂纹、破损和闪络放电痕迹，憎水性等级大于 HC3 时应喷涂防污闪涂料。

（5）充气式（充油式）设备，压力（油位）正常，无渗漏（油）气。

（6）本体接线盒密封良好、无受潮，防雨罩安装牢固。

（7）充油式设备金属膨胀器无变形，膨胀位置指示正常。

（8）二次接线端子无松动，绝缘良好。

Jb1005431073 符合哪几项条件直流避雷器检修可以在周期调整后的基础上最多延迟 1 个年度？（5分）

考核知识点： 直流避雷器

难易度： 易

标准答案：

（1）巡视中未见可能危及该设备安全运行的任何异常。

（2）带电检测（如有）显示设备状态良好。

（3）上次试验与其前次（或交接）试验结果相比无明显差异。

（4）没有任何可能危及设备安全运行的家族缺陷。

（5）上次检修以来，没有经受严重的不良工况。

Jb1005431074　直流避雷器连接部位检修安全注意事项有哪些？（5分）

考核知识点： 直流避雷器

难易度： 易

标准答案：

（1）高空作业禁止将安全带系在避雷器及均压环上。

（2）更换或调整连接部位时，应检查连接部位是否存在裂纹和破损，否则应将连接部位可靠固定后再进行检修。

（3）雷雨天气禁止进行避雷器检修。

Jb1005432075　直流避雷器整体或元件更换安全注意事项有哪些？（5分）

考核知识点： 直流避雷器

难易度： 中

标准答案：

（1）高空作业禁止将安全带系在避雷器及均压环上。

（2）工作过程中严禁攀爬避雷器、踩踏均压环。

（3）拆除前应先将被拆除部分可靠固定，避免引流线滑出、均压环坠落、绝缘件倒塌。

（4）避雷器在搬运、吊装过程中，严禁受到冲击和碰撞。

（5）按厂家规定吊装设备，并根据需要设置缆风绳控制方向。

（6）雷雨天气禁止进行避雷器检修。

Jb1005433076　直流避雷器接触面检查标准是什么？（5分）

考核知识点： 直流避雷器

难易度： 难

标准答案：

（1）引线无散股、扭曲、断股现象；设备线夹无裂纹、无发热。

（2）初测直流电阻，直流场不超过 $15\mu\Omega$、阀厅不超过 $10\mu\Omega$。

（3）力矩紧固后进行标记。

（4）对超标的接头进行打磨、清洁处理，紧固后复测。

（5）不同导电材质接触面应加装铜铝过渡材料，检查过渡材质表面完好无毛刺。

Jb1006432077　空调系统阀厅空调与火灾报警系统联动试验安全注意事项有哪些？（5分）

考核知识点： 空调系统阀厅空调与火灾报警系统联动试验安全注意事项

难易度： 中

标准答案：

（1）联动试验前确认阀厅空调进线电源无异常，无越级跳闸上级电源开关的可能性。

（2）试验前检查阀厅火灾报警联切阀厅空调的信号线正确接入联跳二次回路。

Jb1006432078　空调系统水管道检修安全注意事项有哪些？（5分）

考核知识点：空调系统水管道检修安全注意事项

难易度：中

标准答案：

（1）清洗之前对水质进行采样分析，调查了解设备运行使用情况，判断污垢主要成分，根据水质分析、系统材质和设备系统运行与结垢情况制定清洗方案。

（2）高空作业正确使用安全带及做好其他防坠落措施。

Jb1006432079　空调系统水管道及通风管道专业巡视要点有哪些？（5分）

考核知识点：空调系统水管道及通风管道专业巡视

难易度：中

标准答案：

（1）检查水管道有无渗漏水，清洁无锈蚀。

（2）检查法兰连接处是否渗漏，如是则应拆换密封胶垫。

（3）检查干燥过滤器是否已脏堵或吸潮。

（4）检查电磁调节阀、压差调节阀正常。

（5）新风阀、送风阀、回风阀、水控阀开度满足正常运行要求。

Jb1006432080　空调系统单体空调检修安全注意事项有哪些？（5分）

考核知识点：空调系统单体空调检修安全注意事项

难易度：中

标准答案：

（1）连接压力表检测压缩机排气压力，在空调静态时连接压力表，以免造成高温烫伤。

（2）放氟过程中，人员不能面对管口，高低压阀门不能对着他人排放，避免被氟利昂冻伤或油污溅到身上。

（3）工作前确认空调停运，交流电源已断开。

（4）工作中应使用绝缘良好的工具。

Jb1006432081　紫外火焰探测器检修关键工艺质量控制有哪些？（5分）

考核知识点：空调系统单体空调检修安全注意事项

难易度：中

标准答案：

（1）对火焰探测器外观逐一检查，外观要求干净，安装牢固没有松动，运行正常。

（2）对紫外火焰探测器进行清擦，对其固定件及卡扣进行紧固、更换。

（3）对智能扩展装置、阀厅火灾报警电源汇集箱及信号转接汇集箱二次电缆封堵修补进行维护。

（4）每年年度检修期间对紫外火焰探测器进行报警功能、远程功能和地址编码核对检查试验一次。

Jb1006432082　水消防水泵检修关键工艺质量控制有哪些？（5分）

考核知识点：水消防水泵检修关键工艺质量控制

难易度：中

标准答案：

（1）检查试验自动和手动启动消防水泵，观察压力、运行电流是否正常，并做好记录。

（2）检查消防水泵主备电源自动切换装置是否正常。打开水泵出水管上的放水试验阀，用主电源启动消防水泵，消防水泵启动应正常，关掉主电源，主、备电源切换正常，试验1～3次。

（3）测试水泵的相间及对地绝缘电阻是否符合要求，并做好记录。

（4）测试消防水泵的故障自投功能是否正常。

（5）检查水泵是否运作灵活，必要时，添加润滑油。

Jb1006431083　检测井检修项目有哪些？（5分）

考核知识点： 检测井检修项

难易度： 易

标准答案：

（1）水位正常，土壤无严重干燥情况，水位不正常，要进行补水。

（2）水温正常，土壤温湿度正常。

（3）检修井盖，应覆盖良好，无破损情况。

Jb1006431084　接地极电抗器检修安全注意事项有哪些？（5分）

考核知识点： 接地极电抗器检修安全注意事项

难易度： 易

标准答案：

（1）工作前应将间隔组内各高压设备充分放电。

（2）按厂家规定正确吊装设备，必要时使用缆风绳控制方向，并设专人指挥。

Jb1006432085　接地极的引流井专业巡视要点有哪些？（5分）

考核知识点： 接地极的引流井专业巡视

难易度： 中

标准答案：

（1）井上设置有防护栏和警示标志，且标志完好。

（2）电缆压接头与引流棒之间连接良好，无脱焊。

（3）环氧树脂密封包裹无破损。

Jb1006432086　接地极的馈电电缆专业巡视要点有哪些？（5分）

考核知识点： 接地极的馈电电缆专业巡视

难易度： 中

标准答案：

（1）电缆本体无变形。

（2）外护套无破损、龟裂现象。

（3）电缆无明显烧焦痕迹或焦煳味。

（4）电缆孔洞封堵良好。

Jb1006432087　接地极辅助设备专业巡视要点有哪些？（5分）

考核知识点： 接地极辅助设备专业巡视

难易度： 中

标准答案：

（1）极址建筑大门和围墙无损坏，设有警示标语。
（2）极址建筑围墙安装有电子围栏。
（3）基础无沉降或损坏。
（4）构架表面油漆完好，无锈蚀、变形。
（5）构架金具和螺栓连接牢固。

Jb1006432088　站用备自投装置检修安全注意事项有哪些？（5分）

考核知识点：站用备自投装置检修安全注意事项

难易度：中

标准答案：

（1）备自投控制方式应打至手动状态。
（2）工作前断开柜内各类交直流电源并确认无压。
（3）工作中应使用绝缘良好工具。
（4）备用电源自动投入装置应在工作电源断路器断开后方可使备用电源投入，防止不同电源并列。
（5）带电更换时，应做好二次工作安全措施，电压回路严禁短路，电流回路严禁开路。

Jb1006432089　站用动力电缆检修安全注意事项有哪些？（5分）

考核知识点：站用动力电缆检修安全注意事项

难易度：中

标准答案：

（1）在运输装卸过程中，不应使电缆及电缆盘受到损伤。
（2）电缆在敷设过程中，应统一由专人指挥。
（3）工作中应使用绝缘良好工具。

Jb1006432090　站用交流不间断电源系统（UPS）检修安全注意事项有哪些？（5分）

考核知识点：站用交流不间断电源系统（UPS）检修安全注意事项

难易度：中

标准答案：

（1）工作前断开柜内各类交直流电源并确认无压。
（2）工作中应使用绝缘良好的工具。
（3）逆变电源整体更换工作开展前，先断开柜内各类交直流电源并确认无压。
（4）逆变电源更换时，装置内部部件禁止与金属机壳相碰，严防触电。

Jb1006432091　站用备自投装置例行检查安全注意事项有哪些？（5分）

考核知识点：站用备自投装置例行检查安全注意事项

难易度：中

标准答案：

（1）备自投控制方式应打至手动状态。
（2）工作前断开柜内各类交直流电源并确认无压。
（3）工作中应使用绝缘良好的工具。

Jb1006432092　变压器铁芯为什么要接地但又不能多点接地？（5分）

考核知识点：变压器

难易度：中

标准答案：

（1）运行中变压器的铁芯及其他附件都处于绕组周围的电场内，如不接地，在外加电压的作用下，铁芯及其他附件必然感应一定的电压。

（2）当感应电压超过对地放电电压时，就会产生放电现象。

Jb1006432093　大型检修项目的验收要求有哪些？（5分）

考核知识点：检修项目要求

难易度：中

标准答案：

（1）大型项目采取"班组验收+检修管理单位验收+现场指挥部验收"的三级验收模式。

（2）班组验收完成后，由班组负责人向项目实施单位申请指挥部验收。

（3）检修管理单位验收完成后，由项目实施单位负责人申请现场指挥部验收。

（4）项目实施单位在检修验收前应根据规程规范要求、技术说明书、标准作业卡、检修方案等编制验收标准作业卡。

（5）验收工作完成后应编制验收报告。

Jb1006432094　论述 γ-kick 功能的作用是什么？（5分）

考核知识点：直流原理

难易度：中

标准答案：

γ-kick 又称 γ 角跃变功能，在滤波器或并联电容器投切时，瞬时增加 γ 角整定值，以提高换流器的无功消耗，进而限制交流电压阶跃。

Jb1006432095　交流滤波器母线停电原则有哪些？（5分）

考核知识点：交流滤波器母线停电

难易度：中

标准答案：

（1）检查滤波器母线上所有滤波器断路器已拉开。

（2）拉开相应的中间断路器。

（3）拉开相应的母线侧断路器。

第四章 换流站直流设备检修工（一次）
中级工技能操作

Jc1001443001 直流隔离开关双柱水平开启式本体整体更换过程中的闭锁装置组装。（100 分）
考核知识点： 直流隔离开关检修
难易度： 难

技能等级评价专业技能考核操作工作任务书

一、任务名称
直流隔离开关双柱水平开启式本体整体更换过程中的闭锁装置组装。

二、适用工种
换流站直流设备检修工（一次）中级工。

三、具体任务
（1）工作状态为模拟直流隔离开关双柱水平开启式本体整体故障。工作内容为直流隔离开关双柱水平开启式本体整体更换过程中的闭锁装置组装。

（2）工作任务：

1）模拟直流隔离开关双柱水平开启式本体整体故障，进行直流隔离开关双柱水平开启式本体整体更换过程中的闭锁装置组装。

2）模拟现场工作，准备安全工器具及材料，实施安全措施（按照直流隔离开关双柱水平开启式本体整体更换完成），完成现场检修任务。

四、工作规范及要求
（1）工器具使用及安全措施。
（2）按要求进行直流隔离开关双柱水平开启式本体整体更换过程中的闭锁装置组装。
（3）检修步骤及安全注意事项。

五、考核及时间要求
（1）本考核操作时间为 60 分钟，时间到停止考评，包括安全工器具准备时间。
（2）检修过程中，如确实不能完成某项目，可向考评员申请帮助，该项目不得分，但不影响其他项目。
（3）按照技能操作记录单的要求进行操作，正确记录操作步骤、关键检修节点等。

技能等级评价专业技能考核操作评分标准

工种	换流站直流设备检修工（一次）			评价等级	中级工
项目模块	一次及辅助设备日常维护、检修—直流隔离开关日常维护、检修		编号		Jc1001443001
单位		准考证号		姓名	
考试时限	60 分钟	题型	单项操作	题分	100 分
成绩	考评员		考评组长	日期	
试题正文	直流隔离开关双柱水平开启式本体整体更换过程中的闭锁装置组装				

续表

	需要说明的问题和要求	（1）要求单人完成更换操作。 （2）操作应注意安全，按照标准化作业书的技术安全说明做好安全措施。 （3）安全工器具由考场提供				

序号	项目名称	质量要求	满分	扣分标准	扣分原因	得分
1	工具使用及安全措施					
1.1	各种工器具正确使用	熟练正确使用各种工器具	5	未正确使用，一次扣1分，扣完为止		
1.2	相关安全措施的准备	（1）电动机构二次电源确已断开，隔离措施符合现场实际条件。 （2）拆、装直流隔离开关时，结合现场实际条件适时装设个人保安线。 （3）按厂家规定正确吊装设备	10	电动机构二次电源未断开扣4分； 未合理使用个人保安线扣4分； 未按厂家规定正确吊装设备扣2分		
2	关键工艺质量控制					
2.1	检修过程要求	（1）直流隔离开关、接地开关机械闭锁装置安装位置正确，动作准确可靠并具有足够的机械强度。 （2）机械闭锁板、闭锁盘、闭锁销等互锁配合间隙符合产品技术要求。 （3）连接螺栓紧固力矩值符合产品技术要求，并做紧固标记	60	按照步骤开展，每少一步扣20分		
3	现场恢复	恢复现场	10	未进行现场恢复扣10分		
4	填写报告					
4.1	操作记录	字迹工整，无误	5	每少填写一项扣1分，扣完为止		
4.2	修试记录	将检修（更换）步骤填写清楚，并分析故障原因，提出改进意见	10	每少填写一项扣1分，扣完为止		
	合计		100			

Jc1001443002　直流隔离开关双柱水平开启式本体整体更换过程中的操动机构组装。（100分）
考核知识点：直流隔离开关检修
难易度：难

技能等级评价专业技能考核操作工作任务书

一、任务名称

直流隔离开关双柱水平开启式本体整体更换过程中的操动机构组装。

二、适用工种

换流站直流设备检修工（一次）中级工。

三、具体任务

（1）工作状态为模拟直流隔离开关双柱水平开启式本体整体故障。工作内容为直流隔离开关双柱水平开启式本体整体更换过程中的操动机构组装。

（2）工作任务：

1）模拟直流隔离开关双柱水平开启式本体整体故障，进行直流隔离开关双柱水平开启式本体整体更换过程中的操动机构组装。

2）模拟现场工作，准备安全工器具及材料，实施安全措施（按照直流隔离开关双柱水平开启式本体整体更换完成），完成现场检修任务。

四、工作规范及要求

（1）工器具使用及安全措施。

（2）按要求进行直流隔离开关双柱水平开启式本体整体更换过程中的操动机构组装。

（3）检修步骤及安全注意事项。

五、考核及时间要求

（1）本考核操作时间为 60 分钟，时间到停止考评，包括安全工器具准备时间。

（2）检修过程中，如确实不能完成某项目，可向考评员申请帮助，该项目不得分，但不影响其他项目。

（3）按照技能操作记录单的要求进行操作，正确记录操作步骤、关键检修节点等。

技能等级评价专业技能考核操作评分标准

工种	换流站直流设备检修工（一次）				评价等级	中级工
项目模块	一次及辅助设备日常维护、检修—直流隔离开关日常维护、检修			编号		Jc1001443002
单位			准考证号		姓名	
考试时限	60 分钟	题型		单项操作	题分	100 分
成绩		考评员		考评组长		日期	
试题正文	直流隔离开关双柱水平开启式本体整体更换过程中的操动机构组装					
需要说明的问题和要求	（1）要求单人完成更换操作。 （2）操作应注意安全，按照标准化作业书的技术安全说明做好安全措施。 （3）安全工器具由考场提供					

序号	项目名称	质量要求	满分	扣分标准	扣分原因	得分
1	工具使用及安全措施					
1.1	各种工器具正确使用	熟练正确使用各种工器具	5	未正确使用，一次扣 1 分，扣完为止		
1.2	相关安全措施的准备	（1）电动机构二次电源确已断开，隔离措施符合现场实际条件。 （2）拆、装直流隔离开关时，结合现场实际条件适时装设个人保安线。 （3）按厂家规定正确吊装设备	10	电动机构二次电源未断开扣 4 分； 未合理使用个人保安线扣 4 分； 未按厂家规定正确吊装设备扣 2 分		
2	关键工艺质量控制					
2.1	检修过程要求	（1）安装牢固，同一轴线上的操动机构位置应一致，机构输出轴与本体主拐臂在同一中心线上。 （2）合、分闸动作平稳，无卡阻、无异响。 （3）辅助开关安装牢固，动作灵活，接触良好。 （4）二次接线正确、紧固，备用线芯有装绝缘护套。 （5）机构箱接地、密封、驱潮加热装置完好，且其安装位置应远离二次控制回路导线、连接螺栓紧固。 （6）组装完毕，复查所有连接螺栓紧固，力矩值符合产品技术要求，并做紧固标记	60	按照步骤开展，每少一步扣 10 分		
3	现场恢复	恢复现场	10	未进行现场恢复扣 10 分		
4	填写报告					
4.1	操作记录	字迹工整，无误	5	每少填写一项扣 1 分，扣完为止		
4.2	修试记录	将检修（更换）步骤填写清楚，并分析故障原因，提出改进意见	10	每少填写一项扣 1 分，扣完为止		
	合计		100			

Jc1001443003　直流隔离开关双柱水平开启式本体整体更换过程中的设备调试和测试。（100分）

考核知识点： 直流隔离开关检修

难易度： 难

技能等级评价专业技能考核操作工作任务书

一、任务名称

直流隔离开关双柱水平开启式本体整体更换过程中的设备调试和测试。

二、适用工种

换流站直流设备检修工（一次）中级工。

三、具体任务

（1）工作状态为模拟直流隔离开关双柱水平开启式本体整体故障。工作内容为直流隔离开关双柱水平开启式本体整体更换过程中的设备调试和测试。

（2）工作任务：

1）模拟直流隔离开关双柱水平开启式本体整体故障，进行直流隔离开关双柱水平开启式本体整体更换过程中的设备调试和测试。

2）模拟现场工作，准备安全工器具及材料，实施安全措施（按照直流隔离开关双柱水平开启式本体整体更换完成），完成现场检修任务。

四、工作规范及要求

（1）工器具使用及安全措施。

（2）按要求进行直流隔离开关双柱水平开启式本体整体更换过程中的设备调试和测试。

（3）检修步骤及安全注意事项。

五、考核及时间要求

（1）本考核操作时间为60分钟，时间到停止考评，包括安全工器具准备时间。

（2）检修过程中，如确实不能完成某项目，可向考评员申请帮助，该项目不得分，但不影响其他项目。

（3）按照技能操作记录单的要求进行操作，正确记录操作步骤、关键检修节点等。

技能等级评价专业技能考核操作评分标准

工种	换流站直流设备检修工（一次）				评价等级		中级工
项目模块	一次及辅助设备日常维护、检修—直流隔离开关日常维护、检修				编号		Jc1001443003
单位			准考证号			姓名	
考试时限	60分钟	题型		单项操作		题分	100分
成绩		考评员		考评组长		日期	
试题正文	直流隔离开关双柱水平开启式本体整体更换过程中的设备调试和测试						
需要说明的问题和要求	（1）要求单人完成更换操作。 （2）操作应注意安全，按照标准化作业书的技术安全说明做好安全措施。 （3）安全工器具由考场提供						

序号	项目名称	质量要求	满分	扣分标准	扣分原因	得分
1	工具使用及安全措施					
1.1	各种工器具正确使用	熟练正确使用各种工器具	5	未正确使用，一次扣1分，扣完为止		
1.2	相关安全措施的准备	（1）电动机构二次电源已断开，隔离措施符合现场实际条件。 （2）拆、装直流隔离开关时，结合现场实际条件适时装设个人保安线。 （3）按厂家规定正确吊装设备	10	电动机构二次电源未断开扣4分； 未合理使用个人保安线扣4分； 未按厂家规定正确吊装设备扣2分		

序号	项目名称	质量要求	满分	扣分标准	扣分原因	得分
2	关键工艺质量控制					
2.1	检修过程要求	（1）合、分闸位置及合闸过死点位置符合厂家技术要求。 （2）动作时间应符合厂家技术要求。 （3）电气及机械闭锁动作可靠。 （4）限位装置应准确可靠，到达分、合极限位置时，应可靠地切除电源。 （5）操动机构的分、合闸指示与本体实际分、合闸位置相符。 （6）主回路电阻测试，符合产品技术要求。 （7）接地回路电阻测试，符合产品技术要求。 （8）二次元件及控制回路的绝缘电阻及电阻测试符合技术要求。 （9）辅助开关切换可靠、准确	60	按照步骤开展，每少一步扣7分，扣完为止		
3	现场恢复	恢复现场	10	未进行现场恢复扣10分		
4	填写报告					
4.1	操作记录	字迹工整，无误	5	每少填写一项扣1分，扣完为止		
4.2	修试记录	将检修（更换）步骤填写清楚，并分析故障原因，提出改进意见	10	每少填写一项扣1分，扣完为止		
	合计		100			

Jc1001443004　直流隔离开关双柱水平开启式触头及导电臂检修。（100分）

考核知识点： 直流隔离开关检修

难易度： 难

技能等级评价专业技能考核操作工作任务书

一、任务名称

直流隔离开关双柱水平开启式触头及导电臂检修。

二、适用工种

换流站直流设备检修工（一次）中级工。

三、具体任务

（1）工作状态为模拟直流隔离开关双柱水平开启式触头及导电臂故障。工作内容为直流隔离开关双柱水平开启式触头及导电臂检修。

（2）工作任务：

1）模拟直流隔离开关双柱水平开启式触头及导电臂故障，进行直流隔离开关双柱水平开启式触头及导电臂检修。

2）模拟现场工作，准备安全工器具及材料，实施安全措施（按照直流隔离开关双柱水平开启式触头及导电臂检修完成），完成现场检修任务。

四、工作规范及要求

（1）工器具使用及安全措施。

（2）按要求进行直流隔离开关双柱水平开启式触头及导电臂检修。

（3）检修步骤及安全注意事项。

五、考核及时间要求

（1）本考核操作时间为 60 分钟，时间到停止考评，包括安全工器具准备时间。

（2）检修过程中，如确实不能完成某项目，可向考评员申请帮助，该项目不得分，但不影响其他项目。

（3）按照技能操作记录单的要求进行操作，正确记录操作步骤、关键检修节点等。

技能等级评价专业技能考核操作评分标准

种		换流站直流设备检修工（一次）			评价等级	中级工
项目模块		一次及辅助设备日常维护、检修—直流隔离开关日常维护、检修		编号		Jc1001443004
单位			准考证号		姓名	
考试时限	60 分钟		题型	单项操作	题分	100 分
成绩		考评员		考评组长	日期	
试题正文		直流隔离开关双柱水平开启式触头及导电臂检修				
需要说明的问题和要求		（1）要求单人完成更换操作。 （2）操作应注意安全，按照标准化作业书的技术安全说明做好安全措施。 （3）安全工器具由考场提供。				

序号	项目名称	质量要求	满分	扣分标准	扣分原因	得分
1	工具使用及安全措施					
1.1	各种工器具正确使用	熟练正确使用各种工器具	5	未正确使用，一次扣 1 分，扣完为止		
1.2	相关安全措施的准备	（1）拆装导电臂时应采取防护措施。 （2）结合现场实际条件适时装设个人保安线	10	未采取防护措施扣 5 分； 未合理使用个人保安线扣 5 分		
2	关键工艺质量控制					
2.1	检修过程要求	（1）导电臂拆解前应做好标记。 （2）触头侧导电杆表面应平整、清洁，镀层无脱落。 （3）触指侧触头夹无烧损，镀层无脱落，压紧弹簧无锈蚀、断裂、弹性良好。 （4）触头表面应平整、清洁。 （5）导电臂（管）无变形、锈蚀、焊接面无裂纹。 （6）导电带绕向正确，无断片，接触面无氧化，镀层无脱落，连接紧固。 （7）接线座无变形、裂纹，镀层完好。 （8）连接螺栓紧固，力矩值符合产品技术要求，并做紧固标记。 （9）卡板、螺栓、开口销等无锈蚀、变形	60	按照步骤开展，每少一步扣 7 分，扣完为止		
3	现场恢复	恢复现场	10	未进行现场恢复扣 10 分		
4	填写报告					
4.1	操作记录	字迹工整，无误	5	每少填写一项扣 1 分，扣完为止		
4.2	修试记录	将检修（更换）步骤填写清楚，并分析故障原因，提出改进意见	10	每少填写一项扣 1 分，扣完为止		
	合计		100			

Jc1001443005　直流隔离开关双柱水平开启式导电基座检修。（100 分）

考核知识点：直流隔离开关检修

难易度：难

技能等级评价专业技能考核操作工作任务书

一、任务名称

直流隔离开关双柱水平开启式导电基座检修。

二、适用工种

换流站直流设备检修工（一次）中级工。

三、具体任务

（1）工作状态为模拟直流隔离开关双柱水平开启式导电基座故障。工作内容为直流隔离开关双柱水平开启式导电基座检修。

（2）工作任务：

1）模拟直流隔离开关双柱水平开启式导电基座故障，进行直流隔离开关双柱水平开启式导电基座检修。

2）模拟现场工作，准备安全工器具及材料，实施安全措施（按照直流隔离开关双柱水平开启式导电基座检修完成），完成现场检修任务。

四、工作规范及要求

（1）工器具使用及安全措施。

（2）按要求进行直流隔离开关双柱水平开启式导电基座检修。

（3）检修步骤及安全注意事项。

五、考核及时间要求

（1）本考核操作时间为60分钟，时间到停止考评，包括安全工器具准备时间。

（2）检修过程中，如确实不能完成某项目，可向考评员申请帮助，该项目不得分，但不影响其他项目。

（3）按照技能操作记录单的要求进行操作，正确记录操作步骤、关键检修节点等。

技能等级评价专业技能考核操作评分标准

工种	换流站直流设备检修工（一次）				评价等级	中级工	
项目模块	一次及辅助设备日常维护、检修—直流隔离开关日常维护、检修			编号		Jc1001443005	
单位			准考证号			姓名	
考试时限	60分钟	题型		单项操作		题分	100分
成绩		考评员		考评组长		日期	
试题正文	直流隔离开关双柱水平开启式导电基座检修						
需要说明的问题和要求	（1）要求单人完成更换操作。 （2）操作应注意安全，按照标准化作业书的技术安全说明做好安全措施。 （3）安全工器具由考场提供						

序号	项目名称	质量要求	满分	扣分标准	扣分原因	得分
1	工具使用及安全措施					
1.1	各种工器具正确使用	熟练正确使用各种工器具	5	未正确使用，一次扣1分，扣完为止		
1.2	相关安全措施的准备	（1）结合现场实际条件适时装设个人保安线。 （2）按厂家规定正确吊装设备	10	未合理使用个人保安线扣5分； 未正确吊装设备扣5分		

序号	项目名称	质量要求	满分	扣分标准	扣分原因	得分
2	关键工艺质量控制					
2.1	检修过程要求	（1）基座完好，无锈蚀、变形。 （2）转动轴承座法兰表面平整，无变形、锈蚀、缺损。 （3）转动轴承座转动灵活，无卡滞、异响。 （4）检查键槽及连接键是否完好。 （5）调节拉杆的双向接头螺纹完好、转动灵活，轴孔无磨损、变形。 （6）检查齿轮完好无破损、裂纹，并涂以适合当地气候的润滑脂。 （7）检修时拆下的弹性圆柱销、挡圈、绝缘垫圈等，应予以更换。 （8）接线座无变形、裂纹、腐蚀，镀层完好。 （9）连接螺栓紧固，力矩值符合产品技术要求，并做紧固标记	60	按照步骤开展，每少一步扣7分，扣完为止		
3	现场恢复	恢复现场	10	未进行现场恢复扣10分		
4	填写报告					
4.1	操作记录	字迹工整，无误	5	每少填写一项扣1分，扣完为止		
4.2	修试记录	将检修（更换）步骤填写清楚，并分析故障原因，提出改进意见	10	每少填写一项扣1分，扣完为止		
	合计		100			

Jc1003442006　阀内冷系统氮气稳压系统氮气瓶更换。（100分）

考核知识点：阀冷系统基本操作

难易度：中

技能等级评价专业技能考核操作工作任务书

一、任务名称

阀内冷系统氮气稳压系统氮气瓶更换。

二、适用工种

换流站直流设备检修工（一次）中级工。

三、具体任务

（1）工作状态为阀内冷系统处于自动运行模式。工作内容为阀内冷系统氮气稳压系统氮气瓶更换。

（2）工作任务：阀内冷系统氮气稳压系统氮气瓶更换。

四、工作规范及要求

按要求在阀内冷系统自动运行模式下对阀内冷系统氮气稳压系统氮气瓶进行更换。

五、考核及时间要求

本考核操作时间为30分钟，时间到停止考评，包括阀冷系统状态确认和报告整理时间。

技能等级评价专业技能考核操作评分标准

工种	换流站直流设备检修工（一次）		评价等级	中级工
项目模块	一次及辅助设备日常维护、检修—阀冷却系统的日常维护、检修	编号	Jc1003442006	
单位		准考证号	姓名	
考试时限	30分钟	题型	单项操作	题分	100分
成绩		考评员	考评组长	日期	
试题正文	阀内冷系统氮气稳压系统氮气瓶更换			
需要说明的问题和要求	（1）要求单人操作。 （2）操作应注意安全，按照标准化作业书的技术安全说明做好安全措施。 （3）填写修试记录			

序号	项目名称	质量要求	满分	扣分标准	扣分原因	得分
1	安全措施					
1.1	相关安全措施的准备	（1）核对设备双重名称。 （2）进入作业现场正确佩戴安全帽，现场作业人员应穿全棉长袖工作服、绝缘鞋	20	未核对设备双重名称扣10分； 安全帽佩戴不规范扣4分，未穿全棉长袖工作服扣3分，未穿绝缘鞋扣3分		
2	阀冷系统检查					
2.1	阀冷系统关键点检查	能对阀内冷系统进行关键点检查，确认无异常后方可进行更换操作。 关键点：阀内冷系统氮气稳压系统氮气瓶压力、阀冷系统告警界面告警信息	20	关键点检查缺一项扣10分（可口述），扣完为止		
3	氮气瓶更换	能正确进行氮气瓶更换： （1）确认需要更换的压力低氮气瓶。 （2）关闭氮气瓶阀门。 （3）关闭氮气瓶对应针型阀。 （4）拆除压力低氮气瓶连接管。 （5）更换满气氮气瓶，重新安装连接管，并将空气瓶进行"空"标记。 （6）打开针型阀及氮气瓶阀门。 （7）确认氮气瓶压力表、减压阀表计数据正常。 （8）使用泡沫水检查连接管道气密性	40	未确认需要更换的压力低氮气瓶，扣5分； 未关闭氮气瓶阀门，扣5分； 未关闭氮气瓶对应针型阀，扣5分； 未拆除压力低氮气瓶连接管，扣5分； 未更换满气氮气瓶，重新安装连接管，并将空气瓶进行"空"标记，扣5分； 未打开针型阀及氮气瓶阀门，扣5分； 未确认氮气瓶压力表、减压阀表计数据正常，扣5分； 未使用泡沫水检查连接管气密性，扣5分		
4	填写报告					
4.1	修试记录	正确填写更换报告。 报告应包括更换氮气瓶前、后压力、膨胀罐压力、阀门状态、氮气瓶编号	20	根据核对信息酌情扣分		
	合计		100			

Jc1003441007 阀外冷系统排污泵启动。（100分）

考核知识点： 阀冷系统基本操作

难易度： 易

技能等级评价专业技能考核操作工作任务书

一、任务名称

阀外冷系统排污泵启动。

二、适用工种

换流站直流设备检修工（一次）中级工。

三、具体任务

（1）工作状态为阀外冷系统处于手动模式。工作内容为阀外冷系统排污泵启动。

（2）工作任务：阀外冷系统排污泵启动。

四、工作规范及要求

按要求进行阀外冷系统手动模式下对阀外冷系统排污泵启动。

五、考核及时间要求

本考核操作时间为30分钟，时间到停止考评，包括阀冷系统状态确认和报告整理时间。

技能等级评价专业技能考核操作评分标准

工种	换流站直流设备检修工（一次）		评价等级	中级工
项目模块	一次及辅助设备日常维护、检修—阀冷却系统的日常维护、检修	编号		Jc1003441007
单位		准考证号	姓名	
考试时限	30分钟	题型	单项操作	题分	100分
成绩	考评员	考评组长	日期	
试题正文	阀外冷系统排污泵启动			
需要说明的问题和要求	（1）要求单人操作。（2）操作应注意安全，按照标准化作业书的技术安全说明做好安全措施。（3）填写操作记录			

序号	项目名称	质量要求	满分	扣分标准	扣分原因	得分
1	安全措施					
1.1	相关安全措施的准备	（1）核对设备双重名称。（2）进入作业现场正确佩戴安全帽，现场作业人员应穿全棉长袖工作服、绝缘鞋	20	未核对设备双重名称扣10分；安全帽佩戴不规范扣4分，未穿全棉长袖工作服扣3分，未穿绝缘鞋扣3分		
2	阀冷系统检查					
2.1	阀冷系统关键点检查	能对阀外冷系统进行关键点检查，确认无异常后方可进行启动操作。关键点：阀外冷系统在手动状态、阀外冷系统集污坑内积水液位、排污泵状态、阀外冷系统告警界面告警信息	20	关键点检查缺一项扣5分（可口述），扣完为止		
3	阀外冷系统排污泵启动	能正确进行阀外冷系统排污泵启动：（1）现场确认阀外冷系统集污坑内积水液位满足排污泵启动条件。（2）在AP17阀外冷系统控制屏柜上确认有无相关告警信息。（3）单击AP17阀外冷系统控制屏柜上"集水坑控制"按钮。（4）在弹出界面输入账号、密码。（5）单击P42或P43启动按钮。（6）观察集污坑液位下降至目标液位后单击停止。（7）现场确认集污坑液位降低。（8）单击操作密码退出按钮，并再次确认系统有无异常告警	40	未现场确认阀外冷系统集污坑内积水液位满足排污泵启动条件，扣5分；未在AP17阀外冷系统控制屏柜上确认有无相关告警信息，扣5分；未单击AP17阀外冷系统控制屏柜上"集水坑控制"按钮，扣5分；未在弹出界面输入账号、密码扣5分；未能正常启动排污泵，扣5分；未观察集污坑液位下降至目标液位，扣5分；未现场确认集污坑液位降低，扣5分；未单击操作密码退出按钮，扣5分		

序号	项目名称	质量要求	满分	扣分标准	扣分原因	得分
4	填写报告					
4.1	操作记录	正确填写启动报告。 报告应包括启动排污泵编号、集污坑液位、是否正常启动、有无告警信号产生等信息	20	根据核对信息酌情扣分		
	合计		100			

Jc1003441008　阀外冷系统防冻棚卷帘门关闭操作。（100分）

考核知识点：阀冷系统基本操作

难易度：易

技能等级评价专业技能考核操作工作任务书

一、任务名称

阀外冷系统防冻棚卷帘门关闭操作。

二、适用工种

换流站直流设备检修工（一次）中级工。

三、具体任务

（1）工作状态为阀冷系统处于自动模式。工作内容为阀外冷系统防冻棚卷帘门关闭操作。

（2）工作任务：阀外冷系统防冻棚卷帘门关闭操作。

四、工作规范及要求

按要求进行阀冷系统自动模式下对阀外冷系统防冻棚卷帘门关闭操作。

五、考核及时间要求

本考核操作时间为30分钟，时间到停止考评，包括阀冷系统状态确认和报告整理时间。

技能等级评价专业技能考核操作评分标准

工种	换流站直流设备检修工（一次）			评价等级		中级工
项目模块	一次及辅助设备日常维护、检修—阀冷却系统的日常维护、检修		编号		Jc1003441008	
单位			准考证号		姓名	
考试时限	30分钟	题型		单项操作	题分	100分
成绩		考评员		考评组长	日期	
试题正文	阀外冷系统防冻棚卷帘门关闭操作					
需要说明的问题和要求	（1）要求单人操作。 （2）操作应注意安全，按照标准化作业书的技术安全说明做好安全措施。 （3）填写操作记录					

序号	项目名称	质量要求	满分	扣分标准	扣分原因	得分
1	安全措施					
1.1	相关安全措施的准备	（1）核对设备双重名称。 （2）进入作业现场正确佩戴安全帽，现场作业人员应穿全棉长袖工作服、绝缘鞋	20	未核对设备双重名称操作扣10分；安全帽佩戴不规范扣4分，未穿全棉长袖工作服扣3分，未穿绝缘鞋扣3分		
2	阀冷系统检查					

续表

序号	项目名称	质量要求	满分	扣分标准	扣分原因	得分
2.1	阀冷系统关键点检查	能对阀外冷系统进行关键点检查，确认无异常后方可进行启动操作。 关键点：阀冷系统在自动状态、防冻棚卷帘门空气开关在合、进阀温度正常、阀冷系统告警界面告警信息	20	关键点检查缺一项扣 5 分（可口述），扣完为止		
3	阀外冷系统防冻棚卷帘门关闭操作	能正确进行阀外冷系统防冻棚卷帘门关闭操作： （1）现场确认防冻棚卷帘门位置正常。 （2）在防冻棚操作开关盒处找到对应卷帘门操作开关。 （3）单击操作开关"下"按键。 （4）手放置于操作开关急停按钮上，若卷帘门发生异常情况及时进行停止。 （5）待关闭到指定位置时，对卷帘门进行进一步检查，确认状态正常。 （6）检查阀冷系统控制界面进阀温度有无变化	40	未现场确认防冻棚卷帘门位置正常，扣5分； 未在防冻棚操作开关盒处找到对应卷帘门操作开关，扣5分； 未单击操作开关"下"按键，扣5分； 未将手放置于操作开关急停按钮上，扣5分； 若卷帘门发生异常情况未能及时进行停止，扣5分； 未待关闭到指定位置时，对卷帘门进行进一步检查，确认状态正常，扣5分； 未检查阀冷系统控制界面进阀温度有无变化，扣10分		
4	填写报告					
4.1	操作记录	正确填写启动报告。 报告应包括关闭卷帘门位置、关闭前后进阀温度变化、是否正常关闭、有无告警信号产生等信息	20	根据核对信息酌情扣分		
	合计		100			

Jc1003452009 阀外冷系统防冻棚卷帘门关闭操作（含故障）。（100 分）

考核知识点： 阀冷系统基本操作

难易度： 中

技能等级评价专业技能考核操作工作任务书

一、任务名称

阀外冷系统防冻棚卷帘门关闭操作（含故障）。

二、适用工种

换流站直流设备检修工（一次）中级工。

三、具体任务

（1）工作状态为阀冷系统处于自动模式。工作内容为阀外冷系统防冻棚卷帘门关闭操作（含故障）。

（2）工作任务：阀外冷系统防冻棚卷帘门关闭操作（含故障）。

四、工作规范及要求

按要求在阀冷系统自动模式下对阀外冷系统防冻棚卷帘门关闭进行操作（含故障）。

五、考核及时间要求

本考核操作时间为 30 分钟，时间到停止考评，包括阀冷系统状态确认和报告整理时间。

技能等级评价专业技能考核操作评分标准

工种	换流站直流设备检修工（一次）			评价等级	中级工
项目模块	一次及辅助设备日常维护、检修—阀冷却系统的日常维护、检修		编号	Jc1003452009	
单位		准考证号		姓名	
考试时限	30分钟	题型	单项操作	题分	100分
成绩		考评员	考评组长	日期	
试题正文	阀外冷系统防冻棚卷帘门关闭操作（含故障）				
需要说明的问题和要求	（1）要求单人操作。 （2）操作应注意安全，按照标准化作业书的技术安全说明做好安全措施。 （3）填写操作记录				

序号	项目名称	质量要求	满分	扣分标准	扣分原因	得分
1	安全措施					
1.1	相关安全措施的准备	（1）核对设备双重名称。 （2）进入作业现场正确佩戴安全帽，现场作业人员应穿全棉长袖工作服、绝缘鞋	20	未核对设备双重名称操作扣10分；安全帽佩戴不规范扣4分，未穿全棉长袖工作服扣3分，未穿绝缘鞋扣3分		
2	阀冷系统检查					
2.1	阀冷系统关键点检查	能对阀外冷系统进行关键点检查，确认无异常后方可进行启动操作。 关键点：阀冷系统在自动状态、防冻棚卷帘门空气开关在合、进阀温度正常、阀冷系统告警界面告警信息	20	关键点检查缺一项扣5分（可口述），扣完为止		
3	阀外冷系统防冻棚卷帘门关闭操作	能正确进行阀外冷系统防冻棚卷帘门关闭操作： （1）现场确认防冻棚卷帘门位置正常。 （2）在防冻棚操作开关盒处找到对应卷帘门操作开关。 （3）单击操作开关"下"按键。 （4）手放置于操作开关急停按钮上，若卷帘门发生异常情况及时进行停止。 （5）待关闭到指定位置时，对卷帘门进行进一步检查，确认状态正常。 （6）检查阀冷系统控制界面进阀温度有无变化	20	未现场确认防冻棚卷帘门位置正常，扣5分； 未在防冻棚操作开关盒处找到对应卷帘门操作开关，扣5分； 未单击操作开关"下"按键，扣5分； 未将手放置于操作开关急停按钮上，扣5分； 若卷帘门发生异常情况未能及时进行停止，扣5分； 未待关闭到指定位置时，对卷帘门进行进一步检查，确认状态正常，扣5分； 未检查阀冷系统控制界面进阀温度有无变化，扣10分		
4	故障排查					
4.1	故障查找	能正确进行故障查找。 故障1：卷帘门上级电源未合 故障2：电动机电源线虚接	10	未查找出故障每个扣5分		
4.2	故障排除	能正确进行故障排除	10	未正确排除故障每个扣5分，扣完为止		
5	填写报告					
5.1	操作记录	正确填写启动报告。 报告应包括关闭卷帘门位置、关闭前后进阀温度变化、是否正常关闭、发现的故障及处理措施、有无告警信号产生等信息	20	根据核对信息酌情扣分		
	合计		100			

Jc1003441010　阀外冷系统空冷散热器换热管束除污（停运状态）。（100分）

考核知识点： 阀冷系统基本操作

难易度： 易

技能等级评价专业技能考核操作工作任务书

一、任务名称

阀外冷系统空冷散热器换热管束除污（停运状态）。

二、适用工种

换流站直流设备检修工（一次）中级工。

三、具体任务

（1）工作状态为阀外冷系统处于停运模式。工作内容为阀外冷系统空冷散热器换热管束除污。

（2）工作任务：阀外冷系统空冷散热器换热管束除污。

四、工作规范及要求

按要求在阀外冷系统停运模式下对阀外冷系统空冷散热器换热管束进行除污。

五、考核及时间要求

本考核操作时间为30分钟，时间到停止考评，包括阀冷系统状态确认和报告整理时间。

技能等级评价专业技能考核操作评分标准

工种	换流站直流设备检修工（一次）			评价等级	中级工
项目模块	一次及辅助设备日常维护、检修—阀冷却系统的日常维护、检修		编号	Jc1003441010	
单位		准考证号		姓名	
考试时限	30分钟	题型	单项操作	题分	100分
成绩		考评员	考评组长	日期	
试题正文	阀外冷系统空冷散热器换热管束除污（停运状态）				
需要说明的问题和要求	（1）要求单人操作。 （2）操作应注意安全，按照标准化作业书的技术安全说明做好安全措施。 （3）填写修试记录				

序号	项目名称	质量要求	满分	扣分标准	扣分原因	得分
1	安全措施					
1.1	相关安全措施的准备	（1）核对设备双重名称。 （2）进入作业现场正确佩戴安全帽，现场作业人员应穿全棉长袖工作服、绝缘鞋	20	未核对设备双重名称操作扣10分；安全帽佩戴不规范扣4分，未穿全棉长袖工作服扣3分，未穿绝缘鞋扣3分		
2	阀外冷系统检查					
2.1	阀外冷系统关键点检查	能对阀外冷系统进行关键点检查，确认无异常后方可进行更换操作。 关键点：阀冷系统在停运状态、冷却器在停止状态、阀冷系统告警界面告警信息	20	关键点检查缺一项扣5分（可口述），扣完为止		
3	阀外冷系统空冷散热器换热管束除污	能正确进行阀外冷系统空冷散热器换热管束除污： （1）断开该组换热管束电源。 （2）风机就地安全开关置于关位。 （3）距离设备200～300mm处，按气流的相反方向进行清洗。清洗时从中间开始，再扩散至四周，喷头尽可能与翅片垂直，最大角度不超±5°，以防止翅片弯曲。 （4）恢复该组换热管束电源及风机安全开关	40	未断开该换热管束电源，扣10分；未断开风机就地安全开关，扣10分；未按要求进行清洗，酌情扣1～10分；未恢复该组换热管束电源及风机安全开关，扣10分		
4	填写报告					
4.1	修试记录	正确填写更换报告。 报告应包括冲洗的换热管束编号、冲洗结果、恢复后电源及安全开关状态等信息	20	根据核对信息酌情扣分		
	合计		100			

Jc1003441011　阀内冷系统补水过滤器更换。（100分）

考核知识点：阀内冷系统补水过滤器更换

难易度：易

技能等级评价专业技能考核操作工作任务书

一、任务名称

阀内冷系统补水过滤器更换。

二、适用工种

换流站直流设备检修工（一次）中级工。

三、具体任务

（1）工作状态为阀冷系统运行，补水过滤器 Z21 运行。工作内容为补水过滤器 Z21 清洗维护。补水回路如图 Jc1003441011 所示。

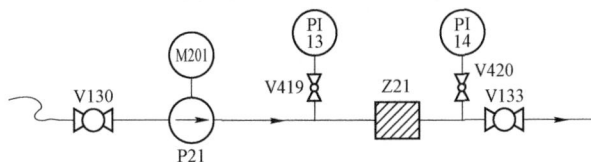

图 Jc1003441011

（2）工作任务：进行补水过滤器 Z21 清洗，更换步骤应符合要求，确保设备正常稳定运行。

四、工作规范及要求

熟悉阀冷系统补水过滤器更换的方法，熟练使用仪器仪表及工器具。

五、考核及时间要求

本考核操作时间为 30 分钟，时间到停止考评。

技能等级评价专业技能考核操作评分标准

工种	换流站直流设备检修工（一次）			评价等级	中级工
项目模块	一次及辅助设备日常维护、检修—阀冷却系统的日常维护、检修		编号		Jc1003441011
单位		准考证号		姓名	
考试时限	30分钟	题型	单项操作	题分	100分
成绩		考评员	考评组长		日期	
试题正文	阀内冷系统补水过滤器更换				
需要说明的问题和要求	（1）要求单人操作。 （2）操作应注意安全，按照标准化作业书的技术安全说明做好安全措施。 （3）填写修试记录				

序号	项目名称	质量要求	满分	扣分标准	扣分原因	得分
1	工具使用及安全措施					
1.1	相关安全措施的准备	（1）核对设备双重名称。 （2）进入作业现场正确佩戴安全帽，现场作业人员应穿全棉长袖工作服、绝缘鞋	20	未核对设备扣 10 分； 安全帽佩戴不规范扣 4 分，未穿全棉长袖工作服扣 3 分，未穿绝缘鞋扣 3 分		
2	补水过滤器清洗更换	（1）关闭阀门 V133，用活动扳手拆卸补水过滤器。 （2）取出滤芯，清理并检查其内部的异物。 （3）恢复滤芯，紧固好补水过滤器，保证连接处严密无渗漏	60	按照步骤开展，每少一步扣 20 分		

续表

序号	项目名称	质量要求	满分	扣分标准	扣分原因	得分
3	恢复现场并填写报告					
3.1	观察设备运行无异常后，恢复现场，填写修试记录	（1）开启 V133，恢复运行，并确认无渗漏现象。 （2）填写修试记录	20	记录填写不全按比例扣分，总计15分； 无检查扣5分		
	合计		100			

Jc1003441012　阀内冷系统压差表更换。（100分）

考核知识点：阀内冷系统压差表更换

难易度：易

技能等级评价专业技能考核操作工作任务书

一、任务名称

阀内冷系统压差表更换。

二、适用工种

换流站直流设备检修工（一次）中级工。

三、具体任务

（1）工作状态为阀冷系统停运。工作内容为阀内冷系统压差表 dPI01 更换。

（2）工作任务：压差表 dPI01 更换，更换步骤应符合要求，确保设备正常稳定运行。

四、工作规范及要求

熟悉阀内冷系统压差表更换的方法，熟练使用仪器仪表及工器具。

五、考核及时间要求

本考核操作时间为30分钟，时间到停止考评。

技能等级评价专业技能考核操作评分标准

工种	换流站直流设备检修工（一次）			评价等级	中级工
项目模块	一次及辅助设备日常维护、检修—阀冷却系统的日常维护、检修		编号		Jc1003441012
单位		准考证号		姓名	
考试时限	30分钟	题型	单项操作	题分	100分
成绩		考评员	考评组长	日期	
试题正文	阀内冷系统压差表更换				
需要说明的问题和要求	（1）要求单人操作。 （2）操作应注意安全，按照标准化作业书的技术安全说明做好安全措施。 （3）填写修试记录				

序号	项目名称	质量要求	满分	扣分标准	扣分原因	得分
1	工具使用及安全措施					
1.1	相关安全措施的准备	（1）核对设备双重名称。 （2）进入作业现场正确佩戴安全帽，现场作业人员应穿全棉长袖工作服、绝缘鞋	20	未核对设备扣10分； 安全帽佩戴不规范扣4分，未穿全棉长袖工作服扣3分，未穿绝缘鞋扣3分		

序号	项目名称	质量要求	满分	扣分标准	扣分原因	得分
2	压差表更换	（1）关闭压差表进出口节流阀。 （2）先用一把扳手固定对丝接头的卡位，另一把扳手卡住快速接头螺母的卡位。 （3）逆时针缓慢转动扳手，待对丝接头与快速接头螺母的连接完全松动后，再手动移开快速接头螺母及φ6管道。 （4）再用一把扳手卡住转换接头的卡位，另一把扳手卡住压差表卡位。 （5）逆时针缓慢转动扳手，待压差表与转换接头的连接完全松动后，再手动移开压差表。 （6）用扳手拆下压差表上的对丝接头。 （7）清理各接头内螺纹里的生料带。 （8）将新的压差表外螺纹处缠绕生料带	60	按照步骤开展，每少一步扣8分，扣完为止		
3	恢复现场并填写报告					
3.1	观察设备运行无异常后，恢复现场，填写修试记录	（1）安装好压差表后，应保证各连接口无渗漏，再开启节流阀。 （2）填写修试记录	20	记录填写不全按比例扣分，总计15分； 无检查扣5分		
	合计		100			

Jc1003442013　阀冷系统数字量输出模块更换。（100分）

考核知识点： 阀冷系统数字量输出模块更换

难易度： 中

技能等级评价专业技能考核操作工作任务书

一、任务名称

阀冷系统数字量输出模块更换。

二、适用工种

换流站直流设备检修工（一次）中级工。

三、具体任务

（1）工作状态为换流阀检修、阀冷系统运行。工作内容为阀冷系统数字量输出模块 Msc1A 更换。

（2）工作任务：阀冷系统数字量输出模块更换，更换步骤应符合要求，确保设备正常稳定运行。

四、工作规范及要求

熟悉阀冷系统数字量输出模块更换的方法，熟练使用仪器仪表及工器具。

五、考核及时间要求

本考核操作时间为30分钟，时间到停止考评。

技能等级评价专业技能考核操作评分标准

工种	换流站直流设备检修工（一次）				评价等级	中级工
项目模块	一次及辅助设备日常维护、检修—阀冷却系统的日常维护、检修			编号		Jc1003442013
单位			准考证号		姓名	
考试时限	30分钟		题型	单项操作	题分	100分
成绩		考评员		考评组长	日期	
试题正文	阀冷系统数字量输出模块更换					

续表

需要说明的问题和要求	（1）要求单人操作。 （2）操作应注意安全，按照标准化作业书的技术安全说明做好安全措施。 （3）填写修试记录					

序号	项目名称	质量要求	满分	扣分标准	扣分原因	得分
1	工具使用及安全措施					
1.1	相关安全措施的准备	（1）核对设备双重名称。 （2）进入作业现场正确佩戴安全帽，现场作业人员应穿全棉长袖工作服、绝缘鞋	10	未核对设备扣5分； 安全帽佩戴不规范扣2分，未穿全棉长袖工作服扣1分，未穿绝缘鞋扣2分		
2	数字量输出模块更换					
2.1	断开电源	（1）断开柜内所需更换元器件上级断路器（先断开交流，再断开直流）。 （2）用万用表测量对应元器件端子是否已掉电。 （3）在断开断路器和开关处悬挂"禁止合闸，有人工作"标识牌	30	按照步骤开展，每少一步扣10分		
2.2	模块更换	（1）核对备件型号与实物的一致性。 （2）拧松故障数字量输出模块的前连接器固定螺栓，拆下模块前连接器。 （3）拧松故障模块固定螺栓，拆下数字量输出模块。 （4）装上新的数字量输出模块，拧紧模块固定螺栓。 （5）装上前连接器，拧紧前连接器固定螺栓	40	按照步骤开展，每少一步扣10分，扣完为止		
3	恢复现场并填写报告					
3.1	观察设备运行无异常后，恢复现场，填写修试记录	（1）恢复相关断路器（先恢复直流，再恢复交流）；观察阀冷系统运行无异常，信号输出正常。清理现场。 （2）填写修试记录	20	记录填写不全按比例扣分，总计15分； 无检查扣5分		
	合计		100			

Jc1003442014　阀内冷系统多功能仪表更换。（100分）

考核知识点： 阀内冷系统多功能仪表更换

难易度： 中

技能等级评价专业技能考核操作工作任务书

一、任务名称

阀内冷系统多功能仪表更换。

二、适用工种

换流站直流设备检修工（一次）中级工。

三、具体任务

（1）工作状态为换流阀检修、阀内冷系统运行。工作内容为阀内冷系统多功能仪表更换。

（2）工作任务：阀内冷系统多功能仪表更换，更换步骤应符合要求，确保设备正常稳定运行。

四、工作规范及要求

熟悉阀内冷系统多功能仪表更换的方法，熟练使用仪器仪表及工器具。

五、考核及时间要求

本考核操作时间为 30 分钟，时间到停止考评。

技能等级评价专业技能考核操作评分标准

工种	换流站直流设备检修工（一次）			评价等级	中级工
项目模块	一次及辅助设备日常维护、检修—阀冷却系统的日常维护、检修		编号		Jc1003442014
单位		准考证号		姓名	
考试时限	30 分钟	题型	单项操作	题分	100 分
成绩		考评员		考评组长	日期
试题正文	阀内冷系统多功能仪表更换				
需要说明的问题和要求	（1）要求单人操作。 （2）操作应注意安全，按照标准化作业书的技术安全说明做好安全措施。 （3）填写修试记录				

序号	项目名称	质量要求	满分	扣分标准	扣分原因	得分
1	工具使用及安全措施					
1.1	相关安全措施的准备	（1）核对设备双重名称。 （2）进入作业现场正确佩戴安全帽，现场作业人员应穿全棉长袖工作服、绝缘鞋	10	未核对设备扣 5 分； 安全帽佩戴不规范扣 2 分，未穿全棉长袖工作服扣 1 分，未穿绝缘鞋扣 2 分		
2	多功能仪表更换	（1）断开柜内多功能仪表上级断路器，并用万用表测量对应元件端子已掉电。 （2）核对备件型号与故障设备型号一致。 （3）记录所需拆卸或更换导线及其端子位置。 （4）将多功能仪表上所接导线依次拆下，并用绝缘胶带包好。 （5）小心更换多功能仪表，保证元器件安装稳固。 （6）按之前记录的位置依次接上仪表接线并依次试验每根导线是否连接稳固。 （7）恢复相关断路器	70	按照步骤开展，每少一步扣 10 分		
3	恢复现场并填写报告					
3.1	观察设备运行无异常后，恢复现场，填写修试记录	（1）检查所更换多功能仪表功能正常并清理工作现场。 （2）填写修试记录	20	记录填写不全按比例扣分，总计 15 分； 无检查扣 5 分		
	合计		100			

Jc1003441015　阀内冷系统轴承箱注油。（100 分）

考核知识点： 阀内冷系统轴承箱注油

难易度： 易

技能等级评价专业技能考核操作工作任务书

一、任务名称

阀内冷系统轴承箱注油。

二、适用工种

换流站直流设备检修工（一次）中级工。

三、具体任务

（1）工作状态为阀内冷系统检修。工作内容为阀内冷系统轴承箱注油。

（2）工作任务：阀内冷系统轴承箱注油，更换步骤应符合要求，确保设备正常稳定运行。

四、工作规范及要求

熟悉阀内冷系统轴承箱注油的方法，熟练使用仪器仪表及工器具。

五、考核及时间要求

本考核操作时间为30分钟，时间到停止考评。

技能等级评价专业技能考核操作评分标准

工种	换流站直流设备检修工（一次）			评价等级		中级工
项目模块	一次及辅助设备日常维护、检修—阀冷却系统的日常维护、检修			编号		Jc1003441015
单位		准考证号			姓名	
考试时限	30分钟	题型	单项操作		题分	100分
成绩		考评员		考评组长	日期	
试题正文	阀内冷系统轴承箱注油					
需要说明的问题和要求	（1）要求单人操作。 （2）操作应注意安全，按照标准化作业书的技术安全说明做好安全措施。 （3）填写修试记录					

序号	项目名称	质量要求	满分	扣分标准	扣分原因	得分
1	工具使用及安全措施					
1.1	相关安全措施的准备	（1）核对设备双重名称。 （2）进入作业现场正确佩戴安全帽，现场作业人员应穿全棉长袖工作服、绝缘鞋	30	未核对设备扣15分； 安全帽佩戴不规范扣5分，未穿全棉长袖工作服扣5分，未穿绝缘鞋扣5分		
2	轴承箱注油	（1）打开轴承箱顶部注油孔，掰开油杯使其能观察到与轴承箱连接孔。 （2）从注油孔缓缓注油至油杯内与轴承箱连接孔处出现润滑油，此时可保证轴承箱内的油位高度在轴承最下面滚珠的1/3处。 （3）向外轻掰油杯，使油杯反转，向玻璃罩内注油至1/3～2/3（油杯刻有刻度线）。 （4）将注满润滑油的油杯迅速倒扣	50	按照步骤开展，每少一步扣13分，扣完为止		
3	恢复现场并填写报告					
3.1	观察设备运行无异常后，恢复现场，填写修试记录	（1）检查油杯无渗漏。清理工作现场。 （2）填写修试记录	20	记录填写不全按比例扣分，总计15分； 无检查扣5分		
	合计		100			

Jc00025611016　换流变压器本体气体继电器检查。（100分）

考核知识点： 换流变压器本体气体继电器检查

难易度： 易

技能等级评价专业技能考核操作工作任务书

一、任务名称

换流变压器本体气体继电器检查。

二、适用工种

换流站直流设备检修工（一次）中级工。

三、具体任务

（1）工作状态为模拟换流站全停检修。工作内容为换流变压器气体继电器检查。

（2）工作任务：

1）检查气体继电器密封情况。

2）检查气体继电器信号回路。

3）检查气体继电器回路绝缘情况。

4）检查气体继电器外观及防雨罩情况。

5）检查气体继电器取气装置。

四、工作规范及要求

（1）工器具使用及安全措施。

（2）登高作业必须正确使用安全带。

（3）测量绝缘时应将控制系统隔离。

五、考核及时间要求

（1）本考核操作时间为 30 分钟，时间到停止考评。

（2）故障查找和排除过程中，如确实不能查找出故障，可向考评员申请排除故障，该项故障项目不得分，但不影响其他项目。

（3）按照技能操作记录单的操作要求进行操作，正确记录操作结果。

技能等级评价专业技能考核操作评分标准

工种	换流站直流设备检修工（一次）				评价等级	中级工
项目模块	一次及辅助设备日常维护、检修—换流变压器的日常维护、检修			编号		Jc00025611016
单位			准考证号		姓名	
考试时限	30 分钟	题型		单项操作	题分	100 分
成绩		考评员		考评组长	日期	
试题正文	换流变压器本体气体继电器检查					
需要说明的问题和要求	（1）要求调试人员单人检查工作。 （2）检查过程中应注意安全，按照标准化作业书的技术安全说明做好安全措施。 （3）正确完成检查步骤。 （4）完整完成检查过程及工序					

序号	项目名称	质量要求	满分	扣分标准	扣分原因	得分
1	正确使用安全工器具及安全措施					
1.1	正确使用安全带	正确使用安全带	5	未正确使用扣 5 分		
1.2	正确佩戴安全帽	正确佩戴安全帽	5	未正确佩戴扣 5 分		
2	检查气体继电器密封情况	密封良好，无渗油痕迹（设置 1 处油污）	10	未发现并处理油污扣 10 分		
3	检查气体继电器信号回路					

续表

序号	项目名称	质量要求	满分	扣分标准	扣分原因	得分
3.1	检查回路	（1）信号回路良好。 （2）手动按下继电器试验按钮，OWS 显示信号正确	10	未开展检查扣10分		
3.2	试验回路	（1）信号回路良好。 （2）手动按下继电器试验按钮，OWS 显示信号正确	10	未开展检查扣10分		
4	检查气体继电器回路绝缘情况					
4.1	绝缘检查	用 1000V 绝缘电阻表测量绝缘电阻不小于1MΩ，正确使用绝缘电阻表	10	未正确使用扣10分		
4.2	绝缘测试	测试绝缘电阻实际值	10	未正确测出绝缘电阻值扣10分		
5	检查气体继电器外观及防雨罩情况	安装正常，无锈蚀，无脱落（设置两处异常）	20	未检查并处理一处扣10分，扣完为止		
6	检查气体继电器取气装置	阀门关闭，无渗油痕迹	10	未检查扣10分		
7	现场恢复	清理并恢复现场	10	未进行现场清理或恢复扣10分		
	合计		100			

Jc00025611017　换流变压器本体压力释放阀检查。（100分）

考核知识点： 换流变压器本体压力释放阀检查

难易度： 易

技能等级评价专业技能考核操作工作任务书

一、任务名称

换流变压器本体压力释放阀检查。

二、适用工种

换流站直流设备检修工（一次）中级工。

三、具体任务

（1）工作状态为模拟换流站全停检修。工作内容为换流变压器本体压力释放阀检查。

（2）工作任务：

1）检查压力释放阀密封情况。

2）检查压力释放阀信号回路。

3）检查压力释放阀回路绝缘情况。

4）检查压力释放阀外观及防雨罩情况。

四、工作规范及要求

（1）工器具使用及安全措施。

（2）登高作业必须正确使用安全带。

（3）测量绝缘时应将控制系统隔离。

五、考核及时间要求

（1）本考核操作时间为30分钟，时间到停止考评。

（2）故障查找和排除过程中，如确实不能查找出故障，可向考评员申请排除故障，该项故障项目不得分，但不影响其他项目。

（3）按照技能操作记录单的操作要求进行操作，正确记录操作结果，试验记录项目包括动作元件、相别、动作出口时间等。

技能等级评价专业技能考核操作评分标准

工种	换流站直流设备检修工（一次）			评价等级	中级工
项目模块	一次及辅助设备日常维护、检修—换流变压器的日常维护、检修		编号	Jc00025611017	
单位		准考证号		姓名	
考试时限	30分钟	题型	单项操作	题分	100分
成绩	考评员	考评组长		日期	
试题正文	换流变压器本体压力释放阀检查				
需要说明的问题和要求	（1）要求调试人员单人检查工作。 （2）检查过错中应注意安全，按照标准化作业书的技术安全说明做好安全措施。 （3）正确完成检查步骤。 （4）完整完成检查过程及工序				

序号	项目名称	质量要求	满分	扣分标准	扣分原因	得分
1	正确使用安全工器具及安全措施					
1.1	正确使用安全带	正确使用安全带	5	未正确使用扣5分		
1.2	正确佩戴安全帽	正确佩戴安全帽	5	未正确佩戴扣5分		
2	检查压力释放阀密封情况	密封良好，无渗油痕迹（设置1处油污）	10	未发现并处理油污扣10分		
3	检查压力释放阀信号回路					
3.1	检查回路	信号回路良好	10	未开展检查扣10分		
3.2	试验回路	手动按下继电器试验按钮，OWS显示信号正确	10	未开展检查扣10分		
4	检查压力释放阀回路绝缘情况					
4.1	绝缘检查	正确使用绝缘电阻表	10	未正确使用扣10分		
4.2	绝缘测试	测试绝缘电阻实际值	10	未正确测出绝缘电阻值扣10分		
5	检查压力释放阀外观及防雨罩情况	安装正常，无锈蚀，无脱落（设置两处异常）	20	未检查并处理一处扣10分，扣完为止		
6	检查压力释放阀取气装置	阀门关闭，无渗油痕迹	10	未进行现场恢复扣10分		
7	现场恢复	清理并恢复现场	10	未进行现场清理或恢复扣10分		
	合计		100			

Jc00025611018　换流变压器本体储油柜油位及油位计检查。（100分）

考核知识点： 换流变压器本体储油柜油位及油位计检查

难易度： 易

技能等级评价专业技能考核操作工作任务书

一、任务名称

换流变压器本体储油柜油位及油位计检查。

二、适用工种

换流站直流设备检修工（一次）中级工。

三、具体任务

（1）工作状态为模拟换流站全停检修。工作内容为换流变压器本体压力释放阀检查。

（2）工作任务：

1）检查储油柜油位。

2）检查储油柜及连管、油位计密封情况。

3）检查储油柜油位计信号回路。

4）检查储油柜油位计回路绝缘情况。

5）检查储油柜油位计外观及防雨罩情况。

四、工作规范及要求

（1）工器具使用及安全措施。

（2）登高作业必须正确使用安全带。

（3）测量绝缘时应将控制系统隔离。

（4）根据温度曲线查对油位。

五、考核及时间要求

（1）本考核操作时间为 30 分钟，时间到停止考评。

（2）故障查找和排除过程中，如确实不能查找出故障，可向考评员申请排除故障，该项故障项目不得分，但不影响其他项目。

（3）按照技能操作记录单的操作要求进行操作，正确记录操作结果，试验记录项目包括动作元件、相别、动作出口时间等。

技能等级评价专业技能考核操作评分标准

工种	换流站直流设备检修工（一次）			评价等级	中级工
项目模块	一次及辅助设备日常维护—换流变压器的日常维护、检修		编号		Jc00025611018
单位		准考证号		姓名	
考试时限	30 分钟	题型	单项操作	题分	100 分
成绩		考评员		考评组长	日期
试题正文	换流变压器本体储油柜油位及油位计检查				
需要说明的问题和要求	（1）要求调试人员单人检查工作。 （2）检查过错中应注意安全，按照标准化作业书的技术安全说明做好安全措施。 （3）正确完成检查步骤。 （4）完整完成检查过程及工序				

序号	项目名称	质量要求	满分	扣分标准	扣分原因	得分
1	正确使用安全工器具及安全措施					
1.1	正确使用安全带	正确使用安全带	10	未正确使用扣 10 分		
1.2	正确佩戴安全帽	正确佩戴安全帽	10	未正确佩戴扣 10 分		
2	检查储油柜油位及油位计密封情况	密封良好，无渗油痕迹（设置 1 处油污）	10	未发现并处理油污扣 10 分		
3	检查储油柜油位及油位计信号回路					
3.1	检查回路	信号回路良好	10	未开展检查扣 10 分		
3.2	试验回路	手动按下继电器试验按钮，OWS 显示信号正确	10	未开展检查扣 10 分		

序号	项目名称	质量要求	满分	扣分标准	扣分原因	得分
4	检查储油柜油位及油位计回路绝缘情况					
4.1	绝缘回路	正确使用绝缘电阻表	10	未正确使用扣10分		
4.2	绝缘测试	测试绝缘电阻实际值	10	未正确测出绝缘电阻值扣10分		
5	检查储油柜油位及油位计外观及防雨罩情况	安装正常，无锈蚀，无脱落（设置两处异常）	20	未检查并处理一处扣10分，扣完为止		
6	现场恢复	清理并恢复现场	10	未进行现场清理或恢复扣10分		
	合计		100			

Jc00025611019　换流变压器本体测温装置检查。（100分）

考核知识点：换流变压器本体测温装置检查

难易度：易

技能等级评价专业技能考核操作工作任务书

一、任务名称

换流变压器本体测温装置检查。

二、适用工种

换流站直流设备检修工（一次）中级工。

三、具体任务

（1）工作状态为模拟换流站全停检修。工作内容为换流变压器本体测温装置检查。

（2）工作任务：

1）检查温度计指示情况。

2）检查温度计、温控器密封情况。

3）检查温度计、温控器信号回路。

4）检查温度计、温控器回路绝缘情况。

5）检查温度计、温控器外观及防雨罩情况。

四、工作规范及要求

（1）工器具使用及安全措施。

（2）登高作业必须正确使用安全带。

（3）测量绝缘时应将控制系统隔离。

（4）根据温度曲线查对油位。

五、考核及时间要求

（1）本考核操作时间为30分钟，时间到停止考评。

（2）故障查找和排除过程中，如确实不能查找出故障，可向考评员申请排除故障，该项故障项目不得分，但不影响其他项目。

（3）按照技能操作记录单的操作要求进行操作，正确记录操作结果。

技能等级评价专业技能考核操作评分标准

工种	换流站直流设备检修工（一次）		评价等级	中级工
项目模块	一次及辅助设备日常维护、检修—换流变压器的日常维护、检修	编号	Jc00025611019	
单位		准考证号	姓名	
考试时限	30分钟	题型	单项操作	题分	100分
成绩		考评员	考评组长	日期	
试题正文	换流变压器本体测温装置检查				
需要说明的问题和要求	（1）要求调试人员单人检查工作。 （2）检查过错中应注意安全，按照标准化作业书的技术安全说明做好安全措施。 （3）正确完成检查步骤。 （4）完整完成检查过程及工序				

序号	项目名称	质量要求	满分	扣分标准	扣分原因	得分
1	正确使用安全工器具及安全措施					
1.1	正确使用安全带	正确使用安全带	10	未正确使用扣10分		
1.2	正确佩戴安全帽	正确佩戴安全帽	10	未正确佩戴扣10分		
2	检查测温装置密封情况	密封良好，无渗油痕迹（设置1处油污）	10	未发现并处理油污扣10分		
3	检查测温装置信号回路					
3.1	检查回路	信号回路良好	10	未开展检查扣10分		
3.2	试验回路	手动按下继电器试验按钮，OWS显示信号正确	10	未开展检查扣10分，找不到试验按钮扣5分		
4	检查测温装置回路绝缘情况					
4.1	绝缘检查	正确使用绝缘电阻表，用1000V绝缘电阻表测量绝缘电阻不小于1MΩ	10	未正确使用扣10分		
4.2	绝缘测试	测试绝缘电阻实际值	10	未正确测出绝缘电阻值扣10分		
5	检查测温装置外观及防雨罩情况	安装正常，无锈蚀，无脱落（设置两处异常）	20	未检查并处理一处扣10分，扣完为止		
6	现场恢复	清理并恢复现场	10	未进行现场清理或恢复扣10分		
	合计		100			

Jc00025611020 换流变压器本体吸湿器检修。（100分）

考核知识点： 换流变压器本体吸湿器检修

难易度： 易

技能等级评价专业技能考核操作工作任务书

一、任务名称

换流变压器本体吸湿器检修。

二、适用工种

换流站直流设备检修工（一次）中级工。

三、具体任务

（1）工作状态为模拟换流站全停检修。工作内容为换流变本体吸湿器检修工作。

（2）工作任务：更换吸湿器硅胶。

四、工作规范及要求

正确使用工器具及安全措施。

五、考核及时间要求

（1）本考核操作时间为 30 分钟，时间到停止考评。

（2）故障查找和排除过程中，如确实不能查找出故障，可向考评员申请排除故障，该项故障项目不得分，但不影响其他项目。

（3）按照技能操作记录单的操作要求进行操作，正确记录操作结果，试验记录项目包括动作元件、相别、动作出口时间等。

技能等级评价专业技能考核操作评分标准

工种	换流站直流设备检修工（一次）			评价等级	中级工
项目模块	一次及辅助设备日常维护、检修—换流变压器的日常维护、检修		编号		Jc00025611020
单位		准考证号		姓名	
考试时限	30 分钟	题型	单项操作	题分	100 分
成绩		考评员	考评组长	日期	
试题正文	换流变压器本体吸湿器检修				
需要说明的问题和要求	（1）要求多人配合完成工作。 （2）检查过错中应注意安全，按照标准化作业书的技术安全说明做好安全措施。 （3）正确完成检查步骤。 （4）完整完成检查过程及工序				

序号	项目名称	质量要求	满分	扣分标准	扣分原因	得分
1	正确使用安全工器具及安全措施					
1.1	正确佩戴安全帽	正确佩戴安全帽	10	未正确佩戴安全帽扣 10 分		
1.2	正确使用安全工器具	正确使用安全工器具	10	为正确使用安全工器具扣 10 分		
2	吸湿器从换流变压器上卸下，倒出内部吸附剂，检查玻璃罩，清洁内部，密封垫进行更换					
2.1	吸湿器检修	玻璃罩清洁完好，密封良好（设置 2 处脏污）	20	未发现脏污并处理一处扣 10 分，扣完为止		
2.2	检查玻璃罩及硅胶变色情况	3/4 以上硅胶变色时必须更换（判断选项）	10	未进行检查判断扣 10 分		
3	把干燥吸附剂装入吸湿器					
3.1	硅胶装入吸湿器要求	（1）离顶盖留下 1/5 高度空隙。 （2）新吸附剂呈蓝色	20	未留空隙扣 10 分； 判断硅胶错误扣 10 分		
4	下部油封罩内注入清洁换流变油，并将罩拧紧					
4.1	注油要求	（1）加油至正常油位线能起到呼吸作用。 （2）拧紧油封罩	20	油位未加到未扣 10 分； 未拧紧扣 10 分		
5	恢复现场	恢复工作现场并收好工器具	10	未将现场收拾干净扣 10 分		
	合计		100			

Jc1005443021　注入直流分压器 SF_6 气体。（100分）

考核知识点：直流分压器检修

难易度：难

技能等级评价专业技能考核操作工作任务书

一、任务名称

注入直流分压器 SF_6 气体。

二、适用工种

换流站直流设备检修工（一次）中级工。

三、具体任务

（1）工作状态为直流系统检修状态。工作内容为使用仪器注入直流分压器 SF_6 气体。

（2）工作任务：使用仪器注入直流分压器 SF_6 气体。

四、工作规范及要求

（1）工器具使用及安全措施。

（2）按要求注入直流分压器 SF_6 气体。

五、考核及时间要求

（1）本考核操作时间为30分钟，时间到停止考评。

（2）按照技能操作记录单的操作要求进行操作，正确记录操作结果。

技能等级评价专业技能考核操作评分标准

工种	换流站直流设备检修工（一次）				评价等级	中级工
项目模块	一次及辅助设备日常维护、检修—直流分压器、光电流互感器、零磁通电流互感器、直流避雷器日常维护、检修			编号		Jc1005443021
单位			准考证号		姓名	
考试时限	30分钟		题型	单项操作	题分	100分
成绩		考评员		考评组长	日期	
试题正文	注入直流分压器 SF_6 气体					
需要说明的问题和要求	（1）要求调试人员单人操作，故障查找及分析在调试过程中完成。 （2）操作应注意安全，按照标准化作业书的技术安全说明做好安全措施。 （3）在直流分压器一次设备上完成操作。 （4）可选考场提供的测试仪或自带测试仪。 （5）试验或检修结果填入修试记录					

序号	项目名称	质量要求	满分	扣分标准	扣分原因	得分
1	工具使用及安全措施					
1.1	各种工器具正确使用	熟练正确使用 SF_6 气体回收仪	10	未正确使用，一次扣2分，扣完为止		
1.2	相关安全措施的准备	（1）工作人员应位于上风口。 （2）使用适宜的带有粉末过滤器与吸附剂的防毒面具，保护施工人员的呼吸道系统，施工人员必须穿专用工作服、戴绝缘手套、专用帽子和防护眼镜，避免与 SF_6 直接接触。 （3）接取电源应专用。 （4）现场应装设遮栏或围栏，遮栏或围栏与设备高压部分应有足够的安全距离，向外悬挂"止步，高压危险！"的标示牌，并派人看守	20	工作人员站立位置不对扣5分； 防护措施不到位扣5分； 电源未专用扣5分； 安全措施布置不到位扣5分（可口述）		

序号	项目名称	质量要求	满分	扣分标准	扣分原因	得分
2	注入 SF_6	（1）用软管将分压器与装置进口端连接起来。 （2）开 V2，确定进口压力表（M1）在 0 表压以下后，启动真空泵电源，开 V1 对软管抽真空。 （3）开 V9，使 SF_6 液化容器内可能存有的 SF_6 液体流入 SF_6 液态贮存容器，再开分压器阀门，慢慢打开 V4，向 SF_6 充气。 （4）如充气后贮存容器内的 SF_6 气体压力下降与被充气分压器趋于平衡，且贮存容器内仍有液体存在时，可打开 SF_6 气化电加热器，使液态 SF_6 充分气化，以提高贮存容器内的 SF_6 气体压力。 （5）当分压器内达到所需压力值时，关闭气化容器电加热器电源，再关闭 V9、V4 和分压器阀门，充气结束	50	连接软管未紧固，密封不可靠扣 8 分； 抽真空阀门开关错误扣 8 分； 充气顺序错误，阀门开关错误扣 8 分； 充气过程中未打开电加热器扣 8 分； 充气完成后阀门关闭顺序错误扣 8 分； 未提前关闭电加热器扣 5 分； 充气过程中操作顺序错误扣 5 分		
3	现场恢复	恢复现场至初始状态	10	未进行现场恢复扣 10 分		
4	填写修试记录					
4.1	检查记录	按格式正确填写检查结果	10	每少填写一项扣 5 分，扣完为止		
	合计		100			

Jc1005442022　光电流互感器远端模块更换。（100 分）

考核知识点： 光电流互感器检修

难易度： 中

技能等级评价专业技能考核操作工作任务书

一、任务名称

光电流互感器远端模块更换。

二、适用工种

换流站直流设备检修工（一次）中级工。

三、具体任务

（1）工作状态为直流系统检修状态。工作内容为开展光电流互感器远端模块更换。

（2）工作任务：开展光电流互感器远端模块更换。

四、工作规范及要求

（1）工器具使用及安全措施。

（2）按要求进行光电流互感器远端模块更换。

五、考核及时间要求

（1）本考核操作时间为 30 分钟，时间到停止考评。

（2）按照技能操作记录单的操作要求进行操作，正确记录操作结果。

技能等级评价专业技能考核操作评分标准

工种	换流站直流设备检修工（一次）					评价等级	中级工
项目模块	一次及辅助设备日常维护、检修—直流电流互感器的日常维护、检修			编号		Jc1005442022	
单位			准考证号			姓名	
考试时限	30 分钟	题型		单项操作		题分	100 分
成绩		考评员		考评组长		日期	
试题正文	光电流互感器远端模块更换						
需要说明的问题和要求	（1）要求调试人员单人操作，故障查找及分析在调试过程中完成。 （2）操作应注意安全，按照标准化作业书的技术安全说明做好安全措施。 （3）在光电流互感器一次设备上完成操作。 （4）可选考场提供的测试仪或自带测试仪。 （5）试验或检修结果填入修试记录						

序号	项目名称	质量要求	满分	扣分标准	扣分原因	得分
1	工具使用及安全措施					
1.1	各种工器具正确使用	熟练正确使用万用表、光纤测试仪	5	未正确使用，一次扣 1 分，扣完为止		
1.2	相关安全措施的准备	（1）高空作业时工器具及物品应采取防跌落措施，禁止上下抛掷物品。 （2）在进行光纤头清洁或检查时应确保直流控制保护主机电源断开，防止激光灼伤人眼。 （3）拆除光纤时应做好光纤保护措施，防止光纤弯曲半径过小导致折断。 （4）检修期间作业车应做好接地措施	10	未采取防跌落措施扣 2 分； 保护主机电源未断开扣 2 分； 光纤未采取保护措施扣 3 分； 作业车未接地扣 3 分（可口述）		
2	远端模块更换	（1）拆开光 TA 盒子。 （2）从模块上取下光纤插件，并用防护帽保护光纤头。 （3）拆下故障远端模块，在原位置安装新远端模块，更换前应确保新远端模块功能正常。 （4）用光纤清洁套装，对光纤头进行清洁处理，并回装至模块上。 （5）回装光 TA 盒子。 （6）在光 TA 主机里重新设置参数。 （7）重启主机，打开光通道监视窗口，对光纤进行光电流、光功率、奇偶校验值等参数检查	60	更换过程中操作顺序错误扣 10 分； 未用防护帽保护光纤扣 10 分； 未确认信远端模块功能正常扣 10 分； 未对光纤进行清洁扣 10 分； 未在光 TA 主机中设置参数扣 10 分； 未对光通道参数进行检查核实扣 10 分		
3	现场恢复	恢复现场	10	未进行现场恢复扣 10 分		
4	填写试验报告					
4.1	试验记录	按格式正确填写试验结果	15	每少填写一项扣 5 分，扣完为止		
	合计		100			

Jc1005442023　直流分压器低压臂电阻测试。（100 分）

考核知识点： 直流分压器检测

难易度： 中

技能等级评价专业技能考核操作工作任务书

一、任务名称

直流分压器低压臂电阻测试。

二、适用工种

换流站直流设备检修工（一次）中级工。

三、具体任务

（1）工作状态为直流系统检修状态。工作内容为开展直流分压器低压臂电阻测试。

（2）工作任务：开展直流分压器低压臂电阻测试。

四、工作规范及要求

（1）工器具使用及安全措施。

（2）按要求进行直流分压器低压臂电阻测试。

五、考核及时间要求

（1）本考核操作时间为 30 分钟，时间到停止考评。

（2）按照技能操作记录单的操作要求进行操作，正确记录操作结果。

技能等级评价专业技能考核操作评分标准

工种	换流站直流设备检修工（一次）				评价等级	中级工
项目模块	一次及辅助设备日常维护、检修—直流分压器、光电流互感器、零磁通电流互感器、直流避雷器的日常维护、检修			编号	Jc1005442023	
单位			准考证号		姓名	
考试时限	30 分钟	题型		单项操作	题分	100 分
成绩		考评员		考评组长		日期	
试题正文	直流分压器低压臂电阻测试					
需要说明的问题和要求	（1）要求调试人员单人操作，故障查找及分析在调试过程中完成。 （2）操作应注意安全，按照标准化作业书的技术安全说明做好安全措施。 （3）在直流分压器一次设备上完成操作。 （4）可选考场提供的测试仪或自带测试仪。 （5）试验或检修结果填入修试记录					

序号	项目名称	质量要求	满分	扣分标准	扣分原因	得分
1	工具使用及安全措施					
1.1	各种工器具正确使用	熟练正确使用绝缘电阻表	5	未正确使用，一次扣 1 分，扣完为止		
1.2	相关安全措施的准备	（1）试验仪器正确接地。 （2）试验电源应具备单独的工作接地和保护接地。 （3）人员及试验仪器与电力设备的高压部分保持足够的安全距离，且操作人员应使用绝缘垫。 （4）试验现场应装设遮栏或围栏，遮栏或围栏与试验设备高压部分应有足够的安全距离，向外悬挂"止步，高压危险！"的标示牌，并派人看守	10	试验仪器未正确接地扣 2 分； 试验电源未正常接地扣 2 分； 人员未使用绝缘垫扣 3 分； 未按照要求设置遮栏扣 3 分（可口述）		
2	低压臂电阻测试					

续表

序号	项目名称	质量要求	满分	扣分标准	扣分原因	得分
2.1	直流分压器低压臂电阻测试	（1）检查试验仪器接地良好，断开直流分压器 H、L 二次端子。 （2）操作试验人员站在绝缘垫上。 （3）将绝缘电阻表接入 H、L 端子测量低压臂电阻。 （4）测量结束，恢复 H、L 二次端子	60	开始试验前未检查仪器接地扣 10 分； 断开二次端子错误扣 10 分； 测试过程中未站在绝缘垫上扣 10 分； 试验表计接入端子位置错误扣 10 分； 试验表计读数错误扣 10 分； 恢复端子错误扣 10 分		
3	现场恢复	恢复现场	10	未进行现场恢复扣 10 分		
4	填写试验报告					
4.1	试验记录	按格式正确填写试验结果	15	每少填写一项扣 5 分，扣完为止		
	合计		100			

Jc1005443024　直流分压器吸附剂更换。（100 分）

考核知识点： 直流分压器检修

难易度： 难

技能等级评价专业技能考核操作工作任务书

一、任务名称

直流分压器吸附剂更换。

二、适用工种

换流站直流设备检修工（一次）中级工。

三、具体任务

（1）工作状态为直流系统检修状态。工作内容为直流分压器吸附剂更换。

（2）工作任务：直流分压器吸附剂更换。

四、工作规范及要求

（1）工器具使用及安全措施。

（2）按要求对直对流分压器吸附剂更换。

五、考核及时间要求

（1）本考核操作时间为 30 分钟，时间到停止考评。

（2）按照技能操作记录单的操作要求进行操作，正确记录操作结果。

技能等级评价专业技能考核操作评分标准

工种		换流站直流设备检修工（一次）		评价等级		中级工
项目模块		一次及辅助设备日常维护、检修—直流分压器、光电流互感器、零磁通电流互感器、直流避雷器的日常维护、检修		编号		Jc1005443024
单位			准考证号		姓名	
考试时限	30 分钟	题型		单项操作	题分	100 分
成绩		考评员		考评组长	日期	
试题正文	直流分压器吸附剂更换					

续表

						扣分原因	得分
需要说明的问题和要求	（1）要求调试人员单人操作，故障查找及分析在调试过程中完成。 （2）操作应注意安全，按照标准化作业书的技术安全说明做好安全措施。 （3）在直流分压器一次设备上完成操作。 （4）可选考场提供的测试仪或自带测试仪。 （5）试验或检修结果填入修试记录						

序号	项目名称	质量要求	满分	扣分标准	扣分原因	得分
1	工具使用及安全措施					
1.1	各种工器具正确使用	熟练正确使用气瓶	10	未正确使用，一次扣2分，扣完为止		
1.2	相关安全措施的准备	（1）打开气室工作前，应先将SF_6气体回收并抽真空后，用高纯氮气冲洗3次。 （2）工作人员位于上风侧，做好防护措施。 （3）应穿戴好乳胶手套，避免直接接触皮肤。 （4）应先开启强排通风装置15min	20	未进行冲洗扣5分； 工作人员未做好防护措施扣5分； 未按照要求佩戴防护用品扣5分； 未使用通风装置扣5分（可口述）		
2	吸附剂更换及故障排查					
2.1	吸附剂更换	（1）正确选用吸附剂，吸附剂规格、数量符合产品技术规定。 （2）吸附剂使用前放入烘箱进行活化，温度、时间符合产品技术规定。 （3）吸附剂取出后应立即装入气室（小于15min），尽快将气室密封抽真空（小于30min）。 （4）对于真空包装的吸附剂，使用前应检查真空包装有无破损，如存在破损进气，应放入烘箱重新进行活化处理	40	更换前未检查吸附剂扣10分； 吸附剂未活化扣10分； 未按时间要求装入吸附剂扣10分； 未按时间要求密封气室扣10分		
2.2	检修故障排查	（1）吸附剂包装袋有破损。 （2）吸附剂装入时间超过15min	20	未找出一处故障扣10分，扣完为止		
3	现场恢复	恢复现场	10	未进行现场恢复扣10分		
	合计		100			

Jc1005443025　直流分压器密度继电器检修。（100分）

考核知识点： 直流分压器检修

难易度： 难

技能等级评价专业技能考核操作工作任务书

一、任务名称

直流分压器密度继电器检修。

二、适用工种

换流站直流设备检修工（一次）中级工。

三、具体任务

（1）工作状态为直流系统检修状态。工作内容为直流分压器密度继电器检修。

（2）工作任务：直流分压器密度继电器检修。

四、工作规范及要求

（1）工器具使用及安全措施。

（2）按要求对直对流分压器密度继电器检修。

五、考核及时间要求

（1）本考核操作时间为 30 分钟，时间到停止考评。

（2）按照技能操作记录单的操作要求进行操作，正确记录操作结果。

技能等级评价专业技能考核操作评分标准

工种	换流站直流设备检修工（一次）			评价等级	中级工
项目模块	一次及辅助设备日常维护、检修—直流分压器、光电流互感器、零磁通电流互感器、直流避雷器的日常维护、检修		编号	Jc1005443025	
单位		准考证号		姓名	
考试时限	30 分钟	题型	单项操作	题分	100 分
成绩		考评员	考评组长	日期	
试题正文	直流分压器密度继电器检修				
需要说明的问题和要求	（1）要求调试人员单人操作，故障查找及分析在调试过程中完成。 （2）操作应注意安全，按照标准化作业书的技术安全说明做好安全措施。 （3）在直流分压器一次设备上完成操作。 （4）可选考场提供的测试仪或自带测试仪。 （5）试验或检修结果填入修试记录				

序号	项目名称	质量要求	满分	扣分标准	扣分原因	得分
1	工具使用及安全措施					
1.1	工器具正确使用	熟练正确使用气体检漏仪	10	未正确使用，一次扣2分，扣完为止		
1.2	相关安全措施的准备	（1）工作前断开密度继电器相关电源并确认无电压。 （2）工作人员位于上风侧，做好防护措施。 （3）作业车应有专人指挥和监护，防止操作不当碰坏设备。 （4）工作前将密度继电器与本体气室的连接气路断开	20	未断开电源扣5分； 工作人员未做好防护措施扣5分； 作业车辆未按要求指挥扣5分； 连接气路未断开扣5分（可口述）		
2	密度继电器检修及故障排查					
2.1	密度继电器检修	（1）使用的密度继电器应经校验合格并出具合格证。 （2）密度继电器外观完好，无破损、漏油等，防雨罩完好，安装牢固。 （3）密度继电器及管路密封良好，年漏气率小于0.5%或符合产品技术规定。 （4）拆除旧继电器，更换新密度继电器，更换过程中对拆除的接线应做标记。 （5）电气回路端子接线正确，电气接点切换准确可靠、绝缘电阻符合产品技术规定，并做记录	40	未检查更换的密度继电器是否有合格证扣5分； 未检查更换的密度继电器外观等是否正常扣10分； 更换过程中拆除接线未做标记扣5分； 未说出年漏气率小于0.5%扣5分； 更换完成未检查接线扣5分； 更换完成未做传动试验及绝缘试验扣10分		
2.2	检修故障排查	绝缘电阻不符合要求	20	未找出故障扣20分		
3	现场恢复	恢复现场	10	未进行现场恢复扣10分		
	合计		100			

Jc1006453026 接地极电容器检修。（100 分）

考核知识点：接地极电容器检修

难易度：难

技能等级评价专业技能考核操作工作任务书

一、任务名称

接地极电容器检修。

二、适用工种

换流站直流设备检修工（一次）中级工。

三、具体任务

（1）工作状态为换流阀检修状态。工作内容为接地极电容器检修。

（2）工作任务：接地极电容器检修。

四、工作规范及要求

（1）工器具使用及安全措施。

（2）按要求进行接地极电容器检修。

五、考核及时间要求

（1）本考核操作时间为 60 分钟，时间到停止考评。

（2）按照技能操作记录单的操作要求进行操作，并填写检修记录。

技能等级评价专业技能考核操作评分标准

工种	换流站直流设备检修工（一次）			评价等级	中级工	
项目模块	一次及辅助设备日常维护、检修—接地极系统的日常维护、检修		编号		Jc1006453026	
单位			准考证号		姓名	
考试时限	60 分钟	题型		多项操作	题分	100 分
成绩		考评员		考评组长	日期	
试题正文	接地极电容器检修					
需要说明的问题和要求	（1）要求单人操作。 （2）操作应注意安全，按照标准化作业书的技术安全说明做好安全措施。 （3）操作记录填入操作记录。试验或检修结果填入修试记录					

序号	项目名称	质量要求	满分	扣分标准	扣分原因	得分
1	工具使用及安全措施					
1.1	各种工器具正确使用	熟练正确使用各种工器具	5	未正确使用，一次扣 1 分，扣完为止		
1.2	相关安全措施的准备	（1）工作前应将电容器逐个多次充分放电。 （2）对安全距离小的电容器检修时，应做好安全防护措施。 （3）拆、装电容器接头时应做好防护措施。 （4）进入作业现场正确佩戴安全帽，现场作业人员应穿全棉长袖工作服、绝缘鞋	10	未充分放电扣 2 分； 未做好安全防护措施扣 2 分； 安全帽佩戴不规范扣 2 分； 未穿全棉长袖工作服扣 2 分； 未穿绝缘鞋扣 2 分		
2	电容检修	（1）设备出厂铭牌齐全、清晰可识别。 （2）运行编号标识清晰可识别。 （3）电容器设备清洁完好，无任何遗留物。 （4）瓷套清洁、无破损，瓷套、底座、法兰等部位应无渗漏油现象。 （5）电容器外壳表面无明显积尘、污垢，无明显变形、鼓肚的现象，外表无锈蚀。 （6）电容器组引线与端子间连接应使用专用压线夹；电容器之间的连接线应采用软连接。 （7）支柱绝缘子铸铁法兰无裂纹，胶接处胶合良好，无开裂。 （8）有红外测温记录，应无过热。 （9）无异常声响	60	未开展铭牌检查扣 15 分； 未开展电容器外观检查扣 15 分； 未开展电容器接线检查扣 15 分； 未开展支柱绝缘子检查扣 15 分		

序号	项目名称	质量要求	满分	扣分标准	扣分原因	得分
3	现场恢复	恢复现场	5	未进行现场恢复扣5分		
4	填写报告					
4.1	修试记录	填写修试记录，包括检修内容及检修结果	20	每少填写一项扣4分，扣完为止		
	合计		100			

Jc1006452027　站用低压断路器检修。（100分）

考核知识点：站用低压断路器检修

难易度：中

技能等级评价专业技能考核操作工作任务书

一、任务名称

站用低压断路器检修。

二、适用工种

换流站直流设备检修工（一次）中级工。

三、具体任务

（1）工作状态为站用电检修状态。工作内容为站用低压断路器检修。

（2）工作任务：站用低压断路器检修。

四、工作规范及要求

（1）工器具使用及安全措施。

（2）按要求进行接地网检修。

五、考核及时间要求

（1）本考核操作时间为30分钟，时间到停止考评。

（2）按照技能操作记录单的操作要求进行操作，并填写检修记录。

技能等级评价专业技能考核操作评分标准

工种	换流站直流设备检修工（一次）					评价等级		中级工
项目模块	一次及辅助设备日常维护、检修—站用电系统的日常维护、检修				编号		Jc1006452027	
单位				准考证号			姓名	
考试时限	30分钟		题型		多项操作		题分	100分
成绩		考评员		考评组长			日期	
试题正文	站用低压断路器检修							
需要说明的问题和要求	（1）要求单人操作。 （2）操作应注意安全，按照标准化作业书的技术安全说明做好安全措施。 （3）操作记录填入操作记录。试验或检修结果填入修试记录							

序号	项目名称	质量要求	满分	扣分标准	扣分原因	得分
1	工具使用及安全措施					
1.1	各种工器具正确使用	熟练正确使用各种工器具	5	未正确使用，一次扣1分，扣完为止		

序号	项目名称	质量要求	满分	扣分标准	扣分原因	得分
1.2	相关安全措施的准备	（1）工作前断开柜内各类交直流电源并确认无电压。 （2）工作中应使用绝缘良好工具。 （3）进入作业现场正确佩戴安全帽，现场作业人员应穿全棉长袖工作服、绝缘鞋	10	未确认无电压扣2分； 未使用绝缘良好工具扣2分； 安全帽佩戴不规范扣2分，未穿全棉长袖工作服扣2分，未穿绝缘鞋扣2分		
2	站用低压断路器检修	（1）外壳应完整无损。 （2）用手缓慢分、合闸，检查辅助触点的动断、动合工作状态应符合规程要求，同时，清擦其表面，对损坏的触头应予及时更换。 （3）热元件的各部位无损坏，间隙符合规程要求，机构应可靠动作，应加润滑油。 （4）低压电器连同所连接电缆及二次回路的绝缘电阻应符合要求	60	未开展外观检查扣20分； 未开展动作试验扣20分； 未开展电缆绝缘检查扣20分		
3	现场恢复	恢复现场	5	未进行现场恢复扣5分		
4	填写报告					
4.1	修试记录	填写修试记录，包括检修内容及检修结果	20	每少填写一项扣4分，扣完为止		
	合计		100			

Jc1006453028　极早期烟雾探测器检修。（100分）

考核知识点：极早期烟雾探测器检修

难易度：难

技能等级评价专业技能考核操作工作任务书

一、任务名称

极早期烟雾探测器检修。

二、适用工种

换流站直流设备检修工（一次）中级工。

三、具体任务

（1）工作状态为消防系统检修状态。工作内容为极早期烟雾探测器检修。

（2）工作任务：极早期烟雾探测器检修。

四、工作规范及要求

（1）工器具使用及安全措施。

（2）按要求进行接地网检修。

五、考核及时间要求

（1）本考核操作时间为30分钟，时间到停止考评。

（2）按照技能操作记录单的操作要求进行操作，并填写检修记录。

技能等级评价专业技能考核操作评分标准

工种	换流站直流设备检修工（一次）		评价等级	中级工
项目模块	一次及辅助设备日常维护、检修—消防系统、空调系统及辅助设施的日常维护、检修	编号		Jc1006453028
单位		准考证号	姓名	

续表

考试时限	30分钟		题型		多项操作		题分		100分	
成绩		考评员		考评组长				日期		
试题正文	极早期烟雾探测器检修									
需要说明的问题和要求	(1) 要求单人操作。 (2) 操作应注意安全，按照标准化作业书的技术安全说明做好安全措施。 (3) 操作记录填入操作记录。试验或检修结果填入修试记录									

序号	项目名称	质量要求	满分	扣分标准	扣分原因	得分
1	工具使用及安全措施					
1.1	各种工器具正确使用	熟练正确使用各种工器具	5	未正确使用，一次扣1分，扣完为止		
1.2	相关安全措施的准备	(1) 做好和跳闸回路的隔离工作，防止误跳运行设备。 (2) 明确检修、技改项目，准备必要的仪器、仪表、材料及工器具。 (3) 进入作业现场正确佩戴安全帽，现场作业人员应穿全棉长袖工作服、绝缘鞋	10	未做好和跳闸回路的隔离工作扣2分； 未准备必要的仪器、仪表、材料及工器具扣2分； 安全帽佩戴不规范扣2分，未穿全棉长袖工作服扣2分，未穿绝缘鞋扣2分		
2	极早期烟雾探测器检修	(1) 对极早期烟雾探测器进行报警功能试验。 (2) 对阀厅内极早期烟雾探测器采样管网进行清理，对其固定件及卡扣进行紧固、更换。 (3) 极早期烟雾探测器外观检查，安装状况，运行情况，线路检测。 (4) 极早期烟雾探测器接口箱内部检查，接线整齐，端子标识清晰。 (5) 极早期烟雾探测器应通信正常。 (6) 极早期烟雾探测器管路清尘清理采用专用吹风机吹扫，内部无灰尘	60	未开展报警功能试验扣10分； 未开展紧固件检查扣15分； 未开展外观检查，每缺一项扣15分； 未开展灰尘清理扣10分； 未开展管路清尘扣10分		
3	现场恢复	恢复现场	5	未进行现场恢复扣5分		
4	填写报告					
4.1	修试记录	填写修试记录，包括检修内容及检修结果	20	每少填写一项扣4分，扣完为止		
	合计		100			

Jc1006542029 泡沫灭火系统检修。（100分）

考核知识点：泡沫灭火系统检修

难易度：中

技能等级评价专业技能考核操作工作任务书

一、任务名称

泡沫灭火系统检修。

二、适用工种

换流站直流设备检修工（一次）中级工。

三、具体任务

（1）工作状态为消防系统检修状态。工作内容为泡沫灭火系统检修。

（2）工作任务：泡沫灭火系统检修。

四、工作规范及要求

（1）工器具使用及安全措施。

（2）按要求进行泡沫灭火系统检修。

五、考核及时间要求

（1）本考核操作时间为30分钟，时间到停止考评。

（2）按照技能操作记录单的操作要求进行操作，并填写检修记录。

技能等级评价专业技能考核操作评分标准

工种	换流站直流设备检修工（一次）			评价等级	中级工
项目模块	一次及辅助设备日常维护、检修—消防系统、空调系统及辅助设施的日常维护、检修		编号		Jc1006542029
单位		准考证号		姓名	
考试时限	30分钟	题型	多项操作	题分	100分
成绩		考评员	考评组长	日期	
试题正文	泡沫灭火系统检修				
需要说明的问题和要求	（1）要求单人操作。 （2）操作应注意安全，按照标准化作业书的技术安全说明做好安全措施。 （3）操作记录填入操作记录。试验或检修结果填入修试记录				

序号	项目名称	质量要求	满分	扣分标准	扣分原因	得分
1	工具使用及安全措施					
1.1	各种工器具正确使用	熟练正确使用各种工器具	5	未正确使用，一次扣1分，扣完为止		
1.2	相关安全措施的准备	（1）做好和跳闸回路的隔离工作，防止误跳运行设备。 （2）明确检修、技改项目，准备必要的仪器、仪表、材料及工器具。 （3）进入作业现场正确佩戴安全帽，现场作业人员应穿全棉长袖工作服、绝缘鞋	10	未做好和跳闸回路的隔离工作扣2分； 未准备必要的仪器、仪表、材料及工器具扣2分； 安全帽佩戴不规范扣2分，未穿全棉长袖工作服扣2分，未穿绝缘鞋扣2分		
2	泡沫灭火系统检修	（1）检查启动瓶药剂贮瓶的压力是否符合出厂充装压力和设计要求（压力表指针是否在绿区），有无泄漏现象。 （2）检查试验手动、自动功能是否正常。 （3）检查电动阀、瓶头阀是否动作灵活正常，无卡涩。 （4）检查泡沫灭火系统启动瓶、动力瓶有无变形，有无腐蚀、脱漆。 （5）检查控制气管有无变形或松脱，检查高压软管有无变形、生锈或老化。 （6）检查泡沫罐液位符合标准，连接法兰和连接螺栓完好、人孔、观察孔、连接管密封、清晰完好、压力表压力指示正确、罐表面防腐层未脱落，标识清晰、齐全、完好。 （7）泡沫喷雾喷头至油枕间水平面倾斜度应符合要求、喷头应固定、规整、无堵塞现象	60	未开展启动瓶压力检查扣20分； 未开展灭火系统外观检查扣20分； 未开展泡沫管倾斜度检查扣20分		

续表

序号	项目名称	质量要求	满分	扣分标准	扣分原因	得分
3	现场恢复	恢复现场	5	未进行现场恢复扣5分		
4	填写报告					
4.1	修试记录	填写修试记录,包括检修内容及检修结果	20	每少填写一项扣4分,扣完为止		
	合计		100			

Jc1006452030　消火栓检修。（100分）

考核知识点：消火栓检修

难易度：中

技能等级评价专业技能考核操作工作任务书

一、任务名称

消火栓检修。

二、适用工种

换流站直流设备检修工（一次）中级工。

三、具体任务

（1）工作状态为消防系统检修状态。工作内容为消火栓检修。

（2）工作任务：消火栓检修。

四、工作规范及要求

（1）工器具使用及安全措施。

（2）按要求进行消火栓检修。

五、考核及时间要求

（1）本考核操作时间为30分钟，时间到停止考评。

（2）按照技能操作记录单的操作要求进行操作，并填写检修记录。

技能等级评价专业技能考核操作评分标准

工种	换流站直流设备检修工（一次）			评价等级	中级工
项目模块	一次及辅助设备日常维护、检修—消防系统、空调系统及辅助设施的日常维护、检修		编号	Jc1006452030	
单位		准考证号		姓名	
考试时限	30分钟	题型	多项操作	题分	100分
成绩		考评员		考评组长	日期
试题正文	消火栓检修				
需要说明的问题和要求	（1）要求单人操作。 （2）操作应注意安全，按照标准化作业书的技术安全说明做好安全措施。 （3）操作记录填入操作记录。试验或检修结果填入修试记录				

序号	项目名称	质量要求	满分	扣分标准	扣分原因	得分
1	工具使用及安全措施					
1.1	各种工器具正确使用	熟练正确使用各种工器具	5	未正确使用，一次扣1分，扣完为止		

续表

序号	项目名称	质量要求	满分	扣分标准	扣分原因	得分
1.2	相关安全措施的准备	（1）做好和跳闸回路的隔离工作，防止误跳运行设备。 （2）明确检修、技改项目，准备必要的仪器、仪表、材料及工器具。 （3）进入作业现场正确佩戴安全帽，现场作业人员应穿全棉长袖工作服、绝缘鞋	10	未做好和跳闸回路的隔离工作扣2分； 未准备必要的仪器、仪表、材料及工器具扣2分； 安全帽佩戴不规范扣2分，未穿全棉长袖工作服扣2分，未穿绝缘鞋扣2分		
2	消火栓检修	（1）消火栓箱内配置齐全，各项配件完好，消火栓口静压符合设计或规范要求。 （2）试验消火栓破玻按钮，消火栓水泵启动，各项联动设施动作，消防中心有报警信号和消防水泵状态显示。 （3）各阀门处于正常的开或关状态，且有明显标志，阀体完好、不漏水。 （4）消火栓系统水泵接合器外观完好，配置齐全，无变形、无渗漏、无缺损。 （5）消火栓喷射时，其充实水柱达到设计或规范要求	60	未开展消火栓试验扣20分； 未开展阀门状态扣20分； 未开展水泵接合器检查扣20分		
3	现场恢复	恢复现场	5	未进行现场恢复扣5分		
4	填写报告					
4.1	修试记录	填写修试记录，包括检修内容及检修结果	20	每少填写一项扣4分，扣完为止		
	合计		100			

第三部分
高级工

第五章 换流站直流设备检修工（一次）高级工技能笔答

Jb1001333001 断路器弹簧操动机构检修过程中针对电动机检修的关键工艺质量控制要点有哪些？至少写出 5 条。（5 分）

考核知识点： 直流断路器电动机检修关键工艺

难易度： 难

标准答案：

（1）电动机固定应牢固，电动机电源相序接线正确，防止电动机反转。

（2）直流电动机换向器状态良好，工作正常。

（3）检查轴承、整流子磨损情况，定子与转子间的间隙应均匀、无摩擦，磨损深度不超过规定值。

（4）电动机的联轴器、刷架、绕组接线、地角、垫片等关键部位应做好标记，引线做好相序记号，原拆原装。

（5）测量电动机绝缘电阻、直流电阻符合相关技术标准要求，并做记录。

（6）储能电动机应能在 85%～110%的额定电压下可靠动作。

Jb1001332002 振荡回路非线性电阻检修过程中非线性电阻连接部位的检修关键工艺质量控制有哪些？至少写出 5 条。（5 分）

考核知识点： 直流断路器非线性电阻检修关键工艺

难易度： 中

标准答案：

（1）连接螺栓无松动、缺失，定位标记无变化。

（2）螺栓外露丝扣及装配方向应符合规范要求。

（3）严重锈蚀或丝扣损伤的螺栓、螺母应进行更换。

（4）螺栓、螺母、弹簧垫圈宜采用热镀锌工艺产品。

（5）非线性电阻各连接面无可见缝隙，并涂覆防水胶。

（6）非线性电阻垂直度应不大于其总高度的 1.5%。

（7）更换或重新紧固后的螺栓应标识。

（8）螺栓材质及紧固力矩应符合技术标准。

Jb1001331003 直流断路器例行检查安全注意事项有哪些？（5 分）

考核知识点： 直流断路器例行检查安全注意

难易度： 易

标准答案：

（1）断开与断路器相关的各类电源并确认无电压。

（2）拆下的控制回路及电源线头所做标记正确、清晰、牢固，防潮措施可靠。

（3）工作前应充分释放所储能量。

（4）承压部件承受压力时不得对其进行修理与紧固。

Jb1001331004 简述直流断路器高压油泵检修安全注意事项。（5分）

考核知识点：直流断路器高压油泵检修安全注意事项

难易度：易

标准答案：

（1）检修前断开储能电源并确认无电压。

（2）工作前应将机构压力充分泄放。

（3）高压油泵及管道承受压力时不得对任何受压元件进行修理与紧固。

Jb1001333005 直流断路器分合闸线圈检修关键工艺质量控制有哪些？（5分）

考核知识点：直流断路器检修要点

难易度：难

标准答案：

（1）按照厂家规定工艺要求进行拆除与装复，确保清洁。

（2）检测并记录分、合闸线圈电阻，检测结果应符合设备技术文件要求，无明确要求时，以线圈电阻初值差不超过±5%作为判据，绝缘电阻值符合相关技术标准要求。

（3）分合闸线圈装配安装牢靠，无渗油。

（4）合闸线圈在额定电源电压的 85%～110% 范围内，应可靠动作；分闸线圈在额定电源电压的 65%～110%（直流）或 85%～110%（交流）范围内，应可靠动作；当电源电压低于额定电压的 30% 时，不应动作。记录测试值。

Jb1001331006 直流断路器本体专业巡视要点？至少写出 5 条。（5分）

考核知识点：直流断路器检修要点

难易度：易

标准答案：

（1）外绝缘无放电现象。

（2）覆冰厚度不超过设计值（一般为10mm），冰凌桥接长度不宜超过干弧距离的1/3。

（3）外绝缘无破损或裂纹，无异物附着，增爬裙无脱胶、变形。

（4）气体压力正常。

（5）无异常声响或气味。

（6）SF_6 密度继电器指示正常，气体无泄漏，表计防震液无渗漏。

（7）套管法兰连接螺栓紧固，胶装部位无破损、裂纹、积水。

（8）高压引线、接地线连接正常，设备线夹无裂纹、无发热。

（9）本体及支架无异物。

Jb1001332007 直流断路器 SF_6 气体回收、抽真空关键工艺质量控制有哪些？至少写出 5 条。（5分）

考核知识点：直流断路器检修要点

难易度：中

标准答案：

（1）回收、抽真空及充气前，检查 SF_6 充放气接口的止回阀顶杆和阀芯，更换使用过的密封圈。

（2）回收、充气装置中的软管和电气设备的充气接头应连接可靠，管路接头连接后抽真空进行密封性检查。

（3）充装 SF_6 气体时，周围环境的相对湿度不应大于 80%。

（4） SF_6 气体应经检测合格（含水量小于或等于 $40\mu L/L$、纯度大于或等于 99.9%），充气管道和接头应使用检测合格的 SF_6 气体进行清洁、干燥处理，充气时应防止空气混入。

（5）气室抽真空及密封性检查应按照厂家要求进行，厂家无明确规定时，抽真空至 133Pa 以下并继续抽真空 30min，停泵 30min，记录真空度（A），再隔 5h，读真空度（B），若 $B-A<133Pa$，则可认为合格，否则应进行处理并重新抽真空至合格为止。

（6）选用的真空泵其功率等技术参数应能满足气室抽真空的最低要求，管径大小及强度、管道长度、接头口径应与被抽真空的气室大小相匹配。

Jb1001332008　直流断路器 SF_6 气体充气关键工艺质量控制有哪些？至少写出 5 条。（5 分）

考核知识点：直流断路器检修要点

难易度：中

标准答案：

（1）宜采用气相法充气。

（2）充气速率不宜过快，以充气管道不凝露、气瓶底部不结霜为宜。环境温度较低时，液态 SF_6 气体不易气化，可对钢瓶加热（不能超过 40℃），提高充气速度。

（3）对使用混合气体的断路器，气体混合比例应符合产品技术规定。

（4）当气瓶内压力降至 0.1MPa 时，应停止充气。充气完毕后，应称钢瓶的质量，以计算断路器内气体的质量，瓶内剩余气体质量应标出。

（5）充气 24h 之后应进行密封性试验。

（6）充气完毕静置 24h 后进行含水量测试、纯度检测，必要时进行气体成分分析。

Jb1001332009　直流断路器传动部件检修关键工艺质量控制有哪些？至少写出 5 条。（5 分）

考核知识点：直流断路器检修要点

难易度：中

标准答案：

（1）施工环境应满足要求，温度不低于 5℃（高寒地区参考执行），相对湿度不大于 80%，并采取防尘、防雨、防潮、防风等措施。

（2）拆除前应做好螺栓、连杆位置标记，复装后应检查位置一致。

（3）检查连板、拐臂有无变形，并进行防腐处理，轴、孔、轴承是否完好，如有明显的晃动或卡涩等情况需进行修复或更换。

（4）螺扣连接部件应有防松措施。

（5）密封槽面应清洁，无杂质、划痕。

（6）检查新密封件完好，已用过的密封件不得重复使用。

（7）涂密封脂时，不得使其流入密封件内侧而与 SF_6 气体接触。

（8）装复后，应以手力进行模拟试操作，检查装复效果。

（9）传动部件装复后放置于烘房加温防潮。

Jb1001332010　直流断路器本体载流金具检修关键工艺质量控制有哪些？至少写出 5 条。（5 分）

考核知识点：直流断路器检修要点

难易度：中

标准答案：

（1）按力矩要求紧固，导线接触良好，力矩参照 GB 50149—2016《电气装置安装工程　母线装置施工及验收规范》，力矩紧固后进行标记。

（2）引线无散股、扭曲、断股现象，握手线夹无开裂。

（3）连接管型母线表面光滑、无毛刺。

（4）初测直流电阻，不超过 15μΩ，对超标的接头进行打磨、清洁处理、涂抹导电膏，紧固后复测，具体步骤按十步法要求执行。

Jb1001333011　断路器弹簧操动机构检修过程中油缓冲器检修关键工艺质量控制要点有哪些？（5分）

考核知识点： 直流断路器检修关键工艺

难易度： 难

标准答案：

（1）油缓冲器无渗漏，油位及行程调整符合产品技术规定，测量缓冲曲线符合要求。

（2）缓冲器动作可靠。操动机构的缓冲器应调整适当，油缓冲器所采用的液压油应与当地的气候条件相适应。

（3）缓冲器压缩量应符合产品技术规定。

（4）缸体内表、活塞外表无划痕，缓冲弹簧进行防腐处理，装配后，连接紧固。

Jb1001332012　断路器弹簧操动机构检修过程中机构箱检修关键工艺质量控制要点有哪些？至少写出 5 条。（5分）

考核知识点： 直流断路器检修关键工艺

难易度： 中

标准答案：

（1）二次回路连接正确，绝缘电阻值符合相关技术标准，并做记录。

（2）接线排列整齐美观，端子无锈蚀。

（3）柜体封堵到位，密封良好，温、湿度控制装置功能可靠，检查封堵、吊牌、标识正确完好。

（4）二次元器件无损伤，各种接触器、继电器、微动开关、加热驱潮装置和辅助开关的动作应准确、可靠，接点应接触良好、无烧损或锈蚀。

（5）辅助开关应安装牢固，应能防止因多次操作松动变位。

（6）辅助开关接点应转换灵活、切换可靠、性能稳定。

（7）辅助开关与机构间的连接应松紧适当、转换灵活，并应能满足通电时间的要求。

（8）机构箱外壳应可靠接地，并符合相关要求。

（9）储能电动机应能在 85%～110%的额定电压下可靠动作。

Jb1001331013　断路器振荡回路电抗器检修过程中电抗器元件检修关键工艺质量控制要点有哪些？（5分）

考核知识点： 直流断路器检修关键工艺

难易度： 易

标准答案：

（1）表面应清洁、无锈蚀。

（2）外观完好，无破损、内外无异物。

（3）安装牢固，无松动、无倾斜。

Jb1001331014　断路器振荡回路电抗器检修过程中线圈检修关键工艺质量控制要点有哪些？（5分）

考核知识点： 直流断路器检修关键工艺

难易度： 易

标准答案：

（1）电抗器表面应无涂层脱落、无局部变色。

（2）电抗器表面应无树枝状爬电痕迹。

（3）包封与汇流排应连接可靠，无过热。

（4）内外表面无异物。

Jb1001331015　断路器振荡回路电容器检修过程中单只电容器更换关键工艺质量控制要点有哪些？至少写出5条。（5分）

考核知识点： 直流断路器检修关键工艺

难易度： 易

标准答案：

（1）按照厂家规定程序进行拆除、吊装。

（2）瓷套管表面应清洁，无裂纹、破损和闪络放电痕迹。

（3）芯棒应无弯曲和滑扣，铜螺栓螺母垫圈应齐全。

（4）各导电接触面符合要求，安装紧固有防松措施。

（5）外壳接地端子可靠接地。凡不与地绝缘均无变形、无锈蚀、无裂缝、无渗油。

（6）每个电器的外壳及电容器构架均应接地，凡与地绝缘的电容器的外壳均应接到固定的电位上。

（7）引线与端子间连接应使用专用压线夹，电容器之间的连接线应采用软连接。

Jb1001331016　断路器振荡回路非线性电阻检修过程中非线性电阻连接部位的检修关键工艺质量控制要点有哪些？至少写出5条。（5分）

考核知识点： 直流断路器检修关键工艺

难易度： 易

标准答案：

（1）连接螺栓无松动、缺失，定位标记无变化。

（2）螺栓外露丝扣及装配方向应符合规范要求。

（3）严重锈蚀或丝扣损伤的螺栓、螺母应进行更换。

（4）螺栓、螺母、弹簧垫圈宜采用热镀锌工艺产品。

（5）非线性电阻各连接面无可见缝隙，并涂覆防水胶。

（6）非线性电阻垂直度不应大于其总高度的1.5%。

（7）更换或重新紧固后的螺栓应标识。

Jb1001331017　断路器振荡回路充电装置检修过程中充电装置控制板卡更换关键工艺质量控制要点有哪些？（5分）

　　考核知识点： 直流断路器检修关键工艺

难易度：易
标准答案：
（1）板卡型号及技术参数应满足设计要求。
（2）安装使用说明书、出厂试验报告、产品合格证、装配图纸等技术文件完整。
（3）板卡外观完好、无损伤。
（4）充电装置二次电缆拆除前做好标记，恢复接线按做好的标记进行恢复。
（5）更换板卡后，充电装置可对电容器充电至额定电压。

Jb1001332018 断路器振荡回路电抗器例行检查关键工艺质量控制要点有哪些？至少写出 5 条。（5分）
考核知识点：直流断路器检修关键工艺
难易度：中
标准答案：
（1）各导电接触面接触良好，连接可靠。
（2）电抗器表面涂层应无破损、脱落或龟裂。
（3）本体外壳油漆完好、无锈蚀。
（4）包封表面无爬电痕迹。
（5）户外电抗器表面无浸润。
（6）电抗器防护罩应水平、无倾斜。
（7）绝缘子表面清洁、无异常。
（8）支座绝缘良好，支座应紧固且受力均匀。

Jb1001332019 断路器振荡回路电容器例行检查关键工艺质量控制要点有哪些？至少写出 5 条。（5分）
考核知识点：直流断路器检修关键工艺
难易度：中
标准答案：
（1）高压设备套管无裂纹、破损，无闪络放电痕迹。
（2）电容器无渗漏油、膨胀变形。
（3）各部件油漆完好、无锈蚀。
（4）各电气设备连接部位接触良好、无过热。
（5）对所有绝缘部件进行清扫。
（6）各接地点接触良好。
（7）电容器组的接线正确。

Jb1001332020 断路器振荡回路充电装置例行检查关键工艺质量控制要点有哪些？至少写出 5 条。（5分）
考核知识点：直流断路器检修关键工艺
难易度：中
标准答案：
（1）充电装置外观完好，无脏污、无异常放电痕迹。
（2）充电装置油色清亮，无渗油现象。

（3）充电装置可对电容器充电至额定电压。

（4）充电装置二次电缆外绝缘良好，无破损，绝缘电阻合格。

（5）充电装置接线板、设备线夹、导线无异常过热现象。

（6）复合绝缘外套顶部密封良好，无渗水现象。

（7）充电装置二次接线盒密封良好，内部干燥。

Jb1002331021　交流滤波器的投退操作有哪些要求？（5分）

考核知识点：交流滤波器操作

难易度：易

标准答案：

（1）手动投退前向值班调控人员提出申请，值班调控人员许可后方可进行操作。

（2）必须考虑投退后的绝对最小滤波器组数、交流母线电压限制、无功限制是否满足要求。

（3）当换流站交流母线电压低于调度机构规定的电压曲线下限时，可根据值班调控人员的指令退出一小组或多小组交流滤波器。

Jb1002331022　直流滤波器的作用是什么？（5分）

考核知识点：直流滤波器功能

难易度：易

标准答案：

任何类型的换流器在换流过程中都无可避免地产生谐波，为了防止换流器换流所产生的谐波电流对通信系统造成的干扰，换流器直流侧一般都装有直流滤波器，其作用就是滤除直流侧的谐波电流。

Jb1002331023　直流滤波器操作的注意事项有哪些？至少写出4条。（5分）

考核知识点：直流滤波器操作

难易度：易

标准答案：

（1）直流滤波器可以带电投切。

（2）直流滤波器高压侧隔离开关存在最大可拉开电流限制。

（3）带电拉开直流滤波器时应先拉高压侧隔离开关，后拉低压侧隔离开关，投入时顺序相反。

（4）直流滤波器由"连接"转至"隔离"操作时，高压侧接地开关需经一定延时后合上。

Jb1002331024　《国家电网公司直流换流站评价管理规定　第11分册：交直流滤波器精益化评价细则》中电容器组引线及固定金具评判小项有哪些？至少写出4条。（5分）

考核知识点：交直流滤波器精益化评价

难易度：易

标准答案：

（1）电容器组引线与端子间连接应使用专用压线夹。

（2）电容器组引线及接头应采取防鸟害措施。

（3）从管型母线引至高压塔电容器的连接线应有足够安全距离，连接线应有足够的硬度。

（4）支撑钢梁及等电位线连接处应有防止鸟类筑巢的措施。

Jb1002331025 《国家电网公司直流换流站评价管理规定 第 11 分册：交直流滤波器精益化评价细则》中电抗器线夹及引线评判小项有哪些？至少写出 3 条。（5 分）

考核知识点：交直流滤波器精益化评价

难易度：易

标准答案：

（1）抱箍、线夹无裂纹、过热现象。

（2）若为不同金属材质对接应采用过渡措施，不得直接对接。

（3）引线无散股、扭曲、断股现象。

Jb1002331026 《国家电网公司直流换流站评价管理规定 第 11 分册：交直流滤波器精益化评价细则》中金具评判小项有哪些？至少写出 3 条。（5 分）

考核知识点：交直流滤波器精益化评价

难易度：易

标准答案：

（1）无变形、锈蚀现象。

（2）伸缩金具无变形、散股及支撑螺杆脱出现象。

（3）金具外观无裂纹、断股和折皱现象。

Jb1002331027 《国家电网公司直流换流站评价管理规定 第 11 分册：交直流滤波器精益化评价细则》中电流互感器外绝缘评判小项有哪些？至少写出 4 条。（5 分）

考核知识点：交直流滤波器精益化评价

难易度：易

标准答案：

（1）外绝缘表面清洁，绝缘子无破损、裂纹，法兰无开裂，没有放电、严重电晕现象。

（2）若为瓷质绝缘，瓷铁黏合应牢固，应涂有合格的防水胶。

（3）若为复合绝缘，复合绝缘套管表面无放电和老化迹象，憎水性良好。

（4）外绝缘爬电比距符合污秽等级要求，防污闪措施有效，若涂刷防污闪材料，涂刷部分应均匀。

Jb1002331028 《国家电网公司直流换流站评价管理规定 第 11 分册：交直流滤波器精益化评价细则》中年度检修质量评判小项有哪些？至少写出 4 条。（5 分）

考核知识点：交直流滤波器精益化评价

难易度：易

标准答案：

（1）检修后一年内应不发生与检修报告中相同的缺陷。

（2）所有主通流回路接头检修时打力矩，编号并建档记录。

（3）对接头接触电阻超过 15μΩ（直流）/20μΩ（交流）应有解体处理记录。

（4）二次回路接线紧固，不发生二次回路松动导致设备故障或异常。

Jb1002332029 《国家电网公司直流换流站评价管理规定 第 11 分册：交直流滤波器精益化评价细则》中电容器组外观评判小项有哪些？至少写出 10 条。（5 分）

考核知识点：交直流滤波器精益化评价

难易度：中

标准答案：

（1）电容器组运行编号标识清晰可识别。

（2）电容器母线及分支线应标以相色，平整无弯曲（交流）。

（3）设备出厂铭牌齐全、清晰可识别。

（4）相序标识清晰可识别（交流）。

（5）电容器塔支撑（悬吊）绝缘子清洁无污秽、无破损。

（6）支柱绝缘子表面清洁、无破损。

（7）电容器塔构架外观良好、无锈蚀，螺栓连接处紧固。

（8）电容器塔构架内无异物、鸟窝等。

（9）电容器铭牌清晰、油漆完好。

（10）电容器表面应清洁，外绝缘无损伤。

（11）电容器外壳应无明显变形、鼓肚，外表无锈蚀，所有接缝不应有裂缝或渗漏油现象。

（12）电容器套管完好，无破损、漏油。

（13）电容器等电位线连接可靠、螺栓紧固。

Jb1002332030　《国家电网公司直流换流站评价管理规定　第 11 分册：交直流滤波器精益化评价细则》中母线评判小项有哪些？至少写出 5 条。（5 分）

考核知识点： 交直流滤波器精益化评价

难易度： 中

标准答案：

（1）导线或软连接无断股、散股及腐蚀现象。

（2）无异物悬挂。

（3）管型母线本体或焊接面无开裂、脱焊现象。

（4）管型母线（管内）无积水、结冰及变形现象。

（5）无明显凹陷、变形、破损。

（6）导线、接头及线夹无发热。

（7）主通流回路接头力矩标示线清晰可识别。

（8）分裂母线间隔棒无松动、脱落。

Jb1002332031　《国家电网公司直流换流站评价管理规定　第 11 分册：交直流滤波器精益化评价细则》中引流线评判小项有哪些？至少写出 5 条。（5 分）

考核知识点： 交直流滤波器精益化评价

难易度： 中

标准答案：

（1）接头无发热现象。

（2）线夹与设备连接平面无缝隙，螺栓出头明显。

（3）引线无断股或松股现象，弧垂应符合规范的要求。

（4）导线或软连接无断股或松股，软连接断股或松股，无腐蚀现象，无异物悬挂。

（5）导线对绝缘子及相关设备不应产生附加拉伸和弯曲应力。

Jb1002332032　《国家电网公司直流换流站评价管理规定　第 11 分册：交直流滤波器精益化评价细则》中支柱绝缘子评判小项有哪些？至少写出 5 条。（5 分）

考核知识点： 交直流滤波器精益化评价

难易度：中

标准答案：

（1）瓷裙无破损，表面无油、无异物。

（2）端部金具无锈蚀。

（3）纯瓷表面积污状况不超标，特殊天气下（雾、雨）无沿面爬电现象。

（4）涂覆的防污闪涂层完好，无破损、起皮、开裂等，涂层憎水性状态良好。

（5）带有防污闪辅助伞裙的辅助伞裙黏结良好，无破损、开裂、明显变形等。

Jb1002332033 《国家电网公司直流换流站评价管理规定 第 11 分册：交直流滤波器精益化评价细则》中电流互感器外观评判小项有哪些？至少写出 5 条。（5 分）

考核知识点：交直流滤波器精益化评价

难易度：中

标准答案：

（1）设备外观完整、无损坏。

（2）设备出厂铭牌齐全、清晰可识别。

（3）运行编号标识清晰可识别。

（4）相序标识清晰可识别（交流）。

（5）架构、器身外涂漆层清洁、无爆皮掉漆。

（6）二次接线板及端子密封完好，无进水，清洁无氧化。

Jb1002332034 《国家电网公司直流换流站评价管理规定 第 11 分册：交直流滤波器精益化评价细则》中避雷器本体评判小项有哪些？至少写出 5 条。（5 分）

考核知识点：交直流滤波器精益化评价

难易度：中

标准答案：

（1）若为复合绝缘，硅橡胶复合绝缘外套的伞裙不应有破损、变形。

（2）若为瓷质绝缘，瓷绝缘外套及基座不应出现裂纹，瓷套表面不应存在放电痕迹，瓷绝缘外套不应有积污。

（3）密封结构金属件应良好，不应出现锈蚀和破裂。

（4）避雷器的引线端子、接地端子以及密封结构金属件上不应出现不正常变色和熔孔。

（5）均压环不得出现歪斜。

（6）避雷器的法兰不应出现裂纹。

（7）与避雷器连接的导线及接地引下线应无烧伤痕迹。

（8）放电计数器及泄漏电流指示正常，避雷器在线监测装置不存在损坏或内部有积水现象。

Jb1002332035 《国家电网公司直流换流站评价管理规定 第 11 分册：交直流滤波器精益化评价细则》中隐患排查治理评判小项有哪些？至少写出 5 条。（5 分）

考核知识点：交直流滤波器精益化评价

难易度：中

标准答案：

（1）按照上级文件要求及时开展排查。

（2）应有近 3 年材料的排查记录和分析报告。

（3）应对排查出的隐患制定并落实整改措施（有明确原因未整改的除外）。

（4）应对未落实的措施安排工作计划。

（5）应建立隐患、重大缺陷发现的奖励机制。

（6）应建立隐患排查长效机制。

Jb1003332036 《国家电网有限公司防止直流换流站事故措施及释义》中规定，微分泄漏保护如何配置？（5分）

考核知识点：阀内冷系统泄漏保护原因

难易度：中

标准答案：

微分泄漏保护应采集三台电容式液位传感器的液位，按照"三取二"逻辑跳闸。采样和计算周期不应大于2s。在30s内，当检测到膨胀罐液位持续下降速度超过换流阀泄漏允许值时，延时闭锁直流并在收到换流阀闭锁信号后5min内自动停止主循环泵。

Jb1003332037 《国家电网有限公司防止直流换流站事故措施及释义》中规定，在防止内冷水主泵故障中，新工程的设备采购技术协议谈判、图纸审查、安装调试、验收阶段，各相关单位开展的工作要求有哪些？（5分）

考核知识点：阀内冷系统主泵运维要点

难易度：中

标准答案：

（1）核查主泵保护定值设置是否正确，主泵电源配置是否合理，主泵启动方式是否恰当。

（2）验收阶段应进行主循环泵切换试验，检查主泵负荷开关保护定值能否躲过启动冲击电流。

Jb1003332038 《国家电网有限公司防止直流换流站事故措施及释义》中规定，阀内冷系统根据反措要求如何配置传感器？（5分）

考核知识点：阀内冷系统传感器配置原则

难易度：中

标准答案：

阀内冷控制系统若配置三套传感器，采样值应按"三取二"原则处理，即三个传感器均正常时，取采样值中最接近的两个值参与控制；当一个传感器故障、两个传感器正常时，按"二取一"原则，取不利值参与控制；当仅有一个传感器正常时，以该传感器采样值参与控制。

Jb1003333039 《国家电网有限公司防止直流换流站事故措施及释义》中对新工程的设备采购技术协议谈判、图纸审查、安装调试、验收阶段，各相关单位开展工作的具体要求有哪些？（5分）

考核知识点：阀内冷系统运维要点

难易度：难

标准答案：

（1）逐一认真核查内冷水保护的主机、板卡、测量回路及电源的配置情况是否满足保护冗余和系统独立性的要求。

（2）检查主机和板卡电源冗余配置情况，并对主机和相关板卡、模块进行断电试验，验证电源供电可靠性。

（3）在验收阶段，应通过模拟试验逐个验证保护定值及动作结果正确性；并通过站用电切换试验检查主泵切换是否正确、水冷系统流量变化是否导致水冷保护误动。

（4）对内冷水内外循环方式进行切换试验，检验泄漏保护是否动作，并核查内冷水内外循环配置是否恰当。

Jb1003331040　简述液位保护逻辑。（5分）

考核知识点：阀内冷系统的原理

难易度：易

标准答案：

（1）液位保护投报警和跳闸。

（2）液位测量值低于其量程高度的30%时发出报警，低于10%时发直流闭锁命令。

（3）液位保护由膨胀罐（高位水箱）装设的三套电容式液位传感器采用"三取二"逻辑出口。

Jb1003332041　阀内冷系统的跳闸逻辑有哪些？至少写出5条。（5分）

考核知识点：阀内冷系统的原理

难易度：中

标准答案：

水冷系统出现以下10项逻辑中任一项时，输出跳闸：

（1）2台主循环泵变频与工频均故障＋进阀压力低。

（2）2台主循环泵变频与工频均故障＋冷却水流量低。

（3）冷却水流量超低＋进阀压力低。

（4）冷却水流量超低＋进阀压力高。

（5）阀冷系统泄漏。

（6）冷却水进阀温度超高。

（7）膨胀罐液位超低。

（8）进阀压力超低＋回水压力超低。

（9）3台进阀温度变送器均故障。

（10）冗余控制系统双CPU均故障或掉电。

Jb1003333042　简述阀内冷系统的泄漏保护的判断逻辑及动作后果。（5分）

考核知识点：阀内冷系统的原理

难易度：难

标准答案：

阀冷系统对膨胀罐液位连续监测，每个扫描周期都对当前值进行计算和判断，采样与计算周期为2s，液位比较周期为10s，比较周期内泄漏量为6mm，延时30s后泄漏保护动作（定值可设定，不必严格按照答案中参数，逻辑成立即可）。当配置2套电容式液位变送器时，2个变送器同时产生以上液位下降情况才有效；当配置3套电容式液位变送器时，3套中至少有2套同时产生以上液位下降情况才有效。

阀冷系统泄漏时发出跳闸信号，OP面板显示阀冷系统泄漏报警信息并上传。

Jb1003333043　简述阀内冷系统电动三通阀的控制逻辑。（5分）

考核知识点：阀内冷系统的原理

难易度：难

标准答案：

冷却水进阀温度高于 28℃时，电动三通阀全开状态，保证全部冷却水通过室外冷却系统。

冷却水进阀温度为 26～28℃时，若进阀温度上升，电动三通阀开度增大；若进阀温度不变或下降，阀位保持。

冷却水进阀温度为 25～26℃时，无论进阀温度上升还是下降，阀位保持。

冷却水进阀温度为 23～25℃时，若进阀温度下降，电动三通阀开度减小；若进阀温度不变或上升，阀位保持。

冷却水进阀温度低于 23℃时，电动三通阀处于关限位，保证绝大部分冷却水流量通过室内旁路。

Jb1003332044 简述阀冷系统主泵油杯中润滑油的添加步骤（此时主泵轴承箱内无润滑油）。（5分）

考核知识点： 阀冷系统检修项目

难易度： 中

标准答案：

（1）打开轴承箱顶部注油孔，掰开油杯使其能观察到与轴承箱连接孔。

（2）从注油孔缓缓注油至油杯内与轴承箱连接孔处出现润滑油，此时可保证轴承箱内的油位高度在轴承最下面滚珠的 1/3 处。

（3）向外轻掰油杯，使油杯反转，向玻璃罩内注油至 1/3～2/3（油杯刻有刻度线）。

（4）将注满润滑油的油杯迅速倒扣。

Jb1003333045 主泵同心度是指什么？同心度偏差大会有什么危害？（5分）

考核知识点： 阀冷系统检修项目

难易度： 难

标准答案：

主泵的同心度即以电动机轴为主动轴与主泵泵轴同轴心的程度称同心度。

当主泵与电动机轴同心度偏差过大时，长期运转的主泵与电动机轴不同心，其轴承（或轴瓦）会严重磨损造成设备损坏；主泵与电动机轴不同心还会使主泵在运转时产生噪声和振动，缩短主泵寿命，并影响主泵效率。

Jb1003322046 在检测阀冷主泵同心度时，需要测量径向偏差和轴向偏差，请在图 Jb1003322046（a）中补充画出径向偏差和轴向偏差过程中百分表的架设方法。（5分）

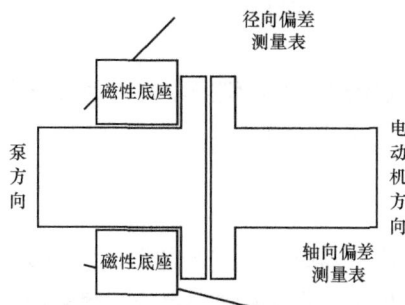

图 Jb1003322046（a）

考核知识点： 主泵同心度校验

难易度： 中

标准答案：

如图 Jb1003322046（b）所示。

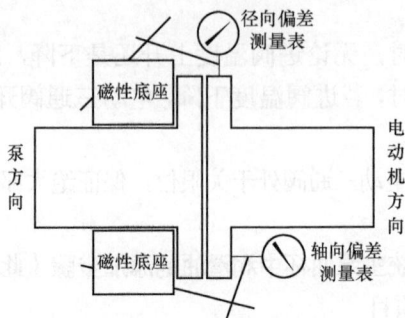

图 Jb1003322046（b）

Jb1003332047　阀外风冷系统验收细则中竣工（预）验收部分，关于阀外风冷控制系统运行模式的验收标准是什么？（5分）

考核知识点： 阀外风冷系统验收细则

难易度： 中

标准答案：

（1）至少有手动、自动、停止三种运行模式。

（2）阀解锁期间，系统默认为自动模式。

（3）双 PLC 互为热备用，当一个控制系统出现故障时，可无扰动切换至无故障系统。

（4）双套控制系统故障不应直接闭锁直流或降功率，仅投报警。

Jb1003332048　阀外风冷系统精益化评价细则中对阀外风冷变频器的要求有哪些？（5分）

考核知识点： 阀外风冷系统精益化评价细则

难易度： 中

标准答案：

（1）变频器应能接收来自双 PLC 的信号。

（2）全部风机变频器不应使用同一路电源。

（3）变频器指示灯、液晶面板显示正确。

（4）已投入的风机和变频器对应。

（5）阀外风冷变频器和开关应配置过流保护。

Jb1003332049　阀外风冷系统精益化评价细则中对外风冷设备冷却裕度的要求有哪些？（5分）

考核知识点： 阀外风冷系统精益化评价细则

难易度： 中

标准答案：

（1）当室外换热设备使用空气冷却器时，空气冷却器的管束数量应在满足换流阀额定冷却容量的基础上进行 $N+1$ 设计，即 N 台管束可满足换流阀额定冷却容量的要求，$N+1$ 台管束投入使用时总冷却容量的裕度应在 20% 以上。

（2）阀外风冷系统设计中应考虑现场热岛效应，设计最高温度应在气象统计最高温度的基础上增加 $3\sim5$℃。

（3）阀外冷却系统设计时，应满足在任意一组风机退出情况下仍能保证直流系统满负荷运行要求。

Jb10033310050　阀外风冷系统精益化评价细则中对外风冷安全开关的要求有哪些？（5分）

考核知识点： 阀外风冷系统精益化评价细则

难易度： 易

标准答案：

安全开关应安装防雨罩，进线方向为从下向上，封堵良好，或防护等级达到 IP55，安全开关无积灰，无锈蚀，内部无积水，转动灵活。

Jb1003333051　阀外风冷系统精益化评价细则中对外风冷反措执行的要求有哪些？至少写出 5 条。（5分）

考核知识点： 阀外风冷系统精益化评价细则

难易度： 难

标准答案：

（1）风机变频器频率控制模块用电源应分组独立，不能共用同一电源。

（2）风机信号电源应分组独立，不能共用同一电源。

（3）换流阀外风冷电动机、换流阀外水冷喷淋塔风扇电动机及其接线盒应采取防潮防锈措施。

（4）备自投、换流阀外冷却系统电源切换装置的时间应逐级配合。

（5）阀外冷却系统设备电源开关与上一级开关过流保护定值应满足级差配合关系，设备电源开关过流保护动作时应逐级跳闸，避免越级跳闸扩大事故范围。

（6）阀外风冷系统风机全停或电源全部丢失情况下不应直接闭锁直流或降功率，仅投报警。

Jb1003333052　阀外风冷系统精益化评价细则中对阀外风冷控制屏柜的外观要求有哪些？至少写出 5 条。（5分）

考核知识点： 阀外风冷系统精益化评价细则

难易度： 难

标准答案：

（1）PLC 模块（若有）工作正常，指示灯状态正确。

（2）同步模块（若有）工作正常，指示灯状态正确。

（3）接口模块（若有）工作正常，指示灯状态正确。

（4）I/O 模块工作无异常。

（5）屏柜内继电器工作正常、无报警指示。

（6）光电转换模块（若有）工作正常，指示灯状态正确。

（7）各柜内所有的开关均处于合的位置，手/自动旋钮打在自动位置。

（8）柜内各器件无异常声响，无松动脱落迹象，无严重积灰，各模块线路无烧损、放电迹象。

（9）屏柜内散热风扇清洁，运转正常。

Jb1003332053　阀内水冷系统精益化评价细则中对阀内水冷各传感器同一测点的测量值有何要求？（5分）

考核知识点： 阀内水冷系统精益化评价细则

难易度： 中

标准答案：

（1）A、B 系统对同一测点的温度测量值相互比对差异不超过 1℃。

（2）A、B 系统对同一测点的流量测量值相互比对差异不超过 3%。

（3）A、B 系统对同一测点的液位测量值相互比对差异不超量程的 10%。

（4）A、B 系统对同一测点的电导率测量值相互比对差异不超过报警定值的 30%。

（5）B 系统对同一测点的压力测量值相互比对差异不超过 5%。

Jb1003333054 阀内水冷系统精益化评价细则中对阀内水冷传感器配置及保护出口逻辑有何要求？（5分）

考核知识点： 阀内水冷系统精益化评价细则

难易度： 难

标准答案：

传感器配置要求：所有传感器必须至少双重化配置，其中阀进水温度传感器因其重要性宜三重化配置，双重化或三重化配置的传感器的供电和测量回路应完全独立，避免单一元件故障引起保护误动。

保护出口逻辑要求：作用于跳闸的阀内冷水系统传感器应按照三套独立冗余配置，每个系统的阀内冷水保护按照"三取二"逻辑出口；当一套传感器故障时，出口采用"二取一"逻辑；当两套传感器故障时，出口采用"一取一"逻辑；当三套阀进水温度传感器均故障时应闭锁直流；其他传感器三套均故障时不应闭锁直流，应加强监视并及时处理缺陷，必要时可申请停运处理。

Jb1003333055 阀内水冷系统精益化评价细则中对补水装置（补水泵及原水泵）有何要求？至少写出 5 条。（5分）

考核知识点： 阀内水冷系统精益化评价细则

难易度： 难

标准答案：

（1）阀内水冷回路宜设置自动补水装置。

（2）装置工作正常，运行时无异常声响。

（3）装置本体无锈蚀、无渗漏。

（4）补水装置宜同时具备手动补水和自动补水的功能。自动补水泵应可根据膨胀罐或高位水箱液位自动进行补水。

（5）内水冷互为备用的两台补水泵（如有）应具有自动启停控制和故障切换功能。

（6）内水冷系统冷却水应采用电导率小于 0.3μS/cm 的去离子软化水或除盐水，厂家应提供内水冷水水质检测报告及补水水质要求。补充水应采用电导率小于 10μS/cm 的去离子水或蒸馏水，pH 介于 6.5～8.0，厂家应提供内冷水补水水质报告。

（7）装置电机绕组绝缘电阻应大于或等于 1MΩ（1000V 绝缘电阻表）。

Jb1004331056 换流变压器压力释放阀专业巡视内容包括哪些？（5分）

考核知识点： 换流变压器检修

难易度： 易

标准答案：

（1）外观完好、无渗漏，无喷油现象，导油管下部无油迹。

（2）防雨罩完好，固定螺栓无松动脱落。

（3）导向装置固定良好，方向正确，导向喷口方向正确。

Jb1004331057 换流变压器的铁芯、夹件为什么要接地？（5分）

考核知识点： 换流变压器铁芯夹件

难易度：易

标准答案：

运行中换流变压器的铁芯、夹件等都处于绕组周围的电场内，如不接地，在外加电压的作用下，铁芯、夹件等必然感应一定的电压。当感应电压超过对地放电电压时，就会产生放电现象。为了避免换流变压器的内部放电，应将铁芯、夹件等接地。

Jb1004332058　分析换流变压器在运行中哪些部位可能发生高温过热？（5分）

考核知识点： 换流变压器维护

难易度： 中

标准答案：

（1）铁芯局部过热。铁芯由于外力损伤或绝缘老化使铁芯硅钢片间绝缘损坏，涡流造成局部过热。

（2）绕组过热。相邻几个绕组匝间的绝缘损坏，造成一个闭合的短路环路，在交变磁通的感应下，短路回路中产生短路电流并产生高温。

（3）分接开关过热。分接开关接触不良，接触电阻过大，易造成局部过热。

Jb1004331059　换流变压器冷却装置专业巡视内容包括哪些？（5分）

考核知识点： 换流变压器检修

难易度： 易

标准答案：

（1）散热器外观完好，无锈蚀、无明显污迹、无渗漏油。

（2）阀门开启方向正确，潜油泵、油路等无渗漏，无掉漆及锈蚀。

（3）运行中的风扇和油泵运转平稳，转向正确，无异常声音和振动，油流指示器密封良好，指示正确，无抖动现象。

（4）冷却器无堵塞及气流不畅等情况。

（5）冷却器运行参数、开启组数正常，各部件无锈蚀、管道无渗漏、阀门开启正确、电机运转正常。

Jb1004332060　换流变压器储油柜及油位计检修时例行检查项目有哪些？（5分）

考核知识点： 换流变压器检修

难易度： 中

标准答案：

（1）储油柜外观无变形、锈蚀、渗漏油情况。

（2）法兰、阀门、冷却装置、油箱、油管路、储油柜等密封连接处应密封良好，无渗漏痕迹。本体及组件可能存在的负压区出现渗漏应及时处置，如储油柜顶部、套管储油柜等接近或高于油面的区域。

（3）油位计外观完整，密封良好，无潮气、凝露，防雨罩无松动脱落现象，指示应符合油温油位标准曲线的要求。

（4）油位计油位浮杆无卡阻，无假油位现象。

（5）油位计的信号接点位置正确、动作准确。

（6）油位计二次回路绝缘电阻不小于1MΩ，绝缘电阻测量电压为1000V。

Jb1004332061　对换流变压器绕组绝缘电阻测试的要求是什么？（5分）
考核知识点： 换流变压器检测
难易度： 中
标准答案：
测量时，铁芯、外壳及非测量绕组应接地，测量绕组应短路，套管表面应清洁、干燥。采用5000V绝缘电阻表测量。测量宜在顶层油温低于50℃时进行，并记录顶层油温。

Jb1004331062　换流变压器不停电检修项目包括哪些？（5分）
考核知识点： 换流变压器检修
难易度： 易
标准答案：
包含专业巡视、冷却器带电水冲洗、冷却系统部件更换工作、辅助二次元器件更换、金属部件防腐处理、箱体维护、呼吸器更换、分接开关滤油机电动机更换等不停电工作。

Jb1004332063　有载分接开关的检修标准有哪些？（5分）
考核知识点： 换流变压器有载分接开关检修
难易度： 中
标准答案：
两个循环操作各部件的全部动作顺序及限位动作，应符合技术要求；各分接位置显示应正确一致；二次回路的绝缘电阻不小于2MΩ，测量电压为500V或1000V。

Jb1004332064　换流变压器呼吸器专业巡视内容包括哪些？（5分）
考核知识点： 换流变压器检修
难易度： 中
标准答案：
（1）外观洁净无破损，硅胶变色部分不超过2/3，应自下而上变色，呼吸器应设硅胶变色2/3刻度线；硅胶与顶部保持1/6～1/5呼吸器距离，防止硅胶吸入管道。
（2）油杯的油位在油位线范围内，油质透明无浑浊，呼吸正常。
（3）免维护呼吸器应检查电源，检查排水孔畅通、加热器工作正常。

Jb1004333065　换流变压器压力释放阀检修时例行检查项目包括哪些？（5分）
考核知识点： 换流变压器检修
难易度： 难
标准答案：
（1）外观完好、无渗漏、喷油现象，导油管下部无油迹。
（2）防雨罩完好，固定螺栓无松动脱落。
（3）导向装置固定良好，导向喷口方向正确。
（4）信号回路良好，告警功能正常。
（5）二次回路的绝缘电阻不小于1MΩ，绝缘电阻测量电压为1000V。

Jb1004333066　换流变压器真空注油是如何要求的？（5分）
考核知识点： 换流变压器检修

难易度：难

标准答案：

真空注油不宜在雨天或雾天进行，在真空状态下通过二级真空滤油机给本体注油，注油从下部注油阀进油，注入的必须是合格的且加温到 50～60℃的绝缘油，注油速度不得超过 4～6t/h，一次注油至储油柜正常油面。

Jb1004331067　平波电抗器绕组直流电阻测量的标准是什么？（5分）

考核知识点：平波电抗器检测

难易度：易

标准答案：

与前次试验值相比，变化不应大于±2%。

Jb1004333068　换流变压器进箱检查的安全注意事项有哪些？（5分）

考核知识点：换流变压器检修

难易度：难

标准答案：

（1）凡雨、雪、风（4级以上）和相对湿度70%以上的天气不得进行进箱内检；对于充氮运输的产品，在氮气没有排净前及含氧量在18%以下时任何人严禁进入油箱作业。

（2）在内检过程中必须向箱体内持续补充干燥空气，补充干燥空气速率必须满足使油箱内的压力保持微正压。

Jb1004332069　直流穿墙套管的检修分为哪几类，具体内容是什么？（5分）

考核知识点：直流穿墙套管检修

难易度：中

标准答案：

检修工作分为四类：A类检修、B类检修、C类检修、D类检修。A类检修指整体性检修；B类检修指局部性检修；C类检修指例行检查及试验；D类检修指在不停电状态下进行的检修。

Jb1004333070　换流变压器分接开关专业巡视内容包括哪些？（5分）

考核知识点：换流变压器检修

难易度：难

标准答案：

（1）机构箱密封良好，无进水、凝露，控制元件及端子无烧蚀发热。

（2）挡位指示正确，指针在规定区域内，与远方挡位一致。

（3）指示灯显示正常，投切加热器、加热器运行正常。

（4）开关密封部分、管道及其法兰无渗漏油。

（5）储油柜油位指示在合格范围内，呼吸器正常。

（6）计数器动作正常。

（7）油流继电器应密封良好，防雨罩无脱落、锈蚀及偏斜。

（8）压力继电器应密封良好，防雨罩无脱落、锈蚀及偏斜。

（9）在线滤油装置无渗漏，压力表指示在标准压力以下，无异常噪声和振动，控制元件及端子无烧蚀发热，指示灯显示正常。

（10）冬季寒冷地区（温度持续保持零下）机构控制箱与分接开关连接处齿轮箱内应使用防冻润滑油并定期更换。

Jb1005331071　直流分压器 B 类检修是什么？请说明检修项目和检修周期。（5 分）

考核知识点：直流分压器

难易度：易

标准答案：

（1）B 类检修指局部性检修，包含部件的解体检查、维修及更换。

（2）检修周期应按照设备运行工况进行，应符合厂家说明书要求。

Jb1005331072　直流电压互感器运行维护要求？至少写出 5 条。（5 分）

考核知识点：直流电压互感器

难易度：易

标准答案：

（1）检查均压环安装牢固、水平，无附着物。

（2）对接线盒的盖板和密封垫进行检查，防止变形进水受潮。

（3）电缆传输的直流电压互感器其分压板或者放大器运行正常。

（4）光缆传输的直流电压互感器光缆护套外观应整洁，无损伤。

（5）光缆传输的直流电压互感器光缆应尽量保持在拉直状态，弯曲半径应满足相关要求。

（6）光缆传输的直流电压互感器其合并单元运行正常，备用光纤数量满足要求。

（7）光缆传输的直流电压互感器其光通道光功率、光电流（电压）等参数在运行正常范围内，无异常变化。

Jb1005332073　直流分压器竣工验收要求是什么？（5 分）

考核知识点：直流分压器

难易度：中

标准答案：

（1）应对直流分压器的外观进行检查。

（2）应核查直流分压器交接试验报告。

（3）应检查、核对直流分压器相关的文件资料是否齐全，是否符合验收规范、技术合同等要求。

（4）交接试验验收要保证所有试验项目齐全、合格，并与出厂试验数值无明显差异。

（5）针对不同电压等级的直流分压器，应按照不同的交接试验项目、标准检查安装记录、试验报告。

（6）电压等级不同的直流分压器，根据不同的结构、组部件执行选用相应的验收标准。

Jb1005333074　请画出直流分压器分压比测试试验接线，并对图中主要元设备做出说明。（5 分）

考核知识点：直流分压器

难易度：难

标准答案：

外施直流高压法测量直流分压器变比的接线如图 Jb1005333074 所示。在被试直流分压器一次首端施加电压，在二次侧读取二次电压值。

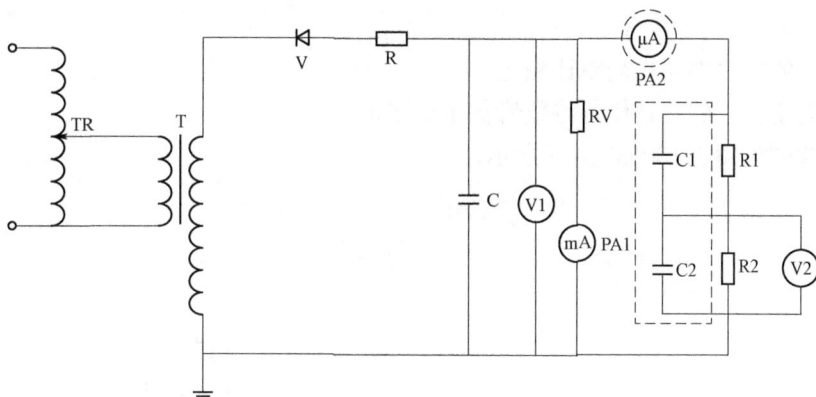

图 Jb1005333074

TR—调压器；T—试验变压器；V—高压二极管；R—保护电阻；RV—高值电阻；

PA1—毫安表；PA2—微安表；C—滤波电容；R1—高压臂电阻；R2—低压臂电阻；

C1、C2—阻容式分压器高低压臂电容单元；V1、V2—直流分压器高低压臂电压测试仪器

Jb1005331075　光电流互感器出厂试验有哪些？（5分）

考核知识点： 光电流互感器

难易度： 易

标准答案：

（1）端子标志检验。

（2）局部放电测量。

（3）低压端工频耐压试验。

（4）电流测量精度。

（5）密封性能试验、光纤损耗测试等。

Jb1005331076　光电流互感器合并单元更换的注意事项有哪些？（5分）

考核知识点： 光电流互感器

难易度： 易

标准答案：

（1）将对应的控制保护主机切换至"试验"或退出状态，关闭光电流互感器主机（合并单元）并断开电源。

（2）拆除光纤时应做好光纤保护措施，防止光纤弯曲半径过小导致折断。

（3）工作过程中应佩戴防静电护腕，防止静电损坏电子元件。

（4）在进行光纤接头清洁或检查时应确保光电流互感器主机（合并单元）电源断开，防止激光灼伤人眼。

Jb1005332077　请说明光纤双端测试法的检测步骤，并画出简要连接示意图。（5分）

考核知识点： 光电流互感器

难易度： 中

标准答案：

（1）使用与被测光纤型号一致的软光纤连接光源和光功率计，打开光源和光功率计电源，选择正确的波长进行校零。

（2）校零完毕后，不关闭光源和光功率计的电源，将软光纤的一端连接光源，另一端连接被测

光纤。

（3）被测光纤的接收端与光功率计相连。

（4）读取光功率计上的衰耗值，待数值稳定后取值。

简要连接示意图如图 Jb1005332077 所示。

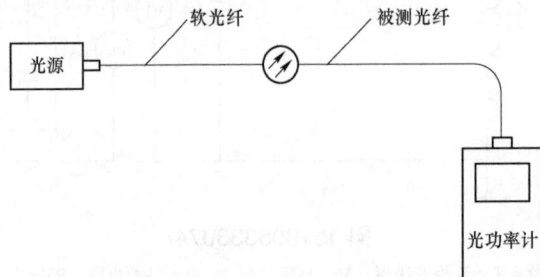

图 Jb1005332077

Jb1005333078　光电流互感器光纤回路例行检查要点有哪些？（5分）

考核知识点： 光电流互感器

难易度： 难

标准答案：

（1）若发现本体接线盒有密封不良、受潮的情况，需更换密封圈或检查防雨罩，并放置干燥包；防雨罩应能有效遮挡斜 45°向下雨水直淋，本体及二次电缆进线 50mm 应被遮蔽。

（2）光电流互感器二次回路应有充足备用光纤，备用光纤一般不低于在用光纤数量的 100%，且不得少于 3 根，防止备用光纤数量不足导致测量系统运行可靠性降低。

（3）为避免光纤多次插拔损害端面，检修时仅针对出现异常的光纤进行检查，必要时重新熔接尾纤。

（4）光纤衰耗检查：使用光纤测试仪对光纤的衰耗情况进行检查，发现光纤衰耗大时更换备用芯或重新熔接尾纤。

（5）光纤头检查：使用光纤显微镜检查光纤头是否污损，对有污渍的光纤头用光纤布蘸高纯度的酒精清洗，必要时对破损的光纤头进行熔接。

（6）光参数异常情况检查：可重启测量通道，根据检查情况对故障的采样板卡或远端模块进行更换。

Jb1005331079　零磁通直流电流互感器启动验收要求是什么？（5分）

考核知识点： 零磁通直流电流互感器

难易度： 易

标准答案：

（1）竣工（预）验收组在零磁通电流互感器启动验收前应提交竣工（预）验收报告。

（2）零磁通电流互感器启动验收内容包括本体外观检查、零磁通电流互感器声音、油位、密度指示、红外测温等。

Jb1005331080　零磁通电流互感器二次屏柜及电子模块巡视要点有哪些？（5分）

考核知识点： 零磁通电流互感器

难易度： 易

标准答案：

（1）电子模块端子排整洁规范，端子无松动，指示灯显示正常，标签清晰。

（2）电子模块外壳接地线，应安全可靠地连接到屏柜接地铜排。

（3）二次屏柜内无发热现象。

（4）屏柜内孔洞封堵严密，照明完好。

（5）监控系统无测量故障的告警信息。

Jb1005332081　零磁通直流电流互感器电子模块更换的安全注意事项有哪些？（5分）

考核知识点：零磁通电流互感器

难易度：中

标准答案：

（1）确认直流系统已停运或采取防止二次开路措施，电子模块电源已断开。

（2）更换前将对应的直流控制保护主机切换至"试验"或"退出"状态，防止保护误动。

（3）更换过程中应带防静电护腕。

（4）拆除二次接线时，应做好标记。

（5）检修设备与运行设备二次回路有效隔离，防止误动。

Jb1005333082　零磁通直流电流互感器通道配置反措要求是什么？（5分）

考核知识点：零磁通电流互感器

难易度：难

标准答案：

（1）零磁通电流互感器电子模块饱和和失电报警应接入直流控制保护系统，报警后应能及时闭锁相关保护，避免保护误动。

（2）零磁通电流互感器等设备测量传输环节中的模块，如电子单元、合并单元、模拟量输出模块、差分放大器等，应由两路独立电源或两路电源经DC/DC转换耦合后供电，每路电源具有失电监视功能。

（3）零磁通电流互感器的接口单元及二次输出回路设置满足控制保护冗余配置的要求，完全独立；备用模块及备用光纤应充足、可用。

Jb1005331083　直流避雷器红外热像检测周期要求是什么？（5分）

考核知识点：直流避雷器

难易度：易

标准答案：

（1）新投运后1周内（但应超过24h）。

（2）运维单位1周1次，精确测温运维单位每月1次，省评价中心3月1次。

（3）迎峰度夏（冬）、大负荷、检修结束送电期间增加检测频次。

（4）必要时。

Jb1005331084　直流避雷器绝缘底座检修安全注意事项有哪些？（5分）

考核知识点：直流避雷器

难易度：易

标准答案：

（1）高空作业禁止将安全带系在避雷器及均压环上。

（2）如需更换避雷器绝缘底座，在更换过程中避雷器应妥善放置。

（3）雷雨天气禁止进行避雷器检修。

Jb1005332085　直流避雷器均压环检修安全注意事项有哪些？（5分）

考核知识点：直流避雷器

难易度：中

标准答案：

（1）高空作业禁止将安全带系在避雷器及均压环上。

（2）如需更换均压环，在更换过程中避雷器引线应妥善固定。

（3）均压环在更换前应绑扎牢靠，并设置缆风绳，避免均压环与瓷柱部件碰撞受损。

（4）雷雨天气禁止进行避雷器检修。

Jb1005333086　直流避雷器本体精益化评价内容包括什么？至少写出5条。（5分）

考核知识点：直流避雷器

难易度：难

标准答案：

（1）避雷器引下线无松股、断股和弛度过紧及过松现象。

（2）线夹不应采用铜铝对接过渡线夹，铜铝对接线夹应制订更换计划，接头无松动、变色现象。

（3）避雷器运行无异常声响。

（4）避雷器压力释放装置封闭完好且无异物。

（5）避雷器监测装置完好，内部无受潮，读数正确。

（6）避雷器监测装置上小套管清洁、螺栓紧固，泄漏电流读数在正常范围内。

（7）避雷器底座固定及接地连接良好，接地引下线无断裂。

（8）监测装置紧固件不应作为导流通道。

（9）污秽等级不满足要求时，应喷涂防污闪涂料且状态良好；如加装增爬裙应同时喷涂防污闪涂料且状态良好。

（10）器身、构架等金属部件无锈蚀。

Jb1006332087　空调系统水泵专业巡视要点有哪些？（5分）

考核知识点：空调系统水泵专业巡视要点

难易度：中

标准答案：

（1）循环水泵运行正常，无杂音，电流正常，进出水压力在正常范围。

（2）检查压盘根处是否漏水。

（3）检查弹性联轴器有无损坏。

（4）检查联轴节内轴承润滑脂是否有硬化现象。

（5）水泵机组所有紧固螺栓是否有松动。

（6）水泵机组外壳是否有脱漆或锈蚀现象。

Jb1006332088　阀厅空调与火灾报警系统联动试验相关设备专业巡视要点有哪些？（5分）

考核知识点：阀厅空调与火灾报警系统联动试验相关设备专业巡视要点

难易度：中

标准答案：

（1）接入阀厅空调配电柜的火灾系统端子接线状态良好。

（2）二次线正常，无破损、烧伤、放电痕迹现象。

（3）检查百叶窗能正常开启、关闭。

（4）百叶窗窗叶无破损、脱落或变形关闭不严。

（5）百叶窗无漂浮物挂落。

Jb1006333089　空调系统采暖、通风、除湿设施专业巡视要点有哪些？（5分）

考核知识点： 空调系统采暖、通风、除湿设施专业巡视要点

难易度： 难

标准答案：

（1）采暖设备功能正常，无破损现象。

（2）通风风机扇叶及防护网无破损、松动、变形。

（3）通风风机工作正常，无异常震动、噪声。

（4）除湿器外观整洁，管道无锈蚀破损。

（5）除湿器启停、制冷、除湿功能正常。

（6）二次回路、元器件外观完好。

（7）设施电源稳定、可靠。

Jb1006332090　消火栓关键工艺质量控制有哪些？（5分）

考核知识点： 消火栓关键工艺质量控制

难易度： 中

标准答案：

（1）消火栓箱内配置齐全，各项配件完好，消火栓口静压符合设计或规范要求。

（2）试验消火栓破玻按钮，消火栓水泵启动，各项联动设施动作，消防中心有报警信号和消防水泵状态显示。

（3）各阀门处于正常的开或关状态，且有明显标志，阀体完好、不漏水。

（4）消火栓系统水泵接合器外观完好，配置齐全，无变形、无渗漏、无缺损。

（5）消火栓喷射时，其充实水柱达到设计或规范要求。

Jb1006331091　接地极电容器检修安全注意事项有哪些？（5分）

考核知识点： 接地极电容器检修安全注意事项

难易度： 易

标准答案：

（1）工作前应将电容器逐个多次充分放电。

（2）对安全距离小的电容器检修时，应做好安全防护措施。

（3）拆、装电容器接头时应做好防护措施。

Jb1006331092　接地极检测井、渗水井、引流井检修安全注意事项有哪些？（5分）

考核知识点： 接地极检测井、渗水井、引流井检修安全注意事项

难易度： 易

标准答案：

（1）应注意与带电设备保持足够的安全距离，同时做好检修现场各项准备措施。

（2）应注意观测井时高空风险，防止坠入井中，保证人身安全。

Jb1006332093　渗水井、引流井的检修项目有哪些？（5分）

考核知识点： 渗水井、引流井的检修项目

难易度： 中

标准答案：

（1）渗水井检修：

1）渗水井回填土无沉陷，低于附近地面。

2）渗水砾石表面无明显污泥，未被其他杂物覆盖。

（2）引流井检修：

1）电缆压接头与引流棒之间连接良好，无脱焊。

2）环氧树脂密封包裹无破损。

Jb1006332094　接地极在线监测系统专业巡视要点有哪些？（5分）

考核知识点： 接地极在线监测系统专业巡视

难易度： 中

标准答案：

（1）在线监测系统视频监控系统正常，能实时远传接地极图像信息。

（2）在线监测系统接地极入地电流平衡。

（3）在线监测系统接地极温湿度在正常范围内。

（4）在线监测系统红外测温仪运行正常，无异常报警，无发热点。

（5）在线监测系统电源柜运行正常，无异常报警。

Jb1006331095　站用直流电源直流系统微机监控装置专业巡视有哪些？（5分）

考核知识点： 站用直流电源直流系统微机监控装置专业巡视

难易度： 易

标准答案：

（1）三相交流输入、直流输出、蓄电池以及直流母线电压正常。

（2）蓄电池组电压、充电模块输出电压和浮充电的电流正常。

（3）微机监控装置运行状态以及各种参数正常。

Jb1006331096　站用直流电源蓄电池单体检修安全注意事项有哪些？（5分）

考核知识点： 站用直流电源蓄电池单体检修安全注意事项

难易度： 易

标准答案：

（1）严禁造成直流接地、短路。

（2）使用绝缘工具，不能造成人身触电。

（3）严禁造成蓄电池组开路。

Jb1006331097　站用直流电源充电装置检修安全注意事项有哪些？（5分）

考核知识点： 站用直流电源充电装置检修安全注意事项

难易度：易

标准答案：

（1）根据图纸、实际接线、电缆标识，查清接线，做好标记。

（2）屏柜装卸、安装过程中做好严防屏柜倾倒、人员受伤的措施。

（3）使用绝缘工具，带电拆除电缆要做好绝缘措施，严防人身触电。

Jb1006331098　站用直流电源充电模块更换安全注意事项有哪些？（5分）

考核知识点：站用直流电源充电模块更换安全注意事项

难易度：易

标准答案：

（1）严禁造成交、直流短路和直流接地。

（2）严禁造成极性接错。

（3）操作时，使用绝缘工具，防止造成人身触电。

Jb1006332099　直流屏（柜）检修安全注意事项有哪些？（5分）

考核知识点：直流屏（柜）检修安全注意事项

难易度：中

标准答案：

（1）严禁造成直流短路、接地。

（2）严禁直流母线失压，造成系统事故。

（3）使用绝缘工具，不能造成人身触电。

（4）严禁造成极性接错。

Jb1006332100　站用直流电源电缆施工安全注意事项有哪些？（5分）

考核知识点：站用直流电源电缆施工安全注意事项

难易度：中

标准答案：

（1）电缆防火措施完善。

（2）不能带电拆除电缆。

（3）严禁造成直流短路、接地。

（4）严禁造成极性接错。

（5）沟内电缆不得有接头。

Jb1006332101　站用交流不间断电源系统（UPS）例行检查安全注意事项有哪些？（5分）

考核知识点：站用交流不间断电源系统（UPS）例行检查安全注意事项

难易度：中

标准答案：

（1）工作前断开柜内各类交直流电源并确认无压。

（2）工作中应使用绝缘良好工具。

（3）逆变电源整体更换工作开展前，先断开柜内各类交直流电源并确认无压。

Jb1006332102　直流屏元器件更换安全注意事项有哪些？（5分）

考核知识点：直流屏元器件更换安全注意事项

难易度：中

标准答案：

（1）严禁造成直流短路、接地。

（2）严禁造成极性接错。

（3）严禁造成负荷设备失电。

（4）工作中应使用经绝缘包扎的工器具，拆接线及时做好绝缘包扎。

（5）工作中防止静电伤害及低压触电，必要时戴绝缘手套和站在绝缘垫上。

Jb1006332103　站用动力电缆例行检查关键工艺质量控制有哪些？（5分）

考核知识点： 站用动力电缆例行检查关键工艺质量控制

难易度： 中

标准答案：

（1）电缆外观应无损伤、绝缘良好，弯曲半径应符合要求。

（2）电缆各部位接头紧固，接触良好。

（3）电缆相序正确，标示清楚。

（4）电缆空洞封堵严密，防火涂料无脱落。

Jb1006332104　变压器套管的作用及要求分别是什么？（5分）

考核知识点： 变压器套管

难易度： 中

标准答案：

变压器套管将变压器内部引线引到油箱外部，不但作为引线对地绝缘，而且担负着固定引线的作用，变压器套管是变压器载流元件之一，在变压器运行中，长期通过负载电流，当变压器外部发生短路时通过短路电流。

对变压器套管有以下要求：

（1）必须有规定的电气强度和足够的机械强度。

（2）必须具有良好的热稳定性，并能承受短路时的瞬间过热。

（3）尽可能减小外形尺寸及质量，具有密封性能好、通用性强和便于维修的特点。

Jb1006332105　简述油位计基本组成及工作原理。（5分）

考核知识点： 变压器油位计

难易度： 中

标准答案：

油位计安装在变压器储油柜上，用于监视储油罐油位。油位计由浮球、摆杆传动机构指示部分、报警机构等组成。

工作原理：当储油罐内的油位由于温度和其他原因而升高或降低时，油位计的浮球随油位而升高或降低，浮球带动摆杆使传动机构转动，通过传动机构上的磁钢的磁力作用，带动另一个的磁钢转动，使指示部分的指针在刻度盘上指示出油位。当油位上升到最高点或降低到最低点时，报警机构的触点就会闭合，将触点引入控制回路中，就可以对储油柜的油位进行远距离检测，极限油位报警，也便于现场直接读数与观察。

Jb1006332106 有载调压分接开关油流继电器的工作原理是什么？（5分）
考核知识点： 变压器分接开关
难易度： 中
标准答案：
变压器有载调压分接开关切换开关发生严重故障时，将产生油流涌动；当达到油流继电器动作值时，对应的跳闸信号接点动作；切断电源，保护变压器有载调压分接开关。

Jb1006332107 变压器本体气体继电器的工作原理是什么？（5分）
考核知识点： 变压器
难易度： 中
标准答案：
当变压器内部发生故障产生少量气体时，气体会在本体气体继电器内聚集，当气体聚集达到报警值时，对应的报警信号接点动作；当变压器内部故障进一步扩大，产生大量气体或产生油流涌动，达到本体气体继电器气体或油流跳闸值时，对应的跳闸信号接点动作，切断电源，保护变压器。

Jb1006332108 叙述换流站换流变压器进线断路器配置合闸电阻的原因。（5分）
考核知识点： 变压器
难易度： 中
标准答案：
换流站的换流变压器在运行中会发生直流偏磁现象，使得铁芯中产生剩磁。受此影响，当换流变压器空载投入电网时所产生的励磁涌流会很大，励磁涌流中包含的三次谐波分量很大，可达基波电流的50%以上，可能会引起换流站的 HP3 型交流滤波器过负荷，对换流站的安全可靠运行造成不利影响。为限制上述励磁涌流的影响，在换流变压器进线断路器上配置合闸电阻。

Jb1006332109 论述事故调查规程对人身事故的等级的划分。（5分）
考核知识点： 安全知识
难易度： 中
标准答案：
（1）特大人身事故：一次事故死亡 10 人及以上者。
（2）重大人身事故：一次事故死亡 3 人及以上，或一次事故死亡和重伤 10 人及以上，未构成特大人身事故者。
（3）一般人身事故：未构成特、重大人身事故的轻伤、重伤及死亡事故。

第六章　换流站直流设备检修工（一次）高级工技能操作

Jc1001343001　直流 SF$_6$ 断路器振荡回路充电装置控制板卡更换。（100 分）

考核知识点：直流断路器检修

难易度：难

技能等级评价专业技能考核操作工作任务书

一、任务名称

直流 SF$_6$ 断路器振荡回路充电装置控制板卡更换。

二、适用工种

换流站直流设备检修工（一次）高级工。

三、具体任务

（1）工作状态为模拟直流 SF$_6$ 断路器振荡回路充电装置控制板卡故障。工作内容为直流 SF$_6$ 断路器振荡回路充电装置控制板卡更换。

（2）工作任务：

1）模拟直流 SF$_6$ 断路器振荡回路充电装置控制板卡故障，需要对直流 SF$_6$ 断路器振荡回路充电装置控制板卡进行更换。

2）模拟现场工作，准备安全工器具及材料，实施安全措施（按照直流 SF$_6$ 断路器振荡回路充电装置控制板卡更换完成），完成现场检修任务。

四、工作规范及要求

（1）工器具使用及安全措施。

（2）按要求进行直流 SF$_6$ 断路器振荡回路充电装置控制板卡更换。

（3）检修步骤及安全注意事项。

五、考核及时间要求

（1）本考核操作时间为 60 分钟，时间到停止考评，包括安全工器具准备时间。

（2）检修过程中，如确实不能完成某项目，可向考评员申请帮助，该项目不得分，但不影响其他项目。

（3）按照技能操作记录单的要求进行操作，正确记录操作步骤、关键检修节点等。

技能等级评价专业技能考核操作评分标准

工种	换流站直流设备检修工（一次）				评价等级	高级工
项目模块	一次及辅助设备日常维护、检修—直流断路器的日常维护、检修			编号		Jc1001343001
单位			准考证号		姓名	
考试时限	60 分钟	题型		单项操作	题分	100 分
成绩		考评员		考评组长	日期	
试题正文	直流 SF$_6$ 断路器振荡回路充电装置控制板卡更换					

续表

需要说明的问题和要求	（1）要求单人完成更换操作。 （2）操作应注意安全，按照标准化作业书的技术安全说明做好安全措施。 （3）安全工器具由考场提供					

序号	项目名称	质量要求	满分	扣分标准	扣分原因	得分
1	工具使用及安全措施					
1.1	各种工器具正确使用	熟练正确使用各种工器具	5	未正确使用，一次扣1分，扣完为止		
1.2	相关安全措施的准备	（1）断开充电装置的电源。 （2）对振荡回路电容器进行充分放电，并拆除充电装置与电容器的连线	10	未断开充电装置的电源扣5分；未充分放电扣5分		
2	关键工艺质量控制					
2.1	检修过程要求	（1）板卡型号及技术参数应满足设计要求。 （2）安装使用说明书、出厂试验报告、产品合格证、装配图纸等技术文件完整。 （3）板卡外观完好、无损伤。 （4）充电装置二次电缆拆除前做好标记，恢复接线按做好的标记进行恢复。 （5）更换板卡后，充电装置可对电容器充电至额定电压	60	按照步骤开展，每少一步扣12分		
3	现场恢复	恢复现场	10	未进行现场恢复扣10分		
4	填写报告					
4.1	操作记录	字迹工整，无误	5	每少填写一项扣1分，扣完为止		
4.2	修试记录	将检修（更换）步骤填写清楚，并分析故障原因，提出改进意见	10	每少填写一项扣1分，扣完为止		
	合计		100			

Jc1001343002　直流 SF$_6$ 断路器振荡回路充电装置载流金具检修。（100分）

考核知识点： 直流断路器检修

难易度： 难

技能等级评价专业技能考核操作工作任务书

一、任务名称

直流 SF$_6$ 断路器振荡回路充电装置载流金具检修。

二、适用工种

换流站直流设备检修工（一次）高级工。

三、具体任务

（1）工作状态为模拟直流 SF$_6$ 断路器振荡回路充电装置载流金具故障。工作内容为直流 SF$_6$ 断路器振荡回路充电装置载流金具检修。

（2）工作任务：

1）模拟直流 SF$_6$ 断路器振荡回路充电装置载流金具故障，需要对直流 SF$_6$ 断路器振荡回路充电装置载流金具进行检修。

2）模拟现场工作，准备安全工器具及材料，实施安全措施（按照直流 SF$_6$ 断路器振荡回路充电装置载流金具检修完成），完成现场检修任务。

四、工作规范及要求

（1）工器具使用及安全措施。

（2）按要求进行直流 SF_6 断路器振荡回路充电装置载流金具检修。

（3）检修步骤及安全注意事项。

五、考核及时间要求

（1）本考核操作时间为 60 分钟，时间到停止考评，包括安全工器具准备时间。

（2）检修过程中，如确实不能完成某项目，可向考评员申请帮助，该项目不得分，但不影响其他项目。

（3）按照技能操作记录单的要求进行操作，正确记录操作步骤、关键检修节点等。

技能等级评价专业技能考核操作评分标准

工种	换流站直流设备检修工（一次）			评价等级		高级工
项目模块	一次及辅助设备日常维护、检修—直流断路器的日常维护、检修		编号		Jc1001343002	
单位		准考证号		姓名		
考试时限	60 分钟	题型		单项操作	题分	100 分
成绩		考评员		考评组长	日期	
试题正文	直流 SF_6 断路器振荡回路充电装置载流金具检修					
需要说明的问题和要求	（1）要求单人完成更换操作。 （2）操作应注意安全，按照标准化作业书的技术安全说明做好安全措施。 （3）安全工器具由考场提供					

序号	项目名称	质量要求	满分	扣分标准	扣分原因	得分
1	工具使用及安全措施					
1.1	各种工器具正确使用	熟练正确使用各种工器具	5	未正确使用，一次扣 1 分，扣完为止		
1.2	相关安全措施的准备	高空作业系好安全带	10	未正确使用安全带扣 10 分		
2	关键工艺质量控制					
2.1	检修过程要求	（1）按力矩要求紧固，导线接触良好，力矩参照 GB 50149—2016《电气装置安装工程 母线装置施工及验收规范》，力矩紧固后进行标记。 （2）引线无散股、扭曲、断股现象，握手线夹无开裂。 （3）连接管型母线表面光滑、无毛刺	60	按照步骤开展，每少一步扣 20 分		
3	现场恢复	恢复现场	10	未进行现场恢复扣 10 分		
4	填写报告					
4.1	操作记录	字迹工整，无误	5	每少填写一项扣 1 分，扣完为止		
4.2	修试记录	将检修（更换）步骤填写清楚，并分析故障原因，提出改进意见	10	每少填写一项扣 1 分，扣完为止		
	合计		100			

Jc1001343003 直流 SF_6 断路器振荡回路绝缘平台绝缘子的检修。（100 分）

考核知识点： 直流断路器检修

难易度： 难

技能等级评价专业技能考核操作工作任务书

一、任务名称

直流 SF_6 断路器振荡回路绝缘平台绝缘子的检修。

二、适用工种

换流站直流设备检修工（一次）高级工。

三、具体任务

（1）工作状态为模拟直流 SF_6 断路器振荡回路绝缘平台绝缘子故障。工作内容为直流 SF_6 断路器振荡回路绝缘平台绝缘子的检修。

（2）工作任务：

1）模拟直流 SF_6 断路器振荡回路绝缘平台绝缘子故障，需要对直流 SF_6 断路器振荡回路绝缘平台绝缘子进行检修。

2）模拟现场工作，准备安全工器具及材料，实施安全措施（按照直流 SF_6 断路器振荡回路绝缘平台绝缘子的检修完成），完成现场检修任务。

四、工作规范及要求

（1）工器具使用及安全措施。

（2）按要求进行直流 SF_6 断路器振荡回路绝缘平台绝缘子的检修。

（3）检修步骤及安全注意事项。

五、考核及时间要求

（1）本考核操作时间为 60 分钟，时间到停止考评，包括安全工器具准备时间。

（2）检修过程中，如确实不能完成某项目，可向考评员申请帮助，该项目不得分，但不影响其他项目。

（3）按照技能操作记录单的要求进行操作，正确记录操作步骤、关键检修节点等。

技能等级评价专业技能考核操作评分标准

工种	换流站直流设备检修工（一次）				评价等级	高级工
项目模块	一次及辅助设备日常维护、检修—直流断路器的日常维护、检修			编号		Jc1001343003
单位			准考证号		姓名	
考试时限	60 分钟	题型		单项操作	题分	100 分
成绩		考评员		考评组长	日期	
试题正文	直流 SF_6 断路器振荡回路绝缘平台绝缘子的检修					
需要说明的问题和要求	（1）要求单人完成更换操作。 （2）操作应注意安全，按照标准化作业书的技术安全说明做好安全措施。 （3）安全工器具由考场提供					

序号	项目名称	质量要求	满分	扣分标准	扣分原因	得分
1	工具使用及安全措施					
1.1	各种工器具正确使用	熟练正确使用各种工器具	5	未正确使用，一次扣 1 分，扣完为止		
1.2	相关安全措施的准备	（1）进行绝缘子检修工作前需直流断路器停电，并断开充电装置的电源，对电容器充分放电。 （2）瓷绝缘子或复合绝缘子表面防污闪涂层未风干前禁止触摸、践踏及送电	10	未断开充电装置的电源扣 4 分； 未对电容器充分放电扣 4 分； 防污闪涂层未风干扣 2 分		

续表

序号	项目名称	质量要求	满分	扣分标准	扣分原因	得分
2	关键工艺质量控制					
2.1	检修过程要求	（1）绝缘子外观及绝缘子辅助伞裙清洁无破损（瓷套管无破损，单个缺釉不大于25mm²，釉层杂质总面积不超过 150mm²，瓷套表面无裂纹、脏污及放电痕迹）。 （2）瓷外套与法兰处黏合应牢固、无破损，黏合处露砂高度不小于 10mm，并均匀涂覆防水密封胶。 （3）瓷外套法兰黏合处防水密封胶有起层、变色时，应将防水密封胶彻底清理，清理后重新涂覆合格的防水密封胶。 （4）瓷外套伞裙边沿部位出现裂纹应采取措施，并定期进行监督，伞棱及瓷柱部位出现裂纹应更换。 （5）选择合适的工具和清扫方法对伞裙的上、下表面分别进行清理，尤其是伞棱部位应重点清扫。 （6）禁止在雨天、雾天、风沙等恶劣天气及环境温度低于3℃、空气相对湿度大于85%的户外环境下进行防污闪涂敷工作。 （7）瓷质绝缘子表面防污闪涂层有翘皮、起层、龟裂时，应将异常部位清除干净，然后复涂。 （8）瓷质绝缘子表面涂层进行复涂时，应对原有涂层表面的尘垢进行清理，对附着力良好但已失效的原有防污闪涂层，无需清除，可在其上直接复涂。 （9）严格按照防污闪涂料说明书进行涂覆工作，涂覆表面无瓷外套釉色、涂层厚度均匀、颜色一致，表面无挂珠、无流淌痕迹。 （10）复合外套单个缺陷面积不超过 5mm²，深度不大于 1mm，总缺陷面积不应超过复合外套面积的 0.2%。 （11）复合外套表面凸起高度不超过0.8mm，黏结合缝处凸起高度不超过 1.2mm	60	按照步骤开展，每少一步扣 6 分，扣完为止		
3	现场恢复	恢复现场	10	未进行现场恢复扣10分		
4	填写报告					
4.1	操作记录	字迹工整，无误	5	每少填写一项扣1分，扣完为止		
4.2	修试记录	将检修（更换）步骤填写清楚，并分析故障原因，提出改进意见	10	每少填写一项扣1分，扣完为止		
	合计		100			

Jc1001343004　直流隔离开关双柱水平开启式均压环检修。（100 分）

考核知识点：直流隔离开关检修

难易度：难

技能等级评价专业技能考核操作工作任务书

一、任务名称

直流隔离开关双柱水平开启式均压环检修。

二、适用工种

换流站直流设备检修工（一次）高级工。

三、具体任务

（1）工作状态为模拟直流隔离开关双柱水平开启式均压环故障。工作内容为直流隔离开关双柱水平开启式均压环检修。

（2）工作任务：

1）模拟直流隔离开关双柱水平开启式均压环故障，进行直流隔离开关双柱水平开启式均压环检修。

2）模拟现场工作，准备安全工器具及材料，实施安全措施（按照直流隔离开关双柱水平开启式均压环检修完成），完成现场检修任务。

四、工作规范及要求

（1）工器具使用及安全措施。

（2）按要求进行直流隔离开关双柱水平开启式均压环检修。

（3）检修步骤及安全注意事项。

五、考核及时间要求

（1）本考核操作时间为 60 分钟，时间到停止考评，包括安全工器具准备时间。

（2）检修过程中，如确实不能完成某项目，可向考评员申请帮助，该项目不得分，但不影响其他项目。

（3）按照技能操作记录单的要求进行操作，正确记录操作步骤、关键检修节点等。

技能等级评价专业技能考核操作评分标准

工种	换流站直流设备检修工（一次）			评价等级	高级工
项目模块	一次及辅助设备日常维护、检修—直流断路器的日常维护、检修		编号		Jc1001343004
单位		准考证号		姓名	
考试时限	60 分钟	题型	单项操作	题分	100 分
成绩		考评员		考评组长		日期	

试题正文	直流隔离开关双柱水平开启式均压环检修
需要说明的问题和要求	（1）要求单人完成更换操作。 （2）操作应注意安全，按照标准化作业书的技术安全说明做好安全措施。 （3）安全工器具由考场提供

序号	项目名称	质量要求	满分	扣分标准	扣分原因	得分
1	工具使用及安全措施					
1.1	各种工器具正确使用	熟练正确使用各种工器具	5	未正确使用，一次扣 1 分，扣完为止		
1.2	相关安全措施的准备	（1）起吊时应采用适合吊物重量的专用吊带或尼龙吊绳。 （2）起吊时，吊物应保持水平起吊，且绑缆风绳控制吊物摆动。 （3）均压环上严禁工作人员踩踏、站立。 （4）结合现场实际条件适时装设个人保安线	10	未合理选用吊带或尼龙吊绳扣 2 分； 未水平起吊扣 2 分； 未绑缆风绳控制吊物摆动扣 2 分； 人员踩踏均压环扣 2 分； 未合理使用个人保安线扣 2 分		
2	关键工艺质量控制					
2.1	检修过程要求	（1）均压环完好，无变形、无缺损。 （2）安装牢固、平正，排水孔通畅。 （3）焊接处无裂纹，螺栓连接紧固，力矩值符合产品技术要求，并做紧固标记	60	未检查均压环完好扣 12 分； 安装不正确扣 12 分； 焊接处有裂纹，螺栓连接不紧固扣 12 分； 力矩值不符合产品技术要求扣 12 分； 未做紧固标记扣 12 分		

续表

序号	项目名称	质量要求	满分	扣分标准	扣分原因	得分
3	现场恢复	恢复现场	10	未进行现场恢复扣10分		
4	填写报告					
4.1	操作记录	字迹工整，无误	5	每少填写一项扣1分，扣完为止		
4.2	修试记录	将检修（更换）步骤填写清楚，并分析故障原因，提出改进意见	10	每少填写一项扣1分，扣完为止		
	合计		100			

Jc1001343005 直流隔离开关双柱水平开启式载流金具检修。（100分）

考核知识点： 直流隔离开关检修

难易度： 难

技能等级评价专业技能考核操作工作任务书

一、任务名称

直流隔离开关双柱水平开启式载流金具检修。

二、适用工种

换流站直流设备检修工（一次）高级工。

三、具体任务

（1）工作状态为模拟直流隔离开关双柱水平开启式载流金具故障。工作内容为直流隔离开关双柱水平开启式载流金具检修。

（2）工作任务：

1）模拟直流隔离开关双柱水平开启式载流金具故障，进行直流隔离开关双柱水平开启式载流金具检修。

2）模拟现场工作，准备安全工器具及材料，实施安全措施（按照直流隔离开关双柱水平开启式载流金具检修完成），完成现场检修任务。

四、工作规范及要求

（1）工器具使用及安全措施。

（2）按要求进行直流隔离开关双柱水平开启式载流金具检修。

（3）检修步骤及安全注意事项。

五、考核及时间要求

（1）本考核操作时间为60分钟，时间到停止考评，包括安全工器具准备时间。

（2）检修过程中，如确实不能完成某项目，可向考评员申请帮助，该项目不得分，但不影响其他项目。

（3）按照技能操作记录单的要求进行操作，正确记录操作步骤、关键检修节点等。

技能等级评价专业技能考核操作评分标准

工种	换流站直流设备检修工（一次）			评价等级	高级工
项目模块	一次及辅助设备日常维护、检修—直流断路器的日常维护、检修		编号		Jc1001343005
单位		准考证号		姓名	
考试时限	60分钟	题型	单项操作	题分	100分
成绩		考评员	考评组长	日期	

续表

试题正文	直流隔离开关双柱水平开启式载流金具检修					
需要说明的问题和要求	（1）要求单人完成更换操作。 （2）操作应注意安全，按照标准化作业书的技术安全说明做好安全措施。 （3）安全工器具由考场提供					

序号	项目名称	质量要求	满分	扣分标准	扣分原因	得分
1	工具使用及安全措施					
1.1	各种工器具正确使用	熟练正确使用各种工器具	5	未正确使用，一次扣1分，扣完为止		
1.2	相关安全措施的准备	（1）结合现场实际条件适时装设个人保安线。 （2）正确使用高空作业车	10	未合理使用个人保安线扣5分； 未正确使用高空作业车扣5分		
2	关键工艺质量控制					
2.1	检修过程要求	（1）按力矩要求紧固，导线、母线接触良好，力矩参照 GB 50149—2016《电气装置安装工程　母线装置施工及验收规范》，力矩紧固后进行标记。 （2）引线无散股、扭曲、断股现象，线夹无开裂。 （3）连接管型母线表面光滑、无毛刺。 （4）初测直流电阻，直流场不超过15μΩ。对超标的接头进行打磨处理，紧固后复测。具体步骤按"十步要求"执行	60	未按力矩要求紧固扣12分； 力矩紧固后未进行标记扣12分； 未检查引线及线夹扣12分； 未检查连接管型母线表面扣12分； 未对接头进行直流电阻测量扣12分		
3	现场恢复	恢复现场	10	未进行现场恢复扣10分		
4	填写报告					
4.1	操作记录	字迹工整，无误	5	每少填写一项扣1分，扣完为止		
4.2	修试记录	将检修（更换）步骤填写清楚，并分析故障原因，提出改进意见	10	每少填写一项扣1分，扣完为止		
	合计		100			

Jc1001343006　直流隔离开关双柱水平开启式绝缘子检修。（100分）

考核知识点： 直流隔离开关检修

难易度： 难

技能等级评价专业技能考核操作工作任务书

一、任务名称

直流隔离开关双柱水平开启式绝缘子检修。

二、适用工种

换流站直流设备检修工（一次）高级工。

三、具体任务

（1）工作状态为模拟直流隔离开关双柱水平开启式绝缘子故障。工作内容为直流隔离开关双柱水平开启式绝缘子检修。

（2）工作任务：

1）模拟直流隔离开关双柱水平开启式绝缘子故障，进行直流隔离开关双柱水平开启式绝缘子检修。

2）模拟现场工作，准备安全工器具及材料，实施安全措施（按照直流隔离开关双柱水平开启式绝缘子检修完成），完成现场检修任务。

四、工作规范及要求

（1）工器具使用及安全措施。

（2）按要求进行直流隔离开关双柱水平开启式绝缘子检修。

（3）检修步骤及安全注意事项。

五、考核及时间要求

（1）本考核操作时间为60分钟，时间到停止考评，包括安全工器具准备时间。

（2）检修过程中，如确实不能完成某项目，可向考评员申请帮助，该项目不得分，但不影响其他项目。

（3）按照技能操作记录单的要求进行操作，正确记录操作步骤、关键检修节点等。

技能等级评价专业技能考核操作评分标准

工种	换流站直流设备检修工（一次）			评价等级	高级工
项目模块	一次及辅助设备日常维护、检修—直流断路器的日常维护、检修		编号		Jc1001343006
单位		准考证号		姓名	
考试时限	60分钟	题型	单项操作	题分	100分
成绩		考评员	考评组长	日期	
试题正文	直流隔离开关双柱水平开启式绝缘子检修				
需要说明的问题和要求	（1）要求单人完成更换操作。 （2）操作应注意安全，按照标准化作业书的技术安全说明做好安全措施。 （3）安全工器具由考场提供				

序号	项目名称	质量要求	满分	扣分标准	扣分原因	得分
1	工具使用及安全措施					
1.1	各种工器具正确使用	熟练正确使用各种工器具	5	未正确使用，一次扣1分，扣完为止		
1.2	相关安全措施的准备	（1）起吊时应采用适合吊物重量的专用吊带或尼龙吊绳。 （2）起吊时，吊物应保持垂直角度起吊，且绑缆风绳控制吊物摆动。 （3）绝缘子拆装时应逐节进行吊装。 （4）结合现场实际条件适时装设个人保安线	10	未合理选用吊带或尼龙吊绳扣2分； 未保持垂直角度起吊扣2分； 未绑缆风绳控制吊物摆动扣2分； 未逐节进行吊装扣2分； 未合理使用个人保安线扣2分		
2	关键工艺质量控制					
2.1	检修过程要求	（1）绝缘子外观及绝缘子辅助伞裙清洁无破损（瓷套表面无破损，若外表破损面超过单个伞群10%或破损总面积虽不超过单个伞群10%但同一方向破损伞裙多于2个者，应更换瓷套）。 （2）绝缘子法兰无锈蚀、裂纹。 （3）绝缘子胶装后露砂高度10～20mm，且不应小于10mm，胶装处应涂防水密封胶。 （4）防污闪涂层完好，无龟裂、起层、缺损，憎水性应符合相关技术要求	60	未检查绝缘子外观及绝缘子辅助伞裙扣12分； 未检查绝缘子法兰扣12分； 绝缘子胶装后露砂高度不符合要求扣12分； 未检查防污闪涂扣12分； 憎水性不符合相关技术要求扣12分		
3	现场恢复	恢复现场	10	未进行现场恢复扣10分		
4	填写报告					
4.1	操作记录	字迹工整，无误	5	每少填写一项扣1分，扣完为止		
4.2	修试记录	将检修（更换）步骤填写清楚，并分析故障原因，提出改进意见	10	每少填写一项扣1分，扣完为止		
	合计		100			

Jc1001343007 直流隔离开关双柱水平开启式传动及限位部件检修。（100分）

考核知识点：直流隔离开关检修

难易度：难

技能等级评价专业技能考核操作工作任务书

一、任务名称

直流隔离开关双柱水平开启式传动及限位部件检修。

二、适用工种

换流站直流设备检修工（一次）高级工。

三、具体任务

（1）工作状态为模拟直流隔离开关双柱水平开启式传动及限位部件故障。工作内容为直流隔离开关双柱水平开启式传动及限位部件检修。

（2）工作任务：

1）模拟直流隔离开关双柱水平开启式传动及限位部件故障，进行直流隔离开关双柱水平开启式传动及限位部件检修。

2）模拟现场工作，准备安全工器具及材料，实施安全措施（按照直流隔离开关双柱水平开启式传动及限位部件检修完成），完成现场检修任务。

四、工作规范及要求

（1）工器具使用及安全措施。

（2）按要求进行直流隔离开关双柱水平开启式传动及限位部件检修。

（3）检修步骤及安全注意事项。

五、考核及时间要求

（1）本考核操作时间为60分钟，时间到停止考评，包括安全工器具准备时间。

（2）检修过程中，如确实不能完成某项目，可向考评员申请帮助，该项目不得分，但不影响其他项目。

（3）按照技能操作记录单的要求进行操作，正确记录操作步骤、关键检修节点等。

技能等级评价专业技能考核操作评分标准

工种	换流站直流设备检修工（一次）			评价等级	高级工	
项目模块	一次及辅助设备日常维护、检修—直流断路器的日常维护、检修		编号		Jc1001343007	
单位			准考证号		姓名	
考试时限	60分钟	题型		单项操作	题分	100分
成绩		考评员		考评组长		日期
试题正文	直流隔离开关双柱水平开启式传动及限位部件检修					
需要说明的问题和要求	（1）要求单人完成更换操作。 （2）操作应注意安全，按照标准化作业书的技术安全说明做好安全措施。 （3）安全工器具由考场提供					

序号	项目名称	质量要求	满分	扣分标准	扣分原因	得分
1	工具使用及安全措施					
1.1	各种工器具正确使用	熟练正确使用各种工器具	5	未正确使用，一次扣1分，扣完为止		

续表

序号	项目名称	质量要求	满分	扣分标准	扣分原因	得分
1.2	相关安全措施的准备	（1）断开机构二次电源。 （2）工作人员严禁踩踏传动连杆。 （3）结合现场实际条件适时装设个人保安线	10	未断开机构二次电源扣4分； 工作人员踩踏传动连杆扣4分； 未合理使用个人保安线扣2分		
2	关键工艺质量控制					
2.1	检修过程要求	（1）传动连杆及限位部件无锈蚀、变形，限位间隙符合技术要求。 （2）垂直安装的拉杆顶端应密封，未封口的应在拉杆下部打排水孔。 （3）传动连杆应采用装配式结构，不应在施工现场进行切焊装配。 （4）轴套、轴销、螺栓、弹簧等附件齐全，无变形、锈蚀、松动，转动灵活连接牢固。 （5）转动部分涂以适合当地气候的润滑脂。	60	未检查传动连杆及限位部件扣10分； 垂直安装的拉杆顶端未密封扣10分； 未封口的或未在拉杆下部打排水孔扣10分； 传动连杆未采用装配式结构扣10分； 未检查轴套、轴销、螺栓、弹簧等附件扣10分； 转动部分未涂以适合当地气候的润滑脂扣10分		
3	现场恢复	恢复现场	10	未进行现场恢复扣10分		
4	填写报告					
4.1	操作记录	字迹工整，无误	5	每少填写一项扣1分，扣完为止		
4.2	修试记录	将检修（更换）步骤填写清楚，并分析故障原因，提出改进意见	10	每少填写一项扣1分，扣完为止		
	合计		100			

Jc1001343008　直流隔离开关双柱水平开启式底座检修。（100分）

考核知识点：直流隔离开关检修

难易度：难

技能等级评价专业技能考核操作工作任务书

一、任务名称

直流隔离开关双柱水平开启式底座检修。

二、适用工种

换流站直流设备检修工（一次）高级工。

三、具体任务

（1）工作状态为模拟直流隔离开关双柱水平开启式底座故障。工作内容为直流隔离开关双柱水平开启式底座检修。

（2）工作任务：

1）模拟直流隔离开关双柱水平开启式底座故障，进行直流隔离开关双柱水平开启式底座检修。

2）模拟现场工作，准备安全工器具及材料，实施安全措施（按照直流隔离开关双柱水平开启式底座检修完成），完成现场检修任务。

四、工作规范及要求

（1）工器具使用及安全措施。

（2）按要求进行直流隔离开关双柱水平开启式底座检修。

（3）检修步骤及安全注意事项。

五、考核及时间要求

（1）本考核操作时间为60分钟，时间到停止考评，包括安全工器具准备时间。

（2）检修过程中，如确实不能完成某项目，可向考评员申请帮助，该项目不得分，但不影响其他项目。

（3）按照技能操作记录单的要求进行操作，正确记录操作步骤、关键检修节点等。

技能等级评价专业技能考核操作评分标准

工种	换流站直流设备检修工（一次）			评价等级	高级工
项目模块	一次及辅助设备日常维护、检修—直流断路器的日常维护、检修		编号		Jc1001343008
单位		准考证号		姓名	
考试时限	60 分钟	题型	单项操作	题分	100 分
成绩		考评员	考评组长	日期	
试题正文	直流隔离开关双柱水平开启式底座检修				
需要说明的问题和要求	（1）要求单人完成更换操作。 （2）操作应注意安全，按照标准化作业书的技术安全说明做好安全措施。 （3）安全工器具由考场提供				

序号	项目名称	质量要求	满分	扣分标准	扣分原因	得分
1	工具使用及安全措施					
1.1	各种工器具正确使用	熟练正确使用各种工器具	5	未正确使用，一次扣 1 分，扣完为止		
1.2	相关安全措施的准备	（1）电动机构二次电源确已断开，隔离措施符合现场实际条件。 （2）拆、装直流隔离开关时，结合现场实际条件适时装设个人保安线。 （3）按厂家规定正确吊装设备	10	未断开电动机构二次电源扣 4 分； 未正确吊装设备扣 4 分； 未合理使用个人保安线扣 2 分		
2	关键工艺质量控制					
2.1	检修过程要求	（1）底座无变形，焊接处无裂纹及严重锈蚀。 （2）底座连接螺栓紧固，无锈蚀，锈蚀严重应更换，力矩值符合产品技术要求，并做紧固标记。 （3）转动部件应转动灵活、无卡滞。 （4）底座调节螺杆应紧固无松动，且保证底座上端面水平	60	未检查底座扣 10 分； 未检查底座连接螺栓扣 10 分； 力矩值不符合产品技术要求扣 10 分； 未做紧固标记扣 10 分； 未检查转动部件扣 10 分； 未检查底座调节螺杆扣 10 分		
3	现场恢复	恢复现场	10	未进行现场恢复扣 10 分		
4	填写报告					
4.1	操作记录	字迹工整，无误	5	每少填写一项扣 1 分，扣完为止		
4.2	修试记录	将检修（更换）步骤填写清楚，并分析故障原因，提出改进意见	10	每少填写一项扣 1 分，扣完为止		
	合计		100			

Jc1001343009　直流隔离开关双柱水平开启式机械闭锁检修。（100 分）

考核知识点：直流隔离开关检修

难易度：难

技能等级评价专业技能考核操作工作任务书

一、任务名称

直流隔离开关双柱水平开启式机械闭锁检修。

二、适用工种

换流站直流设备检修工（一次）高级工。

三、具体任务

（1）工作状态为模拟直流隔离开关双柱水平开启式机械闭锁故障。工作内容为直流隔离开关双柱水平开启式机械闭锁检修。

（2）工作任务：

1）模拟直流隔离开关双柱水平开启式机械闭锁故障，进行直流隔离开关双柱水平开启式机械闭锁检修。

2）模拟现场工作，准备安全工器具及材料，实施安全措施（按照直流隔离开关双柱水平开启式机械闭锁检修完成），完成现场检修任务。

四、工作规范及要求

（1）工器具使用及安全措施。

（2）按要求进行直流隔离开关双柱水平开启式机械闭锁检修。

（3）检修步骤及安全注意事项。

五、考核及时间要求

（1）本考核操作时间为60分钟，时间到停止考评，包括安全工器具准备时间。

（2）检修过程中，如确实不能完成某项目，可向考评员申请帮助，该项目不得分，但不影响其他项目。

（3）按照技能操作记录单的要求进行操作，正确记录操作步骤、关键检修节点等。

技能等级评价专业技能考核操作评分标准

工种	换流站直流设备检修工（一次）			评价等级	高级工
项目模块	一次及辅助设备日常维护、检修—直流断路器的日常维护、检修		编号	Jc1001343009	
单位		准考证号		姓名	
考试时限	60分钟	题型	单项操作	题分	100分
成绩		考评员		考评组长	日期

试题正文	直流隔离开关双柱水平开启式机械闭锁检修
需要说明的问题和要求	（1）要求单人完成更换操作。 （2）操作应注意安全，按照标准化作业书的技术安全说明做好安全措施。 （3）安全工器具由考场提供

序号	项目名称	质量要求	满分	扣分标准	扣分原因	得分
1	工具使用及安全措施					
1.1	各种工器具正确使用	熟练正确使用各种工器具	5	未正确使用，一次扣1分，扣完为止		
1.2	相关安全措施的准备	（1）断开电机电源和控制电源，二次电源隔离措施符合现场实际条件。 （2）结合现场实际条件适时装设个人保安线	10	未断开电机电源和控制电源扣5分；未合理使用个人保安线扣5分		
2	关键工艺质量控制					

续表

序号	项目名称	质量要求	满分	扣分标准	扣分原因	得分
2.1	检修过程要求	（1）操动机构与本体分、合闸位置一致。 （2）闭锁板、闭锁盘、闭锁杆无变形、损坏、锈蚀。 （3）闭锁板、闭锁盘、闭锁杆的互锁配合间隙符合相关技术规范要求。 （4）限位螺栓符合产品技术要求。 （5）机械连锁正确、可靠。 （6）连接螺栓力矩值符合产品技术要求，并做紧固标记	60	未检查闭锁板、闭锁盘、闭锁杆扣10分； 闭锁板、闭锁盘、闭锁杆的互锁配合间隙不符合相关技术规范要求扣10分； 限位螺栓不符合产品技术要求扣10分； 机械连锁不可靠扣10分； 力矩值不符合产品技术要求扣10分； 未做紧固标记扣10分		
3	现场恢复	恢复现场	10	未进行现场恢复扣10分		
4	填写报告					
4.1	操作记录	字迹工整，无误	5	每少填写一项扣1分，扣完为止		
4.2	修试记录	将检修（更换）步骤填写清楚，并分析故障原因，提出改进意见	10	每少填写一项扣1分，扣完为止		
	合计		100			

Jc1001343010　直流隔离开关双柱水平开启式调试及测试。（100分）

考核知识点： 直流隔离开关检修

难易度： 难

技能等级评价专业技能考核操作工作任务书

一、任务名称

直流隔离开关双柱水平开启式调试及测试。

二、适用工种

换流站直流设备检修工（一次）高级工。

三、具体任务

（1）工作状态为模拟直流隔离开关双柱水平开启式本体故障。工作内容为直流隔离开关双柱水平开启式调试及测试。

（2）工作任务：

1）模拟直流隔离开关双柱水平开启式本体故障，进行直流隔离开关双柱水平开启式调试及测试。

2）模拟现场工作，准备安全工器具及材料，实施安全措施（按照直流隔离开关双柱水平开启式调试及测试工作布置），完成现场调试及测试任务。

四、工作规范及要求

（1）工器具使用及安全措施。

（2）按要求进行直流隔离开关双柱水平开启式调试及测试。

（3）检修步骤及安全注意事项。

五、考核及时间要求

（1）本考核操作时间为60分钟，时间到停止考评，包括安全工器具准备时间。

（2）检修过程中，如确实不能完成某项目，可向考评员申请帮助，该项目不得分，但不影响其他项目。

（3）按照技能操作记录单的要求进行操作，正确记录操作步骤、关键检修节点等。

技能等级评价专业技能考核操作评分标准

工种	换流站直流设备检修工（一次）				评价等级	高级工
项目模块	一次及辅助设备日常维护、检修—直流断路器的日常维护、检修			编号		Jc1001343010
单位			准考证号		姓名	
考试时限	60分钟		题型	单项操作	题分	100分
成绩		考评员		考评组长	日期	
试题正文	直流隔离开关双柱水平开启式调试及测试					
需要说明的问题和要求	（1）要求单人完成更换操作。 （2）操作应注意安全，按照标准化作业书的技术安全说明做好安全措施。 （3）安全工器具由考场提供					

序号	项目名称	质量要求	满分	扣分标准	扣分原因	得分
1	工具使用及安全措施					
1.1	各种工器具正确使用	熟练正确使用各种工器具	5	未正确使用，一次扣1分，扣完为止		
1.2	相关安全措施的准备	（1）结合现场实际条件适时装设个人保安线。 （2）施工现场的大型机具及电动机具金属外壳接地良好、可靠。 （3）工作人员严禁踩踏传动连杆。 （4）工作人员工作时，应及时断开电动机电源和控制电源	10	大型机具及电动机具金属外壳未接地扣2.5分； 未合理使用个人保安线扣2.5分； 工作人员踩踏传动连杆扣2.5分； 未断开电动机电源和控制电源扣2.5分		
2	关键工艺质量控制					
2.1	检修过程要求	（1）调整时应遵循"先手动后电动"的原则进行，电动操作时应将直流隔离开关置于半分半合位置。 （2）限位装置切换准确可靠，机构到达分、合位置时，应可靠地切断电动机电源。 （3）操动机构的分、合闸指示与本体实际分、合闸位置相符。 （4）合、分闸过程中无异常卡滞、异响，主、弧触头动作次序正确。 （5）合、分闸位置符合厂家技术要求。 （6）调试、测量直流隔离开关技术参数，符合相关技术要求。 （7）调节闭锁装置，应达到"直流隔离开关合闸后接地开关不能合闸，接地开关合闸后直流隔离开关不能合闸"的防误要求。 （8）与接地开关间闭锁板、闭锁盘、闭锁杆间的互锁配合间隙符合相关技术规范要求。 （9）电气及机械闭锁动作可靠。 （10）检查螺栓、限位螺栓紧固，力矩值符合产品技术要求，并做紧固标记。 （11）主回路接触电阻测试，符合产品技术要求。 （12）接地回路接触电阻测试，符合产品技术要求。 （13）二次元件及控制回路的绝缘电阻及直流电阻测试	60	电动操作时未将直流隔离开关置于半分半合位置扣6分； 未检查限位装置扣6分； 合、分闸位置不符合厂家技术要求扣6分； 调节闭锁装置时未满足相关闭锁要求扣6分； 电气及机械闭锁不可靠扣6分； 力矩值不符合产品技术要求扣6分； 未做紧固标记扣6分； 主回路接触电阻测试，不符合产品技术要求扣6分； 接地回路接触电阻测试，不符合产品技术要求扣6分； 未对二次元件及控制回路进行绝缘电阻及直流电阻测试扣6分		
3	现场恢复	恢复现场	10	未进行现场恢复扣10分		

序号	项目名称	质量要求	满分	扣分标准	扣分原因	得分
4	填写报告					
4.1	操作记录	字迹工整，无误	5	每少填写一项扣1分，扣完为止		
4.2	修试记录	将检修（更换）步骤填写清楚，并分析故障原因，提出改进意见	10	每少填写一项扣1分，扣完为止		
	合计		100			

Jc1002351011　交流滤波器电容器更换。（100分）

考核知识点： 交流滤波器电容器更换。

难易度： 易

技能等级评价专业技能考核操作工作任务书

一、任务名称

交流滤波器电容器更换。

二、适用工种

换流站直流设备检修工（一次）高级工。

三、具体任务

（1）工作状态为交流滤波器电容器更换。

（2）工作任务：

1）交流滤波器电容器更换。

2）模拟现场工作，实施安全措施，完成现场检验和补气任务。

四、工作规范及要求

（1）工器具使用及安全措施。

（2）按要求进行交流滤波器电容器更换。

（3）填写试验报告。

五、考核及时间要求

（1）本考核操作时间为 60 分钟，时间到停止考评，包括试验接线和报告整理时间。同一类现象故障不限一处故障点。

（2）故障查找和排除过程中，如确实不能查找出故障，可向考评员申请排除故障，该项故障项目不得分，但不影响其他项目。

（3）按照技能操作记录单的操作要求进行操作，正确记录操作结果，试验记录项目包括动作元件、相别、动作出口时间等。

技能等级评价专业技能考核操作评分标准

工种	换流站直流设备检修工（一次）				评价等级	高级工
项目模块	一次及辅助设备日常维护、检修—直流断路器的日常维护、检修			编号	Jc1002351011	
单位			准考证号		姓名	
考试时限	60分钟	题型		单项操作	题分	100分
成绩		考评员		考评组长	日期	

续表

试题正文	交流滤波器电容器更换

需要说明的问题和要求	(1) 要求单人操作，完成交流滤波器电容器更换。 (2) 操作应注意安全，按照标准化作业书的技术安全说明做好安全措施。 (3) 可选考场提供的测试仪或自带测试仪

序号	项目名称	质量要求	满分	扣分标准	扣分原因	得分
1	规范着装	安全帽应完好、经试验合格且在有效期内；安全帽佩戴应正确规范，着棉质长袖工装，系好领口及袖口，穿绝缘鞋，戴线手套	5	未按要求着装一处扣2分； 着装不规范一处扣1分； 以上扣分，扣完为止		
2	工器具的准备、外观检查和试验	(1) 正确选择工器具、仪表，不漏选。 (2) 常用工器具检查：检查其规格、外观质量及机械性能。 (3) 现场准备特种作业证	5	操作过程中借用工具仪表扣1分； 工器具未进行外观检查扣2分； 未选择特种证扣2分		
3	升降作业车准备	车辆操作人员具有特种作业证，车辆与电容器塔距离合适，车辆应接地	10	人员不具有车辆操作特种作业证，扣3分； 车辆与电容器距离太远或太近，扣3分； 车辆未接地，扣4分		
4	备用电容器检查	外观正常，检验合格	10	未检查外观扣5分； 未检查检验报告扣5分		
5	导线拆除	拆除电容器软导线	10	螺栓及接线未保存良好，一处扣2分，扣完为止； 拆除电容器导致漏油或瓷瓶损坏本项不得分		
6	电容器拆除	做好防坠落措施后，拆除电容器	5	未做好防坠落措施扣3分； 吊装固定不牢扣2分		
7	导线表面处理	使用酒精、砂纸等清理接触面，确保接触面清洁	10	未进行接触面处理，本项不得分		
8	电容器更换	做好防坠落措施后，安装电容器	10	未做好防坠落措施扣5分； 吊装不规范，一处扣2分，扣完为止		
9	导线恢复	电容器安装完成后，恢复电容器连接螺栓	10	未调整力矩扳手至30N·m扣10分； 导致电容器渗漏油或绝缘子损坏，本项不得分		
10	清理现场	工器具材料等收拾干净，检查现场无遗留物品	5	未收拾工器具材料扣3分； 未检查现场无遗留物品扣2分		
11	工作终结	(1) 工作终结后，填写检修交代。 (2) 对工器具和作业现场进行整理与清理	10	检修交代不完整扣1分； 工器具每遗漏1件扣1分； 作业现场留有试验线等，每件扣2分； 以上扣分，扣完为止		
12	安全生产	操作符合规程和安全要求，无违章现象	10	操作中发生违规或不安全现象扣5分； 工具跌落扣5分； 操作中出现误入间隔、触电等恶性违规违章事故，应立即退出操作，本题按0分处理		
	合计		100			

Jc1002352012　交流滤波器断路器 SF$_6$密度继电器更换。（100分）

考核知识点：交流滤波器断路器 SF$_6$密度继电器更换。

难易度：中

技能等级评价专业技能考核操作工作任务书

一、任务名称

交流滤波器断路器 SF_6 密度继电器更换。

二、适用工种

换流站直流设备检修工（一次）高级工。

三、具体任务

（1）工作状态为交流滤波器断路器 SF_6 密度继电器更换。

（2）工作任务：

1）检查 SF_6 密度压力低闭锁跳闸出口信号已拆除。

2）带电更换 SF_6 密度继电器。

3）检查二次接线正确，接头处不漏气。

4）模拟现场工作，实施安全措施，完成现场检验任务。

四、工作规范及要求

（1）工器具使用及安全措施。

（2）按要求进行交流滤波器断路器 SF_6 密度继电器更换。

（3）填写试验报告。

五、考核及时间要求

（1）本考核操作时间为 60 分钟，时间到停止考评，包括试验接线和报告整理时间。同一类现象故障不限一处故障点。

（2）故障查找和排除过程中，如确实不能查找出故障，可向考评员申请排除故障，该项故障项目不得分，但不影响其他项目。

（3）按照技能操作记录单的操作要求进行操作，正确记录操作结果，试验记录项目包括动作元件、相别、动作出口时间等。

技能等级评价专业技能考核操作评分标准

工种	换流站直流设备检修工（一次）				评价等级	高级工
项目模块	一次及辅助设备日常维护、检修—交流滤波器的日常维护、检修			编号	Jc1002352012	
单位			准考证号		姓名	
考试时限	60 分钟	题型		单项操作	题分	100 分
成绩		考评员		考评组长	日期	
试题正文	交流滤波器断路器 SF_6 密度继电器更换					
需要说明的问题和要求	（1）要求单人操作，完成交流滤波器断路器 SF_6 密度继电器更换。 （2）操作应注意安全，按照标准化作业书的技术安全说明做好安全措施。 （3）可选考场提供的测试仪或自带测试仪					

序号	项目名称	质量要求	满分	扣分标准	扣分原因	得分
1	规范着装	安全帽应完好、经试验合格且在有效期内；安全帽佩戴应正确规范，着棉质长袖工装，系好领口和袖口，穿绝缘鞋，戴线手套	5	未按要求着装一处扣 2 分；着装不规范一处扣 1 分；以上扣分，扣完为止		
2	工器具的准备、外观检查和试验	（1）正确选择工器具、仪表，不漏选。 （2）常用工器具检查：检查其规格、外观质量及机械性能	5	操作过程中借用工具、仪表扣 3 分；工器具未进行外观检查扣 2 分		

续表

序号	项目名称	质量要求	满分	扣分标准	扣分原因	得分
3	SF$_6$密度继电器检查	外观正常，接线一致，检查SF$_6$密度继电器试验结果合格	5	未检查外观扣2分； 未检查检定标志扣2分； 未检查接线扣1分		
4	作业环境检查	确认作业现场是否需要增加隔离、登高和照明设施	5	未进行作业环境检查不得分		
5	拆除密度继电器二次插头	检查插座外观完好，接线和运行是否正常	10	未检查航空插座外观和接线扣5分； 未检查密度继电器运行状态扣5分		
6	打开SF$_6$密度继电器封端盖	检查接头无堵塞，阀门外观无划痕等异常现象	5	未检查接头是否堵塞扣3分； 未检查阀门外观扣2分		
7	关闭密度继电器阀门	阀门完全关闭，密度继电器压力维持不变	5	阀门未完全关闭扣2分； 未检查密度继电器压力扣3分		
8	排出阀门内残余气体	密度继电器压力下降为零后，不再发生渗漏现象	5	密度继电器压力未下降为零扣2分； 未检查是否渗漏扣3分		
9	拆除旧密度继电器	检查接头无堵塞	5	未检查接头是否堵塞扣5分		
10	更换新密度继电器	（1）用酒精擦拭接头，新密度继电器安装牢固，紧固到位。 （2）利用FLIR306检查是否漏气	10	未擦拭接头扣3分； 密度继电器连接不正确扣3分； 未检查是否漏气扣4分		
11	恢复密度继电器二次插头	检查插座外观完好，接线和运行是否正常，告警信号产生	10	未检查航空插座外观和接线扣6分； 未检查密度继电器运行状态扣2分； 未检查告警信号扣2分； 以上扣分，扣完为止		
12	打开密度继电器阀门	阀门完全打开，密度继电器压力正常，检漏未见异常	5	阀门未完全打开扣2分； 未检查密度继电器压力扣2分； 未检漏扣2分； 以上扣分，扣完为止		
13	恢复SF$_6$密度继电器封端盖	检查接头无堵塞，阀门外观无划痕等异常现象	5	未检查接头是否堵塞扣3分； 未检查阀门外观扣2分		
14	工作终结	（1）工作终结后，填写检修交代。 （2）对工器具和作业现场进行整理与清理	10	检修交代不完整扣1分； 工器具每遗漏一件扣1分，扣完为止		
15	安全生产	操作符合规程和安全要求，无违章现象	10	操作中发生违规或不安全现象扣5分； 工具跌落扣5分； 操作中出现走错间隔等恶性违规违章事故，应立即退出操作，本题按0分处理		
	合计		100			

Jc1002353013　交流滤波器电容值测量。（100分）

考核知识点： 交流滤波器电容值测量。

难易度： 难

技能等级评价专业技能考核操作工作任务书

一、任务名称

交流滤波器电容值测量。

二、适用工种

换流站直流设备检修工（一次）高级工。

三、具体任务

（1）工作状态为交流滤波器电容值测量。

（2）工作任务：

1）对电容器完成放电。

2）正确使用电容表。

3）模拟现场工作，实施安全措施，完成现场检验任务。

四、工作规范及要求

（1）工器具使用及安全措施。

（2）按要求进行交流滤波器电容值测量。

（3）填写试验报告。

五、考核及时间要求

（1）本考核操作时间为 60 分钟，时间到停止考评，包括试验接线和报告整理时间。同一类现象故障不限一处故障点。

（2）故障查找和排除过程中，如确实不能查找出故障，可向考评员申请排除故障，该项故障项目不得分，但不影响其他项目。

（3）按照技能操作记录单的操作要求进行操作，正确记录操作结果，试验记录项目包括动作元件、相别、动作出口时间等。

技能等级评价专业技能考核操作评分标准

工种	换流站直流设备检修工（一次）					评价等级	高级工	
项目模块	一次及辅助设备日常维护、检修—交流滤波器的日常维护、检修				编号		Jc1002353013	
单位				准考证号			姓名	
考试时限	60 分钟		题型		单项操作		题分	100 分
成绩		考评员		考评组长			日期	
试题正文	交流滤波器电容值测量							
需要说明的问题和要求	（1）要求单人操作，完成交流滤波器电容值测量。 （2）操作应注意安全，按照标准化作业书的技术安全说明做好安全措施。 （3）可选考场提供的测试仪或自带测试仪							

序号	项目名称	质量要求	满分	扣分标准	扣分原因	得分
1	规范着装	安全帽应完好、经试验合格且在有效期内；安全帽佩戴应正确规范，着棉质长袖工装，系好领口和袖口，穿绝缘鞋，戴线手套	5	未按要求着装一处扣 2 分；着装不规范一处扣 1 分；以上扣分，扣完为止		
2	工器具的准备、外观检查和试验	（1）正确选择工器具、仪表，不漏选。 （2）常用工器具检查：检查其规格、外观质量及机械性能	5	操作过程中借用工具、仪表扣 3 分；工器具未进行外观检查扣 2 分		
3	作业环境检查	确认作业现场是否需要增加隔离、登高和照明设施	5	未进行作业环境检查不得分		
4	电容器放电	利用带绝缘杆的接地线完成放电工具，完成电容器放电	10	未放电扣 10 分		
5	电容器电容值测量	（1）根据电容器铭牌参数，将电容表调整至合理挡位； （2）根据测量结果判断电容器是否正常。与额定值的差异为 −5%～10%	50	挡位调整不正确扣 20 分；结果判断不正确扣 30 分		
6	工作终结	（1）工作终结后，填写检修交代。 （2）对工器具和作业现场进行整理与清理	10	检修交代不完整扣 1 分；工器具每遗漏一件扣 1 分，扣完为止		

序号	项目名称	质量要求	满分	扣分标准	扣分原因	得分
7	安全生产	操作符合规程和安全要求，无违章现象	15	操作中发生违规或不安全现象扣7分； 工具跌落扣8分； 操作中出现走错间隔等恶性违规违章事故，应立即退出操作，本题按0分处理		
	合计		100			

Jc1002353014　交流滤波器电抗器直流电阻测量。（100分）

考核知识点：交流滤波器电抗器直流电阻测量。

难易度：难

技能等级评价专业技能考核操作工作任务书

一、任务名称

交流滤波器电抗器直流电阻测量。

二、适用工种

换流站直流设备检修工（一次）高级工。

三、具体任务

（1）工作状态为交流滤波器电抗器直流电阻测量。

（2）工作任务：

1）正确完成试验接线。

2）正确使用作业车和双臂电桥测量仪器。

3）模拟现场工作，实施安全措施，完成现场检验任务。

四、工作规范及要求

（1）工器具使用及安全措施。

（2）按要求进行交流滤波器电抗器直流电阻测量。

（3）填写试验报告。

五、考核及时间要求

（1）本考核操作时间为 60 分钟，时间到停止考评，包括试验接线和报告整理时间。同一类现象故障不限一处故障点。

（2）故障查找和排除过程中，如确实不能查找出故障，可向考评员申请排除故障，该项故障项目不得分，但不影响其他项目。

（3）按照技能操作记录单的操作要求进行操作，正确记录操作结果，试验记录项目包括动作元件、相别、动作出口时间等。

技能等级评价专业技能考核操作评分标准

工种	换流站直流设备检修工（一次）			评价等级	高级工
项目模块	一次及辅助设备日常维护、检修—交流滤波器的日常维护、检修		编号		Jc1002353014
单位		准考证号		姓名	
考试时限	60分钟	题型	单项操作	题分	100分
成绩		考评员		考评组长	日期

续表

试题正文	交流滤波器电抗器直流电阻测量					
需要说明的问题和要求	（1）要求单人操作，完成交流滤波器电抗器直流电阻测量。 （2）操作应注意安全，按照标准化作业书的技术安全说明做好安全措施。 （3）可选考场提供的测试仪或自带测试仪					

序号	项目名称	质量要求	满分	扣分标准	扣分原因	得分
1	规范着装	安全帽应完好、经试验合格且在有效期内；安全帽佩戴应正确规范，着棉质长袖工装，系好领口和袖口，穿绝缘鞋，戴线手套	5	未按要求着装一处扣2分；着装不规范一处扣1分；以上扣分，扣完为止		
2	工器具的准备、外观检查和试验	（1）正确选择工器具、仪表，不漏选。 （2）常用工器具检查：检查其规格、外观质量及机械性能	5	操作过程中借用工具、仪表扣3分；工器具未进行外观检查扣2分		
3	作业环境检查	确认作业现场是否需要增加隔离、登高和照明设施	5	未进行作业环境检查不得分		
4	电抗器放电	正确使用放电工具，完成电抗器放电	10	未放电扣10分		
5	拆除滤波器电抗器高低压端引线	正确拆除高低压端引线	10	未拆除本项不得分		
6	正确连接试验导线	导线连接正确，电压线和电流线接线正确	20	电压线和电流线位置错误扣10分；试验仪器不接地扣10分		
7	电抗器直流电阻测量	与出厂值相差不大于±5%	20	结果判断不正确不得分		
8	工作终结	（1）工作终结后，填写检修交代； （2）对工器具和作业现场进行整理与清理	10	检修交代不完整扣1分；工器具每遗漏一件扣1分，扣完为止		
9	安全生产	操作符合规程和安全要求，无违章现象	15	操作中发生违规或不安全现象扣7分；工具跌落扣8分；操作中出现走错间隔等恶性违规违章事故，应立即退出操作，本题按0分处理		
	合计		100			

Jc1002352015　交流滤波器电流互感器极性测试。（100分）

考核知识点： 交流滤波器电流互感器极性测试方法和技术要求

难易度： 中

技能等级评价专业技能考核操作工作任务书

一、任务名称

交流滤波器电流互感器极性测试。

二、适用工种

换流站直流设备检修工（一次）高级工。

三、具体任务

（1）工作状态为交流滤波器电流互感器极性测试，电流互感器定检。

（2）工作任务：

1）完成高电流互感器极性测试。

2）正确使用直流法测量电流互感器极性。

3）模拟现场工作，实施安全措施（按照电容器定检完成），完成现场检验任务。

四、工作规范及要求

（1）工器具使用及安全措施。

（2）按要求进行交流耐压试验。

（3）进行故障分析并填写试验报告。

五、考核及时间要求

（1）本考核操作时间为 60 分钟，时间到停止考评，包括试验接线和报告整理时间。同一类现象故障不限一处故障点。

（2）故障查找和排除过程中，如确实不能查找出故障，可向考评员申请排除故障，该项故障项目不得分，但不影响其他项目。

（3）按照技能操作记录单的操作要求进行操作，正确记录操作结果，试验记录项目包括动作元件、相别、动作出口时间等。

技能等级评价专业技能考核操作评分标准

工种	换流站直流设备检修工（一次）		评价等级	高级工
项目模块	一次及辅助设备日常维护、检修—交流滤波器的日常维护、检修	编号		Jc1002352015
单位		准考证号	姓名	
考试时限	60 分钟	题型	单项操作	题分	100 分
成绩	考评员	考评组长	日期	

试题正文	交流滤波器电流互感器极性测试
需要说明的问题和要求	（1）要求调试人员单人操作，故障查找及分析在调试过程中完成。 （2）操作应注意安全，按照标准化作业书的技术安全说明做好安全措施。 （3）装置调试检验在现场内完成操作。 （4）可选考场提供的测试仪或自带测试仪

序号	项目名称	质量要求	满分	扣分标准	扣分原因	得分
1	工具使用及安全措施					
1.1	各种工器具正确使用	熟练正确使用各种工器具	5	未正确使用，一次扣 1 分，扣完为止		
1.2	相关安全措施的准备	（1）试验台正确接地。 （2）防止高处坠落。 （3）禁止高空抛物。 （4）着装规范	10	试验台未正确接地扣 2 分； 未系安全带扣 3 分； 上下传递物品未使用绳索扣 2 分； 着装不规范扣 3 分		
2	试验前准备	试验前查看现场和资料，了解设备历年试验数据和相关规程，掌握设备缺陷情况	30	未查看现场和资料扣 15 分； 未检查历年试验数据扣 15 分		
3	电流互感器极性测试					
3.1	试验接线	将 1.5～3V 的干电池经隔离开关接到电流互感器的一次绕组端子 P1、P2 端，在电流互感器二次绕组端子 S1、S3 上连接一个极性表	15	接线不正确一处扣 5 分，扣完为止		
3.2	测试	测试前电流互感器对地放电，正确接线，检查接线无误后合上隔离开关，合闸瞬时若指针向"＋"偏，拉开时瞬间向"－"偏，为减极性，反之为加极性	15	步骤不正确每步扣 5 分，扣完为止		
4	填写试验报告					
4.1	试验记录	正确填写试验结果	10	每少填写一项扣 3 分，扣完为止		

续表

序号	项目名称	质量要求	满分	扣分标准	扣分原因	得分
5	测试结果分析					
5.1	测试结果分析	根据测试结果，判断电流互感器极性是否正常	10	结果分析不正确扣10分		
6	现场恢复	恢复现场	5	未进行现场恢复扣5分		
	合计		100			

Jc1003353016　阀内冷系统自动模式下的冷却风机手动启停（含故障）。（100分）

考核知识点：阀冷系统基本操作及故障处理

难易度：难

技能等级评价专业技能考核操作工作任务书

一、任务名称

阀内冷系统自动模式下的冷却风机手动启停（含故障）。

二、适用工种

换流站直流设备检修工（一次）高级工。

三、具体任务

（1）工作状态为阀内冷系统处于自动模式。工作内容为冷却风机手动启停。

（2）工作任务：

1）通过在阀冷系统PLC控制面板上操作，对冷却风机手动启停。

2）若风机无法正常启动，需对回路进行故障排查。

四、工作规范及要求

按要求进行阀内冷系统自动模式下对冷却风机手动启停。

五、考核及时间要求

本考核操作时间为60分钟，时间到停止考评，包括阀冷系统状态确认和报告整理时间。

技能等级评价专业技能考核操作评分标准

工种	换流站直流设备检修工（一次）			评价等级	高级工
项目模块	一次及辅助设备日常维护、检修—阀冷却系统的日常维护、检修		编号	Jc1003353016	
单位		准考证号		姓名	
考试时限	60分钟	题型	单项操作	题分	100分
成绩		考评员	考评组长	日期	
试题正文	阀内冷系统自动模式下的冷却风机手动启停（含故障）				
需要说明的问题和要求	（1）要求单人操作。 （2）操作应注意安全，按照标准化作业书的技术安全说明做好安全措施。 （3）在阀冷系统控制屏AP4上完成操作，填写操作记录				

序号	项目名称	质量要求	满分	扣分标准	扣分原因	得分
1	安全措施					

续表

序号	项目名称	质量要求	满分	扣分标准	扣分原因	得分
1.1	相关安全措施的准备	（1）核对设备双重名称。 （2）进入作业现场正确佩戴安全帽，现场作业人员应穿全棉长袖工作服、绝缘鞋。 （3）确认冷却风机设备现场无人员逗留	20	未核对设备双重名称或在 AP5 控制屏操作扣 5 分； 安全帽佩戴不规范扣 2 分，未穿全棉长袖工作服扣 1 分，未穿绝缘鞋扣 2 分； 未确认阀冷设备现场无人员逗留扣 10 分（可口述）		
2	阀冷系统检查					
2.1	阀冷系统关键点检查	能对阀内冷系统进行关键点检查，确认无异常后方可进行启动。 关键点：阀内冷系统是否处于自动状态、阀冷系统冷却风机 G07 安全空气开关是否合上、阀冷系统告警界面有无 G07 风机告警、G07 风机外观是否正常	20	未检查阀内冷系统是否处于自动状态扣 5 分； 未检查阀冷系统冷却风机 G07 安全空气开关是否合上扣 5 分； 未检查阀冷系统告警界面有无 G07 风机告警扣 5 分； 未检查 G07 风机外观是否正常扣 5 分（可口述）		
3	G07 风机启停					
3.1	阀冷系统 G07 风机启动	能正确进行阀冷系统 G07 风机启动： （1）单击控制屏"冷却器风机控制"按钮。 （2）在弹出窗口内输入账号、密码。 （3）选定自动模式下的 G07 风机维护按钮。 （4）确定 G07 风机已处于维护状态。 （5）选定维护状态的 G07 风机启动按钮。 （6）检查 G07 风机启动正常	15	启动成功但未检查 G07 风机启动正常扣 5 分（可口述）； 未能启动扣 15 分		
3.2	阀冷系统 G07 风机停止	能正确进行阀冷系统 G07 风机停止： （1）单击维护状态的 G07 风机停止按钮。 （2）确定 G07 风机停止正常。 （3）选定 G07 风机投入按钮。 （4）确定 G07 风机已处于投入状态。 （5）检查阀冷系统运行状态正常，无相关告警。 （6）单击操作密码退出按钮	15	停止成功但未检查 G07 风机停止正常扣 5 分（可口述）； 未能切换回投入状态扣 5 分； 未能单击操作密码退出按钮扣 5 分		
4	故障排查					
4.1	故障查找	能正确进行故障查找。 故障 1：接触器线圈接线虚接。 故障 2：G07 风机安全空气开关未合	10	未查找出故障，每个故障扣 5 分，扣完为止		
4.2	故障排除	能正确进行故障排除	10	未正确排除故障，每个故障扣 5 分，扣完为止		
5	填写报告					
5.1	操作记录	正确填写操作结果。 记录应包括风机启停前后状态、阀冷系统有无异常告警、风机运行过程中有无异常振动及异响、启停过程中遇到的问题现象及处理措施	10	前三项每少填写一项扣 1 分； 最后一项描述不正确扣 7 分		
	合计		100			

Jc1003353017　阀内冷系统就地启动（含故障）。（100 分）

考核知识点： 阀冷系统基本操作及故障处理

难易度： 难

技能等级评价专业技能考核操作工作任务书

一、任务名称

阀内冷系统就地启动（含故障）。

二、适用工种

换流站直流设备检修工（一次）高级工。

三、具体任务

（1）工作状态为阀内冷系统停运。工作内容为阀内冷系统启动。

（2）工作任务：

1）通过在阀冷系统 PLC 控制面板上操作，对阀内冷系统进行就地启动。

2）若系统无法正常启动，需对回路进行故障排查。

四、工作规范及要求

按要求进行阀内冷系统的就地启动。

五、考核及时间要求

本考核操作时间为 60 分钟，时间到停止考评，包括阀冷系统状态确认和报告整理时间。

技能等级评价专业技能考核操作评分标准

工种	换流站直流设备检修工（一次）				评价等级	高级工	
项目模块	一次及辅助设备日常维护、检修—阀冷却系统的日常维护、检修			编号		Jc1003353017	
单位			准考证号			姓名	
考试时限	60 分钟	题型		单项操作		题分	100 分
成绩		考评员		考评组长		日期	
试题正文	阀内冷系统就地启动（含故障）						
需要说明的问题和要求	（1）要求单人操作。 （2）操作应注意安全，按照标准化作业书的技术安全说明做好安全措施。 （3）在阀冷系统控制屏 AP4 上完成操作，填写操作记录						

序号	项目名称	质量要求	满分	扣分标准	扣分原因	得分
1	安全措施					
1.1	相关安全措施的准备	（1）核对设备双重名称。 （2）进入作业现场正确佩戴安全帽，现场作业人员应穿全棉长袖工作服、绝缘鞋。 （3）确认阀冷系统设备现场无人员逗留	20	未核对设备双重名称或在 AP5 控制屏操作扣 5 分； 安全帽佩戴不规范扣 2 分，未穿全棉长袖工作服扣 1 分，未穿绝缘鞋扣 2 分； 未确认阀冷设备现场无人员逗留扣 10 分（可口述）		
2	阀冷系统检查					
2.1	阀冷系统关键点检查	能对阀冷系统进行启动前关键点检查，确认无异常后方可进行启动。 关键点：阀冷设备管道阀门状态、阀冷系统保护投入状态、阀冷系统控制界面告警、阀冷控制系统在自动状态	20	未检查阀冷设备管道阀门状态扣 5 分； 未检查阀冷系统保护投入状态扣 5 分； 未检查阀冷系统控制界面告警扣 5 分； 未检查阀冷控制系统在自动状态扣 5 分（可口述）		
3	阀冷系统启动					
3.1	阀冷系统就地启动	能正确进行阀冷系统就地启动： （1）单击控制屏"阀冷系统启动"按钮。 （2）在弹出窗口内输入账号、密码。 （3）弹出运行确定提示框后单击"确定"。 （4）检查阀冷系统启动正常。 （5）单击操作密码退出按钮	20	启动成功但未检查阀冷系统启动正常扣 10 分（可口述）； 未能单击操作密码退出按钮扣 10 分； 未能启动扣 20 分		
4	故障排查					
4.1	故障查找	能正确进行故障查找。 故障 1：主循环泵安全空气开关未合。 故障 2：主循环泵接触器信号线虚接	10	未查找出故障每个扣 5 分，扣完为止		
4.2	故障排除	能正确进行故障排除	10	未正确排除故障每个扣 5 分，扣完为止		

续表

序号	项目名称	质量要求	满分	扣分标准	扣分原因	得分
5	填写报告					
5.1	操作记录	正确填写启动结果。 记录应包括启动后阀冷系统冷却水流量、主泵出水压力、主泵回水压力、进阀压力、主过滤器压差、主回路电导率、进阀温度、主泵电动机电流、膨胀罐压力、膨胀罐液位、故障情况及处理措施	20	前三项每少填写一项扣 3 分； 最后一项描述不正确扣 11 分		
	合计		100			

Jc1003342018　去离子回路止回阀更换。（100 分）

考核知识点： 阀冷系统基本操作

难易度： 中

技能等级评价专业技能考核操作工作任务书

一、任务名称

去离子回路止回阀更换。

二、适用工种

换流站直流设备检修工（一次）高级工。

三、具体任务

（1）工作状态为阀内冷系统处于自动运行模式。工作内容为去离子回路止回阀更换。

（2）工作任务：去离子回路止回阀更换。

去离子回路如图 Jc1003342018 所示。

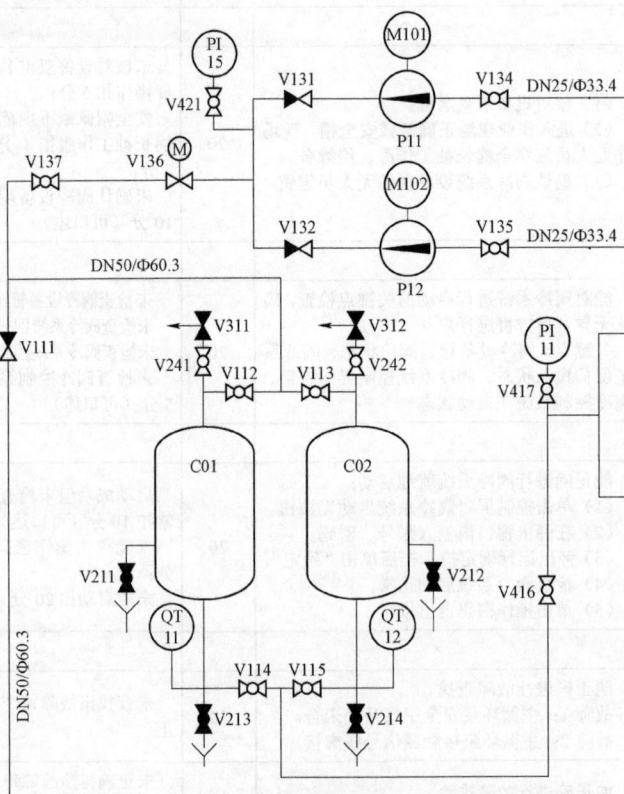

图 Jc1003342018

四、工作规范及要求

按要求进行阀内冷系统自动运行模式下对阀冷系统去离子回路止回阀更换。

五、考核及时间要求

本考核操作时间为 60 分钟，时间到停止考评，包括阀冷系统状态确认和报告整理时间。

技能等级评价专业技能考核操作评分标准

工种	换流站直流设备检修工（一次）		评价等级	高级工
项目模块	一次及辅助设备日常维护、检修—阀冷却系统的日常维护、检修	编号		Jc1003342018
单位		准考证号		姓名
考试时限	60 分钟	题型	单项操作	题分 100 分
成绩	考评员		考评组长	日期
试题正文	去离子回路止回阀更换			
需要说明的问题和要求	（1）要求单人操作。 （2）操作应注意安全，按照标准化作业书的技术安全说明做好安全措施。 （3）填写修试记录			

序号	项目名称	质量要求	满分	扣分标准	扣分原因	得分
1	安全措施					
1.1	相关安全措施的准备	（1）核对设备双重名称。 （2）进入作业现场正确佩戴安全帽，现场作业人员应穿全棉长袖工作服、绝缘鞋	20	未核对设备双重名称扣 10 分； 安全帽佩戴不规范扣 4 分，未穿全棉长袖工作服扣 3 分，未穿绝缘鞋扣 3 分		
2	阀冷系统检查					
2.1	阀冷系统关键点检查	能对阀内冷系统进行关键点检查，确认无异常后方可进行更换操作。 关键点：主循环泵运行状态、进阀压力、冷却水流量、阀冷系统告警界面告警信息	20	关键点检查缺一项扣 5 分（可口述），扣完为止		
3	止回阀更换	参考图 Jc1003342018 能正确配合进行止回阀更换： （1）关闭 V110、V112、V113、V137、V081、V083 阀门。 （2）用活动板手拆出止回阀上端接口，取出阀板。 （3）按相反方向安装止回阀阀板。 （4）检查安装状态正常后恢复所有阀门	40	关闭 V110、V112、V113、V137、V081、V083 阀门，漏掉每个阀门扣 2.5 分。 未能用活动板手拆出止回阀上端接口，取出阀板，扣 5 分； 未能重新安装止回阀，扣 5 分； 未检查安装状态或未恢复所有阀门，每个扣 2.5 分		
4	填写报告					
4.1	填写修试记录	正确填写更换报告： 报告应包括更换止回阀编号、更换原因、冷却水流量、膨胀罐液位等信息	20	根据核对信息酌情扣分		
	合计		100			

Jc1003342019 补水泵出水止回阀更换（V131 检修、V132 运行）。（100 分）

考核知识点： 阀冷系统基本操作

难易度： 中

技能等级评价专业技能考核操作工作任务书

一、任务名称

补水泵出水止回阀更换（V131 检修、V132 运行）。

二、适用工种

换流站直流设备检修工（一次）高级工。

三、具体任务

（1）工作状态为阀内冷系统处于自动运行模式，V131 检修、V132 运行。工作内容为补水泵出水止回阀更换。

（2）工作任务：补水泵出水止回阀更换。

补水回路如图 Jc1003342019 所示。

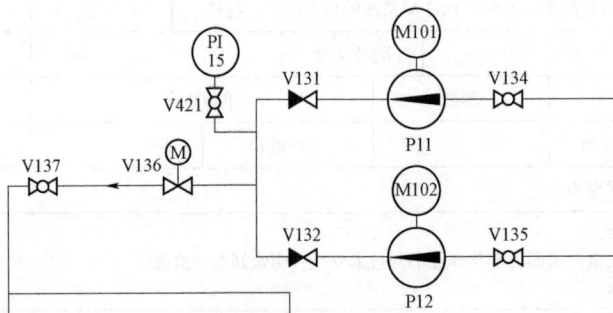

图 Jc1003342019

四、工作规范及要求

按要求进行阀内冷系统自动运行模式下对阀冷系统补水泵出水止回阀更换。

五、考核及时间要求

本考核操作时间为 60 分钟，时间到停止考评，包括阀冷系统状态确认和报告整理时间。

技能等级评价专业技能考核操作评分标准

工种	换流站直流设备检修工（一次）		评价等级	高级工
项目模块	一次及辅助设备日常维护、检修—阀冷却系统的日常维护、检修	编号	Jc1003342019	
单位		准考证号	姓名	
考试时限	60 分钟	题型	单项操作	题分	100 分
成绩		考评员	考评组长	日期	
试题正文	补水泵出水止回阀更换（V131 检修、V132 运行）				
需要说明的问题和要求	（1）要求单人操作。 （2）操作应注意安全，按照标准化作业书的技术安全说明做好安全措施。 （3）填写修试记录				

序号	项目名称	质量要求	满分	扣分标准	扣分原因	得分
1	安全措施					
1.1	相关安全措施的准备	（1）核对设备双重名称。 （2）进入作业现场正确佩戴安全帽，现场作业人员应穿全棉长袖工作服、绝缘鞋	20	未核对设备双重名称扣 10 分； 安全帽佩戴不规范扣 4 分，未穿全棉长袖工作服扣 3 分，未穿绝缘鞋扣 3 分		
2	阀冷系统检查					
2.1	阀冷系统关键点检查	能对阀内冷系统进行关键点检查，确认无异常后方可进行更换操作。 关键点：主循环泵运行状态、进阀压力、冷却水流量、阀冷系统告警界面告警信息	20	关键点检查缺一项扣 5 分（可口述），扣完为止		

序号	项目名称	质量要求	满分	扣分标准	扣分原因	得分
3	止回阀更换	参考图 Jc1003342019 能正确进行止回阀更换： （1）检查膨胀罐液位是否正常，如液位偏低，可以选补至设计液位。 （2）断开 P11 补水泵电源开关。 （3）关闭 V137、V134 阀门。 （4）拆出 P11 出口管段止回阀。 （5）按相反方向安装新的止回阀。 （6）打开 V137、V134 阀门，手动启动 P11 补水泵，检查止回阀是否工作正常，更换完成	40	未检查膨胀罐液位是否正常，扣5分； 未断开 P11 补水泵电源开关，扣5分； 未关闭 V137、V134 阀门，每个扣5分； 未能拆出 P11 出口管段止回阀，或未能安装新止回阀，扣5分； 未打开 V137、V134 阀门，每个扣5分； 未手动启动 P11 补水泵，检查止回阀是否工作正常，扣5分		
4	填写报告					
4.1	填写修试记录	正确填写更换报告： 报告应包括更换止回阀编号、更换原因、冷却水流量、膨胀罐液位等信息	20	根据核对信息酌情扣分		
	合计		100			

Jc1003342020　排气电磁阀的检修（V511）。（100 分）

考核知识点： 阀冷系统基本操作

难易度： 中

技能等级评价专业技能考核操作工作任务书

一、任务名称

排气电磁阀的检修（V511）。

二、适用工种

换流站直流设备检修工（一次）高级工。

三、具体任务

（1）工作状态为阀内冷系统处于自动运行模式。工作内容为排气电磁阀的检修。

（2）工作任务：排气电磁阀的检修。

氮气稳压回路如图 Jc1003342020 所示。

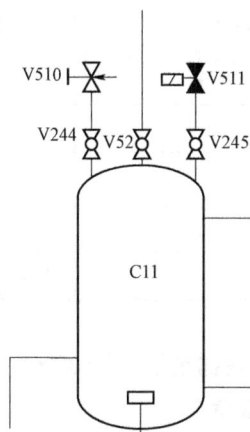

图 Jc1003342020

四、工作规范及要求

按要求进行阀内冷系统自动运行模式下对阀冷系统排气电磁阀的检修。

五、考核及时间要求

本考核操作时间为 60 分钟，时间到停止考评，包括阀冷系统状态确认和报告整理时间。

技能等级评价专业技能考核操作评分标准

工种	换流站直流设备检修工（一次）		评价等级	高级工
项目模块	一次及辅助设备日常维护、检修—阀冷却系统的日常维护、检修	编号		Jc1003342020
单位		准考证号	姓名	
考试时限	60 分钟	题型	单项操作	题分	100 分
成绩		考评员	考评组长	日期
试题正文	排气电磁阀的检修（V511）			
需要说明的问题和要求	（1）要求单人操作。 （2）操作应注意安全，按照标准化作业书的技术安全说明做好安全措施。 （3）填写修试记录			

序号	项目名称	质量要求	满分	扣分标准	扣分原因	得分
1	安全措施					
1.1	相关安全措施的准备	（1）核对设备双重名称。 （2）进入作业现场正确佩戴安全帽，现场作业人员应穿全棉长袖工作服、绝缘鞋	20	未核对设备双重名称操作扣10分；安全帽佩戴不规范扣4分，未穿全棉长袖工作服扣3分，未穿绝缘鞋扣3分		
2	阀冷系统检查					
2.1	阀冷系统关键点检查	能对阀内冷系统进行关键点检查，确认无异常后方可进行更换操作。 关键点：主循环泵运行状态、进阀压力、冷却水流量、阀冷系统告警界面告警信息	20	关键点检查缺一项扣5分（可口述），扣完为止		
3	电磁阀更换	参考图 Jc1003342020 能正确配合进行电磁阀（V503）更换： （1）断开 V511 控制电源开关。 （2）关闭 V245 针阀，如果是线圈故障，直接更换线圈即可。 （3）如是阀体故障，则先拆出线圈，更换电磁阀阀体，按相反顺序装回。 （4）打开 V245 针阀，用肥皂泡沫检查接口处是否漏气。 （5）合上 V511 控制电源断路器。 （6）修改排气电磁阀参数，检查 V511 电磁阀是否正常动作，恢复参数	40	未断开 V511 控制电源开关，扣7分； 关闭 V245 针阀，扣7分； 未能完成电磁阀线圈更换，或未完成电磁阀阀体更换，扣7分； 未打开 V245 针阀，扣7分； 未用肥皂泡沫检查接口处是否漏气，扣7分； 未合上 V511 控制电源断路器，通过操作面板中的控制键选择 V511 运行，并检查是否运行正常，扣7分； 以上扣分，扣完为止		
4	填写报告					
4.1	填写修试记录	正确填写更换报告： 报告应包括更换电磁阀编号、更换原因、冷却水流量、膨胀罐液位等信息	20	根据核对信息酌情扣分		
	合计		100			

Jc1003342021　阀内冷系统精密过滤器清洗。（100 分）

考核知识点：阀内冷系统精密过滤器清洗

难易度：中

技能等级评价专业技能考核操作工作任务书

一、任务名称

阀内冷系统精密过滤器清洗。

二、适用工种

换流站直流设备检修工（一次）高级工。

三、具体任务

（1）工作状态为阀冷系统运行，精密过滤器 Z11 运行、Z12 备用。工作内容为精密过滤器 Z11 清洗维护。

（2）工作任务：进行精密过滤器 Z11 清洗，更换步骤应符合要求，确保设备正常稳定运行。

水冷系统精密过滤器运行回路如图 Jc1003342021 所示。

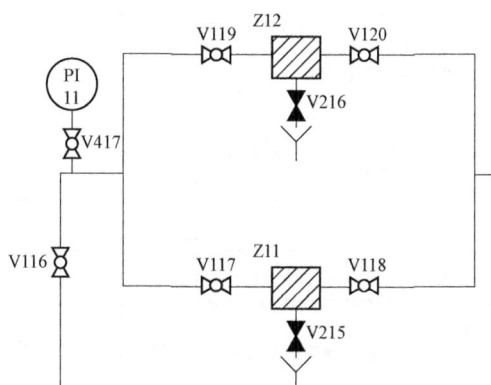

图 Jc1003342021

四、工作规范及要求

熟悉阀冷系统精密过滤器更换的方法，熟练使用仪器仪表及工器具。

五、考核及时间要求

本考核操作时间为 60 分钟，时间到停止考评。

技能等级评价专业技能考核操作评分标准

工种	换流站直流设备检修工（一次）				评价等级	高级工
项目模块	一次及辅助设备日常维护、检修—阀冷却系统的日常维护、检修			编号		Jc1003342021
单位			准考证号		姓名	
考试时限	60 分钟	题型		单项操作	题分	100 分
成绩		考评员		考评组长	日期	
试题正文	阀内冷系统精密过滤器清洗					
需要说明的问题和要求	（1）要求单人操作。 （2）操作应注意安全，按照标准化作业书的技术安全说明做好安全措施。 （3）填写修试记录					

序号	项目名称	质量要求	满分	扣分标准	扣分原因	得分
1	工具使用及安全措施					
1.1	相关安全措施的准备	（1）核对设备双重名称。 （2）进入作业现场正确佩戴安全帽，现场作业人员应穿全棉长袖工作服、绝缘鞋	15	未核对设备扣 5 分； 安全帽佩戴不规范扣 4 分，未穿全棉长袖工作服扣 3 分，未穿绝缘鞋扣 3 分		

续表

序号	项目名称	质量要求	满分	扣分标准	扣分原因	得分
2	精密过滤器清洗更换					
2.1	更换前准备	在操作面板中的控制键屏蔽阀冷系统泄漏保护	20	未正确退出扣 20 分		
2.2	精密过滤器清洗更换	参考图 Jc1003342021： （1）关闭精密过滤器进、出口球阀 V117 与 V118。 （2）连接排放阀门 V215 泄空软管，打开 V215，排空过滤器内介质。 （3）松开连接卡箍，拆卸封头部分，用套筒扳手拆下滤芯。 （4）清理并检查滤芯外部的异物，可以通过 0.5MPa 的高压水枪对滤芯从内至外进行冲洗，如果滤芯的滤网污垢严重或破损，无法清理干净，则需更换新的备用滤芯。 （5）安装清理好的或更新的滤芯，用套筒扳手进行紧固，过程中注意安装滤芯螺纹部分的密封圈，如有损坏也应更换。 （6）安装封头部分和连接卡箍，紧固好连接卡箍，保证连接处严密无渗漏	50	按照步骤开展，每少一步扣 9 分，扣完为止		
3	恢复现场并填写报告					
3.1	观察设备运行无异常后，恢复现场，填写修试记录	（1）关闭 V215，缓慢依次开启 V117 与 V118；使检修后的过滤器在运行状态，观察接口处是否有渗漏。 （2）通过操作面板中的控制键解除阀冷系统泄漏屏蔽。 （3）填写修试记录	15	每少完成一项扣 5 分，扣完为止		
	合计		100			

Jc1003342022　阀冷系统模拟量输入模块更换。（100 分）

考核知识点： 阀冷系统模拟量输入模块更换

难易度： 中

技能等级评价专业技能考核操作工作任务书

一、任务名称

阀冷系统模拟量输入模块更换。

二、适用工种

换流站直流设备检修工（一次）高级工。

三、具体任务

（1）工作状态为换流阀检修、阀冷系统运行。工作内容为阀冷系统模拟量输入模块 Mmr1A 更换。

（2）工作任务：阀冷系统模拟量输入模块更换，更换步骤应符合要求，确保设备正常稳定运行。

四、工作规范及要求

熟悉阀冷系统模拟量输入模块更换的方法，熟练使用仪器仪表及工器具。

五、考核及时间要求

本考核操作时间为 60 分钟，时间到停止考评。

技能等级评价专业技能考核操作评分标准

工种	换流站直流设备检修工（一次）		评价等级	高级工
项目模块	一次及辅助设备日常维护、检修—阀冷却系统的日常维护、检修	编号		Jc1003342022
单位		准考证号	姓名	
考试时限	60分钟	题型	单项操作	题分	100分
成绩	考评员	考评组长	日期	

试题正文	阀冷系统模拟量输入模块更换
需要说明的问题和要求	（1）要求单人操作。 （2）操作应注意安全，按照标准化作业书的技术安全说明做好安全措施。 （3）填写修试记录

序号	项目名称	质量要求	满分	扣分标准	扣分原因	得分
1	工具使用及安全措施					
1.1	相关安全措施的准备	（1）核对设备双重名称。 （2）进入作业现场正确佩戴安全帽，现场作业人员应穿全棉长袖工作服、绝缘鞋	20	未核对设备扣10分； 安全帽佩戴不规范扣4分，未穿全棉长袖工作服扣3分，未穿绝缘鞋扣3分		
2	模拟量输入模块更换					
2.1	断开电源	（1）断开柜内所需更换元器件上级断路器（先断开交流，再断开直流）。 （2）用万用表测量对应元器件端子是否已掉电。 （3）在断开断路器和开关处悬挂"禁止合闸，有人工作"标识牌	18	按照步骤开展，每少一步扣6分，扣完为止		
2.2	模块更换	（1）核对备件型号与实物的一致性。 （2）按下故障模拟量输入模块前连接器上下弹簧卡销。 （3）同时轻轻上下摇动前连接器，向外拔出连接器。 （4）拧松模块固定螺栓，拆除模块。 （5）备件模拟量输入模块在安装前，保证和故障模块侧面的量程卡安装一致。 （6）装上新模块，拧紧模拟量输入模块固定螺栓。 （7）装上前连接器	42	按照步骤开展，每少一步扣6分，扣完为止		
3	恢复现场并填写报告					
3.1	观察设备运行无异常后，恢复现场，填写修试记录	（1）恢复相关断路器（先恢复直流，再恢复交流）；观察阀冷系统运行无异常，数据采样正确。收回标识牌、清理现场。 （2）填写修试记录	20	记录填写不全按比例扣分，总计15分； 无检查扣5分		
	合计		100			

Jc1003342023　阀冷系统模拟量输出更换。（100分）

考核知识点：阀冷系统模拟量输出更换

难易度：中

技能等级评价专业技能考核操作工作任务书

一、任务名称
阀冷系统模拟量输出更换。

二、适用工种
换流站直流设备检修工（一次）高级工。

三、具体任务
（1）工作状态为换流阀检修、阀冷系统运行。工作内容为阀冷系统模拟量输出 Mmc1A 更换。

（2）工作任务：阀冷系统模拟量输出更换，更换步骤应符合要求，确保设备正常稳定运行。

四、工作规范及要求
熟悉阀冷系统模拟量输出更换的方法，熟练使用仪器仪表及工器具。

五、考核及时间要求
本考核操作时间为 60 分钟，时间到停止考评。

技能等级评价专业技能考核操作评分标准

工种	换流站直流设备检修工（一次）			评价等级	高级工
项目模块	一次及辅助设备日常维护、检修—阀冷却系统的日常维护、检修		编号		Jc1003342023
单位		准考证号		姓名	
考试时限	60 分钟	题型	单项操作	题分	100 分
成绩		考评员	考评组长	日期	
试题正文	阀冷系统模拟量输出更换				
需要说明的问题和要求	（1）要求单人操作。 （2）操作应注意安全，按照标准化作业书的技术安全说明做好安全措施。 （3）填写修试记录				

序号	项目名称	质量要求	满分	扣分标准	扣分原因	得分
1	工具使用及安全措施					
1.1	相关安全措施的准备	（1）核对设备双重名称。 （2）进入作业现场正确佩戴安全帽，现场作业人员应穿全棉长袖工作服、绝缘鞋	10	未核对设备扣 5 分； 安全帽佩戴不规范扣 2 分，未穿全棉长袖工作服扣 1 分，未穿绝缘鞋扣 2 分		
2	模拟量输出更换					
2.1	断开电源	（1）断开柜内所需更换元器件上级断路器（先断开交流，再断开直流）。 （2）用万用表测量对应元器件端子是否已掉电。 （3）在断开断路器和开关处悬挂"禁止合闸，有人工作"标识牌	20	按照步骤开展，每少一步扣 10 分		
2.2	模块更换	（1）核对备件型号与实物的一致性。 （2）拧松故障模拟量输出的前连接器固定螺栓，拆下模块前连接器。 （3）拧松故障模块固定螺栓，拆下模拟量输出。 （4）装上新的模拟量输出，拧紧模块固定螺栓。 （5）装上前连接器，拧紧前连接器固定螺栓	50	按照步骤开展，每少一步扣 10 分，扣完为止		

序号	项目名称	质量要求	满分	扣分标准	扣分原因	得分
3	恢复现场并填写报告					
3.1	观察设备运行无异常后，恢复现场，填写修试记录	（1）恢复相关断路器（先恢复直流，再恢复交流）。观察阀冷系统运行无异常，输入信号正常。清理现场。 （2）填写修试记录	20	记录填写不全按比例扣分，总计15分； 无检查扣5分		
	合计		100			

Jc1003342024　阀冷系统数字量输入模块更换。（100分）

考核知识点：阀冷系统数字量输入模块更换

难易度：中

技能等级评价专业技能考核操作工作任务书

一、任务名称

阀冷系统数字量输入模块更换。

二、适用工种

换流站直流设备检修工（一次）高级工。

三、具体任务

（1）工作状态为换流阀检修、阀冷系统运行。工作内容为阀冷系统数字量输入模块 Msr1A 更换。

（2）工作任务：阀冷系统数字量输入模块更换，更换步骤应符合要求，确保设备正常稳定运行。

四、工作规范及要求

熟悉阀冷系统数字量输入模块更换的方法，熟练使用仪器仪表及工器具。

五、考核及时间要求

本考核操作时间为60分钟，时间到停止考评。

技能等级评价专业技能考核操作评分标准

工种	换流站直流设备检修工（一次）				评价等级		高级工
项目模块	一次及辅助设备日常维护、检修—阀冷却系统的日常维护、检修			编号		Jc1003342024	
单位			准考证号			姓名	
考试时限	60分钟	题型		单项操作		题分	100分
成绩		考评员		考评组长		日期	
试题正文	阀冷系统数字量输入模块更换						
需要说明的问题和要求	（1）要求单人操作。 （2）操作应注意安全，按照标准化作业书的技术安全说明做好安全措施。 （3）填写修试记录						

序号	项目名称	质量要求	满分	扣分标准	扣分原因	得分
1	工具使用及安全措施					
1.1	相关安全措施的准备	（1）核对设备双重名称。 （2）进入作业现场正确佩戴安全帽，现场作业人员应穿全棉长袖工作服、绝缘鞋	10	未核对设备扣5分； 安全帽佩戴不规范扣2分，未穿全棉长袖工作服扣1分，未穿绝缘鞋扣2分		

续表

序号	项目名称	质量要求	满分	扣分标准	扣分原因	得分
2	数字量输入模块更换					
2.1	断开电源	（1）断开柜内所需更换元器件上级断路器（先断开交流，再断开直流）。 （2）用万用表测量对应元器件端子是否已掉电。 （3）在断开断路器和开关处悬挂"禁止合闸，有人工作"标识牌	25	按照步骤开展，每少一步扣9分，扣完为止		
2.2	模块更换	（1）核对备件型号与实物的一致性。 （2）拧松故障数字量输入模块的前连接器固定螺栓，拆下模块前连接器。 （3）拧松故障模块固定螺栓，拆下数字量输入模块。 （4）装上新的数字量输入模块，拧紧模块固定螺栓。 （5）装上前连接器，拧紧前连接器固定螺栓	45	按照步骤开展，每少一步扣9分		
3	恢复现场并填写报告					
3.1	观察设备运行无异常后，恢复现场，填写修试记录	（1）恢复相关断路器（先恢复直流，再恢复交流）。观察阀冷系统运行无异常，输入信号正常。清理现场。 （2）填写修试记录	20	记录填写不全按比例扣分，总计15分； 无检查扣5分		
	合计		100			

Jc1003342025　阀内冷系统 AP3 柜电源监视继电器更换。（100分）

考核知识点：阀内冷系统 AP3 柜电源监视继电器更换

难易度：中

技能等级评价专业技能考核操作工作任务书

一、任务名称

阀内冷系统 AP3 柜电源监视继电器更换。

二、适用工种

换流站直流设备检修工（一次）高级工。

三、具体任务

（1）工作状态为换流阀检修、阀内冷系统运行。工作内容为阀内冷系统 AP3 柜电源监视继电器更换。

（2）工作任务：阀内冷系统 AP3 柜电源监视继电器更换，更换步骤应符合要求，确保设备正常稳定运行。

四、工作规范及要求

熟悉阀内冷系统 AP3 柜电源监视继电器更换的方法，熟练使用仪器仪表及工器具。

五、考核及时间要求

本考核操作时间为 60 分钟，时间到停止考评。

技能等级评价专业技能考核操作评分标准

工种	换流站直流设备检修工（一次）			评价等级	高级工
项目模块	一次及辅助设备日常维护、检修—阀冷却系统的日常维护、检修		编号		Jc1003342025
单位		准考证号		姓名	
考试时限	60分钟	题型	单项操作	题分	100分

续表

成绩		考评员		考评组长		日期	
试题正文	阀内冷系统 AP3 柜电源监视继电器更换						
需要说明的问题和要求	（1）要求单人操作。 （2）操作应注意安全，按照标准化作业书的技术安全说明做好安全措施。 （3）填写修试记录						

序号	项目名称	质量要求	满分	扣分标准	扣分原因	得分
1	工具使用及安全措施					
1.1	相关安全措施的准备	（1）核对设备双重名称。 （2）进入作业现场正确佩戴安全帽，现场作业人员应穿全棉长袖工作服、绝缘鞋	10	未核对设备扣 5 分； 安全帽佩戴不规范扣 2 分，未穿全棉长袖工作服扣 1 分，未穿绝缘鞋扣 2 分		
2	AP3 柜电源监视继电器更换	（1）用万用表测量对应进线电源，若与继电器上指示灯信息不一致则需更换电源监视继电器。 （2）核对备件型号与故障设备型号一致。 （3）记录下继电器上各个旋钮的挡位。 （4）确认当前需要更换电源监视继电器电源未投入，若投入，则需在双电源切换界面切换到另一冗余电源。 （5）断开对应电源监视继电器上级开关，并用万用表测量确保继电器各端子已全部掉电。 （6）记录各导线接线位置。 （7）将各导线依次拆下并用绝缘胶带缠绕线头。 （8）将旧继电器轻轻向下压，挑开下方卡扣，然后将继电器从导轨小心取出，更换为新继电器。 （9）将导线按记录依次恢复。 （10）轻轻拔一下每根导线，确保各根导线全部接线稳定可靠。 （11）用螺丝刀将继电器上各旋钮轻轻旋至之前记录挡位	70	按照步骤开展，每少一步扣 7 分，扣完为止		
3	恢复现场并填写报告					
3.1	观察设备运行无异常后，恢复现场，填写修试记录	（1）确认 AP3 柜电源监视继电器的指示灯显示正常并且无故障报警。 （2）填写修试记录	20	每少填写一项扣 5 分，扣完为止		
合计			100			

Jc10044632026 换流变压器冷却器风扇更换。（100 分）

考核知识点：换流变压器冷却器风扇更换

难易度：中

技能等级评价专业技能考核操作工作任务书

一、任务名称

换流变压器冷却器风扇更换。

二、适用工种

换流站直流设备检修工（一次）高级工。

三、具体任务

（1）工作状态为模拟换流站全停检修。工作内容为换流变压器冷却器风扇更换。

（2）工作任务：更换换流变压器冷却器风扇。

四、工作规范及要求

（1）按力矩要求紧固螺栓。

（2）更换后，扇叶无偏心，无剐蹭。

五、考核及时间要求

（1）本考核操作时间为 60 分钟，时间到停止考评。

（2）故障查找和排除过程中，如确实不能查找出故障，可向考评员申请排除故障，该项故障项目不得分，但不影响其他项目。

（3）按照技能操作记录单的操作要求进行操作，正确记录操作结果，试验记录项目包括动作元件、相别、动作出口时间等。

技能等级评价专业技能考核操作评分标准

工种	换流站直流设备检修工（一次）		评价等级	高级工
项目模块	一次及辅助设备日常维护、检修—换流变压器、平波电抗器、直流穿墙套管日常维护、检修	编号		Jc10044632026
单位		准考证号	姓名	
考试时限	60 分钟	题型	单项操作	题分	100 分
成绩		考评员	考评组长	日期	
试题正文	换流变压器冷却器风扇更换			
需要说明的问题和要求	（1）要求调试人员双人操作，故障查找及分析在调试过程中完成。 （2）操作应注意安全，按照标准化作业书的技术安全说明做好安全措施。 （3）装置调试检验在保护屏上完成操作。 （4）可选考场提供的测试仪或自带测试仪			

序号	项目名称	质量要求	满分	扣分标准	扣分原因	得分
1	工具使用及安全措施					
1.1	正确佩戴安全帽	正确佩戴安全帽	10	未正确佩戴安全帽扣10分		
1.2	正确使用安全工器具	正确使用安全工器具	10	未正常使用安全工器具扣10分		
2	拆除风扇工作					
2.1	拆除风扇工作	（1）在冷却器控制柜中断开电机电源，把安全开关锁定在"断开"位置。 （2）松开保护罩上的螺栓，并取下保护罩。 （3）松开风扇叶片毂上的螺栓和垫片，取下风扇叶片和轴承	10	断错电源扣5分；保护罩与螺栓放置不规范扣5分		
3	安装风扇					
3.1	安装风扇	（1）把风扇轴承安装到电动机轴承上时，轴承和螺栓将进行防腐蚀处理（涂上黄油）。 （2）安装风扇叶片，用手摆动叶片，检查能否正常转动，如果叶片与外壳接触，通过安装螺栓的间隙来调整。 （3）用力矩扳手将螺栓紧固到位。 （4）安装保护罩（将保护罩内清理干净）	30	未检查叶片安装情况扣10分；螺栓未紧固到位扣10分；未清理干净扣5分，保护罩安装不牢固扣5分		
4	恢复现场	恢复工作现场并收好工器具	40	未将现场收拾干净扣40分		
	合计		100			

Jc10044633027　换流变压器冷却器电动机更换。（100 分）

考核知识点： 换流变压器冷却器电动机更换

难易度：难

技能等级评价专业技能考核操作工作任务书

一、任务名称

换流变压器冷却器电动机更换。

二、适用工种

换流站直流设备检修工（一次）高级工。

三、具体任务

（1）工作状态为模拟换流站全停检修。工作内容为换流变压器冷却器电动机更换。

（2）工作任务：更换换流变压器冷却器电动机。

四、工作规范及要求

（1）做好二次接线标识及断复引记录。

（2）按力矩要求紧固螺栓。

（3）更换后，冷却器无反转，无偏心，无剐蹭。

五、考核及时间要求

（1）本考核操作时间为 60 分钟，时间到停止考评。

（2）故障查找和排除过程中，如确实不能查找出故障，可向考评员申请排除故障，该项故障项目不得分，但不影响其他项目。

（3）按照技能操作记录单的操作要求进行操作，正确记录操作结果，试验记录项目包括动作元件、相别、动作出口时间等。

技能等级评价专业技能考核操作评分标准

工种	换流站直流设备检修工（一次）				评价等级	高级工	
项目模块	一次及辅助设备日常维护、检修—换流变压器、平波电抗器、直流穿墙套管日常维护、检修			编号		Jc10044633027	
单位			准考证号			姓名	
考试时限	60 分钟		题型	单项操作		题分	100 分
成绩		考评员		考评组长		日期	
试题正文	换流变压器冷却器电动机更换						
需要说明的问题和要求	（1）要求调试人员双人操作，故障查找及分析在调试过程中完成。 （2）操作应注意安全，按照标准化作业书的技术安全说明做好安全措施。 （3）装置调试检验在保护屏上完成操作。 （4）可选考场提供的测试仪或自带测试仪						

序号	项目名称	质量要求	满分	扣分标准	扣分原因	得分
1	工具使用及安全措施					
1.1	正确佩戴安全帽	正确佩戴安全帽	5	未正确佩戴安全帽扣 5 分		
1.2	正确使用安全工器具	正确使用安全工器具	5	未正常使用安全工器具扣 5 分		
2	拆除风扇工作					
2.1	拆除风扇工作	（1）在冷却器控制柜中断开电机电源，把安全开关锁定在"断开"位置。 （2）松开保护罩上的螺栓，并取下保护罩。 （3）松开风扇叶片毂上的螺栓和垫片，取下风扇叶片和轴承。	10	断错电源扣 5 分； 保护罩与螺栓放置不规范扣 5 分		

续表

序号	项目名称	质量要求	满分	扣分标准	扣分原因	得分
3	更换电动机					
3.1	更换电动机工作	（1）从电动机接线盒中拆下接线电缆并做好标识。 （2）松开电动机与支架之间的螺栓，拆除电动机。 （3）对于风扇和电动机的安装，按照与上面相反的步骤进行。 （4）先安装电动机，但此时螺栓并不紧固到位。 （5）按照先前做好的标识把接线盒电缆接好并做好密封	60	未做标识扣10分； 未做绝缘扣10分； 拆除电动机未松开螺栓扣10分； 未做密封扣10分； 安装电动机未紧固螺栓扣10分； 电缆接线不规范扣10分		
4	恢复现场	将现场恢复至试验前	10	未恢复，一项扣2分，扣完为止		
5	填写试验报告	按要求填写试验报告	10	内容不全，一项扣4分，扣完为止		
	合计		100			

Jc10044633028　换流变压器本体压力释放阀更换。（100分）

考核知识点： 换流变压器本体压力释放阀更换

难易度： 难

技能等级评价专业技能考核操作工作任务书

一、任务名称

换流变压器本体压力释放阀更换。

二、适用工种

换流站直流设备检修工（一次）高级工。

三、具体任务

（1）工作状态为模拟换流站全停检修。工作内容为换流变压器本体压力释放阀更换。

（2）工作任务：更换换流变压器本体压力释放阀。

四、工作规范及要求

（1）做好二次接线标识及断复引记录。

（2）按力矩要求紧固螺栓。

（3）更换后，压力释放阀无漏油现象。

（4）更换后，压力释放阀功能试验正常。

五、考核及时间要求

（1）本考核操作时间为60分钟，时间到停止考评。

（2）故障查找和排除过程中，如确实不能查找出故障，可向考评员申请排除故障，该项故障项目不得分，但不影响其他项目。

（3）按照技能操作记录单的操作要求进行操作，正确记录操作结果，试验记录项目包括动作元件、相别、动作出口时间等。

技能等级评价专业技能考核操作评分标准

工种	换流站直流设备检修工（一次）		评价等级	高级工
项目模块	一次及辅助设备日常维护、检修—换流变压器、平波电抗器、直流穿墙套管日常维护、检修	编号	Jc10044633028	
单位		准考证号		姓名	
考试时限	60 分钟	题型	单项操作	题分	100 分
成绩		考评员		考评组长	日期
试题正文	换流变压器本体压力释放阀更换				
需要说明的问题和要求	（1）要求调试人员单人操作，故障查找及分析在调试过程中完成。 （2）操作应注意安全，按照标准化作业书的技术安全说明做好安全措施。 （3）装置调试检验在保护屏上完成操作。 （4）可选考场提供的测试仪或自带测试仪				

序号	项目名称	质量要求	满分	扣分标准	扣分原因	得分
1	工具使用及安全措施					
1.1	正确佩戴安全带	正确佩戴安全带	4	未正确佩戴安全带扣 4 分		
1.2	正确使用安全工器具	正确使用安全工器具	4	未正确使用安全工器具扣 4 分		
2	工作准备及检查工作	将滤油机等需要的工具运至工作现场	4	未完成扣 4 分		
		爬上变压器，检查泄漏点，确定是密封圈泄漏还是压力释放阀本身故障	4	未系安全带扣 2 分，安全帽扣 2 分		
3	滤油工作	将滤油机的进油管接到本体注油阀上	3	不正确扣 3 分		
		接通滤油机电源，检查相序是否正确，不正确需调整	3	不正确扣 3 分		
		打开换流变压器注油阀，同时启动滤油机，排油大约 50L，停止滤油机，并关闭滤油机出油管上出油口处的阀门	3	关错阀门扣 3 分		
		用绳子将滤油机出油管提到换流变压器储油柜下部，并与储油柜排油阀相连	3	连接错阀门扣 3 分		
		在换流变压器顶部滤油阀门上安装一个压力表	3	不正确扣 3 分		
		将储油柜与本体之间的阀门关闭	3	关错阀门扣 3 分		
		启动滤油机，将换流变压本体中的油抽到储油柜中去，同时密切注意压力表的读数	3	不正确扣 3 分		
		当压力表的读数为零时，停止滤油机	3	不正确扣 3 分		
4	压力释放阀更换	关闭换流变压器顶部滤油阀门并拆除压力表，然后稍微打开该阀门，检查是否有油流出来，当发现有油流出来，启动滤油机，没有油流出来时，停止滤油机。并关闭本体注油阀、储油柜排油阀和换流变压器顶部滤油阀门	5	关错阀门扣 5 分		
		对照图纸，断开压力释放阀信号电源	5	不正确扣 5 分		
		打开压力释放阀接线盒，解开接线	5	开错阀门扣 5 分		
		拆下压力释放阀，安装新的压力释放阀和密封圈	5	不正确扣 5 分		
		按照标记，恢复接线，然后恢复压力释放阀信号电源	5	不正确扣 5 分		
		通过压力释放阀试验把手进行功能检查	5	不正确扣 5 分		

续表

序号	项目名称	质量要求	满分	扣分标准	扣分原因	得分
5	恢复工作	缓慢打开储油柜与本体之间的阀门来对本体进行注油	3	开错阀门扣3分		
		关闭储油柜与本体之间的阀门，并松开呼吸器与储油柜相连的管道	3	关错阀门扣3分		
		将氮气瓶与管道相连，通过氮气瓶对储油柜气囊加压（压力为1.2bar左右）	3	不正确扣3分		
		打开储油柜上的排气阀对储油柜进行排气	3	开错阀门扣3分		
		当排气阀中有油流出来时关闭排气阀，并关闭氮气瓶出气阀门，拆除氮气瓶	3	关错阀门扣3分		
		恢复呼吸器与储油柜相连的管道	3	不正确扣3分		
		打开本体与储油柜之间的阀门	3	开错阀门扣3分		
		从气体继电器取气样阀门对气体继电器进行排气	3	开错阀门扣3分		
		检查所有阀门在正常运行位置	3	不正确扣3分		
		恢复现场	3	未进行现场恢复扣3分		
	合计		100			

Jc1005342029　单端测试法测量光纤衰耗。（100分）

考核知识点：测量光衰

难易度：中

技能等级评价专业技能考核操作工作任务书

一、任务名称

单端测试法测量光纤衰耗。

二、适用工种

换流站直流设备检修工（一次）高级工。

三、具体任务

（1）工作状态为光纤备用。

（2）工作任务：单端测试法测量光纤衰耗。

四、工作规范及要求

（1）工器具使用及安全措施。

（2）按要求进行光纤衰耗测试。

五、考核及时间要求

（1）本考核操作时间为60分钟，时间到停止考评。

（2）按照技能操作记录单的操作要求进行操作，正确记录操作结果。

技能等级评价专业技能考核操作评分标准

工种	换流站直流设备检修工（一次）			评价等级	高级工
项目模块	一次及辅助设备日常维护、检修—直流电流互感器的日常维护、检修		编号		Jc1005342029
单位		准考证号		姓名	
考试时限	60分钟	题型	单项操作	题分	100分

续表

成绩		考评员		考评组长		日期	
试题正文	单端测试法测量光纤衰耗						
需要说明的问题和要求	（1）要求调试人员单人操作，故障查找及分析在调试过程中完成。 （2）操作应注意安全，做好安全措施。 （3）在备用光纤上完成操作。 （4）可选考场提供的测试仪或自带测试仪。 （5）试验或检修结果填入修试记录						

序号	项目名称	质量要求	满分	扣分标准	扣分原因	得分
1	工具使用及安全措施					
1.1	各种工器具正确使用	熟练正确使用光纤测试仪	5	未正确使用，一次扣1分，扣完为止		
1.2	相关安全措施的准备	（1）检测时应与设备带电部位保持足够的安全距离。 （2）工作过程中防止踩踏光纤。 （3）进行光纤衰耗检测工作，必要时佩戴护目镜，防止激光伤害人眼。 （4）工作前，应做好相应的安全措施，避免控制保护系统误动	20	每一项不正确扣5分（可口述），扣完为止		
2	测试步骤					
2.1	单端法测试步骤	（1）将光纤时间区域反射仪连接在被测光纤一端，另一端为断开状态。 （2）打开光纤时间区域反射仪电源，选择合适波长，读取波形。 （3）由于被测光缆的前、后端没有连接发射光缆，前、后的连接接头不能被测试，因此不能确定端点接头的衰耗。 （4）读取光纤时间区域反射仪上的光纤衰耗值，待数值稳定后取值	50	单端法原理使用错误扣10分； 连接光纤前未对光纤进行清洁扣5分； 测试过程中弯折光纤扣10分； 反射仪波长选择错误扣10分； 未读取稳定后数值扣10分； 测试完毕未对光纤头进行保护扣5分		
3	现场恢复	恢复现场	10	未进行现场恢复扣10分		
4	填写试验报告					
4.1	计算光纤衰耗	光纤衰耗＝光纤衰耗系数（dB/km）×光纤长度（km）	5	计算错误扣5分		
4.2	试验记录	正确填写测试结果	10	每少填写一项扣2分，扣完为止		
	合计		100			

Jc1005342030 双端测试法测量光纤衰耗。（100分）

考核知识点：测量光衰

难易度：中

技能等级评价专业技能考核操作工作任务书

一、任务名称

双端测试法测量光纤衰耗。

二、适用工种

换流站直流设备检修工（一次）高级工。

三、具体任务

（1）工作状态为光纤备用。

（2）工作任务：单端测试法测量光纤衰耗。

四、工作规范及要求

（1）工器具使用及安全措施。

（2）按要求进行光纤衰耗测试。

五、考核及时间要求

（1）本考核操作时间为 60 分钟，时间到停止考评。

（2）按照技能操作记录单的操作要求进行操作，正确记录操作结果。

技能等级评价专业技能考核操作评分标准

工种	换流站直流设备检修工（一次）				评价等级		高级工
项目模块	一次及辅助设备日常维护、检修—直流电流互感器的日常维护、检修			编号			Jc1005342030
单位			准考证号			姓名	
考试时限	60 分钟		题型		单项操作	题分	100 分
成绩		考评员		考评组长		日期	
试题正文	双端测试法测量光纤衰耗						
需要说明的问题和要求	（1）要求调试人员单人操作，故障查找及分析在调试过程中完成。 （2）操作应注意安全，做好安全措施。 （3）在备用光纤上完成操作。 （4）可选考场提供的测试仪或自带测试仪。 （5）试验或检修结果填入修试记录						

序号	项目名称	质量要求	满分	扣分标准	扣分原因	得分
1	工具使用及安全措施					
1.1	各种工器具正确使用	熟练正确使用光纤测试仪	5	未正确使用，一次扣 1 分，扣完为止		
1.2	相关安全措施的准备	（1）检测时应与设备带电部位保持足够的安全距离。 （2）工作过程中防止踩踏光纤。 （3）进行光纤衰耗检测工作，必要时佩戴护目镜，防止激光伤害人眼。 （4）工作前，应做好相应的安全措施，避免控制保护系统误动	20	每一项不正确扣 5 分（可口述），扣完为止		
2	测试步骤					
2.1	双端法测试步骤	（1）使用与被测光纤型号一致的软光纤连接光源和光功率计，打开光源和光功率计电源，选择正确的波长进行校零。 （2）校零完毕后，不关闭光源和光功率计的电源，将软光纤的一端连接光源，另一端连接被测光纤。 （3）被测光纤的接收端与光功率计相连。 （4）读取光功率计上的衰耗值，待数值稳定后取值	50	双端法原理测试错误扣 10 分； 测试前未进行零漂校正扣 10 分； 光功率计波长选择错误扣 10 分； 连接光纤前未对光纤进行清洁扣 5 分； 测试过程中弯折光纤扣 10 分； 测试完毕未对光纤头进行保护扣 5 分		
3	现场恢复	恢复现场	10	未进行现场恢复扣 10 分		
4	填写试验报告					
4.1	计算光纤衰耗	光纤衰耗＝光纤衰耗系数（dB/km）×光纤长度（km）	5	计算错误扣 5 分		
4.2	试验记录	正确填写测试结果	10	每少填一项扣 2 分，扣完为止		
	合计		100			

Jc1005342031 直流分压器低压臂电容测试。（100分）

考核知识点：直流分压器检测

难易度：中

技能等级评价专业技能考核操作工作任务书

一、任务名称

直流分压器低压臂电容测试。

二、适用工种

换流站直流设备检修工（一次）高级工。

三、具体任务

（1）工作状态为直流系统检修状态。工作内容为开展直流分压器低压臂电容测试。

（2）工作任务：开展直流分压器低压臂电容测试。

四、工作规范及要求

（1）工器具使用及安全措施。

（2）按要求进行直流分压器低压臂电容测试。

五、考核及时间要求

（1）本考核操作时间为60分钟，时间到停止考评。

（2）按照技能操作记录单的操作要求进行操作，正确记录操作结果。

技能等级评价专业技能考核操作评分标准

工种	换流站直流设备检修工（一次）				评价等级	高级工
项目模块	一次及辅助设备日常维护、检修—直流分压器的日常维护、检修			编号		Jc1005342031
单位			准考证号		姓名	
考试时限	60分钟	题型		单项操作	题分	100分
成绩		考评员		考评组长	日期	
试题正文	直流分压器低压臂电容测试					
需要说明的问题和要求	（1）要求调试人员单人操作，故障查找及分析在调试过程中完成。 （2）操作应注意安全，按照标准化作业书的技术安全说明做好安全措施。 （3）在直流分压器一次设备上完成操作。 （4）可选考场提供的测试仪或自带测试仪。 （5）试验或检修结果填入修试记录					

序号	项目名称	质量要求	满分	扣分标准	扣分原因	得分
1	工具使用及安全措施					
1.1	各种工器具正确使用	熟练正确使用电容表	5	未正确使用，一次扣1分，扣完为止		
1.2	相关安全措施的准备	（1）试验仪器正确接地。 （2）试验电源应具备单独的工作接地和保护接地。 （3）人员及试验仪器与电力设备的高压部分保持足够的安全距离，且操作人员应使用绝缘垫。 （4）试验现场应装设遮栏或围栏，遮栏或围栏与试验设备高压部分应有足够的安全距离，向外悬挂"止步，高压危险！"的标示牌，并派人看守	10	试验仪器未正确接地扣2分； 试验电源未正常接地扣2分； 人员未使用绝缘垫扣3分； 未按照要求设置遮栏扣3分（可口述）		
2	低压臂电容测试					

续表

序号	项目名称	质量要求	满分	扣分标准	扣分原因	得分
2.1	直流分压器低压臂电容测试	（1）检查试验仪器接地良好，断开直流分压器H、L二次端子。 （2）操作试验人员站在绝缘垫上。 （3）将电容表接入H、L端子，测量低压臂电容。 （4）测量结束，恢复H、L二次端子	60	开始试验前未检查仪器接地扣10分；断开二次端子错误扣10分；测试过程中未站在绝缘垫上扣10分；试验表计接入端子位置错误扣10分；试验表计读数错误扣10分；恢复端子错误扣10分		
3	现场恢复	恢复现场	10	未进行现场恢复扣10分		
4	填写试验报告					
4.1	试验记录	按格式正确填写试验结果	15	每少填写一项扣5分，扣完为止		
	合计		100			

Jc1005342032　直流分压器高压臂电阻测试。（100分）

考核知识点：直流分压器检测

难易度：中

技能等级评价专业技能考核操作工作任务书

一、任务名称

直流分压器高压臂电阻测试。

二、适用工种

换流站直流设备检修工（一次）高级工。

三、具体任务

（1）工作状态为直流系统检修状态。工作内容为开展直流分压器低压臂电阻测试。

（2）工作任务：开展直流分压器高压臂电阻测试。

四、工作规范及要求

（1）工器具使用及安全措施。

（2）按要求进行直流分压器高压臂电阻测试。

五、考核及时间要求

（1）本考核操作时间为60分钟，时间到停止考评。

（2）按照技能操作记录单的操作要求进行操作，正确记录操作结果。

技能等级评价专业技能考核操作评分标准

工种	换流站直流设备检修工（一次）			评价等级	高级工
项目模块	一次及辅助设备日常维护、检修—直流分压器、光电流互感器、零磁通电流互感器、直流避雷器日常维护、检修		编号		Jc1005342032
单位		准考证号		姓名	
考试时限	60分钟	题型	单项操作	题分	100分
成绩		考评员		考评组长	日期
试题正文	直流分压器高压臂电阻测试				
需要说明的问题和要求	（1）要求调试人员单人操作，故障查找及分析在调试过程中完成。 （2）操作应注意安全，按照标准化作业书的技术安全说明做好安全措施。 （3）在直流分压器一次设备上完成操作。 （4）可选考场提供的测试仪或自带测试仪。 （5）试验或检修结果填入修试记录				

序号	项目名称	质量要求	满分	扣分标准	扣分原因	得分
1	工具使用及安全措施					
1.1	各种工器具正确使用	熟练正确使用电动绝缘电阻表	5	未正确使用，一次扣1分，扣完为止		
1.2	相关安全措施的准备	（1）试验仪器正确接地。 （2）试验电源应具备单独的工作接地和保护接地。 （3）人员及试验仪器与电力设备的高压部分保持足够的安全距离，且操作人员应使用绝缘垫。 （4）试验现场应装设遮栏或围栏，遮栏或围栏与试验设备高压部分应有足够的安全距离，向外悬挂"止步，高压危险！"的标示牌，并派人看守	10	试验仪器未正确接地扣2分； 试验电源未正常接地扣2分； 人员未使用绝缘垫扣3分； 未按照要求设置遮栏扣3分（可口述）		
2	高压臂电阻测试					
2.1	直流分压器高压臂电阻测试	（1）检查试验仪器接地良好，断开直流分压器 H、L 二次端子。 （2）操作试验人员站在绝缘垫上。 （3）将电动绝缘电阻表接入 H、L 端子，测量高压臂电阻。 （4）测量结束，恢复 H、L 二次端子	60	开始试验前未检查仪器接地扣10分； 断开二次端子错误扣10分； 测试过程中未站在绝缘垫上扣10分； 试验表计接入端子位置错误扣10分； 试验表计读数错误扣10分； 恢复端子错误扣10分		
3	现场恢复	恢复现场	10	未进行现场恢复扣10分		
4	填写试验报告					
4.1	试验记录	按格式正确填写试验结果	15	每少填写一项扣5分，扣完为止		
	合计		100			

Jc1005343033　直流分压器密度继电器更换。（100分）

考核知识点：直流分压器检修

难易度：难

技能等级评价专业技能考核操作工作任务书

一、任务名称

直流分压器密度继电器更换。

二、适用工种

换流站直流设备检修工（一次）高级工。

三、具体任务

（1）工作状态为直流系统检修状态。工作内容为直流分压器密度继电器更换。

（2）工作任务：直流分压器密度继电器更换。

四、工作规范及要求

（1）工器具使用及安全措施。

（2）按要求对直流分压器密度继电器更换。

五、考核及时间要求

（1）本考核操作时间为60分钟，时间到停止考评。

（2）按照技能操作记录单的操作要求进行操作，正确记录操作结果。

技能等级评价专业技能考核操作评分标准

工种	换流站直流设备检修工（一次）		评价等级		高级工
项目模块	一次及辅助设备日常维护、检修—直流分压器、光电流互感器、零磁通电流互感器、直流避雷器日常维护、检修		编号		Jc1005343033
单位		准考证号		姓名	
考试时限	60分钟	题型	单项操作	题分	100分
成绩		考评员		考评组长	日期

试题正文	直流分压器密度继电器更换
需要说明的问题和要求	（1）要求调试人员单人操作，故障查找及分析在调试过程中完成。 （2）操作应注意安全，按照标准化作业书的技术安全说明做好安全措施。 （3）在直流分压器一次设备上完成操作。 （4）可选择现场提供的测试仪或自带测试仪。 （5）试验或检修结果填入修试记录

序号	项目名称	质量要求	满分	扣分标准	扣分原因	得分
1	工具使用及安全措施					
1.1	各种工器具正确使用	熟练正确使用各种工器具	5	未正确使用，一次扣2分，扣完为止		
1.2	相关安全措施的准备	（1）工作前断开密度继电器相关电源并确认无电压。 （2）工作人员位于上风侧，做好防护措施。 （3）作业车应有专人指挥和监护，防止操作不当碰坏设备。 （4）工作前将密度继电器与本体气室的连接气路断开	10	未断开电源扣2.5分； 工作人员未做好防护措施扣2.5分； 作业车辆未按要求指挥扣2.5分； 连接气路未断开扣2.5分（可口述）		
2	密度继电器更换及故障排查					
2.1	密度继电器更换	（1）SF_6密度继电器应校验合格，报警、闭锁功能正常。 （2）SF_6密度继电器外观完好，无破损、漏油等，防雨罩完好，安装牢固。 （3）SF_6密度继电器及管路密封良好，年漏气率小于0.5%或符合产品技术规定。 （4）电气回路端子接线正确，电气接点切换准确可靠、绝缘电阻表符合产品技术规定，并做记录。 （5）带有三通接头的表头阀门在投入运行前应检查阀门处于"打开"位置	50	未检查更换的密度继电器是否有合格证扣5分； 未检查更换的密度继电器外观等是否正常扣10分； 更换过程中拆除接线未做标记扣5分； 未说出年漏气率小于0.5%扣5分； 更换完成未检查接线扣5分； 更换完成未做传动试验及绝缘试验扣10分； 未检查三通接头阀门状态扣10分		
2.2	检修故障排查	（1）表头阀门没有"打开"。 （2）电气接点切换不准确，闭锁功能不正常	10	未找出一处故障扣5分，扣完为止		
3	现场恢复	恢复现场	10	未进行现场恢复扣10分		
4	填写试验报告					
4.1	试验记录	按格式正确填写试验结果	15	每少填写一项扣5分，扣完为止		
	合计		100			

Jc1006352034 接地极电抗器检修。（100分）

考核知识点：接地极电抗器检修

难易度：中

技能等级评价专业技能考核操作工作任务书

一、任务名称
接地极电抗器检修。

二、适用工种
换流站直流设备检修工（一次）高级工。

三、具体任务
（1）工作状态为换流阀检修状态。工作内容为接地极电抗器检修。

（2）工作任务：接地极电抗器检修。

四、工作规范及要求
（1）工器具使用及安全措施。

（2）按要求进行接地极电抗器检修。

五、考核及时间要求
（1）本考核操作时间为60分钟，时间到停止考评。

（2）按照技能操作记录单的操作要求进行操作，并填写检修记录。

技能等级评价专业技能考核操作评分标准

工种	换流站直流设备检修工（一次）				评价等级	高级工
项目模块	一次及辅助设备日常维护、检修—接地极系统的日常维护、检修			编号	Jc1006352034	
单位			准考证号		姓名	
考试时限	60分钟	题型	多项操作		题分	100分
成绩		考评员		考评组长	日期	
试题正文	接地极电抗器检修					
需要说明的问题和要求	（1）要求单人操作。 （2）操作应注意安全，按照标准化作业书的技术安全说明做好安全措施。 （3）操作记录填入操作记录。试验或检修结果填入修试记录					

序号	项目名称	质量要求	满分	扣分标准	扣分原因	得分
1	工具使用及安全措施					
1.1	各种工器具正确使用	熟练正确使用各种工器具	10	未正确使用，一次扣1分，扣完为止		
1.2	相关安全措施的准备	（1）工作前应将间隔组内各高压设备充分放电。 （2）按厂家规定正确吊装设备，必要时使用缆风绳控制方向，并设专人指挥。 （3）进入作业现场正确佩戴安全帽，现场作业人员应穿全棉长袖工作服、绝缘鞋	10	未充分放电扣2分； 未设专人指挥扣2分； 安全帽佩戴不规范扣2分； 未穿全棉长袖工作服扣2分； 未穿绝缘鞋扣2分		
2	电抗器检修	（1）设备出厂铭牌齐全、清晰可识别。 （2）运行编号标识清晰、正确可识别。 （3）电抗器表面涂层应无破损、脱落或龟裂，无放电痕迹。 （4）绝缘子外观应清洁无破损。 （5）设备内外表面清洁完好，无任何遗留物。 （6）电抗器金具完好无裂纹、螺栓紧固，接触良好，抱箍、线夹应无裂纹、过热现象。 （7）引线无散股、扭曲、断股现象。 （8）无过热、无异常声响、震动	60	未开展铭牌检查扣10分； 未开展运行编号检查扣15分； 未开展电抗器外观检查扣15分； 未开展绝缘子外观检查扣10分； 未开展金具外观检查扣10分		
3	现场恢复	恢复现场	5	未进行现场恢复扣5分		

续表

序号	项目名称	质量要求	满分	扣分标准	扣分原因	得分
4	填写报告					
4.1	修试记录	填写修试记录，包括检修内容及检修结果	15	每少填写一项扣4分，扣完为止		
	合计		100			

Jc1006351035　消防水泵检修。（100分）

考核知识点：消防水泵检修

难易度：易

技能等级评价专业技能考核操作工作任务书

一、任务名称

消防水泵检修。

二、适用工种

换流站直流设备检修工（一次）高级工。

三、具体任务

（1）工作状态为消防系统检修状态。工作内容为消防水泵检修。

（2）工作任务：消防水泵检修。

四、工作规范及要求

（1）工器具使用及安全措施。

（2）按要求进行消防水泵检修。

五、考核及时间要求

（1）本考核操作时间为60分钟，时间到停止考评。

（2）按照技能操作记录单的操作要求进行操作，并填写检修记录。

技能等级评价专业技能考核操作评分标准

工种	换流站直流设备检修工（一次）			评价等级	高级工	
项目模块	一次及辅助设备日常维护、检修—消防系统、空调系统及辅助设施的日常维护、检修			编号	Jc1006351035	
3 单位			准考证号		姓名	
考试时限	60分钟	题型		多项操作	题分	100分
成绩		考评员		考评组长	日期	
试题正文	消防水泵检修					
需要说明的问题和要求	（1）要求单人操作。 （2）操作应注意安全，按照标准化作业书的技术安全说明做好安全措施。 （3）操作记录填入操作记录。试验或检修结果填入修试记录					

序号	项目名称	质量要求	满分	扣分标准	扣分原因	得分
1	工具使用及安全措施					
1.1	各种工器具正确使用	熟练正确使用各种工器具	5	未正确使用，一次扣1分，扣完为止		

序号	项目名称	质量要求	满分	扣分标准	扣分原因	得分
1.2	相关安全措施的准备	（1）做好和跳闸回路的隔离工作，防止误跳运行设备。 （2）明确检修、技改项目，准备必要的仪器、仪表、材料及工器具。 （3）进入作业现场正确佩戴安全帽，现场作业人员应穿全棉长袖工作服、绝缘鞋	10	未做好和跳闸回路的隔离工作扣2分； 未准备必要的仪器、仪表、材料及工器具扣2分； 安全帽佩戴不规范扣2分； 未穿全棉长袖工作服扣2分； 未穿绝缘鞋扣2分		
2	消防水泵检修	（1）检查试验自动和手动启动消防水泵，观察压力、运行电流是否正常，并做好记录存档。 （2）检查消防水泵主备电源自动切换装置是否正常。打开水泵出水管上的放水试验阀，用主电源启动消防水泵，消防水泵启动应正常。关掉主电源，主、备电源切换正常，试验1~3次。 （3）测试水泵的相间及对地绝缘电阻表是否符合要求，并做好记录。 （4）测试消防水泵的故障自投功能是否正常。 （5）检查水泵是否运作灵活，必要时，添加润滑油	60	未开展消防泵启动试验扣20分； 未开展消防泵电源切换扣20分； 未开展消防泵故障切换功能扣20分		
3	现场恢复	恢复现场	5	未进行现场恢复扣5分		
4	填写报告					
4.1	修试记录	填写修试记录，包括检修内容及检修结果	20	每少填写一项扣4分，扣完为止		
	合计		100			

Jc1006352036　阀厅空调循环泵电动机绝缘检查。（100分）

考核知识点：阀厅空调循环泵检修

难易度：中

技能等级评价专业技能考核操作工作任务书

一、任务名称

阀厅空调循环泵电动机绝缘检查。

二、适用工种

换流站直流设备检修工（一次）高级工。

三、具体任务

（1）工作状态为阀厅空调系统检修状态。工作内容为阀厅空调系统循环泵检修。

（2）工作任务：阀厅空调循环泵电动机绝缘检查。

四、工作规范及要求

（1）工器具使用及安全措施。

（2）按要求进行阀厅空调循环泵电动机绝缘检查。

五、考核及时间要求

（1）本考核操作时间为60分钟，时间到停止考评。

（2）按照技能操作记录单的操作要求进行操作，并填写检修记录。

技能等级评价专业技能考核操作评分标准

工种	换流站直流设备检修工（一次）				评价等级	高级工
项目模块	一次及辅助设备日常维护、检修—消防系统、空调系统及辅助设施的日常维护、检修			编号		Jc1006352036
单位		准考证号			姓名	
考试时限	60 分钟	题型		多项操作	题分	100 分
成绩		考评员		考评组长	日期	
试题正文	阀厅空调循环泵电动机绝缘检查					
需要说明的问题和要求	（1）要求单人操作。 （2）操作应注意安全，按照标准化作业书的技术安全说明做好安全措施。 （3）操作记录填入操作记录。试验或检修结果填入修试记录					

序号	项目名称	质量要求	满分	扣分标准	扣分原因	得分
1	工具使用及安全措施					
1.1	各种工器具正确使用	熟练正确使用各种工器具	5	未正确使用，一次扣1分，扣完为止		
1.2	相关安全措施的准备	（1）确认空调机组停运。 （2）检修设备交、直流电源已断开。 （3）进入作业现场正确佩戴安全帽，现场作业人员应穿全棉长袖工作服、绝缘鞋	10	未确认空调机组停运扣2分； 未断开检修设备交、直流电源扣2分； 安全帽佩戴不规范扣2分； 未穿全棉长袖工作服扣2分； 未穿绝缘鞋扣2分		
2	阀厅空调机组送风机电动机绝缘检查					
2.1	阀厅空调循环泵检修	（1）检查空调循环泵电动机电源空气开关断开。 （2）正确使用绝缘电阻表，红色表笔接电动机电源端子排，黑色表笔接地。 （3）设置绝缘电阻表加压电压为1000V。 （4）按住TEST键进行加压，加压过程中严禁接线开路，同时身体不得触碰电动机。 （5）检查绝缘电阻表测量绝缘电阻大于1MΩ。 （6）拆除接线并对地进行放电	60	未断开电源空气开关扣20分； 未正确使用绝缘电阻表扣20分； 未完成试验扣20分		
3	现场恢复	恢复现场	5	未进行现场恢复扣5分		
4	填写报告					
4.1	修试记录	填写修试记录，包括检修内容及检修结果	20	每少填写一项扣4分，扣完为止		
	合计		100			

Jc1006352037　水消防管网检修。（100分）

考核知识点：水消防管网检修

难易度：中

技能等级评价专业技能考核操作工作任务书

一、任务名称

水消防管网检修。

二、适用工种

换流站直流设备检修工（一次）高级工。

三、具体任务

（1）工作状态为消防系统检修状态。工作内容为水消防管网检修。

（2）工作任务：水消防管网检修。

四、工作规范及要求

（1）工器具使用及安全措施。

（2）按要求进行水消防管网检修。

五、考核及时间要求

（1）本考核操作时间为 60 分钟，时间到停止考评。

（2）按照技能操作记录单的操作要求进行操作，并填写检修记录。

技能等级评价专业技能考核操作评分标准

工种	换流站直流设备检修工（一次）			评价等级	高级工
项目模块	一次及辅助设备日常维护、检修—消防系统、空调系统及辅助设施日常维护、检修		编号		Jc1006352037
单位		准考证号		姓名	
考试时限	60 分钟	题型	多项操作	题分	100 分
成绩		考评员	考评组长	日期	
试题正文	水消防管网检修				
需要说明的问题和要求	（1）要求单人操作。 （2）操作应注意安全，按照标准化作业书的技术安全说明做好安全措施。 （3）操作记录填入操作记录。试验或检修结果填入修试记录				

序号	项目名称	质量要求	满分	扣分标准	扣分原因	得分
1	工具使用及安全措施					
1.1	各种工器具正确使用	熟练正确使用各种工器具	5	未正确使用，一次扣1分，扣完为止		
1.2	相关安全措施的准备	（1）做好和跳闸回路的隔离工作，防止误跳运行设备。 （2）明确检修、技改项目，准备必要的仪器、仪表、材料及工器具。 （3）进入作业现场正确佩戴安全帽，现场作业人员应穿全棉长袖工作服、绝缘鞋	10	未做好和跳闸回路的隔离工作扣2分； 未准备必要的仪器、仪表、材料及工器具扣2分； 安全帽佩戴不规范扣2分； 未穿全棉长袖工作服扣2分； 未穿绝缘鞋扣2分		
2	水消防管网检修	（1）检查消火栓管网的减压阀及其过滤器是否正常，清洗过滤器。 （2）检查阀门开关是否灵活、有效，阀门关闭不严或不能灵活使用的应及时修理，对阀门发现有缺陷的，及时修复，无法修复的予以更换。定期对阀门转动部位和螺栓加黄油润滑。 （3）检查止回阀启闭是否灵活、有效。 （4）定期对消火栓系统管网进行全面检查，对腐蚀严重的管道予与更换，对油漆脱落的管道及时除锈刷防锈漆和标志漆	60	未检查减压阀及过滤器扣20分； 未检查阀门开关是否灵活扣20分； 未检查管网是否脱漆扣20分		
3	现场恢复	恢复现场	5	未进行现场恢复扣5分		
4	填写报告					
4.1	修试记录	填写修试记录，包括检修内容及检修结果	20	每少填写一项扣4分，扣完为止		
	合计		100			

Jc1006353038　阀厅空调螺杆机组检修。（100分）

考核知识点：阀厅空调螺杆机组检修
难易度：难

技能等级评价专业技能考核操作工作任务书

一、任务名称

阀厅空调螺杆机组检修。

二、适用工种

换流站直流设备检修工（一次）高级工。

三、具体任务

（1）工作状态为阀厅空调系统检修状态。工作内容为阀厅空调系统检修。

（2）工作任务：阀厅空调螺杆机组检修。

四、工作规范及要求

（1）工器具使用及安全措施。

（2）按要求进行阀厅空调螺杆机组检修。

五、考核及时间要求

（1）本考核操作时间为60分钟，时间到停止考评。

（2）按照技能操作记录单的操作要求进行操作，并填写检修记录。

技能等级评价专业技能考核操作评分标准

工种	换流站直流设备检修工（一次）			评价等级	高级工
项目模块	一次及辅助设备日常维护、检修—消防系统、空调系统及辅助设施的日常维护、检修		编号		Jc1006353038
单位		准考证号		姓名	
考试时限	60分钟	题型	多项操作	题分	100分
成绩		考评员	考评组长	日期	
试题正文	阀厅空调螺杆机组检修				
需要说明的问题和要求	（1）要求单人操作。 （2）操作应注意安全，按照标准化作业书的技术安全说明做好安全措施。 （3）操作记录填入操作记录。试验或检修结果填入修试记录				

序号	项目名称	质量要求	满分	扣分标准	扣分原因	得分
1	工具使用及安全措施					
1.1	各种工器具正确使用	熟练正确使用各种工器具	5	未正确使用，一次扣1分，扣完为止		
1.2	相关安全措施的准备	（1）确认空调机组停运。 （2）检修设备交、直流电源已断开。 （3）进入作业现场正确佩戴安全帽，现场作业人员应穿全棉长袖工作服、绝缘鞋	10	未确认空调机组停运扣2分； 未断开检修设备交、直流电源扣2分； 安全帽佩戴不规范扣2分； 未穿全棉长袖工作服扣2分； 未穿绝缘鞋扣2分		
2	阀厅空调螺杆机组检修	（1）检查压缩机制冷剂液位在正常范围。 （2）检查和测试所有运行控制和安全控制功能正常。	60	未开展压缩机油位检查扣15分； 未检查启动后运行参数扣15分		

续表

序号	项目名称	质量要求	满分	扣分标准	扣分原因	得分
2	阀厅空调螺杆机组检修	（3）正常启动螺杆机组，检查水系统循环水泵、水流开关、各阀门等运行正常，机组运行参数符合正常运行工况要求，必要时进行机组检修。 （4）用绝缘电阻表测量和记录机组电动机绕阻的绝缘电阻（正常1MΩ以上）。 （5）对电动机加注润滑油至标定的范围。 （6）检查电动机驱动装置的定位状态、联轴器状态及密封正常	60	未开展压缩机油位检查扣15分；未检查启动后运行参数扣15分		
3	现场恢复	恢复现场	5	未进行现场恢复扣5分		
4	填写报告					
4.1	修试记录	填写修试记录，包括检修内容及检修结果	20	每少填写一项扣4分，扣完为止		
	合计		100			

Jc1006352039　阀厅空调组合式空气处理机组检修。（100分）

考核知识点： 阀厅空调组合式空气处理机组检修

难易度： 中

技能等级评价专业技能考核操作工作任务书

一、任务名称

阀厅空调组合式空气处理机组检修。

二、适用工种

换流站直流设备检修工（一次）高级工。

三、具体任务

（1）工作状态为阀厅空调系统检修状态。工作内容为阀厅空调系统检修。

（2）工作任务：组合式空气处理机组检修。

四、工作规范及要求

（1）工器具使用及安全措施。

（2）按要求进行阀厅空调组合式空气处理机组检修。

五、考核及时间要求

（1）本考核操作时间为60分钟，时间到停止考评。

（2）按照技能操作记录单的操作要求进行操作，并填写检修记录。

技能等级评价专业技能考核操作评分标准

工种	换流站直流设备检修工（一次）			评价等级	高级工	
项目模块	一次及辅助设备日常维护、检修—消防系统、空调系统及辅助设施的日常维护、检修			编号	Jc1006352039	
单位			准考证号		姓名	
考试时限	60分钟	题型		多项操作	题分	100分
成绩		考评员		考评组长	日期	
试题正文	阀厅空调组合式空气处理机组检修					

续表

需要说明的问题和要求	（1）要求单人操作。 （2）操作应注意安全，按照标准化作业书的技术安全说明做好安全措施。 （3）操作记录填入操作记录。试验或检修结果填入修试记录					

序号	项目名称	质量要求	满分	扣分标准	扣分原因	得分
1	工具使用及安全措施					
1.1	各种工器具正确使用	熟练正确使用各种工器具	5	未正确使用，一次扣1分，扣完为止		
1.2	相关安全措施的准备	（1）确认空调机组停运。 （2）检修设备交、直流电源已断开。 （3）进入作业现场正确佩戴安全帽，现场作业人员应穿全棉长袖工作服、绝缘鞋	10	未确认空调机组停运扣2分； 未断开检修设备交、直流电源扣2分； 安全帽佩戴不规范扣2分； 未穿全棉长袖工作服扣2分； 未穿绝缘鞋扣2分		
2	阀厅空调组合式空气处理机组检修	（1）风机皮带和轴承检查，风机运行正常，无异常噪声和振动。 （2）检查各类传感器正常。 （3）调整安全控制装置，更换损坏的部件。 （4）检查组合空调柜密闭性良好。 （5）检查各个风阀执行器运转良好无损。 （6）清洗水泵过滤网。 （7）拧紧水泵机组所有紧固螺栓	60	未检查风机皮带、轴承扣20分； 未检查传感器是否正常扣20分； 未检查风阀执行器是否正常扣20分		
3	现场恢复	恢复现场	5	未进行现场恢复扣5分		
4	填写报告					
4.1	修试记录	填写修试记录，包括检修内容及检修结果	20	每少填写一项扣4分，扣完为止		
	合计		100			

Jc1006353040　阀厅空调控制系统检修。（100分）

考核知识点：阀厅空调控制系统检修

难易度：难

技能等级评价专业技能考核操作工作任务书

一、任务名称

阀厅空调控制系统检修。

二、适用工种

换流站直流设备检修工（一次）高级工。

三、具体任务

（1）工作状态为阀厅空调系统检修状态。工作内容为阀厅空调系统检修。

（2）工作任务：阀厅空调控制系统检修。

四、工作规范及要求

（1）工器具使用及安全措施。

（2）按要求进行阀厅空调控制系统检修。

五、考核及时间要求

（1）本考核操作时间为60分钟，时间到停止考评。

（2）按照技能操作记录单的操作要求进行操作，并填写检修记录。

技能等级评价专业技能考核操作评分标准

工种	换流站直流设备检修工（一次）				评价等级	高级工	
项目模块	一次及辅助设备日常维护、检修—消防系统、空调系统及辅助设施的日常维护、检修			编号		Jc1006353040	
单位			准考证号			姓名	
考试时限	60分钟	题型		多项操作		题分	100分
成绩		考评员		考评组长		日期	
试题正文	阀厅空调控制系统检修						
需要说明的问题和要求	（1）要求单人操作。 （2）操作应注意安全，按照标准化作业书的技术安全说明做好安全措施。 （3）操作记录填入操作记录。试验或检修结果填入修试记录						

序号	项目名称	质量要求	满分	扣分标准	扣分原因	得分
1	工具使用及安全措施					
1.1	各种工器具正确使用	熟练正确使用各种工器具	5	未正确使用，一次扣1分，扣完为止		
1.2	相关安全措施的准备	（1）确认空调机组停运。 （2）检修设备交、直流电源已断开。 （3）进入作业现场正确佩戴安全帽，现场作业人员应穿全棉长袖工作服、绝缘鞋	10	未确认空调机组停运扣2分； 未断开检修设备交、直流电源扣2分； 安全帽佩戴不规范扣2分； 未穿全棉长袖工作服扣2分； 未穿绝缘鞋扣2分		
2	阀厅空调控制系统检修	（1）检测器件检修： 1）对于读数模糊不清的温度计、压力表应拆换。 2）检查装检测器的部位是否渗漏，如渗漏则应更换密封胶垫。 （2）检查、紧固所有接线头，对于烧蚀严重的接线头应更换。 （3）交流接触器检修： 1）清除灭弧罩内的碳化物和金属颗粒。 2）清除触头表面及四周的污物（但不要修锉触头），如触头烧蚀严重应更换同规格交流接触器。 （4）热继电器检修： 1）检查热继电器的导线接头处有无过热或烧伤痕迹，如有则应整修处理，处理后达不到要求的应更换。 2）检查热继电器上的绝缘盖板是否完整，如损坏则应更换。 （5）信号灯、指示仪表检修： 1）检查各信号灯是否正常，如不亮则应更换同规格的小灯泡。 2）检查各指示仪表指示是否正确，如偏差较大则应作适当调整，调整后偏差仍较大应更换。 （6）中间继电器、信号继电器检修：对中间继电器、信号继电器做模拟实验，检查二者的动作是否可靠，输出的信号是否正常，否则应更换同型号的中间继电器、信号继电器。 （7）检查电气控制回路接线，无任何二次线松脱及过热收紧接头	60	按照步骤开展，每少一步扣9分，扣完为止		
3	现场恢复	恢复现场	5	未进行现场恢复扣5分		
4	填写报告					
4.1	修试记录	填写修试记录，包括检修内容及检修结果	20	每少填写一项扣4分，扣完为止		
	合计		100			

Jc1006352041　阀厅空调机组送风机电动机绝缘检查。（100分）

考核知识点：阀厅空调机组送风机电动机绝缘检查

难易度：中

技能等级评价专业技能考核操作工作任务书

一、任务名称
阀厅空调机组送风机电动机绝缘检查。

二、适用工种
换流站直流设备检修工（一次）高级工。

三、具体任务
（1）工作状态为阀厅空调系统检修状态，工作内容为阀厅空调系统检修。
（2）工作任务：阀厅空调机组送风机电动机绝缘检查。

四、工作规范及要求
（1）工器具使用及安全措施。
（2）按要求进行阀厅空调机组送风机电动机绝缘检查。

五、考核及时间要求
（1）本考核操作时间为60分钟，时间到停止考评。
（2）按照技能操作记录单的操作要求进行操作，并填写检修记录。

技能等级评价专业技能考核操作评分标准

工种	换流站直流设备检修工（一次）		评价等级	高级工
项目模块	一次及辅助设备日常维护、检修—消防系统、空调系统及辅助设施的日常维护、检修	编号	Jc1006352041	
单位		准考证号	姓名	
考试时限	60分钟	题型	多项操作	题分	100分
成绩		考评员	考评组长	日期	
试题正文	阀厅空调机组送风机电动机绝缘检查			
需要说明的问题和要求	（1）要求单人操作。 （2）操作应注意安全，按照标准化作业书的技术安全说明做好安全措施。 （3）操作记录填入操作记录。试验或检修结果填入修试记录			

序号	项目名称	质量要求	满分	扣分标准	扣分原因	得分
1	工具使用及安全措施					
1.1	各种工器具正确使用	熟练正确使用各种工器具	5	未正确使用，一次扣1分，扣完为止		
1.2	相关安全措施的准备	（1）确认空调机组停运。 （2）检修设备交、直流电源已断开。 （3）进入作业现场正确佩戴安全帽，现场作业人员应穿全棉长袖工作服、绝缘鞋	10	未确认空调机组停运扣2分； 未断开检修设备交、直流电源扣2分； 安全帽佩戴不规范扣2分； 未穿全棉长袖工作服扣2分； 未穿绝缘鞋扣2分		
2	阀厅空调机组送风机电动机绝缘检查	（1）检查空调送风机电动机电源空气开关断开。 （2）正确使用绝缘电阻表，红色表笔接电动机电源端子排，黑色表笔接地。 （3）设置绝缘电阻表加压电压为1000V。 （4）按住TEST键进行加压，加压过程中严禁接线开路，同时身体不得触碰电动机。 （5）检查绝缘电阻表测量绝缘电阻大于1MΩ。 （6）拆除接线并对地进行放电	60	未断开电源空气开关扣20分； 未正确使用绝缘电阻表扣20分； 未完成试验扣20分		
3	现场恢复	恢复现场	5	未进行现场恢复扣5分		
4	填写报告					
4.1	修试记录	填写修试记录，包括检修内容及检修结果	20	每少填写一项扣4分，扣完为止		
	合计		100			

第四部分
技　师

第七章　换流站直流设备检修工（一次）技师技能笔答

Jb1002223001　2017年1月8日，XX站交流滤波器5643断路器切除时波形如图Jb1002223001所示，请依据图中波形分析：① 交流滤波器5643断路器发生了什么故障？② 哪相发生的故障？③ 故障持续了多长时间？交流滤波器断路器发生上述故障，可能会导致什么后果？（5分）

X:\...\COMM JPS_S2–AFP4A–Z4_Z3_A 20170108 22_12_12_006000.CFG
File: COMM JPS_S2–AFP4A–Z4_Z3_A 20170108 22_12_12_006000.CFG

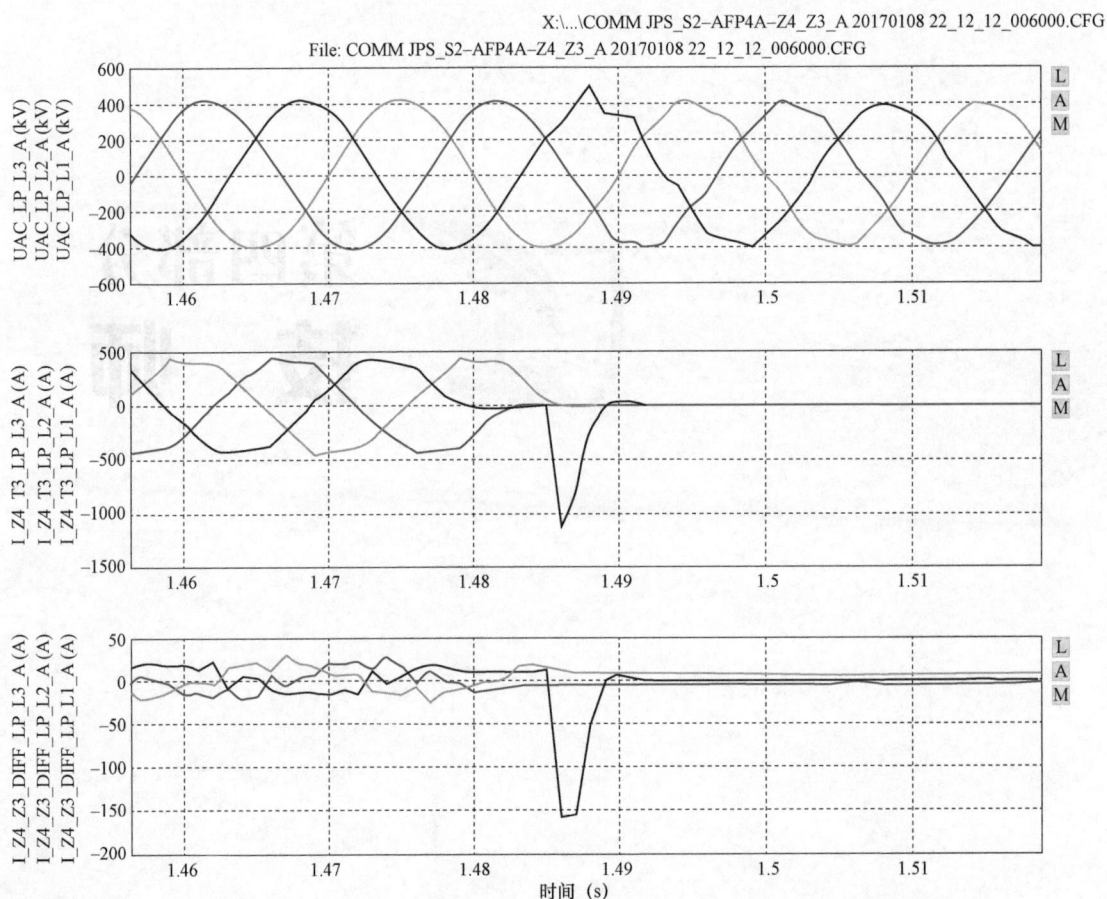

图 Jb1002223001

考核知识点：交流滤波器断路器重燃

难易度：难

标准答案：

（1）断路器分闸重燃。

（2）A相。

（3）300ms。

（4）① 断路器炸裂；② 断路器位置永久性接地故障，滤波器母线保护动作，切除大组滤波器；

220

③ 若最小滤波器不满足要求，可能引起直流系统降功率。

Jb1002231002　请列举至少五项交、直流滤波器启动验收内容。（5分）

考核知识点： 交、直流滤波器验收

难易度： 易

标准答案：

包括交直流滤波器外观检查，红外测温，紫外成像，交、直流滤波器声音及振动检查，必要时可进行交、直流滤波器谐波测试，交、直流滤波器投切试验。

Jb1002231003　交流滤波器电容器不平衡保护动作后果有哪些？（5分）

考核知识点： 交流滤波器保护

难易度： 易

标准答案：

（1）若电容器不平衡保护Ⅰ段报警，则系统只发出报警。

（2）若电容器不平衡保护Ⅱ段报警，则交流滤波器经过长延时跳闸。

（3）若电容器不平衡保护Ⅲ段报警，则交流滤波器经过短延时跳闸。

Jb1002231004　交流滤波器正常巡回检查项目有哪些？至少写出5条。（5分）

考核知识点： 交流滤波器巡视

难易度： 易

标准答案：

（1）电抗器无异常声音、异味。

（2）电抗器无漏油、生锈和变形。

（3）电抗器无异味，防雨罩完好。

（4）各引线和接头无过热。

（5）滤波器中性点接地良好。

（6）各支持绝缘子牢固、清洁，无放电现象。

Jb1002232005　交流滤波器C1电容不平衡保护动作如何处理？（5分）

考核知识点： 交流滤波器故障处理

难易度： 中

标准答案：

（1）立即汇报调度和有关领导、相关部门。

（2）Ⅰ段时，系统条件许可，可将故障交流滤波器退出运行进行处理。

（3）Ⅱ段时，在备用交流滤波器具备运行条件的情况下，应在 2h 内将故障交流滤波器退出运行进行处理；如无可运行的备用交流滤波器，应采取降低直流输送功率的方式退出故障交流滤波器。

（4）Ⅲ段时，检查备用滤波器投运正常，汇报调度并加强监视。

（5）现场检查滤波器电容器有无明显故障，将退出的滤波器做好安全措施，进行故障处理。

Jb1002232006　怎样防止交、直流滤波器误操作？（5分）

考核知识点： 交、直流滤波器操作

难易度： 中

标准答案：

（1）运行极的一组直流滤波器停运检修时，对该组直流滤波器内与直流极保护相关的电流互感器进行注流试验前，必须充分考虑注入的电流对其他直流保护的影响，并采取一定的安全措施，避免直流极保护误动。

（2）应及时优化调整交流滤波器运行方式，将不同类型的小组滤波器分散投入不同大组下运行，避免投入的不同类型小组交流滤波器都在一个大组下运行时，保护动作跳开大组交流滤波器后，绝对最小滤波器不满足，引起直流单双极闭锁。

（3）交流滤波器手动投切时，应遵守"先投后切"的原则。

Jb1002232007 运行中的交、直流滤波器场内有哪些情况时，应立即向值班调控人员申请停运相应交、直流滤波器？至少写出5条。（5分）

考核知识点： 交、直流滤波器操作

难易度： 中

标准答案：

（1）电容器套管发生破裂或有闪络放电。

（2）电容器明显鼓肚膨胀或严重漏油。

（3）交、直流滤波器场内电气元件及主通流回路接头严重发热，温度达到危急缺陷及以上。

（4）充油式电流互感器严重漏油。

（5）支持绝缘子有破损裂纹且放电。

（6）光电流互感器光纤绝缘子断裂。

（7）电容器不平衡电流异常急剧升高。

（8）其他影响交、直流滤波器正常运行，需将交、直流滤波器停运的情况。

Jb1002232008 《国家电网有限公司防止直流换流站事故措施及释义》防止交、直流滤波器及并联电容器故障中采购制造阶段有哪些要求？至少写出3条。（5分）

考核知识点： 直流滤波器设备制造要点

难易度： 中

标准答案：

（1）交流滤波器断路器制造时应控制润滑脂使用量，提高动静触头对中工艺，加强喷口质量管控，至少开展200次机械操作试验，保证触头充分磨合。机械操作试验完成后应彻底清洁灭弧室，再进行其他出厂试验。

（2）应加强交流滤波器断路器的监造，尤其注意灭弧室喷口及连杆清洁、完好，相间合闸同期性满足技术要求。

（3）交、直流PLC滤波器调谐装置内的电阻器选型应考虑谐波电流造成的电阻发热，正常运行时不应导致电阻过热后损坏。

Jb1002232009 《国家电网有限公司防止直流换流站事故措施及释义》防止交、直流滤波器及并联电容器故障中基建安装阶段有哪些要求？至少写出5条。（5分）

考核知识点： 直流滤波器基建安装要点

难易度： 中

标准答案：

（1）交、直流PLC滤波器电容器与调谐装置的连接线应安装绝缘护套，防止连接线与设备支架直

接接触，造成短路放电。

（2）整组电容器塔安装完成后，应逐个对电容器触头进行紧固，确保触头和连接导线接触完好，避免运行时发热。

（3）交、直流滤波器围栏内地面应进行硬化处理，防止杂草或灌木接触设备导致设备接地放电。

（4）高压电容器安装后采用低压加压方法测量不平衡电流，折算到额定工作电压下的不平衡电流大于 50%不平衡电流报警定值时，应对桥臂电容进行调整，直至不平衡电流满足要求。

（5）交、直流滤波器安装完成后需开展调谐频率试验，实测调谐频率与设计调谐频率的误差应控制在 1%以内。

Jb10022320010 《国家电网有限公司防止直流换流站事故措施及释义》中规定，防止交、直流滤波器及并联电容器故障中运维检修阶段有哪些要求？至少写出 4 条。（5 分）

考核知识点： 直流滤波器运维检修要点

难易度： 中

标准答案：

（1）应合理安排交流滤波器检修方式，防止单一类型滤波器不足、绝对最小滤波器不满足导致直流降功率或双极闭锁。

（2）应加强交、直流滤波器及并联电容器管理，定期对电容器接头进行红外热像检测，发现发热、漏油等情况时及时申请停运处理。

（3）定期监视交、直流滤波器电容器不平衡电流变化趋势，发现不平衡电流逐渐增大接近跳闸值时及时申请停运进行检查处理。

（4）对发生过喷口绝缘击穿或压气缸外表磨损严重等故障的交流滤波器开关，应分析故障原因并适度缩短检修周期。

Jb1003231011 在防止内冷水主泵故障中，运维单位加强内冷水主泵运行管理的重点要求有哪些？（5 分）

考核知识点： 阀内冷主泵运行要点

难易度： 易

标准答案：

（1）每年校准主泵与电机同心度，避免长期震动造成主泵轴承损坏，导致内冷水系统泄漏保护动作。

（2）每年至少进行一次内冷水主循环泵切换试验，模拟运行时的各种工况，检验主泵切换是否正常，验证定值配置是否恰当。

Jb1003232012 《国家电网有限公司防止直流换流站事故措施及释义》中规定，阀内冷控制保护二次回路对于通过硬接点方式送往极控的水冷跳闸指令，其跳闸出口回路有何要求？（5 分）

考核知识点： 阀内冷跳闸逻辑

难易度： 中

标准答案：

跳闸出口回路应采用双继电器双节点串联出口方式，以防止误动及拒动；采用双继电器双接点串联出口方式的跳闸回路，每个跳闸接点都应具有动作监视回路并上送后台，避免一个接点闭合后，运维人员无法及时发现。

Jb1003231013　阀内水冷系统主循环泵解体检修时应注意什么？（5分）

考核知识点： 阀内冷系统检修细则

难易度： 易

标准答案：

（1）泵与管路连接后，应重新检查、校正联轴器。

（2）机械密封安装前须清洁，轴套表面须清洁和光滑，棱边须修去毛刺。

（3）对装有双端面机械密封的泵，其密封腔应进行排气。

Jb1003232014　变频器更换的安全注意事项有哪些？（5分）

考核知识点： 阀内冷系统检修细则

难易度： 中

标准答案：

（1）检修过程中拆接回路线，要有书面记录，恢复接线正确，严禁私自改动回路接线。

（2）现场使用的工具，应是带有绝缘手柄的工具，防止造成短路和接地。

（3）检修过程中，严禁自行拆除或变动二次设备盘柜、装置的接地线。

（4）工作开始前，需断开变频器电源开关，并将所有风扇电源开关、安全开关断开。

Jb1003232015　简述阀内冷系统主过滤器更换的流程及关键点。至少写出5条。（5分）

考核知识点： 阀冷系统更换要点

难易度： 中

标准答案：

（1）关阀门、排水。

（2）检查密封垫圈无破损，否则更换。

（3）回装过滤器，注意安装方向，过滤器和法兰间的垫圈应居中。

（4）紧固过滤器两侧法兰，应使法兰密封面与垫片均匀压紧，必须均匀对称地紧固连接螺栓，避免用力不均。

（5）对过滤器进行注水排气，该过程应缓慢，有水后关闭排气阀，然后再次打开，直到水流平稳、无气泡溢出后方可判断过滤器内气泡已排尽。

（6）安装后应检查无渗漏。

Jb1003232016　简述阀冷系统去离子树脂更换的关键点。至少写出5条。（5分）

考核知识点： 阀冷系统更换要点

难易度： 中

标准答案：

（1）关闭需更换树脂的去离子罐两侧阀门，将其与内冷水系统隔离。

（2）将相关手动阀打至树脂排放状态。

（3）应使用合格的去离子水清洗去离子罐。

（4）去离子罐上部端盖复位安装时，用力矩扳手双人对角紧固。

（5）更换后应对去离子罐进行排气。

（6）更换树脂后检查去离子罐密封情况，应无渗水现象。

Jb1003232017 阀冷系统电加热器更换的关键点有哪些？至少写出 5 条。（5 分）

考核知识点： 阀冷系统更换要点

难易度： 中

标准答案：

（1）电源接线端子拆开前应做好标记。

（2）应用扳手对角线拆下电加热器接线盒和法兰螺栓。

（3）安装加热器前先把新密封圈套在加热器上。

（4）紧固加热器固定螺栓时，必须均匀对称地紧固连接螺栓，避免用力不均。

（5）电源接线恢复时应紧固，相序正确。

（6）阀门阀位恢复，补充冷却介质，排除气体。

（7）安装后应检查加热器密封部位无渗漏水现象。

（8）加热器更换前应对其备品进行绝缘电阻测试。

Jb1003233018 阀内水冷系统传感器更换的关键点有哪些？至少写出 5 条。（5 分）

考核知识点： 阀冷系统更换要点

难易度： 难

标准答案：

（1）在更换前，应确认备用仪表的相关参数及性能与原设备一致。

（2）拆除与表计相连的所有接线，并与图纸核对，做好标记。

（3）所拆接线必须用绝缘胶布包好。

（4）更换压力、电导率传感器前，应关闭传感器出口阀门。

（5）更换流量、温度传感器前，应将所属管道两端阀门关闭，将管道内介质排空。

（6）应同时更换传感器密封圈。

（7）紧固接头及螺栓时，应按力矩标准进行紧固，并重新做好标记。

（8）压力传感器更换后应进行零位置调整。

（9）更换完成后应对传感器接头进行紧固，应无松动、无渗漏，必要时采取防松动措施。

（10）压力、电导率传感器更换后，应将传感器出口阀门打开。

（11）流量、温度传感器更换后，应将所属管道两端阀门缓慢打开，并进行排气。

（12）更换完成后应对传感器进行通电测试，检查传感器在不同控制保护系统中的参数和现场指示一致。

Jb1003231019 阀外风冷系统电动机更换的安全注意事项有哪些？（5 分）

考核知识点： 阀冷系统更换要点

难易度： 易

标准答案：

（1）断开风机电源开关和就地安全开关。

（2）正确使用合格起吊用具，防止设备坠落伤人。

（3）登高作业设专人监护，正确使用合格的安全带及保险绳。

（4）禁止将工具及材料上下投掷，应用绳索拴牢传递，以防打伤下方工作人员或击毁脚手架。

Jb1003232020 阀外风冷系统变频器更换的关键点有哪些？（5 分）

考核知识点： 阀冷系统更换要点

难易度：中

标准答案：

（1）接完线后上电前，应对回路接线进行核对，二次回路电缆绝缘测量大于 1MΩ，接线紧固。

（2）变频器上电后需按照说明书进行参数设置，设置完成后，要进行调试。

（3）通过变频器进行手动启动试验时，检查变频器运行情况是否正常以及外部相关设备的工作情况是否正常，比如冷却塔风扇电动机有无反转、转速是否正常等。

（4）进行远方控制试验时，远方控制信号，如启动、停止、频率调整等信号是否正常，变频器响应是否正确。

Jb1003231021　阀内水冷系统管道、法兰及阀门例行检查的关键点有哪些？（5分）

考核知识点： 阀冷系统检查项目

难易度： 易

标准答案：

（1）管道法兰螺栓应紧固、无渗漏水现象，表面无锈迹。

（2）阀门应密封良好无破损，无渗水现象。

（3）阀门开、合灵活，功能正常。

（4）阀门指示装置和闭锁装置应可靠。

Jb1003232022　阀内水冷系统水冷控制保护屏柜例行检查的安全注意事项有哪些？（5分）

考核知识点： 阀冷系统检查项目

难易度： 中

标准答案：

（1）接触主机内部和板卡的工作必须做好防静电措施（如佩戴防静电护腕、穿防静电鞋等）。

（2）进行绝缘测量时，采取有效的防范措施和组织措施，防止人员触电。

（3）拆接线时应做好记录，工作结束时及时恢复，严禁改动回路接线。

（4）现场使用的工具，应是带有绝缘把柄的工具，防止造成短路和接地。

（5）检修过程中，严禁擅自拆除或变动二次设备盘、装置的接地线。

Jb1003232023　阀外风冷系统精益化评价细则中对阀外风冷控制屏柜的二次回路要求有哪些？（5分）

考核知识点： 阀外风冷系统精益化评价细则

难易度： 中

标准答案：

（1）继电器工作正常，无老化、破损、发热现象。

（2）空气开关工作正常，无老化、破损、发热现象。

（3）端子排无松动、锈蚀、破损现象，运行及备用端子均有编号。

（4）二次电缆接线布置整齐、无松动；电缆绝缘层无变色、老化、损坏现象；电缆接地线完好；电缆号头、走向标示牌无缺失现象。

（5）二次回路电缆绝缘良好。

Jb1003232024　阀外风冷系统精益化评价细则中对阀外风冷控制屏柜的硬件配置有哪些要求？（5分）

考核知识点： 阀外风冷系统精益化评价细则

难易度： 中

标准答案：

（1）PLC（若有）工作电源按双重化冗余配置。

（2）传感器电源按双重化冗余配置。

（3）PLC（若有）按双重化冗余配置。

（4）接口模块（若有）按双重化冗余配置。

（5）I/O 模块按双重化冗余配置。

（6）直流供电回路应使用直流空气开关。

（7）当采用变频器控制和调节冷却风机运行时，应有工频强投回路，当变频器异常时，能通过工频回路继续控制冷却风机运行。

Jb1003232025 阀外风冷系统验收细则中初设审查验收部分，关于阀外风冷加热器的验收标准是什么？（5分）

考核知识点： 阀外风冷系统精益化评价细则

难易度： 中

标准答案：

（1）为避免现场温度极低及阀体停运时的冷却水温度过低，应设置阀外风冷电加热器。

（2）当冷却介质温度低于阀厅露点温度，管路及器件表面有凝露危险时，电加热器应开始工作。

（3）电加热器运行时水冷系统不能停运，必须保持管路内冷却水的流动。

（4）加热器的控制具有先启先停、故障切换的控制功能；加热器投退时应有事件记录。

Jb1003232026 阀外风冷系统精益化评价细则中对阀外风冷风机控制逻辑的要求有哪些？至少写出5条。（5分）

考核知识点： 阀外风冷系统精益化评价细则

难易度： 中

标准答案：

（1）当前无风机投入时，进阀温度大于风机启动值，经延时启动一组风机。

（2）有风机投入时且该风机已在工频运行状态，进阀温度大于定值时，经延时启动下一组风机。

（3）当多组风机投入，在其最低频率运行时，进阀温度仍小于定值，经延时切除一组风机。

（4）只有一组风机投入时，当进阀温度小于定值，且该风机处于最低频率运行，经延时切除该组风机。

（5）阀解锁期间，当进阀温度传感器均故障时，所有风机均工频启动运行。

（6）有故障切换、先起先停功能。

Jb1003232027 阀内水冷系统精益化评价细则要求的技术档案有哪些？至少写出5条。（5分）

考核知识点： 阀冷却系统精益化细则

难易度： 中

标准答案：

（1）工程、技改竣工图纸。

（2）设备说明书（含阀内水冷控制保护软件或跳闸逻辑框图）。

（3）控制保护功能及定值表。

（4）检修试验报告。

（5）阀内水冷系统控制保护配置及定值计算技术报告（由厂家提供）。

（6）阀内水冷主循环泵电源进线开关配置及定值计算技术报告。

（7）阀内水冷变频器/软启动器保护配置及定值计算技术报告。

Jb1003233028 阀内水冷系统精益化评价细则中对主循环泵外观的要求有哪些？至少写出 5 条。（5 分）

考核知识点： 阀冷却系统精益化细则

难易度： 难

标准答案：

（1）无锈蚀、无渗漏。

（2）主循环泵及其电机应固定在一个单独的铸铁或钢座上。

（3）主循环泵与管道连接部分宜采用软连接，防止长期振动导致主循环泵轴承、轴封损坏漏水。

（4）主循环泵都应通过弹性联轴器和电动机相连，联轴器都应有保护装置。

（5）润滑油的油位正常。

（6）运行时无异常声响、无异常振动。

（7）运行时无过热（红外记录）。

（8）主循环泵的轴封应采用机械密封，且应密封完好，并配置轴封漏水检测装置，及时检测轻微漏水，并上送报警信息至监控后台。

Jb1003232029 阀内水冷系统精益化评价细则中对加热器的要求有哪些？至少写出 5 条。（5 分）

考核知识点： 阀冷却系统精益化细则

难易度： 中

标准答案：

（1）主循环泵未运行、冷却水流量超低、进阀温度高等任一条件满足时，禁止启动电加热器。

（2）加热器的控制具有先启先停、故障切换的控制功能。

（3）加热器工作时无异响。

（4）电加热器运行时水冷系统不能停运，必须保持管路内冷却水的流动。

（5）加热器投退时应有事件记录。

（6）电加热器绝缘电阻合格（1000V 绝缘电阻表测量绝缘不小于 1MΩ）。

Jb1003233030 简述阀内冷水加压试验要点。至少写出 5 条。（5 分）

考核知识点： 阀内冷水加压试验

难易度： 难

标准答案：

（1）施加试验压力为 1.2 倍额定静态压力（进阀压力），时间不少于 30min。

（2）加压试验所使用的加压泵、软管、水桶清洗干净，防止二次污染。

（3）加压试验时水桶要盖好，减少内冷水与空气接触，减少溶解氧。

（4）加压时应先打开加压泵进、出水阀门，后启动加压泵。

（5）检查每个阀塔主水回路的密封性，应无渗漏，压力无明显下降。

（6）检查冷却水管路、水接头和各个通水元件，应无渗漏、无明显压降。

（7）检查内水冷系统的压力、流量、温度、电导率等仪表，要求外观无异常，读数合理。

（8）对漏水位置接头进行紧固时，应按要求力矩进行紧固，不宜过紧。

Jb1003233031 阀内水冷系统验收细则中规定，管道及阀门部分竣工（预）验收的验收标准有哪些？至少写出 5 条。（5 分）

考核知识点：阀内水冷系统验收细则

难易度：难

标准答案：

（1）主水回路标识应正确，管道及阀门运行编号标识清晰可识别。

（2）与冷却介质接触的各种材料表面不应发生腐蚀。金属材料应采用不锈钢 AISI304L 及以上等级的耐腐蚀材料，应保证至少 40 年的设计寿命。

（3）管道应在工厂预制，现场组装，管道之间采用法兰连接，不允许现场焊接。法兰处各螺栓应受力均匀、紧固，管道无变形、扭曲。

（4）管道表面及连接处应无裂纹、无锈蚀，表面不得有明显凹陷，焊缝无明显夹渣、疤痕；管道本体表计安装处应密封良好，无渗漏。

（5）阀门位置应正确，无松动，阀内冷系统中的各种阀门均应设置自锁装置，以防止设备运行过程中因振动而导致阀门开度变化。

（6）阀内冷水系统管道自动排气阀宜装设内冷水房或阀厅巡视走道至可到达位置，应避免阀门故障渗水跌落至带电部位，同时便于检修更换。

（7）在寒冷地区，应采取可靠有效的措施（如设置电加热器、添加防冻剂、设置电动三通回路等）以防止室内外设备及管道内的冷却介质在冬季直流系统停运时冻结。

（8）阀内冷系统内外循环设计应结合地区特点，年最低温度高于 0℃的地区，宜取消内循环运行方式。

（9）按照技术规范要求对管道及阀门开展压力试验，试验结果应符合要求。

（10）阀门应具有开合角度定位功能，应可上锁。

Jb1003233032 阀内水冷系统验收细则中竣工（预）验收部分，关于阀冷控制保护二次回路的验收标准是什么？至少写出 5 条。（5 分）

考核知识点：阀内水冷系统验收细则

难易度：难

标准答案：

（1）继电器、空气开关工作正常，无老化、破损、发热现象；端子排应无松动、锈蚀、破损现象，运行及备用端子均有编号。

（2）二次电缆接线应布置整齐、无松动；电缆绝缘层无变色、老化、损坏现象；电缆接地线完好；电缆号头、走向标示牌无缺失现象；二次回路电缆绝缘良好,测量二次回路电缆绝缘电阻不应小于1MΩ（使用 1000V 绝缘电阻表），跳闸、闭锁、控制回路、信号回路二次回路对地绝缘电阻不应小于10MΩ（使用 1000V 绝缘电阻表）。

（3）跳闸输入、输出回路及其电源应按双重化或三重化布置且各自独立。

（4）核查各元件、继电器的参数值设置正确。

（5）同一测点冗余的传感器（流量、温度等）不应接入控制系统输入或输出模块的同一个 I/O 板，应根据冗余数量分别接入各自独立的输入输出模块，避免单一模块故障导致所有传感器采样异常。

（6）对于通过硬接点方式送往极控的水冷跳闸指令，其跳闸出口回路应采用双继电器双节点串联出口方式，以防止误动及拒动；采用双继电器双接点串联出口方式的跳闸回路，每个跳闸接点都应具有动作监视回路并上送后台，避免一个接点闭合后，运维人员无法及时发现。

Jb1003233033 阀冷系统交接验收时针对主循环泵有哪些要求？至少写出 5 条。（5 分）

考核知识点： 阀内水冷系统验收细则

难易度： 难

标准答案：

（1）主循环泵振动应在正常范围；机封漏水检测功能正常。

（2）轴承箱油位在油位线附近。

（3）检查电动机绝缘电阻不应小于 10MΩ（使用 1000V 绝缘电阻表），相间电阻基本相同。

（4）检查机械密封应无渗漏，轴联器无松动、破损。

（5）主循环泵基础预埋铁之间的高度差不应大于 5mm，地脚螺栓、联结螺栓等力矩检查应满足要求。

（6）同心度满足设备说明书、技术要求。

（7）主循环泵电源回路接线端子应紧固。

（8）主循环泵至少运行 24h 后，主循环泵的机封、电动机的轴承、电动机的外壳、电动机的接线柱测温应正常。

Jb1003233034 阀冷系统交接验收时针对主泵电源回路及动力电源柜有哪些要求？（5 分）

考核知识点： 阀内水冷系统验收细则

难易度： 难

标准答案：

（1）电源进线外观无烧蚀，无异味、异声等现象；连接端子无松动，主循环泵运行 24h 后红外测温无异常。

（2）软启动器外观无报警，功能正常；保护定值整定正确；电压、电流测量精度校验正确。

（3）动力电源柜无表面擦痕、腐蚀；电缆表面无烧痕；无异常的气味、声音；连接端子无松动；开关柜外壳、人机接口外壳无损伤；接地良好。

（4）开关柜通风格窗应无异物覆盖，通风良好。

（5）散热风扇功能应正常，滤网无堵塞。

Jb1003232035 阀冷系统竣工验收时针对加热器有哪些要求？（5 分）

考核知识点： 阀内水冷系统验收细则

难易度： 中

标准答案：

（1）主循环泵未运行、冷却水流量超低、进阀温度高等任一条件满足时，禁止自动启动电加热器。

（2）加热器应具有先启先停、故障切换的控制功能；加热器投退时应有事件记录。

（3）电加热器绝缘电阻不应小于 1MΩ（使用 1000V 绝缘电阻表）。

Jb1004231036 换流变压器充电需满足的条件有哪些？（5 分）

考核知识点： 换流变压器检修

难易度： 易

标准答案：

（1）换流变压器进线侧断路器热备用正常。

（2）阀厅接地开关已经拉开。

（3）阀水冷系统正常。

（4）直流系统极中性母线连接正常。

（5）没有从保护发出使换流变压器进线断路器闭锁的命令。

Jb1004231037 换流变压器分接头的角度控制与电压控制相比，有什么优缺点？（5分）

考核知识点：换流变压器分接头控制

难易度：易

标准答案：

角度控制与电压控制相比，其优点是换流器在各种运行工况下都能够保持较高的功率因数，即输送同样的直流功率，换流器吸收的无功功率较少；其缺点是分接头动作次数较频繁，因而检修周期较短，分接头调压范围也要求宽些。

Jb1004231038 换流变压器热油循环的目的有哪些？（5分）

考核知识点：换流变压器检修

难易度：易

标准答案：

（1）浸透绝缘纸。

（2）带出溶解于油及本体死角的气泡。

（3）换流变压器器身干燥。

Jb1004231039 换流变压器热油循环的时间及温度有何要求？（5分）

考核知识点：换流变压器检修

难易度：易

标准答案：

时间要求：滤油机出口油温达到规定温度后，热油循环时间应符合产品技术规定且不应少于72h；热油循环要求通过滤油机的油量不少于换流变压器总油量的3倍。

温度要求：循环过程中，滤油机加热脱水缸中的温度，应控制在65℃±5℃范围内，油箱内温度不应低于40℃，当环境温度全天平均低于15℃时，应对油箱采取保温措施。

Jb1004231040 造成换流变压器直流偏磁的原因有哪些？（5分）

考核知识点：换流变压器原理

难易度：易

标准答案：

（1）交、直流线路的耦合。

（2）换流阀触发角的不平衡。

（3）接地极电位的升高。

（4）换流变压器网侧存在正序二次谐波。

（5）在稳态运行时由并行的交流线路感应到直流线路上的基频电流。

（6）单极大地回线方式运行时换流站中性点电位升高。

Jb1004231041 换流变压器冷却器故障如何处理？（5分）

考核知识点：换流变压器检修

难易度：易

标准答案：

（1）检查备用冷却器是否自动投入运行。

（2）检查冷却器故障原因，是否由电源故障引起。

（3）若是电源故障引起，检查电源故障原因，尽快恢复电源。

（4）若电源正常，检查冷却器控制回路是否正常。

（5）检查油流指示器指示情况及风扇运行情况。

（6）如油流指示不正常，或风扇故障，则停运该组冷却器转检修处理。

Jb1004233042　换流变压器压力继电器更换关键质量标准有哪些？（5分）

考核知识点： 换流变压器检修

难易度： 难

标准答案：

（1）用合格油冲洗，检查应无损伤、无油污。

（2）手动试验微动开关，其动作和返回信号传动正确。

（3）按照原位安装，依次对角拧紧安装法兰螺栓，密封垫位置准确，压缩量为1/3（胶棒压缩1/2）。

（4）打开排气塞排气，至冒油再拧紧排气塞。

（5）连接二次电缆应无损伤、封堵完好，用1000V绝缘电阻表对二次回路进行绝缘电阻试验。

Jb1004232043　换流变压器温度计检修时例行检查项目有哪些？（5分）

考核知识点： 换流变压器检修

难易度： 中

标准答案：

（1）温度计外观应完整，表盘密封良好，无潮气、凝露。

（2）防雨罩无松动、脱落现象，本体及二次电缆进线50mm应被遮蔽，45°向下雨水不能直淋。

（3）温度计引出线固定良好，绕线盘半径不小于50mm。

（4）比较压力式温度计和电阻（远传）温度计的指示，差值应在±5℃之内，历史最高温度指示正确。

（5）温度计接点整定值正确，二次回路传动正确。

（6）二次回路的绝缘电阻不小于1MΩ，绝缘电阻测量电压为1000V。

Jb1004233044　换流变压器气体继电器检修时例行检查项目有哪些？（5分）

考核知识点： 换流变压器检修

难易度： 难

标准答案：

（1）气体继电器、邻近阀门及连接管道密封良好、无渗漏。

（2）防雨罩完好，固定螺栓无松动脱落。

（3）集气盒无渗漏。

（4）轻、重气体动作可靠，回路传动正确无误。

（5）视窗内应无气体。

（6）二次回路的绝缘电阻不小于1MΩ，测量电压为1000V。

（7）检查二次电缆保护管无锈蚀、破损，无雨水倒灌的可能。

Jb1004231045　换流变压器分接开关挡位切换原理是什么？（5分）

考核知识点： 换流变压器分接开关原理

难易度： 易

标准答案：

当分接开关接收到控制系统下发的挡位切换命令时，首先选择开关进行挡位选择，此过程无电弧产生。切换开关在进行单双数触头切换时，利用主辅触头进行灭弧，并在其间接入过渡电阻以限制短路电流。

Jb1004233046　换流变压器阀侧套管检修时例行检查项目有哪些？（5分）

考核知识点： 换流变压器检修

难易度： 难

标准答案：

（1）绝缘件表面应无放电、裂纹、破损、渗漏、脏污等现象，法兰无锈蚀。

（2）套管本体及与箱体连接密封、固定良好。

（3）SF_6气体表计指示正常，符合产品技术规定，必要时进行检漏和气体成分分析。

（4）套管 SF_6 密度继电器动作值符合产品技术规定，温度补偿功能的 SF_6 密度继电器应校验合格。

（5）末屏接地良好，套管导电连接部位应无松动。

（6）套管接线端子等连接部位表面应无氧化或过热现象。

Jb1004231047　换流变压器气体继电器专业巡视内容包括哪些？（5分）

考核知识点： 换流变压器检修

难易度： 易

标准答案：

（1）气体继电器、邻近阀门及连接管道密封良好、无渗漏。

（2）防雨罩完好，固定螺栓无松动脱落。

（3）集气盒无渗漏。

（4）视窗内应无气体。

（5）检查二次电缆保护管无锈蚀、破损，无雨水倒灌的可能。

Jb1004232048　换流变压器呼吸器检修关键质量标准有哪些？（5分）

考核知识点： 换流变压器检修

难易度： 中

标准答案：

（1）吸湿剂宜采用无钴变色硅胶，应经干燥。

（2）吸湿剂的潮解变色不应超过 2/3，更换硅胶应保留 1/6 到 1/5 高度的空隙。

（3）更换密封垫，密封垫压缩量为 1/3（胶棒压缩 1/2）。

（4）油杯注入干净变压器油，加油至正常油位线，油面应高于呼吸管口。

（5）新装呼吸器，应将内口密封垫拆除，并检查呼吸器呼吸是否畅通。

Jb1004233049　换流变压器进行排油工作时安全注意事项有哪些？（5分）

考核知识点： 换流变压器检修

难易度： 难

标准答案：

（1）合理安排油罐、油桶、管路、滤油机、油泵等工器具的放置位置，并与带电设备保持足够的安全距离。

（2）注意在起吊油罐作业过程中要做好相关安全措施。

（3）换流变压器不停电排油时，应申请停用重瓦斯保护。

Jb1004233050　换流变压器本体气体继电器工作原理是什么？（5分）

考核知识点： 换流变压器原理

难易度： 难

标准答案：

当换流变压器内部发生故障产生少量气体时，气体会在本体气体继电器内聚集，当气体聚集达到报警值时，对应的报警信号接点动作；当换流变压器内部故障进一步扩大，产生大量气体或产生油流涌动，达到本体气体继电器气体或油流跳闸值时，对应的跳闸信号接点动作，切断电源，保护换流变压器。

Jb1004232051　直流穿墙套管 SF_6 密度继电器更换的安全注意事项有哪些？（5分）

考核知识点： 直流穿墙套管检修

难易度： 中

标准答案：

（1）工作前确认 SF_6 密度继电器与本体之间的阀门已关闭或本体 SF_6 已全部回收，工作人员位于上风侧，做好防护措施。

（2）工作前断开 SF_6 密度继电器相关电源并确认无电压。

Jb1004233052　直流穿墙套管的专业巡视有哪些？（5分）

考核知识点： 直流穿墙套管检修

难易度： 难

标准答案：

（1）外绝缘无破损或裂纹，无异物附着，无放电现象。

（2）防污闪辅助伞裙无脱胶、破裂。

（3）套管法兰无锈蚀。

（4）均压环无变形、松动或脱落。

（5）高压引线连接正常，设备线夹无裂纹、无过热。

（6）金属安装板可靠接地，不形成闭合磁路，四周无雨水渗漏。

（7）末屏、法兰及不用的电压抽取端子可靠接地。

（8）穿墙套管气体表计指示正常，无泄漏。

（9）套管四周应无危及其安全运行的异常情况。

Jb1004233053　直流穿墙套管绝缘电阻测量的标准是什么？（5分）

考核知识点： 直流穿墙套管检测

难易度： 难

标准答案：

主绝缘的绝缘电阻不小于出厂值的70%；末屏对地不小于1000MΩ；当电容型套管末屏对地绝缘

电阻小于 1000MΩ 时，应测量末屏对地介质损耗，其值不大于 0.02。

Jb1004232054　直流穿墙套管整体更换的安全注意事项有哪些？（5 分）

考核知识点： 直流穿墙套管检修

难易度： 中

标准答案：

（1）在施工过程中，与带电部位保持足够的安全距离。

（2）吊装应按照厂家规定程序进行，选用合适的吊装设备和正确的吊点，设置缆风绳控制方向，并设专人指挥。

（3）拆除 SF_6 气体绝缘穿墙套管前，应先回收 SF_6 气体。

Jb1004232055　换流变压器的例行试验项目有哪些？至少写出 6 条。（5 分）

考核知识点： 换流变压器检修

难易度： 中

标准答案：

红外热像检测、油中溶解气体分析、绕组电阻、绝缘油例行试验、套管试验、铁芯绝缘电阻、绕组绝缘电阻、绕组绝缘介质损耗因数、有载分接开关检查、测温装置检查、气体继电器检查。

Jb1004232056　干式平波电抗器支架及接地检修的关键质量标准有哪些？（5 分）

考核知识点： 干式平波电抗器检修

难易度： 中

标准答案：

（1）对支柱绝缘子进行清扫。

（2）喷涂 RTV 的支柱绝缘子憎水性能检测合格，对破损或失效的涂层进行喷涂。

（3）接地导通试验良好。

（4）必要时对瓷绝缘子探伤检查。

Jb1004232057　干式平波电抗器并联避雷器检修的关键质量标准有哪些？（5 分）

考核知识点： 干式平波电抗器检修

难易度： 中

标准答案：

（1）对避雷器表面进行清扫，螺栓无锈蚀。

（2）对引线紧固螺栓、底座固定螺栓复紧，符合力矩要求。

（3）外绝缘表面憎水性能良好。

（4）外绝缘表面无破损，无放电痕迹。

Jb1005231058　直流分压器竣工验收时，对于气体密度继电器或压力表（充气式）有什么要求？（5 分）

考核知识点： 直流分压器

难易度： 易

标准答案：

（1）压力正常，无泄漏，标识明显、清晰。

（2）校验合格，报警值（接点）正常。

（3）应设有防雨罩。

Jb1005231059 直流分压器检修细则中直流分压器各级检修分别包括哪些项目？（5分）

考核知识点：直流分压器

难易度：易

标准答案：

（1）A类检修包含整体更换、解体检修。

（2）B类检修包含部件的解体检查、维修及更换。

（3）C类检修包含整体检查、维护和试验。

（4）D类检修包含专业巡视、二次元器件更换、SF_6气体补充、密度继电器校验及更换、压力表校验及更换、下部金属部件防腐处理、接线盒密封性检查等不停电工作（阀厅内直流分压器除外）。

Jb1005232060 充气式直流分压器整体更换安全注意事项有哪些？（5分）

考核知识点：直流分压器

难易度：中

标准答案：

（1）工作前必须认真检查停用直流分压器的状态，应注意对控制保护系统的影响。

（2）在现场进行直流分压器的检修工作，应做好检修现场各项安全措施。

（3）吊装应按照厂家规定程序进行，选用合适的吊装设备和正确的吊点，设置缆风绳控制方向，并设专人指挥。

（4）高空作业时工器具及物品应采取防跌落措施，禁止上下抛掷物件。

（5）应按规定程序及要求防止气体泄漏，最大限度地减少对大气的污染和对人身的危害。

Jb1005232061 简述直流分压器分压比试验的步骤。（5分）

考核知识点：直流分压器

难易度：中

标准答案：

（1）将被试设备对地放电。

（2）按图进行接线，检查接线无误、调压器在零位后合上隔离开关。

（3）将调压器调到输出一定电压，在 80%～100%额定电压范围内于一次侧加任一电压值，测量二次侧电压，并计算分压比，简单检查可取更低电压。

（4）降压为零并断开电源。

（5）对被试设备及升压设备高压部分放电，短路接地。

Jb1005233062 直流分压器二次回路检修安全注意事项有哪些？至少写出5条。（5分）

考核知识点：直流分压器

难易度：难

标准答案：

（1）户外检修应在晴天、无风沙的气象环境下进行。

（2）工作前确认检修设备安全措施完善。

（3）高空作业时工器具及物品应采取防跌落措施，禁止上下抛掷物件。

（4）将对应的直流保护主机切换至"试验"或"退出"状态，然后关闭主机，并断开电源。

（5）更换过程中应带防静电护腕。

（6）检修设备与运行设备二次回路有效隔离，防止误动。

（7）在进行光纤接头清洁或检查时应确保主机电源断开，防止激光灼伤人眼。

Jb1005231063 《国家电网公司直流换流站检修管理规定》中对光电流互感器主机（合并单元）进行更换的关键工艺质量控制有哪些？（5分）

考核知识点：光电流互感器

难易度：易

标准答案：

（1）拆除光纤和二次接线时应做好标记。

（2）使用专用工具对光纤头进行清洁、打磨，必要时进行更换处理。

（3）结合监控后台光监视功能，对光参数进行检查，应使其满足技术要求。

（4）更换后，将光电流互感器主机上电，光参数全部正常后，可将对应的直流控制保护主机恢复至"运行"状态。

Jb1005231064 对光电流互感器支架及基础进行例行检查时的关键工艺质量控制有哪些？（5分）

考核知识点：光电流互感器

难易度：易

标准答案：

（1）若支架有锈蚀，用钢丝刷除去锈蚀，刷底漆面漆。

（2）若支架出现倾斜变形、开裂或变形，需对支架进行更换。

（3）本体接地扁铁无锈蚀、连接可靠，接地标识脱落、掉漆后应重新涂刷。

（4）若基础出现破损、开裂、沉降，需进行修补或重新浇筑。

Jb1005232065 直流光电流互感器电气验收电流测量精度要求有哪些？（5分）

考核知识点：光电流互感器

难易度：中

标准答案：

（1）对直流电流测量装置加直流电流，在I/O电路板输出口进行测量。校验应包括测量、极控及直流保护用所有传感器和I/O电路板。

（2）在一次侧注入额定电流的10%、20%、50%、80%、100%，读取直流电流标准装置和被校准直流光电流互感器I/O电路板的输出，得到电流比误差，应满足误差限值要求，准确度等级应至少满足0.2级。

Jb1005232066 光电流互感器的运行维护要求有哪些？至少写出5条。（5分）

考核知识点：光电流互感器

难易度：中

标准答案：

（1）电子式直流电流互感器光缆护套外观应整洁、无损伤。

（2）电子式直流电流互感器光缆应尽量保持在拉直状态，弯曲半径应满足相关要求。

（3）电子式直流电流互感器光缆护套不得触碰互感器外壳及均压环，应保持一定距离。

（4）电子式直流电流互感器本体及户外接口盒应密封良好，能够防止雨水或潮气进入。

（5）接线盒内光纤盘绕的弯曲半径应满足相关要求，备用光纤数量满足要求。

（6）合并单元应由两路独立电源供电，正常运行时应保证均在运行状态。

（7）合并单元故障、光接口板故障处理过程中应注意采取防静电措施。

（8）合并单元应整洁，无积尘杂物，无异常报警，应定期更换滤网。

（9）电子式直流电流互感器光通道光功率、光电流等参数应在运行正常范围，无异常变化；若光功率异常增大或者奇偶检验值增加较快，应检查光通道以及相关板卡。

Jb1005233067　光电流互感器电缆回路验收注意事项有哪些？至少写出 5 条。（5 分）

考核知识点：光电流互感器

难易度：难

标准答案：

（1）直流电源及信号引入回路应采用屏蔽阻燃铠装电缆。

（2）电缆绝缘层应无变色、老化和损坏现象。

（3）应按有效图纸施工，接线应正确。

（4）电缆应排列整齐、编号清晰、避免交叉、固定牢固，不应使所接的端子承受机械应力。

（5）电缆芯线和导线的端部均应标明回路编号，编号应正确，字迹应清晰且不易脱色，每个端子排接线不能超过 2 根。

（6）强、弱电，交、直流回路不应使用同一根电缆，线芯应分别成束排列。

（7）备用芯线应引至盘、柜顶部或线槽末端，并应标明备用标识，芯线导体不应外露。

Jb1005231068　零磁通电流互感器竣工（预）验收时，对于电源部分有什么要求？（5 分）

考核知识点：零磁通电流互感器

难易度：易

标准答案：

（1）电源空气开关位置正确，应无老化、破损、发热现象。

（2）多重保护或冗余控制系统各自的电子模块供电完全独立。

（3）由两路独立电源或两路电源经 DC/DC 转换耦合后供电，每路电源应具有监视功能。

（4）两路电源应来自不同低压直流母线。

Jb1005231069　零磁通直流电流互感器二次部分出厂试验有哪些？（5 分）

考核知识点：零磁通电流互感器

难易度：易

标准答案：

表 Jb1005231069

测量精度试验	通过 0.1（标幺值）至最大连续过负荷电流的范围进行一次注流，从高精度测量标计实测精度满足设计要求
电子模块的试验	试验时测量线圈及各补偿绕组均一同接入，试验时应使用与现场实际使用时相同的传输电缆，长度应与现场实际使用时相同或更长

Jb1005232070　零磁通直流电流互感器异常声响处置原则是什么？（5 分）

考核知识点：零磁通电流互感器

难易度：中

标准答案：

（1）检查外绝缘表面是否有放电或电晕，若放电严重，应立即汇报值班调控人员，必要时申请停运处理。

（2）若异常声响较大，检查电流测量是否正常，电子模块是否工作正常，如有危及设备正常运行的情况，应立即汇报值班调控人员，申请停运处理。

（3）若异常声响较轻，不需立即停电处理，应加强监视，按缺陷处理流程上报。

Jb1005232071 零磁通直流电流互感器外绝缘放电处置原则是什么？（5分）

考核知识点： 零磁通电流互感器

难易度： 中

标准答案：

（1）发现外绝缘放电时，应检查外绝缘表面，有无破损、裂纹、严重污秽情况。

（2）外绝缘表面损坏的，危及设备运行安全，应立即汇报值班调控人员申请停运处理。

（3）外绝缘未见明显损坏，使用紫外放电仪监测放电现象，并加强监视；若发现放电现象加剧，危及设备运行安全，应立即汇报值班调控人员，申请停运处理。

Jb1005233072 零磁通直流电流互感器本体及引线接头发热处置原则是什么？（5分）

考核知识点： 零磁通电流互感器

难易度： 难

标准答案：

（1）发现本体或引线接头有过热迹象时，应使用红外热像仪进行检测，确认发热部位和程度。

（2）对零磁通电流互感器进行全面检查，检查有无其他异常情况，查看负荷情况，判断发热原因。

（3）本体热点温度超过55℃，引线接头温度超过90℃，应加强监视，按缺陷处理流程上报。

（4）本体热点温度超过80℃，引线接头温度超过130℃，应加强监视，可采取辅助降温处理，必要时汇报值班调控人员申请停运处理。

（5）零磁通电流互感器瓷套等整体温升增大且上部温度偏高，温差为2~3K时，可判断为内部绝缘降低，应立即汇报值班调控人员申请停运处理。

Jb1005231073 直流避雷器载流金具检修关键工艺质量控制有哪些？（5分）

考核知识点： 直流避雷器

难易度： 易

标准答案：

（1）按力矩要求紧固，导线接触良好，力矩参照GB 50149—2010《电气装置安装工程 母线装置施工及验收规范》，力矩紧固后进行标记。

（2）引线无散股、扭曲、断股现象，线夹无开裂。

（3）连接管型母线表面光滑、无毛刺。

Jb1005231074 直流避雷器检测项目有哪些？（5分）

考核知识点： 直流避雷器

难易度： 易

标准答案：

（1）带电检测：红外热像检测、紫外检测、高频局部放电检测。

（2）停电试验：运行中持续电流检测、直流参考电压及在 0.75 倍参考电压下泄漏电流测量、底座绝缘电阻测量、放电计数器功能检查。

Jb1005232075 直流避雷器外观精益化评价内容有哪些？（5分）

考核知识点： 直流避雷器

难易度： 中

标准答案：

（1）设备铭牌、运行编号标示清晰可识别。

（2）避雷器瓷套无裂纹及放电痕迹，无破损、外观清洁，单个缺釉不大于 $25mm^2$，釉面杂质总面不超过 $100mm^2$（硅橡胶复合绝缘外套的伞裙不应有破损、变形）。

（3）避雷器密封结构金属件和法兰盘应无裂纹。

（4）避雷器均压环与本体连接良好，无伤痕、断裂、歪斜。

Jb1005232076 直流避雷器验收要求有哪些？（5分）

考核知识点： 直流避雷器

难易度： 中

标准答案：

（1）直流避雷器可研初设审查验收需由直流避雷器专业技术人员提前对可研报告、初设资料等文件进行审查，并提出相关意见。

（2）可研初设审查阶段主要对直流避雷器选型涉及的配置要求、技术参数进行审查、验收。

（3）审查时应审核直流避雷器选型是否满足电网运行、设备运维、反措等各项要求。

（4）参与可研初设人员应做好评审记录，报送运检部门。

Jb1005233077 直流避雷器绝缘底座检修关键工艺质量控制有哪些？（5分）

考核知识点： 直流避雷器

难易度： 难

标准答案：

（1）绝缘底座无破损、锈蚀，无明显积污。

（2）根据瓷外套表面积污特点，选择合适的清扫工具和清扫方法对绝缘底座进行清理，尤其是伞棱部位应重点清扫。

（3）绝缘底座采用穿芯套管，应对穿芯套管进行检查和清理，有破损的应进行更换。

（4）绝缘底座法兰黏合处防水密封胶有起层、变色时，应将防水密封胶彻底清理，并重新涂覆防水密封胶。

（5）绝缘底座绝缘电阻不符合标准时，可根据情况进行解体检测，并根据检测结果更换相关部件。

Jb1005231078 交流滤波器投切方式有哪几种？（5分）

考核知识点： 交流滤波器

难易度： 易

标准答案：

（1）无功控制（RPC）自动投切。

（2）无功控制打至"手动"模式，在运行人员工作站上手动投切。

（3）就地工作站手动投切。

（4）在断路器汇控柜内就地操作投切。

Jb1005231079 怎么处理空调风机不转？（5分）

考核知识点： 辅助系统

难易度： 易

标准答案：

（1）应检查是否有异物卡涩，清除异物，恢复风机正常运转。

（2）检查风机电源、控制开关是否正常。

（3）若控制开关损坏，需断开风机电源进行更换。

（4）若电动机本身故障，应更换电动机。

第八章　换流站直流设备检修工（一次）技师技能操作

Jc1001243001　直流 SF_6 断路器弹簧操动机构电动机检修。（100 分）

考核知识点： 直流断路器检修

难易度： 难

技能等级评价专业技能考核操作工作任务书

一、任务名称

直流 SF_6 断路器弹簧操动机构电动机检修。

二、适用工种

换流站直流设备检修工（一次）技师。

三、具体任务

（1）工作状态为模拟直流 SF_6 断路器弹簧操动机构电动机故障。工作内容为直流 SF_6 断路器弹簧操动机构电动机检修。

（2）工作任务：

1）模拟直流 SF_6 断路器弹簧操动机构电动机故障，需要对直流 SF_6 断路器弹簧操动机构电动机进行检修。

2）模拟现场工作，准备安全工器具及材料，实施安全措施（按照直流 SF_6 断路器弹簧操动机构电动机检修完成），完成现场检修任务。

四、工作规范及要求

（1）工器具使用及安全措施。

（2）按要求进行直流 SF_6 断路器弹簧操动机构电动机检修。

（3）检修步骤及安全注意事项。

五、考核及时间要求

（1）本考核操作时间为 60 分钟，时间到停止考评，包括安全工器具准备时间。

（2）检修过程中，如确实不能完成某项目，可向考评员申请帮助，该项目不得分，但不影响其他项目。

（3）按照技能操作记录单的要求进行操作，正确记录操作步骤、关键检修节点等。

技能等级评价专业技能考核操作评分标准

工种	换流站直流设备检修工（一次）			评价等级	技师
项目模块	一次及辅助设备日常维护、检修—直流断路器、直流隔离开关日常维护、检修			编号	Jc1001243001
单位		准考证号		姓名	
考试时限	60 分钟	题型	单项操作	题分	100 分
成绩		考评员		考评组长	日期

续表

试题正文	直流 SF$_6$ 断路器弹簧操动机构电动机检修

需要说明的问题和要求	（1）要求单人完成更换操作。 （2）操作应注意安全，按照标准化作业书的技术安全说明做好安全措施。 （3）安全工器具由考场提供

序号	项目名称	质量要求	满分	扣分标准	扣分原因	得分
1	工具使用及安全措施					
1.1	各种工器具正确使用	熟练正确使用各种工器具	5	未正确使用，一次扣1分，扣完为止		
1.2	相关安全措施的准备	（1）检修前确保断开电动机电源及相关设备电源并确认无电压。 （2）充分释放分、合闸弹簧能量	10	检修前未断开电动机电源及相关设备电源扣4分； 未确认无电压扣4分； 未充分释放分、合闸弹簧能量扣2分		
2	关键工艺质量控制					
2.1	检修过程要求	（1）电动机固定应牢固，电动机电源相序接线正确，防止电动机反转。 （2）直流电动机换向器状态良好，工作正常。 （3）检查轴承、整流子磨损情况，定子与转子间的间隙应均匀，无摩擦，磨损深度不超过规定值。 （4）电动机的联轴器、刷架、绕组接线、地角、垫片等关键部位做好标记，引线做好相序记号，原拆原装。 （5）测量电动机绝缘电阻、直流电阻符合相关技术标准要求，并做记录。 （6）储能电动机应能在 85%～110% 的额定电压下可靠动作	60	按照步骤开展，每少一步扣10分		
3	现场恢复	恢复现场	10	未进行现场恢复扣10分		
4	填写报告					
4.1	操作记录	字迹工整，无误	5	每少填写一项扣1分，扣完为止		
4.2	修试记录	将检修（更换）步骤填写清楚，并分析故障原因，提出改进意见	10	每少填写一项扣1分，扣完为止		
	合计		100			

Jc1001243002　直流 SF$_6$ 断路器弹簧操动机构油缓冲器检修。（100分）

考核知识点：直流断路器检修

难易度：难

技能等级评价专业技能考核操作工作任务书

一、任务名称

直流 SF$_6$ 断路器弹簧操动机构油缓冲器检修。

二、适用工种

换流站直流设备检修工（一次）技师。

三、具体任务

（1）工作状态为模拟直流 SF$_6$ 断路器弹簧操动机构油缓冲器故障。工作内容为直流 SF$_6$ 断路器弹簧操动机构油缓冲器检修。

（2）工作任务：

1）模拟直流 SF$_6$ 断路器弹簧操动机构油缓冲器故障，需要对直流 SF$_6$ 断路器弹簧操动机构油缓冲器进行检修。

2）模拟现场工作，准备安全工器具及材料，实施安全措施（按照直流 SF_6 断路器弹簧操动机构油缓冲器检修完成），完成现场检修任务。

四、工作规范及要求

（1）工器具使用及安全措施。

（2）按要求进行直流 SF_6 断路器弹簧操动机构油缓冲器检修。

（3）检修步骤及安全注意事项。

五、考核及时间要求

（1）本考核操作时间为 60 分钟，时间到停止考评，包括安全工器具准备时间。

（2）检修过程中，如确实不能完成某项目，可向考评员申请帮助，该项目不得分，但不影响其他项目。

（3）按照技能操作记录单的要求进行操作，正确记录操作步骤、关键检修节点等。

技能等级评价专业技能考核操作评分标准

工种	换流站直流设备检修工（一次）			评价等级	技师
项目模块	一次及辅助设备日常维护、检修—直流断路器、直流隔离开关日常维护、检修		编号	Jc1001243002	
单位		准考证号		姓名	
考试时限	60 分钟	题型	单项操作	题分	100 分
成绩		考评员		考评组长	日期
试题正文	直流 SF_6 断路器弹簧操动机构油缓冲器检修				
需要说明的问题和要求	（1）要求单人完成更换操作。 （2）操作应注意安全，按照标准化作业书的技术安全说明做好安全措施。 （3）安全工器具由考场提供				

序号	项目名称	质量要求	满分	扣分标准	扣分原因	得分
1	工具使用及安全措施					
1.1	各种工器具正确使用	熟练正确使用各种工器具	5	未正确使用，一次扣1分，扣完为止		
1.2	相关安全措施的准备	（1）工作前释放分、合闸弹簧能量。（2）工作前应断开各类电源并确认无电压	10	工作前未断开各类电源扣4分；未确认无电压扣4分；工作前未释放分、合闸弹簧能量扣2分		
2	关键工艺质量控制					
2.1	检修过程要求	（1）油缓冲器无渗漏，油位及行程调整符合产品技术规定，测量缓冲曲线符合要求。（2）缓冲器动作可靠。操动机构的缓冲器应调整适当，油缓冲器所采用的液压油应与当地的气候条件相适应。（3）缓冲器压缩量应符合产品技术规定。（4）缸体内表、活塞外表无划痕，缓冲弹簧进行防腐处理，装配后，连接紧固	60	按照步骤开展，每少一步扣15分		
3	现场恢复	恢复现场	10	未进行现场恢复扣10分		
4	填写报告					
4.1	操作记录	字迹工整，无误	5	每少填写一项扣1分，扣完为止		
4.2	修试记录	将检修（更换）步骤填写清楚，并分析故障原因，提出改进意见	10	每少填写一项扣1分，扣完为止		
	合计		100			

Jc1001243003 直流 SF$_6$ 断路器弹簧操动机构齿轮及链条检修。(100 分)

考核知识点：直流断路器检修

难易度：难

技能等级评价专业技能考核操作工作任务书

一、任务名称

直流 SF$_6$ 断路器弹簧操动机构齿轮及链条检修。

二、适用工种

换流站直流设备检修工（一次）技师。

三、具体任务

（1）工作状态为模拟直流 SF$_6$ 断路器弹簧操动机构齿轮及链条故障。工作内容为直流 SF$_6$ 断路器弹簧操动机构齿轮及链条检修。

（2）工作任务：

1）模拟直流 SF$_6$ 断路器弹簧操动机构齿轮及链条故障，需要对直流 SF$_6$ 断路器弹簧操动机构齿轮及链条进行检修。

2）模拟现场工作，准备安全工器具及材料，实施安全措施（按照直流 SF$_6$ 断路器弹簧操动机构齿轮及链条检修完成），完成现场检修任务。

四、工作规范及要求

（1）工器具使用及安全措施。

（2）按要求进行直流 SF$_6$ 断路器弹簧操动机构齿轮及链条检修。

（3）检修步骤及安全注意事项。

五、考核及时间要求

（1）本考核操作时间为 60 分钟，时间到停止考评，包括安全工器具准备时间。

（2）检修过程中，如确实不能完成某项目，可向考评员申请帮助，该项目不得分，但不影响其他项目。

（3）按照技能操作记录单的要求进行操作，正确记录操作步骤、关键检修节点等。

技能等级评价专业技能考核操作评分标准

工种	换流站直流设备检修工（一次）		评价等级	技师	
项目模块	一次及辅助设备日常维护、检修—直流断路器、直流隔离开关日常维护、检修		编号	Jc1001243003	
单位		准考证号		姓名	
考试时限	60 分钟	题型	单项操作	题分	100 分
成绩		考评员		考评组长		日期	
试题正文	直流 SF$_6$ 断路器弹簧操动机构齿轮及链条检修				
需要说明的问题和要求	（1）要求单人完成更换操作。 （2）操作应注意安全，按照标准化作业书的技术安全说明做好安全措施。 （3）安全工器具由考场提供				

序号	项目名称	质量要求	满分	扣分标准	扣分原因	得分
1	工具使用及安全措施					
1.1	各种工器具正确使用	熟练正确使用各种工器具	5	未正确使用，一次扣 1 分，扣完为止		

序号	项目名称	质量要求	满分	扣分标准	扣分原因	得分
1.2	相关安全措施的准备	（1）工作前释放分、合闸弹簧能量。 （2）工作前断开储能电源并确认无电压	10	工作前未断开储能电源扣4分； 未确认无电压扣4分； 工作前未释放分、合闸弹簧能量扣2分		
2	关键工艺质量控制					
2.1	检修过程要求	（1）齿轮轴及齿轮的轮齿未损坏，无明显磨损。 （2）齿轮与齿轮间、齿轮与链条之间配合间隙符合厂家规定。 （3）传动链条无锈蚀,链条接头的卡簧紧固正常无松动,表面涂抹适合当地气候条件的润滑脂	60	按照步骤开展，每少一步扣20分		
3	现场恢复	恢复现场	10	未进行现场恢复扣10分		
4	填写报告					
4.1	操作记录	字迹工整，无误	5	每少填写一项扣1分，扣完为止		
4.2	修试记录	将检修（更换）步骤填写清楚，并分析故障原因，提出改进意见	10	每少填写一项扣1分，扣完为止		
	合计		100			

Jc1001243004 直流 SF₆ 断路器弹簧操动机构弹簧检修。（100 分）

考核知识点： 直流断路器检修

难易度： 难

技能等级评价专业技能考核操作工作任务书

一、任务名称

直流 SF_6 断路器弹簧操动机构弹簧检修。

二、适用工种

换流站直流设备检修工（一次）技师。

三、具体任务

（1）工作状态为模拟直流 SF_6 断路器弹簧操动机构弹簧故障。工作内容为直流 SF_6 断路器弹簧操动机构弹簧检修。

（2）工作任务：

1）模拟直流 SF_6 断路器弹簧操动机构弹簧故障，需要对直流 SF_6 断路器弹簧操动机构弹簧进行检修。

2）模拟现场工作，准备安全工器具及材料，实施安全措施（按照直流 SF_6 断路器弹簧操动机构弹簧检修完成），完成现场检修任务。

四、工作规范及要求

（1）工器具使用及安全措施。

（2）按要求进行直流 SF_6 断路器弹簧操动机构弹簧检修。

（3）检修步骤及安全注意事项。

五、考核及时间要求

（1）本考核操作时间为 60 分钟，时间到停止考评，包括安全工器具准备时间。

（2）检修过程中，如确实不能完成某项目，可向考评员申请帮助，该项目不得分，但不影响其他项目。

（3）按照技能操作记录单的要求进行操作，正确记录操作步骤、关键检修节点等。

技能等级评价专业技能考核操作评分标准

工种	换流站直流设备检修工（一次）		评价等级	技师
项目模块	一次及辅助设备日常维护、检修—直流断路器、直流隔离开关日常维护、检修	编号		Jc1001243004
单位		准考证号	姓名	
考试时限	60分钟	题型	单项操作	题分	100分
成绩		考评员	考评组长	日期	
试题正文	直流SF$_6$断路器弹簧操动机构弹簧检修			
需要说明的问题和要求	（1）要求单人完成更换操作。（2）操作应注意安全，按照标准化作业书的技术安全说明做好安全措施。（3）安全工器具由考场提供			

序号	项目名称	质量要求	满分	扣分标准	扣分原因	得分
1	工具使用及安全措施					
1.1	各种工器具正确使用	熟练正确使用各种工器具	5	未正确使用，一次扣1分，扣完为止		
1.2	相关安全措施的准备	（1）工作前释放分、合闸弹簧能量。（2）工作前断开储能电源并确认无电压	10	工作前未断开储能电源扣4分；未确认无电压扣4分；工作前未释放分、合闸弹簧能量扣2分		
2	关键工艺质量控制					
2.1	检修过程要求	（1）检查弹簧自由长度符合厂家规定，应将动作特性试验测试数据作为弹簧性判据之一。（2）处理弹簧表面锈蚀，涂抹适合当地气候条件的润滑脂	60	按照步骤开展，每少一步扣30分		
3	现场恢复	恢复现场	10	未进行现场恢复扣10分		
4	填写报告					
4.1	操作记录	字迹工整，无误	5	每少填写一项扣1分，扣完为止		
4.2	修试记录	将检修（更换）步骤填写清楚，并分析故障原因，提出改进意见	10	每少填写一项扣1分，扣完为止		
	合计		100			

Jc1001243005 直流SF$_6$断路器弹簧操动机构传动及限位部件检修。（100分）

考核知识点：直流断路器检修

难易度：难

技能等级评价专业技能考核操作工作任务书

一、任务名称

直流SF$_6$断路器弹簧操动机构传动及限位部件检修。

二、适用工种

换流站直流设备检修工（一次）技师。

三、具体任务

（1）工作状态为模拟直流 SF_6 断路器弹簧操动机构传动及限位部件故障。工作内容为直流 SF_6 断路器弹簧操动机构传动及限位部件检修。

（2）工作任务：

1）模拟直流 SF_6 断路器弹簧操动机构传动及限位部件故障，需要对直流 SF_6 断路器弹簧操动机构传动及限位部件进行检修。

2）模拟现场工作，准备安全工器具及材料，实施安全措施（按照直流 SF_6 断路器弹簧操动机构传动及限位部件检修完成），完成现场检修任务。

四、工作规范及要求

（1）工器具使用及安全措施。

（2）按要求进行直流 SF_6 断路器弹簧操动机构传动及限位部件检修。

（3）检修步骤及安全注意事项。

五、考核及时间要求

（1）本考核操作时间为 60 分钟，时间到停止考评，包括安全工器具准备时间。

（2）检修过程中，如确实不能完成某项目，可向考评员申请帮助，该项目不得分，但不影响其他项目。

（3）按照技能操作记录单的要求进行操作，正确记录操作步骤、关键检修节点等。

技能等级评价专业技能考核操作评分标准

工种	换流站直流设备检修工（一次）			评价等级	技师	
项目模块	一次及辅助设备日常维护、检修—直流断路器、直流隔离开关日常维护、检修			编号	Jc1001243005	
单位		准考证号			姓名	
考试时限	60 分钟	题型		单项操作	题分	100 分
成绩		考评员		考评组长		日期	
试题正文	直流 SF_6 断路器弹簧操动机构传动及限位部件检修					
需要说明的问题和要求	（1）要求单人完成更换操作。 （2）操作应注意安全，按照标准化作业书的技术安全说明做好安全措施。 （3）安全工器具由考场提供					

序号	项目名称	质量要求	满分	扣分标准	扣分原因	得分
1	工具使用及安全措施					
1.1	各种工器具正确使用	熟练正确使用各种工器具	5	未正确使用，一次扣1分，扣完为止		
1.2	相关安全措施的准备	（1）工作前断开各类电源并确认无电压。 （2）释放分、合闸弹簧能量	10	工作前未断开各类电源扣4分； 未确认无电压扣4分； 未释放分、合闸弹簧能量扣2分		
2	关键工艺质量控制					
2.1	检修过程要求	（1）处理传动及限位部件锈蚀、变形等。 （2）卡、销、螺栓等附件齐全无松动、无变形、无锈蚀，转动灵活、连接牢固可靠，否则应更换。 （3）转动部分涂抹适合当地气候条件的润滑脂。 （4）检查传动连杆与转动轴无松动，润滑良好。 （5）检查拐臂和相邻的轴销的连接情况	60	按照步骤开展，每少一步扣12分		
3	现场恢复	恢复现场	10	未进行现场恢复扣10分		

序号	项目名称	质量要求	满分	扣分标准	扣分原因	得分
4	填写报告					
4.1	操作记录	字迹工整，无误	5	每少填写一项扣1分，扣完为止		
4.2	修试记录	将检修（更换）步骤填写清楚，并分析故障原因，提出改进意见	10	每少填写一项扣1分，扣完为止		
	合计		100			

Jc1001243006　直流 SF$_6$ 断路器弹簧操动机构分、合闸电磁铁装配检修。（100分）

考核知识点： 直流断路器检修

难易度： 难

技能等级评价专业技能考核操作工作任务书

一、任务名称

直流 SF$_6$ 断路器弹簧操动机构分、合闸电磁铁装配检修。

二、适用工种

换流站直流设备检修工（一次）技师。

三、具体任务

（1）工作状态为模拟直流 SF$_6$ 断路器弹簧操动机构分、合闸电磁铁故障。工作内容为直流 SF$_6$ 断路器弹簧操动机构分、合闸电磁铁装配检修。

（2）工作任务：

1）模拟直流 SF$_6$ 断路器弹簧操动机构分、合闸电磁铁故障，需要对直流 SF$_6$ 断路器弹簧操动机构分、合闸电磁铁装配进行检修。

2）模拟现场工作，准备安全工器具及材料，实施安全措施（按照直流 SF$_6$ 断路器弹簧操动机构分、合闸电磁铁装配检修完成），完成现场检修任务。

四、工作规范及要求

（1）工器具使用及安全措施。

（2）按要求进行直流 SF$_6$ 断路器弹簧操动机构分、合闸电磁铁装配检修。

（3）检修步骤及安全注意事项。

五、考核及时间要求

（1）本考核操作时间为 60 分钟，时间到停止考评，包括安全工器具准备时间。

（2）检修过程中，如确实不能完成某项目，可向考评员申请帮助，该项目不得分，但不影响其他项目。

（3）按照技能操作记录单的要求进行操作，正确记录操作步骤、关键检修节点等。

技能等级评价专业技能考核操作评分标准

工种	换流站直流设备检修工（一次）		评价等级	技师
项目模块	一次及辅助设备日常维护、检修—直流断路器、直流隔离开关日常维护、检修	编号	Jc1001243006	
单位		准考证号		姓名	
考试时限	60分钟	题型	单项操作	题分	100分
成绩		考评员		考评组长		日期	

续表

试题正文	直流 SF_6 断路器弹簧操动机构分、合闸电磁铁装配检修					
需要说明的问题和要求	（1）要求单人完成更换操作。 （2）操作应注意安全，按照标准化作业书的技术安全说明做好安全措施。 （3）安全工器具由考场提供					
序号	项目名称	质量要求	满分	扣分标准	扣分原因	得分
1	工具使用及安全措施					
1.1	各种工器具正确使用	熟练正确使用各种工器具	5	未正确使用，一次扣1分，扣完为止		
1.2	相关安全措施的准备	（1）工作前释放分、合闸弹簧能量。 （2）工作前断开各类电源并确认无电压。	10	工作前未断开各类电源扣4分； 未确认无电压扣4分； 工作前未释放分、合闸弹簧能量扣2分		
2	关键工艺质量控制					
2.1	检修过程要求	（1）按照厂家规定工艺要求进行解体与装复，确保清洁。 （2）检测并记录分、合闸线圈电阻，检测结果应符合设备技术文件要求，无明确要求时，以线圈电阻初值差不超过±5%作为判据，绝缘值符合相关技术标准要求。 （3）解体检修电磁铁装配，打磨锈蚀，修整变形，使用适量低温润滑脂擦拭。 （4）衔铁、扣板、掣子无变形，动作灵活，电磁铁动铁芯运动行程（即空行程）符合产品技术规定。 （5）分、合闸电磁铁装配安装牢靠，动作灵活。 （6）对于双分闸线圈并列安装的分闸电磁铁，应注意线圈的极性。 （7）并联合闸脱扣器在合闸装置额定电源电压的85%～110%范围内，应可靠动作；并联分闸脱扣器在分闸装置额定电源电压的65%～110%（直流）或85%～110%（交流）范围内，应可靠动作；当电源电压低于额定电压的30%时，脱扣器不应脱扣，并做记录	60	按照步骤开展，每少一步扣9分，扣完为止		
3	现场恢复	恢复现场	10	未进行现场恢复扣10分		
4	填写报告					
4.1	操作记录	字迹工整，无误	5	每少填写一项扣1分，扣完为止		
4.2	修试记录	将检修（更换）步骤填写清楚，并分析故障原因，提出改进意见	10	每少填写一项扣1分，扣完为止		
	合计		100			

Jc1001243007　直流 SF_6 断路器弹簧操动机构 SF_6 密度继电器更换。（100分）

考核知识点： 直流断路器检修

难易度： 难

技能等级评价专业技能考核操作工作任务书

一、任务名称

直流 SF_6 断路器弹簧操动机构 SF_6 密度继电器更换。

二、适用工种

换流站直流设备检修工（一次）技师。

三、具体任务

（1）工作状态为模拟直流 SF_6 断路器弹簧操动机构 SF_6 密度继电器故障。工作内容为直流 SF_6 断路器弹簧操动机构 SF_6 密度继电器更换。

（2）工作任务：

1）模拟直流 SF_6 断路器弹簧操动机构 SF_6 密度继电器故障，需要对直流 SF_6 断路器弹簧操动机构 SF_6 密度继电器进行更换。

2）模拟现场工作，准备安全工器具及材料，实施安全措施（按照直流 SF_6 断路器弹簧操动机构 SF_6 密度继电器更换完成），完成现场检修任务。

四、工作规范及要求

（1）工器具使用及安全措施。

（2）按要求进行直流 SF_6 断路器弹簧操动机构 SF_6 密度继电器更换。

（3）检修步骤及安全注意事项。

五、考核及时间要求

（1）本考核操作时间为 60 分钟，时间到停止考评，包括安全工器具准备时间。

（2）检修过程中，如确实不能完成某项目，可向考评员申请帮助，该项目不得分，但不影响其他项目。

（3）按照技能操作记录单的要求进行操作，正确记录操作步骤、关键检修节点等。

技能等级评价专业技能考核操作评分标准

工种	换流站直流设备检修工（一次）			评价等级	技师
项目模块	一次及辅助设备日常维护、检修—直流断路器、直流隔离开关日常维护、检修		编号	Jc1001243007	
单位		准考证号		姓名	
考试时限	60 分钟	题型	单项操作	题分	100 分
成绩		考评员		考评组长		日期	

试题正文	直流 SF_6 断路器弹簧操动机构 SF_6 密度继电器更换
需要说明的问题和要求	（1）要求单人完成更换操作。 （2）操作应注意安全，按照标准化作业书的技术安全说明做好安全措施。 （3）安全工器具由考场提供

序号	项目名称	质量要求	满分	扣分标准	扣分原因	得分
1	工具使用及安全措施					
1.1	各种工器具正确使用	熟练正确使用各种工器具	5	未正确使用，一次扣1分，扣完为止		
1.2	相关安全措施的准备	（1）工作前将 SF_6 密度继电器与本体气室的连接气路断开，确认 SF_6 密度继电器与本体之间的阀门已关闭或本体 SF_6 已全部回收，工作人员位于上风侧，做好防护措施。 （2）工作前断开 SF_6 密度继电器相关电源并确认无电压	10	工作前未断开相关电源扣2.5分； 未确认无电压扣2.5分； 工作前未将连接气路断开扣2.5分； 工作人员未位于上风侧，未做好防护措施扣2.5分		
2	关键工艺质量控制					

续表

序号	项目名称	质量要求	满分	扣分标准	扣分原因	得分
2.1	检修过程要求	（1）SF$_6$密度继电器应校验合格，报警、闭锁功能正常。 （2）SF$_6$密度继电器外观完好，无破损、漏油等，防雨罩完好，安装牢固。 （3）SF$_6$密度继电器及管路密封良好，年漏气率小于0.5%或符合产品技术规定。 （4）电气回路端子接线正确，电气触点切换准确可靠、绝缘电阻符合产品技术规定，并做记录。	60	按照步骤开展，每少一步扣5分，扣完为止		
3	现场恢复	恢复现场	10	未进行现场恢复扣10分		
4	填写报告					
4.1	操作记录	字迹工整，无误	5	每少填写一项扣1分，扣完为止		
4.2	修试记录	将检修（更换）步骤填写清楚，并分析故障原因，提出改进意见	10	每少填写一项扣1分，扣完为止		
	合计		100			

Jc1001243008 直流SF$_6$断路器弹簧操动机构箱检修。（100分）

考核知识点： 直流断路器检修

难易度： 难

技能等级评价专业技能考核操作工作任务书

一、任务名称

直流SF$_6$断路器弹簧操动机构箱检修。

二、适用工种

换流站直流设备检修工（一次）技师。

三、具体任务

（1）工作状态为模拟直流SF$_6$断路器弹簧操动机构箱故障。工作内容为直流SF$_6$断路器弹簧操动机构箱检修。

（2）工作任务：

1）模拟直流SF$_6$断路器弹簧操动机构箱故障，需要对直流SF$_6$断路器弹簧操动机构箱进行检修。

2）模拟现场工作，准备安全工器具及材料，实施安全措施（按照直流SF$_6$断路器弹簧操动机构箱检修完成），完成现场检修任务。

四、工作规范及要求

（1）工器具使用及安全措施。

（2）按要求进行直流SF$_6$断路器弹簧操动机构箱检修。

（3）检修步骤及安全注意事项。

五、考核及时间要求

（1）本考核操作时间为60分钟，时间到停止考评，包括安全工器具准备时间。

（2）检修过程中，如确实不能完成某项目，可向考评员申请帮助，该项目不得分，但不影响其他项目。

（3）按照技能操作记录单的要求进行操作，正确记录操作步骤、关键检修节点等。

技能等级评价专业技能考核操作评分标准

工种	换流站直流设备检修工（一次）				评价等级	技师
项目模块	一次及辅助设备日常维护、检修—直流断路器、直流隔离开关日常维护、检修			编号		Jc1001243008
单位			准考证号		姓名	
考试时限	60分钟	题型		单项操作	题分	100分
成绩		考评员		考评组长	日期	

试题正文	直流SF$_6$断路器弹簧操动机构箱检修
需要说明的问题和要求	（1）要求单人完成更换操作。 （2）操作应注意安全，按照标准化作业书的技术安全说明做好安全措施。 （3）安全工器具由考场提供

序号	项目名称	质量要求	满分	扣分标准	扣分原因	得分
1	工具使用及安全措施					
1.1	各种工器具正确使用	熟练正确使用各种工器具	5	未正确使用，一次扣1分，扣完为止		
1.2	相关安全措施的准备	工作前断开柜内相关交、直流电源并确认无压	10	工作前未断开相关交、直流电源扣5分； 未确认无电压扣5分		
2	关键工艺质量控制					
2.1	检修过程要求	（1）二次回路连接正确，绝缘电阻值符合相关技术标准，并做记录。 （2）接线排列整齐美观，端子无锈蚀。 （3）柜体封堵到位，密封良好，温湿度控制装置功能可靠，检查封堵、吊牌、标识正确完好。 （4）二次元器件无损伤，各种接触器、继电器、微动开关、加热驱潮装置和辅助开关的动作应准确、可靠，触点应接触良好、无烧损或锈蚀。 （5）辅助开关应安装牢固，应能防止因多次操作松动变位。 （6）辅助开关触点应转换灵活、切换可靠、性能稳定。 （7）辅助开关与机构间的连接应松紧适当、转换灵活，并应能满足通电时间的要求。 （8）机构箱外壳应可靠接地，并符合相关要求。 （9）储能电动机应能在85%～110%的额定电压下可靠动作	60	按照步骤开展，每少一步扣7分，扣完为止		
3	现场恢复	恢复现场	10	未进行现场恢复扣10分		
4	填写报告					
4.1	操作记录	字迹工整，无误	5	每少填写一项扣1分，扣完为止		
4.2	修试记录	将检修（更换）步骤填写清楚，并分析故障原因，提出改进意见	10	每少填写一项扣1分，扣完为止		
	合计		100			

Jc1001243009 直流SF$_6$断路器弹簧操动机构二次回路检修。（100分）

考核知识点： 直流断路器检修

难易度： 难

技能等级评价专业技能考核操作工作任务书

一、任务名称

直流 SF_6 断路器弹簧操动机构二次回路检修。

二、适用工种

换流站直流设备检修工（一次）技师。

三、具体任务

（1）工作状态为模拟直流 SF_6 断路器弹簧操动机构二次回路故障。工作内容为直流 SF_6 断路器弹簧操动机构二次回路检修。

（2）工作任务：

1）模拟直流 SF_6 断路器弹簧操动机构二次回路故障，需要对直流 SF_6 断路器弹簧操动机构二次回路进行检修。

2）模拟现场工作，准备安全工器具及材料，实施安全措施（按照直流 SF_6 断路器弹簧操动机构二次回路检修完成），完成现场检修任务。

四、工作规范及要求

（1）工器具使用及安全措施。

（2）按要求进行直流 SF_6 断路器弹簧操动机构二次回路检修。

（3）检修步骤及安全注意事项。

五、考核及时间要求

（1）本考核操作时间为 60 分钟，时间到停止考评，包括安全工器具准备时间。

（2）检修过程中，如确实不能完成某项目，可向考评员申请帮助，该项目不得分，但不影响其他项目。

（3）按照技能操作记录单的要求进行操作，正确记录操作步骤、关键检修节点等。

技能等级评价专业技能考核操作评分标准

工种	换流站直流设备检修工（一次）		评价等级	技师
项目模块	一次及辅助设备日常维护、检修—直流断路器、直流隔离开关日常维护、检修	编号	Jc1001243009	
单位		准考证号	姓名	
考试时限	60 分钟	题型	单项操作	题分	100 分
成绩		考评员	考评组长	日期	
试题正文	直流 SF_6 断路器弹簧操动机构二次回路检修			
需要说明的问题和要求	（1）要求单人完成更换操作。 （2）操作应注意安全，按照标准化作业书的技术安全说明做好安全措施。 （3）安全工器具由考场提供			

序号	项目名称	质量要求	满分	扣分标准	扣分原因	得分
1	工具使用及安全措施					
1.1	各种工器具正确使用	熟练正确使用各种工器具	5	未正确使用，一次扣 1 分，扣完为止		
1.2	相关安全措施的准备	（1）断开与断路器相关的各类电源并确认无电压。 （2）拆下的控制回路及电源线头所做标记正确、清晰、牢固，防潮措施可靠。 （3）对于储能型操动机构，工作前应充分释放所储能量	10	未断开各类电源扣 4 分； 未确认无电压扣 4 分； 未充分释放所储能量扣 2 分		

续表

序号	项目名称	质量要求	满分	扣分标准	扣分原因	得分
2	关键工艺质量控制					
2.1	检修过程要求	（1）二次接线排列应整齐美观，二次接线端子紧固。 （2）分、合闸控制回路以及其他二次回路的绝缘电阻合格。 （3）分、合闸线圈电阻满足符合产品技术要求。 （4）端子螺栓无锈蚀、松动、缺失。 （5）SF$_6$密度继电器校验合格，报警、闭锁功能正常。 （6）压力开关的整定值检验合格。 （7）辅助开关及继电器触点接触良好。 （8）加热驱潮装置回路的功能正常。 （9）计数器回路功能正常。 （10）分、合闸回路低电压动作试验合格。 （11）信号回路正常	60	按照步骤开展，每少一步扣6分，扣完为止		
3	现场恢复	恢复现场	10	未进行现场恢复扣10分		
4	填写报告					
4.1	操作记录	字迹工整，无误	5	每少填写一项扣1分，扣完为止		
4.2	修试记录	将检修（更换）步骤填写清楚，并分析故障原因，提出改进意见	10	每少填写一项扣1分，扣完为止		
	合计		100			

Jc1001243010　直流SF$_6$断路器振荡回路电抗器整体更换。（100分）

考核知识点： 直流断路器检修

难易度： 难

技能等级评价专业技能考核操作工作任务书

一、任务名称

直流SF$_6$断路器振荡回路电抗器整体更换。

二、适用工种

换流站直流设备检修工（一次）技师。

三、具体任务

（1）工作状态为模拟直流SF$_6$断路器振荡回路电抗器整体故障。工作内容为直流SF$_6$断路器振荡回路电抗器整体更换。

（2）工作任务：

1）模拟直流SF$_6$断路器振荡回路电抗器整体故障，需要对直流SF$_6$断路器振荡回路电抗器整体进行更换。

2）模拟现场工作，准备安全工器具及材料，实施安全措施（按照直流SF$_6$断路器振荡回路电抗器整体更换完成），完成现场检修任务。

四、工作规范及要求

（1）工器具使用及安全措施。

（2）按要求进行直流SF$_6$断路器振荡回路电抗器整体更换。

（3）检修步骤及安全注意事项。

五、考核及时间要求

（1）本考核操作时间为 60 分钟，时间到停止考评，包括安全工器具准备时间。

（2）检修过程中，如确实不能完成某项目，可向考评员申请帮助，该项目不得分，但不影响其他项目。

（3）按照技能操作记录单的要求进行操作，正确记录操作步骤、关键检修节点等。

技能等级评价专业技能考核操作评分标准

工种		换流站直流设备检修工（一次）		评价等级	技师
项目模块		一次及辅助设备日常维护、检修—直流断路器、直流隔离开关日常维护、检修		编号	Jc1001243010
单位			准考证号	姓名	
考试时限	60 分钟	题型	单项操作	题分	100 分
成绩		考评员	考评组长	日期	
试题正文	直流 SF$_6$ 断路器振荡回路电抗器整体更换				
需要说明的问题和要求	（1）要求单人完成更换操作。 （2）操作应注意安全，按照标准化作业书的技术安全说明做好安全措施。 （3）安全工器具由考场提供				

序号	项目名称	质量要求	满分	扣分标准	扣分原因	得分
1	工具使用及安全措施					
1.1	各种工器具正确使用	熟练正确使用各种工器具	5	未正确使用，一次扣 1 分，扣完为止		
1.2	相关安全措施的准备	工作前应对振荡回路电容器充分放电后断开电抗器引线	10	未充分放电扣 10 分		
2	关键工艺质量控制					
2.1	检修过程要求	（1）瓷套外观应清洁无破损。 （2）设备内、外表面清洁完好，无任何遗留物。 （3）电抗器金具完好无裂纹，螺栓紧固，接触良好。 （4）一次引线应无散股、扭曲、断股。 （5）支柱绝缘子表面清洁，无破损、裂纹。 （6）支柱绝缘子铸铁法兰无裂纹，胶接处胶合良好。 （7）对支架、基座等铁质部件进行除锈防腐处理	60	按照步骤开展，每少一步扣 9 分，扣完为止		
3	现场恢复	恢复现场	10	未进行现场恢复扣 10 分		
4	填写报告					
4.1	操作记录	字迹工整，无误	5	每少填写一项扣 1 分，扣完为止		
4.2	修试记录	将检修（更换）步骤填写清楚，并分析故障原因，提出改进意见	10	每少填写一项扣 1 分，扣完为止		
	合计		100			

Jc1001243011　直流 SF$_6$ 断路器振荡回路电抗器防护罩检修。（100 分）

考核知识点：直流断路器检修

难易度：难

技能等级评价专业技能考核操作工作任务书

一、任务名称

直流 SF_6 断路器振荡回路电抗器防护罩检修。

二、适用工种

换流站直流设备检修工（一次）技师。

三、具体任务

（1）工作状态为模拟直流 SF_6 断路器振荡回路电抗器防护罩故障。工作内容为直流 SF_6 断路器振荡回路电抗器防护罩检修。

（2）工作任务：

1）模拟直流 SF_6 断路器振荡回路电抗器防护罩故障，需要对直流 SF_6 断路器振荡回路电抗器防护罩进行检修。

2）模拟现场工作，准备安全工器具及材料，实施安全措施（按照直流 SF_6 断路器振荡回路电抗器防护罩检修完成），完成现场检修任务。

四、工作规范及要求

（1）工器具使用及安全措施。

（2）按要求进行直流 SF_6 断路器振荡回路电抗器防护罩检修。

（3）检修步骤及安全注意事项。

五、考核及时间要求

（1）本考核操作时间为 60 分钟，时间到停止考评，包括安全工器具准备时间。

（2）检修过程中，如确实不能完成某项目，可向考评员申请帮助，该项目不得分，但不影响其他项目。

（3）按照技能操作记录单的要求进行操作，正确记录操作步骤、关键检修节点等。

技能等级评价专业技能考核操作评分标准

工种	换流站直流设备检修工（一次）		评价等级	技师
项目模块	一次及辅助设备日常维护、检修—直流断路器、直流隔离开关日常维护、检修	编号		Jc1001243011
单位		准考证号		姓名
考试时限	60 分钟　　题型　　单项操作		题分	100 分
成绩	考评员　　　　考评组长		日期	
试题正文	直流 SF_6 断路器振荡回路电抗器防护罩检修			
需要说明的问题和要求	（1）要求单人完成更换操作。 （2）操作应注意安全，按照标准化作业书的技术安全说明做好安全措施。 （3）安全工器具由考场提供			

序号	项目名称	质量要求	满分	扣分标准	扣分原因	得分
1	工具使用及安全措施					
1.1	各种工器具正确使用	熟练正确使用各种工器具	5	未正确使用，一次扣1分，扣完为止		
1.2	相关安全措施的准备	工作前应对振荡回路电容器充分放电后断开电抗器引线	10	未充分放电扣10分		
2	关键工艺质量控制					

续表

序号	项目名称	质量要求	满分	扣分标准	扣分原因	得分
2.1	检修过程要求	（1）表面应清洁、无锈蚀。 （2）外观完好无破损、内外无异物。 （3）安装牢固、无松动、无倾斜	60	按照步骤开展，每少一步扣20分		
3	现场恢复	恢复现场	10	未进行现场恢复扣10分		
4	填写报告					
4.1	操作记录	字迹工整，无误	5	每少填写一项扣1分，扣完为止		
4.2	修试记录	将检修（更换）步骤填写清楚，并分析故障原因，提出改进意见	10	每少填写一项扣1分，扣完为止		
	合计		100			

Jc1001243012 直流SF₆断路器振荡回路电抗器线圈检修。（100分）

考核知识点： 直流断路器检修

难易度： 难

技能等级评价专业技能考核操作工作任务书

一、任务名称

直流SF_6断路器振荡回路电抗器线圈检修。

二、适用工种

换流站直流设备检修工（一次）技师。

三、具体任务

（1）工作状态为模拟直流SF_6断路器振荡回路电抗器线圈故障。工作内容为直流SF_6断路器振荡回路电抗器线圈检修。

（2）工作任务：

1）模拟直流SF_6断路器振荡回路电抗器线圈故障，需要对直流SF_6断路器振荡回路电抗器线圈进行检修。

2）模拟现场工作，准备安全工器具及材料，实施安全措施（按照直流SF_6断路器振荡回路电抗器线圈检修完成），完成现场检修任务。

四、工作规范及要求

（1）工器具使用及安全措施。

（2）按要求进行直流SF_6断路器振荡回路电抗器线圈检修。

（3）检修步骤及安全注意事项。

五、考核及时间要求

（1）本考核操作时间为60分钟，时间到停止考评，包括安全工器具准备时间。

（2）检修过程中，如确实不能完成某项目，可向考评员申请帮助，该项目不得分，但不影响其他项目。

（3）按照技能操作记录单的要求进行操作，正确记录操作步骤、关键检修节点等。

技能等级评价专业技能考核操作评分标准

工种	换流站直流设备检修工（一次）		评价等级	技师
项目模块	一次及辅助设备日常维护、检修—直流断路器、直流隔离开关日常维护、检修	编号	Jc1001243012	
单位		准考证号		姓名	

考试时限	60分钟	题型	单项操作	题分	100分
成绩		考评员		考评组长		日期	

试题正文	直流SF$_6$断路器振荡回路电抗器线圈检修
需要说明的问题和要求	（1）要求单人完成更换操作。 （2）操作应注意安全，按照标准化作业书的技术安全说明做好安全措施。 （3）安全工器具由考场提供

序号	项目名称	质量要求	满分	扣分标准	扣分原因	得分
1	工具使用及安全措施					
1.1	各种工器具正确使用	熟练正确使用各种工器具	5	未正确使用，一次扣1分，扣完为止		
1.2	相关安全措施的准备	工作前应对振荡回路电容器充分放电后断开电抗器引线	10	未充分放电扣10分		
2	关键工艺质量控制					
2.1	检修过程要求	（1）电抗器表面应无涂层脱落、无局部变色。 （2）电抗器表面应无树枝状爬电痕迹。 （3）包封与汇流排应连接可靠，无过热。 （4）内外表面无异物	60	按照步骤开展，每少一步扣15分		
3	现场恢复	恢复现场	10	未进行现场恢复扣10分		
4	填写报告					
4.1	操作记录	字迹工整，无误	5	每少填写一项扣1分，扣完为止		
4.2	修试记录	将检修（更换）步骤填写清楚，并分析故障原因，提出改进意见	10	每少填写一项扣1分，扣完为止		
	合计		100			

Jc1001243013 直流SF$_6$断路器振荡回路电抗器载流金具检修。（100分）

考核知识点： 直流断路器检修

难易度： 难

技能等级评价专业技能考核操作工作任务书

一、任务名称

直流SF$_6$断路器振荡回路电抗器载流金具检修。

二、适用工种

换流站直流设备检修工（一次）技师。

三、具体任务

（1）工作状态为模拟直流SF$_6$断路器振荡回路电抗器载流金具故障。工作内容为直流SF$_6$断路器振荡回路电抗器载流金具检修。

（2）工作任务：

1）模拟直流SF$_6$断路器振荡回路电抗器载流金具故障，需要对直流SF$_6$断路器振荡回路电抗器载流金具进行检修。

2）模拟现场工作，准备安全工器具及材料，实施安全措施（按照直流 SF$_6$ 断路器振荡回路电抗器载流金具检修完成），完成现场检修任务。

四、工作规范及要求

（1）工器具使用及安全措施。

（2）按要求进行直流 SF$_6$ 断路器振荡回路电抗器载流金具检修。

（3）检修步骤及安全注意事项。

五、考核及时间要求

（1）本考核操作时间为 60 分钟，时间到停止考评，包括安全工器具准备时间。

（2）检修过程中，如确实不能完成某项目，可向考评员申请帮助，该项目不得分，但不影响其他项目。

（3）按照技能操作记录单的要求进行操作，正确记录操作步骤、关键检修节点等。

技能等级评价专业技能考核操作评分标准

工种	换流站直流设备检修工（一次）		评价等级	技师
项目模块	一次及辅助设备日常维护、检修—直流断路器、直流隔离开关日常维护、检修	编号	Jc1001243013	
单位		准考证号	姓名	
考试时限	60 分钟	题型 单项操作	题分	100 分
成绩	考评员	考评组长	日期	
试题正文	直流 SF$_6$ 断路器振荡回路电抗器载流金具检修			
需要说明的问题和要求	（1）要求单人完成更换操作。（2）操作应注意安全，按照标准化作业书的技术安全说明做好安全措施。（3）安全工器具由考场提供			

序号	项目名称	质量要求	满分	扣分标准	扣分原因	得分
1	工具使用及安全措施					
1.1	各种工器具正确使用	熟练正确使用各种工器具	5	未正确使用，一次扣1分，扣完为止		
1.2	相关安全措施的准备	高空作业系好安全带	10	未使用安全带扣10分		
2	关键工艺质量控制					
2.1	检修过程要求	（1）按力矩要求紧固，导线接触良好，力矩参照 GB 50149—2010《电气装置安装工程 母线装置施工及验收规范》，力矩紧固后进行标记。（2）引线无散股、扭曲、断股现象，握手线夹无开裂。（3）连接管型母线表面光滑、无毛刺	60	按照步骤开展，每少一步扣20分		
3	现场恢复	恢复现场	10	未进行现场恢复扣10分		
4	填写报告					
4.1	操作记录	字迹工整，无误	5	每少填写一项扣1分，扣完为止		
4.2	修试记录	将检修（更换）步骤填写清楚，并分析故障原因，提出改进意见	10	每少填写一项扣1分，扣完为止		
	合计		100			

Jc1001243014 直流 SF₆ 断路器振荡回路单只电容器更换。（100 分）

考核知识点： 直流断路器检修

难易度： 难

技能等级评价专业技能考核操作工作任务书

一、任务名称

直流 SF₆ 断路器振荡回路单只电容器更换。

二、适用工种

换流站直流设备检修工（一次）技师。

三、具体任务

（1）工作状态为模拟直流 SF₆ 断路器振荡回路单只电容器故障。工作内容为直流 SF₆ 断路器振荡回路单只电容器更换。

（2）工作任务：

1）模拟直流 SF₆ 断路器振荡回路单只电容器故障，需要对直流 SF₆ 断路器振荡回路单只电容器进行更换。

2）模拟现场工作，准备安全工器具及材料，实施安全措施（按照直流 SF₆ 断路器振荡回路单只电容器更换完成），完成现场检修任务。

四、工作规范及要求

（1）工器具使用及安全措施。

（2）按要求进行直流 SF₆ 断路器振荡回路单只电容器更换。

（3）检修步骤及安全注意事项。

五、考核及时间要求

（1）本考核操作时间为 60 分钟，时间到停止考评，包括安全工器具准备时间。

（2）检修过程中，如确实不能完成某项目，可向考评员申请帮助，该项目不得分，但不影响其他项目。

（3）按照技能操作记录单的要求进行操作，正确记录操作步骤、关键检修节点等。

技能等级评价专业技能考核操作评分标准

工种	换流站直流设备检修工（一次）		评价等级	技师
项目模块	一次及辅助设备日常维护、检修—直流断路器、直流隔离开关日常维护、检修	编号	Jc1001243014	
单位		准考证号		姓名	
考试时限	60 分钟	题型	单项操作	题分	100 分
成绩		考评员		考评组长		日期	
试题正文	直流 SF₆ 断路器振荡回路单只电容器更换			
需要说明的问题和要求	（1）要求单人完成更换操作。（2）操作应注意安全，按照标准化作业书的技术安全说明做好安全措施。（3）安全工器具由考场提供			

序号	项目名称	质量要求	满分	扣分标准	扣分原因	得分
1	工具使用及安全措施					
1.1	各种工器具正确使用	熟练正确使用各种工器具	5	未正确使用，一次扣 1 分，扣完为止		

续表

序号	项目名称	质量要求	满分	扣分标准	扣分原因	得分
1.2	相关安全措施的准备	（1）工作前应将电容器各高压设备逐个多次充分放电。 （2）按厂家规定正确吊装设备，必要时使用缆风绳控制方向，并设专人指挥	10	未充分放电扣5分； 未正确吊装设备，未使用缆风绳，未设专人指挥均扣5分		
2	关键工艺质量控制					
2.1	检修过程要求	（1）按照厂家规定程序进行拆除、吊装。 （2）瓷套管表面应清洁，无裂纹、破损和闪络放电痕迹。 （3）芯棒应无弯曲和滑扣，铜螺栓、螺母、垫圈应齐全。 （4）各导电接触面符合要求，安装紧固，有防松措施。 （5）外壳接地端子可靠接地。凡不与地绝缘均无变形、无锈蚀、无裂缝、无渗油。 （6）每个电器的外壳及电容器构架均应接地，凡与地绝缘的电容器的外壳均应接到固定的电位上。 （7）引线与端子间连接应使用专用压线夹，电容器之间的连接线应采用软连接	60	按照步骤开展，每少一步扣9分，扣完为止		
3	现场恢复	恢复现场	10	未进行现场恢复扣10分		
4	填写报告					
4.1	操作记录	字迹工整，无误	5	每少填写一项扣1分，扣完为止		
4.2	修试记录	将检修（更换）步骤填写清楚，并分析故障原因，提出改进意见	10	每少填写一项扣1分，扣完为止		
	合计		100			

Jc1001243015 直流 SF₆ 断路器振荡回路电容器载流金具检修。（100分）

考核知识点：直流断路器检修

难易度：难

技能等级评价专业技能考核操作工作任务书

一、任务名称

直流 SF₆ 断路器振荡回路电容器载流金具检修。

二、适用工种

换流站直流设备检修工（一次）技师。

三、具体任务

（1）工作状态为模拟直流 SF₆ 断路器振荡回路电容器载流金具故障。工作内容为直流 SF₆ 断路器振荡回路电容器载流金具检修。

（2）工作任务：

1）模拟直流 SF₆ 断路器振荡回路电容器载流金具故障，需要对直流 SF₆ 断路器振荡回路电容器载流金具进行检修。

2）模拟现场工作，准备安全工器具及材料，实施安全措施（按照直流 SF₆ 断路器振荡回路电容器载流金具检修完成），完成现场检修任务。

四、工作规范及要求

（1）工器具使用及安全措施。

（2）按要求进行直流 SF_6 断路器振荡回路电容器载流金具检修。

（3）检修步骤及安全注意事项。

五、考核及时间要求

（1）本考核操作时间为 60 分钟，时间到停止考评，包括安全工器具准备时间。

（2）检修过程中，如确实不能完成某项目，可向考评员申请帮助，该项目不得分，但不影响其他项目。

（3）按照技能操作记录单的要求进行操作，正确记录操作步骤、关键检修节点等。

技能等级评价专业技能考核操作评分标准

工种		换流站直流设备检修工（一次）			评价等级	技师
项目模块		一次及辅助设备日常维护、检修—直流断路器、直流隔离开关日常维护、检修		编号		Jc1001243015
单位			准考证号		姓名	
考试时限	60 分钟	题型		单项操作	题分	100 分
成绩		考评员		考评组长	日期	
试题正文	直流 SF_6 断路器振荡回路电容器载流金具检修					
需要说明的问题和要求	（1）要求单人完成更换操作。 （2）操作应注意安全，按照标准化作业书的技术安全说明做好安全措施。 （3）安全工器具由考场提供					

序号	项目名称	质量要求	满分	扣分标准	扣分原因	得分
1	工具使用及安全措施					
1.1	各种工器具正确使用	熟练正确使用各种工器具	5	未正确使用，一次扣 1 分，扣完为止		
1.2	相关安全措施的准备	高空作业系好安全带	10	未使用安全带扣 10 分		
2	关键工艺质量控制					
2.1	检修过程要求	（1）按力矩要求紧固，导线接触良好，力矩参照 GB 50149—2010《电气装置安装工程 母线装置施工及验收规范》，力矩紧固后进行标记。 （2）引线无散股、扭曲、断股现象，握手线夹无开裂。 （3）连接管型母线表面光滑、无毛刺	60	按照步骤开展，每少一步扣 20 分		
3	现场恢复	恢复现场	10	未进行现场恢复扣 10 分		
4	填写报告					
4.1	操作记录	字迹工整，无误	5	每少填写一项扣 1 分，扣完为止		
4.2	修试记录	将检修（更换）步骤填写清楚，并分析故障原因，提出改进意见	10	每少填写一项扣 1 分，扣完为止		
	合计		100			

Jc1001243016 直流 SF_6 断路器振荡回路单个非线性电阻更换。（100 分）

考核知识点： 直流断路器检修

难易度： 难

技能等级评价专业技能考核操作工作任务书

一、任务名称

直流 SF_6 断路器振荡回路单个非线性电阻更换。

二、适用工种

换流站直流设备检修工（一次）技师。

三、具体任务

（1）工作状态为模拟直流 SF_6 断路器振荡回路单个非线性电阻故障。工作内容为直流 SF_6 断路器振荡回路单个非线性电阻更换。

（2）工作任务：

1）模拟直流 SF_6 断路器振荡回路单个非线性电阻故障，需要对直流 SF_6 断路器振荡回路单个非线性电阻进行更换。

2）模拟现场工作，准备安全工器具及材料，实施安全措施（按照直流 SF_6 断路器振荡回路单个非线性电阻更换完成），完成现场检修任务。

四、工作规范及要求

（1）工器具使用及安全措施。

（2）按要求进行直流 SF_6 断路器振荡回路单个非线性电阻更换。

（3）检修步骤及安全注意事项。

五、考核及时间要求

（1）本考核操作时间为 60 分钟，时间到停止考评，包括安全工器具准备时间。

（2）检修过程中，如确实不能完成某项目，可向考评员申请帮助，该项目不得分，但不影响其他项目。

（3）按照技能操作记录单的要求进行操作，正确记录操作步骤、关键检修节点等。

技能等级评价专业技能考核操作评分标准

工种	换流站直流设备检修工（一次）			评价等级	技师
项目模块	一次及辅助设备日常维护、检修—直流断路器、直流隔离开关日常维护、检修		编号	Jc1001243016	
单位		准考证号		姓名	
考试时限	60 分钟	题型	单项操作	题分	100 分
成绩		考评员	考评组长	日期	
试题正文	直流 SF_6 断路器振荡回路单个非线性电阻更换				
需要说明的问题和要求	（1）要求单人完成更换操作。 （2）操作应注意安全，按照标准化作业书的技术安全说明做好安全措施。 （3）安全工器具由考场提供				

序号	项目名称	质量要求	满分	扣分标准	扣分原因	得分
1	工具使用及安全措施					
1.1	各种工器具正确使用	熟练正确使用各种工器具	5	未正确使用，一次扣1分，扣完为止		
1.2	相关安全措施的准备	（1）高空作业禁止将安全带系在非线性电阻上。 （2）工作过程中严禁攀爬非线性电阻。 （3）拆除前应先将被拆除部分可靠固定，避免引流线滑出。 （4）非线性电阻在搬运、吊装过程中，严禁受到冲击和碰撞。 （5）按厂家规定吊装设备，并根据需要设置缆风绳控制方向。 （6）雷雨天气禁止进行非线性电阻检修	10	未使用安全带扣4分； 未设置缆风绳扣4分； 攀爬非线性电阻扣2分		

序号	项目名称	质量要求	满分	扣分标准	扣分原因	得分
2	关键工艺质量控制					
2.1	检修过程要求	（1）非线性电阻外观完好、无脏污。 （2）非线性电阻排水孔通畅、安装位置正确，无堵塞，法兰黏合牢靠，有防水措施。 （3）非线性电阻应检测合格。 （4）非线性电阻释压板及喷嘴应完整、无损伤，装配中释压板及喷嘴不应受力。 （5）非线性电阻金属接触面在装配前应清理表面氧化膜及异物，并涂适量电力复合脂。 （6）非线性电阻压力释放通道应朝向安全地点，排出的气体不致引起相间短路或对地闪络，并不得喷及其他设备。 （7）非线性电阻接线板、设备线夹、导线外观无异常，螺栓应与螺孔相配套。 （8）瓷外套顶部密封用螺栓及垫圈应采取防水措施，底部压紧用的扇形铁片应无松动，底部密封垫完好，并采取防水措施。 （9）禁止在装配中改变接线板、设备线夹原始角度。 （10）非线性电阻高压侧引线弧垂、截面应符合规范要求。 （11）非线性电阻各引线的连接不应使端子受到超过允许负荷的外加应力。 （12）各焊接处无虚焊，焊接线应平整、光滑，焊接处应进行防腐、防锈处理	60	按照步骤开展，每少一步扣5分		
3	现场恢复	恢复现场	10	未进行现场恢复扣10分		
4	填写报告					
4.1	操作记录	字迹工整，无误	5	每少填写一项扣1分，扣完为止		
4.2	修试记录	将检修（更换）步骤填写清楚，并分析故障原因，提出改进意见	10	每少填写一项扣1分，扣完为止		
合计			100			

Jc1001243017 直流 SF$_6$ 断路器振荡回路非线性电阻连接部位的检修。（100 分）

考核知识点：直流断路器检修

难易度：难

技能等级评价专业技能考核操作工作任务书

一、任务名称

直流 SF$_6$ 断路器振荡回路非线性电阻连接部位的检修。

二、适用工种

换流站直流设备检修工（一次）技师。

三、具体任务

（1）工作状态为模拟直流 SF$_6$ 断路器振荡回路非线性电阻连接部位故障。工作内容为直流 SF$_6$ 断路器振荡回路非线性电阻连接部位的检修。

（2）工作任务：

1）模拟直流 SF$_6$ 断路器振荡回路非线性电阻连接部位故障，需要对直流 SF$_6$ 断路器振荡回路非线性电阻连接部位进行检修。

2）模拟现场工作，准备安全工器具及材料，实施安全措施（按照直流 SF_6 断路器振荡回路非线性电阻连接部位的检修完成），完成现场检修任务。

四、工作规范及要求

（1）工器具使用及安全措施。

（2）按要求进行直流 SF_6 断路器振荡回路非线性电阻连接部位的检修。

（3）检修步骤及安全注意事项。

五、考核及时间要求

（1）本考核操作时间为60分钟，时间到停止考评，包括安全工器具准备时间。

（2）检修过程中，如确实不能完成某项目，可向考评员申请帮助，该项目不得分，但不影响其他项目。

（3）按照技能操作记录单的要求进行操作，正确记录操作步骤、关键检修节点等。

技能等级评价专业技能考核操作评分标准

工种	换流站直流设备检修工（一次）			评价等级	技师
项目模块	一次及辅助设备日常维护、检修—直流断路器、直流隔离开关日常维护、检修		编号	Jc1001243017	
单位		准考证号		姓名	
考试时限	60分钟	题型	单项操作	题分	100分
成绩	考评员		考评组长	日期	
试题正文	直流 SF_6 断路器振荡回路非线性电阻连接部位的检修				
需要说明的问题和要求	（1）要求单人完成更换操作。 （2）操作应注意安全，按照标准化作业书的技术安全说明做好安全措施。 （3）安全工器具由考场提供				

序号	项目名称	质量要求	满分	扣分标准	扣分原因	得分
1	工具使用及安全措施					
1.1	各种工器具正确使用	熟练正确使用各种工器具	5	未正确使用，一次扣1分，扣完为止		
1.2	相关安全措施的准备	（1）高空作业禁止将安全带系在非线性电阻上。 （2）更换或调整连接部位时，应检查连接部位是否存在裂纹和破损，否则应将连接部位可靠固定后再进行检修。 （3）雷雨天气禁止进行非线性电阻检修	10	未使用安全带扣4分； 未检查连接部位扣4分； 雷雨天气进行非线性电阻检修扣2分		
2	关键工艺质量控制					
2.1	检修过程要求	（1）连接螺栓无松动、缺失，定位标记无变化。 （2）螺栓外露丝扣及装配方向应符合规范要求。 （3）严重锈蚀或丝扣损伤的螺栓、螺母应进行更换。 （4）螺栓、螺母、弹簧垫圈宜采用热镀锌工艺产品。 （5）非线性电阻各连接面无可见缝隙，并涂覆防水胶。 （6）非线性电阻垂直度不应大于其总高度的1.5%。 （7）更换或重新紧固后的螺栓应标识。 （8）螺栓材质及紧固力矩应符合技术标准	60	按照步骤开展，每少一步扣7.5分		
3	现场恢复	恢复现场	10	未进行现场恢复扣10分		
4	填写报告					

序号	项目名称	质量要求	满分	扣分标准	扣分原因	得分
4.1	操作记录	字迹工整，无误	5	每少填写一项扣1分，扣完为止		
4.2	修试记录	将检修（更换）步骤填写清楚，并分析故障原因，提出改进意见	10	每少填写一项扣1分，扣完为止		
	合计		100			

Jc1001243018　直流 SF$_6$ 断路器振荡回路非线性电阻外绝缘部分的检修。（100 分）

考核知识点： 直流断路器检修

难易度： 难

技能等级评价专业技能考核操作工作任务书

一、任务名称

直流 SF$_6$ 断路器振荡回路非线性电阻外绝缘部分的检修。

二、适用工种

换流站直流设备检修工（一次）技师。

三、具体任务

（1）工作状态为模拟直流 SF$_6$ 断路器振荡回路非线性电阻外绝缘部分故障。工作内容为直流 SF$_6$ 断路器振荡回路非线性电阻外绝缘部分的检修。

（2）工作任务：

1）模拟直流 SF$_6$ 断路器振荡回路非线性电阻外绝缘部分故障，需要对直流 SF$_6$ 断路器振荡回路非线性电阻外绝缘部分进行检修。

2）模拟现场工作，准备安全工器具及材料，实施安全措施（按照直流 SF$_6$ 断路器振荡回路非线性电阻外绝缘部分的检修完成），完成现场检修任务。

四、工作规范及要求

（1）工器具使用及安全措施。

（2）按要求进行直流 SF$_6$ 断路器振荡回路非线性电阻外绝缘部分的检修。

（3）检修步骤及安全注意事项。

五、考核及时间要求

（1）本考核操作时间为 60 分钟，时间到停止考评，包括安全工器具准备时间。

（2）检修过程中，如确实不能完成某项目，可向考评员申请帮助，该项目不得分，但不影响其他项目。

（3）按照技能操作记录单的要求进行操作，正确记录操作步骤、关键检修节点等。

技能等级评价专业技能考核操作评分标准

工种	换流站直流设备检修工（一次）				评价等级	技师
项目模块	一次及辅助设备日常维护、检修—直流断路器、直流隔离开关日常维护、检修			编号	Jc1001243018	
单位			准考证号		姓名	
考试时限	60 分钟		题型	单项操作	题分	100 分
成绩		考评员		考评组长		日期	
试题正文	直流 SF$_6$ 断路器振荡回路非线性电阻外绝缘部分的检修					

续表

需要说明的问题和要求	（1）要求单人完成更换操作。 （2）操作应注意安全，按照标准化作业书的技术安全说明做好安全措施。 （3）安全工器具由考场提供					

序号	项目名称	质量要求	满分	扣分标准	扣分原因	得分
1	工具使用及安全措施					
1.1	各种工器具正确使用	熟练正确使用各种工器具	5	未正确使用，一次扣1分，扣完为止		
1.2	相关安全措施的准备	（1）高空作业禁止将安全带系在非线性电阻上。 （2）瓷外套表面防污闪涂层未风干前禁止触摸、践踏及送电。 （3）雷雨天气禁止进行非线性电阻检修	10	未使用安全带扣4分； 防污闪涂层未风干扣4分； 雷雨天气进行非线性电阻检修扣2分		
2	关键工艺质量控制					
2.1	检修过程要求	（1）设备外绝缘和耐污等级应满足安装地区配置要求。 （2）瓷套管无破损，单个缺釉不大于25mm²，釉面杂质总面积不超过150mm²，瓷套表面无裂纹、脏污及放电痕迹。 （3）瓷外套与法兰处黏合应牢固、无破损，黏合处露砂高度不小于10mm，并均匀涂覆防水密封胶。 （4）瓷外套法兰黏合处防水密封胶有起层、变色时，应将防水密封胶彻底清理，清理后重新涂覆合格的防水密封胶。 （5）瓷外套伞裙边沿部位出现裂纹应采取措施，并定期进行监督，伞棱及瓷柱部位出现裂纹应更换。 （6）严重锈蚀的法兰应对其表面进行防腐处理。 （7）选择合适的工具和清扫方法对伞裙的上、下表面分别进行清理，尤其是伞棱部位应重点清扫。 （8）禁止在雨天、雾天、风沙的恶劣天气及环境温度低于3℃、空气相对湿度大于85%的户外环境下进行防污闪涂敷工作。 （9）瓷质绝缘子表面防污闪涂层有翘皮、起层、龟裂时，应将异常部位清除干净，然后复涂。 （10）瓷质绝缘子表面涂层进行复涂时，应对原有涂层表面的尘垢进行清理，对附着力良好但已失效的原有防污闪涂层，无需清除，可在其上直接复涂。 （11）严格按照防污闪涂料说明书进行涂覆工作，涂覆表面无瓷外套釉色、涂层厚度均匀、颜色一致，表面无挂珠、无流淌痕迹。复合外套表面不应出现严重变形、开裂、变色。 （12）复合外套单个缺陷面积不超过5mm²，深度不超过1mm，总缺陷面积不应超过复合外套面积的0.2%。 （13）复合外套表面凸起高度不超过0.8mm，黏结合缝处凸起高度不超过1.2mm	60	按照步骤开展，每少一步扣5分，扣完为止		
3	现场恢复	恢复现场	10	未进行现场恢复扣10分		
4	填写报告					
4.1	操作记录	字迹工整，无误	5	每少填写一项扣1分，扣完为止		
4.2	修试记录	将检修（更换）步骤填写清楚，并分析故障原因，提出改进意见	10	每少填写一项扣1分，扣完为止		
	合计		100			

Jc1001243019 直流 SF₆ 断路器振荡回路非线性电阻载流金具检修。（100分）

考核知识点： 直流断路器检修

难易度： 难

技能等级评价专业技能考核操作工作任务书

一、任务名称

直流 SF₆ 断路器振荡回路非线性电阻载流金具检修。

二、适用工种

换流站直流设备检修工（一次）技师。

三、具体任务

（1）工作状态为模拟直流 SF₆ 断路器振荡回路非线性电阻载流金具故障。工作内容为直流 SF₆ 断路器振荡回路非线性电阻载流金具检修。

（2）工作任务：

1）模拟直流 SF₆ 断路器振荡回路非线性电阻载流金具故障，需要对直流 SF₆ 断路器振荡回路非线性电阻载流金具进行检修。

2）模拟现场工作，准备安全工器具及材料，实施安全措施（按照直流 SF₆ 断路器振荡回路非线性电阻载流金具检修完成），完成现场检修任务。

四、工作规范及要求

（1）工器具使用及安全措施。

（2）按要求进行直流 SF₆ 断路器振荡回路非线性电阻载流金具检修。

（3）检修步骤及安全注意事项。

五、考核及时间要求

（1）本考核操作时间为 60 分钟，时间到停止考评，包括安全工器具准备时间。

（2）检修过程中，如确实不能完成某项目，可向考评员申请帮助，该项目不得分，但不影响其他项目。

（3）按照技能操作记录单的要求进行操作，正确记录操作步骤、关键检修节点等。

技能等级评价专业技能考核操作评分标准

工种	换流站直流设备检修工（一次）			评价等级		技师	
项目模块	一次及辅助设备日常维护、检修—直流断路器、直流隔离开关日常维护、检修			编号		Jc1001243019	
单位			准考证号			姓名	
考试时限	60分钟	题型		单项操作		题分	100分
成绩		考评员		考评组长		日期	
试题正文	直流 SF₆ 断路器振荡回路非线性电阻载流金具检修						
需要说明的问题和要求	（1）要求单人完成更换操作。 （2）操作应注意安全，按照标准化作业书的技术安全说明做好安全措施。 （3）安全工器具由考场提供						

序号	项目名称	质量要求	满分	扣分标准	扣分原因	得分
1	工具使用及安全措施					
1.1	各种工器具正确使用	熟练正确使用各种工器具	5	未正确使用，一次扣1分，扣完为止		
1.2	相关安全措施的准备	高空作业系好安全带	10	未使用安全带扣10分		

续表

序号	项目名称	质量要求	满分	扣分标准	扣分原因	得分
2	关键工艺质量控制					
2.1	检修过程要求	（1）按力矩要求紧固，导线接触良好，力矩参照 GB 50149—2010《电气装置安装工程　母线装置施工及验收规范》，力矩紧固后进行标记。 （2）引线无散股、扭曲、断股现象，握手线夹无开裂。 （3）连接管型母线表面光滑、无毛刺	60	按照步骤开展，每少一步扣 20 分		
3	现场恢复	恢复现场	10	未进行现场恢复扣 10 分		
4	填写报告					
4.1	操作记录	字迹工整，无误	5	每少填写一项扣 1 分，扣完为止		
4.2	修试记录	将检修（更换）步骤填写清楚，并分析故障原因，提出改进意见	10	每少填写一项扣 1 分，扣完为止		
	合计		100			

Jc1001243020　直流 SF$_6$ 断路器振荡回路充电装置整体更换。（100 分）

考核知识点： 直流断路器检修

难易度： 难

技能等级评价专业技能考核操作工作任务书

一、任务名称

直流 SF$_6$ 断路器振荡回路充电装置整体更换。

二、适用工种

换流站直流设备检修工（一次）技师。

三、具体任务

（1）工作状态为模拟直流 SF$_6$ 断路器振荡回路充电装置整体故障。工作内容为直流 SF$_6$ 断荡回路充电装置整体更换。

（2）工作任务：

1）模拟直流 SF$_6$ 断路器振荡回路充电装置整体故障，需要对直流 SF$_6$ 断路器振荡回路充电装置整体进行更换。

2）模拟现场工作，准备安全工器具及材料，实施安全措施（按照直流 SF$_6$ 断路器振荡回路充电装置整体更换完成），完成现场检修任务。

四、工作规范及要求

（1）工器具使用及安全措施。

（2）按要求进行直流 SF$_6$ 断路器振荡回路充电装置整体更换。

（3）检修步骤及安全注意事项。

五、考核及时间要求

（1）本考核操作时间为 60 分钟，时间到停止考评，包括安全工器具准备时间。

（2）检修过程中，如确实不能完成某项目，可向考评员申请帮助，该项目不得分，但不影响其他项目。

（3）按照技能操作记录单的要求进行操作，正确记录操作步骤、关键检修节点等。

技能等级评价专业技能考核操作评分标准

工种	换流站直流设备检修工（一次）		评价等级	技师
项目模块	一次及辅助设备日常维护、检修—直流断路器、直流隔离开关日常维护、检修	编号		Jc1001243020
单位		准考证号	姓名	
考试时限	60分钟	题型	单项操作	题分	100分
成绩		考评员	考评组长	日期	
试题正文	直流SF$_6$断路器振荡回路充电装置整体更换			
需要说明的问题和要求	（1）要求单人完成更换操作。 （2）操作应注意安全，按照标准化作业书的技术安全说明做好安全措施。 （3）安全工器具由考场提供			

序号	项目名称	质量要求	满分	扣分标准	扣分原因	得分
1	工具使用及安全措施					
1.1	各种工器具正确使用	熟练正确使用各种工器具	5	未正确使用，一次扣1分，扣完为止		
1.2	相关安全措施的准备	（1）断开充电装置的电源。 （2）对振荡回路电容器进行充分放电，并拆除充电装置与电容器的连线	10	未断开充电装置的电源扣5分；未充分放电扣5分		
2	关键工艺质量控制					
2.1	检修过程要求	（1）设备型号及技术参数应满足设计要求，并对照货物清单检查元件是否齐全。 （2）安装使用说明书、出厂试验报告、产品合格证、装配图纸等技术文件完整。 （3）充电装置外观完好、无脏污。 （4）充电装置油色清亮、无渗油现象。 （5）充电装置可对电容器充电至额定电压。 （6）充电装置二次电缆拆除前做好标记，恢复接线按做好的标记进行恢复。 （7）充电装置接线板、设备线夹、导线外观无异常，螺栓应与螺孔相配套。 （8）复合绝缘外套顶部密封用螺栓及垫圈应采取防水措施。 （9）禁止在装配中改变接线板、设备线夹原始角度。 （10）充电装置引线弧垂、截面积应符合规范要求	60	按照步骤开展，每少一步扣6分		
3	现场恢复	恢复现场	10	未进行现场恢复扣10分		
4	填写报告					
4.1	操作记录	字迹工整，无误	5	每少填写一项扣1分，扣完为止		
4.2	修试记录	将检修（更换）步骤填写清楚，并分析故障原因，提出改进意见	10	每少填写一项扣1分，扣完为止		
	合计		100			

Jc1002251021 交流滤波器避雷器泄漏电流测量。（100分）

考核知识点：高压直流发生器使用

难易度：易

技能等级评价专业技能考核操作工作任务书

一、任务名称

交流滤波器避雷器泄漏电流测量。

二、适用工种

换流站直流设备检修工（一次）技师。

三、具体任务

（1）工作状态为交流滤波器避雷器泄漏电流测量。

（2）工作任务：

1）交流滤波器避雷器泄漏电流测量。

2）模拟现场工作，实施安全措施，完成现场检验和补气任务。

四、工作规范及要求

（1）工器具使用及安全措施。

（2）按要求进行交流滤波器避雷器泄漏电流测量。

（3）填写试验报告。

五、考核及时间要求

（1）本考核1~6项操作时间为60分钟，时间到停止考评，包括试验接线和报告整理时间。同一类现象故障不限一处故障点。

（2）故障查找和排除过程中，如确实不能查找出故障，可向考评员申请排除故障，该项故障项目不得分，但不影响其他项目。

（3）按照技能操作记录单的操作要求进行操作，正确记录操作结果，试验记录项目包括动作元件、相别、动作出口时间等。

技能等级评价专业技能考核操作评分标准

工种	换流站直流设备检修工（一次）		评价等级		技师
项目模块	一次及辅助设备日常维护、检修—交流滤波器的日常维护、检修	编号		Jc1002251021	
单位		准考证号		姓名	
考试时限	60分钟	题型	单项操作	题分	100分
成绩		考评员	考评组长	日期	
试题正文	交流滤波器避雷器泄漏电流测量				
需要说明的问题和要求	（1）要求单人操作，完成交流滤波器避雷器泄漏电流测量。 （2）操作应注意安全，按照标准化作业书的技术安全说明做好安全措施。 （3）测试仪现场准备				

序号	项目名称	质量要求	满分	扣分标准	扣分原因	得分
1	规范着装	安全帽应完好、经试验合格且在有效期内；安全帽佩戴应正确规范，着棉质长袖工装，系好领口和袖口，穿绝缘鞋，戴线手套	5	未按要求着装，一处扣2分；着装不规范，一处扣1分，扣完为止		
2	工器具的准备、外观检查和试验	正确选择工器具、仪表，不漏选。常用工器具检查：检查其规格、外观质量及机械性能	5	操作过程中借用工具仪表扣3分；工器具未进行外观检查扣2分		
3	检查试验电源	电源盘漏电保护功能正常，电压正确	10	未检查漏电保护功能扣5分；未检查电源盘电压扣5分		

序号	项目名称	质量要求	满分	扣分标准	扣分原因	得分
4	试验前检查及准备	（1）查看避雷器及相连设备上无人工作。 （2）在试验场地周围设置警示围栏，并朝向外悬挂"止步 高压危险"警示牌	5	未检查扣2分； 未检查相连设备扣2分； 未设置警示围栏和警示标志的扣1分		
5	试验接线	（1）在试验接线前，拆除高压引线及接电线。 （2）试验高压接线接于避雷器的高压端。 （3）泄漏电流表串接避雷器的接地线	15	未检查仪器接线扣5分； 未检查仪器接地扣5分； 试验接线不正确扣5分		
6	试验	（1）得到监护人员回复后开始试验，加压至 $0.75U_{1mA}$，在加压过程中应呼唱。 （2）试验人员应站在绝缘垫上	10	未得到监护人员许可扣2分； 加的电压值不正确扣2分； 试验中未全程监护的扣2分； 加压时未呼唱的扣2分； 未站在绝缘垫上的扣2分		
7	记录	等待测量电压稳定后，记录泄漏电流的数值，检查在标准范围内（初值差小于或等于30%或小于或等于50μA）	10	测试数据未稳定就记录扣5分； 未检查试验数据是否合格标准扣5分		
8	关闭电源	关闭仪器电源，拔出仪器电源插座	5	未关闭电源扣2分； 未拔出仪器电源插座扣3分		
9	记录环境数据	记录温度，湿度试验数据	5	维度、湿度数据少记录一个，扣5分		
10	拆除接线	应进行充分放电，拆除试验线，恢复引线	5	未放电扣2分； 试验线未拆除扣2分； 未恢复引线的扣1分		
11	工作终结	（1）工作终结后，填写检修交代。 （2）对工器具和作业现场进行整理与清理	10	检修交代不完整扣4分； 工器具每遗漏一件扣4分； 作业现场留有试验线、物品等，每件扣2分，扣完为止		
12	安全生产	操作符合规程和安全要求，无违章现象	15	操作中发生违规或不安全现象扣7分； 工具跌落扣8分； 操作中出现误入间隔、触电等恶性违规违章事故，应立即退出操作，本题按0分处理		
	合计		100			

Jc1002252022　直流滤波器电容器不平衡 TA 更换。（100 分）

考核知识点： 直流滤波器光电流互感器更换

难易度： 中

技能等级评价专业技能考核操作工作任务书

一、任务名称

直流滤波器电容器不平衡 TA 更换。

二、适用工种

换流站直流设备检修工（一次）技师。

三、具体任务

（1）工作状态为直流滤波器电容器不平衡 TA 更换。

（2）工作任务：

1）直流滤波器电容器不平衡 TA 更换。

2）模拟现场工作，实施安全措施，完成现场检验和补气任务。

四、工作规范及要求

（1）工器具使用及安全措施。

（2）按要求进行直流滤波器电容器不平衡 TA 更换。

（3）填写试验报告。

五、考核及时间要求

（1）本考核 1~6 项操作时间为 60 分钟，时间到停止考评，包括试验接线和报告整理时间。同一类现象故障不限一处故障点。

（2）故障查找和排除过程中，如确实不能查找出故障，可向考评员申请排除故障，该项故障项目不得分，但不影响其他项目。

（3）按照技能操作记录单的操作要求进行操作，正确记录操作结果，试验记录项目包括动作元件、相别、动作出口时间等。

技能等级评价专业技能考核操作评分标准

工种	换流站直流设备检修工（一次）			评价等级	技师
项目模块	一次及辅助设备日常维护、检修—直流滤波器的日常维护、检修		编号		Jc1002252022
单位		准考证号		姓名	
考试时限	60 分钟	题型	单项操作	题分	100 分
成绩		考评员	考评组长	日期	
试题正文	直流滤波器电容器不平衡 TA 更换				
需要说明的问题和要求	（1）要求单人操作，完成直流滤波器电容器不平衡 TA 更换。 （2）操作应注意安全，按照标准化作业书的技术安全说明做好安全措施。 （3）测试仪现场准备				

序号	项目名称	质量要求	满分	扣分标准	扣分原因	得分
1	规范着装	安全帽应完好、经试验合格且在有效期内；安全帽佩戴应正确规范，着棉质长袖工装，系好领口和袖口，穿绝缘鞋，戴线手套	5	未按要求着装，一处扣 2 分；着装不规范，一处扣 1 分；以上扣分，扣完为止		
2	工器具的准备、外观检查和试验	（1）正确选择工器具、仪表，不漏选。 （2）常用工器具检查：检查其规格、外观质量及机械性能	5	操作过程中借用工具仪表扣 2 分；工器具未进行外观检查扣 3 分		
3	升降作业车准备	车辆操作人员具有特种作业证，车辆与电容器塔距离合适，车辆应接地	10	人员不具有车辆操作特种作业证扣 5 分；车辆与不平衡电流互感器距离太远或太近扣 5 分		
4	备用光 TA 检查	外观正常，检验合格	10	未检查外观扣 5 分；未检查检验报告扣 5 分		
5	光纤拆除	拆除互感器光纤接线盒安装螺栓，拆除连接光纤	10	螺栓及接线盒未保存良好，一处扣 2 分，扣完为止；拆除光纤导致光纤断裂，本项不得分		
6	连接螺栓拆除	做好防坠落措施后，拆除光 TA 一次连接螺栓，卸下光 TA	5	未做好防坠落措施扣 3 分；螺栓未保存良好扣 2 分		
7	连接面处理	使用酒精、砂纸等打磨接触面，确保接触面清洁	10	未进行接触面处理，本项不得分		
8	光 TA 更换	做好防坠落措施后，安装光 TA 一次连接螺栓	10	未做好防坠落措施扣 5 分；螺栓连接未紧固，一处扣 2 分，扣完为止		

序号	项目名称	质量要求	满分	扣分标准	扣分原因	得分
9	光纤恢复	清洗光纤头后恢复光纤连接，恢复互感器光纤接线盒连接螺栓	10	未清洗光纤头扣2分；光纤恢复不正确，本项不得分；光纤接线盒未固定牢固、渗漏水，1处扣2分，扣完为止		
10	清理现场	工器具材料等收拾干净，检查现场无遗留物品	5	未收拾工器具材料扣3分；未检查现场无遗留物品扣2分		
11	工作终结	（1）工作终结后，填写检修交代。（2）对工器具和作业现场进行整理与清理	10	检修交代不完整扣4分；工器具每遗漏一件扣4分；作业现场留有试验线等，每件扣2分，扣完为止		
12	安全生产	操作符合规程和安全要求，无违章现象	10	操作中发生违规或不安全现象扣7分；工具跌落扣8分；操作中出现误入间隔、触电等恶性违规违章事故，应立即退出操作，本题按0分处理		
	合计		100			

Jc1002252023　交流滤波器电容器不平衡 TA 更换。（100 分）

考核知识点：不平衡 TA 为光电流互感器更换

难易度：中

技能等级评价专业技能考核操作工作任务书

一、任务名称

交流滤波器电容器不平衡 TA 更换。

二、适用工种

换流站直流设备检修工（一次）技师。

三、具体任务

（1）工作状态为交流滤波器电容器不平衡 TA 更换。

（2）工作任务：

1）交流滤波器电容器不平衡 TA 更换。

2）模拟现场工作，实施安全措施，完成现场检验和补气任务。

四、工作规范及要求

（1）工器具使用及安全措施。

（2）按要求进行交流滤波器电容器不平衡 TA 更换。

（3）填写试验报告。

五、考核及时间要求

（1）本考核 1～6 项操作时间为 60 分钟，时间到停止考评，包括试验接线和报告整理时间。同一类现象故障不限一处故障点。

（2）故障查找和排除过程中，如确实不能查找出故障，可向考评员申请排除故障，该项故障项目不得分，但不影响其他项目。

（3）按照技能操作记录单的操作要求进行操作，正确记录操作结果，试验记录项目包括动作元件、相别、动作出口时间等。

技能等级评价专业技能考核操作评分标准

工种	换流站直流设备检修工（一次）		评价等级	技师
项目模块	一次及辅助设备日常维护、检修—交流滤波器的日常维护、检修	编号		Jc1002252023
单位		准考证号	姓名	
考试时限	60分钟	题型	单项操作	题分	100分
成绩		考评员	考评组长	日期	
试题正文	交流滤波器电容器不平衡TA更换			
需要说明的问题和要求	（1）要求单人操作，完成交流滤波器电容器不平衡TA更换。 （2）操作应注意安全，按照标准化作业书的技术安全说明做好安全措施。 （3）测试仪现场准备			

序号	项目名称	质量要求	满分	扣分标准	扣分原因	得分
1	规范着装	安全帽应完好、经试验合格且在有效期内；安全帽佩戴应正确规范，着棉质长袖工装，系好领口和袖口，穿绝缘鞋，戴线手套	5	未按要求着装，一处扣2分；着装不规范，一处扣1分；以上扣分，扣完为止		
2	工器具的准备、外观检查和试验	（1）正确选择工器具、仪表，不漏选。 （2）常用工器具检查：检查其规格、外观质量及机械性能	5	操作过程中借用工具仪表扣2分；工器具未进行外观检查扣3分		
3	升降作业车准备	车辆操作人员具有特种作业证，车辆与电容器塔距离合适，车辆应接地	10	人员不具有车辆操作特种作业证扣5分；车辆与不平衡电流互感器距离太远或太近扣5分		
4	备用光TA检查	外观正常，检验合格	10	未检查外观扣5分；未检查检验报告扣5分		
5	光纤拆除	拆除互感器光纤接线盒安装螺栓，拆除连接光纤	10	螺栓及接线盒未保存良好，一处扣2分，扣完为止；拆除光纤导致光纤断裂，本项不得分		
6	连接螺栓拆除	做好防坠落措施后，拆除光TA一次连接螺栓，卸下光TA	5	未做好防坠落措施扣3分；螺栓未保存良好扣2分		
7	连接面处理	使用酒精、砂纸等打磨接触面，确保接触面清洁	10	未进行接触面处理，本项不得分		
8	光TA更换	做好防坠落措施后，安装光TA一次连接螺栓	10	未做好防坠落措施扣5分；螺栓连接未紧固，一处扣2分，扣完为止		
9	光纤恢复	清洗光纤头后恢复光纤连接，恢复互感器光纤接线盒连接螺栓	10	未清洗光纤头扣2分；光纤恢复不正确，本项不得分；光纤接线盒未固定牢固、渗漏水，一处扣2分，扣完为止		
10	清理现场	工器具材料等收拾干净，检查现场无遗留物品	5	未收拾工器具材料扣3分；未检查现场无遗留物品扣2分		
11	工作终结	（1）工作终结后，填写检修交代。 （2）对工器具和作业现场进行整理与清理	10	检修交代不完整扣1分；工器具每遗漏1件扣1分；作业现场留有试验线等每件扣2分，扣完为止		
12	安全生产	操作符合规程和安全要求，无违章现象	10	操作中发生违规或不安全现象扣7分；工具跌落扣8分；操作中出现误入间隔、触电等恶性违规违章事故，应立即退出操作，本题按0分处理		
	合计		100			

Jc1002253024 交流滤波器故障电容器更换。（100分）

考核知识点：交流滤波器故障电容器更换

难易度：难

技能等级评价专业技能考核操作工作任务书

一、任务名称

交流滤波器故障电容器更换。

二、适用工种

换流站直流设备检修工（一次）技师。

三、具体任务

（1）工作状态为交流滤波器故障电容器更换。

（2）工作任务：

1）检查电容器，判断故障电容器位置。

2）交流滤波器电容器更换。

3）对更换后电容塔桥臂完成测试。

4）模拟现场工作，实施安全措施，完成现场检验任务。

四、工作规范及要求

（1）工器具使用及安全措施。

（2）按要求进行交流滤波器电容器更换。

（3）填写试验报告。

五、考核及时间要求

（1）本考核操作时间为 60 分钟，时间到停止考评，包括试验接线和报告整理时间。同一类现象故障不限一处故障点。

（2）故障查找和排除过程中，如确实不能查找出故障，可向考评员申请排除故障，该项故障项目不得分，但不影响其他项目。

（3）按照技能操作记录单的操作要求进行操作，正确记录操作结果，试验记录项目包括动作元件、相别、动作出口时间等。

技能等级评价专业技能考核操作评分标准

工种	换流站直流设备检修工（一次）			评价等级	技师
项目模块	一次及辅助设备日常维护、检修—交流滤波器的日常维护、检修		编号	Jc1002253024	
单位		准考证号		姓名	
考试时限	60分钟	题型	单项操作	题分	100分
成绩		考评员	考评组长	日期	
试题正文	交流滤波器故障电容器更换				
需要说明的问题和要求	（1）要求单人操作，完成交流滤波器故障电容器更换。 （2）操作应注意安全，按照标准化作业书的技术安全说明做好安全措施。 （3）测试仪现场准备				

序号	项目名称	质量要求	满分	扣分标准	扣分原因	得分
1	规范着装	安全帽应完好、经试验合格且在有效期内；安全帽佩戴应正确规范，着棉质长袖工装，系好领口和袖口，穿绝缘鞋，戴线手套	5	未按要求着装，一处扣2分；着装不规范，一处扣1分；以上扣分，扣完为止		

续表

序号	项目名称	质量要求	满分	扣分标准	扣分原因	得分
2	工器具的准备、外观检查和试验	（1）正确选择工器具、仪表，不漏选。 （2）常用工器具检查：检查其规格、外观质量及机械性能	5	操作过程中借用工具仪表扣2分； 工器具未进行外观检查扣3分		
3	升降作业车准备	车辆操作人员具有特种作业证，车辆与电容器塔距离合适，车辆应接地	10	人员不具有车辆操作特种作业证扣5分； 车辆与不平衡电流互感器距离太远或太近扣5分		
4	判断故障电容器位置	（1）对电容塔电容器进行逐个核对放电。 （2）使用电容器不平衡测试仪判断电容器故障方位。 （3）使用电容表判断故障电容器	10	未检查外观扣4分； 未逐个核对放电扣4分； 仪器使用不正确扣2分； 故障查找不正确，本项不得分		
5	备用电容器检查	外观正常，检验合格	5	未检查外观扣2分； 未检查检验报告扣3分		
6	导线拆除	拆除电容器软导线	5	螺栓及接线未保存良好，一处扣2分，扣完为止； 拆除电容器导致漏油或绝缘子损坏本项不得分		
7	电容器拆除	做好防坠落措施后，拆除电容器	5	未做好防坠落措施扣3分； 吊装固定不牢扣2分		
8	导线表面处理	使用酒精、砂纸等清理接触面，确保接触面清洁	5	未进行接触面处理，本项不得分		
9	电容器更换	做好防坠落措施后，安装电容器	10	未做好防坠落措施扣5分； 吊装不规范，一处扣2分，扣完为止		
10	导线恢复	电容器安装完成后，恢复电容器连接螺栓	10	未调整力矩扳手至30N·m扣10分； 导致电容器渗漏油或绝缘子损坏，本项不得分		
11	电容器桥臂误差测试	电容器安装完成后，对电容塔桥臂进行不平衡测试	5	未进行测量或测量不正确，本项不得分		
12	清理现场	工器具材料等收拾干净，检查现场无遗留物品	5	未收拾工器具材料扣3分； 未检查现场无遗留物品扣2分		
13	工作终结	（1）工作终结后，填写检修交代。 （2）对工器具和作业现场进行整理与清理	10	检修交代不完整扣1分； 工器具每遗漏一件扣1分； 作业现场留有试验线等，每件扣2分，扣完为止		
14	安全生产	操作符合规程和安全要求，无违章现象	10	操作中发生违规或不安全现象扣7分； 工具跌落扣8分； 操作中出现误入间隔、触电等恶性违规违章事故，应立即退出操作，本题按0分处理		
	合计		100			

Jc1002252025 交流滤波器电容塔母线接头发热处理。（100 分）

考核知识点：交流滤波器电容塔母线接头发热处理

难易度：中

技能等级评价专业技能考核操作工作任务书

一、任务名称

交流滤波器电容塔母线接头发热处理。

二、适用工种

换流站直流设备检修工（一次）技师。

三、具体任务

（1）工作状态为交流滤波器电容塔母线接头发热处理。

（2）工作任务：

1）检查电容塔母线接头烧蚀情况；

2）对接头进行打磨处理；

3）严格按照接头处理十步法执行；

4）模拟现场工作，实施安全措施，完成现场检验任务。

四、工作规范及要求

（1）工器具使用及安全措施。

（2）按要求进行交流滤波器电容塔母线接头发热处理。

（3）填写试验报告。

五、考核及时间要求

（1）本考核 1～6 项操作时间为 60 分钟，时间到停止考评，包括试验接线和报告整理时间。同一类现象故障不限一处故障点。

（2）故障查找和排除过程中，如确实不能查找出故障，可向考评员申请排除故障，该项故障项目不得分，但不影响其他项目。

（3）按照技能操作记录单的操作要求进行操作，正确记录操作结果，试验记录项目包括动作元件、相别、动作出口时间等。

技能等级评价专业技能考核操作评分标准

工种	换流站直流设备检修工（一次）			评价等级	技师
项目模块	一次及辅助设备日常维护、检修—交流滤波器的日常维护、检修		编号		Jc1002252025
单位		准考证号		姓名	
考试时限	60 分钟	题型	单项操作	题分	100 分
成绩		考评员	考评组长		日期
试题正文	交流滤波器电容塔母线接头发热处理				
需要说明的问题和要求	（1）要求单人操作，完成交流滤波器电容塔母线接头发热处理。 （2）操作应注意安全，按照标准化作业书的技术安全说明做好安全措施。 （3）测试仪现场准备				

序号	项目名称	质量要求	满分	扣分标准	扣分原因	得分
1	规范着装	安全帽应完好、经试验合格且在有效期内；安全帽佩戴应正确规范，着棉质长袖工装，系好领口和袖口，穿绝缘鞋，戴线手套	5	未按要求着装，一处扣2分；着装不规范，一处扣1分；以上扣分，扣完为止		
2	工器具的准备、外观检查和试验	（1）正确选择工器具、仪表，不漏选。 （2）常用工器具检查：检查其规格、外观质量及机械性能	5	操作过程中借用工具、仪表扣2分；工器具未进行外观检查扣3分		
3	材料选择	正确选择材料，不漏选，要求数量适量，规格合格且质量良好	5	操作过程中借用材料扣2分；未对材料进行数量及规格检查扣3分		
4	作业环境检查	确认作业现场是否需要增加隔离、登高和照明设施	5	未进行作业环境检查不得分		
5	检查发热母线接头	检查母线搭接面外观是否良好，是否有熔化烧蚀现象	10	未检查外观和螺栓紧固情况扣10分		

续表

序号	项目名称	质量要求	满分	扣分标准	扣分原因	得分
6	采用接头处理十步法	（1）初测直流电阻，对交流场超过 20μΩ 的接头进行解体处理。 （2）用规定力矩检查紧固，对不满足要求的接头重新紧固并用记号笔画线标记。检查螺栓防松动措施是否良好。 （3）拆卸接头，精细处理接触面。用 150 目细砂纸去除导电膏残留，无水酒精清洁接触面，用刀口尺和塞尺测量平面度。 （4）均匀薄涂导电膏。控制涂抹剂量，用不锈钢尺刮平，再用百洁布擦拭干净，使接线板表面形成一薄层导电膏。 （5）均衡牢固复装。复装时应先对角预紧、再用规定力矩拧紧，保证接线板受力均衡，并用记号笔做标记。 （6）复测直流电阻，不满足要求的应返工。 （7）80%力矩复验。检验合格后，用另一种颜色的记号笔标记，两种标记线不可重合	50	少一步处理扣 8 分，扣完为止		
7	工作终结	（1）工作终结后，填写检修交代。 （2）对工器具和作业现场进行整理与清理	10	检修交代不完整扣 1 分； 工器具每遗漏一件扣 1 分，扣完为止		
8	安全生产	操作符合规程和安全要求，无违章现象	10	操作中发生违规或不安全现象扣 4 分； 工具跌落扣 6 分； 操作中出现走错间隔等恶性违规违章事故，应立即退出操作，本题按 0 分处理		
	合计		100			

Jc1003242026 补气电磁阀的检修（以 V503 为例）。（100 分）

考核知识点：阀冷系统基本操作

难易度：中

技能等级评价专业技能考核操作工作任务书

一、任务名称

补气电磁阀的检修（以 V503 为例）。

二、适用工种

换流站直流设备检修工（一次）技师。

三、具体任务

（1）工作状态为阀内冷系统处于自动运行模式。工作内容为补气电磁阀的检修。

（2）工作任务：补气电磁阀的检修。

氮气稳压回路如图 Jc1003242026 所示。

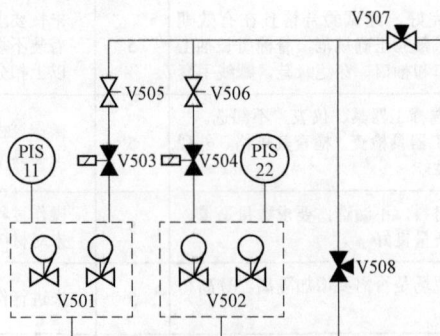

图 Jc1003242026

四、工作规范及要求

按要求进行阀内冷系统自动运行模式下对阀冷系统补气电磁阀的检修。

五、考核及时间要求

本考核操作时间为 60 分钟，时间到停止考评，包括阀冷系统状态确认和报告整理时间。

技能等级评价专业技能考核操作评分标准

工种	换流站直流设备检修工（一次）			评价等级	技师
项目模块	一次及辅助设备日常维护、检修—阀冷却系统的日常维护、检修		编号		Jc1003242026
单位		准考证号		姓名	
考试时限	60 分钟	题型	单项操作	题分	100 分
成绩		考评员	考评组长	日期	
试题正文	补气电磁阀的检修（以 V503 为例）				
需要说明的问题和要求	（1）要求单人操作。 （2）操作应注意安全，按照标准化作业书的技术安全说明做好安全措施。 （3）填写修试记录				

序号	项目名称	质量要求	满分	扣分标准	扣分原因	得分
1	安全措施					
1.1	相关安全措施的准备	核对设备双重名称	20	未核对设备双重名称扣 10 分；安全帽佩戴不规范扣 4 分，未穿全棉长袖工作服扣 3 分，未穿绝缘鞋扣 3 分		
1.1	相关安全措施的准备	进入作业现场正确佩戴安全帽，现场作业人员应穿全棉长袖工作服、绝缘鞋				
2	阀冷系统检查					
2.1	阀冷系统关键点检查	能对阀内冷系统进行关键点检查，确认无异常后方可进行更换操作。关键点：主循环泵运行状态、进阀压力、冷却水流量、阀冷系统告警界面告警信息	20	关键点检查缺一项扣 5 分（可口述），扣完为止		
3	电磁阀更换	参考图 Jc1003242026 能正确配合进行电磁阀（V503）更换： （1）通过操作面板中的控制键选择 V504 运行。 （2）断开 V503 控制电源断路器。 （3）关闭 V505 针阀，关闭 V501 氮气瓶截止阀，如果是线圈故障，直接更换线圈即可。 （4）如是阀体故障，则先拆出线圈，更换电磁阀阀体，按相反顺装回。 （5）打开 V505 针阀、V501 氮气瓶截止阀，用肥皂泡沫检查接口处是否漏气。 （6）合上 V503 控制电源断路器，通过操作面板中的控制键选择 V503 运行。 （7）修改补气电磁阀参数，检查 V503 电磁阀是否正常动作，恢复参数	40	未通过操作面板中的控制键选择 V504 运行扣 5 分；未断开 V503 控制电源断路器扣 5 分；未关闭 V505 针阀，关闭 V501 氮气瓶止回阀每个扣 5 分，扣完为止；未能完成电磁阀线圈更换，或未能完成电磁阀阀体更换扣 5 分；未打开 V505 针阀、V501 氮气瓶止回阀每个扣 5 分，扣完为止；未用肥皂泡沫检查接口处是否漏气扣 5 分；未合上 V503 控制电源断路器，通过操作面板中的控制键选择 V503 运行，并检查是否运行正常扣 5 分		
4	填写报告					
4.1	填写修试记录	正确填写更换报告：报告应包括更换电磁阀编号、更换原因、冷却水流量、膨胀罐液位等信息	20	根据核对信息酌情扣分		
	合计		100			

Jc1003243027　阀内冷系统法兰密封圈更换。（100分）

考核知识点： 阀冷系统基本操作

难易度： 难

技能等级评价专业技能考核操作工作任务书

一、任务名称

阀内冷系统法兰密封圈更换。

二、适用工种

换流站直流设备检修工（一次）技师。

三、具体任务

（1）工作状态为阀内冷系统处于停运模式。工作内容为阀内冷系统法兰密封圈更换。

（2）工作任务：阀内冷系统法兰密封圈更换。

四、工作规范及要求

按要求进行阀内冷系统停运模式下对阀冷系统阀内冷系统法兰密封圈的更换。

五、考核及时间要求

本考核操作时间为60分钟，时间到停止考评，包括阀冷系统状态确认和报告整理时间。

技能等级评价专业技能考核操作评分标准

工种	换流站直流设备检修工（一次）			评价等级	技师
项目模块	一次及辅助设备日常维护、检修—阀冷却系统的日常维护、检修		编号		Jc1003243027
单位		准考证号		姓名	
考试时限	60分钟	题型	单项操作	题分	100分
成绩		考评员	考评组长	日期	
试题正文	阀内冷系统法兰密封圈更换				
需要说明的问题和要求	（1）要求单人操作。 （2）操作应注意安全，按照标准化作业书的技术安全说明做好安全措施。 （3）填写修试记录				

序号	项目名称	质量要求	满分	扣分标准	扣分原因	得分
1	安全措施					
1.1	相关安全措施的准备	（1）核对设备双重名称。 （2）进入作业现场正确佩戴安全帽，现场作业人员应穿全棉长袖工作服、绝缘鞋	20	未核对设备双重名称操作扣10分；安全帽佩戴不规范扣4分，未穿全棉长袖工作服扣3分，未穿绝缘鞋扣3分		
2	阀冷系统检查					
2.1	阀冷系统关键点检查	能对阀内冷系统进行关键点检查，确认无异常后方可进行更换操作。 关键点：阀冷系统在停运状态、膨胀罐液位、膨胀罐压力、阀冷系统告警界面告警信息	20	关键点检查缺一项扣5分（可口述），扣完为止		

续表

序号	项目名称	质量要求	满分	扣分标准	扣分原因	得分
3	阀内冷系统法兰密封圈更换	能正确阀内冷系统法兰密封圈更换： （1）法兰密封圈的更换需在阀冷系统停运时进行。 （2）关闭法兰两端最近的阀门，并排空该管段介质，注意回收。 （3）用扳手对角线拆下连接夹持密封圈的法兰螺栓。 （4）松开一段与法兰相连的管道管码，不须完全拆下螺栓。 （5）错开两法兰，取出法兰密封圈。 （6）将新密封圈清洁干净，放入两法兰间，边缘均匀。 （7）安装连接夹持密封圈的法兰螺栓，注意活套法兰距离管道的距离应均匀，并对角线紧固。 （8）恢复阀门阀位，补充冷却介质，排除气体	40	未确认阀冷系统停运扣5分； 未关闭法兰两端最近的阀门，并回收排空该管段介质扣5分； 未用扳手对角线拆下连接夹持密封圈的法兰螺栓扣5分； 未松开一段与法兰相连的管道管码，不须完全拆下螺栓扣5分； 未取出法兰密封圈扣5分； 未将新密封圈清洁干净，放入两法兰间，边缘均匀扣5分； 未安装连接夹持密封圈的法兰螺栓，注意活套法兰距离管道的距离应均匀，并对角线紧固扣5分； 未恢复阀门阀位，补充冷却介质，排除气体，并检查是否漏水扣5分		
4	填写报告					
4.1	填写修试记录	正确填写更换报告： 报告应包括更换法兰密封圈位置、更换原因、是否漏水、膨胀罐液位及压力等信息	20	根据核对信息酌情扣分		
	合计		100			

Jc1003243028 阀外冷系统法兰密封圈更换。（100分）

考核知识点： 阀冷系统基本操作

难易度： 难

技能等级评价专业技能考核操作工作任务书

一、任务名称

阀外冷系统法兰密封圈更换。

二、适用工种

换流站直流设备检修工（一次）技师。

三、具体任务

（1）工作状态为阀外冷系统处于停运模式。工作内容为阀外冷系统法兰密封圈更换。

（2）工作任务：阀外冷系统法兰密封圈更换。

四、工作规范及要求

按要求进行阀外冷系统停运模式下对阀外冷系统法兰密封圈的更换。

五、考核及时间要求

本考核操作时间为60分钟，时间到停止考评，包括阀冷系统状态确认和报告整理时间。

技能等级评价专业技能考核操作评分标准

工种	换流站直流设备检修工（一次）			评价等级	技师
项目模块	一次及辅助设备日常维护、检修—阀冷却系统的日常维护、检修		编号	Jc1003243028	
单位		准考证号		姓名	
考试时限	60分钟	题型	单项操作	题分	100分
成绩		考评员	考评组长	日期	

试题正文	阀外冷系统法兰密封圈更换
需要说明的问题和要求	（1）要求单人操作。 （2）操作应注意安全，按照标准化作业书的技术安全说明做好安全措施。 （3）填写修试记录

序号	项目名称	质量要求	满分	扣分标准	扣分原因	得分
1	安全措施					
1.1	相关安全措施的准备	（1）核对设备双重名称。 （2）进入作业现场正确佩戴安全帽，现场作业人员应穿全棉长袖工作服、绝缘鞋	20	未核对设备双重名称操作扣10分； 安全帽佩戴不规范扣4分，未穿全棉长袖工作服扣3分，未穿绝缘鞋扣3分		
2	阀外冷系统检查					
2.1	阀外冷系统关键点检查	能对阀外冷系统进行关键点检查，确认无异常后方可进行更换操作。 关键点：阀外冷系统在停运状态、喷淋泵安全空气开关在断开位置、平衡水池液位、阀外冷系统告警界面告警信息	20	关键点检查缺一项扣5分（可口述），扣完为止		
3	阀外冷系统法兰密封圈更换	能正确进行阀外冷系统法兰密封圈更换： （1）法兰密封圈的更换需在阀外冷系统停运时进行，注意断开喷淋泵安全空气开关。 （2）关闭法兰两端最近的阀门，并排空该管段介质，注意回收。 （3）用扳手对角线拆下连接夹持密封圈的法兰螺栓。 （4）松开一段与法兰相连的管道管码，不须完全拆下螺栓。 （5）错开两法兰，取出法兰密封圈。 （6）将新密封圈清洁干净，放入两法兰间，边缘均匀。 （7）安装连接夹持密封圈的法兰螺栓，注意活套法兰距离管道的距离应均匀，并对角线紧固。 （8）恢复阀门阀位及喷淋泵安全空气开关，补充冷却介质，排除气体	40	未确认阀外冷系统停运或未断开安全空气开关扣5分； 未关闭法兰两端最近的阀门，并回收排空该管段介质扣5分； 未用扳手对角线拆下连接夹持密封圈的法兰螺栓扣5分； 未松开一段与法兰相连的管道管码扣5分； 未取出法兰密封圈扣5分； 未将新密封圈清洁干净，放入两法兰间，边缘均匀扣5分； 未安装连接夹持密封圈的法兰螺栓，注意活套法兰距离管道的距离应均匀，并对角线紧固扣5分； 未恢复阀门阀位及安全空气开关，补充冷却介质，排除气体，并检查是否漏水扣5分		
4	填写报告					
4.1	填写修试记录	正确填写更换报告： 报告应包括更换法兰密封圈位置、更换原因、是否漏水、喷淋泵安全空气开关是否恢复等信息	20	根据核对信息酌情扣分		
	合计		100			

Jc1003243029　阀外冷系统蝶阀更换。（100分）

考核知识点：阀冷系统基本操作

难易度：难

技能等级评价专业技能考核操作工作任务书

一、任务名称

阀外冷系统蝶阀更换。

二、适用工种

换流站直流设备检修工（一次）技师。

三、具体任务

（1）工作状态为阀外冷系统处于停运模式。工作内容为阀外冷系统蝶阀更换。

（2）工作任务：阀外冷系统蝶阀更换。

四、工作规范及要求

按要求进行阀外冷系统停运模式下对阀冷系统阀外冷系统蝶阀的更换。

五、考核及时间要求

本考核操作时间为 60 分钟，时间到停止考评，包括阀冷系统状态确认和报告整理时间。

技能等级评价专业技能考核操作评分标准

工种	换流站直流设备检修工（一次）		评价等级	技师
项目模块	一次及辅助设备日常维护、检修—阀冷却系统的日常维护、检修	编号		Jc1003243029
单位		准考证号	姓名	
考试时限	60 分钟	题型	单项操作	题分	100 分
成绩		考评员	考评组长		日期	
试题正文	阀外冷系统蝶阀更换			

需要说明的问题和要求	（1）要求单人操作。 （2）操作应注意安全，按照标准化作业书的技术安全说明做好安全措施。 （3）填写修试记录

序号	项目名称	质量要求	满分	扣分标准	扣分原因	得分
1	安全措施					
1.1	相关安全措施的准备	（1）核对设备双重名称。 （2）进入作业现场正确佩戴安全帽，现场作业人员应穿全棉长袖工作服、绝缘鞋	20	未核对设备双重名称操作扣 10 分；安全帽佩戴不规范扣 4 分，未穿全棉长袖工作服扣 3 分，未穿绝缘鞋扣 3 分		
2	阀冷系统检查					
2.1	阀冷系统关键点检查	能对阀外冷系统进行关键点检查，确认无异常后方可进行更换操作。 关键点：阀外冷系统在停运状态、喷淋泵安全空气开关在断开位置、平衡水池液位、阀外冷系统告警界面告警信息	20	关键点检查缺一项扣 5 分（可口述），扣完为止		
3	阀外冷系统法兰密封圈更换	能正确进行阀外冷系统蝶阀更换： （1）蝶阀的更换应在系统停运时进行，并且需要断开喷淋泵安全空气开关。 （2）关闭蝶阀两端最近的阀门，并排空该管段介质，注意回收。 （3）置蝶阀为全关闭状态。 （4）对角线松开蝶阀法兰螺栓。 （5）松开该蝶阀管道管段的管码。 （6）向外移动管道，松开蝶阀法兰密封环，水平或垂直取出蝶阀。 （7）更换并安装新蝶阀，调节蝶阀中心轴线与管中心轴线一致，最大偏差不得大于 3mm。 （8）对角线紧固好蝶阀法兰螺栓，保证法兰密封处无渗漏。 （9）恢复蝶阀正常运行时初始阀位	40	未确认阀冷系统停运或未断开喷淋泵安全空气开关扣 5 分；未关闭蝶阀两端最近的阀门，并回收排空该管段介质扣 5 分；未置蝶阀为全关闭状态扣 5 分；未对角线松开蝶阀法兰螺栓扣 5 分；松开该蝶阀管道管段的管码扣 5 分；未取出蝶阀扣 5 分；未更换并安装新蝶阀，调节蝶阀中心轴线与管中心轴线一致，或最大偏差不符合要求扣 5 分；未恢复阀门阀位，补充冷却介质，排除气体，并检查是否漏水扣 5 分		
4	填写报告					
4.1	填写修试记录	正确填写更换报告：报告应包括更换蝶阀位置、更换原因、是否漏水、膨胀罐液位及压力等信息	20	根据核对信息酌情扣分		
	合计		100			

Jc1003253030 阀外冷系统排污泵启动（含故障）。（100分）

考核知识点： 阀冷系统基本操作

难易度： 难

技能等级评价专业技能考核操作工作任务书

一、任务名称

阀外冷系统排污泵启动（含故障）。

二、适用工种

换流站直流设备检修工（一次）技师。

三、具体任务

（1）工作状态为阀外冷系统处于手动模式。工作内容为阀外冷系统排污泵启动（含故障）。

（2）工作任务：阀外冷系统排污泵启动（含故障）。

四、工作规范及要求

按要求进行阀外冷系统手动模式下对阀冷系统阀外冷系统排污泵的启动（含故障）。

五、考核及时间要求

本考核操作时间为60分钟，时间到停止考评，包括阀冷系统状态确认和报告整理时间。

技能等级评价专业技能考核操作评分标准

工种	换流站直流设备检修工（一次）				评价等级		技师
项目模块	一次及辅助设备日常维护、检修—阀冷却系统的日常维护、检修			编号		Jc1003253030	
单位			准考证号			姓名	
考试时限	60分钟	题型		单项操作		题分	100分
成绩		考评员		考评组长		日期	
试题正文	阀外冷系统排污泵启动（含故障）						
需要说明的问题和要求	（1）要求单人操作。 （2）操作应注意安全，按照标准化作业书的技术安全说明做好安全措施。 （3）填写修试记录						

序号	项目名称	质量要求	满分	扣分标准	扣分原因	得分
1	安全措施					
1.1	相关安全措施的准备	（1）核对设备双重名称。 （2）进入作业现场正确佩戴安全帽，现场作业人员应穿全棉长袖工作服、绝缘鞋	20	未核对设备双重名称操作扣10分；安全帽佩戴不规范扣4分，未穿全棉长袖工作服扣3分，未穿绝缘鞋扣3分		
2	阀冷系统检查					
2.1	阀冷系统关键点检查	能对阀外冷系统进行关键点检查，确认无异常后方可进行启动操作。 关键点：阀外冷系统在手动状态、阀外冷系统集污坑内积水液位、排污泵状态、阀外冷系统告警界面告警信息	20	关键点检查缺一项扣5分（可口述），扣完为止		
3	阀外冷系统排污泵启动	能正确进行阀外冷系统排污泵启动： （1）现场确认阀外冷系统集污坑内积水液位满足排污泵启动条件。 （2）在AP17阀外冷系统控制屏柜上确认有无相关告警信息。 （3）单击AP17阀外冷系统控制屏柜上"集水坑控制"按钮。 （4）在弹出界面输入账号、密码。 （5）单击P42启动按钮。 （6）发现P42启动失败，进行故障排查。	20	未现场确认阀外冷系统集污坑内积水液位满足排污泵启动条件扣2.5分； 未在AP17阀外冷系统控制屏柜上确认有无相关告警信息扣2.5分； 未单击AP17阀外冷系统控制屏柜上"集水坑控制"按钮，扣2.5分； 未在弹出界面输入账号、密码，扣2.5分； 未能正常启动排污泵扣2.5分； 未观察集污坑液位下降至目标液位后点击停止扣2.5分；		

续表

序号	项目名称	质量要求	满分	扣分标准	扣分原因	得分
3	阀外冷系统排污泵启动	（7）排查完成启动成功后观察集污坑液位下降至目标液位后单击停止。 （8）现场确认集污坑液位降低。 （9）单击操作密码退出按钮，并再次确认系统有无异常告警	20	未现场确认集污坑液位降低扣2.5分；未单击操作密码退出按钮，并再次确认系统有无异常告警，扣2.5分		
4	故障排查					
4.1	故障查找	能正确进行故障查找。 故障1：接触器线圈接线虚接； 故障2：P42排污泵空气开关未合	10	未查找出故障每个扣5分，扣完为止		
4.2	故障排除	能正确进行故障排除	10	未正确排除故障每个扣5分，扣完为止		
5	填写报告					
5.1	填写修试记录	正确填写启动报告： 报告应包括启动排污泵编号、集污坑液位、是否正常启动、存在故障及处理措施、操作后有无告警信号产生等信息	20	根据核对信息酌情扣分		
	合计		100			

Jc1003242031　阀外冷系统模拟量输入模块更换。（100分）

考核知识点：阀外冷系统模拟量输入模块更换

难易度：中

技能等级评价专业技能考核操作工作任务书

一、任务名称

阀外冷系统模拟量输入模块更换。

二、适用工种

换流站直流设备检修工（一次）技师。

三、具体任务

（1）工作状态为换流阀检修、阀冷系统运行。工作内容为阀外冷系统模拟量输入模块 AI1A 更换。

（2）工作任务：阀外冷系统模拟量输入模块更换，更换步骤应符合要求，确保设备正常稳定运行。

四、工作规范及要求

熟悉阀外冷系统模拟量输入模块更换的方法，熟练使用仪器仪表及工器具。

五、考核及时间要求

本考核操作时间为60分钟，时间到停止考评。

技能等级评价专业技能考核操作评分标准

工种	换流站直流设备检修工（一次）				评价等级	技师
项目模块	一次及辅助设备日常维护、检修—阀冷却系统的日常维护、检修			编号		Jc1003242031
单位			准考证号		姓名	
考试时限	60分钟	题型		单项操作	题分	100分
成绩		考评员		考评组长	日期	
试题正文	阀外冷系统模拟量输入模块更换					
需要说明的问题和要求	（1）要求单人操作。 （2）操作应注意安全，按照标准化作业书的技术安全说明做好安全措施。 （3）填写修试记录					

续表

序号	项目名称	质量要求	满分	扣分标准	扣分原因	得分
1	工具使用及安全措施					
1.1	相关安全措施的准备	（1）核对设备双重名称。 （2）进入作业现场正确佩戴安全帽，现场作业人员应穿全棉长袖工作服、绝缘鞋	20	未核对设备扣 10 分； 安全帽佩戴不规范扣 4 分，未穿全棉长袖工作服扣 3 分，未穿绝缘鞋扣 3 分		
2	模拟量输入模块更换					
2.1	断开电源	（1）断开柜内所需更换元器件上级断路器（先断开交流，再断开直流）。 （2）用万用表测量对应元器件端子是否已掉电。 （3）在断开断路器和开关处悬挂"禁止合闸，有人工作"标识牌	18	按照步骤开展，每少一步扣 6 分，扣完为止		
2.2	模块更换	（1）核对备件型号与实物的一致性。 （2）按下故障模拟量输入模块前连接器上下弹簧卡销。 （3）同时轻轻上下摇动前连接器，向外拔出连接器。 （4）拧松模块固定螺栓，拆出模块。 （5）备件模拟量输入模块在安装前，保证和故障模块侧面的量程卡安装一致。 （6）装上新模块，拧紧模拟量输入模块固定螺栓。 （7）装上前连接器	42	按照步骤开展，每少一步扣 6 分，扣完为止		
3	恢复现场并填写报告					
3.1	观察设备运行无异常后，恢复现场，填写修试记录	（1）恢复相关断路器（先恢复直流，再恢复交流）；观察阀外冷系统运行无异常，数据采样正确。收回标识牌、清理现场。 （2）填写修试记录	20	记录填写不全按比例扣分，总计 15 分；无检查扣 5 分		
	合计		100			

Jc1003242032　阀外冷系统模拟量输出模块更换。（100 分）

考核知识点： 阀外冷系统模拟量输出模块更换

难易度： 中

技能等级评价专业技能考核操作工作任务书

一、任务名称

阀外冷系统模拟量输出模块更换。

二、适用工种

换流站直流设备检修工（一次）技师。

三、具体任务

（1）工作状态为换流阀检修、阀冷系统运行。工作内容为阀外冷系统模拟量输出模块 AO1A 更换。

（2）工作任务：阀外冷系统模拟量输出模块更换，更换步骤应符合要求，确保设备正常稳定运行。

四、工作规范及要求

熟悉阀外冷系统模拟量输出模块更换的方法，熟练使用仪器仪表及工器具。

五、考核及时间要求

本考核操作时间为 60 分钟，时间到停止考评。

技能等级评价专业技能考核操作评分标准

工种	换流站直流设备检修工（一次）			评价等级	技师
项目模块	一次及辅助设备日常维护、检修—阀冷却系统的日常维护、检修		编号		Jc1003242032
单位		准考证号		姓名	
考试时限	60分钟	题型	单项操作	题分	100分
成绩		考评员	考评组长	日期	
试题正文	阀外冷系统模拟量输出模块更换				
需要说明的问题和要求	（1）要求单人操作。 （2）操作应注意安全，按照标准化作业书的技术安全说明做好安全措施。 （3）填写修试记录				

序号	项目名称	质量要求	满分	扣分标准	扣分原因	得分
1	工具使用及安全措施					
1.1	相关安全措施的准备	（1）核对设备双重名称。 （2）进入作业现场正确佩戴安全帽，现场作业人员应穿全棉长袖工作服、绝缘鞋	20	未核对设备扣10分； 安全帽佩戴不规范扣4分，未穿全棉长袖工作服扣3分，未穿绝缘鞋扣3分		
2	模拟量输出模块更换					
2.1	断开电源	（1）断开柜内所需更换元器件上级断路器（先断开交流，再断开直流）。 （2）用万用表测量对应元器件端子是否已掉电。 （3）在断开断路器和开关处悬挂"禁止合闸，有人工作"标识牌	18	按照步骤开展，每少一步扣6分，扣完为止		
2.2	模块更换	（1）核对备件型号与实物的一致性。 （2）按下故障模拟量输出模块前连接器上下弹簧卡销。 （3）同时轻轻上下摇动前连接器，向外拔出连接器。 （4）拧松模块固定螺栓，拆出模块。 （5）备件模拟量输出模块在安装前，保证和故障模块侧面的量程卡安装一致。 （6）装上新模块，拧紧模拟量输出模块固定螺栓。 （7）装上前连接器	42	按照步骤开展，每少一步扣6分，扣完为止		
3	恢复现场并填写报告					
3.1	观察设备运行无异常后，恢复现场，填写修试记录	（1）恢复相关断路器（先恢复直流，再恢复交流）；观察阀外冷系统运行无异常，数据采样正确。收回标识牌、清理现场。 （2）填写修试记录	20	记录填写不全按比例扣分，总计15分；无检查扣5分		
	合计		100			

Jc1003242033　阀外冷系统数字量输入模块更换。（100分）

考核知识点：阀外冷系统数字量输入模块更换

难易度：中

技能等级评价专业技能考核操作工作任务书

一、任务名称

阀外冷系统数字量输入模块更换。

二、适用工种

换流站直流设备检修工（一次）技师。

三、具体任务

（1）工作状态为换流阀检修、阀冷系统运行。工作内容为阀外冷系统数字量输入模块DI1A更换。

（2）工作任务：阀外冷系统数字量输入模块更换，更换步骤应符合要求，确保设备正常稳定运行。

四、工作规范及要求

熟悉阀外冷系统数字量输入模块更换的方法，熟练使用仪器仪表及工器具。

五、考核及时间要求

本考核操作时间为 60 分钟，时间到停止考评。

技能等级评价专业技能考核操作评分标准

工种	换流站直流设备检修工（一次）		评价等级	技师
项目模块	一次及辅助设备日常维护、检修—阀冷却系统的日常维护、检修	编号		Jc1003242033
单位		准考证号	姓名	
考试时限	60 分钟	题型	单项操作	题分	100 分
成绩		考评员	考评组长	日期	
试题正文	阀外冷系统数字量输入模块更换			
需要说明的问题和要求	（1）要求单人操作。 （2）操作应注意安全，按照标准化作业书的技术安全说明做好安全措施。 （3）填写修试记录			

序号	项目名称	质量要求	满分	扣分标准	扣分原因	得分
1	工具使用及安全措施					
1.1	相关安全措施的准备	（1）核对设备双重名称。 （2）进入作业现场正确佩戴安全帽，现场作业人员应穿全棉长袖工作服、绝缘鞋	20	未核对设备扣 10 分； 安全帽佩戴不规范扣 4 分，未穿全棉长袖工作服扣 3 分，未穿绝缘鞋扣 3 分		
2	数字量输入模块更换					
2.1	断开电源	（1）断开柜内所需更换元器件上级断路器（先断开交流，再断直流）。 （2）用万用表测量对应元器件端子是否已掉电。 （3）在断开断路器和开关处悬挂"禁止合闸，有人工作"标识牌	18	按照步骤开展，每少一步扣 6 分，扣完为止		
2.2	模块更换	（1）核对备件型号与实物的一致性。 （2）按下故障数字量输入模块前连接器上下弹簧卡销。 （3）同时轻轻上下摇动前连接器，向外拔出连接器。 （4）拧松模块固定螺栓，拆出模块。 （5）备件数字量输入模块在安装前，保证和故障模块侧面的量程卡安装一致。 （6）装上新模块，拧紧数字量输入模块固定螺栓。 （7）装上前连接器	42	按照步骤开展，每少一步扣 6 分，扣完为止		
3	恢复现场并填写报告					
3.1	观察设备运行无异常后，恢复现场，填写修试记录	（1）恢复相关断路器（先恢复直流，再恢复交流）；观察阀外冷系统运行无异常，数据采样正确。收回标识牌、清理现场。 （2）填写修试记录	20	每少填写一项扣 5 分，扣完为止		
	合计		100			

Jc1003242034 阀外冷系统数字量输出模块更换。（100 分）

考核知识点：阀外冷系统数字量输出模块更换

难易度：中

技能等级评价专业技能考核操作工作任务书

一、任务名称

阀外冷系统数字量输出模块更换。

二、适用工种

换流站直流设备检修工（一次）技师。

三、具体任务

（1）工作状态为换流阀检修、阀冷系统运行。工作内容为阀外冷系统数字量输出模块DO1A更换。

（2）工作任务：阀外冷系统数字量输出模块更换，更换步骤应符合要求，确保设备正常稳定运行。

四、工作规范及要求

熟悉阀外冷系统数字量输出模块更换的方法，熟练使用仪器仪表及工器具。

五、考核及时间要求

本考核操作时间为60分钟，时间到停止考评。

技能等级评价专业技能考核操作评分标准

工种	换流站直流设备检修工（一次）			评价等级	技师	
项目模块	一次及辅助设备日常维护、检修—阀冷却系统的日常维护、检修		编号		Jc1003242034	
单位		准考证号			姓名	
考试时限	60分钟	题型	单项操作		题分	100分
成绩		考评员		考评组长	日期	
试题正文	阀外冷系统数字量输出模块更换					
需要说明的问题和要求	（1）要求单人操作。 （2）操作应注意安全，按照标准化作业书的技术安全说明做好安全措施。 （3）填写修试记录					

序号	项目名称	质量要求	满分	扣分标准	扣分原因	得分
1	工具使用及安全措施					
1.1	相关安全措施的准备	（1）核对设备双重名称。 （2）进入作业现场正确佩戴安全帽，现场作业人员应穿全棉长袖工作服、绝缘鞋	20	未核对设备扣10分； 安全帽佩戴不规范扣4分，未穿全棉长袖工作服扣3分，未穿绝缘鞋扣3分		
2	数字量输出模块更换					
2.1	断开电源	（1）断开柜内所需更换元器件上级断路器（先断开交流，再断开直流）。 （2）用万用表测量对应元器件端子是否已掉电。 （3）在断开断路器和开关处悬挂"禁止合闸，有人工作"标识牌	18	按照步骤开展，每少一步扣6分，扣完为止		
2.2	模块更换	（1）核对备件型号与实物的一致性。 （2）按下故障数字量输出模块前连接器上下弹簧卡销。 （3）同时轻轻上下摇动前连接器，向外拔出连接器。 （4）拧松模块固定螺栓，拆出模块。 （5）备件数字量输出模块在安装前，保证和故障模块侧面的量程卡安装一致。 （6）装上新模块，拧紧数字量输出模块固定螺栓。 （7）装上前连接器	42	按照步骤开展，每少一步扣6分，扣完为止		
3	恢复现场并填写报告					

续表

序号	项目名称	质量要求	满分	扣分标准	扣分原因	得分
3.1	观察设备运行无异常后，恢复现场，填写修试记录	（1）恢复相关断路器（先恢复直流，再恢复交流）；观察阀外冷系统运行无异常，数据采样正确。收回标识牌、清理现场。 （2）填写修试记录	20	记录填写不全按比例扣分，总计15分；无检查扣5分		
	合计		100			

Jc1003243035　阀外冷系统空冷散热器换热管束除污（阀冷系统自动运行状态）。（100分）

考核知识点：阀冷系统基本操作

难易度：难

技能等级评价专业技能考核操作工作任务书

一、任务名称

阀外冷系统空冷散热器换热管束除污（阀冷系统自动运行状态）

二、适用工种

换流站直流设备检修工（一次）技师。

三、具体任务

（1）工作状态为阀冷系统处于自动运行模式。工作内容为阀外冷系统空冷散热器换热管束除污。

（2）工作任务：阀外冷系统空冷散热器换热管束除污（阀冷系统自动运行状态）。

四、工作规范及要求

按要求进行阀冷系统自动运行模式下对阀外冷系统空冷散热器换热管束的除污。

五、考核及时间要求

本考核操作时间为60分钟，时间到停止考评，包括阀冷系统状态确认和报告整理时间。

技能等级评价专业技能考核操作评分标准

工种	换流站直流设备检修工（一次）			评价等级	技师
项目模块	一次及辅助设备日常维护、检修—阀冷却系统的日常维护、检修		编号		Jc1003243035
单位			准考证号	姓名	
考试时限	60分钟	题型	单项操作	题分	100分
成绩		考评员	考评组长	日期	
试题正文	阀外冷系统空冷散热器换热管束除污（阀冷系统自动运行状态）				
需要说明的问题和要求	（1）要求单人进行操作。 （2）操作应注意安全，按照标准化作业书的技术安全说明做好安全措施。 （3）填写修试记录				

序号	项目名称	质量要求	满分	扣分标准	扣分原因	得分
1	安全措施					
1.1	相关安全措施的准备	（1）核对设备双重名称。 （2）进入作业现场正确佩戴安全帽，现场作业人员应穿全棉长袖工作服、绝缘鞋	20	未核对设备双重名称操作扣10分；安全帽佩戴不规范扣4分，未穿全棉长袖工作服扣3分，未穿绝缘鞋扣3分		
2	阀冷系统检查					

序号	项目名称	质量要求	满分	扣分标准	扣分原因	得分
2.1	阀冷系统关键点检查	能对阀外冷系统进行关键点检查，确认无异常后方可进行更换操作。关键点：阀冷系统在自动运行状态、冷却器状态、进阀温度、膨胀罐液位、阀冷系统告警界面告警信息	20	每项扣5分（可口述），扣完为止		
3	阀外冷系统空冷散热器换热管束除污	能正确进行阀外冷系统空冷散热器换热管束除污： （1）停运需要冲洗的换热管束风机，断开该组换热管束电源。 （2）风机就地安全开关置于关位。 （3）在控制柜上屏蔽阀冷系统泄漏保护。 （4）距离设备200～300mm处，按气流的相反方向进行清洗。清洗时从中间开始，再扩散至四周，喷头尽可能与翅片垂直，最大角度不超±5°，以防止翅片弯曲。 （5）清洗完成后需等待1h后投入阀冷系统泄漏保护。 （6）恢复该组换热管束电源及风机安全开关	40	未停运需要冲洗的换热管束风机，未断开该组换热管束电源扣5分； 未断开风机就地安全开关扣5分； 未在控制柜上屏蔽阀冷系统泄漏保护扣10分； 未距离设备200～300mm处，按气流的相反方向进行清洗。清洗时从中间开始，再扩散至四周，喷头尽可能与翅片垂直，若最大角度超过±5°扣5分； 清洗完成后未等待1h后投入阀冷系统泄漏保护，扣10分； 未恢复该组换热管束电源及风机安全开关，扣5分		
4	填写修试记录	正确填写更换报告： 报告应包括冲洗的换热管束编号、冲洗结果、冲洗前后进阀温度及膨胀罐液位、恢复后电源及安全开关状态、泄漏保护投退情况等信息	20	根据核对信息酌情扣分		
	合计		100			

Jc1003242036　阀内冷系统原水罐补水。（100分）

考核知识点：阀冷系统基本操作

难易度：中

技能等级评价专业技能考核操作工作任务书

一、任务名称

阀内冷系统原水罐补水。

二、适用工种

换流站直流设备检修工（一次）技师。

三、具体任务

（1）工作状态为阀冷系统处于自动运行模式。工作内容为阀内冷系统原水罐补水。

（2）工作任务：阀内冷系统原水罐补水。

四、工作规范及要求

按要求进行阀冷系统自动运行模式下对阀内冷系统原水罐的补水。

五、考核及时间要求

本考核操作时间为60分钟，时间到停止考评，包括阀冷系统状态确认和报告整理时间。

技能等级评价专业技能考核操作评分标准

工种	换流站直流设备检修工（一次）				评价等级	技师
项目模块	一次及辅助设备日常维护、检修—阀冷却系统的日常维护、检修			编号		Jc1003242036
单位			准考证号		姓名	
考试时限	60分钟		题型	单项操作	题分	100分
成绩		考评员		考评组长		日期

试题正文	阀内冷系统原水罐补水
需要说明的问题和要求	（1）要求两人配合进行操作。 （2）操作应注意安全，按照标准化作业书的技术安全说明做好安全措施。 （3）填写修试记录

序号	项目名称	质量要求	满分	扣分标准	扣分原因	得分
1	安全措施					
1.1	相关安全措施的准备	（1）核对设备双重名称。 （2）进入作业现场正确佩戴安全帽，现场作业人员应穿全棉长袖工作服、绝缘鞋	20	未核对设备双重名称操作扣10分；安全帽佩戴不规范扣4分，未穿全棉长袖工作服扣3分，未穿绝缘鞋扣3分		
2	阀冷系统检查					
2.1	阀冷系统关键点检查	能对阀内冷系统进行关键点检查，确认无异常后方可进行补水操作。 关键点：阀冷系统在自动运行状态、原水罐液位、膨胀罐液位、阀冷系统告警界面告警信息	20	关键点检查缺一项扣5分（可口述），扣完为止		
3	阀内冷系统原水罐补水	能正确进行阀内冷系统原水罐补水： （1）在补水泵接口处安装补水管。 （2）根据目标液位计算需要补充水量。 （3）清洗补水桶，并将补充水加入桶中。 （4）将补水管口放入补水桶底部。 （5）打开补水泵进水处球阀。 （6）在阀内冷系统操作屏上点击"辅助设备控制"。 （7）选择自动模式下P21补水泵置维护状态。 （8）在维护状态下点击P21补水泵启动，观察原水罐液位达到目标值后点击关闭补水泵。 （9）恢复补水泵接头、球阀连接，清理现场，确认阀冷系统运行状态	40	未完成补水泵接口水管安装及阀门开启扣5分； 未完成补水量计算扣5分； 未进行补水桶清洗扣5分； 未成功启动补水泵或启动错误扣10分； 补水未达到或超出目标值扣10分； 补水完成后未恢复补水泵状态，或未确认阀冷系统运行状态扣5分		
4	填写报告					
4.1	填写修试记录	正确填写补水报告：报告应包括补水的阀冷系统编号、补水结果等信息	20	根据核对信息酌情扣分		
	合计		100			

Jc1003243037　阀外冷系统空冷散热器风机变频器更换。（100分）

考核知识点：阀冷系统基本操作

难易度：难

技能等级评价专业技能考核操作工作任务书

一、任务名称

阀外冷系统空冷散热器风机变频器更换。

二、适用工种

换流站直流设备检修工（一次）技师。

三、具体任务

（1）工作状态为阀冷系统处于自动运行模式。工作内容为阀外冷系统空冷散热器风机变频器更换。

（2）工作任务：阀外冷系统空冷散热器风机变频器更换。

四、工作规范及要求

按要求进行阀冷系统自动运行模式下对阀外冷系统空冷散热器风机变频器的更换。

五、考核及时间要求

本考核操作时间为 60 分钟，时间到停止考评，包括阀冷系统状态确认和报告整理时间。

技能等级评价专业技能考核操作评分标准

工种	换流站直流设备检修工（一次）			评价等级	技师	
项目模块	一次及辅助设备日常维护、检修—阀冷却系统的日常维护、检修		编号		Jc1003243037	
单位		准考证号			姓名	
考试时限	60 分钟	题型		单项操作	题分	100 分
成绩		考评员		考评组长	日期	
试题正文	阀外冷系统空冷散热器风机变频器更换					
需要说明的问题和要求	（1）要求两人配合进行操作。 （2）操作应注意安全，按照标准化作业书的技术安全说明做好安全措施。 （3）填写修试记录					

序号	项目名称	质量要求	满分	扣分标准	扣分原因	得分
1	安全措施					
1.1	相关安全措施的准备	（1）核对设备双重名称。 （2）进入作业现场正确佩戴安全帽，现场作业人员应穿全棉长袖工作服、绝缘鞋	20	未核对设备双重名称操作扣 10 分；安全帽佩戴不规范扣 4 分，未穿全棉长袖工作服扣 3 分，未穿绝缘鞋扣 3 分		
2	阀冷系统检查					
2.1	阀冷系统关键点检查	能对阀外冷系统进行关键点检查，确认无异常后方可进行更换操作。 关键点：阀冷系统在自动运行状态、冷却器状态、进阀温度、阀冷系统告警界面告警信息	20	关键点检查缺一项扣 5 分（可口述），扣完为止		
3	阀外冷系统空冷散热器风机变频器更换	能正确进行阀外冷系统空冷散热器风机变频器更换： （1）停运需要更换变频器的风机，断开该风机电源。 （2）确认变频器已无电源输入。 （3）拆除变频器。 （4）安装新变频器，注意按原接线方式恢复接线。 （5）核实接线无误后恢复电源。 （6）手动试运行，检查变频器工作是否正常，检查风机转向是否正确	40	未停运需要更换变频器的风机，断开该风机电源扣 10 分； 未确认变频器已无电源输入扣 10 分； 未成功拆出变频器扣 5 分； 未成功安装新变频器扣 5 分； 未核实接线无误后恢复电源扣 5 分； 未手动试运行，或未检查变频器工作是否正常，或未检查风机转向是否正确扣 5 分		
4	填写报告					

续表

序号	项目名称	质量要求	满分	扣分标准	扣分原因	得分
4.1	填写修试记录	正确填写更换报告：报告应包括更换的变频器编号、更换结果、更换后电源状态、风机运行状态等信息	20	根据核对信息酌情扣分		
	合计		100			

Jc1003253038 阀冷系统进阀温度保护逻辑校验。（100分）

考核知识点：阀冷系统基本操作

难易度：难

技能等级评价专业技能考核操作工作任务书

一、任务名称

阀冷系统进阀温度保护逻辑校验。

二、适用工种

换流站直流设备检修工（一次）技师。

三、具体任务

（1）工作状态为阀冷系统处于自动停运模式。工作内容为阀冷系统进阀温度保护逻辑校验。

（2）工作任务：阀冷系统进阀温度保护逻辑校验。

四、工作规范及要求

按要求进行阀冷系统自动停运模式下对阀冷系统进阀温度保护逻辑的校验。

五、考核及时间要求

本考核操作时间为60分钟，时间到停止考评，包括阀冷系统状态确认和报告整理时间。

技能等级评价专业技能考核操作评分标准

工种	换流站直流设备检修工（一次）			评价等级		技师
项目模块	一次及辅助设备日常维护、检修—阀冷却系统的日常维护、检修			编号		Jc1003253038
单位			准考证号		姓名	
考试时限	60分钟	题型		单项操作	题分	100分
成绩		考评员		考评组长	日期	
试题正文	阀冷系统进阀温度保护逻辑校验					
需要说明的问题和要求	（1）要求两人配合进行操作。 （2）操作应注意安全，按照标准化作业书的技术安全说明做好安全措施。 （3）填写修试记录					

序号	项目名称	质量要求	满分	扣分标准	扣分原因	得分
1	安全措施					
1.1	相关安全措施的准备	（1）核对设备双重名称。 （2）进入作业现场正确佩戴安全帽，现场作业人员应穿全棉长袖工作服、绝缘鞋	20	未核对设备双重名称操作扣10分；安全帽佩戴不规范扣4分，未穿全棉长袖工作服扣3分，未穿绝缘鞋扣3分		
2	阀冷系统检查					
2.1	阀冷系统关键点检查	能对阀冷系统进行关键点检查，确认无异常后方可进行校验。 关键点：阀冷系统在自动停止状态、进阀温度、保护定值、阀冷系统告警界面告警信息	20	关键点检查缺一项扣5分（可口述），扣完为止		

续表

序号	项目名称	质量要求	满分	扣分标准	扣分原因	得分
3	阀冷系统进阀温度保护逻辑校验	能正确进行阀冷系统进阀温度保护逻辑校验： （1）将阀冷系统保护校验装置的 DP 通信总线接至阀冷系统 CPU 耦合模块上。 （2）找到屏柜内进阀温度变送器输入端子并挑开，然后将校验装置进阀温度的输入试验接线接至端子输入侧。 （3）在校验装置上根据定值进行进阀温度的输入，验证保护动作后果。 （4）恢复接线及系统状态	40	未将阀冷系统保护校验装置的 DP 通信总线接至阀冷系统 CPU 耦合模块上扣 10 分； 未找到屏柜内进阀温度变送器输入端子并挑开，然后将校验装置进阀温度的输入试验接线接至端子输入侧扣 10 分； 未在校验装置上根据定值进行进阀温度的输入，验证保护动作后果扣 10 分； 未恢复接线及系统状态扣 10 分		
4	填写报告					
4.1	填写修试记录	正确填写更换报告： 报告应包括测试前系统状态、测试接线方式、测试结果、测试后系统恢复状态等信息	20	根据核对信息酌情扣分		
	合计		100			

Jc1003253039 阀冷系统膨胀罐液位保护逻辑校验。（100 分）

考核知识点： 阀冷系统基本操作

难易度： 难

技能等级评价专业技能考核操作工作任务书

一、任务名称

阀冷系统膨胀罐液位保护逻辑校验。

二、适用工种

换流站直流设备检修工（一次）技师。

三、具体任务

（1）工作状态为阀冷系统处于自动停运模式。工作内容为阀冷系统膨胀罐液位保护逻辑校验。

（2）工作任务：阀冷系统膨胀罐液位保护逻辑校验。

四、工作规范及要求

按要求进行阀冷系统自动停运模式下对阀冷系统膨胀罐液位保护逻辑的校验。

五、考核及时间要求

本考核操作时间为 60 分钟，时间到停止考评，包括阀冷系统状态确认和报告整理时间。

技能等级评价专业技能考核操作评分标准

工种	换流站直流设备检修工（一次）			评价等级	技师
项目模块	一次及辅助设备日常维护、检修—阀冷却系统的日常维护、检修		编号		Jc1003253039
单位		准考证号		姓名	
考试时限	60 分钟	题型	单项操作	题分	100 分
成绩		考评员	考评组长	日期	
试题正文	阀冷系统膨胀罐液位保护逻辑校验				
需要说明的问题和要求	（1）要求两人配合进行操作。 （2）操作应注意安全，按照标准化作业书的技术安全说明做好安全措施。 （3）填写修试记录				

序号	项目名称	质量要求	满分	扣分标准	扣分原因	得分
1	安全措施					
1.1	相关安全措施的准备	（1）核对设备双重名称。 （2）进入作业现场正确佩戴安全帽，现场作业人员应穿全棉长袖工作服、绝缘鞋	20	未核对设备双重名称操作扣 10 分； 安全帽佩戴不规范扣 4 分，未穿全棉长袖工作服扣 3 分，未穿绝缘鞋扣 3 分		
2	阀冷系统检查					
2.1	阀冷系统关键点检查	能对阀冷系统进行关键点检查，确认无异常方可进行校验。 关键点：阀冷系统在自动停止状态、膨胀罐液位、保护定值、阀冷系统告警界面告警信息	20	关键点检查缺一项扣 5 分（可口述），扣完为止		
3	阀冷系统膨胀罐液位保护逻辑校验	能正确进行阀冷系统膨胀罐液位保护逻辑校验： （1）将阀冷系统保护校验装置的 DP 通信总线接至阀冷系统 CPU 耦合模块上。 （2）找到屏柜内膨胀罐液位变送器输入端子并挑开，然后将校验装置膨胀罐液位的输入试验接线接至端子输入侧。 （3）在校验装置上根据定值进行膨胀罐液位的输入，验证保护动作后果。 （4）恢复接线及系统状态	40	未将阀冷系统保护校验装置的 DP 通信总线接至阀冷系统 CPU 耦合模块上扣 10 分； 未找到屏柜内膨胀罐液位变送器输入端子并挑开，然后将校验装置膨胀罐液位的输入试验接线接至端子输入侧扣 10 分； 未在校验装置上根据定值进行膨胀罐液位的输入，验证保护动作后果扣 10 分； 未恢复接线及系统状态扣 10 分		
4	填写报告					
4.1	填写修试记录	正确填写更换报告： 报告应包括测试前系统状态、测试接线方式、测试结果、测试后系统恢复状态等信息	20	根据核对信息酌情扣分		
	合计		100			

Jc1003253040 阀冷系统泄漏保护逻辑校验。（100 分）

考核知识点：阀冷系统基本操作

难易度：难

技能等级评价专业技能考核操作工作任务书

一、任务名称

阀冷系统泄漏保护逻辑校验。

二、适用工种

换流站直流设备检修工（一次）技师。

三、具体任务

（1）工作状态为阀冷系统处于自动停运模式。工作内容为阀冷系统泄漏保护逻辑校验。

（2）工作任务：阀冷系统泄漏保护逻辑校验。

四、工作规范及要求

按要求进行阀冷系统自动停运模式下对阀冷系统泄漏保护逻辑的校验。

五、考核及时间要求

本考核操作时间为 60 分钟，时间到停止考评，包括阀冷系统状态确认和报告整理时间。

技能等级评价专业技能考核操作评分标准

工种	换流站直流设备检修工（一次）		评价等级	技师
项目模块	一次及辅助设备日常维护、检修—阀冷却系统的日常维护、检修	编号	Jc1003253040	
单位		准考证号	姓名	
考试时限	60分钟	题型	单项操作	题分	100分
成绩		考评员	考评组长	日期	
试题正文	阀冷系统泄漏保护逻辑校验				
需要说明的问题和要求	（1）要求两人配合进行操作。（2）操作应注意安全，按照标准化作业书的技术安全说明做好安全措施。（3）填写修试记录				

序号	项目名称	质量要求	满分	扣分标准	扣分原因	得分
1	安全措施					
1.1	相关安全措施的准备	（1）核对设备双重名称。（2）进入作业现场正确佩戴安全帽，现场作业人员应穿全棉长袖工作服、绝缘鞋	20	未核对设备双重名称操作扣10分；安全帽佩戴不规范扣4分，未穿全棉长袖工作服扣3分，未穿绝缘鞋扣3分		
2	阀冷系统检查					
2.1	阀冷系统关键点检查	能对阀冷系统进行关键点检查，确认无异常后方可进行校验。关键点：阀冷系统在自动停止状态、膨胀罐液位、保护定值、阀冷系统告警界面告警信息	20	关键点检查缺一项扣5分（可口述），扣完为止		
3	阀冷系统泄漏保护逻辑校验	能正确进行阀冷系统泄漏保护逻辑校验：（1）将阀冷系统保护校验装置的DP通信总线接至阀冷系统CPU耦合模块上。（2）找到屏柜内膨胀罐液位变送器输入端子并挑开，然后将校验装置膨胀罐液位的输入试验接线接至端子输入侧。（3）在校验装置上单击预置的泄漏保护跳闸测试按钮，观察膨胀罐液位的变化，验证保护动作后果。（4）恢复接线及系统状态	40	未将阀冷系统保护校验装置的DP通信总线接至阀冷系统CPU耦合模块上扣10分；未找到屏柜内膨胀罐液位变送器输入端子并挑开，然后将校验装置膨胀罐液位的输入试验接线接至端子输入侧扣10分；未在校验装置上单击预置的泄漏保护跳闸测试按钮，观察膨胀罐液位的变化，验证保护动作后果扣10分；未恢复接线及系统状态扣10分		
4	填写报告					
4.1	填写修试记录	正确填写更换报告：报告应包括测试前系统状态、测试接线方式、测试结果、测试后系统恢复状态等信息	20	根据核对信息酌情扣分		
	合计		100			

Jc1003243041　离子交换器树脂更换。（100分）

考核知识点： 离子交换器树脂更换

难易度： 难

技能等级评价专业技能考核操作工作任务书

一、任务名称

离子交换器树脂更换。

二、适用工种

换流站直流设备检修工（一次）技师。

三、具体任务

（1）工作状态为阀冷系统运行，离子交换器 C01 运行、C02 检修。工作内容为离子交换器树脂更换。

离子交换回路如图 Jc1003243041 所示。

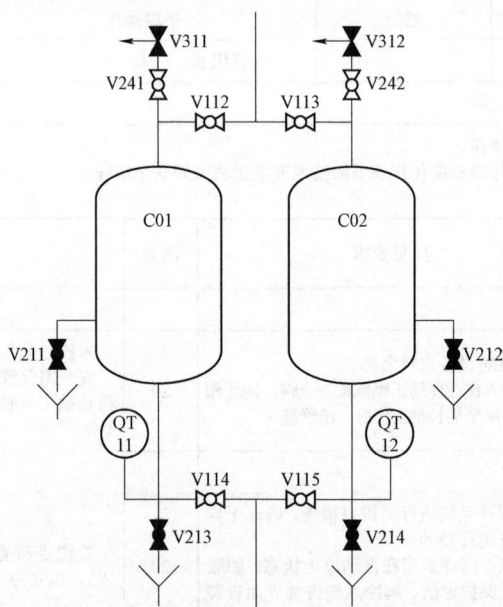

图 Jc1003243041

（2）工作任务：进行离子交换器树脂更换，更换步骤应符合要求，确保设备正常稳定运行。

四、工作规范及要求

熟悉阀冷系统离子交换器树脂更换的方法，熟练使用仪器仪表及工器具。

五、考核及时间要求

本考核操作时间为 60 分钟，时间到停止考评。

技能等级评价专业技能考核操作评分标准

工种	换流站直流设备检修工（一次）			评价等级	技师
项目模块	一次及辅助设备日常维护、检修—阀冷却系统的日常维护、检修		编号		Jc1003243041
单位		准考证号		姓名	
考试时限	60 分钟	题型	单项操作	题分	100 分
成绩		考评员	考评组长	日期	
试题正文	离子交换器树脂更换				
需要说明的问题和要求	（1）要求单人操作，树脂注入等单人难以完成的体力工作，可申请外协人员协助进行。 （2）操作应注意安全，按照标准化作业书的技术安全说明做好安全措施。 （3）填写修试记录				

序号	项目名称	质量要求	满分	扣分标准	扣分原因	得分
1	工具使用及安全措施					
1.1	相关安全措施的准备	（1）核对设备双重名称、核对离子交换器 C01 运行、C02 检修。 （2）进入作业现场正确佩戴安全帽，现场作业人员应穿全棉长袖工作服、绝缘鞋。树脂更换要戴橡胶手套及护目镜	15	未核对设备扣 5 分； 安全帽佩戴不规范扣 4 分，未穿全棉长袖工作服扣 3 分，未穿绝缘鞋扣 3 分		
2	树脂更换					

续表

序号	项目名称	质量要求	满分	扣分标准	扣分原因	得分
2.1	树脂泄空	参考图 Jc1003243041： （1）补充原水罐 C21 液位至高液位，检查膨胀罐液位是否在正常运行值处，如液位较低则手动启动补水泵 P11/P12 补至设定液位。 （2）通过操作面板中的控制键屏蔽阀冷泄漏保护。 （3）关闭 V115，V113 小心开启大约 30°，连接好 V212 至树脂回收桶间的透明软管。 （4）手动启动补水泵 P11 或 P12，缓慢打开 V212 手柄，开度 60～90°，离子交换器中的树脂被排放到树脂回收桶，在树脂排放过程中，如膨胀罐液位不大于 600mm，应立即关闭 V212，启动补水泵 P11 或 P12，当膨胀罐液位达设定值处时再开启 V212，直至 C02 离子交换树脂被排空。 （5）关闭 V113、V212，打开 V214，排掉离子交换器内的冷却介质。 （6）当排干离子交换器后关闭 V214，并拿掉排放软管	25	按照步骤开展，每少一步扣 5 分，扣完为止		
2.2	充入新的树脂	参考图 Jc1003243041： （1）确认 V113、V115 完全关闭；拆除 C02 上部管段卡箍。 （2）拆除 C02 上部离子交换器法兰封头。 （3）仔细检查滤帽情况，如有损坏，应更换。 （4）如离子交换器内还有树脂，可加入纯水将内部树脂合部清除；然后关闭 V214、V212。 （5）用漏斗和勺子充入新的树脂，滤帽应位于树脂上方，而不应埋在树脂内，罐体法兰面应清理干净，严禁有任何的残留树脂和其他杂质。 （6）恢复并安装好法兰封头和管道法兰等，注意螺栓的紧固，保证法兰密封处严密无渗漏。 （7）小心地打开 V113 20°～30°，此过程中如出现膨胀罐液位低或原水罐液位低等情况，应补充冷却介质后再缓慢开启 V113 20°～30°，待排气阀 V311 或 V312 中无气体排出时，关闭 V113。 （8）连接好 V214 泄空软管，打开 V214，排掉离子交换器内的冷却介质。 （9）循环操作以上步骤 7 和步骤 8 2～3 次。 （10）关闭 V214，重复本节步骤 7，使离子交换器再次充满冷却介质，然后全部开启 V115。 （11）切换 V113 与 V112 开关状态，使离子交换器 C02 为主运行，记录去离子水电导率和冷却水电导率数据	40	按照步骤开展，每少一步扣 4 分，扣完为止		
3	恢复现场并填写报告					
3.1	观察设备运行无异常后，恢复现场，填写修试记录	（1）经 24h 运行观察（可口述），当电导率值低于 0.1μS/cm 时，再次切换 V112 与 V113 开关状态，使离子交换器 C01 串联运行在前，并开启 V113 约 15° 开度，保持离子交换器 C01 有少量的介质流过。 （2）启动补水泵，使用膨胀罐液位恢复至正常液位，待膨胀罐液位稳定后，通过操作面板中的控制键解除阀冷系统泄漏屏蔽保护。 （3）填写修试记录	20	每少填写一项扣 7 分，扣完为止		
	合计		100			

Jc1003242042　阀内冷系统主过滤器清洗更换。（100分）

考核知识点： 阀内冷系统主过滤器更换

难易度： 中

技能等级评价专业技能考核操作工作任务书

一、任务名称

阀内冷系统主过滤器清洗更换。

二、适用工种

换流站直流设备检修工（一次）技师。

三、具体任务

（1）工作状态为阀冷系统运行，主过滤器 Z01 运行、Z02 备用。工作内容为主过滤器 Z01 清洗维护。主水回路如图 Jc1003242042 所示。

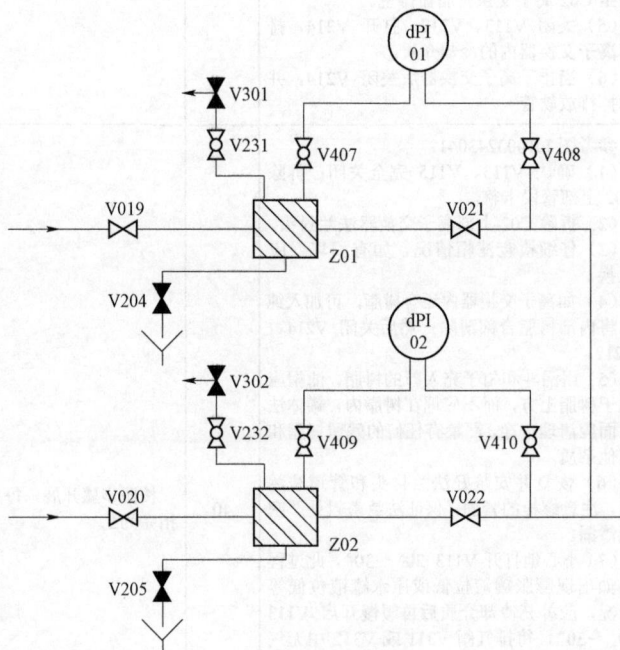

图 Jc1003242042

（2）工作任务：进行主过滤器 Z01 清洗，更换步骤应符合要求，确保设备正常稳定运行。

四、工作规范及要求

熟悉阀冷系统主过滤器更换的方法，熟练使用仪器仪表及工器具。

五、考核及时间要求

本考核操作时间为 60 分钟，时间到停止考评。

技能等级评价专业技能考核操作评分标准

工种	换流站直流设备检修工（一次）				评价等级	技师
项目模块	一次及辅助设备日常维护、检修—阀冷却系统的日常维护、检修			编号		Jc1003242042
单位			准考证号		姓名	
考试时限	60分钟	题型		单项操作	题分	100分
成绩		考评员		考评组长	日期	

续表

试题正文	阀内冷系统主过滤器清洗更换					
需要说明的问题和要求	（1）要求单人操作，较大的力矩紧固等单人难以完成的体力工作，可申请外协人员协助进行。 （2）操作应注意安全，按照标准化作业书的技术安全说明做好安全措施。 （3）填写修试记录					

序号	项目名称	质量要求	满分	扣分标准	扣分原因	得分
1	工具使用及安全措施					
1.1	相关安全措施的准备	（1）核对设备双重名称、核对离子交换器Z01运行、Z02备用。 （2）进入作业现场正确佩戴安全帽，现场作业人员应穿全棉长袖工作服、绝缘鞋	15	未核对设备扣5分； 安全帽佩戴不规范扣4分，未穿全棉长袖工作服扣3分，未穿绝缘鞋扣3分		
2	主过滤器清洗更换					
2.1	更换前准备	参考图Jc1003242042： （1）在操作面板中的控制键屏蔽阀冷系统泄漏保护。 （2）缓慢打开V020和V022，确认dPI02压力表压力正常后，缓慢关闭V019和V021	14	按照步骤开展，每少一步扣7分，扣完为止		
2.2	主过滤器清洗更换	（1）连接排放阀门V204泄空软管，依次打开V204、V301，排空过滤器内介质，排空后应无介质流出。 （2）拆出过滤器进水端管段。 （3）拆出过滤器滤芯。 （4）清理并检查滤芯上的异物，可通过0.5MPa的高压水枪对滤芯从内至外进行冲洗，如果滤芯污垢严重或破损，无法清理干净，则需更换备用滤芯。 （5）将安装滤芯的管道内部冲洗干净，然后安装过滤器及拆出的管段，注意法兰和滤芯密封面间的密封圈，紧固螺栓并满足力矩要求，保证各连接处严密无渗漏。 （6）关闭排放阀门V204，保持V301开启。 （7）缓慢开启V019约15°，直到阀门V301有水溢出时，关闭V301	46	按照步骤开展，每少一步扣7分，扣完为止		
3	恢复现场并填写报告					
3.1	观察设备运行无异常后，恢复现场，填写修试记录	（1）恢复V019与V021正常阀位。 （2）通过操作面板中的控制键解除阀冷系统泄漏屏蔽；检查DPI01压力正常。 （3）填写修试记录	25	记录填写不全按比例扣分，总计15分；无恢复扣5分，无检查扣5分		
	合计		100			

Jc1003263043　阀内冷系统 PLC 更换（非在线）。（100分）

考核知识点： 阀内冷系统 PLC 更换（非在线）

难易度： 难

技能等级评价专业技能考核操作工作任务书

一、任务名称
阀内冷系统 PLC 更换（非在线）。

二、适用工种
换流站直流设备检修工（一次）技师。

三、具体任务
（1）工作状态为换流阀在检修状态、阀冷系统运行。工作内容为阀内冷系统 PLCB 更换。

（2）工作任务：阀内冷系统 PLC 更换，更换步骤应符合要求，确保设备正常稳定运行。

四、工作规范及要求

熟悉阀内冷系统 PLC 更换的方法，熟练使用仪器仪表及工器具。

五、考核及时间要求

本考核操作时间为 60 分钟，时间到停止考评。

技能等级评价专业技能考核操作评分标准

工种		换流站直流设备检修工（一次）			评价等级		技师
项目模块		一次及辅助设备日常维护、检修—阀冷却系统的日常维护、检修		编号		Jc1003263043	
单位			准考证号			姓名	
考试时限	60 分钟	题型		单项操作		题分	100 分
成绩		考评员		考评组长		日期	
试题正文	阀内冷系统 PLC 更换（非在线）						
需要说明的问题和要求	（1）要求单人操作。 （2）操作应注意安全，按照标准化作业书的技术安全说明做好安全措施。 （3）填写修试记录						

序号	项目名称	质量要求	满分	扣分标准	扣分原因	得分
1	工具使用及安全措施					
1.1	相关安全措施的准备	（1）核对设备双重名称。 （2）进入作业现场正确佩戴安全帽，现场作业人员应穿全棉长袖工作服、绝缘鞋	10	未核对设备扣 5 分； 安全帽佩戴不规范扣 2 分，未穿全棉长袖工作服扣 1 分，未穿绝缘鞋扣 2 分		
2	PLC 更换	（1）核对备件型号与实物的一致性，拍照记录阀冷系统定值。 （2）用调试电脑连接并读取阀冷系统运行中的 PLC 固件版本，确保运行中的 PLC 固件版本与备件 PLC 固件版本一致。 （3）PLCB 拨至 STOP 状态，PLC STOP 指示灯亮。 （4）PLCB 电源模板 PS 控制开关拨至关断电源状态（PLC 断电）PLC 断电，所有指示灯灭。 （5）拆掉 PLCB 的光纤和近距离同步模块，记录光纤的安装位置（上下位置）光纤分上下顺序，拆除时注意记录原来的位置。 （6）用螺丝刀拆卸 PLCB 的 DP 总线插头，记录总线插头的安装位置，DP 插头安装在固定位置，拆除前记录 DP 接头位置。 （7）用螺丝刀拆卸 PLC 的底部固定螺栓，拆下 PLC，拆除 PLC 注意不要用力过大。 （8）拔下 PLCB 的存储卡，把它插至新 PLCB 处，注意存储卡方向与原来的安装方向一致。 （9）更换 PLCB，把背板拨码拨成 1；然后装上新 PLC，拧紧 PLC 的底部固定螺栓，确保 PLC 后面的拨码与原 PLC 一致。 （10）按记录插上光纤和近距离同步模块，并把新的 PLC 打到 STOP 位。 （11）PS 控制开关拨至 I（供电）状态（为 PLC 供电），PLC 开始自检，自检过程中新 PLC 处于 STOP 位，且 STOP 黄灯闪烁。 （12）等待新 PLC 自检完成，自检过程中新 PLC 处于 STOP 位，且 STOP 黄灯闪烁。自检完成后，确认新 PLC 的 LINK1OK，LINK2OK 绿色指示灯亮，IMF1F、IMF2F 指示灯灭，STOP 黄灯亮。	65	按照步骤开展，每少一步扣 5 分，扣完为止		

序号	项目名称	质量要求	满分	扣分标准	扣分原因	得分
2	PLC 更换	（13）用调试电脑连接更换的 PLC，读取 PLC 固件版本，并与之前读取的原 PLC 固件版本对比一致。 （14）把 PLC 拨至 RUN 位，确认新的 PLC 的 MSTR 灯不亮，PLC RUN 指示灯亮。 （15）按记录插上新 PLC 的 DP 总线插头，并拧紧。 （16）进行 PLCA 与 PLCB 之间的切换试验，切换前确认 LINK1OK，LINK2OK 绿色指示灯亮，IMF1F、IMF2F 指示灯灭	65	按照步骤开展，每少一步扣 4 分，扣完为止		
3	恢复现场并填写报告					
3.1	观察设备运行无异常后，恢复现场，填写修试记录	（1）PLCB 检修完成后，检查阀冷系统运行数据正常，核对保护定值正确，检查定值与更换前一致。 （2）观察阀冷系统运行工况，无异常，无报警信息，清理现场。 （3）填写修试记录	25	记录填写不全按比例扣分，总计 15 分；无恢复扣 5 分，无检查扣 5 分		
	合计		100			

Jc1003243044 阀内冷系统电源模板更换。（100 分）

考核知识点：阀内冷系统电源模板更换

难易度：难

技能等级评价专业技能考核操作工作任务书

一、任务名称

阀内冷系统电源模板更换。

二、适用工种

换流站直流设备检修工（一次）技师。

三、具体任务

（1）工作状态为换流阀在检修状态、阀冷系统运行。工作内容为阀内冷系统电源模板更换。

（2）工作任务：阀内冷系统电源模板更换，更换步骤应符合要求，确保设备正常稳定运行。

四、工作规范及要求

熟悉阀内冷系统电源模板更换的方法，熟练使用仪器仪表及工器具。

五、考核及时间要求

本考核操作时间为 60 分钟，时间到停止考评。

技能等级评价专业技能考核操作评分标准

工种	换流站直流设备检修工（一次）				评价等级	技师	
项目模块	一次及辅助设备日常维护、检修—阀冷却系统的日常维护、检修				编号	Jc1003243044	
单位					姓名		
考试时限	60 分钟	题型		单项操作		题分	100 分
成绩		考评员		考评组长		日期	
试题正文	阀内冷系统电源模板更换						
需要说明的问题和要求	（1）要求单人操作。 （2）操作应注意安全，按照标准化作业书的技术安全说明做好安全措施。 （3）填写修试记录						

续表

序号	项目名称	质量要求	满分	扣分标准	扣分原因	得分
1	工具使用及安全措施					
1.1	相关安全措施的准备	（1）核对设备双重名称。 （2）进入作业现场正确佩戴安全帽，现场作业人员应穿全棉长袖工作服、绝缘鞋	10	未核对设备扣5分； 安全帽佩戴不规范扣2分，未穿全棉长袖工作服扣1分，未穿绝缘鞋扣2分		
2	电源模板更换					
2.1	电池检查及更换	（1）检查是否只是电池故障，如是电池故障，只需更换电池即可。 （2）打开电源模块的电池。 （3）使用环线将备用电池从电池盒拉出。 （4）在电源模块的电池盒中插入新的备用电池，确保电池的极性正确。 （5）使用 BATT INDIC 滑动开关启动电池监视。 （6）按下 FMR 按钮。 （7）合上电源模板的盖子	28	按照步骤开展，每少一步扣5分，扣完为止		
2.2	更换电源模板	（1）把 CPU 切换至另外一个 CPU 运行，电源模板故障的 CPU 切换至 STOP。 （2）把电源模板切换至断电位置。 （3）用螺丝刀轻轻将 CPU 电源接线端子向外撬松后，拆下相应电源模块的接线端子。 （4）松开接线端子下面的紧固螺栓和电源模块上部的紧固螺栓，从下端倾斜向上扳动电源模块、从机架上取下。 （5）将备用电源模块首先挂在底板的上端，然后轻轻按下电源模块下部，将备用 CPU 电源模块安装到相应机架上，拧紧备用电源模块紧固螺栓，同时安装好电源接线端子。 （6）将新的 CPU 电源模块安装上备用电池，且备用电池的数量和拨码保持一致，合上相应 CPU 电源开关。 （7）电源模板重新上电后，CPU 自检启动，约 10min。 （8）CPU 启动后，观察两个 CPU 上的 IFM1F、IFM2F 指示灯不应亮红灯，停运的 CPU 上应只亮 EXTF、REDF 两个指示灯。 （9）把 CPU 拨至 RUN 位，确认更换了电源模板的 CPU MSTR 灯不亮	37	按照步骤开展，每少一步扣4分，扣完为止		
3	恢复现场并填写报告					
3.1	观察设备运行无异常后，恢复现场，填写修试记录	（1）PLCB 检修完成后，检查阀冷系统运行数据正常，核对保护定值正确，检查定值与更换前一致。 （2）观察阀冷系统运行工况，无异常，无报警信息，清理现场。 （3）填写修试记录	25	记录填写不全按比例扣分，总计15分；无恢复扣5分，无检查扣5分		
	合计		100			

Jc1003242045　阀内冷系统主泵接触器更换。（100分）

考核知识点：阀内冷系统主泵接触器更换

难易度：中

技能等级评价专业技能考核操作工作任务书

一、任务名称

阀内冷系统主泵接触器更换。

二、适用工种

换流站直流设备检修工（一次）技师。

三、具体任务

（1）工作状态为阀冷系统停运。工作内容为阀内冷系统主泵接触器更换。

（2）工作任务：阀内冷系统主泵接触器更换，更换步骤应符合要求，确保设备正常稳定运行。

四、工作规范及要求

熟悉阀内冷系统主泵接触器更换的方法，熟练使用仪器仪表及工器具。

五、考核及时间要求

本考核操作时间为 60 分钟，时间到停止考评。

技能等级评价专业技能考核操作评分标准

工种	换流站直流设备检修工（一次）				评价等级	技师	
项目模块	一次及辅助设备日常维护、检修—阀冷却系统的日常维护、检修			编号		Jc1003242045	
单位			准考证号			姓名	
考试时限	60 分钟	题型		单项操作		题分	100 分
成绩		考评员		考评组长		日期	
试题正文	阀内冷系统主泵接触器更换						
需要说明的问题和要求	（1）要求单人操作。 （2）操作应注意安全，按照标准化作业书的技术安全说明做好安全措施。 （3）填写修试记录						

序号	项目名称	质量要求	满分	扣分标准	扣分原因	得分
1	工具使用及安全措施					
1.1	各种工器具正确使用	拆卸用螺钉旋具，扳手，万用表等工具准备好，并测试工具完好。熟练正确使用各种工器具	5	未正确使用，一次扣 1 分，扣完为止		
1.2	相关安全措施的准备	（1）核对设备双重名称。 （2）进入作业现场正确佩戴安全帽，现场作业人员应穿全棉长袖工作服、绝缘鞋	10	未核对设备扣 5 分； 安全帽佩戴不规范扣 2 分，未穿全棉长袖工作服扣 1 分，未穿绝缘鞋扣 2 分		
2	主泵接触器更换	（1）核对备件型号与故障设备型号一致。 （2）断开上级断路器，并用万用表等确认电源已断开。 （3）拆线，并做好线缆标识，用于恢复接线用，同时做好绝缘包扎，防止短路。 （4）拆卸接触器或辅助触点附件。 （5）用万用表检查新备件接点通断正常，无卡涩。 （6）将备件更换安装上。 （7）按照之前做好的线缆标识接线，恢复原样	65	按照步骤开展，每少一步扣 10 分，扣完为止		
3	恢复现场并填写报告					
3.1	观察设备运行无异常后，恢复现场，填写修试记录	（1）更换后检查分合正常、触点动作正常。 （2）填写修试记录	20	记录填写不全按比例扣分，总计 15 分；无检查扣 5 分		
	合计		100			

Jc1003243046 阀内冷系统近距离同步模块更换。（100分）

考核知识点： 阀内冷系统近距离同步模块更换

难易度： 难

技能等级评价专业技能考核操作工作任务书

一、任务名称

阀内冷系统近距离同步模块更换。

二、适用工种

换流站直流设备检修工（一次）技师。

三、具体任务

（1）工作状态为换流阀检修、阀内冷系统运行。工作内容为阀内冷系统近距离同步模块更换。

（2）工作任务：阀内冷系统近距离同步模块更换，更换步骤应符合要求，确保设备正常稳定运行。

四、工作规范及要求

熟悉阀内冷系统近距离同步模块更换的方法，熟练使用仪器仪表及工器具。

五、考核及时间要求

本考核操作时间为60分钟，时间到停止考评。

技能等级评价专业技能考核操作评分标准

工种	换流站直流设备检修工（一次）					评价等级		技师
项目模块	一次及辅助设备日常维护、检修—阀内冷却系统的日常维护、检修				编号		Jc1003243046	
单位			准考证号			姓名		
考试时限	60分钟	题型		单项操作			题分	100分
成绩		考评员		考评组长			日期	
试题正文	阀内冷系统近距离同步模块更换							
需要说明的问题和要求	（1）要求单人操作。 （2）操作应注意安全，按照标准化作业书的技术安全说明做好安全措施。 （3）填写修试记录							

序号	项目名称	质量要求	满分	扣分标准	扣分原因	得分
1	工具使用及安全措施					
1.1	相关安全措施的准备	（1）核对设备双重名称。 （2）进入作业现场正确佩戴安全帽，现场作业人员应穿全棉长袖工作服、绝缘鞋	20	未核对设备扣10分； 安全帽佩戴不规范扣4分，未穿全棉长袖工作服扣3分，未穿绝缘鞋扣3分		
2	近距离同步模块更换					
2.1	更换前准备	（1）拍照记录阀内冷系统当前故障、运行画面数据和参数设定表数据。 （2）退出泄漏保护、进阀温度保护、液位保护、流量压力保护	18	按照步骤开展，每少一步扣9分，扣完为止		
2.2	同步模块更换	（1）核对备件型号与实物的一致性。 （2）故障同步模块所在CPU拨至STOP状态；故障同步模块所在CPU电源模板PS控制开关拨至关断电源状态（CPU断电）。 （3）拆掉故障的同步模板后装上新的同步模板。 （4）原断电的CPU电源模板PS控制开关拨至开启电源状态。观察两个CPU上的IFM1F、IFM2F指示灯，不应亮红灯。 （5）停运的CPU上应只亮EXTF、REDF两个指示灯。再把原停运的CPU由STOP状态拨至RUN状态	42	按照步骤开展，每少一步扣9分，扣完为止		

续表

序号	项目名称	质量要求	满分	扣分标准	扣分原因	得分
3	恢复现场并填写报告					
3.1	观察设备运行无异常后，恢复现场，填写修试记录	（1）观察阀内冷系统运行无异常，两套CPU数据同步正常。清理现场。 （2）填写修试记录	20	记录填写不全按比例扣分，总计15分；无检查扣5分		
	合计		100			

Jc1003243047 阀内冷系统 HMI 模块更换。（100 分）

考核知识点：阀内冷系统 HMI 模块更换

难易度：难

技能等级评价专业技能考核操作工作任务书

一、任务名称

阀内冷系统 HMI 模块更换。

二、适用工种

换流站直流设备检修工（一次）技师。

三、具体任务

（1）工作状态为换流阀检修、阀内冷系统运行。工作内容为阀内冷系统 HMI 模块更换。

（2）工作任务：阀内冷系统 HMI 模块更换，更换步骤应符合要求，确保设备正常稳定运行。

四、工作规范及要求

熟悉阀内冷系统 HMI 模块更换的方法，熟练使用仪器仪表及工器具。

五、考核及时间要求

本考核操作时间为 60 分钟，时间到停止考评。

技能等级评价专业技能考核操作评分标准

工种	换流站直流设备检修工（一次）			评价等级		技师	
项目模块	一次及辅助设备日常维护、检修—阀冷却系统的日常维护、检修			编号		Jc1003243047	
单位			准考证号			姓名	
考试时限	60 分钟	题型		单项操作		题分	100 分
成绩		考评员		考评组长		日期	
试题正文	阀内冷系统 HMI 模块更换						
需要说明的问题和要求	（1）要求单人操作。 （2）操作应注意安全，按照标准化作业书的技术安全说明做好安全措施。 （3）填写修试记录						

序号	项目名称	质量要求	满分	扣分标准	扣分原因	得分
1	工具使用及安全措施					
1.1	相关安全措施的准备	（1）核对设备双重名称。 （2）进入作业现场正确佩戴安全帽，现场作业人员应穿全棉长袖工作服、绝缘鞋	10	未核对设备扣5分； 安全帽佩戴不规范扣2分，未穿棉长袖工作服扣1分，未穿绝缘鞋扣2分		
2	HMI 模块更换					

续表

序号	项目名称	质量要求	满分	扣分标准	扣分原因	得分
2.1	更换前工作	（1）核对备件型号与原模块型号一致。 （2）下载程序到 HMI 模块，新程序需与原 HMI 程序保持一致。 （3）设置地址，波特率与原 HMI 设备保持一致。 （4）查看原 HMI 模块参数设置界面并拍照留底	24	按照步骤开展，每少一步扣 6 分，扣完为止		
2.2	HMI 模块更换	（1）断开 HMI 模块电源开关。 （2）拔掉 HMI 模块 24V 电源插拔端子，并记录端子接线位置。 （3）用一字螺钉旋具松掉模块的 9 针 DP 接头上的固定螺栓，再轻轻拔出 DP 接头。 （4）使用一字螺丝刀依次松掉 HMI 模块上的卡扣，期间需用手扶着 HMI 模块，防止掉落，收好卡扣，然后取下 HMI 模块。 （5）把新 HMI 模块安装在柜门上，安装过程中，应先安装 HMI 模块对角处卡扣，然后依次安装其他位置卡扣。 （6）把 DP 接头插在 HMI 设备的 9 针座上。 （7）将 24V 电源插拔端子插上，注意应按记录恢复。 （8）闭合 HMI 模块电源开关	46	按照步骤开展，每少一步扣 6 分，扣完为止		
3	恢复现场并填写报告					
3.1	观察设备运行无异常后，恢复现场，填写修试记录	（1）检查新更换 HMI 模块与 CPU 通信正常；检查新更换 HMI 模块参数设置值与原 HMI 模块一致；检查更换后 HMI 模块显示及操作正常。 （2）填写修试记录	20	记录填写不全按比例扣分，总计 15 分；无检查扣 5 分		
	合计		100			

Jc1003242048　阀冷系统 OLM 模块更换。（100 分）

考核知识点：阀冷系统 OLM 模块更换

难易度：中

技能等级评价专业技能考核操作工作任务书

一、任务名称

阀冷系统 OLM 模块更换。

二、适用工种

换流站直流设备检修工（一次）技师。

三、具体任务

（1）工作状态为换流阀检修、阀冷系统运行。工作内容为阀冷系统 OLM 模块更换。

（2）工作任务：阀冷系统 OLM 模块更换，更换步骤应符合要求，确保设备正常稳定运行。

四、工作规范及要求

熟悉阀冷系统 OLM 模块更换的方法，熟练使用仪器仪表及工器具。

五、考核及时间要求

本考核操作时间为 60 分钟，时间到停止考评。

技能等级评价专业技能考核操作评分标准

工种	换流站直流设备检修工（一次）		评价等级		技师
项目模块	一次及辅助设备日常维护、检修—阀冷却系统的日常维护、检修		编号		Jc1003242048
单位		准考证号		姓名	
考试时限	60分钟	题型	单项操作	题分	100分
成绩		考评员		考评组长	日期
试题正文	阀冷系统 OLM 模块更换				
需要说明的问题和要求	（1）要求单人操作。 （2）操作应注意安全，按照标准化作业书的技术安全说明做好安全措施。 （3）填写修试记录				

序号	项目名称	质量要求	满分	扣分标准	扣分原因	得分
1	工具使用及安全措施					
1.1	相关安全措施的准备	（1）核对设备双重名称。 （2）进入作业现场正确佩戴安全帽，现场作业人员应穿全棉长袖工作服、绝缘鞋	10	未核对设备扣 5 分； 安全帽佩戴不规范扣 2 分，未穿全棉长袖工作服扣 1 分，未穿绝缘鞋扣 2 分		
2	OLM 模块更换	（1）核对备件型号与故障设备型号一致。 （2）记录 OLM 光纤的安装位置。 （3）轻轻旋动光纤端头上的卡扣，拆下 OLM 模块上的光纤并做好对应的记录。 （4）记录 DP 接头的上拉电阻的开关位置。 （5）使用一字螺钉旋具拆下 DP 接头上的螺栓，然后用手向外拔 DP 接头，拆下 OLM 模块上的 DP 接头。 （6）用螺丝刀轻轻将 OLM 电源接线拆下，并做好绝缘保护。 （7）使用一字螺钉旋具撬动 OLM 模块底部的卡扣，从下而上地在导轨上取下。 （8）将备用 OLM 模块首先挂在导轨的上端，然后轻轻按下 OLM 模块下部，将备用 OLM 电源模块安装到相应导轨上，安装好电源接线端子。 （9）将 DP 接头安装上 OLM 模块上，并拧紧螺栓。 （10）按照记录地安装位置相应地装上光纤	70	按照步骤开展，每少一步扣 7 分		
3	恢复现场并填写报告					
3.1	观察设备运行无异常后，恢复现场，填写修试记录	（1）确认 OLM 模块的指示灯显示正常并且无通信故障报警。 （2）填写修试记录	20	记录填写不全按比例扣分，总计 15 分；无检查扣 5 分		
	合计		100			

Jc1003242049　阀内冷系统主泵检测时百分表的架设。（100 分）

考核知识点： 阀内冷系统主泵检测时百分表的架设

难易度： 中

技能等级评价专业技能考核操作工作任务书

一、任务名称

阀内冷系统主泵检测时百分表的架设。

二、适用工种

换流站直流设备检修工（一次）技师。

三、具体任务

（1）工作状态为阀内冷系统停运，主泵已完成检修、联轴器保护罩已打开。工作内容为阀内冷系统主泵检测时百分表的架设。

（2）工作任务：阀内冷系统主泵检测时百分表的架设，更换步骤应符合要求，确保设备正常稳定运行。

四、工作规范及要求

熟悉阀内冷系统主泵检测时百分表的架设的方法，熟练使用仪器仪表及工器具。

五、考核及时间要求

本考核操作时间为 60 分钟，时间到停止考评。

技能等级评价专业技能考核操作评分标准

工种	换流站直流设备检修工（一次）			评价等级	技师
项目模块	一次及辅助设备日常维护、检修—阀冷却系统的日常维护、检修		编号		Jc1003242049
单位			准考证号	姓名	
考试时限	60 分钟	题型	单项操作	题分	100 分
成绩		考评员	考评组长	日期	
试题正文	阀内冷系统主泵检测时百分表的架设				
需要说明的问题和要求	（1）要求单人操作。 （2）操作应注意安全，按照标准化作业书的技术安全说明做好安全措施。 （3）填写修试记录				

序号	项目名称	质量要求	满分	扣分标准	扣分原因	得分
1	工具使用及安全措施					
1.1	相关安全措施的准备	（1）核对设备双重名称。 （2）进入作业现场正确佩戴安全帽，现场作业人员应穿全棉长袖工作服、绝缘鞋	20	未核对设备扣 10 分； 安全帽佩戴不规范扣 4 分，未穿全棉长袖工作服扣 3 分，未穿绝缘鞋扣 3 分		
2	主泵检测时百分表的架设	（1）用无毛纸将联轴器和磁性表座擦拭干净，避免灰尘杂质引起测量偏差。 （2）用记号笔在电动机端盖上顺时针方向均匀标出 0°、90°、180°、270° 四个对称的测量点，并在联轴器的 0° 位置标记一个标准点。测量时以联轴器上的标准点对应电动机端盖上的四个测量点进行测量。 （3）检查百分表，保证百分表动作灵活，无卡滞现象，表针不松动。 （4）把一个百分表架的磁性底座固定在联轴器上水泵侧的 0° 位置，记为 A 表，将 A 表的百分表头与电动机联轴器外圆垂直接触，用于测量径向偏差；另一个百分表架的磁性底座固定在联轴器上水泵侧的 180° 位置，记为 B 表，将 B 表的百分表头与电动机联轴器后端面垂直接触，用于测量轴向偏差。 （5）转动联轴器一圈，检查百分表架是否与其他物件发生碰擦，以免影响测量数值。当转动一周回到起始位置（0°）后百分表读数应与转动前一致。 （6）调整百分表测量杆的下压量约为 5mm，然后紧固百分表架的各个紧固螺栓。 （7）轻拉百分表的测量杆并让它自然回弹以确定其动作灵活，旋转百分表的表圈，使表圈刻度的零位对准指针。盘泵一圈，观察百分表是否归零；若不归零，应重新调整表架和表，使百分表归零	70	按照步骤开展，每少一步扣 10 分		

续表

序号	项目名称	质量要求	满分	扣分标准	扣分原因	得分
3	恢复现场并填写报告					
3.1	恢复现场，填写修试记录	测试结束后，清理现场，收好百分表。填写修试记录	10	未恢复现场扣 5 分，未填写修试记录扣 5 分		
	合计		100			

Jc1003243050 阀外冷系统喷淋泵（立式泵）机械密封更换。（100 分）

考核知识点：阀外冷系统喷淋泵（立式泵）机械密封更换

难易度：难

技能等级评价专业技能考核操作工作任务书

一、任务名称

阀外冷系统喷淋泵（立式泵）机械密封更换。

二、适用工种

换流站直流设备检修工（一次）技师。

三、具体任务

（1）工作状态为阀外冷喷淋系统停运检修，工作内容为阀外冷系统喷淋泵（立式泵）机械密封更换。

（2）工作任务：阀外冷系统喷淋泵（立式泵）机械密封更换，更换步骤应符合要求，确保设备正常稳定运行。

四、工作规范及要求

熟悉阀外冷系统喷淋泵（立式泵）机械密封更换的方法，熟练使用仪器仪表及工器具。

五、考核及时间要求

本考核操作时间为 60 分钟，时间到停止考评。

技能等级评价专业技能考核操作评分标准

工种	换流站直流设备检修工（一次）			评价等级		技师	
项目模块	一次及辅助设备日常维护、检修—阀冷却系统的日常维护、检修			编号		Jc1003243050	
单位			准考证号		姓名		
考试时限	60 分钟	题型		单项操作		题分	100 分
成绩		考评员		考评组长		日期	
试题正文	阀外冷系统喷淋泵（立式泵）机械密封更换						
需要说明的问题和要求	（1）要求单人主导操作，可申请外协协助开展。 （2）操作应注意安全，按照标准化作业书的技术安全说明做好安全措施。 （3）填写修试记录						

序号	项目名称	质量要求	满分	扣分标准	扣分原因	得分
1	工具使用及安全措施					
1.1	相关安全措施的准备	（1）核对设备双重名称。 （2）进入作业现场正确佩戴安全帽，现场作业人员应穿全棉长袖工作服、绝缘鞋	10	未核对设备扣 5 分； 安全帽佩戴不规范扣 2 分，未穿全棉长袖工作服扣 1 分，未穿绝缘鞋扣 2 分		

续表

序号	项目名称	质量要求	满分	扣分标准	扣分原因	得分
2	喷淋泵（立式泵）机械密封更换	（1）用一字螺钉旋具拆下泵与电动机连接处两侧的防护罩。 （2）用内六角扳手拆下联轴器。 （3）用内六方扳手松轴封上顶丝，然后用大力钳松动轴封。 （4）拆掉电动机的固定螺栓，并挪动电动机使电动机轴与泵轴错位。 （5）取出轴封，并更换新的轴封装置后，用大力钳将轴封拧紧。 （6）将电动机轴与泵轴对正，穿上电动机固定螺栓，并均匀对称拧紧电动机固定螺栓。 （7）用内六角扳手拧紧顶丝使轴封与轴固定（三个顶丝轮流锁紧，使力达到平衡）。 （8）用内六角扳手提起轴封插进插片（每个水泵都配有插片，插片固定在防护罩上，用于保证间隙，插片上有凹槽，使凹槽面和轴封面贴紧。 （9）此时电动机轴与泵轴位置已固定好，用内六方扳手重新装上联轴器，最后用尖嘴钳取下插片。 （10）装上防护罩	70	按照步骤开展，每少一步扣7分		
3	恢复现场并填写报告					
3.1	观察设备运行无异常后，恢复现场，填写修试记录	喷淋泵启动后运行正常，无异响。清理工作现场。 填写修试记录	20	记录填写不全按比例扣分，总计15分；无检查扣5分		
	合计		100			

Jc1003243051 阀内冷系统主泵轴承更换。（100分）

考核知识点：阀内冷系统主泵轴承更换

难易度：难

技能等级评价专业技能考核操作工作任务书

一、任务名称

阀内冷系统主泵轴承更换。

二、适用工种

换流站直流设备检修工（一次）技师。

三、具体任务

（1）工作状态为阀内冷系统停运检修。工作内容为阀内冷系统主泵轴承更换。

（2）工作任务：阀内冷系统主泵轴承更换，更换步骤应符合要求，确保设备正常稳定运行。

四、工作规范及要求

熟悉阀内冷系统主泵轴承更换的方法，熟练使用仪器仪表及工器具。

五、考核及时间要求

本考核操作时间为60分钟，时间到停止考评。

技能等级评价专业技能考核操作评分标准

工种		换流站直流设备检修工（一次）				评价等级		技师
项目模块		一次及辅助设备日常维护、检修—阀冷却系统的日常维护、检修			编号		Jc1003243051	
单位				准考证号			姓名	
考试时限	60分钟		题型		单项操作		题分	100分
成绩		考评员		考评组长			日期	
试题正文	阀内冷系统主泵轴承更换							
需要说明的问题和要求	（1）要求单人主导操作，可申请外协协助开展。 （2）操作应注意安全，按照标准化作业书的技术安全说明做好安全措施。 （3）填写修试记录							

序号	项目名称	质量要求	满分	扣分标准	扣分原因	得分
1	工具使用及安全措施					
1.1	相关安全措施的准备	（1）核对设备双重名称。 （2）进入作业现场正确佩戴安全帽，现场作业人员应穿全棉长袖工作服、绝缘鞋	10	未核对设备扣5分； 安全帽佩戴不规范扣2分，未穿全棉长袖工作服扣1分，未穿绝缘鞋扣2分		
2	主泵轴承更换	（1）拆掉水泵联轴器防护罩、泵体支撑架及电动机的固定螺栓。 （2）拆掉联轴器。 （3）拆掉泵体上的机械密封冲洗管（对于主泵，还需将漏水检测装置毛细管拆掉）。 （4）拧掉泵端的靠背轮的固定螺栓，用拉马将靠背轮拆下来。 （5）将泵体从泵壳中取下来。 （6）拆掉叶轮：拧掉叶轮锁紧螺母即可。 （7）拧掉内六角螺栓及六角头螺栓，拆掉机械密封压盖。 （8）拆卸机械密封动环。 （9）拆掉内、外轴承压盖。 （10）在外轴承上有轴承的锁紧螺母，用橡皮锤和一字螺丝刀将锁紧螺母拧下。 （11）使用外力将轴承敲出。 （12）安装轴承前确保轴承及轴承安装位置干净。 （13）安装轴承时要将轴承安装在轴心时须在内环施力，要将轴承安装与轴承壳时，须在外环施力；安装在轴心，不可敲打外环，安装在轴壳时，不得敲打内环。 （14）新轴承的安装后，根据轴承的拆卸步骤，逆向过程安装即可	70	按照步骤开展，每少一步扣5分		
3	恢复现场并填写报告					
3.1	观察设备运行无异常后，恢复现场，填写修试记录	（1）轴承安装好后进行盘车测试，工作正常；启泵后运行正常，无异常发热及异响。 （2）填写修试记录	20	记录填写不全按比例扣分，总计15分；无检查扣5分		
	合计		100			

Jc1003243052　阀内冷系统主泵油封更换。（100分）

考核知识点： 阀内冷系统主泵油封更换

难易度： 难

技能等级评价专业技能考核操作工作任务书

一、任务名称

阀内冷系统主泵油封更换。

二、适用工种

换流站直流设备检修工（一次）技师。

三、具体任务

（1）工作状态为阀内冷系统停运检修。工作内容为阀内冷系统主泵油封更换。

（2）工作任务：阀内冷系统主泵油封更换，更换步骤应符合要求，确保设备正常稳定运行。

四、工作规范及要求

熟悉阀内冷系统主泵油封更换的方法，熟练使用仪器仪表及工器具。

五、考核及时间要求

本考核操作时间为60分钟，时间到停止考评。

技能等级评价专业技能考核操作评分标准

工种	换流站直流设备检修工（一次）			评价等级		技师
项目模块	一次及辅助设备日常维护、检修—阀冷却系统的日常维护、检修		编号		Jc1003243052	
单位		准考证号			姓名	
考试时限	60分钟	题型	单项操作		题分	100分
成绩		考评员		考评组长		日期
试题正文	阀内冷系统主泵油封更换					
需要说明的问题和要求	（1）要求单人主导操作，可申请外协协助开展。 （2）操作应注意安全，按照标准化作业书的技术安全说明做好安全措施。 （3）填写修试记录					

序号	项目名称	质量要求	满分	扣分标准	扣分原因	得分
1	工具使用及安全措施					
1.1	相关安全措施的准备	（1）核对设备双重名称。 （2）进入作业现场正确佩戴安全帽，现场作业人员应穿全棉长袖工作服、绝缘鞋	10	未核对设备扣5分； 安全帽佩戴不规范扣2分，未穿全棉长袖工作服扣1分，未穿绝缘鞋扣2分		
2	主泵油封更换	（1）拆掉水泵联轴器防护罩、泵体支撑架及电机的固定螺栓。 （2）拆掉联轴器。 （3）拆掉泵体上的机械密封冲洗管（对于主泵，还需将漏水检测装置毛细管拆掉）。 （4）拧掉泵端的靠背轮的固定螺栓，用拉马将靠背轮拆下来。 （5）将泵体从泵壳中取下来。 （6）拆掉叶轮：拧掉叶轮锁紧螺母即可。 （7）拧掉内六角螺栓及六角头螺栓，拆掉机械密封压盖。 （8）拆卸机械密封动环。 （9）拆掉内、外轴承压盖。 （10）直接用手取出内、外轴承油封即可。 （11）安装新的油封，在安装时应该注意油封上的圆孔与压盖上的开槽位置应该对正。 （12）换上新的油封纸垫后即可将内外轴承压盖安装回去。注意：纸垫上同样也有开槽部分，纸垫上的开槽部分应与压盖上的开槽部分吻合。 （13）根据拆卸步骤，逆向过程安装即可	70	按照步骤开展，每少一步扣5.5分，扣完为止		

续表

序号	项目名称	质量要求	满分	扣分标准	扣分原因	得分
3	恢复现场并填写报告					
3.1	观察设备运行无异常后，恢复现场，填写修试记录	（1）油封安装好后，启泵观察应运行正常，无异渗油情况。 （2）填写修试记录	20	记录填写不全按比例扣分，总计15分；无检查扣5分		
	合计		100			

Jc1003243053　阀外风冷系统风机轴承更换。（100分）

考核知识点：阀外风冷系统风机轴承更换

难易度：难

技能等级评价专业技能考核操作工作任务书

一、任务名称

阀外风冷系统风机轴承更换。

二、适用工种

换流站直流设备检修工（一次）技师。

三、具体任务

（1）工作状态为阀外风冷系统停运检修。工作内容为阀外风冷系统风机轴承更换。

（2）工作任务：阀外风冷系统风机轴承更换，更换步骤应符合要求，确保设备正常稳定运行。

四、工作规范及要求

熟悉阀外风冷系统风机轴承更换的方法，熟练使用仪器仪表及工器具。

五、考核及时间要求

本考核操作时间为60分钟，时间到停止考评。

技能等级评价专业技能考核操作评分标准

工种	换流站直流设备检修工（一次）			评价等级	技师	
项目模块	一次及辅助设备日常维护、检修—阀冷却系统的日常维护、检修		编号		Jc1003243053	
单位		准考证号		姓名		
考试时限	60分钟	题型	单项操作		题分	100分
成绩		考评员		考评组长	日期	
试题正文	阀外风冷系统风机轴承更换					
需要说明的问题和要求	（1）要求单人主导操作，可申请外协协助开展。 （2）操作应注意安全，按照标准化作业书的技术安全说明做好安全措施。 （3）填写修试记录					

序号	项目名称	质量要求	满分	扣分标准	扣分原因	得分
1	工具使用及安全措施					
1.1	相关安全措施的准备	（1）核对设备双重名称。 （2）进入作业现场正确佩戴安全帽，现场作业人员应穿全棉长袖工作服、绝缘鞋。 （3）断开该风机的安全开关，并悬挂"禁止合闸，有人工作！"标识牌	15	未核对设备扣5分； 安全帽佩戴不规范扣2分，未穿全棉长袖工作服扣1分，未穿绝缘鞋扣2分		

续表

序号	项目名称	质量要求	满分	扣分标准	扣分原因	得分
2	风机轴承更换	（1）拆掉风机轮皮带。 （2）拧掉风机轮六角头固定螺栓。 （3）拧掉风机内六方固定螺栓。 （4）拆掉轴承箱的固定螺栓。 （5）拆掉轴承箱上的内六角顶丝及轴承注油接头。 （6）拧掉轴承箱压盖的内六角固定螺栓，取出轴承。 （7）更换上新的轴承 （8）并按照上面的步骤逆向恢复即可	65	按照步骤开展，每少一步扣9分，扣完为止		
3	恢复现场并填写报告					
3.1	观察设备运行无异常后，恢复现场，填写修试记录	（1）轴承更换好后，启动该风机观察运行情况，应无异响及异常发热。 （2）填写修试记录	20	记录填写不全按比例扣分，总计15分；无检查扣5分		
	合计		100			

Jc1003263054　阀内冷系统 CPU 在线更换。（100 分）

考核知识点：阀内冷系统 CPU 在线更换

难易度：难

技能等级评价专业技能考核操作工作任务书

一、任务名称

阀内冷系统 CPU 在线更换。

二、适用工种

换流站直流设备检修工（一次）技师。

三、具体任务

（1）工作状态为阀内冷系统运行，主用 CPU（A）单机运行、备用 CPU（B）故障停机。工作内容为阀内冷系统 CPU（B）在线更换。

（2）工作任务：阀内冷系统 CPU 在线更换，处理步骤应符合要求，确保设备正常稳定运行。

四、工作规范及要求

熟悉阀内冷系统 CPU 在线更换的方法，熟练使用仪器仪表及工器具。

五、考核及时间要求

本考核操作时间为 60 分钟，时间到停止考评。

技能等级评价专业技能考核操作评分标准

工种	换流站直流设备检修工（一次）				评价等级		技师
项目模块	一次及辅助设备日常维护、检修—阀冷却系统的日常维护、检修				编号		Jc1003263054
单位			准考证号			姓名	
考试时限	60分钟		题型		单项操作	题分	100分
成绩		考评员		考评组长		日期	
试题正文	阀内冷系统 CPU 在线更换						
需要说明的问题和要求	（1）要求单人操作。 （2）操作应注意安全，按照标准化作业书的技术安全说明做好安全措施。 （3）填写修试记录						

续表

序号	项目名称	质量要求	满分	扣分标准	扣分原因	得分
1	工具使用及安全措施					
1.1	相关安全措施的准备	（1）核对设备双重名称。 （2）进入作业现场正确佩戴安全帽，现场作业人员应穿全棉长袖工作服、绝缘鞋。 （3）拍照记录阀冷系统状态和数据。 （4）退出阀冷系统所有保护连接片，防止保护误动	20	未核对设备扣 10 分； 安全帽佩戴不规范扣 2 分，未穿全棉长袖工作服扣 1 分，未穿绝缘鞋扣 2 分； 安全措施少执行一项扣 5 分		
2	CPU 在线更换					
2.1	CPU（B）在线更换	（1）读取主用 CPU（A）固件版本，确保运行中的 CPU(A)固件版本与备件 CPU(B)固件版本一致。 （2）备用 CPU（B）拨至 STOP 状态； （3）备用 CPU（B）电源模板 PS 控制开关拨至关断电源状态（CPU 断电）。 （4）拆掉备用 CPU（B）的光纤和近距离同步模块，记录光纤的安装位置（上下位置）。 （5）用螺丝刀拆卸备用 CPU（B）的 DP 总线插头，记录总线插头的安装位置。 （6）用螺钉旋具拆卸备用 CPU（B）的底部固定螺栓，拆下 CPU。 （7）拔出备用 CPU（B）的存储卡，并按标识把它插至新 CPU 处，检查新 CPU 整定背板拨码（CPUA 为 RACK 0，CPUB 为 RACK 1）并安装新 CPU，把新的 CPU（B）处于 STOP 位。 （8）PS（B）控制开关拨至 I（供电）状态（为 CPU 供电）。 （9）等待新 CPU（B）自检完成，自检过程中新 CPU（B）处于 STOP 位，且 STOP 黄灯闪烁。自检完成后，确认新 CPU（B）的 STOP 常亮。 （10）连接电脑确认新 CPU（B）的固件版本与运行 CPU（A）相同。 （11）插上近距离同步模块并按记录插上同步光纤。 （12）确认新的 CPU（B）的 MSTR 灯不亮，LINK1OK、LINK2OK 常亮，IMF1F、IMF2F 熄灭（无故障时），把 CPU（B）拨至 RUN 位	60	按照步骤开展，每少一步扣 5 分		
3	恢复现场并填写报告					
3.1	观察设备运行无异常后，恢复现场，填写修试记录	（1）检查阀冷系统运行正常、保护定值正确；投入所有保护连接片。 （2）填写修试记录	20	记录填写不全按比例扣分，总计 15 分；无恢复扣 5 分		
	合计		100			

Jc1003253055　阀外风冷系统空冷器同步带轮及同步带安装。（100 分）

考核知识点：阀外风冷系统空冷器同步带轮及同步带安装

难易度：难

技能等级评价专业技能考核操作工作任务书

一、任务名称

阀外风冷系统空冷器同步带轮及同步带安装。

二、适用工种

换流站直流设备检修工（一次）技师。

三、具体任务

（1）工作状态为阀外风冷系统停运。工作内容为空冷器同步带轮及同步带安装。

（2）工作任务：阀外风冷系统空冷器同步带轮及同步带安装，处理步骤应符合要求，确保设备正常稳定运行。

四、工作规范及要求

熟悉阀外风冷系统空冷器同步带轮及同步带安装的方法，熟练使用仪器仪表及工器具。

五、考核及时间要求

本考核操作时间为 60 分钟，时间到停止考评。

技能等级评价专业技能考核操作评分标准

工种	换流站直流设备检修工（一次）		评价等级	技师
项目模块	一次及辅助设备日常维护、检修—阀冷却系统的日常维护、检修	编号		Jc1003253055
单位		准考证号	姓名	
考试时限	60 分钟	题型	单项操作	题分	100 分
成绩		考评员	考评组长	日期	
试题正文	阀外风冷系统空冷器同步带轮及同步带安装			
需要说明的问题和要求	（1）要求单人主导操作，可申请外协协助开展。（2）操作应注意安全，按照标准化作业书的技术安全说明做好安全措施。（3）填写修试记录			

序号	项目名称	质量要求	满分	扣分标准	扣分原因	得分
1	工具使用及安全措施					
1.1	相关安全措施的准备	（1）核对设备双重名称。（2）进入作业现场正确佩戴安全帽，现场作业人员应穿全棉长袖工作服、绝缘鞋	10	未核对设备扣 5 分；安全帽佩戴不规范扣 2 分，未穿全棉长袖工作服扣 1 分，未穿绝缘鞋扣 2 分		
2	空冷器同步带轮及同步带安装					
2.1	同步带轮安装	（1）将大、小皮带轮分别装于轴承座及电机轴上。（2）电动机、风机轴分别涂抹油脂，装锥套于电动机、风机轴上。（3）拧紧锥套螺栓确保安装稳定，最终拧紧力矩 40~50N·m。（4）带轮在安装时，应使各带轮的传动中心距平面位于同一平面内，防止因带轮偏斜，而使带侧压紧在挡圈上，造成带面磨损加剧，甚至带被挡圈切断。（5）对于带轮偏斜必须加以调整，在保证带轮的对准性的同时，应保证传动装置机架和轴的刚度。（6）带轮的齿槽必须与带的运转方向成直角。（7）使用带轮时，必须除去带轮上的锈蚀，以免过早磨损同步带	49	按照步骤开展，每少一步扣 7 分，扣完为止		
2.2	同步带安装	（1）先将带轮的中心距缩短，装上同步带后，再使中心距复位。（2）有张紧轮的，先把张紧轮放松，然后装上同步带，再加固张紧轮。（3）同步带安装时必须有适当的张紧力，张力应调节至合适范围，带的张紧程度可通过调节传动装置中心距或张紧轮来实现	21	按照步骤开展，每少一步扣 7 分，扣完为止		

续表

序号	项目名称	质量要求	满分	扣分标准	扣分原因	得分
3	恢复现场并填写报告					
3.1	进行现场试验，验证设备安装无异常后，恢复现场，填写修试记录	（1）同步带轮与同步带安装完成后进行盘车测试，应无卡涩及异响情况出现。 （2）清理工作现场	20	记录填写不全按比例扣分，总计15分；无检查扣5分		
	合计		100			

Jc1004463056　换流变压器气体继电器更换。（100分）
考核知识点：换流变压器气体继电器更换
难易度：难

技能等级评价专业技能考核操作工作任务书

一、任务名称
换流变压器气体继电器更换。

二、适用工种
换流站直流设备检修工（一次）技师。

三、具体任务
（1）工作状态为模拟换流站全停检修。工作内容为换流变压器气体继电器更换。
（2）工作任务：更换换流变压器气体继电器。

四、工作规范及要求
（1）做好二次接线标识及断复引记录。
（2）按力矩要求紧固螺栓。
（3）更换后，气体继电器无漏油现象。
（4）更换后，气体继电器功能试验正常。

五、考核及时间要求
（1）本考核操作时间为60分钟，时间到停止考评。
（2）故障查找和排除过程中，如确实不能查找出故障，可向考评员申请排除故障，该项故障项目不得分，但不影响其他项目。
（3）按照技能操作记录单的操作要求进行操作，正确记录操作结果，试验记录项目包括动作元件、相别、动作出口时间等。

技能等级评价专业技能考核操作评分标准

工种	换流站直流设备检修工（一次）			评价等级	技师
项目模块	一次及辅助设备维护、检修—换流变压器的日常维护、检修		编号		Jc1004463056
单位		准考证号		姓名	
考试时限	60分钟	题型	单项操作	题分	100分
成绩		考评员	考评组长	日期	
试题正文	换流变压器气体继电器更换				
需要说明的问题和要求	（1）要求单人操作，故障查找及分析在调试过程中完成。 （2）操作应注意安全，按照标准化作业书的技术安全说明做好安全措施。 （3）装置调试检验在保护屏上完成操作。 （4）可选考场提供的测试仪或自带测试仪				

续表

序号	项目名称	质量要求	满分	扣分标准	扣分原因	得分
1	工具使用及安全措施	正确使用工器具，安全措施布置正确	10	工作准备不齐全扣2分		
2	拆除气体继电器	（1）拆除气体继电器的防雨罩。 （2）关闭气体继电器进（出）油阀门。 （3）查看图纸，断开气体继电器信号电源。 （4）拆除信号线	20	拆除不规范扣5分； 关错阀门扣5分； 断错电源扣5分； 未做标识扣5分		
3	更换气体继电器	（1）松开取气样连接管接头。 （2）拆除气体继电器，并安装新的气体继电器。在管接头上缠上生料带，重新安装取气样连接管	20	操作不规范扣10分； 未缠生料带扣10分		
4	更换电动机工作	（1）按照标记，恢复信号线。 （2）打开气体继电器进油阀门。 （3）打开取气样阀门（上部和下部），排气，关闭取气样阀门（下部）	30	未按照标识恢复扣10分； 开错阀门扣10分； 开、关错阀门扣10分		
5	恢复并清理现场	（1）将油迹擦拭干净，静放一段时间，检查是否有无渗漏。 （2）恢复防雨罩。 （3）清理工作现场	20	出现渗漏扣10分； 未恢复防雨罩扣5分； 现场有遗漏扣5分		
	合计		100			

Jc1004463057　换流变压器在线气体分析装置更换。（100分）

考核知识点： 换流变压器在线气体分析装置更换

难易度： 难

技能等级评价专业技能考核操作工作任务书

一、任务名称

换流变压器在线气体分析装置更换。

二、适用工种

换流站直流设备检修工（一次）技师。

三、具体任务

（1）工作状态为模拟换流站全停检修。工作内容为换流变压器在线气体分析装置更换。

（2）工作任务：更换换流变压器在线气体分析装置。

四、工作规范及要求

（1）做好二次接线标识及断复引记录。

（2）按力矩要求紧固螺栓。

（3）更换后，在线气体分析装置无漏油现象。

（4）更换后，在线气体分析装置功能试验正常。

五、考核及时间要求

（1）本考核操作时间为60分钟，时间到停止考评。

（2）故障查找和排除过程中，如确实不能查找出故障，可向考评员申请排除故障，该项故障项目不得分，但不影响其他项目。

（3）按照技能操作记录单的操作要求进行操作，正确记录操作结果，试验记录项目包括动作元件、相别、动作出口时间等。

技能等级评价专业技能考核操作评分标准

工种	换流站直流设备检修工（一次）		评价等级	技师
项目模块	一次及辅助设备日常维护检修—换流变压器的日常维护、检修	编号		Jc1004463057
单位		准考证号	姓名	
考试时限	60分钟	题型	单项操作	题分	100分
成绩		考评员	考评组长	日期	
试题正文	换流变压器在线气体分析装置更换				
需要说明的问题和要求	（1）要求调试人员单人操作，故障查找及分析在调试过程中完成。 （2）操作应注意安全，按照标准化作业书的技术安全说明做好安全措施。 （3）装置调试检验在保护屏上完成操作。 （4）测试仪的选择可选考场提供的测试仪或自带测试仪				

序号	项目名称	质量要求	满分	扣分标准	扣分原因	得分
1	工具使用及安全措施	正确使用工器具，安全措施布置正确	10	工作准备不齐全扣10分		
2	拆除在线气体分析装置	（1）对照图纸，断开在线气体分析装置交流电源。 （2）关闭在线气体分析装置进（出）油阀门。 （3）取下在线气体分析装置防护罩。 （4）拆除电源线和信号线并做好标记。 （5）拆下在线气体分析装置	30	断错电源扣5分； 关错阀门扣5分； 操作不规范扣10分； 未做标记扣10分		
3	更换在线气体分析装置工作	（1）安装新的在线气体分析装置。 （2）对该装置进行排气。 （3）按照标记，恢复接线。 （4）恢复交流电源。 （5）检查控制系统和操作面板信号是否一致，必要时进行调节	40	操作不规范扣8分； 开错阀门扣8分； 未按照标识恢复扣8分； 未恢复电源扣8分； 信号不一致扣8分		
4	恢复并清理现场	（1）将油迹擦干净，静放一段时间，检查是否有渗漏。 （2）恢复防雨罩。 （3）清理工作现场	20	出现渗漏扣5分； 未恢复防雨罩扣5分； 现场有遗漏扣10分		
	合计		100			

Jc1004361058　油浸式平波电抗器本体气体继电器检查。（100分）

考核知识点：油浸式平波电抗器本体气体继电器检查

难易度：易

技能等级评价专业技能考核操作工作任务书

一、任务名称

油浸式平波电抗器本体气体继电器检查。

二、适用工种

换流站直流设备检修工（一次）技师。

三、具体任务

（1）工作状态为模拟换流站全停检修。工作内容为油浸式平波电抗器气体继电器检查。

（2）工作任务：

1）检查气体继电器密封情况。

2）检查气体继电器信号回路。

3）检查气体继电器回路绝缘情况。

4）检查气体继电器外观及防雨罩情况。

5）检查气体继电器取气装置。

四、工作规范及要求

（1）工器具使用及安全措施。

（2）登高作业必须正确使用安全带。

（3）测量绝缘时应将控制系统隔离。

五、考核及时间要求

（1）本考核操作时间为 60 分钟，时间到停止考评。

（2）故障查找和排除过程中，如确实不能查找出故障，可向考评员申请排除故障，该项故障项目不得分，但不影响其他项目。

（3）按照技能操作记录单的操作要求进行操作，正确记录操作结果，试验记录项目包括动作元件、相别、动作出口时间等。

技能等级评价专业技能考核操作评分标准

工种	换流站直流设备检修工（一次）			评价等级		技师
项目模块	一次及辅助设备日常维护、检修—换流变压器、平波电抗器、直流穿墙套管日常维护、检修			编号		Jc1004361058
单位			准考证号		姓名	
考试时限	60 分钟	题型		单项操作	题分	100 分
成绩		考评员		考评组长	日期	
试题正文	油浸式平波电抗器本体气体继电器检查					
需要说明的问题和要求	（1）要求调试人员单人检查工作。 （2）检查过程中应注意安全，按照标准化作业书的技术安全说明做好安全措施。 （3）正确完成检查步骤。 （4）完整完成检查过程及工序					

序号	项目名称	质量要求	满分	扣分标准	扣分原因	得分
1	各种工器具正确使用	熟练正确使用各种工器具	10	未正确使用，一次扣 2 分，扣完为止		
2	检查气体继电器密封情况	密封良好，无渗油痕迹	20	未检查扣 20 分		
3	检查气体继电器信号回路	（1）信号回路良好。（2）手动按下继电器试验按钮，OWS 显示信号正确	20	找不到试验按钮扣 20 分		
4	检查气体继电器回路绝缘情况	用 1000V 绝缘电阻表测量绝缘电阻不小于 1MΩ	20	未在测量绝缘时将控制系统隔离扣 20 分		
5	检查气体继电器外观及防雨罩情况	安装正常，无锈蚀，无脱落	20	未检查扣 20 分		
6	检查气体继电器取气装置	阀门关闭，无渗油痕迹	10	未检查扣 10 分		
	合计		100			

Jc1004361059 油浸式平波电抗器本体压力释放阀检查。（100分）

考核知识点： 油浸式平波电抗器本体压力释放阀检查

难易度： 易

技能等级评价专业技能考核操作工作任务书

一、任务名称

油浸式平波电抗器本体压力释放阀检查。

二、适用工种

换流站直流设备检修工（一次）技师。

三、具体任务

（1）工作状态为模拟换流站全停检修。工作内容为油浸式平波电抗器本体压力释放阀检查。

（2）工作任务：

1）检查压力释放阀密封情况。

2）检查压力释放阀信号回路。

3）检查压力释放阀回路绝缘情况。

4）检查压力释放阀外观及防雨罩情况。

四、工作规范及要求

（1）工器具使用及安全措施。

（2）登高作业必须正确使用安全带。

（3）测量绝缘时应将控制系统隔离。

五、考核及时间要求

（1）本考核操作时间为60分钟，时间到停止考评。

（2）故障查找和排除过程中，如确实不能查找出故障，可向考评员申请排除故障，该项故障项目不得分，但不影响其他项目。

（3）按照技能操作记录单的操作要求进行操作，正确记录操作结果，试验记录项目包括动作元件、相别、动作出口时间等。

技能等级评价专业技能考核操作评分标准

工种	换流站直流设备检修工（一次）			评价等级		技师
项目模块	一次及辅助设备日常维护、检修—换流变压器、平波电抗器、直流穿墙套管日常维护、检修			编号		Jc1004361059
单位			准考证号		姓名	
考试时限	60分钟	题型		单项操作	题分	100分
成绩		考评员		考评组长	日期	
试题正文	油浸式平波电抗器本体压力释放阀检查					
需要说明的问题和要求	（1）要求调试人员单人检查工作。 （2）检查过程中应注意安全，按照标准化作业书的技术安全说明做好安全措施。 （3）正确完成检查步骤。 （4）完整完成检查过程及工序					

序号	项目名称	质量要求	满分	扣分标准	扣分原因	得分
1	各种工器具正确使用	熟练正确使用各种工器具	10	未正确使用，一次扣2分，扣完为止		
2	检查压力释放阀密封情况	密封良好，无渗油痕迹	20	未检查扣20分		

续表

序号	项目名称	质量要求	满分	扣分标准	扣分原因	得分
3	检查压力释放阀信号回路	（1）信号回路良好。 （2）手动按下继电器试验按钮，OWS 显示信号正确	30	找不到试验按钮扣 30 分		
4	检查压力释放阀回路绝缘情况	用 1000V 绝缘电阻表测量绝缘电阻不小于 1MΩ	20	未在测量绝缘时将控制系统隔离扣 20 分		
5	检查压力释放阀外观及防雨罩情况	安装正常，无锈蚀，无脱落	20	未检查扣 20 分		
	合计		100			

Jc1004361060　油浸式平波电抗器本体储油柜油位及油位计检查。（100 分）

考核知识点：油浸式平波电抗器本体储油柜油位及油位计检查

难易度：易

技能等级评价专业技能考核操作工作任务书

一、任务名称

油浸式平波电抗器本体储油柜油位及油位计检查。

二、适用工种

换流站直流设备检修工（一次）技师。

三、具体任务

（1）工作状态为模拟换流站全停检修。工作内容为油浸式平波电抗器本体储油柜油位及油位计检查。

（2）工作任务：

1）检查储油柜油位。

2）检查储油柜及连管、油位计密封情况。

3）检查储油柜油位计信号回路。

4）检查储油柜油位计回路绝缘情况。

5）检查储油柜油位计外观及防雨罩情况。

四、工作规范及要求

（1）工器具使用及安全措施。

（2）登高作业必须正确使用安全带。

（3）测量绝缘时应将控制系统隔离。

（4）根据温度曲线查对油位。

五、考核及时间要求

（1）本考核操作时间为 60 分钟，时间到停止考评。

（2）故障查找和排除过程中，如确实不能查找出故障，可向考评员申请排除故障，该项故障项目不得分，但不影响其他项目。

（3）按照技能操作记录单的操作要求进行操作，正确记录操作结果，试验记录项目包括动作元件、相别、动作出口时间等。

技能等级评价专业技能考核操作评分标准

工种	换流站直流设备检修工（一次）		评价等级	技师
项目模块	一次及辅助设备日常维护、检修—换流变压器、平波电抗器、直流穿墙套管日常维护、检修	编号		Jc1004361060
单位		准考证号	姓名	
考试时限	60分钟	题型	单项操作	题分	100分
成绩		考评员	考评组长	日期	
试题正文	油浸式平波电抗器本体储油柜油位及油位计检查				
需要说明的问题和要求	（1）要求调试人员单人检查工作。 （2）检查过程中应注意安全，按照标准化作业书的技术安全说明做好安全措施。 （3）正确完成检查步骤。 （4）完整完成检查过程及工序				

序号	项目名称	质量要求	满分	扣分标准	扣分原因	得分
1	各种工器具正确使用	熟练正确使用各种工器具	10	未正确使用，一次扣2分，扣完为止		
2	检查储油柜油位	按温度曲线查对油位计，指示正常	20	不会对照温度曲线扣20分		
3	检查储油柜及连管、油位计密封情况	密封良好，无渗漏油及油位计进水痕迹	15	未检查扣15分		
4	检查储油柜油位计信号回路	信号回路良好	15	找不到试验按钮扣15分		
5	检查储油柜油位计回路绝缘情况	用1000V绝缘电阻表测量绝缘电阻不小于1MΩ	20	未在测量绝缘时将控制系统隔离扣20分		
6	检查储油柜油位计外观及防雨罩情况	安装正常，无锈蚀，无脱落	20	未检查扣20分		
	合计		100			

Jc1004361061　油浸式平波电抗器本体测温装置检查。（100分）

考核知识点：油浸式平波电抗器本体测温装置检查

难易度：易

技能等级评价专业技能考核操作工作任务书

一、任务名称

油浸式平波电抗器本体测温装置检查。

二、适用工种

换流站直流设备检修工（一次）技师。

三、具体任务

（1）工作状态为模拟换流站全停检修。工作内容为油浸式平波电抗器本体测温装置检查。

（2）工作任务：

1）检查温度计指示情况。

2）检查温度计、温控器密封情况。

3）检查温度计、温控器信号回路。

4）检查温度计、温控器回路绝缘情况。

5）检查温度计、温控器外观及防雨罩情况。

四、工作规范及要求

（1）工器具使用及安全措施。

（2）登高作业必须正确使用安全带。

（3）测量绝缘时应将控制系统隔离。

（4）根据温度曲线查对油位。

五、考核及时间要求

（1）本考核操作时间为 60 分钟，时间到停止考评。

（2）故障查找和排除过程中，如确实不能查找出故障，可向考评员申请排除故障，该项故障项目不得分，但不影响其他项目。

（3）按照技能操作记录单的操作要求进行操作，正确记录操作结果，试验记录项目包括动作元件、相别、动作出口时间等。

技能等级评价专业技能考核操作评分标准

工种	换流站直流设备检修工（一次）		评价等级	技师
项目模块	一次及辅助设备日常维护、检修—换流变压器、平波电抗器、直流穿墙套管日常维护、检修	编号	Jc1004361061	
单位		准考证号	姓名	
考试时限	60 分钟	题型	单项操作	题分	100 分
成绩	考评员	考评组长	日期	
试题正文	油浸式平波电抗器本体测温装置检查			
需要说明的问题和要求	（1）要求调试人员单人检查工作。 （2）检查过程中应注意安全，按照标准化作业书的技术安全说明做好安全措施。 （3）正确完成检查步骤。 （4）完整完成检查过程及工序			

序号	项目名称	质量要求	满分	扣分标准	扣分原因	得分
1	各种工器具正确使用	指示正常	10	未正确使用，一次扣 2 分，扣完为止		
2	检查温度计指示情况	密封良好，无渗漏油及温度计进水痕迹	20	不会对照温度曲线扣 20 分		
3	检查温度计、温控器密封情况	（1）信号回路良好。 （2）手动拨动指针，OWS 显示信号正确	15	未检查扣 15 分		
4	检查温度计、温控器信号回路	用 1000V 绝缘电阻表测量绝缘电阻不小于 1MΩ	15	找不到试验按钮扣 15 分		
5	检查温度计、温控器回路绝缘情况	安装正常，无锈蚀，无脱落	20	未在测量绝缘时将控制系统隔离扣 20 分		
6	检查温度计、温控器外观及防雨罩情况	指示正常	20	未检查扣 20 分		
	合计		100			

Jc1004561062　油浸式平波电抗器本体吸湿器检修。（100 分）

考核知识点：油浸式平波电抗器本体吸湿器检修

难易度：易

技能等级评价专业技能考核操作工作任务书

一、任务名称

油浸式平波电抗器本体吸湿器检修。

二、适用工种

换流站直流设备检修工（一次）技师。

三、具体任务

（1）工作状态为模拟换流站全停检修。工作内容为油浸式平波电抗器本体吸湿器检修。

（2）工作任务：更换吸湿器。

四、工作规范及要求

正确使用工器具及安全措施。

五、考核及时间要求

（1）本考核操作时间为 60 分钟，时间到停止考评。

（2）故障查找和排除过程中，如确实不能查找出故障，可向考评员申请排除故障，该项故障项目不得分，但不影响其他项目。

（3）按照技能操作记录单的操作要求进行操作，正确记录操作结果，试验记录项目包括动作元件、相别、动作出口时间等。

技能等级评价专业技能考核操作评分标准

工种	换流站直流设备检修工（一次）		评价等级	技师
项目模块	一次及辅助设备日常维护、检修—换流变压器、平波电抗器、直流穿墙套管日常维护、检修	编号	Jc1004561062	
单位		准考证号		姓名	
考试时限	60 分钟	题型	单项操作	题分	100 分
成绩		考评员	考评组长	日期	
试题正文	油浸式平波电抗器本体吸湿器检修				
需要说明的问题和要求	（1）要求调试人员单人检查工作。 （2）检查过程中应注意安全，按照标准化作业书的技术安全说明做好安全措施。 （3）正确完成检查步骤。 （4）完整完成检查过程及工序				

序号	项目名称	质量要求	满分	扣分标准	扣分原因	得分
1	各种工器具正确使用	正常使用	10	未正确使用，一次扣 2 分，扣完为止		
2	吸湿器从油浸式平波电抗器上卸下，倒出内部吸附剂，检查玻璃罩，清洁内部，密封垫进行更换	（1）玻璃罩清洁完好，密封良好。 （2）3/4 以上硅胶变色时必须更换	30	不会判断更换标准扣 30 分		
3	把干燥吸附剂装入吸湿器	（1）离顶盖留下 1/5 高度空隙。 （2）新吸附剂呈蓝色	30	未留空隙扣 30 分		
4	下部油封罩内注入清洁油浸式平波电抗器油，并将罩拧紧	加油至正常油位线能起到呼吸作用	10	功能不正常扣 10 分		
5	恢复现场	恢复工作现场并收好工器具	20	未将现场收拾干净扣 20 分		
	合计		100			

Jc1005242063 直流分压器高压臂电容测试。（100 分）

考核知识点：直流分压器检测

难易度：中

技能等级评价专业技能考核操作工作任务书

一、任务名称

直流分压器高压臂电容测试。

二、适用工种

换流站直流设备检修工（一次）技师。

三、具体任务

（1）工作状态为直流系统检修状态。工作内容为开展直流分压器高压臂电容测试。

（2）工作任务：开展直流分压器高压臂电容测试。

四、工作规范及要求

（1）工器具使用及安全措施。

（2）按要求进行直流分压器高压臂电容测试。

五、考核及时间要求

（1）本考核操作时间为 60 分钟，时间到停止考评。

（2）按照技能操作记录单的操作要求进行操作，正确记录操作结果，试验记录项目包括阀避雷器动作结果、后台计数器记录、报文记录。

技能等级评价专业技能考核操作评分标准

工种	换流站直流设备检修工（一次）		评价等级	技师
项目模块	一次及辅助设备日常维护、检修—直流分压器的日常维护、检修	编号		Jc1005242063
单位		准考证号	姓名	
考试时限	60 分钟	题型	单项操作	题分	100 分
成绩		考评员	考评组长	日期	
试题正文	直流分压器高压臂电容测试				
需要说明的问题和要求	（1）要求调试人员单人操作，故障查找及分析在调试过程中完成。 （2）操作应注意安全，按照标准化作业书的技术安全说明做好安全措施。 （3）在直流分压器一次设备上完成操作。 （4）可选考场提供的测试仪或自带测试仪。 （5）试验或检修结果填入修试记录				

序号	项目名称	质量要求	满分	扣分标准	扣分原因	得分
1	工具使用及安全措施					
1.1	各种工器具正确使用	熟练正确使用各种工器具	5	未正确使用，一次扣1分，扣完为止		
1.2	相关安全措施的准备	（1）试验仪器正确接地。 （2）试验电源应具备单独的工作接地和保护接地。 （3）人员及试验仪器与电力设备的高压部分保持足够的安全距离，且操作人员应使用绝缘垫。 （4）试验现场应装设遮栏或围栏，遮栏或围栏与试验设备高压部分应有足够的安全距离，向外悬挂"止步，高压危险！"的标示牌，并派人看守	10	试验仪器未正确接地扣2分； 试验电源未正常接地扣2分； 人员未使用绝缘垫扣3分； 未按照要求设置遮栏扣3分（可口述）		
2	高压臂电容测试					
2.1	直流分压器高压臂电容测试	（1）检查试验仪器接地良好，断开直流分压器 H、L 二次端子。 （2）操作试验人员站在绝缘垫上。 （3）按照试验接线图接好试验线，加压线悬空。加压线接直流分压器高压端，CX 线接 H 端子。	60	开始试验前未检查仪器接地扣5分； 断开二次端子错误扣5分； 测试过程中未站在绝缘垫上扣5分； 试验接线错误扣15分； 未检查试验电源是否正常扣5分； 选择试验电压错误扣5分；		

续表

序号	项目名称	质量要求	满分	扣分标准	扣分原因	得分
2.1	直流分压器高压臂电容测试	（4）用万用表测量试验电源确是220V，打开试验仪器开关，选择正接线试验方式，选择试验电压10kV。 （5）等待试验结束后，立刻关闭高压输出电源，记录高压臂电容量。 （6）关闭试验仪器总开关，恢复H、L二次端子	60	试验表计读数错误扣10分；恢复端子错误扣10分		
3	现场恢复	恢复现场	10	未进行现场恢复扣10分		
4	填写试验报告					
4.1	试验记录	按格式正确填写试验结果	15	每少填写一项扣5分，扣完为止		
	合计		100			

Jc1005252064 直流分压器低压臂参数测试。（100分）

考核知识点：直流分压器检测

难易度：中

技能等级评价专业技能考核操作工作任务书

一、任务名称

直流分压器低压臂参数测试。

二、适用工种

换流站直流设备检修工（一次）技师。

三、具体任务

（1）工作状态为直流系统检修状态。工作内容为开展直流分压器低压臂参数测试。

（2）工作任务：

1）开展直流分压器低压臂电阻测试。

2）开展直流分压器低压臂电容测试。

四、工作规范及要求

（1）工器具使用及安全措施。

（2）按要求进行直流分压器低压臂电阻、电容测试。

五、考核及时间要求

（1）本考核操作时间为60分钟，时间到停止考评。

（2）按照技能操作记录单的操作要求进行操作，正确记录操作结果。

技能等级评价专业技能考核操作评分标准

工种	换流站直流设备检修工（一次）			评价等级	技师
项目模块	一次及辅助设备日常维护、检修—直流分压器的日常维护、检修		编号	Jc1005252064	
单位		准考证号		姓名	
考试时限	60分钟	题型	单项操作	题分	100分
成绩		考评员		考评组长		日期	
试题正文	直流分压器低压臂参数测试				

续表

						扣分原因	得分
需要说明的问题和要求	（1）要求调试人员单人操作，故障查找及分析在调试过程中完成。 （2）操作应注意安全，按照标准化作业书的技术安全说明做好安全措施。 （3）在直流分压器一次设备上完成操作。 （4）可选考场提供的测试仪或自带测试仪。 （5）试验或检修结果填入修试记录						

序号	项目名称	质量要求	满分	扣分标准		扣分原因	得分
1	工具使用及安全措施						
1.1	各种工器具正确使用	熟练正确使用各种工器具	5	未正确使用，一次扣1分，扣完为止			
1.2	相关安全措施的准备	（1）试验仪器正确接地。 （2）试验电源应具备单独的工作接地和保护接地。 （3）人员及试验仪器与电力设备的高压部分保持足够的安全距离，且操作人员应使用绝缘垫。 （4）试验现场应装设遮栏或围栏，遮栏或围栏与试验设备高压部分应有足够的安全距离，向外悬挂"止步，高压危险！"的标示牌，并派人看守	10	试验仪器未正确接地扣2分； 试验电源未正常接地扣2分； 人员未使用绝缘垫扣3分； 未按照要求设置遮栏扣3分（可口述）			
2	低压臂参数测试						
2.1	直流分压器低压臂电阻测试	（1）检查试验仪器接地良好，断开直流分压器H、L二次端子。 （2）操作试验人员站在绝缘垫上。 （3）将电动绝缘电阻表接入H、L端子测量低压臂电阻。 （4）测量结束，恢复H、L二次端子	30	开始试验前未检查仪器接地扣5分； 断开二次端子错误扣5分； 测试过程中未站在绝缘垫上扣5分； 试验表计接入端子位置错误扣5分； 试验表计读数错误扣5分； 恢复端子错误扣5分			
2.2	直流分压器低压臂电容测试	（1）检查试验仪器接地良好，断开直流分压器H、L二次端子。 （2）操作试验人员站在绝缘垫上。 （3）将电容表接入H、L端子测量低压臂电容。 （4）测量结束，恢复H、L二次端子	30	开始试验前未检查仪器接地扣5分； 断开二次端子错误扣5分； 测试过程中未站在绝缘垫上扣5分； 试验表计接入端子位置错误扣5分； 试验表计读数错误扣5分； 恢复端子错误扣5分			
3	现场恢复	恢复现场	10	未进行现场恢复扣10分			
4	填写试验报告						
4.1	试验记录	按格式正确填写试验结果	15	每少填写一项扣5分，扣完为止			
	合计		100				

Jc1005242065 直流避雷器底座绝缘电阻测量。（100分）

考核知识点： 直流避雷器检测

难易度： 中

技能等级评价专业技能考核操作工作任务书

一、任务名称

直流避雷器底座绝缘电阻测量。

二、适用工种

换流站直流设备检修工（一次）技师。

三、具体任务

（1）工作状态为直流系统检修状态。工作内容为开展直流避雷器底座绝缘电阻测量。

（2）工作任务：开展直流避雷器底座绝缘电阻测量。

四、工作规范及要求

（1）工器具使用及安全措施。

（2）按要求进行直流避雷器底座绝缘电阻测量。

五、考核及时间要求

（1）本考核操作时间为 60 分钟，时间到停止考评。

（2）按照技能操作记录单的操作要求进行操作，正确记录操作结果。

技能等级评价专业技能考核操作评分标准

工种	换流站直流设备检修工（一次）				评价等级	技师
项目模块	一次及辅助设备日常维护、检修—直流避雷器的日常维护、检修			编号		Jc1005242065
单位			准考证号		姓名	
考试时限	60 分钟	题型		单项操作	题分	100 分
成绩		考评员		考评组长	日期	
试题正文	直流避雷器底座绝缘电阻测量					
需要说明的问题和要求	（1）要求调试人员单人操作，故障查找及分析在调试过程中完成。 （2）操作应注意安全，按照标准化作业书的技术安全说明做好安全措施。 （3）在直流避雷器一次设备上完成操作。 （4）可选考场提供的测试仪或自带测试仪。 （5）试验或检修结果填入修试记录					

序号	项目名称	质量要求	满分	扣分标准	扣分原因	得分
1	工具使用及安全措施					
1.1	各种工器具正确使用	熟练正确使用各种工器具	5	未正确使用，一次扣1分，扣完为止		
1.2	相关安全措施的准备	（1）试验仪器正确接地。 （2）试验电源应具备单独的工作接地和保护接地。 （3）人员及试验仪器与电力设备的高压部分保持足够的安全距离，且操作人员应使用绝缘垫。 （4）试验现场应装设遮栏或围栏，遮栏或围栏与试验设备高压部分应有足够的安全距离，向外悬挂"止步，高压危险！"的标示牌，并派人看守	10	试验仪器未正确接地扣2分； 试验电源未正常接地扣2分； 人员未使用绝缘垫扣3分； 未按照要求设置遮栏扣3分（可口述）		
2	直流避雷器底座绝缘电阻测量	（1）检查试验仪器接地良好。 （2）按照试验接线图接好试验线，加压线悬空。 （3）打开试验仪器开关，选择试验电压2.5kV。 （4）对负极性加压，正极性电压接地。 （5）加压时间 1min 后读取并记录绝缘电阻值。 （6）记录试验结果并拆除试验接线。 （7）拆除接线后对避雷器短路放电并接地	60	测试开始前未检查仪器接地扣5分； 未按照测试方法进行接线扣20分； 选择试验电压错误扣5分； 加压极性选择错误扣10分； 加压时间不够扣5分； 拆除接线不完扣5分； 未短路放电并接地扣10分		
3	现场恢复	恢复现场	10	未进行现场恢复扣10分		
4	填写试验报告					
4.1	试验记录	按格式正确填写试验结果	15	每少填写一项扣5分，扣完为止		
	合计		100			

Jc1005242066　光电流互感器本体更换。（100分）
考核知识点：光电流互感器检修
难易度：中

技能等级评价专业技能考核操作工作任务书

一、任务名称

光电流互感器本体更换。

二、适用工种

换流站直流设备检修工（一次）技师。

三、具体任务

（1）工作状态为直流系统检修状态。工作内容为开展光电流互感器本体更换。

（2）工作任务：开展光电流互感器本体更换。

四、工作规范及要求

（1）工器具使用及安全措施。

（2）按要求进行光电流互感器本体更换。

五、考核及时间要求

（1）本考核操作时间为60分钟，时间到停止考评。

（2）按照技能操作记录单的操作要求进行操作，正确记录操作结果。

技能等级评价专业技能考核操作评分标准

工种	换流站直流设备检修工（一次）			评价等级	技师
项目模块	一次及辅助设备日常维护、检修—直流电流互感器的日常维护、检修		编号		Jc1005242066
单位		准考证号		姓名	
考试时限	60分钟	题型	单项操作	题分	100分
成绩		考评员		考评组长		日期	
试题正文	光电流互感器本体更换				
需要说明的问题和要求	（1）要求调试人员单人操作，故障查找及分析在调试过程中完成。 （2）操作应注意安全，按照标准化作业书的技术安全说明做好安全措施。 （3）在光电流互感器一次设备上完成操作。 （4）可选考场提供的测试仪或自带测试仪。 （5）试验或检修结果填入修试记录				

序号	项目名称	质量要求	满分	扣分标准	扣分原因	得分
1	工具使用及安全措施					
1.1	各种工器具正确使用	熟练正确使用光纤测试仪	5	未正确使用，一次扣1分，扣完为止		
1.2	相关安全措施的准备	（1）高空作业时工器具及物品应采取防跌落措施，禁止上下抛掷物品。 （2）在现场进行光电流互感器的更换工作，应注意与带电设备保持足够的安全距离，同时做好检修现场各项准备措施。 （3）按厂家规定正确吊装设备，设置缆风绳控制方向，并设专人指挥，防止操作不当碰坏设备。 （4）检修期间作业车应做好接地措施	10	未采取防跌落措施扣2分； 未按照要求准备措施扣2分； 未按照要求吊装扣3分； 作业车未接地扣3分（可口述）		
2	本体更换	（1）拆装高压引线使用标准力矩扳手，并做好标记。 （2）拆下光TA与支腿之间的固定螺栓及各处接地排，用吊车与手拉葫芦对光TA进	60	吊装过程中对光纤造成损坏扣5分； 拆除引线未做标记扣5分； 光TA吊点选择不合理扣10分； 未清理光纤接头扣5分；		

续表

序号	项目名称	质量要求	满分	扣分标准	扣分原因	得分
2	本体更换	行起吊，先将光 TA 起吊少许，确认无误后方可继续吊装。 （3）拆除瓷套绝缘子底部护套，用白布（不脱毛）和酒精（无水酒精）清洗光纤头；将光纤插件通过器身光纤引入接口处引入光电流互感器身内与光纤装置连接。光电流互感器身内部连线完成后，恢复器身盖板，连接好下部接线盒，进行吊装。 （4）恢复一、二次引线。 （5）一次侧注入电流（不应小于 10% 的额定电流或按制造厂规定），检查控制保护与二次侧的电流，注流应选取至少 3 个测量值	60	起吊前未将光纤连接完好扣 10 分； 恢复引线不正确扣 10 分； 注流接线错误扣 10 分； 注流测试值选择不够扣 5 分		
3	现场恢复	恢复现场	10	未进行现场恢复扣 10 分		
4	填写试验报告					
4.1	试验记录	按格式正确填写试验结果	15	每少填写一项扣 5 分，扣完为止		
	合计		100			

Jc1005242067　零磁通电流互感器本体更换。（100 分）

考核知识点： 零磁通电流互感器检修

难易度： 中

技能等级评价专业技能考核操作工作任务书

一、任务名称

零磁通电流互感器本体更换。

二、适用工种

换流站直流设备检修工（一次）技师。

三、具体任务

（1）工作状态为直流系统检修状态。工作内容为开展零磁通电流互感器本体更换。

（2）工作任务：开展零磁通电流互感器本体更换。

四、工作规范及要求

（1）工器具使用及安全措施。

（2）按要求进行零磁通电流互感器本体更换。

五、考核及时间要求

（1）本考核操作时间为 60 分钟，时间到停止考评。

（2）按照技能操作记录单的操作要求进行操作，正确记录操作结果。

技能等级评价专业技能考核操作评分标准

工种	换流站直流设备检修工（一次）				评价等级	技师
项目模块	一次及辅助设备日常维护、检修—直流电流互感器的日常维护、检修			编号		Jc1005242067
单位			准考证号		姓名	
考试时限	60 分钟	题型		单项操作	题分	100 分
成绩		考评员		考评组长	日期	
试题正文	零磁通电流互感器本体更换					

续表

					扣分 原因	得分
	需要说明的 问题和要求	（1）要求调试人员单人操作，故障查找及分析在调试过程中完成。 （2）操作应注意安全，按照标准化作业书的技术安全说明做好安全措施。 （3）在零磁通电流互感器一次设备上完成操作。 （4）可选场地提供的测试仪或自带测试仪。 （5）试验或检修结果填入修试记录				

序号	项目名称	质量要求	满分	扣分标准	扣分 原因	得分
1	工具使用及安全措施					
1.1	各种工器具正确使用	熟练正确使用各种工器具	5	未正确使用，一次扣1分，扣完为止		
1.2	相关安全措施的准备	（1）高空作业时工器具及物品应采取防跌落措施，禁止上下抛掷物品。 （2）在现场进行零磁通电流互感器的更换工作，应注意与带电设备保持足够的安全距离，同时做好检修现场各项准备措施。 （3）按厂家规定正确吊装设备，设置缆风绳控制方向，并设专人指挥，防止操作不当碰坏设备。 （4）检修期间作业车应做好接地措施	10	未采取防跌落措施扣2分； 未按照要求准备措施扣2分； 未按照要求吊装扣3分； 作业车未接地扣3分（可口述）		
2.1	本体更换	（1）拆装高压引线使用标准力矩扳手，并做好标记。 （2）拆下电流互感器与支腿之间的固定螺栓及各处接地排，用吊车与手拉葫芦对电流互感器进行起吊，先将电流互感器吊少许，确认无误后方可继续吊装。 （3）吊下后应放置在空旷的地方。备件应使用相同的方法将其吊至拆下的位置。 （4）吊至预定位置后，恢复一、二次引线。 （5）安装后，设备外观完好，等电位连接可靠，引线对地距离符合相关规定。 （6）零磁通电流互感器的二次接线正确。 （7）测试电流互感器的一次绕组回路电阻及绝缘电阻，一次绕组回路电阻与同温下出厂试验值相比，无明显差异，测量一次端子对接地端的绝缘电阻时，试验电压为2500V，绝缘电阻不应小于1000MΩ。 （8）测试电流互感器二次回路电阻及绝缘电阻，二次绕组回路电阻与同温下出厂试验值相比，无明显差异；二次回路元件绝缘电阻，试验电压为500V或1000V，二次回路的每一支路对地绝缘电阻均不应小于10MΩ	60	拆除引线未做标记扣5分； 电流互感器吊点选择不合理扣10分； 恢复引线不正确扣10分； 安装结束后未进行检查扣10分； 未进行一次绕组绝缘测试扣10分； 未进行二次回路绝缘测试扣10分； 未正确判断测试结果扣5分		
3	现场恢复	恢复现场	10	未进行现场恢复扣10分		
4	填写试验报告					
4.1	试验记录	按格式正确填写试验结果	15	每少填写一项扣5分，扣完为止		
	合计		100			

Jc1005243068 直流分压器拆除与安装。（100分）

考核知识点：直流分压器检修

难易度：难

技能等级评价专业技能考核操作工作任务书

一、任务名称

直流分压器拆除与安装。

二、适用工种

换流站直流设备检修工（一次）技师。

三、具体任务

（1）工作状态为直流系统检修状态。工作内容为直流分压器拆除与安装。

（2）工作任务：直流分压器拆除与安装。

四、工作规范及要求

（1）工器具使用及安全措施。

（2）按要求对直流分压器拆除与安装。

五、考核及时间要求

（1）本考核操作时间为 60 分钟，时间到停止考评。

（2）按照技能操作记录单的操作要求进行操作，正确记录操作结果。

技能等级评价专业技能考核操作评分标准

工种	换流站直流设备检修工（一次）				评价等级	技师
项目模块	一次及辅助设备日常维护、检修—直流分压器的日常维护、检修			编号		Jc1005243068
单位			准考证号		姓名	
考试时限	60 分钟	题型		单项操作	题分	100 分
成绩		考评员		考评组长		日期	
试题正文	直流分压器拆除与安装					
需要说明的问题和要求	（1）要求调试人员单人操作，故障查找及分析在调试过程中完成。 （2）操作应注意安全，按照标准化作业书的技术安全说明做好安全措施。 （3）在直流分压器一次设备上完成操作。 （4）可选考场提供的测试仪或自带测试仪。 （5）试验或检修结果填入修试记录					

序号	项目名称	质量要求	满分	扣分标准	扣分原因	得分
1	工具使用及安全措施					
1.1	各种工器具正确使用	熟练正确使用各种工器具	5	未正确使用，一次扣 2 分，扣完为止		
1.2	相关安全措施的准备	（1）在现场进行直流分压器的检修工作，应做好检修现场各项安全措施。 （2）吊装应按照厂家规定程序进行，选用合适的吊装设备和正确的吊点，设置缆风绳控制方向，并设专人指挥。 （3）高空作业时工器具及物品应采取防跌落措施，禁止上下抛掷物件。 （4）工作前必须认真检查停用直流分压器的状态，应注意对控制保护系统的影响	10	未做好各项安全措施扣 2.5 分； 未按照要求使用吊车扣 2.5 分； 高空作业措施不完善扣 2.5 分； 未检查设备状态扣 2.5 分（可口述）		
2	拆除与安装					
2.1	直流分压器拆除	（1）拆下直流分压器与支腿之间的固定螺栓及各处接地排，吊车接地良好，用吊车与手拉葫芦对直流分压器进行起吊，先将直流分压器起吊少许，调整手拉葫芦进行找平。 （2）在直流分压器的吊起过程中，防止在起吊过程中对电缆造成损害，如有在吊装过程中电缆卡滞时，应及时对其进行疏通。 （3）将直流分压器吊至不影响工作且远离带电的区域	30	起吊吊点选择不合适扣 10 分； 拆除螺栓未做标记扣 10 分； 起吊后手拉葫芦未找平扣 10 分		
2.2	直流分压器安装	（1）在分压器顶部法兰处安装一个钩环，并于分压器底座支撑结构的钻孔处再安装两个钩环，用预先安装的钩环将分压器吊出木箱，将分压器小心放置在地板上的木块之上。	30	按照步骤开展，每少一步扣 10 分		

续表

序号	项目名称	质量要求	满分	扣分标准	扣分原因	得分
2.2	直流分压器安装	（2）通过底脚内直径为 24 mm 的孔洞于准备好的支撑结构上安装分压器，若分压器的接装板与支撑结构之间的距离已达到约10mm，须临时安装本地提供的螺栓、垫圈和螺母，从而使分压器在集中位置对齐。 （3）将分压器完全置于支撑结构之上，最后固定好螺栓，使用后须小心拆除分压器顶部的钩环并保存好以备以后搬移之用	30	按照步骤开展，每少一步扣 10 分		
3	现场恢复	恢复现场	10	未进行现场恢复扣 10 分		
4	填写试验报告					
4.1	试验记录	按格式正确填写试验结果	15	每少填写一项扣 5 分，扣完为止		
	合计		100			

Jc1005243069　直流避雷器监测装置检修。（100 分）

考核知识点： 直流避雷器检修

难易度： 难

技能等级评价专业技能考核操作工作任务书

一、任务名称

直流避雷器监测装置检修。

二、适用工种

换流站直流设备检修工（一次）技师。

三、具体任务

（1）工作状态为直流系统检修状态。工作内容为直流避雷器监测装置检修。

（2）工作任务：直流避雷器监测装置检修。

四、工作规范及要求

（1）工器具使用及安全措施。

（2）按要求对直流避雷器监测装置检修。

五、考核及时间要求

（1）本考核操作时间为 60 分钟，时间到停止考评。

（2）按照技能操作记录单的操作要求进行操作，正确记录操作结果。

技能等级评价专业技能考核操作评分标准

工种	换流站直流设备检修工（一次）			评价等级	技师
项目模块	一次及辅助设备日常维护、检修—直流避雷器的日常维护、检修		编号		Jc1005243069
单位		准考证号		姓名	
考试时限	60 分钟	题型	单项操作	题分	100 分
成绩		考评员		考评组长		日期	
试题正文	直流避雷器监测装置检修				
需要说明的问题和要求	（1）要求调试人员单人操作，故障查找及分析在调试过程中完成。 （2）操作应注意安全，按照标准化作业书的技术安全说明做好安全措施。 （3）在直流分压器一次设备上完成操作。 （4）可选考场提供的测试仪或自带测试仪。 （5）试验或检修结果填入修试记录				

序号	项目名称	质量要求	满分	扣分标准	扣分原因	得分
1	工具使用及安全措施					
1.1	各种工器具正确使用	熟练正确使用各种工器具	5	未正确使用，一次扣2分，扣完为止		
1.2	相关安全措施的准备	（1）高空作业禁止将安全带系在避雷器及均压环上。 （2）工作过程中严禁攀爬避雷器、踩踏均压环。 （3）雷雨天气禁止进行避雷器检修。 （4）拆除前应先将被拆除部分可靠固定，避免引流线滑出、均压环坠落、绝缘件倒塌	10	高空未系安全带扣2.5分； 工作过程中踩踏避雷器扣2.5分； 恶劣天气检修避雷器扣2.5分； 拆除部分未可靠固定扣2.5分（可口述）		
2	监测装置检修与故障排查					
2.1	监测装置检修	（1）备品测试合格，技术参数符合设备安装位置技术标准。 （2）监测装置观察窗、密封部位完好、元件无异常。 （3）监测装置固定可靠、无锈蚀、开裂。 （4）监测装置与避雷器如果采用绝缘导线连接，其表面应无破损、烧伤，两端连接螺栓无松动、锈蚀。监测装置与避雷器如果采用硬导体连接，其表面应无变形、松动、烧伤，两端连接螺栓无松动、锈蚀，固定硬导体的绝缘支柱无松动、破损，无明显积污。 （5）监测装置二次接线排列整齐、美观，封堵、吊牌、标识正确完好。 （6）监测装置二次端子、螺栓、垫圈无锈蚀、缺失、变形，否则应更换补齐。 （7）监测装置二次接线应牢靠，接触良好，无松动、无破损。 （8）监测装置数据采集及显示正常	20	口述检修步骤，未说出一处扣2.5分，扣完为止		
2.2	检修故障排查	（1）监测装置观察窗损坏。 （2）监测装置二次接线一处松动	40	未找出一处故障扣10分，未对故障进行排除一处扣10分，扣完为止		
3	现场恢复	恢复现场	10	未进行现场恢复扣10分		
4	填写试验报告					
4.1	试验记录	按格式正确填写试验结果	15	每少填写一项扣5分，扣完为止		
	合计		100			

Jc1005242070　光电流互感器本体例行检查。（100分）

考核知识点：光电流互感器检修

难易度：中

技能等级评价专业技能考核操作工作任务书

一、任务名称

光电流互感器本体例行检查。

二、适用工种

换流站直流设备检修工（一次）技师。

三、具体任务

（1）工作状态为直流系统检修状态。工作内容为开展光电流互感器本体例行检查。

（2）工作任务：开展光电流互感器本体例行检查。

四、工作规范及要求

（1）工器具使用及安全措施。

（2）按要求进行光电流互感器本体例行检查。

五、考核及时间要求

（1）本考核操作时间为60分钟，时间到停止考评。

（2）按照技能操作记录单的操作要求进行操作，正确记录操作结果。

技能等级评价专业技能考核操作评分标准

工种		换流站直流设备检修工（一次）			评价等级		技师
项目模块		一次及辅助设备日常维护、检修—直流电流互感器的日常维护、检修		编号			Jc1005242070
单位			准考证号			姓名	
考试时限	60分钟		题型		单项操作	题分	100分
成绩		考评员		考评组长		日期	
试题正文	光电流互感器本体例行检查						
需要说明的问题和要求	（1）要求调试人员单人操作，故障查找及分析在调试过程中完成。 （2）操作应注意安全，按照标准化作业书的技术安全说明做好安全措施。 （3）在光电流互感器一次设备上完成操作。 （4）可选考场提供的测试仪或自带测试仪。 （5）试验或检修结果填入修试记录						

序号	项目名称	质量要求	满分	扣分标准	扣分原因	得分
1	安全措施					
1.1	相关安全措施的准备	（1）断开与光电流互感器相关的各类电源并确认无压，检修区域应设置安全围栏与运行设备隔离，并悬挂"止步、高压危险"标示牌，防止人员触电或误入带电间隔。 （2）对作业车停放地面进行牢固处理，作业车支撑脚与电缆沟等盖板至少保持1m的距离，检修期间作业车应做好接地措施。 （3）作业车应有专人指挥和监护，防止操作不当碰坏设备。 （4）防静电吸尘器应可靠接地	10	未检查相应设备状态扣3分； 未进行有效隔离扣3分； 没有专人监护扣2分； 未可靠接地扣2分（可口述）		
2	本体例行检查及故障排查					
2.1	本体例行检查	（1）设备防腐处理应先打磨干净，涂刷底漆干透后再刷面漆。 （2）本体无锈蚀，器身外涂漆层清洁，无爆皮掉漆情况。 （3）若发现本体接线盒密封不良、受潮的情况，需用密封胶封堵缝隙，并放置干燥包。 （4）光纤不得由上部进出，导水方向应为斜向下方，有效防止雨水流入。 （5）均压环外观无严重锈蚀、变形或破损，排水孔（若有）开口位置正确，排水通畅。 （6）复合绝缘子径向有穿透性裂纹应及时更换，单片伞裙外表破损面积大于5mm²、破损深度大于1mm、总缺陷面积大于绝缘子面积0.2%的应及时修补或更换。 （7）复合绝缘子表面应清洁、无裂纹、破损和闪络放电痕迹，憎水性等级大于HC3时应喷涂防污闪涂料。 （8）充气式光电流互感器应检查表计完好，无损坏现象，压力指示正常	30	口述检修步骤，未说出一处扣4分，扣完为止		
2.2	检修故障排查	（1）本体接线盒内没有防止干燥包。 （2）复合绝缘子表面有裂纹。 （3）光纤从上部进入	40	每少一处问题扣7分； 未对故障进行排除，一处扣7分； 以上扣分，扣完为止		

序号	项目名称	质量要求	满分	扣分标准	扣分原因	得分
3	现场恢复	恢复现场	10	未进行现场恢复扣10分		
4	填写检查记录					
4.1	检查记录	按格式正确填写检查结果	10	每少填写一项扣5分，扣完为止		
	合计		100			

Jc1005242071 零磁通电流互感器电子模块更换。（100分）

考核知识点： 零磁通电流互感器检修

难易度： 中

技能等级评价专业技能考核操作工作任务书

一、任务名称

零磁通电流互感器电子模块更换。

二、适用工种

换流站直流设备检修工（一次）技师。

三、具体任务

（1）工作状态为直流系统检修状态。工作内容为开展零磁通电流互感器电子模块更换。

（2）工作任务：开展零磁通电流互感器电子模块更换。

四、工作规范及要求

（1）工器具使用及安全措施。

（2）按要求进行零磁通电流互感器电子模块更换。

五、考核及时间要求

（1）本考核操作时间为60分钟，时间到停止考评。

（2）按照技能操作记录单的操作要求进行操作，正确记录操作结果。

技能等级评价专业技能考核操作评分标准

工种	换流站直流设备检修工（一次）			评价等级		技师	
项目模块	一次及辅助设备日常维护、检修—直流电流互感器的日常维护、检修			编号		Jc1005242071	
单位			准考证号			姓名	
考试时限	60分钟		题型		单项操作		题分	100分
成绩		考评员		考评组长			日期	
试题正文	零磁通电流互感器电子模块更换						
需要说明的问题和要求	（1）要求调试人员单人操作，故障查找及分析在调试过程中完成。 （2）操作应注意安全，按照标准化作业书的技术安全说明做好安全措施。 （3）在零磁通电流互感器一次设备上完成操作。 （4）可选考场提供的测试仪或自带测试仪。 （5）试验或检修结果填入修试记录						

序号	项目名称	质量要求	满分	扣分标准	扣分原因	得分
1	工具使用及安全措施					
1.1	各种工器具正确使用	熟练正确使用各种工器具	5	未正确使用，一次扣1分，扣完为止		

续表

序号	项目名称	质量要求	满分	扣分标准	扣分原因	得分
1.2	相关安全措施的准备	（1）确认直流系统已停运或采取防止二次开路措施，电子模块电源已断开。 （2）检修设备与运行设备二次回路有效隔离，防止误动。 （3）更换过程中应带防静电护腕。 （4）拆除二次接线时，应做好标记	10	未检查相应设备状态扣2分； 未进行有效隔离扣2分； 未带防静电护腕扣3分； 未拆除二次线扣3分（可口述）		
2	电子模块更换	（1）电子模块接线紧固，二次接线核对正确。 （2）更换后，需进行零磁通功能和精度测试，测试数据应满足技术要求。 （3）零磁通电子模块机箱外壳应可靠接地。 （4）报警信号送入控制保护系统正确无误	60	更换前未检查电子模块是否正常扣10分； 拆除模块接线未做标记扣10分； 安装后接线错误扣10分； 未进行精度测试扣10分； 机箱外壳未接地扣10分； 未进行机箱传动试验扣10分		
3	现场恢复	恢复现场	10	未进行现场恢复扣10分		
4	填写试验报告					
4.1	试验记录	按格式正确填写试验结果	15	每少填写一项扣5分，扣完为止		
	合计		100			

Jc1005242072　零磁通电流互感器本体例行检查。（100分）

考核知识点：零磁通电流互感器检修

难易度：中

技能等级评价专业技能考核操作工作任务书

一、任务名称

零磁通电流互感器本体例行检查。

二、适用工种

换流站直流设备检修工（一次）技师。

三、具体任务

（1）工作状态为直流系统检修状态。工作内容为开展零磁通电流互感器本体例行检查。

（2）工作任务：开展零磁通电流互感器本体例行检查。

四、工作规范及要求

（1）工器具使用及安全措施。

（2）按要求进行零磁通电流互感器本体例行检查。

五、考核及时间要求

（1）本考核操作时间为60分钟，时间到停止考评。

（2）按照技能操作记录单的操作要求进行操作，正确记录操作结果。

技能等级评价专业技能考核操作评分标准

工种	换流站直流设备检修工（一次）			评价等级		技师
项目模块	一次及辅助设备日常维护、检修—直流电流互感器的日常维护、检修		编号		Jc1005242072	
单位		准考证号		姓名		
考试时限	60分钟	题型	单项操作		题分	100分
成绩		考评员	考评组长		日期	

续表

试题正文	零磁通电流互感器本体例行检查					
需要说明的问题和要求	（1）要求调试人员单人操作，故障查找及分析在调试过程中完成。 （2）操作应注意安全，按照标准化作业书的技术安全说明做好安全措施。 （3）在零磁通电流互感器一次设备上完成操作。 （4）可选考场提供的测试仪或自带测试仪。 （5）试验或检修结果填入修试记录					
序号	项目名称	质量要求	满分	扣分标准	扣分原因	得分
1	安全措施					
1.1	相关安全措施的准备	（1）确认设备转至检修状态，检修区域应设置安全围栏与运行设备隔离，并悬挂"止步、高压危险"标示牌，防止人员触电或误入带电间隔。 （2）对作业车停放地面进行牢固处理，作业车支撑脚与电缆沟等盖板至少保持1m的距离，检修期间作业车应做好接地措施。 （3）作业车应有专人指挥和监护，防止操作不当碰坏设备。 （4）防静电吸尘器应可靠接地	10	未检查相应设备状态扣3分； 未进行有效隔离扣3分； 没有专人监护扣2分； 未可靠接地扣2分（可口述）		
2	本体例行检查及故障排查					
2.1	本体例行检查	（1）本体无锈蚀，器身外涂漆层清洁，无爆皮掉漆情况。 （2）若套管径向有穿透性裂纹应及时更换套管，单片伞裙外表破损面积大于5mm²、破损深度大于1mm、总缺陷面积大于套管面积0.2%的应及时修补或更换。 （3）套管表面应清洁，无裂纹、破损和闪络放电痕迹，憎水性等级大于HC3时应喷涂防污闪涂料。 （4）充气式（充油式）设备，压力（油位）正常，无渗漏（油）气。 （5）本体接线盒密封良好、无受潮，防雨罩安装牢固。 （6）充油式设备金属膨胀器无变形，膨胀位置指示正常。 （7）二次接线端子无松动，绝缘良好	40	口述检修步骤，每少一步扣6分，扣完为止		
2.2	检修故障排查	（1）本体接线盒没有防雨罩。 （2）二次接线未紧固。 （3）套管有裂纹	40	少一处问题扣7分，未排除故障一处扣7分，扣完为止		
3	现场恢复	恢复现场	5	未进行现场恢复扣5分		
4	填写试验报告					
4.1	试验记录	按格式正确填写试验结果	5	每少填写一项扣2分，扣完为止		
	合计		100			

第五部分
高级技师

第九章　换流站直流设备检修工（一次）高级技师技能笔答

Jb1002113001　某±500kV 直流输电系统（额定电流为 3000A），双极采用双极功率、额定电压运行，双极总功率为 3000MW 运行，运行过程中极Ⅰ整流侧发生故障停运，在仅考虑绝对最小滤波器组数的影响下，根据表 Jb1002113001 计算说明正常情况下整个过程中交流滤波器组数的变化情况。（5 分）

表 Jb1002113001

直流功率水平 P_d（MW）	绝对最小组数（类型）
解锁时	A
$150 < P_d \leq 1500$	A+B
$1500 < P_d \leq 2250$	2A+B
$P_d > 2250$	2A+2B

注　A、B 为滤波器类型。

考核知识点：无功控制

难易度：难

标准答案：

（1）故障前滤波器组数为 2A+2B。

（2）极Ⅰ故障跳闸后，部分功率转代给极Ⅱ，直流最大过负荷为 50%，对应极Ⅱ功率 1500MW×1.5＝2250MW；所以极Ⅰ故障跳闸后，1500MW<P_d≤2250MW，按该表滤波器配置情况，控制系统退出 1 组 B 滤波器。

（3）根据调度要求直流系统禁止过负荷运行，运行人员手动将极Ⅱ功率降至 1500MW，按该表滤波器配置情况，控制系统再退出 1 组 A 滤波器。

Jb1002112002　运行人员要手动设置与交流电网无功功率交换的参考值，也可以设置无功功率控制的参考值和死区大小。死区是一个区间值，即表示死区设置为参考值上下的值。如果参考值是 50Mvar，死区设定为 100Mvar，请计算一下切换或投入一组滤波器的无功功率交换值。（5 分）

考核知识点：无功控制

难易度：中

标准答案：

当无功功率交换超过 50＋100＝＋150（Mvar）时，RPC 切除一台滤波器。

当无功功率交换低于 50－100＝－50（Mvar）时，RPC 投入一台滤波器。

Jb1002112003　2017 年 12 月 28 日，××换流站 1000kV 交流滤波器场不带负荷全压试验时，在 2h 全压带电调试过程中，施加一定电压时，发现 SC 并联电容器不平衡电流初始值幅值偏大，请

简要分析幅值偏大原因。（5分）

考核知识点：电容器电流测量

难易度：中

标准答案：

（1）串联电路中阻抗大的分压大，阻抗小的分压小。纯电容电路中，阻抗就等于容抗。由于容抗 $X_C = 1/(\omega C)$，可见，电容 C 与 X_C 成反比，电容 C 越小，容抗越大，相当于阻抗越大，分得的电压越大；电容 C 越大，容抗越小，相当于阻抗越小，分得的电压越低，即串联电容电路中小电容分高电压，大电容分低电压。

（2）在电压固定的情况下，桥臂电容值越大容抗越小，电流越大。

Jb1002112004　绝对最小滤波器控制特性见表 Jb1002112004。假设当无功功率交换 Q 超过 60Mvar，则要求切除交流滤波器；当无功功率交换 Q 低于 −160Mvar，则要求投入交流滤波器。当双极正常电压启动，输送功率为 1600MW，换流器消耗的无功功率为 600Mvar，每组交流滤波器可以提供 140Mvar 无功功率，每极的交流 PLC 滤波器可以提供 17Mvar 无功功率，试计算在该种运行工况下，需投入几组交流滤波器。（5分）

表 Jb1002112004

滤波器类型	双极正常电压（kV）		
	0~150	150~1883	1883~10 000
HP11/13	1	1	2
HP24/36	0	1	1

考核知识点：无功控制

难易度：中

标准答案：

根据绝对最小滤波器和最小滤波器要求，功率为 1600MW 时，至少需要 2 组交流滤波器。

当投入 2 组交流滤波器时，换流站与交流系统无功功率交换量：

$Q_e = 140 \times 2 + 17 \times 2 - 600 = -286 \text{Mvar} < -160 \text{Mvar}$，需再投入一组交流滤波器。

当投入第 3 组交流滤波器后，此时换流站与交流系统无功功率交换量：

$Q_e = 140 \times 3 + 17 \times 2 - 600 = -146 \text{（Mvar）}$ 满足无功功率交换要求。

因此，在该种运行工况下，需投入 3 组交流滤波器。

Jb1002131005　背靠背直流工程为什么可以不装设直流滤波器？（5分）

考核知识点：直流滤波器功能

难易度：易

标准答案：

由于背靠背换流站整流器和逆变器安装在同一个阀厅内，不会对外界造成干扰，所以背靠背换流站可以不装设直流滤波器。

Jb1002132006　无功功率控制（RPC）优先级是什么？简述各控制功能。（5分）

考核知识点：无功控制

难易度：中

标准答案：

（1）优先级由高到低：绝对最小滤波器组数、最高/最低电压限制、最大无功功率交换限制、最小滤波器组数、无功交换控制/电压控制。

（2）控制功能介绍：

1）绝对最小滤波器组数：为了防止滤波设备过负荷所需要投入的最小滤波器组数。在任何情况下必须满足。

2）最高/最低电压限制：监视交流母线电压，通过跳开或投入交流滤波器/并联电容器来控制交流电压在规定水平之内，避免稳态过电压引起的保护动作。

3）最大无功交换限制：计算直流系统与交流系统无功交换量，根据当前运行状况，限制投入滤波器组的数量，限制稳态过电压。

4）最小滤波器组数：最小滤波器容量要求，为满足滤除谐波的要求需投入的最小滤波器组。

5）无功交换控制/电压控制：控制换流站与交流系统交换的无功量为设定参考值/控制换流站交流母线电压为设定参考值。

Jb1002132007 简述与交流滤波器相关的"中开关"联锁逻辑。至少写出 4 条。（5 分）

考核知识点："中开关"联锁

难易度： 中

标准答案：

（1）换流变压器与大组交流滤波器配串，出现两个边开关三相跳开，仅中开关运行时，应立即闭锁直流相应阀组。

（2）大组交流滤波器与交流线路配串，出现两个边开关三相跳开，仅中开关运行时，应立即跳开中开关，使大组交流滤波器停电。

（3）大组交流滤波器与主变压器、厂用变压器配串，出现两个边开关三相跳开，仅中开关运行时，应立即跳开中开关，使大组交流滤波器停电。

（4）大组交流滤波器与交流线路配串，大组交流滤波器与母线间的边开关检修或停运时，该串的交流线路发生单相故障时，如果该线路投入了单相重合闸，则在线路单相故障跳开单相的同时应三相连跳中开关，与线路相连的边开关应按设定跳闸逻辑动作，不应三相连跳。

Jb1002132008 《国家电网有限公司防止直流换流站事故措施及释义》在防止交、直流滤波器及并联电容器故障时，对设计和制造单位有哪些要求？至少写出 5 条。（5 分）

考核知识点： 直流滤波器的设计要点

难易度： 中

标准答案：

（1）电容器的连接应使用多股软连接线，不要使用硬铜棒连接，防止导线硬度太大造成接触不良，铜棒发热膨胀使绝缘子受力损伤。

（2）从管型母线引至高压塔电容器的连接线应有足够安全距离，连接线应有足够的硬度（铜棒或者铜排），防止连接线因变形、下垂导致和电容器的绝缘距离发生变化，导致连接线与电容器外壳放电。

（3）连接电容器的多股软连接线、触头应有防鸟害的措施。

（4）交、直流 PLC 区域的电容器至调谐装置的连接线应安装相应电压等级的绝缘护套。

（5）新建工程直流滤波器宜采用支撑式结构。电容器塔的支撑钢梁应有防止鸟类筑巢的措施；干式电抗器若配有隔声罩，隔声罩内应有防止鸟类进入的措施。

Jb1002133009 《国家电网有限公司防止直流换流站事故措施及释义》防止交、直流滤波器及并联电容器故障中规划设计阶段有哪些要求？至少写出 10 条。（5 分）

考核知识点： 直流滤波器的设计要点

难易度： 难

标准答案：

（1）应优化交流滤波器组布局方式，避免大组滤波器检修时因安全距离不足导致其他大组滤波器陪停。

（2）交流滤波器开关设计时必须考虑频繁操作及开断容性电流的特点，防止开断时重燃导致开关及喷口损坏。

（3）交流滤波器电容器组串并联结构及绝缘设计应充分考虑电容器对操作过电压的耐受能力，避免电容器损坏。

（4）交流滤波器电抗器设计时应考虑在运行背景谐波适度增大的情况下电抗器不会过负荷。电抗器过负荷保护报警值与跳闸值之间应留有足够的裕度。

（5）交流滤波器电抗器设计时应提高过负荷能力，正常运行时退出一小组滤波器后，在运滤波器电抗器不应出现过负荷。

（6）直流滤波器宜采用支撑式结构或提高顶部悬式绝缘子的外绝缘性能，防止大雨天气下顶部悬式绝缘子形成雨帘导致外绝缘性能下降，引起最顶层电容器与地电位的绝缘间距变小而击穿导致直流滤波器退出运行。

（7）交流滤波器应配置选相合闸装置，且准确实现在电压过零点±1ms 内合闸，防止交流滤波器投入过程中产生过电压和涌流而引起设备和绝缘损坏，保护误动。交流滤波器开关相间分、合闸同期性均应满足技术要求。

（8）电容器套管宜采用滚压一体式结构，可以有效防止套管渗漏油。电容器的连接应使用多股软连接线，不要使用硬铜棒或铜排连接，防止导线硬度太大造成接触不良，铜棒或铜排发热膨胀导致绝缘子受力损伤。

（9）从管型母线引至高压塔电容器的连接线应有足够安全距离，连接线应有足够的硬度（铜棒或者铜排），防止连接线因变形、下垂而与电容器、均压环的绝缘距离发生变化，导致连接线与电容器外壳或均压环放电。

（10）连接电容器的多股软连接线、触头应有防鸟害的措施，并满足设备散热的要求。

（11）交、直流滤波器电容器塔的支撑钢梁及等电位线连接处应有防止鸟类筑巢的措施；干式电抗器若配有隔声罩，隔声罩内应有防止鸟类进入的措施；电阻器应安装防雨罩防止雨水进入，防雨罩顶部应有坡度防止雨水聚集，电阻器风道应通畅。

（12）交流滤波器切除后应设置足够的放电时间，放电后方可再次投入运行，避免电容器带电荷合闸产生较大的冲击电流。

（13）交流滤波器围栏和围栏内设备接地体不应形成闭合环路，避免涡流发热。

（14）设计交流滤波器配置时，应避免单一类型交流滤波器全站仅配置一组的情况。避免因单一交流滤波器退出运行造成直流系统功率回降或闭锁。

Jb1003132010 阀冷系统氮气稳压系统例行检修的关键点。（5 分）

考核知识点： 阀冷系统检修项目

难易度： 中

标准答案：

（1）检修前应记录稳压系统压力、液位等参数以及各阀门位置状态，检修后应恢复至检修前正常状态。

（2）自动排气装置功能检查，排气应正常。

（3）手动排气阀功能检查，开合应正常。

（4）压力释放阀、安全阀动作值整定应正确。

（5）更换氮气瓶后应将所有阀门恢复至正常状态，且应检测管道及阀门位置无渗漏。

Jb1003133011　在测量阀冷主泵同心度时，暂定电动机端盖上顺时针方向为 0°、90°、180°、270°，现把一个百分表架的磁性底座固定在联轴器上水泵侧的 0° 位置，记为 A 表，将 A 表的百分表头与电动机联轴器外圆垂直接触，用于测量径向偏差；另一个百分表架的磁性底座固定在联轴器上水泵侧的 180° 位置，记为 B 表，将 B 表的百分表头与电动机联轴器后端面垂直接触，用于测量轴向偏差，用专用扳手顺着泵的旋转方向转动联轴器，分别记录 A 表和 B 表在 0°、90°、180°、270° 四个点的读数。0° 位置两表读数记为 A_1、B_1，90° 位置记为 A_2、B_2，180° 位置记为 A_3、B_3，270° 位置记为 A_4、B_4。写出中心偏差的计算方法及其标准。（5 分）

考核知识点：主泵同心度的检测结果分析要点

难易度：难

标准答案：

（1）圆周：

高低位移：$a = | A_1 - A_3 |$；

左右位移：$a' = | A_2 - A_4 |$。

（2）平面：

上下张口：$b = | B_1 - B_3 |$；

左右张口：$b' = | B_2 - B_4 |$；

联轴器允许偏差值规定，a、a'、b、b' 均不应超过 0.2mm。

Jb1003132012　阀外风冷系统空冷器电动机更换的关键点有哪些？（5 分）

考核知识点：阀冷系统更换要点

难易度：中

标准答案：

（1）传动部件与扇叶、电动机连接合格（直接联动形式：扇叶轴与电动机轴同心度满足设计要求；皮带传动形式：传动皮带连接稳定、无滑动，转动正常）。

（2）测量电动机相间绝缘及对地绝缘、直阻，要求使用 1000V 绝缘电阻表测量绝缘结果不低于 1MΩ，三相直阻平衡（三相中最大差值/最小值小于 2%）。

（3）更换完成后，检查扇叶，转动平滑、正常，无卡涩，旋转部件都应维持静态平衡和动态平衡。

（4）更换完成后试运行，测量三相运行电流，三相电流平衡（任一相电流—三相电流平均值）/三相电流平均值不小于 ±10%。

Jb1003132013　阀外风冷系统电加热器更换的关键点有哪些？（5 分）

考核知识点：阀冷系统更换要点

难易度：中

标准答案：

（1）密封圈应同时进行更换。

（2）紧固加热器固定螺栓时，必须均匀对称地紧固连接螺栓，避免用力不均。

（3）加热器法兰连接处无渗漏水现象。

（4）测量加热器绝缘，使用 1000V 绝缘电阻表测量绝缘结果不低于 1MΩ，电阻值测量正常，符合设计要求。

（5）电源接线无过热、老化现象，电源接线紧固。

Jb1003132014　阀外风冷加热器设置的目的是什么？电加热器的启动和运行中有哪些注意事项？（5分）

考核知识点：外风冷系统及部件原理

难易度：中

标准答案：

目的：为避免现场温度极低及阀体停运时的冷却水温度过低，应设置阀外风冷电加热器。

注意事项（至少写出 3 条）：

（1）当冷却介质温度低于阀厅露点温度，管路及器件表面有凝露危险时，电加热器应开始工作。

（2）电加热器运行时水冷系统不能停运，必须保持管路内冷却水的流动。

（3）温度开关（若有）工作正常。

（4）加热器工作时无异响。

Jb1003132015　阀外风冷系统精益化评价细则中对外风冷空冷器设备外观的技术要求有哪些？（5分）

考核知识点：阀外风冷系统精益化评价细则

难易度：中

标准答案：

（1）风机叶片无变形，转动无卡涩，无异常振动声音。

（2）构架、管道、风机、电动机各处固定螺栓无松动迹象。

（3）风机小风扇、网罩、叶片、风筒壁无严重积灰。

（4）风机下的隔离网无较大的杂物吸附。

（5）风机运行时红外测温无异常。

Jb1003133016　阀外风冷系统精益化评价细则中对阀外风冷加热器控制逻辑的要求有哪些？至少写出 5 条。（5分）

考核知识点：阀外风冷系统精益化评价细则

难易度：难

标准答案：

（1）当进阀温度低于 1 组电加热器启动值且高于 2 组电加热器启动值时，启动 1 组电加热器。

（2）当进阀温度低于 2 组电加热器启动值时，启动 2 组电加热器。

（3）当进阀温度高于 1 组电加热器停止值且低于 2 组电加热器停止值时，停止 1 组电加热器。

（4）当进阀温度高于 2 组电加热器停止值时，停止所有电加热器。

（5）主循环泵未运行、冷却水流量超低、进阀温度高等任一条件满足时，禁止启动电加热器。

（6）加热器的控制具有先启先停、轮循启动、故障切换的控制功能，当电加热器过温时停止加热器。

Jb1003133017　阀外风冷系统验收细则中初设审查部分，关于风机控制逻辑的验收标准是什么？至少写出 5 条。（5 分）

考核知识点：阀外风冷系统验收细则

难易度：难

标准答案：

（1）当前无风机投入时，进阀温度大于风机启动值，经延时启动一组风机。

（2）有风机投入且该风机已在工频运行状态，进阀温度大于定值时，经延时启动下一组风机。

（3）当多组风机投入，且其最低频率运行时，进阀温度仍小于定值，经延时切除一组风机。

（4）只有一组风机投入时，当进阀温度小于定值，且该风机处于最低频率运行，经延时切除该组风机。

（5）阀解锁期间，当进阀温度传感器故障时，所有风机均工频启动运行。有故障切换、先起先停功能。

（6）"内冷系统停运""内冷系统电加热器停运"等外部开入信号不能用于对阀外风冷系统风机的控制。

Jb1003133018　阀外风冷系统验收细则中出厂验收部分，关于阀外风冷设备出厂试验的验收标准是什么？（5 分）

考核知识点：阀外风冷系统验收细则

难易度：难

标准答案：

（1）无损检测。

（2）设备的压力试验采用液压试验，试验压力为 2.0MPa，本试验须在对设备接液部分进行酸洗及中和之后进行。

（3）设备接液部分最后一次纯水清洗后，对放出水水质（pH、固体颗粒量等）进行洁净度检测。

（4）空气冷却器的电动机等低压电气设备与地（外壳）之间的绝缘电阻不低于 $1M\Omega$。低压设备与地（外壳）之间应能承受 2000V 的工频试验电压，持续时间为 1min。

（5）模拟各种运行模式和故障情况，验证阀外风冷设备控制与保护的功能是否满足要求。

Jb1003133019　阀外风冷系统验收细则中竣工（预）验收部分，关于阀外风冷配电柜外观的验收标准是什么？至少写出 5 条。（5 分）

考核知识点：阀外风冷系统验收细则

难易度：难

标准答案：

（1）配电室应有温度控制措施。

（2）设备外观完好、无损伤，柜内无异常声响、接线整齐且连接良好；电器元件固定牢固，配电柜标示牌、空开标签、表计及指示灯正确、齐全、清晰。

（3）母线排及接触器无异常发热，电源及控制把手位置正确，状态指示正常。

（4）导线外观绝缘层应完好，导线连接（螺接、插接、焊接或压接）应牢固、可靠。

（5）柜内空气开关、动力电缆接头处等无异常温升、温差，所有元器件工作正常。

（6）配电柜四周地面应配置绝缘胶垫或绝缘涂料。

Jb1003133020 阀内水冷系统精益化评价细则中对阀内冷系统跳闸及I/O回路有何要求？（5分）

考核知识点： 阀内水冷系统精益化评价细则

难易度： 难

标准答案：

（1）跳闸输入回路及其电源按双重化或三重化布置且各自独立。

（2）跳闸输出回路及其电源按双重化或三重化布置且各自独立。

（3）同一测点冗余的传感器（流量、温度等）不应接入控制系统输入或输出模块的同一个I/O板，应根据冗余数量分别接入各自独立的输入输出模块，避免单一模块故障导致所有传感器采样异常。

（4）对于通过硬接点方式送往极控的水冷跳闸指令，其跳闸出口回路应采用双继电器双节点串联出口方式，以防止误动及拒动。

（5）采用双继电器双接点串联出口方式的跳闸回路，每个跳闸接点都应具有动作监视回路并上送后台，避免一个接点闭合后，运维人员无法及时发现。

Jb1003131021 阀内水冷系统精益化评价细则中对阀内冷系统保护配置原则的要求是什么？（5分）

考核知识点： 阀内水冷系统精益化评价细则

难易度： 易

标准答案：

（1）阀内水冷保护应按双重化配置，每套保护装置有一个处理器，每套保护装置应能完成整套阀内水冷系统的所有保护功能。

（2）保护出口信号采用每套保护两个出口均有动作信号才出口，防止误动；同时在另一套保护装置检修或故障时，单套系统能保证保护正确出口，防止拒动。

（3）内水冷不应设置流量高跳闸保护。

Jb1003131022 主循环泵的专业巡视主要包括哪些内容？至少写出5条。（5分）

考核知识点： 阀内水冷系统检修细则

难易度： 易

标准答案：

（1）轴套油位应在油位线附近或符合厂家技术文件要求。

（2）应无明显渗漏油、漏水现象。

（3）应无异常噪声、振动，必要时采用噪声振动测试仪进行测量。

（4）轴承应无异响、卡涩。

（5）进、出口压力差应在正常范围之内。

（6）主循环泵漏水检测装置应无异常报警。

（7）本体及轴承红外测温时，无异常温升。

Jb1003131023 管道、法兰及阀门巡视的专业巡视主要包括哪些内容？至少写出5条。（5分）

考核知识点： 阀内水冷系统检修细则

难易度： 易

标准答案：

（1）管道无异常振动。

（2）管道及法兰连接处、排泄阀无破损、无渗漏水现象。

（3）管道及法兰应无变形、扭曲。

（4）连接螺栓应无松动、垫片无变形。

（5）阀门位置应与运行方式相符，开度未发生位移。

（6）阀门位置指示装置和闭锁装置功能正常。

Jb1003133024 竣工验收时阀内冷液位保护配置要求有哪些？（5分）

考核知识点： 阀内水冷系统验收细则

难易度： 难

标准答案：

（1）膨胀罐或高位水箱液位保护应投报警和跳闸。

（2）应在膨胀罐或高位水箱装设三个电容式液位传感器和一个直读液位计，用于液位保护和泄漏保护。

（3）三台膨胀罐或高位水箱液位传感器按"三取二"原则；膨胀罐液位测量值低于膨胀罐液位低报警定值时液位保护应延时报警，低于膨胀罐液位超低报警定值时液位保护应延时跳闸。

（4）低液位接点开关动作后应仅报警。

（5）膨胀罐液位变化定值和延时设置应有足够裕度，能躲过最大温度及传输功率变化引起的液位波动，防止液位正常变化导致保护误动。

Jb1003131025 启动验收时，主循环泵的验收标准是什么？（5分）

考核知识点： 阀内水冷系统验收细则

难易度： 易

标准答案：

（1）检查主泵运行应正常，声响及振动无异常，红外测温无异常。

（2）主循环泵切换过程中的流量变化应不导致低流量保护动作；主循环泵本体或软启动器故障切换、电源切换、上级电源切换、单泵运行时上级电源切换、切至故障泵后回切试验、漏水检测试验等试验结果正常。

Jb1003131026 请列举换冷却塔的验收标准。至少写出5条。（5分）

考核知识点： 阀外水冷系统验收细则

难易度： 易

标准答案：

（1）冷却塔风扇叶片清洁无变形。

（2）喷淋管及喷嘴无堵塞，水流均匀。

（3）冷却塔蛇形管无杂物。

（4）栅栏和积水箱清理无杂物。

（5）检查电动机绝缘电阻不低于1MΩ（使用1000V绝缘电阻表），各绕组直流电阻值相互差别不应超过最小值的2%。

（6）风机无锈蚀部位。

（7）轴承转动均匀，无卡涩，无磨损，必要时补充润滑油脂。

（8）冷却塔外观无锈蚀，螺栓紧固，无渗漏水现象。

（9）风机变频器的保护定值正确；变频器的电压、电流测量精度满足要求。

（10）应进行动力柜接线检查；动力回路运行24h后进行红外测温。

Jb1003131027　冷却塔专业巡视要点有哪些？至少写出 5 条。（5 分）
考核知识点：阀外水冷系统检修细则
难易度：易
标准答案：
（1）冷却塔本体无漏水、变形、破损及锈蚀等现象。
（2）冷却塔风扇电动机的转速、转向正常，轴承转动均匀，无异常声响。
（3）冷却塔风机叶片无变形、无裂纹、无破损，运行噪声正常。
（4）喷淋管及喷嘴无堵塞、无破损，水流均匀，进、回水无溢流和吸空现象。
（5）蛇形管无结垢、裂纹等现象。
（6）冷却水的进出口、补水、排污等阀门位置指示正确，阀门闭锁装置正常。
（7）风机接线盒、安全开关密封及防雨情况良好，内部接线无过热、老化、松动现象。
（8）冷却塔皮带无松动、脱落现象。
（9）冷却塔回水池排水通畅，无异物堵塞。
（10）冷却塔格栅无变形、漏水、溢水。

Jb1003132028　冷却塔风机更换的安全注意事项有哪些？至少写出 5 条。（5 分）
考核知识点：阀外水冷系统检修细则
难易度：中
标准答案：
（1）断开冷却塔风机电源和安全开关。
（2）工作前，需用万用表对冷却塔风机及其接线盒进行验电，确保无电后方可开始工作。
（3）现场使用的工具，应是带有绝缘手柄的工具，防止造成短路和接地。
（4）按厂家规定正确吊装设备，起吊作业时应设置缆风绳控制方向，并设专人指挥。
（5）禁止上下抛掷工器具等物品。
（6）高空作业人员必须系安全带或安全绳，禁止无绳、无带作业。
（7）工作中注意物件和工具掉落，避免砸坏冷却塔内蛇形管。

Jb1003131029　就地动力电源柜例行检查时有哪些安全注意事项？（5 分）
考核知识点：阀外水冷系统检修细则
难易度：易
标准答案：
（1）检修前应确认就地电源控制盘柜进线电源开关已断开。
（2）进行绝缘测量时，采取有效的防范措施和组织措施，防止人员触电。
（3）拆接线时应做好记录，工作结束时及时恢复，严禁改动回路接线。
（4）现场使用的工具，应是带有绝缘把柄的工具，防止造成短路和接地。
（5）检修过程中，严禁擅自拆除或变动二次设备盘、装置的接地线。

Jb1003132030　喷淋泵更换工作的安全注意事项主要有哪些？（5 分）
考核知识点：阀外水冷系统检修细则
难易度：中
标准答案：
（1）更换喷淋泵前，应确保系统的冷却容量满足使用需求，防止冷却容量不足引起直流系统功率回降。

（2）工作前，需用万用表对喷淋泵及其接线盒进行验电，确保无电后方可开始工作。

（3）安装电动机与泵体间连接部件时要保证轴心在一条直线上，紧固时应均匀对角固定。

（4）启动前一定要确认缓冲罐中已补满水，防止空气进入喷淋泵中造成干烧损坏。

（5）启动后再次对喷淋泵进行排气。

Jb1003132031　阀冷系统交接验收时针对喷淋泵有什么要求？（5分）

考核知识点：阀外水冷系统检修细则

难易度：中

标准答案：

（1）检查电动机绝缘电阻不低于1MΩ（使用1000V绝缘电阻表），相间绝缘电阻基本相同。

（2）喷淋泵电机绕组的直阻测量，各绕组直流电阻值相互差别不应超过最小值的2%。

（3）对于采用柔性联轴器的水泵，同心度小于0.2mm。

（4）喷淋泵至少运行24h后对喷淋泵的机封、电动机的轴承、电动机的外壳、电动机的接线柱进行测温。

（5）喷淋泵连接部位及轴封处无渗漏。

（6）喷淋泵振动声音正常平稳。

（7）泵坑墙壁无渗漏水现象，泵坑无积水，排污泵功能正常。

Jb1003131032　阀内冷却系统软化罐树脂更换有哪些安全注意事项？（5分）

考核知识点：阀外水冷系统检修细则

难易度：易

标准答案：

（1）工作前须将系统停运，将控制系统电源断开，确保系统不会自动启动。

（2）工作前需将软化罐里的水全部排尽，关闭进出水阀门。

（3）处理树脂过程中，工作人员必须穿戴保护用的手套、眼镜和口罩，防止树脂对眼睛和皮肤造成伤害，防止灰尘或树脂吸入肺部。

（4）爬梯应固定牢固，上下时派专人监护，高空作业系好安全带。

Jb1004131033　换流变压器油油质劣化的基本因素有哪些？（5分）

考核知识点：换流变压器检修

难易度：易

标准答案：

（1）氧的存在。

（2）催化剂的存在。

（3）加速剂的影响。

（4）运行温度的影响。

（5）纤维素材料的作用。

Jb1004131034　换流变压器热油循环时的安全注意事项有哪些？（5分）

考核知识点：换流变压器检修

难易度：易

标准答案：

（1）滤油机必须接地，滤油机管路与换流变压器接口可靠连接。

（2）抽真空过程中，为防止真空泵停用或发生故障时，真空泵润滑油被吸入换流变压器本体，真空系统应装设止回阀或缓冲罐。

（3）抽真空过程中，严禁使用麦氏真空表，以防麦氏表中的水银吸入换流变压器本体。

Jb1004131035　换流变压器压力释放阀更换的安全注意事项有哪些？（5分）

考核知识点： 换流变压器检修

难易度： 易

标准答案：

（1）断开二次连接线。

（2）应注意与带电设备保持足够的安全距离，准备充足的施工电源及照明。

（3）高空作业严禁上下抛掷物品，应按规程使用安全带，安全带应挂在牢固的构件上，禁止低挂高用。

（4）拆接作业使用工具袋，防止高处落物。

Jb1004132036　换流变压器压力释放阀更换关键质量标准有哪些？（5分）

考核知识点： 换流变压器检修

难易度： 中

标准答案：

（1）拆装应在相对湿度不大于75%时进行，应排油至合适位置，排油同时注入干燥空气，在整个套管的拆装过程中应持续注入干燥空气。

（2）更换前关闭储油柜与箱体之间的连接阀门，排油至合适位置。

（3）压力释放阀需经校验合格后安装。检查护罩和导流罩，应清洁。各部连接螺栓及压力弹簧应完好、无松动。微动开关触点接触良好，进行动作试验，微动开关动作应正确。

（4）按照原位安装，依次对角拧紧安装法兰螺栓。

（5）安装完毕后，抽真空、真空注油，并打开储油柜与箱体之间的连接阀门，调整油位，相关工艺参照注油环节。

（6）连接二次电缆应无损伤、封堵完好，用1000V绝缘电阻表对二次回路进行绝缘电阻试验。

Jb1004133037　简述换流变压器铁芯为何应接地且不能多点接地。（5分）

考核知识点： 换流变压器铁芯夹件

难易度： 难

标准答案：

换流变压器的铁芯应接地且不能多点接地。换流变压器的铁芯如果不接地，当换流变压器运行时，由于铁芯各部位在电场中所处的位置不同而有不同的电位。当两点之间的电位差达到能够击穿两者之间的绝缘时，相互之间会产生放电，使变压器油分解，并容易使固体绝缘损坏，导致事故发生。为此变压器的铁芯与其他金属件必须和油箱联结，然后接地，使它们处于同电位（零电位）。变压器的铁芯如果多点接地，则相当于铁芯经多个接地点形成短路，会产生一定的电流，导致铁芯局部损耗增加，引起铁芯发热，严重时甚至把接地片烧断，使铁芯产生悬浮电位。

Jb1004132038　换流变压器潜油泵更换关键质量标准有哪些？（5分）

考核知识点： 换流变压器检修

难易度：中

标准答案：

（1）叶轮转动应平稳、灵活。

（2）检查潜油泵转向正确，试转应平稳、灵活，无转子扫膛、叶轮碰壳等异声。

（3）油流指示器指示正确。

（4）检查法兰密封面应平整无划痕、锈蚀、漆膜，各对接法兰正确对接，密封垫位置准确，依次对角拧紧安装法兰螺栓，使密封垫均匀压缩 1/3（胶棒压缩 1/2）。

（5）拆装前后应确认蝶阀位置正确。

（6）更换后泵内气体应充分排出。

Jb1004133039　换流变压器油流指示器更换关键质量标准有哪些？（5 分）

考核知识点：换流变压器检修

难易度：难

标准答案：

（1）关闭对应散热器上下两侧隔离阀门，打开排气塞，充分排油。

（2）挡板应铆接牢固，无松动、开裂。返回弹簧应安装牢固，弹力适当。

（3）指针及表盘应清洁，无灰尘、水雾，转动灵活无卡滞；转动挡板，主动磁铁与从动磁铁应同步转动，观察指针应同步转动，无卡滞现象。

（4）用手转动挡板，在原位转动 85° 时，用万用表测量接线端子，微动开关应动作正确。

（5）波纹管连接应保证平行和同心，并使密封垫位置准确，压缩量为 1/3（胶棒压缩 1/2）。检查法兰密封面应平整无划痕、锈蚀、漆膜。

（6）更换油流指示器后打开两侧隔离阀门，注意充分排气后，关闭排气塞。

（7）拆装前后应确认蝶阀位置正确。

Jb1004133040　换流变压器气体继电器更换关键质量标准有哪些？至少写出 6 条。（5 分）

考核知识点：换流变压器检修

难易度：难

标准答案：

（1）关闭气体继电器两端阀门，排净继电器内绝缘油。

（2）继电器应校验合格后安装。

（3）更换所有连接管道的法兰密封垫，密封垫位置准确，压缩量为 1/3（胶棒压缩 1/2）。

（4）继电器上的箭头应朝向储油柜。

（5）复装时确保气体继电器不受机械应力，密封良好，无渗油。

（6）气体继电器应保持基本水平位置，波纹管朝向储油柜方向应有 1%～1.5% 的升高坡度，继电器的接线盒应有防雨罩或有效的防雨措施。

（7）调试应在注满油并连通油路的情况下进行，打开气体继电器的放气阀排净气体，通过按压探针发出重瓦斯、轻瓦斯信号，并能正常复归。

（8）拆装前后应确认蝶阀位置正确。

（9）手动按下继电器试验按钮，在后台验证告警及跳闸功能正常。

（10）连接二次电缆应无损伤、封堵完好，用 1000V 绝缘电阻表对二次回路进行绝缘电阻试验。

Jb1004132041　换流变压器绕组温度计更换关键质量标准有哪些？（5分）

考核知识点： 换流变压器检修

难易度： 中

标准答案：

（1）查看匹配器和显示表头应无损伤、变形。

（2）需经校验合格后安装，全刻度±1.0℃。

（3）应由专业人员进行调试，采用温度计附带的匹配元器件，并注意与互感器的配合，防止互感器二次端子开路，保证与远方信号一致。

（4）换流变压器箱盖上的测温座中预先注入适量变压器油，再将测温传感器安装在其中，并做好防水措施。

（5）连接二次电缆应无损伤、封堵完好，用1000V绝缘电阻表对二次回路进行绝缘电阻试验。

Jb1004131042　换流变压器套管末屏是什么？套管末屏为何要接地？（5分）

考核知识点： 换流变压器原理

难易度： 易

标准答案：

油纸绝缘的套管，其绝缘是由一层层绝缘纸卷制而成。每层绝缘纸间卷有锡箔层，称为电容屏。这种结构可以使电压分布均匀，最外一层电容屏就称为末屏。

它在运行过程中必须接地，让绝缘层各自分压，使绝缘层间承受的电压范围一定。如果末屏不接地，最外层的绝缘层就会对地有很高的电压，导致绝缘层击穿破坏对地放电，产生极其严重的后果。同时可以作为试验抽头来测量套管电容和介质损耗，套管局部放电和变压器局部放电也从这里取信号。

Jb1004133043　换流变压器储油柜检修关键质量标准有哪些？（5分）

考核知识点： 换流变压器检修

难易度： 难

标准答案：

（1）更换所有连接管道的法兰密封垫。

（2）拆除管道前关闭连通气体继电器的蝶阀，拆除后应及时密封。

（3）起吊储油柜时注意吊装环境。

（4）放出储油柜内的存油，取出胶囊，清扫储油柜，储油柜内部应清洁，无锈蚀和水分。

（5）排除集污盒内污油。

（6）若换流变压器有安全气道则应和储油柜间互相连通。

（7）胶囊应无老化开裂现象，密封性能良好。

（8）胶囊在安装前应在现场进行密封试验，如发现有泄漏现象，需对胶囊进行更换。

（9）清洁胶囊，将胶囊挂在挂钩上，保证胶囊悬挂在储油柜内，防止胶囊堵塞各联管口。

（10）集污盒、排气塞整体密封良好无渗漏，耐受油压0.05MPa、6h无渗漏。

（11）保持连接法兰的平行和同心，密封垫压缩量为1/3（胶棒压缩1/2）。

（12）指针式油位计复装时应根据伸缩连杆的实际安装接点手动模拟连杆的摆动，观察指针的指示位置应正确，然后固定安装接点。

（13）胶囊密封式储油柜注油时，打开顶部排气塞，直至冒油立即旋紧排气塞，再调整油位，以防止出现假油位。

（14）拆装前后应确认蝶阀位置正确。

Jb1004133044　试分析有载分接开关是否可以配置带浮球的气体继电器，若可以，请说明原因，若不可以，请说明原因并分析应配置什么保护。（5 分）

考核知识点：换流变压器分接开关原理

难易度：难

标准答案：

（1）不可以。切换开关进行触头切换时有自然拉弧现象，触头通过放电分解产生特征气体，且换流变压器分接开关动作频繁，产生的气体不能顺利排出，气体在气体继电器腔体内聚集，当达到重瓦斯保护定值时，保护必然动作。

（2）换流变压器有载分接开关应采用流速继电器或压力继电器，不应采用带浮球的气体继电器。

Jb1004133045　换流变压器套管升高座检修关键质量标准有哪些？至少写出 6 条。（5 分）

考核知识点：换流变压器检修

难易度：难

标准答案：

（1）拆装应在相对湿度不大于 75%时进行，应排油至合适位置，排油同时注入干燥空气，在整个套管的拆装过程中应持续注入干燥空气。

（2）所有经过拆装的部位，其密封件应更换。

（3）应先将外部的二次连接线全部拆开，裸露的线头应立即单独绝缘包扎并做好标记。

（4）拆装有倾斜度的升高座应使用专用吊具，起吊过程中应保证升高座倾斜度和安装角度一致。

（5）拆下后应注油或充干燥气体密封保存。

（6）更换引出线接线端子和端子板的密封胶垫，胶垫更换后不应有渗漏。

（7）更换端子后应做极性试验确保极性正确。

（8）对安装有倾斜的及有导气联管的升高座应先将其全部连接到位后统一紧固，防止连接法兰偏斜或密封垫偏移和压缩不均匀，对无导气联管的升高座，更换排气螺栓的密封胶垫，注油后应逐台排气。

（9）依次对角拧紧安装法兰螺栓，使密封垫均匀压缩 1/3（胶棒压缩 1/2）。

（10）未使用的互感器二次绕组应可靠短接后接地。

Jb1004122046　试画出换流变压器分接开关切换芯子切换过程中的回路原理图。（5 分）

考核知识点：换流变压器分接开关原理

难易度：中

标准答案：

如图 Jb1004122046 所示。

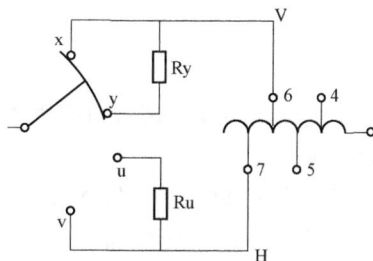

图 Jb1004122046

Jb1004122047 试画出换流变压器更换过程中真空注油连接图。（5分）

考核知识点： 换流变压器检修

难易度： 中

标准答案：

换流变压器更换过程中真空注油连接图如图Jb1004122047所示。

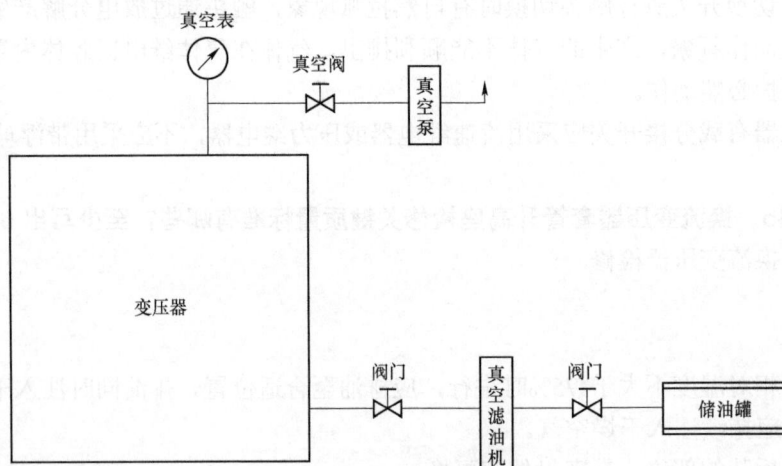

图 Jb1004122047

Jb1004133048 试分析换流变压器有载分接开关频繁动作对换流变压器本体产生乙炔是否有影响，并说明原因。（5分）

考核知识点： 换流变压器有载分接开关检修

难易度： 难

标准答案：

有影响。由于分接开关的选择开关与换流变压器本体油室连通，分接开关在进行极性选择时，极性选择开关从"＋"位置过渡到"－"位置的过程中，负载电流不流经调压绕组，当极性调压开关在过渡过程中，其触头"＋"或"－"和绕组电容C1和C2之间有电容电流流过，极性开关操作期间必须切断电容电流，从而引起触头间的火花放电，但是其放电能量较小，仅产生少量放电特征气体乙炔，对换流变本体产生乙炔有一定影响。

Jb1004132049 更换直流穿墙套管后SF_6密度继电器的验收标准有哪些？（5分）

考核知识点： 直流穿墙套管检修

难易度： 中

标准答案：

（1）SF_6密度继电器交接校验合格，贴校验合格证。

（2）动作整定值与定值一致。

（3）充气套管气体压力表或密度继电器引至便于巡视直接观察位置。

（4）装设方便观测的密度（压力）表计。

（5）充气套管应无渗漏，其漏气率应小于0.5%（充气24h后），压力表或密度继电器指示正常。

（6）现场检查SF_6气体密度或压力应正常，不应过高或过低，按最低环境温度和最高运行温度计算，不应出现报警或超压。

（7）SF_6气体密度监视装置的跳闸触点不应小于3对，并按"三取二"逻辑出口。

Jb1004132050　直流穿墙套管 SF$_6$ 气体回收、抽真空及充气的安全注意事项有哪些？（5分）

考核知识点：直流穿墙套管检修

难易度：中

标准答案：

（1）回收、充装 SF$_6$ 气体时，工作人员应在上风侧操作，必要时应穿戴好防护用具，作业环境应保持通风良好，户内作业要求开启通风系统，监测工作区域空气中 SF$_6$ 气体含量不得超过 1000μL/L，含氧量大于 18%。

（2）抽真空时要有专人负责，在真空泵进气口配置电磁阀，防止误操作而引起的真空泵油倒灌。被抽真空气室附近有高压带电体时，主回路应可靠接地。

（3）抽真空的过程中，严禁对设备进行任何加压试验。

（4）抽真空设备应用经校验合格的指针式或电子液晶体真空计，严禁使用水银真空计，防止抽真空操作不当导致水银被吸入电气设备内部。

（5）从 SF$_6$ 气瓶中引出 SF$_6$ 气体时，应使用减压阀降压，运输和安装后第一次充气时，充气装置中应包括一个安全阀，以免充气压力过高引起设备损坏。

（6）避免装有 SF$_6$ 气体的气瓶靠近热源或受阳光暴晒。

（7）气瓶轻搬轻放，避免受到剧烈撞击。

（8）用过的 SF$_6$ 气瓶应关紧阀门，带上瓶帽。

Jb1004132051　干式平波电抗器的整体更换关键质量标准有哪些？至少写出 6 条。（5分）

考核知识点：干式平波电抗器检修

难易度：中

标准答案：

（1）检查线圈无变形、受损，内外表面清洁完好。金属汇流排及接线端子无变形损伤，玻璃丝绑带无断裂、开裂。

（2）检查支柱绝缘子表面清洁，无破损、裂纹。胶合处填料应完整，结合应牢固，伞裙与法兰的结合面应涂有防水密封胶。

（3）连接螺栓及绝缘子法兰应使用非磁性材料。

（4）吊装应按照厂家规定程序进行，使用产品专用吊具进行吊装，吊装中线圈和支柱不应遭受损伤或变形。

（5）支柱绝缘子叠装时，中心线应一致，固定应牢固；斜支撑的绝缘子角度及角度偏差应符合产品技术规定；使用产品自配的垫片矫正其水平和垂直偏差时，每处垫片不宜超过 3 片。两台或以上电抗器水平排列时，线圈绕向应相同。

（6）电抗器金具完好无裂纹，螺栓紧固，接触良好。

（7）一次引线应无散股、扭曲、断股，汇流排与引线端子连接面应做清洁处理，并涂抹导电膏。

（8）均压环（罩）、屏蔽环（罩）应无划痕毛刺，应有滴水孔，安装正确牢固，电气连接可靠；每层均压环应在同一水平面内，偏差不超过 2mm，各节均压环间距均匀，层间偏差不超过 5mm。

（9）对支架、基座等铁质部件进行除锈防腐处理。

（10）每只支柱绝缘子底座均应接地，支柱绝缘子的接地线不应构成闭合环路。距离电抗器本体中心两倍直径的范围内不得形成磁闭合回路。

Jb1004133052　直流穿墙套管 SF$_6$ 气体回收、抽真空及充气的关键质量标准有哪些？至少写出 6 条。（5分）

考核知识点： 直流穿墙套管检修

难易度： 难

标准答案：

（1）回收、抽真空及充气前，检查 SF_6 充放气止回阀顶杆和阀芯，更换使用过的密封圈。

（2）回收、充气装置中的软管和电气设备的充气接头应连接可靠，管路接头连接后抽真空进行密封性检查。

（3）充装 SF_6 气体时，周围环境的相对湿度不应大于 80%。

（4）SF_6 气体应经检测合格，充气管道和接头应进行清洁、干燥处理，充气时应防止空气混入。

（5）气室抽真空及密封性检查应按照厂家要求进行，厂家无明确规定时，抽真空至 133Pa 以下并继续抽真空 30min，停泵 30min，记录真空度（A），再隔 5h，读真空度（B），若 $B-A<133Pa$，则可认为合格，否则应进行处理并重新抽真空至合格为止。

（6）选用的真空泵其功率等技术参数应能满足气室抽真空的最低要求，管径大小及强度、管道长度、接头口径应与被抽真空的气室大小相匹配。

（7）设备抽真空时，严禁用抽真空的时间长短来估计真空度，抽真空所连接的管路一般不超过 5m。

（8）充气速率不宜过快，以气瓶底部不结霜为宜，环境温度较低时，液态 SF_6 气体不易气化，可对钢瓶加热（不能超过 40℃），提高充气速度。

（9）充气完毕静置 24h 后进行密封性、含水量、纯度检测，必要时进行气体成分分析。

Jb1004131053 直流穿墙套管耐压试验及局部放电量测量有哪些要求？（5分）

考核知识点： 直流穿墙套管检修

难易度： 易

标准答案：

（1）试验电压为出厂试验电压的 80%，持续时间 60min。

（2）800kV 套管进行局部放电量测量，在最后 15min 内超过 1000pC 的放电脉冲次数不应超过 5个。

Jb1004132054 干式平波电抗器专业巡视内容有哪些？（5分）

考核知识点： 平波电抗器检修

难易度： 中

标准答案：

（1）本体表面应清洁，油漆完好，无锈蚀，电抗器紧固件无松动。

（2）电抗器表面涂层应无龟裂、鼓包、破损或脱落。

（3）包封表面无爬电痕迹。

（4）运行中无异常噪声、振动情况。

（5）无局部异常过热。

（6）通风道无异物、无堵塞，器身清洁无尘土、异物，无流胶、裂纹。

（7）户外电抗器表面憎水性能良好，无浸润。

（8）电抗器包封与支架间紧固带无松动、断裂。

（9）电抗器包封间导风撑条无松动、脱落。

（10）抱箍及线夹应无裂纹、过热。

（11）引线无散股、扭曲、断股。

（12）基础、支架、平台螺栓紧固无松动或明显锈蚀。

（13）基础支架无倾斜、无开裂、无下降。

（14）支柱绝缘子外观清洁，无放电痕迹，无破损。

（15）绝缘子表面 RTV 涂层无破损、脱落。

（16）接地可靠，无松动及明显锈蚀、过热变色等，接地不应构成闭合环路。

Jb1004131055　干式平波电抗器整体更换的安全注意事项有哪些？（5分）

考核知识点：平波电抗器检修

难易度：易

标准答案：

（1）工作前应将相关高压设备充分放电。

（2）按厂家规定正确吊装设备，必要时使用缆风绳控制方向，并设专人指挥。

（3）高空作业应落实防坠落的安全措施，严禁无安全带或安全绳进行高空作业。

Jb1004132056　直流穿墙套管 SF_6 密度继电器更换的关键质量标准有哪些？（5分）

考核知识点：直流穿墙套管检修

难易度：中

标准答案：

（1）SF_6 密度继电器应校检合格，报警、闭锁功能正常。

（2）SF_6 密度继电器外观完好，无破损、漏油等，防雨罩完好，安装牢固。

（3）SF_6 密度继电器及管路密封良好，年漏气率小于 0.5% 或符合产品技术规定。

（4）电气回路端子接线正确，电气接点切换准确可靠、绝缘电阻符合产品技术规定，并做记录。

（5）带有三通接头的表头阀门在投入运行前应检查阀门处于"打开"位置。

Jb1004132057　干式平波电抗器线圈检修的关键质量标准有哪些？（5分）

考核知识点：平波电抗器检修

难易度：中

标准答案：

（1）平波电抗器表面应无涂层脱落、鼓包，无局部变色，无树枝状爬电痕迹。

（2）平波电抗器线圈至汇流排的引线无断裂、松焊现象。

（3）平波电抗器包封与支架间紧固带无松动、断裂现象。

（4）平波电抗器包封间导风撑条牢固无松动，通风道清洁无堵塞。

（5）包封表面憎水性能良好。

（6）对平波电抗器表面进行清扫，必要时对包封间风道使用高压气枪进行冲洗。

Jb1005131058　充气式直流分压器密度继电器检修关键工艺质量控制有哪些？（5分）

考核知识点：直流分压器

难易度：易

标准答案：

（1）使用的密度继电器应经校验合格并出具合格证。

（2）密度继电器外观完好，无破损、漏油等，防雨罩完好，安装牢固。

（3）密度继电器及管路密封良好，年漏气率小于 0.5% 或符合产品技术规定。

（4）电气回路端子接线正确，电气接点切换准确可靠、绝缘电阻符合产品技术规定，并做记录。

Jb1005132059　直流分压器整体更换安全注意事项有哪些？（5分）

考核知识点：直流分压器

难易度：中

标准答案：

（1）工作前必须认真检查停用直流分压器的状态，应注意对控制保护系统的影响。

（2）在现场进行直流分压器的检修工作，应做好检修现场各项安全措施。

（3）吊装应按照厂家规定程序进行，选用合适的吊装设备和正确的吊点，设置缆风绳控制方向，并设专人指挥。

（4）高空作业时工器具及物品应采取防跌落措施，禁止上下抛掷物件。

Jb1005133060　充气式直流分压器吸附剂更换安全注意事项有哪些？（5分）

考核知识点：直流分压器

难易度：难

标准答案：

（1）打开气室工作前，应先将 SF_6 气体回收并抽真空后，用高纯氮气冲洗3次。

（2）打开气室后，所有人员应撤离现场30min后方可继续工作，工作时人员应站在上风侧，应穿戴防护用具。

（3）对户内设备，应先开启强排通风装置15min后，监测工作区域空气中 SF_6 气体含量不得超过1000μL/L，含氧量大于18%，方可进入，工作过程中应当保持通风装置运转。

（4）更换旧吸附剂时，应穿戴好乳胶手套，避免直接接触皮肤。

（5）旧吸附剂应倒入20%浓度 NaOH 溶液内浸泡12h后，装于密封容器内深埋。

（6）从烘箱取出烘干的新吸附剂前，应适当降温，并戴隔热防护手套。

Jb1005131061　光电流互感器支架及基础进行例行检查时的关键工艺质量控制有哪些？（5分）

考核知识点：光电流互感器

难易度：易

标准答案：

（1）若支架有锈蚀，用钢丝刷除去锈蚀，刷底漆面漆。

（2）若支架出现倾斜变形、开裂或变形，需对支架进行更换。

（3）本体接地扁铁无锈蚀，连接可靠，接地标识脱落、掉漆后应重新涂刷。

（4）若基础出现破损、开裂、沉降，需进行修补或重新浇筑。

Jb1005131062　光电流互感器远端模块及本体光纤进行更换的安全注意事项有哪些？至少写出5条。（5分）

考核知识点：光电流互感器

难易度：易

标准答案：

（1）将对应的直流控制保护主机切换至试验状态，然后关闭对应的光电流互感器主机，并断开电源。

（2）在进行光纤头清洁或检查时应确保直流控制保护主机电源断开，防止激光灼伤人眼。

（3）拆除光纤时应做好光纤保护措施，防止光纤弯曲半径过小导致折断。

（4）对作业车停放地面进行牢固处理，支撑脚与电缆沟等盖板至少保持 1m 的距离，防止压破盖板导致作业车倾覆，造成人员高处坠落或设备损坏。

（5）高空作业时工器具及物品应采取防跌落措施，禁止上下抛掷物品。

（6）作业车应有专人指挥和监护，防止操作不当碰坏设备。

（7）检修期间作业车应做好接地措施。

（8）光缆在拆装过程中必须尽可能小心，避免拉、压、折等，以免损坏。

Jb1005132063　请画出直流注流检测试验接线方式并进行标注说明。（5分）

考核知识点：光电流互感器

难易度：中

标准答案：

直流注流检测试验接线方式如图 Jb1005132063 所示。

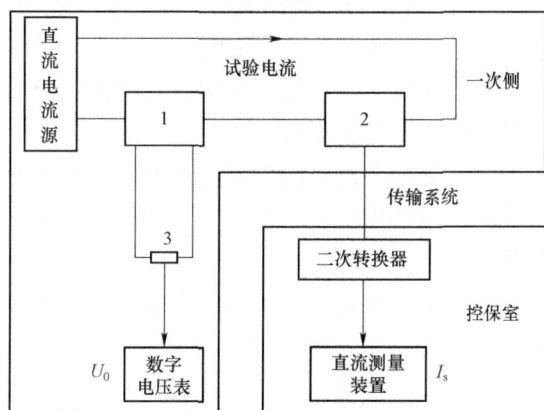

图 Jb1005132063

1—标准直流电流比较仪；2—被检直流电流测量装置；3—标准电阻

U_0—数字电压表的显示值；I_s—被检直流电流测量装置后台显示值

Jb1005132064　直流注流检测细则中注流检测试验步骤有哪些？至少写出5条。（5分）

考核知识点：光电流互感器

难易度：中

标准答案：

（1）将被试电流互感器一次、二次对地放电，使电流互感器一次绕组端子均与其他设备或接地装置断开。

（2）按标准图纸进行接线，检查接线无误，将直流电流源带电，按规程要求设置试验电流值。对于交接试验，注入额定电流 10%、20%、50%、80%、100%，如果被检直流电流测量装置的技术条件还规定了其他工作电流范围，则还应增加相应的检定点；其他需开展注流试验时，注入电流值按相关规程执行。

（3）记录数字电压表数值和后台测量装置电流数值。

（4）试验设备降流为零并断开试验电源。

（5）对电流互感器进行放电。

Jb1005133065　光电流互感器二次系统验收注意事项有哪些？至少写出 5 条。（5 分）

考核知识点：光电流互感器

难易度：难

标准答案：

（1）设备的远端模块、合并单元、接口单元及二次输出回路设置应满足控制保护冗余配置要求，本体应至少配置一个冗余远端模块，该远端模块至接口柜的光纤应做好连接并经测试后作为热备用。

（2）测量回路应具备完善的自检功能，当测量回路或电源异常，应能够给控制或保护装置提供防止误出口的信号。

（3）测量传输环节中的模块，如合并单元、模拟量输出模块等，应由两路独立电源或两路电源经 DC/DC 转换耦合后供电，每路电源具有监视功能。

（4）光电流互感器传输环节存在接口单元或接口屏时，双极及阀组电流信号不得共用一个接口模块或板卡，应完全独立，避免单极或阀组测量系统异常，影响另外一极或其他阀组直流系统运行。

（5）直流电流互感器回路故障自检延时需与控制系统切换时间相配合，避免测量回路故障时控制系统无法及时切换。

（6）二次回路应有充足、可用的备用光纤，备用光纤一般不低于在用光纤数量的 100%，且不得少于 3 根，防止由于备用光纤数量不足导致测量系统不可用。

（7）直流光电流互感器二次回路应简洁、可靠，光电流互感器输出的数字量信号宜直接接入直流控制保护系统，避免经多级数模、模数转化后接入。

（8）直流滤波器运行时，控制、保护系统监测到直流滤波器光电流互感器回路异常应发严重故障报警，不得发紧急故障报警；直流滤波器未投入运行时，控制系统监测到直流滤波器光电流互感器测量回路异常时应发轻微故障报警。

（9）光电流互感器合并单元应具备两块完全冗余的电源板，任一电源板失电不应影响合并单元及相关控制保护系统正常运行。

Jb1005131066　零磁通直流电流互感器带电检测验收标准是什么？（5 分）

考核知识点：零磁通直流电流互感器

难易度：易

标准答案：

零磁通直流电流互感器带电检测验收标准见表 Jb1005131066。

表 Jb1005131066

红外热成像	一次通流回路电气连接处、外壳、绝缘子、接口装置等应无异常温升，测量结果应满足相关技术标准具体要求，二次接线端子及线缆温度应不超过同类设备同样用途接线端子及线缆温度 50%
紫外成像	进行一次设备全面扫描，应无异常放电部位，测量结果应满足相关技术标准具体要求
电流波形	电流采样正常，同一测量点的冗余系统测量值应一致

Jb1005131067　零磁通直流电流互感器电子模块故障报警处置原则是什么？（5 分）

考核知识点：零磁通直流电流互感器

难易度：易

标准答案：

（1）检查相对应直流系统运行正常。

（2）查看并分析对比直流故障录波装置对应的电流测量值。

（3）检查接口柜内电子模块装置电源是否工作正常。

（4）检查接口柜内电子模块装置和接线端子排二极管有无异常声响，有无异味。

（5）如确认为电子模块内部故障，应立即联系检修人员处理，必要时向调控人员申请停运处理。

Jb1005132068　零磁通直流电流互感器电子模块例行检查项目有哪些？（5分）

考核知识点：零磁通直流电流互感器

难易度：中

标准答案：

（1）电子模块固定良好，紧固件齐全完好，外观完好无损伤，无异常声响，各状态指示灯指示正常。

（2）电子模块干净、清洁、无严重积尘，二次接线连接正确规范、避免交叉。

（3）接线固定牢固，不得使所接的端子排受到机械应力，无交直流搭接现象，交直流端子排隔离措施良好。

（4）接线盒电缆应排列整齐、编号清晰，接线盒内电缆应避免交叉并固定牢固，信号引入回路应采用屏蔽阻燃铠装电缆，电缆绝缘层无变色、老化和损坏。

（5）电子模块电缆屏蔽层应与等电位接地网可靠相连。

Jb1005132069　零磁通直流电流互感器二次测量异常处置原则是什么？至少写出5条。（5分）

考核知识点：零磁通直流电流互感器

难易度：中

标准答案：

（1）检查监控系统告警信息、相关电流指示。

（2）检查相关直流保护及控制系统有无异常，根据现场检查情况，必要时申请停用有关直流保护及控制系统。

（3）检查各个采样系统的电流测量值有无异常。

（4）检查本体有无异常声响、有无异常振动。

（5）检查二次回路、电子模块装置和端子接线排有无放电打火、开路现象，查找开路点。

（6）二次回路开路时，应尽快联系检修人员检查处理，必要时汇报调控人员申请停运处理。

（7）查找零磁通电流互感器二次开路点时应注意安全，应穿绝缘靴，戴绝缘手套，至少两人一起。

Jb1005133070　零磁通直流电流互感器电子模块测量回路评价内容是什么？至少写出5条。（5分）

考核知识点：零磁通直流电流互感器

难易度：难

标准答案：

（1）冗余控制系统的采样值应各自取自不同的电子模块。

（2）三重化或双重化配置的保护装置采样值应各自取自不同的电子模块。

（3）控制和保护共用电子模块时，控制和保护的测量通道应独立。

（4）录波采样可与控制或保护共用电子模块，但通道应独立。

（5）当电源切换时，电子模块正常输出，采样值不受影响。

（6）直流电流互感器回路故障自检延时需与控制系统切换时间相配合。

（7）在快速的差动保护中应使用相同暂态特性的电流互感器。

（8）测量回路应具备完善的自检功能，当测量回路或电源异常时，应发出报警信号并防止控制或保护装置误出口。

（9）零磁通电流互感器电子模块饱和和失电报警应接入直流控制保护系统，报警后应能及时闭锁相关保护。

（10）对零磁通电流互感器传输环节各设备（模块）进行断电试验，对光纤进行抽样拔插试验，检验当单套设备（模块）故障、失电或光纤回路断开时，会否导致控保系统误动作。

（11）站内接地回路电流互感器的测量范围应大于 NBGS 开关的最大通流能力；在流经 NBGS 开关的电流值超过站内接地电流互感器的测量范围时，应闭锁双极中性线差动保护。

（12）当采样或输出模块、内部电源模块故障时，装置具有自检及报警功能。

Jb1005131071　直流避雷器启动验收要求有哪些？（5 分）

考核知识点：直流避雷器

难易度：易

标准答案：

（1）验收组在直流避雷器启动验收前应提交竣工（预）验收报告。

（2）直流避雷器启动验收内容包括本体外观、监测装置检查及红外测温。

（3）启动验收时应按照直流避雷器启动验收标准卡要求执行。

Jb1005131072　直流避雷器均压环检修关键工艺质量控制有哪些？至少写出 5 条。（5 分）

考核知识点：直流避雷器

难易度：易

标准答案：

（1）均压环应牢固、水平，无倾斜、变形、锈蚀。

（2）均压环表面无毛刺、平整光滑，表面凸起应小于 1mm。

（3）均压环焊接部位应均匀一致，无裂纹、弧坑、烧穿及焊缝间断，并进行防腐处理。

（4）均压环对地、对中间法兰的空气间隙距离应符合产品技术标准。

（5）均压环支撑架及紧固件锈蚀严重的应更换为热镀锌件。

（6）均压环排水孔通畅。

（7）螺栓材质及紧固力矩应符合技术标准。

Jb1005132073　列出直流金属氧化锌避雷器的检测项目及标准分别是什么？至少写出 5 条。（5 分）

考核知识点：直流避雷器

难易度：中

标准答案：

（1）项目：红外热像检测。标准：红外热像图显示应无异常温升、温差和/或相对温差。

（2）项目：紫外检测。标准：无异常电晕。

（3）项目：运行中持续电流检测。标准：① 阻性电流初值差不超过 50%，且全电流不超过 20%，当阻性电流增加 0.5 倍时应缩短试验周期并加强监测，增加 1 倍时应停电检查；② 通过与历史数据及同组间其他金属氧化物避雷器的测量结果相比较做出判断，彼此应无显著差异。

（4）项目：直流参考电压及在 0.75 倍参考电压下泄漏电流测量。标准：① U_{1mA} 实测值与初值差不超过 ±5% 且不低于 GB 11032—2020《交流无间隙金属氧化物避雷器》规定值（注意值）；② $0.75U_{1mA}$ 泄漏电流初值差：≤30% 或 ≤50μA（注意值）。

（5）项目：底座绝缘电阻测量。标准：① ≥2000 MΩ（±800kV）；② ≥100MΩ（其他）。

（6）项目：放电计数器功能检查。标准：测试 3～5 次，每次应正确动作。

（7）项目：高频局部放电检测。标准：无异常放电。

Jb1005132074　直流避雷器本体精益化评价要求有哪些？至少写出 5 条。（5 分）

考核知识点：直流避雷器

难易度：中

标准答案：

（1）避雷器运行无异常声响。

（2）避雷器压力释放装置封闭完好且无异物。

（3）避雷器监测装置完好，内部无受潮，读数正确。

（4）避雷器监测装置上小套管清洁、螺栓紧固，泄漏电流读数在正常范围内。

（5）避雷器底座固定及接地连接良好，接地引下线无断裂。

（6）监测装置紧固件不应作为导流通道。

（7）污秽等级不满足要求时，应喷涂防污闪涂料且状态良好；如加装增爬裙应同时喷涂防污闪涂料且状态良好。

（8）器身、构架等金属部件无锈蚀。

Jb1005133075　直流避雷器外绝缘部分检修关键工艺质量控制有哪些？至少写出 5 条。（5 分）

考核知识点：直流避雷器

难易度：难

标准答案：

（1）设备外绝缘和耐污等级应满足安装地区配置要求。

（2）瓷套管无破损，单个缺釉不大于 25mm²，釉面杂质总面积不超过 150mm²，瓷套表面无裂纹、脏污及放电痕迹。

（3）瓷外套与法兰处黏合应牢固、无破损，黏合处露砂高度不小于 10mm，并均匀涂覆防水密封胶。

（4）瓷外套法兰黏合处防水密封胶有起层、变色时，应将防水密封胶彻底清理，清理后重新涂覆合格的防水密封胶。

（5）瓷外套伞裙边沿部位出现裂纹应采取措施，并定期进行监督，伞棱及瓷柱部位出现裂纹应更换。

（6）运行 10 年以上的瓷套，应对法兰黏合处防水层重点进行检查。

（7）严重锈蚀的法兰应对其表面进行防腐处理。

（8）选择合适的工具和清扫方法对伞裙的上、下表面分别进行清理，尤其是伞棱部位应重点清扫。

（9）禁止在雨天、雾天、风沙的恶劣天气及环境温度低于 3℃、空气相对湿度大于 85% 的户外环境下进行防污闪涂敷工作。

（10）瓷质绝缘子表面防污闪涂层有翘皮、起层、龟裂时，应将异常部位清除干净，然后复涂。严格按照防污闪涂料说明书进行涂覆工作，涂覆表面无瓷外套釉色、涂层厚度均匀、颜色一致，表面无挂珠、无流淌痕迹。

（11）复合外套表面不应出现严重变形、开裂、变色。

（12）复合外套单个缺陷面积不超过 25mm²，深度不大于 1mm，总缺陷面积不应超过复合外套面积的 0.2%。

（13）复合外套表面凸起高度不超过 0.8mm，黏接合缝处凸起高度不超过 1.2mm。

（14）避雷器不宜单独加装辅助伞裙，宜将防污闪辅助伞裙与防污闪涂料结合使用。

Jb1005132076　换流变压器在检修后送电前，本体必须具备哪些条件？至少写出5条。（5分）

考核知识点：换流变压器

难易度：中

标准答案：

（1）所有阀门位置正确，无渗漏油情况。

（2）油枕和套管等油面指示位置合适，套管 SF_6 压力指示正常。

（3）铁芯和夹件的接地可靠。

（4）冷却器状态正常。

（5）相关非电量保护投入正常，无报警信号。

（6）对换流变压器进行消磁。

Jb1005133077　国家电网有限公司对换流站中开关联锁功能有哪几项要求？至少写出5条。（5分）

考核知识点：换流变压器

难易度：难

标准答案：

（1）换流变压器与交流线路配串，出现两个边开关三相跳开，仅中开关运行时，应立即闭锁直流相应单换流器。

（2）换流变压器与大组交流滤波器配串，出现两个边开关三相跳开，仅中开关运行时，应立即闭锁直流相应单换流器。

（3）大组交流滤波器与交流线路配串，出现两个边开关三相跳开，仅中开关运行时，应立即跳开中开关，使大组交流滤波器停电。

（4）大组交流滤波器与主变压器、厂用变压器配串，出现两个边开关三相跳开，仅中开关运行时，应立即跳开中开关，使大组交流滤波器停电。

（5）换流变压器与主变压器配串，出现两个边开关三相跳开，仅中开关运行时，应立即闭锁直流相应单换流器。

（6）换流变压器与交流线路配串，换流变压器与母线间的边开关检修或停运时，该串的交流线路发生单相故障时，如果该线路投入了单相重合闸，为避免非全相运行，在该线路单相故障跳开单相的同时应三相连跳中开关，与线路相连的边开关应按设定跳闸逻辑动作，不应三相连跳。

（7）大组交流滤波器与交流线路配串，大组交流滤波器与母线间的边开关检修或停运时，该串的交流线路发生单相故障时，如果该线路投入了单相重合闸，则在线路单相故障跳开单相的同时应三相连跳中开关，与线路相连的边开关应按设定跳闸逻辑动作，不应三相连跳。

Jb1005132078　怎样使用内窥镜观察GIS隔离开关是否分合闸到位？简述其使用步骤。至少写出5条。（5分）

考核知识点：隔离开关检修

难易度：中

标准答案：

（1）根据说明书将内窥镜各部件组装好。

（2）合上光源发生器电源断路器，通过调节光源强度和聚焦按钮来选择合适的光源。

（3）调节内窥镜的焦距，直至可以清楚地看到隔离开关的静触头为止。

（4）若不能看到丝毫的动触头，则表明隔离开关分闸到位。

（5）若两条黑色标记线只能看见一个，则表明隔离开关合闸到位，若可看见两条标记线，则表明动触头未到位（即合闸不到位），若一条标记线都看不见，则表明动触头插入过头了。

（6）观察完毕后，断开光源发生器电源断路器，按要求将内窥镜各部件拆分收好。

Jb1005132079　简述有源滤波器和无源滤波器的差异和性能分析。（5分）

考核知识点： 滤波器原理

难易度： 中

标准答案：

目前 LCC 换流站普遍采用无源滤波器方案，但存在滤波容量固定在弱系统下投切引起的电压波动大、滤波性能受交流系统谐波阻抗的影响大、背景谐波的增加会导致设备应力显著增大等问题。随着电网的发展，大量电力电子设备接入电网、新能源及弱系统通过特高压直流送出等现状进一步放大了这些不足。有源滤波器（APF）的发展能够很好地应对这些问题，可以同时滤除多次任意谐波，具备动态无功调节能力，不受系统阻抗和频率变化的影响，能有效解决换流站的谐波问题。

Jb1005132080　怎么处理阀外水冷喷淋水池液位低报警？（5分）

考核知识点： 阀外水冷检修

难易度： 中

标准答案：

（1）现场检查外水冷系统设备、原水泵及工业水池水位是否正常。

（2）如果为外水冷处理设备故障，视情况切换至备用设备或采取旁通措施，恢复外水冷补水。

（3）如果水冷控制单元故障，手动启动原水泵并旁通水处理系统对喷淋水池进行补水。

（4）如果相应极原水泵故障，检查备用泵自动运行情况，若未自动切换，则手动切换至备用原水泵运行。

（5）如果原水泵全部故障，通过消防栓或邻近喷淋水池接临时水带对喷淋水池进行紧急补水，加强水位监视。

第十章　换流站直流设备检修工（一次）高级技师技能操作

Jc1001163001　直流 SF$_6$ 断路器整体更换。（100 分）
考核知识点：直流断路器检修
难易度：难

技能等级评价专业技能考核操作工作任务书

一、任务名称
直流 SF$_6$ 断路器整体更换。

二、适用工种
换流站直流设备检修工（一次）高级技师。

三、具体任务
（1）工作状态为模拟直流 SF$_6$ 断路器击穿故障。工作内容为直流 SF$_6$ 断路器整体更换。

（2）工作任务：

1）模拟直流 SF$_6$ 断路器击穿故障，需要对直流 SF$_6$ 断路器整体进行更换。

2）模拟现场工作，准备安全工器具及材料，实施安全措施（按照直流 SF$_6$ 断路器整体更换完成），完成现场更换任务。

四、工作规范及要求
（1）工器具使用及安全措施。

（2）按要求进行直流 SF$_6$ 断路器整体更换。

（3）更换步骤及安全注意事项。

五、考核及时间要求
（1）本考核操作时间为 60 分钟，时间到停止考评，包括安全工器具准备时间。

（2）更换过程中，如确实不能拆卸更换部件，可向考评员申请帮助，该项不得分，但不影响其他项目。

（3）按照技能操作记录单的要求进行操作，正确记录操作步骤、关键更换节点等。

技能等级评价专业技能考核操作评分标准

工种	换流站直流设备检修工（一次）		评价等级	高级技师
项目模块	一次及辅助设备日常维护、检修—直流断路器、直流隔离开关日常维护、检修	编号		Jc1001163001
单位		准考证号	姓名	
考试时限	60 分钟	题型	单项操作	题分	100 分
成绩	考评员	考评组长	日期	
试题正文	直流 SF$_6$ 断路器整体更换			

续表

	需要说明的问题和要求	（1）要求单人完成更换操作。 （2）操作应注意安全，按照标准化作业书的技术安全说明做好安全措施。 （3）安全工器具由考场提供				

序号	项目名称	质量要求	满分	扣分标准	扣分原因	得分
1	工具使用及安全措施					
1.1	各种工器具正确使用	熟练正确使用各种工器具	5	未正确使用，一次扣1分，扣完为止		
1.2	相关安全措施的准备	（1）吊车应正确接地。 （2）断开与断路器相关的各类电源并确认无电压，充分释放能量。 （3）拆除断路器前，应先回收SF_6气体，对需打开气室方可拆除的断路器，将本体抽真空后用高纯氮气冲洗3次。 （4）打开气室后，所有人员应撤离现场30min后方可继续工作，工作时人员应站在上风侧，应穿戴防护用具。 （5）对户内设备，应先开启强排通风装置15min后，监测工作区域空气中SF_6气体含量不得超过1000μL/L，含氧量大于18%，方可进入，工作过程中应当保持通风装置运转。 （6）吊装应选用合适的吊装设备和正确的吊点，设置缆风绳控制方向，并设专人指挥	10	按照步骤开展，每少一步扣2分，扣完为止		
2	关键工艺质量控制					
2.1	更换过程要求	（1）施工环境应满足要求，温度不低于5℃（高寒地区参考执行），相对湿度不大于80%，并采取防尘、防雨、防潮、防风等措施。 （2）外绝缘清洁、无破损，瓷件与金属法兰浇注面防水胶层完好，法兰排水孔畅通。 （3）安装过程中气室暴露在空气中的时间不应超过厂家规定的最大时间，且本体内部应确保清洁。 （4）灭弧室封闭前应更换吸附剂。 （5）新密封件完好，已用过的密封件不得重复使用。 （6）密封槽面应清洁，无杂质、划痕。 （7）涂密封脂时，不得使其流入密封件内侧与SF_6气体接触。 （8）螺栓应对称均匀紧固，力矩符合产品技术规定，密封面的连接螺栓应涂防水胶。 （9）新SF_6气体应经检测合格，充气管道和接头应进行清洁、干燥处理，严禁使用橡皮管、聚氯乙烯等高弹性材质的管道，应使用不锈钢管、铜管或聚四氟乙烯管道，充气时应防止空气混入。 （10）对于现场无需抽真空的SF_6断路器，在充气前应检测预充气体的含水量合格。 （11）本体充气24h之后应进行密封性试验。 （12）充气完毕后静置24h后进行含水量测试、纯度检测，必要时进行气体成分分析。 （13）在充气过程中核对并记录SF_6密度继电器的动作值，应符合产品技术规定。 （14）核对并记录断路器本体行程、超行程、开距等机械尺寸，应符合产品技术规定	60	按照步骤开展，每少一步扣5分，扣完为止		
3	现场恢复	恢复现场	10	未进行现场恢复扣10分		

续表

序号	项目名称	质量要求	满分	扣分标准	扣分原因	得分
4	填写报告					
4.1	操作记录	字迹工整，无误	5	每少填写一项扣1分，扣完为止		
4.2	修试记录	将检修（更换）步骤填写清楚，并分析故障原因，提出改进意见	10	每少填写一项扣1分，扣完为止		
	合计		100			

Jc1001163002　直流 SF$_6$ 断路器灭弧室检修。（100分）

考核知识点：直流断路器检修

难易度：难

技能等级评价专业技能考核操作工作任务书

一、任务名称

直流 SF$_6$ 断路器灭弧室检修。

二、适用工种

换流站直流设备检修工（一次）高级技师。

三、具体任务

（1）工作状态为模拟直流 SF$_6$ 断路器灭弧室击穿故障。工作内容为直流 SF$_6$ 断路器灭弧室检修。

（2）工作任务：

1）模拟直流 SF$_6$ 断路器灭弧室击穿故障，需要对直流 SF$_6$ 断路器灭弧室进行检修。

2）模拟现场工作，准备安全工器具及材料，实施安全措施（按照直流 SF$_6$ 断路器灭弧室检修完成），完成现场检修任务。

四、工作规范及要求

（1）工器具使用及安全措施。

（2）按要求进行直流 SF$_6$ 断路器灭弧室检修。

（3）更换步骤及安全注意事项。

五、考核及时间要求

（1）本考核操作时间为60分钟，时间到停止考评，包括安全工器具准备时间。

（2）更换过程中，如确实不能拆卸更换部件，可向考评员申请帮助，该项不得分，但不影响其他项目。

（3）按照技能操作记录单的要求进行操作，正确记录操作步骤、关键检修节点等。

技能等级评价专业技能考核操作评分标准

工种	换流站直流设备检修工（一次）			评价等级	高级技师
项目模块	一次及辅助设备日常维护、检修—直流断路器、直流隔离开关日常维护、检修		编号		Jc1001163002
单位		准考证号		姓名	
考试时限	60分钟	题型	单项操作	题分	100分
成绩		考评员		考评组长		日期	
试题正文	直流 SF$_6$ 断路器灭弧室检修				

需要说明的问题和要求	（1）要求单人完成更换操作。 （2）操作应注意安全，按照标准化作业书的技术安全说明做好安全措施。 （3）安全工器具由考场提供					
序号	项目名称	质量要求	满分	扣分标准	扣分原因	得分
1	工具使用及安全措施					
1.1	各种工器具正确使用	熟练正确使用各种工器具	5	未正确使用，一次扣1分，扣完为止		
1.2	相关安全措施的准备	（1）吊车应正确接地。 （2）断开与断路器相关的各类电源并确认无电压，充分释放能量。 （3）拆除灭弧室前，应先回收SF_6气体，将本体抽真空后用高纯氮气冲洗3次。 （4）打开气室后，所有人员撤离现场30min后方可继续工作，工作时人员站在上风侧，穿戴好防护用具。 （5）对户内设备，应先开启强排通风装置15min后，监测工作区域空气中SF_6气体含量不得超过$1000\mu L/L$，含氧量大于18%，方可进入，工作过程中应当保持通风装置运转。 （6）工作前先用真空吸尘器将SF_6生成物粉末吸尽。 （7）吊装应按照厂家规定程序进行，选用合适的吊装设备和正确的吊点，设置缆风绳控制方向，并设专人指挥。 （8）起吊前确认连接件已拆除，对接密封面已脱胶。 （9）起吊平稳，对法兰密封面、槽应采取保护措施，使其不受到损伤。 （10）取出的吸附剂及SF_6生成物粉末应倒入20%浓度NaOH溶液内浸泡12h后，装于密封容器内深埋	10	按照步骤开展，每少一步扣1分，扣完为止		
2	关键工艺质量控制					
2.1	检修过程要求	（1）施工环境应满足要求，温度不低于5℃（高寒地区参考执行），相对湿度不大于80%，并采取防尘、防雨、防潮、防风等措施。 （2）灭弧室拆除后应将支柱瓷套管上法兰开口可靠密封。 （3）喷口烧损深度、喷口内径应小于产品技术规定值，石墨材质的喷口、铜钨过渡部分应光滑。 （4）触头拧紧力矩符合要求，触头座、导电杆、喷口组装完好紧固，连接处接缝光洁。 （5）灭弧室的压气缸导电接触面完好，镀银层完整、表面光洁。 （6）压气缸、气缸座表面完好，止回阀片与挡板间密封良好，止回阀应活动自如。 （7）活塞工作表面光滑，活塞杆完好，轻微变形应修复，如变形严重应更换。 （8）检查压力防爆膜，无老化开裂；密封槽面应清洁，无杂质、划痕。 （9）各部件清洁后应用烘箱进行干燥。无特殊要求时，烘干温度60℃，保持48h。 （10）密封圈、尼龙垫圈的安装顺序，唇形、V形密封圈的安装方向符合产品技术规定。 （11）涂密封脂时，不得使其流入密封件内侧而与SF_6气体接触。	60	按照步骤开展，每少一步扣4分，扣完为止		

续表

序号	项目名称	质量要求	满分	扣分标准	扣分原因	得分
2.1	检修过程要求	（12）屏蔽罩表面光洁，无毛刺、变形。屏蔽罩端面与弧触头端面之间的高差应符合产品技术规定。 （13）灭弧室内部应彻底清洁，吸附剂应更换，更换前检查吸附剂真空包装，无进气现象，并在短时间内完成更换。 （14）外绝缘清洁、无破损，瓷件与金属法兰浇注面防水胶层完好，法兰排水孔畅通。瓷套管探伤应符合厂家设计或有关技术标准的要求。 （15）螺栓应对称均匀紧固，力矩符合产品技术规定，密封面的连接螺栓应涂防水胶。 （16）灭弧室与其他气室分开的断路器，应进行抽真空处理，并按规定预充入合格的 SF_6 气体。 （17）核对并记录导电回路触头行程、超行程、开距等机械尺寸，符合产品技术规定	60	按照步骤开展，每少一步扣 4 分，扣完为止		
3	现场恢复	恢复现场	10	未进行现场恢复扣 10 分		
4	填写报告					
4.1	操作记录	字迹工整，无误	5	每少填写一项扣 1 分，扣完为止		
4.2	修试记录	将检修（更换）步骤填写清楚，并分析故障原因，提出改进意见	10	每少填写一项扣 1 分，扣完为止		
	合计		100			

Jc1001163003　直流 SF_6 断路器支柱瓷套管检修。（100 分）

考核知识点： 直流断路器检修

难易度： 难

技能等级评价专业技能考核操作工作任务书

一、任务名称

直流 SF_6 断路器支柱瓷套管检修。

二、适用工种

换流站直流设备检修工（一次）高级技师。

三、具体任务

（1）工作状态为模拟直流 SF_6 断路器支柱瓷套管击穿故障。工作内容为直流 SF_6 断路器支柱瓷套管检修。

（2）工作任务：

1）模拟直流 SF_6 断路器支柱瓷套管击穿故障，需要对直流 SF_6 断路器支柱瓷套管进行检修。

2）模拟现场工作，准备安全工器具及材料，实施安全措施（按照直流 SF_6 断路器支柱瓷套管检修完成），完成现场检修任务。

四、工作规范及要求

（1）工器具使用及安全措施。

（2）按要求进行直流 SF_6 断路器支柱瓷套管检修。

（3）更换步骤及安全注意事项。

五、考核及时间要求

（1）本考核操作时间为 60 分钟，时间到停止考评，包括安全工器具准备时间。

（2）更换过程中，如确实不能拆卸更换部件，可向考评员申请帮助，该项不得分，但不影响其他项目。

（3）按照技能操作记录单的要求进行操作，正确记录操作步骤、关键检修节点等。

技能等级评价专业技能考核操作评分标准

工种	换流站直流设备检修工（一次）			评价等级	高级技师
项目模块	一次及辅助设备日常维护、检修—直流断路器、直流隔离开关日常维护、检修		编号		Jc1001163003
单位		准考证号		姓名	
考试时限	60 分钟	题型	单项操作	题分	100 分
成绩		考评员	考评组长	日期	
试题正文	直流 SF_6 断路器支柱瓷套管检修				
需要说明的问题和要求	（1）要求单人完成更换操作。 （2）操作应注意安全，按照标准化作业书的技术安全说明做好安全措施。 （3）安全工器具由考场提供				

序号	项目名称	质量要求	满分	扣分标准	扣分原因	得分
1	工具使用及安全措施					
1.1	各种工器具正确使用	熟练正确使用各种工器具	5	未正确使用，一次扣 1 分，扣完为止		
1.2	相关安全措施的准备	（1）吊车应正确接地。 （2）断开与断路器相关的各类电源并确认无电压，充分释放能量。 （3）拆除支柱瓷套管前，应先回收 SF_6 气体，将本体抽真空后用高纯氮气冲洗 3 次。 （4）打开气室后，所有人员撤离现场 30min 后方可继续工作，工作时人员站在上风侧，穿戴好防护用具。 （5）对户内设备，应先开启强排通风装置 15min 后，监测工作区域空气中 SF_6 气体含量不得超过 1000μL/L，含氧量大于 18%，方可进入，工作过程中应当保持通风装置运转。 （6）工作前先用真空吸尘器将 SF_6 生成物粉末吸尽。 （7）吊装应按照厂家规定程序进行，选用合适的吊装设备和正确的吊点，设置缆风绳控制方向，并设专人指挥。 （8）起吊前确认连接件已拆除，对接密封面已脱胶。 （9）起吊平稳，对法兰密封面、槽应采取保护措施，使其不受到损伤。 （10）取出的吸附剂及 SF_6 生成物粉末应倒入 20% 浓度 NaOH 溶液内浸泡 12h 后，装于密封容器内深埋	10	按照步骤开展，每少一步扣 1 分，扣完为止		
2	关键工艺质量控制					
2.1	检修过程要求	（1）施工环境应满足要求，温度不低于 5℃（高寒地区参考执行），相对湿度不大于 80%，并采取防尘、防雨、防潮、防风等措施。 （2）绝缘拉杆、绝缘件清洁后应放置烘房加温防潮，绝缘拉杆应悬挂或采取多点支撑方式存放。	60	按照步骤开展，每少一步扣 4 分，扣完为止		

续表

序号	项目名称	质量要求	满分	扣分标准	扣分原因	得分
2.1	检修过程要求	（3）各部件清洁后应用烘箱进行干燥。无特殊要求时，烘干温度60℃，保持48h。 （4）直动密封装配内部应注入低温润滑脂，并检查密封良好且动作灵活。 （5）密封圈、尼龙垫圈的安装顺序，唇形、V形密封圈的安装方向符合产品技术规定；密封槽面应清洁，无杂质、划痕。 （6）检查新密封件完好，已用过的密封件不得重复使用。 （7）涂密封脂时，不得使其流入密封件内侧而与SF_6气体接触。 （8）密封件安装过程中防止划伤，过度扭曲或拉伸。 （9）外绝缘清洁、无破损，瓷件与金属法兰浇注面防水胶层完好，法兰排水孔畅通。 （10）瓷套管探伤应符合厂家设计或有关技术标准的要求。 （11）绝缘拉杆安装前应经耐压试验合格，吊装时防止支柱瓷套管、绝缘拉杆相互碰撞受损。 （12）屏蔽罩表面光洁，应清除毛刺、修复变形，安装应对称。 （13）螺栓应对称均匀紧固，力矩符合产品技术规定，密封面的连接螺栓应涂防水胶。 （14）支柱瓷套管装复后放置于烘房加温防潮。 （15）支柱瓷套管与其他气室分开的断路器，应进行抽真空处理，并按规定预充入合格的SF_6气体。 （16）核对并记录导电回路触头行程、超行程、开距等机械尺寸符合产品技术规定	60	按照步骤开展，每少一步扣4分，扣完为止		
3	现场恢复	恢复现场	10	未进行现场恢复扣10分		
4	填写报告					
4.1	操作记录	字迹工整，无误	5	每少填写一项扣1分，扣完为止		
4.2	修试记录	将检修（更换）步骤填写清楚，并分析故障原因，提出改进意见	10	每少填写一项扣1分，扣完为止		
	合计		100			

Jc1001163004　直流SF_6断路器SF_6气体回收、抽真空及充气。（100分）

考核知识点： 直流断路器检修

难易度： 难

技能等级评价专业技能考核操作工作任务书

一、任务名称

直流SF_6断路器SF_6气体回收、抽真空及充气。

二、适用工种

换流站直流设备检修工（一次）高级技师。

三、具体任务

（1）工作状态为模拟直流SF_6断路器故障需要进行更换。工作内容为直流SF_6断路器SF_6气体回收、抽真空及充气。

（2）工作任务：

1）模拟直流 SF_6 断路器故障需要进行更换，需要对直流 SF_6 断路器 SF_6 气体进行回收、抽真空及充气。

2）模拟现场工作，准备安全工器具及材料，实施安全措施（按照直流 SF_6 断路器 SF_6 气体回收、抽真空及充气完成），完成现场检修任务。

四、工作规范及要求

（1）工器具使用及安全措施。

（2）按要求进行直流 SF_6 断路器 SF_6 气体回收、抽真空及充气。

（3）更换步骤及安全注意事项。

五、考核及时间要求

（1）本考核操作时间为 60 分钟，时间到停止考评，包括安全工器具准备时间。

（2）操作过程中，如确实不能完成某项目，可向考评员申请帮助，该项不得分，但不影响其他项目。

（3）按照技能操作记录单的要求进行操作，正确记录操作步骤、关键检修节点等。

技能等级评价专业技能考核操作评分标准

工种	换流站直流设备检修工（一次）		评价等级	高级技师
项目模块	一次及辅助设备日常维护、检修—直流断路器、直流隔离开关日常维护、检修	编号		Jc1001163004
单位		准考证号	姓名	
考试时限	60 分钟	题型	单项操作	题分	100 分
成绩	考评员	考评组长		日期	
试题正文	直流 SF_6 断路器 SF_6 气体回收、抽真空及充气			
需要说明的问题和要求	（1）要求单人完成更换操作。 （2）操作应注意安全，按照标准化作业书的技术安全说明做好安全措施。 （3）安全工器具由考场提供			

序号	项目名称	质量要求	满分	扣分标准	扣分原因	得分
1	工具使用及安全措施					
1.1	各种工器具正确使用	熟练正确使用各种工器具	5	未正确使用，一次扣 1 分，扣完为止		
1.2	相关安全措施的准备	（1）SF_6 气体回收车或回收设备应正确接地。 （2）回收、充装 SF_6 气体时，工作人员应在上风侧操作，必要时应穿戴好防护用具。作业环境应保持通风良好，尽量避免和减少 SF_6 气体泄漏到工作区域。户内作业要求开启通风系统，监测工作区域空气中 SF_6 气体含量不得超过 $1000\mu L/L$，含氧量大于 18%。 （3）抽真空时要有专人负责，应采用出口带有电磁阀的真空处理设备，且在使用前应检查电磁阀动作可靠，防止抽真空设备意外断电造成真空泵油倒灌进入设备中。被抽真空气室附近有高压带电体时，主回路应可靠接地。 （4）抽真空的过程中，严禁对设备进行任何加压试验。 （5）抽真空设备应用经校验合格的指针式或电子液晶体真空计，严禁使用水银真空计，防止抽真空操作不当导致水银被吸入电气设备内部。	10	按照步骤开展，每少一步扣 2 分，扣完为止		

续表

序号	项目名称	质量要求	满分	扣分标准	扣分原因	得分
1.2	相关安全措施的准备	（6）从SF_6气瓶中引出SF_6气体时，应使用减压阀降压。运输和安装后第一次充气时，充气装置中应包括一个安全阀，以免充气压力过高引起设备损坏。 （7）避免装有SF_6气体的气瓶靠近热源、油污或受阳光暴晒、受潮。气瓶轻搬轻放，避免受到剧烈撞击。 （8）用过的SF_6气瓶应关紧阀门，带上瓶帽	10	按照步骤开展，每少一步扣2分，扣完为止		
2	关键工艺质量控制					
2.1	过程要求	（1）回收、抽真空及充气前，检查SF_6充放气接口的止回阀顶杆和阀芯，更换使用过的密封圈。 （2）回收、充气装置中的软管和电气设备的充气接头应连接可靠，管路接头连接后抽真空进行密封性检查。 （3）充装SF_6气体时，周围环境的相对湿度应不大于80%。 （4）SF_6气体应经检测合格（含水量不大于40μL/L、纯度不小于99.9%），充气管道和接头应使用检测合格的SF_6气体进行清洁、干燥处理，充气时应防止空气混入。 （5）气室抽真空及密封性检查应按照厂家要求进行，厂家无明确规定时，抽真空至133Pa以下并继续抽真空30min，停泵30min，记录真空度A，再隔5h，读真空度B，若$B-A$值小于133Pa，则可认为合格，否则应进行处理并重新抽真空至合格为止。 （6）选用的真空泵其功率等技术参数应能满足气室抽真空的最低要求，管径大小及强度、管道长度、接头口径应与被抽真空的气室大小相匹配。 （7）设备抽真空时，严禁用抽真空的时间长短来估计真空度，抽真空所连接的管路一般不超过10m。 （8）宜采用气相法充气。 （9）充气速率不宜过快，以充气管道不凝露、气瓶底部不结霜为宜。环境温度较低时，液态SF_6气体不易气化，可对钢瓶加热（不能超过40℃），提高充气速度。 （10）对使用混合气体的断路器，气体混合比例应符合产品技术规定。 （11）当气瓶内压力降至0.1MPa时，应停止充气。充气完毕后，应称钢瓶的质量，以计算断路器内气体的质量，瓶内剩余气体质量应标出。 （12）充气24h之后应进行密封性试验。 （13）充气完毕静置24h后进行含水量测试、纯度检测，必要时进行气体成分分析	60	按照步骤开展，每少一步扣5分，扣完为止		
3	现场恢复	恢复现场	10	未进行现场恢复扣10分		
4	填写报告					
4.1	操作记录	字迹工整，无误	5	每少填写一项扣1分，扣完为止		
4.2	修试记录	将检修（更换）步骤填写清楚，并分析故障原因，提出改进意见	10	每少填写一项扣1分，扣完为止		
	合计		100			

Jc1001163005　直流 SF$_6$断路器吸附剂更换。（100分）

考核知识点：直流断路器检修

难易度：难

技能等级评价专业技能考核操作工作任务书

一、任务名称

直流 SF$_6$断路器吸附剂更换。

二、适用工种

换流站直流设备检修工（一次）高级技师。

三、具体任务

（1）工作状态为模拟直流 SF$_6$断路器击穿故障。工作内容为直流 SF$_6$断路器吸附剂更换。

（2）工作任务：

1）模拟直流 SF$_6$断路器击穿故障，需要对直流 SF$_6$断路器吸附剂进行更换。

2）模拟现场工作，准备安全工器具及材料，实施安全措施（按照直流 SF$_6$断路器吸附剂更换完成），完成现场检修任务。

四、工作规范及要求

（1）工器具使用及安全措施。

（2）按要求进行直流 SF$_6$断路器吸附剂更换。

（3）更换步骤及安全注意事项。

五、考核及时间要求

（1）本考核操作时间为 60 分钟，时间到停止考评，包括安全工器具准备时间。

（2）更换过程中，如确实不能完成某项目，可向考评员申请帮助，该项目不得分，但不影响其他项目。

（3）按照技能操作记录单的要求进行操作，正确记录操作步骤、关键更换节点等。

技能等级评价专业技能考核操作评分标准

工种	换流站直流设备检修工（一次）				评价等级	高级技师
项目模块	一次及辅助设备日常维护、检修—直流断路器、直流隔离开关日常维护、检修			编号		Jc1001163005
单位		准考证号			姓名	
考试时限	60 分钟	题型		单项操作	题分	100 分
成绩		考评员		考评组长		日期
试题正文	直流 SF$_6$断路器吸附剂更换					
需要说明的问题和要求	（1）要求单人完成更换操作。 （2）操作应注意安全，按照标准化作业书的技术安全说明做好安全措施。 （3）安全工器具由考场提供					

序号	项目名称	质量要求	满分	扣分标准	扣分原因	得分
1	工具使用及安全措施					
1.1	各种工器具正确使用	熟练正确使用各种工器具	5	未正确使用，一次扣 1 分，扣完为止		

序号	项目名称	质量要求	满分	扣分标准	扣分原因	得分
1.2	相关安全措施的准备	（1）打开气室工作前，应先将SF₆气体回收并抽真空后，用高纯氮气冲洗3次。 （2）打开气室后，所有人员应撤离现场30min后方可继续工作，工作时人员应站在上风侧，应穿戴防护用具。 （3）对户内设备，应先开启强排通风装置15min后，监测工作区域空气中SF₆气体含量不得超过1000μL/L，含氧量大于18%，方可进入，工作过程中应当保持通风装置运转。 （4）更换旧吸附剂时，应戴防毒面具和使用乳胶手套，避免直接接触皮肤。 （5）旧吸附剂应倒入20%浓度NaOH溶液内浸泡12h后，装于密封容器内深埋。 （6）从烘箱取出烘干的新吸附剂前，应适当降温，并戴隔热防护手套	10	按照步骤开展，每少一步扣2分，扣完为止		
2	关键工艺质量控制					
2.1	更换过程要求	（1）正确选用吸附剂，吸附剂安装罩应使用金属罩或不锈钢罩，吸附剂规格、数量符合产品技术规定。 （2）吸附剂使用前放入烘箱进行活化，温度、时间符合产品技术规定。 （3）吸附剂取出后立即将新吸附剂装入气室（小于15min），尽快将气室密封抽真空（小于30min）。 （4）对于真空包装的吸附剂，使用前真空包装应无破损	60	按照步骤开展，每少一步扣15分		
3	现场恢复	恢复现场	10	未进行现场恢复扣10分		
4	填写报告					
4.1	操作记录	字迹工整，无误	5	每少填写一项扣1分，扣完为止		
4.2	修试记录	将检修（更换）步骤填写清楚，并分析故障原因，提出改进意见	10	每少填写一项扣1分，扣完为止		
	合计		100			

Jc1001163006　直流SF₆断路器传动部件检修。（100分）

考核知识点： 直流断路器检修

难易度： 难

技能等级评价专业技能考核操作工作任务书

一、任务名称

直流SF₆断路器传动部件检修。

二、适用工种

换流站直流设备检修工（一次）高级技师。

三、具体任务

（1）工作状态为模拟直流SF₆断路器传动部件故障。工作内容为直流SF₆断路器传动部件检修。

（2）工作任务：

1）模拟直流SF₆断路器传动部件故障，需要对直流SF₆断路器传动部件进行检修。

2）模拟现场工作，准备安全工器具及材料，实施安全措施（按照直流SF₆断路器传动部件检修完成），完成现场检修任务。

四、工作规范及要求

（1）工器具使用及安全措施。

（2）按要求进行直流 SF_6 断路器传动部件检修。

（3）检修步骤及安全注意事项。

五、考核及时间要求

（1）本考核操作时间为 60 分钟，时间到停止考评，包括安全工器具准备时间。

（2）检修过程中，如确实不能完成某项目，可向考评员申请帮助，该项目不得分，但不影响其他项目。

（3）按照技能操作记录单的要求进行操作，正确记录操作步骤、关键检修节点等。

技能等级评价专业技能考核操作评分标准

工种	换流站直流设备检修工（一次）		评价等级	高级技师
项目模块	一次及辅助设备日常维护、检修—直流断路器、直流隔离开关日常维护、检修	编号	Jc1001163006	
单位		准考证号		姓名
考试时限	60 分钟	题型	单项操作	题分	100 分
成绩		考评员		考评组长		日期
试题正文	直流 SF_6 断路器传动部件检修

需要说明的问题和要求	（1）要求单人完成更换操作。 （2）操作应注意安全，按照标准化作业书的技术安全说明做好安全措施。 （3）安全工器具由考场提供

序号	项目名称	质量要求	满分	扣分标准	扣分原因	得分
1	工具使用及安全措施					
1.1	各种工器具正确使用	熟练正确使用各种工器具	5	未正确使用，一次扣1分，扣完为止		
1.2	相关安全措施的准备	（1）断开与断路器相关的各类电源并确认无电压，充分释放能量。 （2）打开气室工作前，应先将 SF_6 气体回收并抽真空后，用高纯氮气冲洗3次。 （3）打开气室后，所有人员应撤离现场30min后方可继续工作，工作时人员应站在上风侧，应穿戴防护用具。 （4）对户内设备，应先开启强排通风装置15min后，监测工作区域空气中 SF_6 气体含量不得超过 1000μL/L，含氧量大于 18%，方可进入，工作过程中应当保持通风装置运转。 （5）解体工作前用吸尘器将 SF_6 生成物粉末吸尽，其 SF_6 生成物粉末应倒入 20%浓度 NaOH 溶液内浸泡 12h 后，装于密封容器内深埋	10	按照步骤开展，每少一步扣2分		
2	关键工艺质量控制					
2.1	检修过程要求	（1）施工环境应满足要求，温度不低于5℃（高寒地区参考执行），相对湿度不大于80%，并采取防尘、防雨、防潮、防风等措施。 （2）拆除前应做好螺栓、连杆位置标记，复装时应检查位置一致。 （3）检查连板、拐臂有无变形，并进行防腐处理，轴、孔、轴承是否完好，如有明显的晃动或卡涩等情况需进行修复或更换。	60	按照步骤开展，每少一步扣7分，扣完为止		

续表

序号	项目名称	质量要求	满分	扣分标准	扣分原因	得分
2.1	检修过程要求	（4）螺扣连接部件应有防松措施。 （5）密封槽面应清洁，无杂质、划痕。 （6）检查新密封件完好，已用过的密封件不得重复使用。 （7）涂密封脂时，不得使其流入密封件内侧而与SF_6气体接触。 （8）装复后，应以手力进行模拟试操作，检查装复效果。 （9）传动部件装复后放置于烘房加温防潮	60	按照步骤开展，每少一步扣7分，扣完为止		
3	现场恢复	恢复现场	10	未进行现场恢复扣10分		
4	填写报告					
4.1	操作记录	字迹工整，无误	5	每少填写一项扣1分，扣完为止		
4.2	修试记录	将检修（更换）步骤填写清楚，并分析故障原因，提出改进意见	10	每少填写一项扣1分，扣完为止		
	合计		100			

Jc1001163007　直流SF_6断路器载流金具检修。（100分）

考核知识点： 直流断路器检修

难易度： 难

技能等级评价专业技能考核操作工作任务书

一、任务名称

直流SF_6断路器载流金具检修。

二、适用工种

换流站直流设备检修工（一次）高级技师。

三、具体任务

（1）工作状态为模拟直流SF_6断路器载流金具异常发热故障。工作内容为直流SF_6断路器载流金具检修。

（2）工作任务：

1）模拟直流SF_6断路器载流金具异常发热故障，需要对直流SF_6断路器载流金具进行检修。

2）模拟现场工作，准备安全工器具及材料，实施安全措施（按照直流SF_6断路器载流金具检修完成），完成现场检修任务。

四、工作规范及要求

（1）工器具使用及安全措施。

（2）按要求进行直流SF_6断路器载流金具检修。

（3）检修步骤及安全注意事项。

五、考核及时间要求

（1）本考核操作时间为60分钟，时间到停止考评，包括安全工器具准备时间。

（2）检修过程中，如确实不能完成某项目，可向考评员申请帮助，该项目不得分，但不影响其他项目。

（3）按照技能操作记录单的要求进行操作，正确记录操作步骤、关键检修节点等。

技能等级评价专业技能考核操作评分标准

工种	换流站直流设备检修工（一次）			评价等级	高级技师
项目模块	一次及辅助设备日常维护、检修—直流断路器、直流隔离开关日常维护、检修		编号		Jc1001163007
单位		准考证号		姓名	
考试时限	60分钟	题型	单项操作	题分	100分
成绩		考评员	考评组长		日期	
试题正文	直流SF$_6$断路器载流金具检修				
需要说明的问题和要求	（1）要求单人完成更换操作。 （2）操作应注意安全，按照标准化作业书的技术安全说明做好安全措施。 （3）安全工器具由考场提供				

序号	项目名称	质量要求	满分	扣分标准	扣分原因	得分
1	工具使用及安全措施					
1.1	各种工器具正确使用	熟练正确使用各种工器具	5	未正确使用，一次扣1分，扣完为止		
1.2	相关安全措施的准备	（1）吊车应正确接地。 （2）高空作业系好安全带	10	吊车未正确接地扣5分； 未正确使用安全带扣5分		
2	关键工艺质量控制					
2.1	检修过程要求	（1）按力矩要求紧固，导线接触良好，力矩参照GB 50149—2010《电气装置安装工程母线装置施工及验收规范》，力矩紧固后进行标记。 （2）引线无散股、扭曲、断股现象，握手线夹无开裂。 （3）连接管型母线表面光滑、无毛刺。 （4）初测直流电阻，不超过15μΩ，对超标的接头进行打磨、清洁处理、涂抹导电膏，紧固后复测，具体步骤按（运检一〔2014〕143号）十步法要求执行	60	按照步骤开展，每少一步扣15分		
3	现场恢复	恢复现场	10	未进行现场恢复扣10分		
4	填写报告					
4.1	操作记录	字迹工整，无误	5	每少填写一项扣1分，扣完为止		
4.2	修试记录	将检修（更换）步骤填写清楚，并分析故障原因，提出改进意见	10	每少填写一项扣1分，扣完为止		
	合计		100			

Jc1001163008　直流SF$_6$断路器液压弹簧操动机构整体更换。（100分）

考核知识点： 直流断路器检修

难易度： 难

技能等级评价专业技能考核操作工作任务书

一、任务名称

直流SF$_6$断路器液压弹簧操动机构整体更换。

二、适用工种

换流站直流设备检修工（一次）高级技师。

三、具体任务

（1）工作状态为模拟直流SF$_6$断路器液压弹簧操动机构故障。工作内容为直流SF$_6$断路器液压弹簧操动机构整体更换。

（2）工作任务：

1）模拟直流 SF_6 断路器液压弹簧操动机构故障，需要对直流 SF_6 断路器液压弹簧操动机构整体进行更换。

2）模拟现场工作，准备安全工器具及材料，实施安全措施（按照直流 SF_6 断路器液压弹簧操动机构整体更换完成），完成现场检修任务。

四、工作规范及要求

（1）工器具使用及安全措施。

（2）按要求进行直流 SF_6 断路器液压弹簧操动机构整体更换。

（3）更换步骤及安全注意事项。

五、考核及时间要求

（1）本考核操作时间为 60 分钟，时间到停止考评，包括安全工器具准备时间。

（2）检修过程中，如确实不能完成某项目，可向考评员申请帮助，该项目不得分，但不影响其他项目。

（3）按照技能操作记录单的要求进行操作，正确记录操作步骤、关键检修节点等。

技能等级评价专业技能考核操作评分标准

工种	换流站直流设备检修工（一次）			评价等级	高级技师
项目模块	一次及辅助设备日常维护、检修—直流断路器、直流隔离开关日常维护、检修		编号		Jc1001163008
单位		准考证号		姓名	
考试时限	60 分钟	题型	单项操作	题分	100 分
成绩		考评员		考评组长		日期	
试题正文	直流 SF_6 断路器液压弹簧操动机构整体更换				
需要说明的问题和要求	（1）要求单人完成更换操作。 （2）操作应注意安全，按照标准化作业书的技术安全说明做好安全措施。 （3）安全工器具由考场提供				

序号	项目名称	质量要求	满分	扣分标准	扣分原因	得分
1	工具使用及安全措施					
1.1	各种工器具正确使用	熟练正确使用各种工器具	5	未正确使用，一次扣 1 分，扣完为止		
1.2	相关安全措施的准备	（1）吊车应正确接地。 （2）工作前应将机构压力充分泄放。 （3）拆除各二次回路前，确认均无电压。 （4）拆除机构各连接、紧固件，确认连接部位松动无卡阻，按厂家规定正确吊装设备，设置缆风绳控制方向，并设专人指挥	10	吊车未正确接地扣 2 分； 工作前未将机构压力充分泄放扣 2 分； 拆除各二次回路前，未确认无电压扣 2 分； 未确认连接部位松动无卡阻扣 1 分； 未正确吊装设备扣 1 分； 未设置缆风绳控制方向扣 1 分； 未设专人指挥扣 1 分		
2	关键工艺质量控制					
2.1	更换过程要求	（1）注入的液压油应过滤，确保机构内的清洁度。 （2）液压弹簧操动机构检修后，要充分排净油路中的空气。 （3）测试并记录机构补压及零启打压时间，符合产品技术规定。 （4）进行分、合闸位置保压试验，无渗油，试验结果符合产品技术规定。 （5）进行合闸位置防失压慢分试验，试验结果符合产品技术规定。	60	按照步骤开展，每少一步扣 5 分		

序号	项目名称	质量要求	满分	扣分标准	扣分原因	得分
2.1	更换过程要求	（6）24h 补压次数不得大于产品技术规定。 （7）检测并记录分、合闸线圈电阻，应符合设备技术文件要求，厂家无明确要求时，初值差应不超过±5%。 （8）并联合闸脱扣器在合闸装置额定电源电压的85%～110%范围内，应可靠动作；并联分闸脱扣器在分闸装置额定电源电压的65%～110%（直流）或85%～110%（交流）范围内，应可靠动作。 （9）当电源电压低于额定电压的30%时，脱扣器不应脱扣。记录测试值。 （10）调整测试机构辅助开关转换时间与断路器主触头动作时间之间的配合符合产品技术规定。 （11）核对并记录导电回路触头行程、超行程、开距等机械尺寸，应符合产品技术规定。 （12）进行机械特性测试，试验数据符合产品技术规定	60	按照步骤开展，每少一步扣5分		
3	现场恢复	恢复现场	10	未进行现场恢复扣10分		
4	填写报告					
4.1	操作记录	字迹工整，无误	5	每少填写一项扣1分，扣完为止		
4.2	修试记录	将检修（更换）步骤填写清楚，并分析故障原因，提出改进意见	10	每少填写一项扣1分，扣完为止		
	合计		100			

Jc1001163009　直流 SF_6 断路器液压弹簧操动机构高压油泵检修。（100 分）

考核知识点： 直流断路器检修

难易度： 难

技能等级评价专业技能考核操作工作任务书

一、任务名称

直流 SF_6 断路器液压弹簧操动机构高压油泵检修。

二、适用工种

换流站直流设备检修工（一次）高级技师。

三、具体任务

（1）工作状态为模拟直流 SF_6 断路器液压弹簧操动机构高压油泵故障。工作内容为直流 SF_6 断路器液压弹簧操动机构高压油泵检修。

（2）工作任务：

1）模拟直流 SF_6 断路器液压弹簧操动机构高压油泵故障，需要对直流 SF_6 断路器液压弹簧操动机构高压油泵进行检修。

2）模拟现场工作，准备安全工器具及材料，实施安全措施（按照直流 SF_6 断路器液压弹簧操动机构高压油泵检修完成），完成现场检修任务。

四、工作规范及要求

（1）工器具使用及安全措施。

（2）按要求进行直流 SF_6 断路器液压弹簧操动机构高压油泵检修。

（3）检修步骤及安全注意事项。

五、考核及时间要求

（1）本考核操作时间为 60 分钟，时间到停止考评，包括安全工器具准备时间。

（2）检修过程中，如确实不能完成某项目，可向考评员申请帮助，该项目不得分，但不影响其他项目。

（3）按照技能操作记录单的要求进行操作，正确记录操作步骤、关键检修节点等。

技能等级评价专业技能考核操作评分标准

工种		换流站直流设备检修工（一次）			评价等级		高级技师
项目模块		一次及辅助设备日常维护、检修—直流断路器、直流隔离开关日常维护、检修			编号		Jc1001163009
单位				准考证号		姓名	
考试时限		60 分钟	题型		单项操作	题分	100 分
成绩		考评员		考评组长		日期	
试题正文		直流 SF_6 断路器液压弹簧操动机构高压油泵检修					
需要说明的问题和要求		（1）要求单人完成更换操作。 （2）操作应注意安全，按照标准化作业书的技术安全说明做好安全措施。 （3）安全工器具由考场提供					

序号	项目名称	质量要求	满分	扣分标准	扣分原因	得分
1	工具使用及安全措施					
1.1	各种工器具正确使用	熟练正确使用各种工器具	5	未正确使用，一次扣 1 分，扣完为止		
1.2	相关安全措施的准备	（1）检修前应断开储能电源并确认无电压。 （2）工作前应将机构压力充分泄放。 （3）高压油泵及管道承受压力时不得对任何受压元件进行修理与紧固	10	未断开储能电源扣 2.5 分； 未确认无电压扣 2.5 分； 工作前未将机构压力充分泄放扣 2.5 分； 受压时对受压元件进行修理与紧固扣 2.5 分		
2	关键工艺质量控制					
2.1	检修过程要求	（1）更换所有密封件，密封良好，无渗漏油，保证清洁。 （2）高、低压止回阀无变形、损伤等，密封线完好，性能可靠。 （3）柱塞与柱塞座配合良好，运动灵活，密封良好。 （4）油泵内部空间需注满液压油，排净空气后，方可运转工作。 （5）补压及零启打压时间测试，符合产品技术规定。 （6）打压停机后无油泵反转、松动现象。 （7）油泵与电动机联轴器内的橡胶缓冲垫松紧适度。 （8）油泵与电动机同轴度符合要求	60	按照步骤开展，每少一步扣 7.5 分		
3	现场恢复	恢复现场	10	未进行现场恢复扣 10 分		
4	填写报告					
4.1	操作记录	字迹工整，无误	5	每少填写一项扣 1 分，扣完为止		
4.2	修试记录	将检修（更换）步骤填写清楚，并分析故障原因，提出改进意见	10	每少填写一项扣 1 分，扣完为止		
	合计		100			

Jc1001163010 直流 SF$_6$ 断路器液压弹簧操动机构电动机检修。（100 分）

考核知识点： 直流断路器检修

难易度： 难

技能等级评价专业技能考核操作工作任务书

一、任务名称

直流 SF$_6$ 断路器液压弹簧操动机构电动机检修。

二、适用工种

换流站直流设备检修工（一次）高级技师。

三、具体任务

（1）工作状态为模拟直流 SF$_6$ 断路器液压弹簧操动机构电动机故障。工作内容为直流 SF$_6$ 断路器液压弹簧操动机构电动机检修。

（2）工作任务：

1）模拟直流 SF$_6$ 断路器液压弹簧操动机构电动机故障，需要对直流 SF$_6$ 断路器液压弹簧操动机构电动机进行检修。

2）模拟现场工作，准备安全工器具及材料，实施安全措施（按照直流 SF$_6$ 断路器液压弹簧操动机构电动机检修完成），完成现场检修任务。

四、工作规范及要求

（1）工器具使用及安全措施。

（2）按要求进行直流 SF$_6$ 断路器液压弹簧操动机构电动机检修。

（3）检修步骤及安全注意事项。

五、考核及时间要求

（1）本考核操作时间为 60 分钟，时间到停止考评，包括安全工器具准备时间。

（2）检修过程中，如确实不能完成某项目，可向考评员申请帮助，该项目不得分，但不影响其他项目。

（3）按照技能操作记录单的要求进行操作，正确记录操作步骤、关键检修节点等。

技能等级评价专业技能考核操作评分标准

工种	换流站直流设备检修工（一次）			评价等级	高级技师
项目模块	一次及辅助设备日常维护、检修—直流断路器、直流隔离开关日常维护、检修		编号	Jc1001163010	
单位		准考证号		姓名	
考试时限	60 分钟	题型	单项操作	题分	100 分
成绩		考评员		考评组长	日期
试题正文	直流 SF$_6$ 断路器液压弹簧操动机构电动机检修				
需要说明的问题和要求	（1）要求单人完成更换操作。 （2）操作应注意安全，按照标准化作业书的技术安全说明做好安全措施。 （3）安全工器具由考场提供				

序号	项目名称	质量要求	满分	扣分标准	扣分原因	得分
1	工具使用及安全措施					
1.1	各种工器具正确使用	熟练正确使用各种工器具	5	未正确使用，一次扣 1 分，扣完为止		

续表

序号	项目名称	质量要求	满分	扣分标准	扣分原因	得分
1.2	相关安全措施的准备	（1）工作前应断开电动机电源并确认无电压。 （2）工作前应将机构压力充分泄放	10	未断开电动机电源扣4分； 未确认无电压扣4分； 工作前未将机构压力充分泄放扣2分		
2	关键工艺质量控制					
2.1	检修过程要求	（1）电动机绕组电阻值、绝缘电阻值符合相关技术标准要求，并做记录。 （2）电动机转动灵活，转速符合产品技术要求。 （3）直流电动机换向器状态良好，工作正常可靠。 （4）电动机安装牢固、接线正确，工作电流符合产品技术规定。 （5）对电动机碳刷进行检查，测量直流电阻。 （6）更换电动机底部橡胶缓冲垫。 （7）电动机与油泵的同轴度符合要求。 （8）储能电动机应能在 85%～110%的额定电压下可靠动作	60	按照步骤开展，每少一步扣7.5分		
3	现场恢复	恢复现场	10	未进行现场恢复扣10分		
4	填写报告					
4.1	操作记录	字迹工整，无误	5	每少填写一项扣1分，扣完为止		
4.2	修试记录	将检修（更换）步骤填写清楚，并分析故障原因，提出改进意见	10	每少填写一项扣1分，扣完为止		
	合计		100			

Jc1001163011　直流 SF$_6$断路器液压弹簧操动机构分、合闸线圈检修。（100 分）

考核知识点：直流断路器检修

难易度：难

技能等级评价专业技能考核操作工作任务书

一、任务名称

直流 SF$_6$ 断路器液压弹簧操动机构分、合闸线圈检修。

二、适用工种

换流站直流设备检修工（一次）高级技师。

三、具体任务

（1）工作状态为模拟直流 SF$_6$ 断路器液压弹簧操动机构分合闸线圈故障。工作内容为直流 SF$_6$ 断路器液压弹簧操动机构分、合闸线圈检修。

（2）工作任务：

1）模拟直流 SF$_6$ 断路器液压弹簧操动机构分合闸线圈故障，需要对直流 SF$_6$ 断路器液压弹簧操动机构分、合闸线圈进行检修。

2）模拟现场工作，准备安全工器具及材料，实施安全措施（按照直流 SF$_6$ 断路器液压弹簧操动机构分、合闸线圈检修完成），完成现场检修任务。

四、工作规范及要求

（1）工器具使用及安全措施。

（2）按要求进行直流 SF_6 断路器液压弹簧操动机构分、合闸线圈检修。

（3）检修步骤及安全注意事项。

五、考核及时间要求

（1）本考核操作时间为 60 分钟，时间到停止考评，包括安全工器具准备时间。

（2）检修过程中，如确实不能完成某项目，可向考评员申请帮助，该项目不得分，但不影响其他项目。

（3）按照技能操作记录单的要求进行操作，正确记录操作步骤、关键检修节点等。

技能等级评价专业技能考核操作评分标准

工种	换流站直流设备检修工（一次）			评价等级	高级技师
项目模块	一次及辅助设备日常维护、检修—直流断路器、直流隔离开关日常维护、检修		编号		Jc1001163011
单位		准考证号		姓名	
考试时限	60 分钟	题型	单项操作	题分	100 分
成绩		考评员		考评组长	日期
试题正文	直流 SF_6 断路器液压弹簧操动机构分、合闸线圈检修				
需要说明的问题和要求	（1）要求单人完成更换操作。 （2）操作应注意安全，按照标准化作业书的技术安全说明做好安全措施。 （3）安全工器具由考场提供				

序号	项目名称	质量要求	满分	扣分标准	扣分原因	得分
1	工具使用及安全措施					
1.1	各种工器具正确使用	熟练正确使用各种工器具	5	未正确使用，一次扣 1 分，扣完为止		
1.2	相关安全措施的准备	（1）工作前应断开分、合闸控制回路电源并确认无电压。 （2）工作前应将机构压力充分泄放	10	未断开分、合闸控制回路电源扣 4 分； 未确认无电压扣 4 分； 工作前将机构压力充分泄放扣 2 分		
2	关键工艺质量控制					
2.1	检修过程要求	（1）按照厂家规定工艺要求进行拆除与装复，确保清洁。 （2）检测并记录分、合闸线圈电阻，检测结果应符合设备技术文件要求，无明确要求时，以线圈电阻初值差不超过±5%作为判据，绝缘电阻值符合相关技术标准要求。 （3）分、合闸线圈装配安装牢靠，无渗油。 （4）合闸线圈在额定电源电压的 85%～110% 范围内，应可靠动作；分闸线圈在额定电源电压的 65%～110%（直流）或 85%～110%（交流）范围内，应可靠动作；当电源电压低于额定电压的 30% 时，不应动作。记录测试值	60	按照步骤开展，每少一步扣 15 分		
3	现场恢复	恢复现场	10	未进行现场恢复扣 10 分		
4	填写报告					
4.1	操作记录	字迹工整，无误	5	每少填写一项扣 1 分，扣完为止		
4.2	修试记录	将检修（更换）步骤填写清楚，并分析故障原因，提出改进意见	10	每少填写一项扣 1 分，扣完为止		
	合计		100			

Jc1001163012　直流 SF$_6$断路器液压弹簧操动机构阀体检修。（100 分）

考核知识点：直流断路器检修

难易度：难

技能等级评价专业技能考核操作工作任务书

一、任务名称

直流 SF$_6$断路器液压弹簧操动机构阀体检修。

二、适用工种

换流站直流设备检修工（一次）高级技师。

三、具体任务

（1）工作状态为模拟直流 SF$_6$断路器液压弹簧操动机构阀体故障。工作内容为直流 SF$_6$断路器液压弹簧操动机构阀体检修。

（2）工作任务：

1）模拟直流 SF$_6$断路器液压弹簧操动机构阀体故障，需要对直流 SF$_6$断路器液压弹簧操动机构阀体进行检修。

2）模拟现场工作，准备安全工器具及材料，实施安全措施（按照直流 SF$_6$断路器液压弹簧操动机构阀体检修完成），完成现场检修任务。

四、工作规范及要求

（1）工器具使用及安全措施。

（2）按要求进行直流 SF$_6$断路器液压弹簧操动机构阀体检修。

（3）检修步骤及安全注意事项。

五、考核及时间要求

（1）本考核操作时间为 60 分钟，时间到停止考评，包括安全工器具准备时间。

（2）检修过程中，如确实不能完成某项目，可向考评员申请帮助，该项目不得分，但不影响其他项目。

（3）按照技能操作记录单的要求进行操作，正确记录操作步骤、关键检修节点等。

技能等级评价专业技能考核操作评分标准

工种	换流站直流设备检修工（一次）				评价等级	高级技师
项目模块	一次及辅助设备日常维护、检修—直流断路器、直流隔离开关日常维护、检修			编号		Jc1001163012
单位			准考证号		姓名	
考试时限	60 分钟	题型		单项操作	题分	100 分
成绩		考评员		考评组长	日期	
试题正文	直流 SF$_6$断路器液压弹簧操动机构阀体检修					
需要说明的问题和要求	（1）要求单人完成更换操作。 （2）操作应注意安全，按照标准化作业书的技术安全说明做好安全措施。 （3）安全工器具由考场提供					

序号	项目名称	质量要求	满分	扣分标准	扣分原因	得分
1	工具使用及安全措施					
1.1	各种工器具正确使用	熟练正确使用各种工器具	5	未正确使用，一次扣 1 分，扣完为止		

序号	项目名称	质量要求	满分	扣分标准	扣分原因	得分
1.2	相关安全措施的准备	（1）阀体及管道承受压力时不得对任何受压元件进行修理与紧固。 （2）工作前应将机构压力充分泄放。 （3）工作前应断开各类电源并确认无电压	10	对受压元件进行修理或紧固扣 2.5 分； 工作前未将机构压力充分泄放扣 2.5 分； 工作前未断开各类电源扣 2.5 分； 未确认无电压扣 2.5 分		
2	关键工艺质量控制					
2.1	检修过程要求	（1）按照厂家规定工艺要求进行解体与装复，确保清洁。 （2）更换所有密封件，密封良好，无渗漏。 （3）阀体各部件应无锈蚀、变形、卡涩，动作灵活。 （4）各金属密封部位（含合金密封件）完好，密封线、面完好无损，密封性能良好。 （5）对于弹簧压缩密封组件的安装，应采用厂家规定的专用工具及操作程序。 （6）阀体各运动行程符合产品技术规定。 （7）防失压慢分装置功能完备，动作正确可靠。 （8）手动操作方法符合厂家规定，严禁快速冲击操作	60	按照步骤开展，每少一步扣 7.5 分		
3	现场恢复	恢复现场	10	未进行现场恢复扣 10 分		
4	填写报告					
4.1	操作记录	字迹工整，无误	10	每少填写一项扣 1 分，扣完为止		
4.2	修试记录	将检修（更换）步骤填写清楚，并分析故障原因，提出改进意见	10	每少填写一项扣 1 分，扣完为止		
	合计		100			

Jc1001163013 直流 SF₆ 断路器液压弹簧操动机构工作缸检修。（100 分）

$Jc1001163013$ 直流 SF_6 断路器液压弹簧操动机构工作缸检修。（100 分）

考核知识点： 直流断路器检修

难易度： 难

技能等级评价专业技能考核操作工作任务书

一、任务名称

直流 SF_6 断路器液压弹簧操动机构工作缸检修。

二、适用工种

换流站直流设备检修工（一次）高级技师。

三、具体任务

（1）工作状态为模拟直流 SF_6 断路器液压弹簧操动机构工作缸故障。工作内容为直流 SF_6 断路器液压弹簧操动机构工作缸检修。

（2）工作任务：

1）模拟直流 SF_6 断路器液压弹簧操动机构工作缸故障，需要对直流 SF_6 断路器液压弹簧操动机构工作缸进行检修。

2）模拟现场工作，准备安全工器具及材料，实施安全措施（按照直流 SF_6 断路器液压弹簧操动机构工作缸检修完成），完成现场检修任务。

四、工作规范及要求

（1）工器具使用及安全措施。

（2）按要求进行直流 SF_6 断路器液压弹簧操动机构工作缸检修。

（3）检修步骤及安全注意事项。

五、考核及时间要求

（1）本考核操作时间为 60 分钟，时间到停止考评，包括安全工器具准备时间。

（2）检修过程中，如确实不能完成某项目，可向考评员申请帮助，该项目不得分，但不影响其他项目。

（3）按照技能操作记录单的要求进行操作，正确记录操作步骤、关键检修节点等。

技能等级评价专业技能考核操作评分标准

工种	换流站直流设备检修工（一次）				评价等级	高级技师
项目模块	一次及辅助设备日常维护、检修—直流断路器、直流隔离开关日常维护、检修			编号		Jc1001163013
单位			准考证号		姓名	
考试时限	60分钟	题型		单项操作	题分	100分
成绩		考评员		考评组长	日期	
试题正文	直流 SF_6 断路器液压弹簧操动机构工作缸检修					
需要说明的问题和要求	（1）要求单人完成更换操作。 （2）操作应注意安全，按照标准化作业书的技术安全说明做好安全措施。 （3）安全工器具由考场提供					

序号	项目名称	质量要求	满分	扣分标准	扣分原因	得分
1	工具使用及安全措施					
1.1	各种工器具正确使用	熟练正确使用各种工器具	5	未正确使用，一次扣5分，扣完为止		
1.2	相关安全措施的准备	（1）工作缸承受压力时不得对任何受压元件进行修理与紧固。 （2）工作前应将机构压力充分泄放。 （3）工作前应断开各类电源并确认无电压	10	对受压元件进行修理或紧固扣2.5分； 工作前未将机构压力充分泄放扣2.5分； 工作前未断开各类电源扣2.5分； 未确认无电压扣2.5分		
2	关键工艺质量控制					
2.1	检修过程要求	（1）按照厂家规定工艺要求进行解体与装复，确保清洁。 （2）更换所有密封件，密封良好，无渗漏。 （3）阀体各部件应无锈蚀、变形、卡涩，动作灵活。 （4）各金属密封部位（含合金密封件）完好，密封线、面完好无损，密封性能良好。 （5）对于弹簧压缩密封组件的安装，应采用厂家规定的专用工具及操作程序。 （6）液压机构在慢分、合闸时，工作缸活塞杆运动无卡阻。 （7）检查直动密封装配密封良好且动作灵活。 （8）工作缸活塞杆镀铬层应光滑、无划伤、脱落、起层、腐蚀点。 （9）工作缸运动行程符合产品技术规定	60	按照步骤开展，每少一步扣7分，扣完为止		
3	现场恢复	恢复现场	10	未进行现场恢复扣10分		
4	填写报告					
4.1	操作记录	字迹工整，无误	5	每少填写一项扣1分，扣完为止		

续表

序号	项目名称	质量要求	满分	扣分标准	扣分原因	得分
4.2	修试记录	将检修（更换）步骤填写清楚，并分析故障原因，提出改进意见	10	每少填写一项扣 1 分，扣完为止		
	合计		100			

Jc1001163014　直流 SF$_6$ 断路器液压弹簧操动机构低压油箱检修。（100 分）

考核知识点： 直流断路器检修

难易度： 难

技能等级评价专业技能考核操作工作任务书

一、任务名称

直流 SF$_6$ 断路器液压弹簧操动机构低压油箱检修。

二、适用工种

换流站直流设备检修工（一次）高级技师。

三、具体任务

（1）工作状态为模拟直流 SF$_6$ 断路器液压弹簧操动机构低压油箱故障。工作内容为直流 SF$_6$ 断路器液压弹簧操动机构低压油箱检修。

（2）工作任务：

1）模拟直流 SF$_6$ 断路器液压弹簧操动机构低压油箱故障，需要对直流 SF$_6$ 断路器液压弹簧操动机构低压油箱进行检修。

2）模拟现场工作，准备安全工器具及材料，实施安全措施（按照直流 SF$_6$ 断路器液压弹簧操动机构低压油箱检修完成），完成现场检修任务。

四、工作规范及要求

（1）工器具使用及安全措施。

（2）按要求进行直流 SF$_6$ 断路器液压弹簧操动机构低压油箱检修。

（3）检修步骤及安全注意事项。

五、考核及时间要求

（1）本考核操作时间为 60 分钟，时间到停止考评，包括安全工器具准备时间。

（2）检修过程中，如确实不能完成某项目，可向考评员申请帮助，该项目不得分，但不影响其他项目。

（3）按照技能操作记录单的要求进行操作，正确记录操作步骤、关键检修节点等。

技能等级评价专业技能考核操作评分标准

工种	换流站直流设备检修工（一次）				评价等级	高级技师
项目模块	一次及辅助设备日常维护、检修—直流断路器、直流隔离开关日常维护、检修			编号		Jc1001163014
单位			准考证号		姓名	
考试时限	60 分钟	题型		单项操作	题分	100 分
成绩		考评员		考评组长	日期	
试题正文	直流 SF$_6$ 断路器液压弹簧操动机构低压油箱检修					

续表

需要说明的问题和要求	（1）要求单人完成更换操作。 （2）操作应注意安全，按照标准化作业书的技术安全说明做好安全措施。 （3）安全工器具由考场提供				

序号	项目名称	质量要求	满分	扣分标准	扣分原因	得分
1	工具使用及安全措施					
1.1	各种工器具正确使用	熟练正确使用各种工器具	5	未正确使用，一次扣1分，扣完为止		
1.2	相关安全措施的准备	（1）工作前应将机构压力充分泄放。 （2）工作前应断开各类电源并确认无电压	10	工作前未将机构压力充分泄放扣4分； 工作前未断开各类电源扣4分； 未确认无电压扣2分		
2	关键工艺质量控制					
2.1	检修过程要求	（1）按照厂家规定工艺要求进行解体与装复，确保清洁。 （2）更换所有密封件，使其密封良好、无渗漏。 （3）低压油箱各部件无锈蚀、变形。 （4）低压油箱内无金属碎屑等杂物	60	未按要求进行解体与装复扣10分； 未确保清洁扣10分； 未更换所有密封件扣10分； 密封不良、存在渗漏扣10分； 存在锈蚀、变形扣10分； 存在金属碎屑等杂物扣10分		
3	现场恢复	恢复现场	10	未进行现场恢复扣10分		
4	填写报告					
4.1	操作记录	字迹工整，无误	5	每少填写一项扣1分，扣完为止		
4.2	修试记录	将检修（更换）步骤填写清楚，并分析故障原因，提出改进意见	10	每少填写一项扣1分，扣完为止		
	合计		100			

Jc1001163015　直流 SF$_6$ 断路器液压弹簧操动机构液压油处理。（100分）

考核知识点： 直流断路器检修

难易度： 难

技能等级评价专业技能考核操作工作任务书

一、任务名称

直流 SF$_6$ 断路器液压弹簧操动机构液压油处理。

二、适用工种

换流站直流设备检修工（一次）高级技师。

三、具体任务

（1）工作状态为模拟直流 SF$_6$ 断路器液压弹簧操动机构液压油存在杂质。工作内容为直流 SF$_6$ 断路器液压弹簧操动机构液压油处理。

（2）工作任务：

1）模拟直流 SF$_6$ 断路器液压弹簧操动机构液压油存在杂质，需要对直流 SF$_6$ 断路器液压弹簧操动机构液压油进行处理。

2）模拟现场工作，准备安全工器具及材料，实施安全措施（按照直流 SF$_6$ 断路器液压弹簧操动机构液压油处理完成），完成现场检修任务。

四、工作规范及要求

（1）工器具使用及安全措施。

（2）按要求进行直流 SF$_6$ 断路器液压弹簧操动机构液压油处理。

（3）检修步骤及安全注意事项。

五、考核及时间要求

（1）本考核操作时间为 60 分钟，时间到停止考评，包括安全工器具准备时间。

（2）检修过程中，如确实不能完成某项目，可向考评员申请帮助，该项目不得分，但不影响其他项目。

（3）按照技能操作记录单的要求进行操作，正确记录操作步骤、关键检修节点等。

技能等级评价专业技能考核操作评分标准

工种		换流站直流设备检修工（一次）			评价等级	高级技师
项目模块		一次及辅助设备日常维护、检修—直流断路器、直流隔离开关日常维护、检修		编号		Jc1001163015
单位			准考证号		姓名	
考试时限	60 分钟	题型		单项操作	题分	100 分
成绩		考评员		考评组长	日期	
试题正文	直流 SF$_6$ 断路器液压弹簧操动机构液压油处理					
需要说明的问题和要求	（1）要求单人完成更换操作。 （2）操作应注意安全，按照标准化作业书的技术安全说明做好安全措施。 （3）安全工器具由考场提供					

序号	项目名称	质量要求	满分	扣分标准	扣分原因	得分
1	工具使用及安全措施					
1.1	各种工器具正确使用	熟练正确使用各种工器具	5	未正确使用，一次扣 1 分，扣完为止		
1.2	相关安全措施的准备	（1）注意滤油机进、出油方向正确。 （2）工作前应将机构压力充分泄放。 （3）工作前应断开各类电源并确认无电压	10	未注意滤油机进、出油方向扣 2.5 分； 工作前未将机构压力充分泄放扣 2.5 分； 工作前未断开各类电源扣 2.5 分； 未确认无电压扣 2.5 分		
2	关键工艺质量控制					
2.1	检修过程要求	（1）正确选用符合厂家规定标号的液压油。 （2）液压油应经过滤清洁、干燥，无杂质方可注入机构内使用。 （3）严禁混用不同标号液压油。 （4）注入机构内的液压油油面高度符合产品技术规定	60	未使用符合厂家规定标号液压油扣 12 分； 液压油未经过滤清洁、干燥扣 12 分； 存在杂质扣 12 分； 混用不同标号液压油扣 12 分； 油面高度不符合产品技术规定扣 12 分		
3	现场恢复	恢复现场	10	未进行现场恢复扣 10 分		
4	填写报告					
4.1	操作记录	字迹工整，无误	5	每少填写一项扣 1 分，扣完为止		
4.2	修试记录	将检修（更换）步骤填写清楚，并分析故障原因，提出改进意见	10	每少填写一项扣 1 分，扣完为止		
	合计		100			

Jc1001163016　直流 SF$_6$ 断路器液压弹簧操动机构箱检修。（100 分）

考核知识点： 直流断路器检修

难易度： 难

技能等级评价专业技能考核操作工作任务书

一、任务名称
直流 SF_6 断路器液压弹簧操动机构箱检修。

二、适用工种
换流站直流设备检修工（一次）高级技师。

三、具体任务
（1）工作状态为模拟直流 SF_6 断路器液压弹簧操动机构箱故障。工作内容为直流 SF_6 断路器液压弹簧操动机构箱检修。

（2）工作任务：

1）模拟直流 SF_6 断路器液压弹簧操动机构箱故障，需要对直流 SF_6 断路器液压弹簧操动机构箱进行检修。

2）模拟现场工作，准备安全工器具及材料，实施安全措施（按照直流 SF_6 断路器液压弹簧操动机构箱检修完成），完成现场检修任务。

四、工作规范及要求
（1）工器具使用及安全措施。

（2）按要求进行直流 SF_6 断路器液压弹簧操动机构箱检修。

（3）检修步骤及安全注意事项。

五、考核及时间要求
（1）本考核操作时间为 60 分钟，时间到停止考评，包括安全工器具准备时间。

（2）检修过程中，如确实不能完成某项目，可向考评员申请帮助，该项目不得分，但不影响其他项目。

（3）按照技能操作记录单的要求进行操作，正确记录操作步骤、关键检修节点等。

技能等级评价专业技能考核操作评分标准

工种	换流站直流设备检修工（一次）		评价等级	高级技师
项目模块	一次及辅助设备日常维护、检修—直流断路器、直流隔离开关日常维护、检修	编号		Jc1001163016
单位		准考证号	姓名	
考试时限	60分钟	题型	单项操作	题分	100分
成绩		考评员	考评组长	日期	
试题正文	直流 SF_6 断路器液压弹簧操动机构箱检修			
需要说明的问题和要求	（1）要求单人完成更换操作。 （2）操作应注意安全，按照标准化作业书的技术安全说明做好安全措施。 （3）安全工器具由考场提供			

序号	项目名称	质量要求	满分	扣分标准	扣分原因	得分
1	工具使用及安全措施					
1.1	各种工器具正确使用	熟练正确使用各种工器具	5	未正确使用，一次扣1分，扣完为止		
1.2	相关安全措施的准备	（1）工作前断开柜内各类交直流电源并确认无电压。 （2）工作前应将机构压力充分泄放	10	工作前未断开柜内各类交直流电源扣4分； 未确认无电压扣4分； 工作前未将机构压力充分泄放扣2分		

续表

序号	项目名称	质量要求	满分	扣分标准	扣分原因	得分
2	关键工艺质量控制					
2.1	检修过程要求	（1）二次回路接线正确规范、接触良好，绝缘电阻值符合相关技术标准要求，并做记录。 （2）接线排列整齐美观，端子螺栓无锈蚀。 （3）同一个接线端子上不得接入两根以上导线。 （4）二次元器件无损伤，各种接触器、继电器、微动开关、加热驱潮装置和辅助开关的动作应准确、可靠，触点应接触良好，无烧损或锈蚀。 （5）端子排上相邻端子之间（交、直流回路，直流回路正负极，分、合闸回路）应有可靠的绝缘措施。 （6）电缆孔洞封堵到位，密封良好，温湿度控制装置功能可靠，通风口通风良好。 （7）机构箱外壳应可靠接地，并符合相关要求	60	接线不正确、不规范扣5分； 接触不良扣5分； 绝缘电阻值不符合相关技术标准要求扣5分； 未做记录扣5分； 接线排列杂乱不美观扣5分； 端子螺栓锈蚀扣5分； 同一个接线端子上接入两根以上导线扣5分； 二次元器件损坏扣5分； 各种接触器、继电器、微动开关、加热驱潮装置和辅助开关的动作不可靠，接触不良、存在烧损或锈蚀扣5分； 无可靠的绝缘措施扣5分； 电缆孔洞封堵不到位，密封不良扣5分； 温湿度控制装置功能不可靠，通风不良扣5分		
3	现场恢复	恢复现场	10	未进行现场恢复扣10分		
4	填写报告					
4.1	操作记录	字迹工整，无误	5	每少填写一项扣1分，扣完为止		
4.2	修试记录	将检修（更换）步骤填写清楚，并分析故障原因，提出改进意见	10	每少填写一项扣1分，扣完为止		
	合计		100			

Jc1001163017　直流 SF_6 断路器液压弹簧操动机构二次回路检修。（100分）

考核知识点： 直流断路器检修

难易度： 难

技能等级评价专业技能考核操作工作任务书

一、任务名称

直流 SF_6 断路器液压弹簧操动机构二次回路检修。

二、适用工种

换流站直流设备检修工（一次）高级技师。

三、具体任务

（1）工作状态为模拟直流 SF_6 断路器液压弹簧操动机构二次回路故障。工作内容为直流 SF_6 断路器液压弹簧操动机构二次回路检修。

（2）工作任务：

1）模拟直流 SF_6 断路器液压弹簧操动机构二次回路故障，需要对直流 SF_6 断路器液压弹簧操动机构二次回路进行检修。

2）模拟现场工作，准备安全工器具及材料，实施安全措施（按照直流 SF_6 断路器液压弹簧操动机构二次回路检修完成），完成现场检修任务。

四、工作规范及要求

（1）工器具使用及安全措施。

（2）按要求进行直流 SF_6 断路器液压弹簧操动机构二次回路检修。

（3）检修步骤及安全注意事项。

五、考核及时间要求

（1）本考核操作时间为 60 分钟，时间到停止考评，包括安全工器具准备时间。

（2）检修过程中，如确实不能完成某项目，可向考评员申请帮助，该项目不得分，但不影响其他项目。

（3）按照技能操作记录单的要求进行操作，正确记录操作步骤、关键检修节点等。

技能等级评价专业技能考核操作评分标准

工种		换流站直流设备检修工（一次）			评价等级		高级技师
项目模块		一次及辅助设备日常维护、检修—直流断路器、直流隔离开关日常维护、检修			编号		Jc1001163017
单位			准考证号			姓名	
考试时限		60 分钟	题型		单项操作	题分	100 分
成绩		考评员		考评组长		日期	
试题正文		直流 SF_6 断路器液压弹簧操动机构二次回路检修					
需要说明的问题和要求		（1）要求单人完成更换操作。 （2）操作应注意安全，按照标准化作业书的技术安全说明做好安全措施。 （3）安全工器具由考场提供					

序号	项目名称	质量要求	满分	扣分标准	扣分原因	得分
1	工具使用及安全措施					
1.1	各种工器具正确使用	熟练正确使用各种工器具	5	未正确使用，一次扣 1 分，扣完为止		
1.2	相关安全措施的准备	（1）断开与断路器相关的各类电源并确认无电压。 （2）拆下的控制回路及电源线头所做标记正确、清晰、牢固，防潮措施可靠。 （3）对于储能型操动机构，工作前应充分释放所储能量	10	工作前未断开各类电源扣 2.5 分； 未确认无电压扣 2.5 分； 所做标记不正确、不清晰，松动，防潮措施不可靠扣 2.5 分； 工作前未充分释放所储能量扣 2.5 分		
2	关键工艺质量控制					
2.1	检修过程要求	（1）二次接线排列应整齐美观，二次接线端子紧固。 （2）分、合闸控制回路以及其他二次回路的绝缘电阻合格。 （3）分合闸线圈电阻满足符合产品技术要求。 （4）端子螺栓无锈蚀、松动、缺失。 （5）SF_6 密度继电器校验合格，报警、闭锁功能正常。 （6）压力开关的整定值校验合格。 （7）辅助开关及继电器触点接触良好。 （8）加热驱潮装置回路的功能正常。 （9）计数器回路功能正常。 （10）分、合闸回路低电压动作试验合格。 （11）信号回路正常	60	按照步骤开展，每少一步扣 6 分，扣完为止		
3	现场恢复	恢复现场	10	未进行现场恢复扣 10 分		
4	填写报告					
4.1	操作记录	字迹工整，无误	5	每少填写一项扣 1 分，扣完为止		

续表

序号	项目名称	质量要求	满分	扣分标准	扣分原因	得分
4.2	修试记录	将检修（更换）步骤填写清楚，并分析故障原因，提出改进意见	10	每少填写一项扣1分，扣完为止		
	合计		100			

Jc1001163018　直流 SF$_6$ 断路器液压弹簧操动机构 SF$_6$ 密度继电器更换。（100分）

考核知识点：直流断路器检修

难易度：难

技能等级评价专业技能考核操作工作任务书

一、任务名称

直流 SF$_6$ 断路器液压弹簧操动机构 SF$_6$ 密度继电器更换。

二、适用工种

换流站直流设备检修工（一次）高级技师。

三、具体任务

（1）工作状态为模拟直流 SF$_6$ 断路器液压弹簧操动机构 SF$_6$ 密度继电器故障。工作内容为直流 SF$_6$ 断路器液压弹簧操动机构 SF$_6$ 密度继电器更换。

（2）工作任务：

1）模拟直流 SF$_6$ 断路器液压弹簧操动机构 SF$_6$ 密度继电器故障，需要对直流 SF$_6$ 断路器液压弹簧操动机构 SF$_6$ 密度继电器进行更换。

2）模拟现场工作，准备安全工器具及材料，实施安全措施（按照直流 SF$_6$ 断路器液压弹簧操动机构 SF$_6$ 密度继电器更换完成），完成现场检修任务。

四、工作规范及要求

（1）工器具使用及安全措施。

（2）按要求进行直流 SF$_6$ 断路器液压弹簧操动机构 SF$_6$ 密度继电器更换。

（3）检修步骤及安全注意事项。

五、考核及时间要求

（1）本考核操作时间为60分钟，时间到停止考评，包括安全工器具准备时间。

（2）检修过程中，如确实不能完成某项目，可向考评员申请帮助，该项目不得分，但不影响其他项目。

（3）按照技能操作记录单的要求进行操作，正确记录操作步骤、关键检修节点等。

技能等级评价专业技能考核操作评分标准

工种	换流站直流设备检修工（一次）				评价等级	高级技师
项目模块	一次及辅助设备日常维护、检修—直流断路器、直流隔离开关日常维护、检修			编号		Jc1001163018
单位			准考证号		姓名	
考试时限	60分钟		题型	单项操作	题分	100分
成绩		考评员		考评组长		日期	
试题正文	直流 SF$_6$ 断路器液压弹簧操动机构 SF$_6$ 密度继电器更换					

续表

需要说明的问题和要求	（1）要求单人完成更换操作。 （2）操作应注意安全，按照标准化作业书的技术安全说明做好安全措施。 （3）安全工器具由考场提供					
序号	项目名称	质量要求	满分	扣分标准	扣分原因	得分
1	工具使用及安全措施					
1.1	各种工器具正确使用	熟练正确使用各种工器具	5	未正确使用，一次扣1分，扣完为止		
1.2	相关安全措施的准备	（1）工作前确认 SF_6 密度继电器与本体之间的阀门已关闭或本体 SF_6 已全部回收，工作人员位于上风侧，做好防护措施。 （2）工作前断开 SF_6 密度继电器相关电源并确认无电压	10	工作前未断开相关电源扣2.5分； 未确认无电压扣2.5分； 阀门未关闭或本体 SF_6 未全部回收扣2.5分； 工作人员未位于上风侧扣2.5分		
2	关键工艺质量控制					
2.1	检修过程要求	（1）SF_6 密度继电器应校验合格，报警、闭锁功能正常。 （2）SF_6 密度继电器外观完好，无破损、漏油等，防雨罩完好，安装牢固。 （3）SF_6 密度继电器及管路密封良好，年漏气率小于0.5%或符合产品技术规定。 （4）电气回路端子接线正确，电气接点切换准确可靠、绝缘电阻符合产品技术规定，并做记录。 （5）带有三通接头的表头阀门在投入运行前应检查阀门处于"打开"位置	60	按照步骤开展，每少一步扣12分		
3	现场恢复	恢复现场	10	未进行现场恢复扣10分		
4	填写报告					
4.1	操作记录	字迹工整，无误	5	每少填写一项扣1分，扣完为止		
4.2	修试记录	将检修（更换）步骤填写清楚，并分析故障原因，提出改进意见	10	每少填写一项扣1分，扣完为止		
	合计		100			

Jc1001163019　直流 SF_6 断路器液压弹簧操动机构压力表更换。（100分）

考核知识点：直流断路器检修

难易度：难

技能等级评价专业技能考核操作工作任务书

一、任务名称

直流 SF_6 断路器液压弹簧操动机构压力表更换。

二、适用工种

换流站直流设备检修工（一次）高级技师。

三、具体任务

（1）工作状态为模拟直流 SF_6 断路器液压弹簧操动机构压力表故障，工作内容为直流 SF_6 断路器液压弹簧操动机构压力表更换。

（2）工作任务：

1）模拟直流 SF_6 断路器液压弹簧操动机构压力表故障，需要对直流 SF_6 断路器液压弹簧操动机构压力表进行更换。

2）模拟现场工作，准备安全工器具及材料，实施安全措施（按照直流 SF_6 断路器液压弹簧操动机构压力表更换完成），完成现场检修任务。

四、工作规范及要求

（1）工器具使用及安全措施。

（2）按要求进行直流 SF_6 断路器液压弹簧操动机构压力表更换。

（3）检修步骤及安全注意事项。

五、考核及时间要求

（1）本考核操作时间为 60 分钟，时间到停止考评，包括安全工器具准备时间。

（2）检修过程中，如确实不能完成某项目，可向考评员申请帮助，该项目不得分，但不影响其他项目。

（3）按照技能操作记录单的要求进行操作，正确记录操作步骤、关键检修节点等。

技能等级评价专业技能考核操作评分标准

工种	换流站直流设备检修工（一次）			评价等级	高级技师
项目模块	一次及辅助设备日常维护、检修—直流断路器、直流隔离开关日常维护、检修		编号		Jc1001163019
单位		准考证号		姓名	
考试时限	60 分钟	题型	单项操作	题分	100 分
成绩		考评员	考评组长	日期	
试题正文	直流 SF_6 断路器液压弹簧操动机构压力表更换				
需要说明的问题和要求	（1）要求单人完成更换操作。 （2）操作应注意安全，按照标准化作业书的技术安全说明做好安全措施。 （3）安全工器具由考场提供				

序号	项目名称	质量要求	满分	扣分标准	扣分原因	得分
1	工具使用及安全措施					
1.1	各种工器具正确使用	熟练正确使用各种工器具	5	未正确使用，一次扣 1 分，扣完为止		
1.2	相关安全措施的准备	（1）必要时应将机构压力充分泄放。 （2）工作前断开压力表相关电源并确认无电压	10	工作前未断开相关电源扣 4 分； 未确认无电压扣 4 分； 工作前未将机构压力充分泄放扣 2 分		
2	关键工艺质量控制					
2.1	检修过程要求	（1）压力表应经校验合格方可使用。 （2）压力表外观良好，无破损、泄漏等。 （3）压力表及管路密封良好，更换后 24h 内无渗漏现象。 （4）电接点压力表的电气接点切换准确可靠、绝缘电阻值符合相关技术标准要求，并做记录。	60	按照步骤开展，每少一步扣 15 分，扣完为止		
3	现场恢复	恢复现场	10	未进行现场恢复扣 10 分		
4	填写报告					
4.1	操作记录	字迹工整，无误	5	每少填写一项扣 1 分，扣完为止		
4.2	修试记录	将检修（更换）步骤填写清楚，并分析故障原因，提出改进意见	10	每少填写一项扣 1 分，扣完为止		
	合计		100			

Jc1001163020 直流 SF_6 断路器弹簧操动机构整体更换。（100 分）

考核知识点：直流断路器检修

难易度：难

技能等级评价专业技能考核操作工作任务书

一、任务名称

直流 SF_6 断路器弹簧操动机构整体更换。

二、适用工种

换流站直流设备检修工（一次）高级技师。

三、具体任务

（1）工作状态为模拟直流 SF_6 断路器弹簧操动机构整体故障。工作内容为直流 SF_6 断路器弹簧操动机构整体更换。

（2）工作任务：

1）模拟直流 SF_6 断路器弹簧操动机构整体故障，需要对直流 SF_6 断路器弹簧操动机构整体进行更换。

2）模拟现场工作，准备安全工器具及材料，实施安全措施（按照直流 SF_6 断路器弹簧操动机构整体更换完成），完成现场检修任务。

四、工作规范及要求

（1）工器具使用及安全措施。

（2）按要求进行直流 SF_6 断路器弹簧操动机构整体更换。

（3）检修步骤及安全注意事项。

五、考核及时间要求

（1）本考核操作时间为 60 分钟，时间到停止考评，包括安全工器具准备时间。

（2）检修过程中，如确实不能完成某项目，可向考评员申请帮助，该项目不得分，但不影响其他项目。

（3）按照技能操作记录单的要求进行操作，正确记录操作步骤、关键检修节点等。

技能等级评价专业技能考核操作评分标准

工种	换流站直流设备检修工（一次）			评价等级	高级技师	
项目模块	一次及辅助设备日常维护、检修—直流断路器、直流隔离开关日常维护、检修		编号		Jc1001163020	
单位			准考证号		姓名	
考试时限	60 分钟	题型		单项操作	题分	100 分
成绩		考评员		考评组长	日期	
试题正文	直流 SF_6 断路器弹簧操动机构整体更换					
需要说明的问题和要求	（1）要求单人完成更换操作。 （2）操作应注意安全，按照标准化作业书的技术安全说明做好安全措施。 （3）安全工器具由考场提供					

序号	项目名称	质量要求	满分	扣分标准	扣分原因	得分
1	工具使用及安全措施					
1.1	各种工器具正确使用	熟练正确使用各种工器具	5	未正确使用，一次扣1分，扣完为止		
1.2	相关安全措施的准备	（1）将分、合闸弹簧释能。 （2）拆除各二次回路前，确认均无电压。 （3）拆除机构各连接、紧固件，确认连接部位松动无卡阻，按厂家规定正确吊装设备，设置缆风绳控制方向，并设专人指挥	10	未将分、合闸弹簧释能扣4分； 未确认无电压扣4分； 未正确吊装设备，设置缆风绳，并设专人指挥扣2分		

续表

序号	项目名称	质量要求	满分	扣分标准	扣分原因	得分
2	关键工艺质量控制					
2.1	检修过程要求	（1）弹簧储能时间、储能时间继电器设置时间符合厂家技术规范，并做记录。 （2）调整测试机构辅助开关转换时间与断路器主触头动作时间之间的配合，使其符合产品技术规定。 （3）禁止空合闸。合闸弹簧储能完毕后，行程开关应能立即将电动机电源切除。 （4）合闸弹簧储能后，牵引杆的下端或凸轮应与合闸锁扣可靠地联锁。 （5）储能指示及分、合闸指示应正确、明显，动作计数器应动作可靠、正确。 （6）检测并记录分、合闸线圈电阻，检测结果应符合设备技术文件要求，无明确要求时，以线圈电阻初值差不超过±5%作为判据，绝缘值符合相关技术标准要求。 （7）并联合闸脱扣器在合闸装置额定电源电压的85%～110%范围内，应可靠动作；并联分闸脱扣器在分闸装置额定电源电压的65%～110%（直流）或85%～110%（交流）范围内，应可靠动作；当电源电压低于额定电压的30%时，脱扣器不应脱扣，并做记录	60	按照步骤开展，每少一步扣9分，扣完为止		
3	现场恢复	恢复现场	10	未进行现场恢复扣10分		
4	填写报告					
4.1	操作记录	字迹工整，无误	5	每少填写一项扣1分，扣完为止		
4.2	修试记录	将检修（更换）步骤填写清楚，并分析故障原因，提出改进意见	10	每少填写一项扣1分，扣完为止		
	合计		100			

Jc1002153021　交流滤波器故障电容器更换。（100分）

考核知识点： 交流滤波器故障电容器更换

难易度： 难

技能等级评价专业技能考核操作工作任务书

一、任务名称

交流滤波器故障电容器更换。

二、适用工种

换流站直流设备检修工（一次）高级技师。

三、具体任务

（1）工作状态为交流滤波器故障电容器更换。

（2）工作任务：

1）检查电容器判断故障电容器位置。

2）交流滤波器电容器更换。

3）对更换后电容塔桥臂完成测试。

4）模拟现场工作，实施安全措施，完成现场检验任务。

四、工作规范及要求

（1）工器具使用及安全措施。

（2）按要求进行交流滤波器电容器更换。

（3）填写试验报告。

五、考核及时间要求

（1）本考核1～6项操作时间为60分钟，时间到停止考评，包括试验接线和报告整理时间。同一类现象故障不限一处故障点。

（2）故障查找和排除过程中，如确实不能查找出故障，可向考评员申请排除故障，该项故障项目不得分，但不影响其他项目。

（3）按照技能操作记录单的操作要求进行操作，正确记录操作结果，试验记录项目包括动作元件、相别、动作出口时间等。

技能等级评价专业技能考核操作评分标准

工种	换流站直流设备检修工（一次）			评价等级	高级技师
项目模块	一次及辅助设备日常维护、检修—交直流滤波器的日常维护、检修		编号		Jc1002153021
单位		准考证号		姓名	
考试时限	60分钟	题型	单项操作	题分	100分
成绩	考评员		考评组长	日期	
试题正文	交流滤波器故障电容器更换				
需要说明的问题和要求	（1）要求单人操作，完成交流滤波器故障电容器更换。 （2）操作应注意安全，按照标准化作业书的技术安全说明做好安全措施。 （3）测试仪现场准备				

序号	项目名称	质量要求	满分	扣分标准	扣分原因	得分
1	规范着装	安全帽应完好、经试验合格且在有效期内；安全帽佩戴应正确规范，着棉质长袖工装，系好领口和袖口，穿绝缘鞋，戴线手套	5	未按要求着装一处扣2分；着装不规范一处扣1分；以上扣分，扣完为止		
2	工器具的准备、外观检查和试验	（1）正确选择工器具、仪表，不漏选。 （2）常用工器具检查：检查其规格、外观质量及机械性能	5	操作过程中借用工具仪表扣3分；工器具未进行外观检查扣2分		
3	升降作业车准备	车辆操作人员具有特种作业证，车辆与电容器塔距离合适，车辆应接地	10	人员不具有车辆操作特种作业证扣5分；车辆与电容器塔距离太远或太近扣5分		
4	判断故障电容器位置	（1）对电容塔电容器进行逐个核对放电。 （2）使用电容器不平衡测试仪判断电容器故障方位。 （3）使用电容表判断故障电容器	10	未检查外观扣4分；未逐个核对放电扣4分；仪器使用不正确扣2分；故障查找不正确本项不得分		
5	备用电容器检查	外观正常，检验合格	5	未检查外观扣2分；未检查检验报告扣3分		
6	导线拆除	拆除电容器软导线	5	螺栓及接线未保存良好一处扣2分，扣完为止；拆除电容器导致漏油或瓷瓶损坏本项不得分		
7	电容器拆除	做好防坠落措施后，拆除电容器	5	未做好防坠落措施扣3分；吊装固定不牢扣2分		
8	导线表面处理	使用酒精、砂纸等清理接触面，确保接触面清洁	5	未进行接触面处理本项不得分		
9	电容器更换	做好防坠落措施后，安装电容器	10	未做好防坠落措施扣5分；吊装不规范一处扣5分		

续表

序号	项目名称	质量要求	满分	扣分标准	扣分原因	得分
10	导线恢复	电容器安装完成后，恢复电容器连接螺栓	10	未调整力矩扳手至 30N·m 扣 10 分；导致电容器渗漏油或绝缘子损坏，本项不得分		
11	电容器桥臂误差测试	电容器安装完成后，对电容塔桥臂进行不平衡测试	5	未进行测量或测量不正确，本项不得分		
12	清理现场	工器具材料等收拾干净，检查现场无遗留物品	5	未收拾工器具材料扣 3 分；未检查现场无遗留物品扣 2 分		
13	工作终结	（1）工作终结后，填写检修交代。 （2）对工器具和作业现场进行整理与清理	10	检修交代不完整扣 1 分；工器具每遗漏一件扣 1 分；作业现场留有试验线等，每件扣 2 分，扣完为止		
14	安全生产	操作符合规程和安全要求，无违章现象	10	操作中发生违规或不安全现象扣 4 分；工具跌落扣 6 分；操作中出现误入间隔、触电等恶性违规违章事故，应立即退出操作，本题按 0 分处理		
	合计		100			

Jc1002152022　交流滤波器电容器接头发热处理。（100 分）

考核知识点：对交流滤波器电容器接头发热的处理

难易度：中

技能等级评价专业技能考核操作工作任务书

一、任务名称

交流滤波器电容器接头发热处理。

二、适用工种

换流站直流设备检修工（一次）高级技师。

三、具体任务

（1）工作状态为交流滤波器电容器接头严重发热处理。

（2）工作任务：

1）检查电容器判断发热位置。

2）根据发热温度判断发热处理方法。

3）模拟现场工作，实施安全措施，完成现场检验任务。

四、工作规范及要求

（1）工器具使用及安全措施。

（2）按要求进行交流滤波器电容器接头严重发热处理。

（3）填写试验报告。

五、考核及时间要求

（1）本考核操作时间为 60 分钟，时间到停止考评，包括试验接线和报告整理时间。同一类现象故障不限一处故障点。

（2）故障查找和排除过程中，如确实不能查找出故障，可向考评员申请排除故障，该项故障项目不得分，但不影响其他项目。

（3）按照技能操作记录单的操作要求进行操作，正确记录操作结果，试验记录项目包括动作元件、相别、动作出口时间等。

技能等级评价专业技能考核操作评分标准

工种	换流站直流设备检修工（一次）			评价等级	高级技师
项目模块	一次及辅助设备日常维护、检修—交直流滤波器的日常维护、检修		编号		Jc1002152022
单位		准考证号		姓名	
考试时限	60分钟	题型	单项操作	题分	100分
成绩		考评员	考评组长	日期	
试题正文	交流滤波器电容器接头发热处理				
需要说明的问题和要求	（1）要求单人操作，完成交流滤波器电容器接头发热处理。 （2）操作应注意安全，按照标准化作业书的技术安全说明做好安全措施。 （3）测试仪现场准备				

序号	项目名称	质量要求	满分	扣分标准	扣分原因	得分
1	规范着装	安全帽应完好、经试验合格且在有效期内；安全帽佩戴应正确规范，着棉质长袖工装，系好领口和袖口，穿绝缘鞋，戴线手套	5	未按要求着装一处扣2分；着装不规范一处扣1分；以上扣分，扣完为止		
2	工器具的准备、外观检查和试验	（1）正确选择工器具、仪表，不漏选。 （2）常用工器具检查：检查其规格、外观质量及机械性能	5	操作过程中借用工具仪表扣3分；工器具未进行外观检查扣2分		
3	升降作业车准备	车辆操作人员具有特种作业证，车辆与电容器塔距离合适，车辆应接地	10	人员不具有车辆操作特种作业证扣5分；车辆与电容器塔距离太远或太近扣5分		
4	判断故障位置	（1）对电容器导线进行外观巡视。 （2）确定故障位置和处置方法	10	未检查外观扣10分；故障查找不正确本项不得分；处理方法选择不正确扣5分		
5	导线拆除	拆除电容器软导线	5	螺丝及接线未保存良好一处扣2分，扣完为止；拆除电容器导致漏油或绝缘子损坏本项不得分		
6	导线制作	根据原导线尺寸进行导线制作	15	导线制作尺寸不合适扣5分；液压钳使用不正确扣5分；劳动防护用品使用不正确扣5分		
7	电容器发热处打磨	使用酒精、砂纸等清理接触面，确保接触面清洁	5	未进行接触面处理扣5分		
8	导线恢复	恢复电容器连接导线	15	未调整力矩扳手至30N·m扣15分；导致电容器渗漏油或绝缘子损坏，本项不得分		
9	清理现场	工器具材料等收拾干净，检查现场无遗留物品	10	未收拾工器具材料扣1分；未检查现场无遗留物品扣2分		
10	工作终结	（1）工作终结后，填写检修交代。 （2）对工器具和作业现场进行整理与清理	10	检修交代不完整扣1分；工器具每遗漏一件扣1分；作业现场留有试验线等物件扣2分；以上扣分，扣完为止		
11	安全生产	操作符合规程和安全要求，无违章现象	10	操作中发生违规或不安全现象扣7分；工具跌落扣8分；操作中出现误入间隔、触电等恶性违规违章事故，应立即退出操作，本题按0分处理		
	合计		100			

Jc1002151023　交流滤波器电容塔桥臂电容值测量。（100分）
考核知识点： 交流滤波器电容塔桥臂电容值测量
难易度： 易

技能等级评价专业技能考核操作工作任务书

一、任务名称
交流滤波器电容塔桥臂电容值测量。

二、适用工种
换流站直流设备检修工（一次）高级技师。

三、具体任务
（1）工作状态为交流滤波器电容塔桥臂电容值测量。
（2）工作任务：
1）对电容器完成放电。
2）正确使用作业车和桥臂电容测量仪器。
3）模拟现场工作，实施安全措施，完成现场检验任务。

四、工作规范及要求
（1）工器具使用及安全措施。
（2）按要求进行交流滤波器电容塔桥臂电容值测量。
（3）填写试验报告。

五、考核及时间要求
（1）本考核操作时间为60分钟，时间到停止考评，包括试验接线和报告整理时间。同一类现象故障不限一处故障点。
（2）故障查找和排除过程中，如确实不能查找出故障，可向考评员申请排除故障，该项故障项目不得分，但不影响其他项目。
（3）按照技能操作记录单的操作要求进行操作，正确记录操作结果，试验记录项目包括动作元件、相别、动作出口时间等。

技能等级评价专业技能考核操作评分标准

工种	换流站直流设备检修工（一次）			评价等级	高级技师	
项目模块	一次及辅助设备日常维护、检修—交直流滤波器的日常维护、检修		编号		Jc1002151023	
单位			准考证号		姓名	
考试时限	60分钟	题型		单项操作	题分	100分
成绩		考评员		考评组长	日期	
试题正文	交流滤波器电容塔桥臂电容值测量					
需要说明的问题和要求	（1）要求单人操作，完成交流滤波器电容塔桥臂电容值测量。 （2）操作应注意安全，按照标准化作业书的技术安全说明做好安全措施。 （3）测试仪现场准备					

序号	项目名称	质量要求	满分	扣分标准	扣分原因	得分
1	规范着装	安全帽应完好、经试验合格且在有效期内；安全帽佩戴应正确规范，着棉质长袖工装，系好领口和袖口，穿绝缘鞋，戴线手套	5	未按要求着装一处扣2分；着装不规范一处扣1分；以上扣分，扣完为止		
2	工器具的准备、外观检查和试验	（1）正确选择工器具、仪表，不漏选。 （2）常用工器具检查：检查其规格、外观质量及机械性能	5	操作过程中借用工具、仪表扣2分；工器具未进行外观检查扣3分		

续表

序号	项目名称	质量要求	满分	扣分标准	扣分原因	得分
3	材料选择	正确选择材料，不漏选，要求数量适量，规格合格且质量良好	5	操作过程中借用材料扣4分；未对材料进行数量及规格检查扣1分		
4	作业环境检查	确认作业现场是否需要增加隔离、登高和照明设施	5	未进行作业环境检查不得分		
5	电容器放电	正确使用放电工具，完成电容器放电	10	未放电扣10分		
6	拆除滤波器电容器高压端引线	正确拆除高压端引线	10	未拆除本项不得分		
7	拆除光TA两端引线	正确拆除光TA引线	10	拆除导致光TA损坏的本项不得分		
8	正确连接试验导线	导线连接正确，电压线和电流线接线正确	10	电压线和TA线位置错误扣5分；试验仪器不接地扣5分		
9	电容器桥臂电容测量	与额定值相差不大于±2%	20	挡位调整不正确扣10分；结果判断不正确扣10分		
10	工作终结	（1）工作终结后，填写检修交代。 （2）对工器具和作业现场进行整理与清理	10	检修交代不完整扣1分；工器具每遗漏一件扣1分，扣完为止		
11	安全生产	操作符合规程和安全要求，无违章现象	10	操作中发生违规或不安全现象扣4分；工具跌落扣6分；操作中出现走错间隔等恶性违规违章事故，应立即退出操作，本题按0分处理		
	合计		100			

Jc1002153024　交流滤波器 SF$_6$ 断路器弹簧操动机构检修及故障处理。（100 分）

考核知识点：交流滤波器 SF$_6$ 断路器弹簧操动机构检修及故障处理

难易度：难

技能等级评价专业技能考核操作工作任务书

一、任务名称

交流滤波器 SF$_6$ 断路器弹簧操动机构检修及故障处理。

二、适用工种

换流站直流设备检修工（一次）高级技师。

三、具体任务

（1）工作状态为交流滤波器 SF$_6$ 断路器弹簧操动机构检修及故障处理。

（2）工作任务：

1）正确完成 SF$_6$ 断路器弹簧操动机构检修及故障处理。

2）模拟现场工作，实施安全措施，完成现场检验任务。

四、工作规范及要求

（1）工器具使用及安全措施。

（2）按要求进行交流滤波器 SF$_6$ 断路器弹簧操动机构检修及故障处理。

（3）填写试验报告。

五、考核及时间要求

（1）本考核操作时间为 60 分钟，时间到停止考评，包括试验接线和报告整理时间。同一类现象故障不限一处故障点。

（2）故障查找和排除过程中，如确实不能查找出故障，可向考评员申请排除故障，该项故障项目不得分，但不影响其他项目。

（3）按照技能操作记录单的操作要求进行操作，正确记录操作结果，试验记录项目包括动作元件、相别、动作出口时间等。

技能等级评价专业技能考核操作评分标准

工种	换流站直流设备检修工（一次）					评价等级	高级技师
项目模块	一次及辅助设备日常维护、检修—交直流滤波器的日常维护、检修				编号		Jc1002153024
单位				准考证号		姓名	
考试时限	60分钟		题型		单项操作	题分	100分
成绩		考评员		考评组长		日期	
试题正文	交流滤波器SF_6断路器弹簧操动机构检修及故障处理						
需要说明的问题和要求	（1）要求单人操作，完成交流滤波器SF_6断路器弹簧操动机构检修及故障处理。 （2）操作应注意安全，按照标准化作业书的技术安全说明做好安全措施。 （3）测试仪现场准备						

序号	项目名称	质量要求	满分	扣分标准	扣分原因	得分
1	着装及工器具准备	考生着装正确、工作前清点 工器具、设备是否齐全	3	未按要求着装一处扣2分；着装不规范一处扣1分		
2	安全文明生产	工器具、零部件摆放整齐，并保持作业现场安静、清洁	12	工器具、零部件摆放不整齐扣3分；现场显得杂乱无章扣3分/处；不能正常使用工器具扣3分；发生1次工器具、备件掉落现象扣3分；有危及人身、设备安全的行为可取消考核成绩		
3	检修前外观检查	检查各电器元件有无破损；检查端子排是否完好，接线是否牢固；检查操动机构及辅助开关动作情况；检查机构密封情况；观察电动机运转情况	5	未检查扣5分		
4	机构箱的检查	检查机构箱表面，包括指示窗表面，无明显划伤痕迹和脱落的现象，表面清洁、干净	2	未检查扣2分		
5	储能电动机的检查	运转无卡涩声；表面无污浊、生锈，接线牢固	5	未检查扣5分		
6	辅助开关的检查	辅助开关上各导线连接牢固；所有触点转换可靠	2	未检查扣2分		
7	电动机限位开关检查	表面无损伤各传动连杆固定牢靠	2	未检查扣2分		
8	分、合闸电磁铁的检查	（1）检查分、合闸线圈、连接块和支座表面要求无松动、无损坏、无腐蚀。 （2）检查分、合闸线圈，要求线圈完好、紧固，电气连接牢固，动作灵活无灰尘杂物附着	4	未检查扣4分；一项未检查扣2分		
9	断路器拒动故障	设置2个故障点进行考核处理	30	查出故障未消除扣30分；未查找到故障点不得分		
10	断路器储能故障	设置1个故障点进行考核处理	10	查出故障未消除扣10分；未查找到故障点不得分		
11	故障排除后工作	紧固所拆除螺栓，恢复所拆除二次接线	5	未紧固、恢复扣5分		

续表

序号	项目名称	质量要求	满分	扣分标准	扣分原因	得分
12	结束工作	工作结束，工器具及设备摆放整齐，工完场清，报告工作结束	5	未清场，扣3分；未汇报工作结束，扣2分		
13	填写检修记录	如实正确填写检修记录	15	填写不规范，一次扣3分，扣完为止		
	合计		100			

Jc1002153025　交流滤波器电容器交流耐压试验。（100分）

考核知识点：交流滤波器电容器交流耐压试验的测试方法和技术要求

难易度：难

技能等级评价专业技能考核操作工作任务书

一、任务名称

交流滤波器电容器交流耐压试验。

二、适用工种

换流站直流设备检修工（一次）高级技师。

三、具体任务

（1）工作状态为交流滤波器电容器交流耐压试验，电容器定检。

（2）工作任务：

1）完成高压并联电容器极对地交流耐压试验。

2）正确选用绝缘电阻表。

3）模拟现场工作，实施安全措施（按照电容器定检完成），完成现场检验任务。

交流滤波器耐压试验回路如图 Jc1002153025 所示。

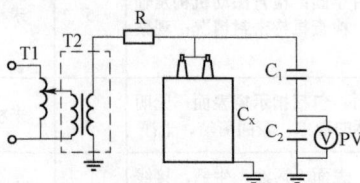

图 Jc1002153025

四、工作规范及要求

（1）工器具使用及安全措施。

（2）按要求进行交流耐压试验。

（3）进行故障分析并填写试验报告。

五、考核及时间要求

（1）本考核操作时间为60分钟，时间到停止考评，包括试验接线和报告整理时间。同一类现象故障不限一处故障点。

（2）故障查找和排除过程中，如确实不能查找出故障，可向考评员申请排除故障，该项故障项目不得分，但不影响其他项目。

（3）按照技能操作记录单的操作要求进行操作，正确记录操作结果，试验记录项目包括动作元件、相别、动作出口时间等。

技能等级评价专业技能考核操作评分标准

工种		换流站直流设备检修工（一次）			评价等级		高级技师
项目模块		一次及辅助设备日常维护、检修—交直流滤波器的日常维护、检修		编号		Jc1002153025	
单位				准考证号		姓名	
考试时限	60分钟		题型		单项操作	题分	100分
成绩		考评员		考评组长		日期	
试题正文		交流滤波器电容器交流耐压试验					
需要说明的问题和要求		（1）要求调试人员单人操作，故障查找及分析在调试过程中完成。 （2）操作应注意安全，按照标准化作业书的技术安全说明做好安全措施。 （3）装置调试检验在现场内完成操作。 （4）测试仪现场准备					

序号	项目名称	质量要求	满分	扣分标准	扣分原因	得分
1	工具使用及安全措施					
1.1	各种工器具正确使用	熟练正确使用各种工器具	5	未正确使用，一次扣1分，扣完为止		
1.2	相关安全措施的准备	（1）试验台正确接地。 （2）防止高处坠落。 （3）禁止高空抛物。 （4）着装规范	10	试验台未正确接地扣2分； 未系安全带扣3分； 上下传递物品未使用绳索扣2分； 着装不规范扣3分		
2	试验前准备	试验前查看现场和资料，了解设备历年试验数据和相关规程，掌握设备缺陷情况	30	未查看现场和资料扣15分； 未检查历年试验数据扣15分		
3	电容器交流耐压试验					
3.1	试验接线	按照图Jc1002153025完成试验接线	15	接线不正确一处扣5分，扣完为止		
3.2	测试	测试前对电容器充分放电，拆除电容器导线，高压引线连接牢固，引线尽量短，注意高压引线与非试品之间的距离，电容器外壳接地，周围试品和试验仪器可靠接地，测试电压为出厂值的75%。试验结束后用放电棒对电容器充分放电	10	步骤不正确每步扣5分，扣完为止		
4	填写试验报告					
4.1	试验记录	正确填写试验结果	10	每少填写一项扣3分，扣完为止		
5	测试结果分析	根据测试结果，判断电容器是否正常	10	结果分析不正确扣10分		
6	现场恢复	恢复现场	10	未进行现场恢复扣10分		
	合计		100			

Jc1003143026　主循环泵水泵出口止回阀更换（V001运行、V002检修）。（100分）

考核知识点：阀冷系统基本操作

难易度：难

技能等级评价专业技能考核操作工作任务书

一、任务名称

主循环泵水泵出口止回阀更换（V001运行、V002检修）。

二、适用工种

换流站直流设备检修工（一次）高级技师。

三、具体任务

（1）工作状态为阀内冷系统处于自动运行模式，V001 运行，V002 检修。工作内容为主循环泵水泵出口止回阀更换。

（2）工作任务：主循环泵水泵出口止回阀更换。

主水回路如图 Jc1003143026 所示。

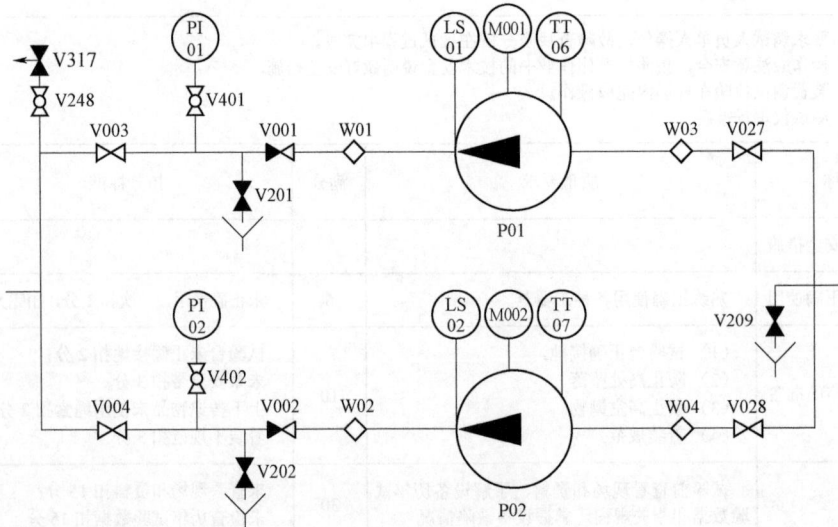

图 Jc1003143026

四、工作规范及要求

按要求进行阀内冷系统自动运行模式下阀内冷系统主循环泵水泵出口止回阀的更换。

五、考核及时间要求

本考核操作时间为 60 分钟，时间到停止考评，包括阀冷系统状态确认和报告整理时间。

技能等级评价专业技能考核操作评分标准

工种	换流站直流设备检修工（一次）			评价等级	高级技师
项目模块	一次及辅助设备日常维护、检修—阀冷却系统日常维护、检修		编号		Jc1003143026
单位		准考证号		姓名	
考试时限	60 分钟	题型	单项操作	题分	100 分
成绩		考评员	考评组长		日期	
试题正文	主循环泵水泵出口止回阀更换（V001 运行、V002 检修）				
需要说明的问题和要求	（1）要求两人配合操作。 （2）操作应注意安全，按照标准化作业书的技术安全说明做好安全措施。 （3）填写修试记录				

序号	项目名称	质量要求	满分	扣分标准	扣分原因	得分
1	安全措施					
1.1	相关安全措施的准备	（1）核对设备双重名称。 （2）进入作业现场正确佩戴安全帽，现场作业人员应穿全棉长袖工作服、绝缘鞋。 （3）正确使用安全带	30	未核对设备双重名称扣 10 分； 安全帽佩戴不规范扣 4 分，未穿全棉长袖工作服扣 3 分，未穿绝缘鞋扣 3 分； 未正确使用安全带扣 10 分		

续表

序号	项目名称	质量要求	满分	扣分标准	扣分原因	得分
2	阀冷系统检查					
2.1	阀冷系统关键点检查	能对阀内冷系统进行关键点检查，确认无异常后方可进行更换操作。 关键点：主循环泵运行状态、进阀压力、冷却水流量、阀冷系统告警界面告警信息	20	关键点检查缺一项扣5分（可口述），扣完为止		
3	止回阀更换	参考图 Jc1003143026 能正确配合进行止回阀更换： （1）通过操作面板中的控制键屏蔽阀冷系统泄漏保护。 （2）断开故障止回阀对应的主循环水泵电源，如该主循环泵正在运行，则切换至备用泵。 （3）关闭 V003、V027 蝶阀，关闭前对阀位做好标记。 （4）连接好 V201 至回收桶间的软管，打开 V201 球阀排水。 （5）待排水管无水时拆出止回阀两端法兰螺栓，取出故障止回阀，关闭 V201。 （6）清理并检查止回阀内部，看弹簧是否完好，双瓣轴磨损是否严重，如出现异常现象，需更新为新的备件。 （7）按相反顺序安装新的止回阀，注意止回阀的安装方向，止回阀两端均需加装密封圈。 （8）缓慢打开 V027，再打开 V201 进行排气，有水溢出时关闭。 （9）缓慢打开 V003 至设定阀位，打开 V037 手动排气阀直至有水溢出。 （10）更换完成后，止回阀两端法兰应无水渗漏，工作泵的压力和流量应正常，合上对应的主循环水泵电源，可手动切换至该止回阀对应的水泵，检查阀门开闭是否正常。 （11）通过操作面板中的控制键解除阀冷系统泄漏屏蔽	40	未投退阀冷系统泄漏保护扣5分； 未关闭 V003、V027 蝶阀，或关闭前未对阀位做好标记，扣5分； 取出故障止回阀，未关闭 V201 扣5分； 未清理并检查止回阀内部扣5分； 注意止回阀的安装方向，或方向安装错误扣5分； 未缓慢打开 V027，再打开 V201 进行排气扣5分； 未缓慢打开 V003 至设定阀位，打开 V037 手动排气阀扣5分； 更换完成后未进行相关检查扣5分		
4	填写报告					
4.1	修试记录	正确填写更换报告。 报告应包括更换止回阀编号、更换原因、更换止回阀前后主循环泵出水压力、冷却水流量、膨胀罐液位等信息	10	根据核对信息酌情扣分		
	合计		100			

Jc1003143027 空冷器进水止回阀更换（V011 运行、V012 检修）。（100 分）
考核知识点： 阀冷系统基本操作
难易度： 难

技能等级评价专业技能考核操作工作任务书

一、任务名称
空冷器进水止回阀更换。
二、适用工种
换流站直流设备检修工（一次）高级技师（V011 运行、V012 检修）。

三、具体任务

（1）工作状态为阀内冷系统处于自动运行模式，V011 运行，V012 检修。工作内容为空冷器进水止回阀更换。

（2）工作任务：空冷器进水止回阀更换。

主水回路如图 Jc1003143027 所示。

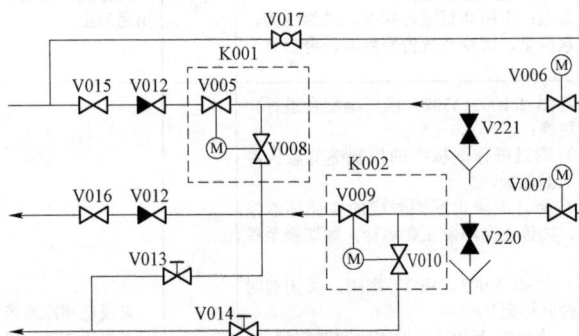

图 Jc1003143027

四、工作规范及要求

按要求在阀内冷系统自动运行模式下对阀冷系统空冷器进水止回阀进行更换。

五、考核及时间要求

本考核操作时间为 60 分钟，时间到停止考评，包括阀冷系统状态确认和报告整理时间。

技能等级评价专业技能考核操作评分标准

工种	换流站直流设备检修工（一次）			评价等级	高级技师	
项目模块	一次及辅助设备日常维护、检修—阀冷却系统日常维护、检修		编号		Jc1003143027	
单位		准考证号			姓名	
考试时限	60 分钟	题型	单项操作		题分	100 分
成绩		考评员		考评组长		日期
试题正文	空冷器进水止回阀更换（V011 运行、V012 检修）					
需要说明的问题和要求	（1）要求两人配合操作。 （2）操作应注意安全，按照标准化作业书的技术安全说明做好安全措施。 （3）填写修试记录					

序号	项目名称	质量要求	满分	扣分标准	扣分原因	得分
1	安全措施					
1.1	相关安全措施的准备	（1）核对设备双重名称。 （2）进入作业现场正确佩戴安全帽，现场作业人员应穿全棉长袖工作服、绝缘鞋。 （3）正确使用安全带	30	未核对设备双重名称扣10分； 安全帽佩戴不规范扣4分，未穿全棉长袖工作服扣3分，未穿绝缘鞋扣3分； 未正确使用安全带扣10分		
2	阀冷系统检查					
2.1	阀冷系统关键点检查	能对阀内冷系统进行关键点检查，确认无异常后方可进行更换操作。 关键点：主循环泵运行状态、进阀压力、冷却水流量、阀冷系统告警界面告警信息	20	关键点检查缺一项扣 5 分（可口述），扣完为止		
3	止回阀更换	参考图 Jc1003143027 能正确配合进行止回阀更换： （1）通过操作面板中的控制键屏蔽阀冷系统泄漏保护。 （2）检查该故障止回阀是否在打开状态，在电动三能阀全开时，全开位置的电动蝶阀	40	未投退阀冷系统泄漏保护扣5分； 未检查该故障止回阀是否在打开状态扣5分； 未关闭 V016、V014 蝶阀，或关闭前未对阀位做好标记扣5分； 未清理并检查止回阀内部扣5分；		

续表

序号	项目名称	质量要求	满分	扣分标准	扣分原因	得分
3	止回阀更换	对应的电动蝶阀处于打开状态，全关位置的电动蝶阀对应的电动蝶阀处于关闭状态。 （3）通过操作面板中的控制键将故障止回阀对应的电动蝶阀关闭，打开 V006，关闭 V007。 （4）断开 V007 电动蝶阀电源断路器。 （5）关闭 V016、V014 蝶阀，关闭前对阀位做好标记。 （6）连接好 V220 至回收桶间的软管，打开 V221 球阀排水。 （7）待排水管无水时拆出止回阀两端法兰螺栓，取出故障止回阀，关闭 V220。 （8）清理并检查止回阀内部，看弹簧是否完好，轴、板片磨损是否严重，如出现异常现象，需更新为新的备件。 （9）按相反顺序安装新的止回阀，注意止回阀的安装方向，止回阀两端均需装密封圈。 （10）缓慢打开 V014、V016，再打开 V220 进行排气，有水溢出时关闭，止回阀两端应无水溢出。 （11）合上 V007 电动蝶阀电源断路器，打开 V007，关闭 V006，检查阀冷系统流量、压力是否正常。 （12）通过操作面板中的控制键解除阀冷系统泄漏屏蔽	40	注意止回阀的安装方向，或方向安装错误扣 5 分； 未缓慢打开 V014、V016，再打开 V220 进行排气扣 5 分； 未合上 V007 电动蝶阀电源断路器，打开 V007，关闭 V006，检查阀冷系统流量、压力是否正常扣 5 分； 更换完成后未进行相关检查扣 5 分		
4	填写报告					
4.1	操作修试记录	正确填写更换报告。 报告应包括更换止回阀编号、更换原因、更换止回阀前后主循环泵出水压力、冷却水流量、膨胀罐液位等信息	10	根据核对信息酌情扣分		
	合计		100			

Jc1003143028　阀内冷系统电加热器的更换。（100 分）

考核知识点： 阀冷系统基本操作

难易度： 难

技能等级评价专业技能考核操作工作任务书

一、任务名称

阀内冷系统电加热器的更换。

二、适用工种

换流站直流设备检修工（一次）高级技师。

三、具体任务

（1）工作状态为阀内冷系统处于停运模式。工作内容为阀内冷系统电加热器的更换。

（2）工作任务：阀内冷系统电加热器的更换。

加热器回路如图 Jc1003143028 所示。

四、工作规范及要求

按要求在阀内冷系统停运模式下对阀内冷系统电加热器进

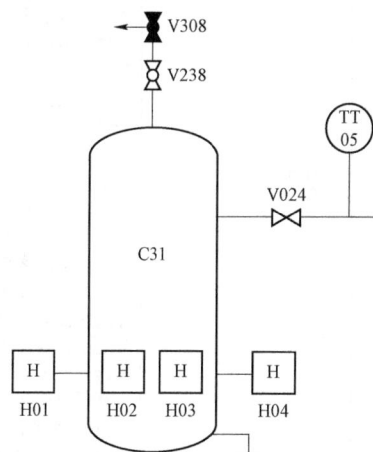

图 Jc1003143028

行更换。

五、考核及时间要求

本考核操作时间为60分钟，时间到停止考评，包括阀冷系统状态确认和报告整理时间。

技能等级评价专业技能考核操作评分标准

工种	换流站直流设备检修工（一次）		评价等级	高级技师
项目模块	一次及辅助设备日常维护、检修—阀冷却系统日常维护、检修	编号	Jc1003143028	
单位		准考证号	姓名	
考试时限	60分钟	题型	单项操作	题分	100分

成绩		考评员		考评组长		日期	

试题正文	阀内冷系统电加热器的更换
需要说明的问题和要求	（1）要求两人配合操作。 （2）操作应注意安全，按照标准化作业书的技术安全说明做好安全措施。 （3）填写修试记录

序号	项目名称	质量要求	满分	扣分标准	扣分原因	得分
1	安全措施					
1.1	相关安全措施的准备	（1）核对设备双重名称。 （2）进入作业现场正确佩戴安全帽，现场作业人员应穿全棉长袖工作服、绝缘鞋	20	未核对设备双重名称操作扣10分；安全帽佩戴不规范扣4分，未穿全棉长袖工作服扣3分，未穿绝缘鞋扣3分		
2	阀冷系统检查					
2.1	阀冷系统关键点检查	能对阀内冷系统进行关键点检查，确认无异常后方可进行更换操作。 关键点：检查阀内冷系统在停运状态、膨胀罐液位、膨胀罐压力、阀冷系统告警界面无告警信息	20	关键点检查缺一项扣5分（可口述），扣完为止		
3	阀内冷系统电加热器更换	参考图 Jc1003143028 能正确配合进行阀内冷系统电加热器的更换： （1）通过操作面板中的控制键屏蔽阀冷系统泄漏保护。 （2）用扳手对角线拆下故障电加热器接线盒盖，拆出连接电缆，将线头包好。 （3）用扳手对角线拆下连接电加热器的法兰螺栓。 （4）取出电加热器，并检查电加热器是否烧毁；如已烧毁，则更换电加热器。 （5）安装加热器前先把密封圈套在加热器上。 （6）连接电加热器法兰与罐体上的法兰螺栓，并对角线紧固，接好连接电缆。 （7）原水罐C21介质应在高液位。 （8）缓慢打开 V024 阀门至 15°～20°，使介质慢慢流入脱气罐，如系统压力、液位下降过快，则关闭一段时间后再打开。 （9）待顶部 V308 无气体排出时，脱气罐内介质已充满。 （10）恢复阀门阀位，合上电加热器电源。 （11）通过操作面板中的控制键解除阀冷系统泄漏保护	40	未确认阀冷系统停运扣5分； 未屏蔽阀冷系统泄漏保护扣5分； 未完成电加热器的取出扣5分； 未正确安装电加热器扣5分； 恢复注水前未检查原水罐C21液位扣5分； 未恢复阀门阀位扣5分； 未投入阀冷系统泄漏保护扣5分		

续表

序号	项目名称	质量要求	满分	扣分标准	扣分原因	得分
4	填写报告					
4.1	填写修试记录	正确填写更换报告。报告应包括更换电加热器编号、更换原因、是否漏水、膨胀罐液位及压力、恢复后原水罐液位等信息	20	根据核对信息酌情扣分		
	合计		100			

Jc1003143029　阀内冷系统蝶阀更换。（100分）

考核知识点： 阀冷系统基本操作

难易度： 难

技能等级评价专业技能考核操作工作任务书

一、任务名称

阀内冷系统蝶阀更换。

二、适用工种

换流站直流设备检修工（一次）高级技师。

三、具体任务

（1）工作状态为阀内冷系统处于停运模式。工作内容为阀内冷系统蝶阀更换。

（2）工作任务：阀内冷系统蝶阀更换。

四、工作规范及要求

按要求在阀内冷系统停运模式下对阀内冷系统蝶阀进行更换。

五、考核及时间要求

本考核操作时间为60分钟，时间到停止考评，包括阀冷系统状态确认和报告整理时间。

技能等级评价专业技能考核操作评分标准

工种		换流站直流设备检修工（一次）				评价等级		高级技师	
项目模块		一次及辅助设备日常维护、检修—阀冷却系统日常维护、检修			编号		Jc1003143029		
单位				准考证号			姓名		
考试时限		60分钟	题型		单项操作		题分	100分	
成绩			考评员		考评组长		日期		
试题正文		阀内冷系统蝶阀更换							
需要说明的问题和要求		（1）要求单人操作。 （2）操作应注意安全，按照标准化作业书的技术安全说明做好安全措施。 （3）填写修试记录							

序号	项目名称	质量要求	满分	扣分标准	扣分原因	得分
1	安全措施					
1.1	相关安全措施的准备	（1）核对设备双重名称。 （2）进入作业现场正确佩戴安全帽，现场作业人员应穿全棉长袖工作服、绝缘鞋	20	未核对设备双重名称操作扣10分；安全帽佩戴不规范扣4分，未穿全棉长袖工作服扣3分，未穿绝缘鞋扣3分		

续表

序号	项目名称	质量要求	满分	扣分标准	扣分原因	得分
2	阀冷系统检查					
2.1	阀冷系统关键点检查	能对阀内冷系统进行关键点检查，确认无异常后方可进行更换操作。 关键点：检查阀冷系统在停运状态、膨胀罐液位、膨胀罐压力、阀冷系统告警界面无告警信息	20	关键点检查缺一项扣5分（可口述），扣完为止		
3	阀内冷系统法兰密封圈更换	能正确进行阀内冷系统蝶阀更换： （1）蝶阀的更换应在系统停运时进行。 （2）关闭蝶阀两端最近的阀门，并排空该管段介质，注意回收。 （3）置蝶阀为全关闭状态。 （4）对角线松开蝶阀法兰螺栓。 （5）松开该蝶阀管道管段的管码。 （6）向外移动管道，松开蝶阀法兰密封环，水平或垂直取出蝶阀。 （7）更换并安装新蝶阀，调节蝶阀中心轴线与管中心轴线一致，最大偏差不得大于3mm。 （8）对角线紧固好蝶阀法兰螺栓，保证法兰密封处无渗漏。 （9）恢复蝶阀正常运行时初始阀位	40	未确认阀冷系统停运扣5分； 未关闭蝶阀两端最近的阀门，并回收排空该管段介质扣5分； 未置蝶阀为全关闭状态扣5分； 未对角线松开蝶阀法兰螺栓扣5分； 松开该蝶阀管道管段的管码扣5分； 未取出蝶阀扣5分； 未更换并安装新蝶阀，调节蝶阀中心轴线与管中心轴线一致，或最大偏差不符合要求扣5分； 未恢复阀门阀位，补充冷却介质，排除气体，并检查是否漏水扣5分		
4	填写报告					
4.1	填写修试记录	正确填写更换报告。 报告应包括更换蝶阀位置、更换原因、是否漏水、膨胀罐液位及压力等信息	20	根据核对信息酌情扣分		
	合计		100			

Jc1003143030　阀外冷系统电加热器的更换。（100分）

考核知识点： 阀冷系统基本操作

难易度： 难

技能等级评价专业技能考核操作工作任务书

一、任务名称

阀外冷系统电加热器的更换。

二、适用工种

换流站直流设备检修工（一次）高级技师。

三、具体任务

（1）工作状态为阀冷系统处于停运模式。工作内容为阀外冷系统电加热器的更换。

（2）工作任务：阀外冷系统电加热器的更换。

四、工作规范及要求

按要求进行阀冷系统停运模式下阀外冷系统电加热器的更换。

五、考核及时间要求

本考核操作时间为60分钟，时间到停止考评，包括阀冷系统状态确认和报告整理时间。

技能等级评价专业技能考核操作评分标准

工种	换流站直流设备检修工（一次）			评价等级	高级技师
项目模块	一次及辅助设备日常维护、检修—阀冷却系统日常维护、检修		编号		Jc1003143030
单位		准考证号		姓名	
考试时限	60分钟	题型	单项操作	题分	100分
成绩	考评员		考评组长	日期	

试题正文	阀外冷系统电加热器的更换
需要说明的问题和要求	（1）要求两人配合操作。 （2）操作应注意安全，按照标准化作业书的技术安全说明做好安全措施。 （3）填写修试记录

序号	项目名称	质量要求	满分	扣分标准	扣分原因	得分
1	安全措施					
1.1	相关安全措施的准备	（1）核对设备双重名称。 （2）进入作业现场正确佩戴安全帽，现场作业人员应穿全棉长袖工作服、绝缘鞋	20	未核对设备双重名称操作扣10分；安全帽佩戴不规范扣4分，未穿全棉长袖工作服扣3分，未穿绝缘鞋扣3分		
2	阀冷系统检查					
2.1	阀冷系统关键点检查	能对阀外冷系统进行关键点检查，确认无异常后方可进行更换操作。 关键点：检查阀冷系统在停运状态、膨胀罐液位、膨胀罐压力、阀冷系统告警界面无告警信息	20	关键点检查缺一项扣5分（可口述），扣完为止		
3	阀外冷系统电加热器更换	能正确配合进行阀外冷系统电加热器的更换： （1）在拆开接电加热器工作前，先确保电源供应已切断，并保证电源供应不会被意外接通。 （2）断开阀外冷系统4组电加热器电源，最好拆出接线端子上该电加热器的接线。 （3）松开安装支架下部底板螺纹，拆出内部接线盒内接线，将故障电加热器安装罩全部拆出。 （4）拆检电加热器安装用卡箍，取出保温棉及电加热器，如已损坏，需更换。 （5）按相反顺序安装新的电加热器，注意安装完成后，需在安装支架与管道密封处涂密封胶。 （6）恢复电加热器电源。 （7）手动启动电加热器，检测电加热器运行电流是否正常	40	未在拆开接电加热器工作前，先确保电源供应已切断，并保证电源供应不会被意外接通扣5分； 未断开阀外冷系统4组电加热器电源，最好拆出接线端子上该电加热器的接线，扣5分； 未松开安装支架下部底板螺纹，拆出内部接线盒内接线，将故障电加热器安装罩全部拆出扣5分； 未拆检电加热器安装用卡箍，取出保温棉及电加热器扣5分； 未正确安装电加热器扣5分； 未在安装支架与管道密封处涂密封胶扣5分； 未恢复电加热器电源扣5分； 未手动启动电加热器，检测电加热器运行电流是否正常扣5分		
4	填写报告					
4.1	填写修试记录	正确填写更换报告。 报告应包括更换电加热器编号、更换原因、是否漏水、膨胀罐液位及压力、恢复后电加热器电流等信息	20	根据核对信息酌情扣分		
	合计		100			

Jc1003143031　阀外冷系统空冷散热器风机更换。（100分）

考核知识点：阀冷系统基本操作

难易度：难

技能等级评价专业技能考核操作工作任务书

一、任务名称

阀外冷系统空冷散热器风机更换。

二、适用工种

换流站直流设备检修工（一次）高级技师。

三、具体任务

（1）工作状态为阀冷系统处于自动运行模式。工作内容为阀外冷系统空冷散热器风机更换。

（2）工作任务：阀外冷系统空冷散热器风机更换。

四、工作规范及要求

按要求在阀冷系统自动运行模式下对阀外冷系统空冷散热器风机进行更换。

五、考核及时间要求

本考核操作时间为60分钟，时间到停止考评，包括阀冷系统状态确认和报告整理时间。

技能等级评价专业技能考核操作评分标准

工种	换流站直流设备检修工（一次）			评价等级	高级技师
项目模块	一次及辅助设备日常维护、检修—阀冷却系统日常维护、检修		编号		Jc1003143031
单位		准考证号		姓名	
考试时限	60分钟	题型	单项操作	题分	100分
成绩		考评员	考评组长	日期	
试题正文	阀外冷系统空冷散热器风机更换				
需要说明的问题和要求	（1）要求两人配合进行操作。 （2）操作应注意安全，按照标准化作业书的技术安全说明做好安全措施。 （3）填写修试记录				

序号	项目名称	质量要求	满分	扣分标准	扣分原因	得分
1	安全措施					
1.1	相关安全措施的准备	（1）核对设备双重名称。 （2）进入作业现场正确佩戴安全帽，现场作业人员应穿全棉长袖工作服、绝缘鞋	20	未核对设备双重名称操作扣10分；安全帽佩戴不规范扣4分，未穿全棉长袖工作服扣3分，未穿绝缘鞋扣3分		
2	阀冷系统检查					
2.1	阀冷系统关键点检查	能对阀外冷系统进行关键点检查，确认无异常后方可进行更换操作。 关键点：检查阀冷系统在自动运行状态、冷却器状态、进阀温度、阀冷系统告警界面无告警信息	20	关键点检查缺一项扣5分（可口述），扣完为止		
3	阀外冷系统空冷散热器风机更换	能正确进行阀外冷系统空冷散热器风机更换： （1）停运需要更换的风机，断开该风机电源。 （2）风机就地安全开关置于关位，并保证电源供应不会被意外接通。 （3）拧松电动机座紧固螺栓及位置调节螺栓。 （4）拆除风机。 （5）安装新风机。 （6）恢复风机电源及安全开关。 （7）手动试运行，风机启动前，风机周围不要放任何物品，检查风机转向是否正确	40	未停运需要更换的风机，断开该风机电源扣10分； 未断开风机就地安全开关扣10分； 未成功拆出风机扣5分； 未成功安装风机扣5分； 未恢复风机电源及安全开关扣5分； 未进行手动试运行，或未检查风机转向扣5分		

续表

序号	项目名称	质量要求	满分	扣分标准	扣分原因	得分
4	填写报告					
4.1	填写修试记录	正确填写更换报告。报告应包括更换的风机编号、更换结果、更换后电源及安全开关状态、风机运行电流等信息	20	根据核对信息酌情扣分		
	合计		100			

Jc1003143032 阀冷系统压力流量配合保护逻辑校验。（100分）

考核知识点：阀冷系统基本操作

难易度：难

技能等级评价专业技能考核操作工作任务书

一、任务名称

阀冷系统压力流量配合保护逻辑校验。

二、适用工种

换流站直流设备检修工（一次）高级技师。

三、具体任务

（1）工作状态为阀冷系统处于自动停运模式。工作内容为阀冷系统压力流量配合保护逻辑校验。

（2）工作任务：阀冷系统压力流量配合保护逻辑校验。

四、工作规范及要求

按要求在阀冷系统自动停运模式下对阀冷系统压力流量配合保护逻辑进行校验。

五、考核及时间要求

本考核操作时间为60分钟，时间到停止考评，包括阀冷系统状态确认和报告整理时间。

技能等级评价专业技能考核操作评分标准

工种	换流站直流设备检修工（一次）				评价等级	高级技师
项目模块	一次及辅助设备日常维护、检修—阀冷却系统日常维护、检修			编号	Jc1003143032	
单位			准考证号		姓名	
考试时限	60分钟	题型		单项操作	题分	100分
成绩		考评员		考评组长	日期	
试题正文	阀冷系统压力流量配合保护逻辑校验					
需要说明的问题和要求	（1）要求两人配合进行操作。 （2）操作应注意安全，按照标准化作业书的技术安全说明做好安全措施。 （3）填写修试记录					

序号	项目名称	质量要求	满分	扣分标准	扣分原因	得分
1	安全措施					
1.1	相关安全措施的准备	（1）核对设备双重名称。 （2）进入作业现场正确佩戴安全帽，现场作业人员应穿全棉长袖工作服、绝缘鞋	20	未核对设备双重名称操作扣10分；安全帽佩戴不规范扣4分，未穿全棉长袖工作服扣3分，未穿绝缘鞋扣3分		

续表

序号	项目名称	质量要求	满分	扣分标准	扣分原因	得分
2	阀冷系统检查					
2.1	阀冷系统关键点检查	能对阀冷系统进行关键点检查，确认无异常后方可进行校验。 关键点：检查阀冷系统在自动停止状态、进阀压力、冷却水流量、保护定值、阀冷系统告警界面无告警信息	20	关键点检查缺一项扣 5 分（可口述），扣完为止		
3	阀冷系统压力流量配合保护逻辑校验	能正确进行阀冷系统压力流量配合保护逻辑校验： （1）将阀冷系统保护校验装置的 DP 通信总线接至阀冷系统 CPU 耦合模块上。 （2）找到屏柜内进阀压力、冷却水流量变送器输入端子并挑开，然后将校验装置进阀压力、冷却水流量的输入试验接线接至端子输入侧。 （3）在校验装置上点击预置的压力流量配合保护跳闸测试按钮，验证保护动作后果。 （4）恢复接线及系统状态	40	未将阀冷系统保护校验装置的 DP 通信总线接至阀冷系统 CPU 耦合模块上扣 10 分； 未找到屏柜内进阀压力、冷却水流量变送器输入端子并挑开，然后将校验装置进阀压力、冷却水流量的输入试验接线接至端子输入侧扣 10 分； 未在校验装置上点击预置的压力流量配合保护跳闸测试按钮，验证保护动作后果扣 10 分； 未恢复接线及系统状态扣 10 分		
4	填写报告					
4.1	填写修试记录	正确填写更换报告。 报告应包括测试前系统状态、测试接线方式、测试结果、测试后系统恢复状态等信息	20	根据核对信息酌情扣分		
	合计		100			

Jc1003143033 阀外冷系统软化罐 C47 树脂更换。（100 分）

考核知识点：阀外冷系统软化罐 C47 树脂更换

难易度：难

技能等级评价专业技能考核操作工作任务书

一、任务名称

阀外冷系统软化罐 C47 树脂更换。

二、适用工种

换流站直流设备检修工（一次）高级技师。

三、具体任务

（1）工作状态为阀外冷系统停止状态，阀外冷系统软化罐 C47 检修。工作内容为阀外冷系统软化罐 C47 树脂更换。

软化罐工作回路如图 Jc1003143033 所示。

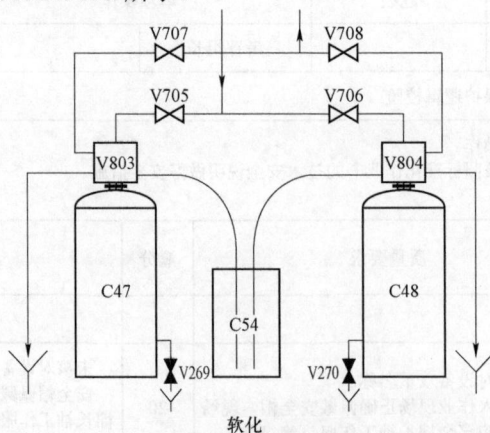

图 Jc1003143033

（2）工作任务：进行阀外冷系统软化罐树脂更换，更换步骤应符合要求，确保设备正常稳定运行。

四、工作规范及要求

熟悉阀外冷系统软化罐树脂更换的方法，熟练使用仪器仪表及工器具。

五、考核及时间要求

本考核操作时间为 60 分钟，时间到停止考评。

技能等级评价专业技能考核操作评分标准

工种	换流站直流设备检修工（一次）			评价等级	高级技师
项目模块	一次及辅助设备日常维护、检修—阀冷却系统日常维护、检修		编号		Jc1003143033
单位		准考证号		姓名	
考试时限	60 分钟	题型	单项操作	题分	100 分
成绩		考评员	考评组长		日期
试题正文	阀外冷系统软化罐 C47 树脂更换				
需要说明的问题和要求	（1）要求单人操作，树脂注入等单人难以完成的体力工作，可申请外协人员协助进行。 （2）操作应注意安全，按照标准化作业书的技术安全说明做好安全措施。 （3）填写修试记录				

序号	项目名称	质量要求	满分	扣分标准	扣分原因	得分
1	工具使用及安全措施					
1.1	相关安全措施的准备	（1）核对设备双重名称、核对阀外冷系统软化罐 C47 检修状态。 （2）进入作业现场正确佩戴安全帽，现场作业人员应穿全棉长袖工作服、绝缘鞋，树脂更换要戴橡胶手套及护目镜	20	未核对设备扣 10 分； 安全帽佩戴不规范扣 4 分，未穿全棉长袖工作服扣 3 分，未穿绝缘鞋扣 3 分		
2	树脂更换					
2.1	树脂泄空	参考图 Jc1003143033： （1）关闭 V705、V707 球阀，断开 V803 多路阀电源。 （2）缓慢打开 C47 底部泄空阀，排出一部分树脂，注意使用水桶接盛。 （3）打开 C47 上部侧口通气，保证底部泄空阀排放更顺畅。 （4）待泄空阀已无树脂排出后，使用水管深入侧口对罐内进行冲洗，观察泄空阀排出的水中几乎无树脂排出后，取出水管，关闭泄空阀	40	按照步骤开展，每少一步扣 10 分		
2.2	充入新的树脂	（1）通过 C47 上部侧口将新树脂填充进入。 （2）计算所需树脂量，约为罐体容积的 3/4。 （3）完成填充后关闭侧口，注意保护密封圈。 （4）恢复阀门状态，向罐内注水观察有无渗漏	20	按照步骤开展，每少一步扣 5 分		
3	填写报告					
3.1	填写修试记录	正确填写更换报告。 报告应包括更换前阀外冷系统状态、填充树脂用量、阀门位置检查、相关位置漏水检查确认等信息	20	根据核对信息酌情扣分		
	合计		100			

Jc1003143034　阀外冷系统喷淋泵同心度校验。（100 分）

考核知识点：阀冷系统基本操作

难易度：难

技能等级评价专业技能考核操作工作任务书

一、任务名称
阀外冷系统喷淋泵同心度校验。

二、适用工种
换流站直流设备检修工（一次）高级技师。

三、具体任务
（1）工作状态为阀外冷系统处于自动停运模式。工作内容为阀外冷系统喷淋泵同心度校验。
（2）工作任务：阀外冷系统喷淋泵同心度校验。

四、工作规范及要求
按要求在阀冷系统自动停运模式下对阀外冷系统喷淋泵同心度进行校验。

五、考核及时间要求
本考核操作时间为60分钟，时间到停止考评，包括阀冷系统状态确认和报告整理时间。

技能等级评价专业技能考核操作评分标准

工种	换流站直流设备检修工（一次）			评价等级	高级技师
项目模块	一次及辅助设备日常维护、检修—阀冷却系统日常维护、检修		编号		Jc1003143034
单位		准考证号		姓名	
考试时限	60分钟	题型	单项操作	题分	100分
成绩		考评员	考评组长		日期
试题正文	阀外冷系统喷淋泵同心度校验				
需要说明的问题和要求	（1）要求单人进行操作。 （2）操作应注意安全，按照标准化作业书的技术安全说明做好安全措施。 （3）填写修试记录				

序号	项目名称	质量要求	满分	扣分标准	扣分原因	得分
1	安全措施					
1.1	相关安全措施的准备	（1）核对设备双重名称。 （2）进入作业现场正确佩戴安全帽，现场作业人员应穿全棉长袖工作服、绝缘鞋	20	未核对设备双重名称操作扣10分；安全帽佩戴不规范扣4分，未穿全棉长袖工作服扣3分，未穿绝缘鞋扣3分		
2	阀冷系统检查					
2.1	阀冷系统关键点检查	能对阀冷系统进行关键点检查，确认无异常后方可进行校验。 关键点：检查阀冷系统在自动停止状态、喷淋泵状态、进阀温度、阀冷系统告警界面无告警信息	20	关键点检查缺一项扣5分（可口述），扣完为止		
3	阀外冷系统喷淋泵同心度校验	能正确进行阀外冷系统喷淋泵同心度校验： （1）断开喷淋泵进线电源及安全开关。 （2）拆除喷淋泵联轴器护罩，松开电动机固定螺栓。 （3）安装百分表，对电动机水泵转轴 0°/90°/180°/270°的百分表读数进行读取并调整差值在±0.2mm内。 （4）恢复喷淋泵护罩及固定螺栓，恢复进线电源及安全开关	40	未断开喷淋泵进线电源及安全开关扣10分； 未拆除喷淋泵联轴器护罩，松开电动机固定螺栓扣10分； 未安装百分表，对电动机水泵转轴0°/90°/180°/270°的百分表读数进行读取并调整差值在±0.2mm内扣10分； 未恢复喷淋泵护罩及固定螺栓，恢复进线电源及安全开关扣10分		

续表

序号	项目名称	质量要求	满分	扣分标准	扣分原因	得分
4	填写报告					
4.1	填写修试记录	正确填写更换报告。 报告应包括校验前系统状态、校验的百分表数据、调整后的百分表数据、恢复系统状态等信息	20	根据核对信息酌情扣分		
	合计		100			

Jc1003143035 阀外冷系统喷淋泵电动机直阻测量。（100分）

考核知识点： 阀冷系统基本操作

难易度： 难

技能等级评价专业技能考核操作工作任务书

一、任务名称

阀外冷系统喷淋泵电动机直阻测量。

二、适用工种

换流站直流设备检修工（一次）高级技师。

三、具体任务

（1）工作状态为阀外冷系统处于自动停运模式。工作内容为阀外冷系统喷淋泵电动机直阻测量。

（2）工作任务：阀外冷系统喷淋泵电动机直阻测量。

四、工作规范及要求

按要求在阀冷系统自动停运模式下对阀外冷系统喷淋泵电动机直阻进行测量。

五、考核及时间要求

本考核操作时间为60分钟，时间到停止考评，包括阀冷系统状态确认和报告整理时间。

技能等级评价专业技能考核操作评分标准

工种	换流站直流设备检修工（一次）				评价等级	高级技师
项目模块	一次及辅助设备日常维护、检修—阀冷却系统日常维护、检修			编号	Jc1003143035	
单位			准考证号		姓名	
考试时限	60分钟	题型		单项操作	题分	100分
成绩		考评员		考评组长	日期	
试题正文	阀外冷系统喷淋泵电动机直阻测量					
需要说明的问题和要求	（1）要求单人进行操作。 （2）操作应注意安全，按照标准化作业书的技术安全说明做好安全措施。 （3）填写修试记录					

序号	项目名称	质量要求	满分	扣分标准	扣分原因	得分
1	安全措施					
1.1	相关安全措施的准备	（1）核对设备双重名称。 （2）进入作业现场正确佩戴安全帽，现场作业人员应穿全棉长袖工作服、绝缘鞋	20	未核对设备双重名称操作扣10分； 安全帽佩戴不规范扣4分，未穿全棉长袖工作服扣3分，未穿绝缘鞋扣3分		

427

续表

序号	项目名称	质量要求	满分	扣分标准	扣分原因	得分
2	阀冷系统检查					
2.1	阀冷系统关键点检查	能对阀冷系统进行关键点检查，确认无异常后方可进行测量。 关键点：检查阀冷系统在自动停止状态、喷淋泵状态、进阀温度、阀冷系统告警界面无告警信息	20	关键点检查缺一项扣5分（可口述），扣完为止		
3	阀外冷系统喷淋泵电动机直阻测量	能正确进行阀外冷系统喷淋泵电动机直阻测量： （1）断开喷淋泵进线电源及安全开关。 （2）拆除喷淋泵电动机接线盒盖。 （3）对电动机 X–U、Y–V、Z–W 三相绕组进行直阻测量，阻值间偏差不应大于最小值的2%。 （4）恢复喷淋泵电动机接线盒盖，恢复进线电源及安全开关	40	未断开喷淋泵进线电源及安全开关扣10分； 未拆除喷淋泵电动机接线盒盖扣10分； 未对电动机 X–U、Y–V、Z–W 三相绕组进行直阻测量扣10分； 未恢复喷淋泵电动机接线盒盖，恢复进线电源及安全开关扣10分		
4	填写报告					
4.1	填写修试记录	正确填写更换报告。 报告应包括测量前系统状态、直阻数据、数据是否正常、恢复系统状态等信息	20	根据核对信息酌情扣分		
	合计		100			

Jc1003143036　阀外冷系统冷却器风机电动机直阻测量。（100分）

考核知识点：阀冷系统基本操作

难易度：难

技能等级评价专业技能考核操作工作任务书

一、任务名称

阀外冷系统冷却器风机电动机直阻测量。

二、适用工种

换流站直流设备检修工（一次）高级技师。

三、具体任务

（1）工作状态为阀外冷系统处于自动停运模式。工作内容为阀外冷系统冷却器风机电动机直阻测量。

（2）工作任务：阀外冷系统冷却器风机电动机直阻测量。

四、工作规范及要求

按要求在阀冷系统自动停运模式下对阀外冷系统冷却器风机电动机直阻进行测量。

五、考核及时间要求

本考核操作时间为60分钟，时间到停止考评，包括阀冷系统状态确认和报告整理时间。

技能等级评价专业技能考核操作评分标准

工种	换流站直流设备检修工（一次）		评价等级	高级技师
项目模块	一次及辅助设备日常维护、检修—阀冷却系统日常维护、检修	编号		Jc1003143036
单位		准考证号	姓名	
考试时限	60分钟	题型	单项操作	题分	100分
成绩		考评员	考评组长	日期

续表

试题正文	阀外冷系统冷却器风机电动机直阻测量					
需要说明的问题和要求	（1）要求单人进行操作。 （2）操作应注意安全，按照标准化作业书的技术安全说明做好安全措施。 （3）填写修试记录					

序号	项目名称	质量要求	满分	扣分标准	扣分原因	得分
1	安全措施					
1.1	相关安全措施的准备	（1）核对设备双重名称。 （2）进入作业现场正确佩戴安全帽，现场作业人员应穿全棉长袖工作服、绝缘鞋	20	未核对设备双重名称操作扣 10 分；安全帽佩戴不规范扣 4 分，未穿全棉长袖工作服扣 3 分，未穿绝缘鞋扣 3 分		
2	阀冷系统检查					
2.1	阀冷系统关键点检查	能对阀冷系统进行关键点检查，确认无异常后方可进行测量。 关键点：检查阀冷系统在自动停止状态、冷却器状态、进阀温度、阀冷系统告警界面无告警信息	20	关键点检查缺一项扣 5 分（可口述），扣完为止		
3	阀外冷系统冷却器风机电动机直阻测量	能正确进行阀外冷系统冷却器风机电动机直阻测量： （1）断开冷却风机电动机进线电源及安全开关。 （2）拆除冷却器风机电动机接线盒盖。 （3）对电动机 X–U、Y–V、Z–W 三相绕组进行直阻测量，阻值间偏差应不大于最小值的 2%。 （4）恢复冷却器风机电动机接线盒盖，恢复进线电源及安全开关	40	未断开冷却器风机电动机进线电源及安全开关扣 10 分； 未拆除冷却器风机电动机接线盒盖扣 10 分； 未对电动机 X–U、Y–V、Z–W 三相绕组进行直阻测量扣 10 分； 未恢复冷却器风机电动机接线盒盖，恢复进线电源及安全开关扣 10 分		
4	填写报告					
4.1	填写修试记录	正确填写更换报告。 报告应包括测量前系统状态、直阻数据、数据是否正常、恢复系统状态等信息	20	根据核对信息酌情扣分		
	合计		100			

Jc1003143037 阀外冷系统闭式冷却塔风机电动机直阻测量。（100 分）

考核知识点：阀冷系统基本操作

难易度：难

技能等级评价专业技能考核操作工作任务书

一、任务名称

阀外冷系统闭式冷却塔风机电动机直阻测量。

二、适用工种

换流站直流设备检修工（一次）高级技师。

三、具体任务

（1）工作状态为阀外冷系统处于自动停运模式。工作内容为阀外冷系统闭式冷却塔风机电动机直阻测量。

（2）工作任务：阀外冷系统闭式冷却塔风机电动机直阻测量。

四、工作规范及要求

按要求在阀冷系统自动停运模式下对阀外冷系统闭式冷却塔风机电动机直阻进行测量。

五、考核及时间要求

本考核操作时间为 60 分钟，时间到停止考评，包括阀冷系统状态确认和报告整理时间。

技能等级评价专业技能考核操作评分标准

工种	换流站直流设备检修工（一次）			评价等级	高级技师
项目模块	一次及辅助设备日常维护、检修—阀冷却系统日常维护、检修		编号		Jc1003143037
单位		准考证号		姓名	
考试时限	60 分钟	题型	单项操作	题分	100 分
成绩		考评员		考评组长	日期
试题正文	阀外冷系统闭式冷却塔风机电动机直阻测量				
需要说明的问题和要求	（1）要求单人进行操作。 （2）操作应注意安全，按照标准化作业书的技术安全说明做好安全措施。 （3）填写修试记录				

序号	项目名称	质量要求	满分	扣分标准	扣分原因	得分
1	安全措施					
1.1	相关安全措施的准备	（1）核对设备双重名称。 （2）进入作业现场正确佩戴安全帽，现场作业人员应穿全棉长袖工作服、绝缘鞋	20	未核对设备双重名称操作扣 10 分；安全帽佩戴不规范扣 4 分，未穿全棉长袖工作服扣 3 分，未穿绝缘鞋扣 3 分		
2	阀冷系统检查					
2.1	阀冷系统关键点检查	能对阀冷系统进行关键点检查，确认无异常后方可进行测量。 关键点：检查阀冷系统在自动停止状态、闭式冷却塔状态、进阀温度、阀冷系统告警界面无告警信息	20	关键点检查缺一项扣 5 分（可口述），扣完为止		
3	阀外冷系统闭式冷却塔风机电动机直阻测量	能正确进行阀外冷系统闭式冷却塔风机电动机直阻测量： （1）断开冷却塔风机电动机进线电源及安全开关。 （2）拆除冷却塔风机电动机接线盒盖。 （3）对电动机 X–U、Y–V、Z–W 三相绕组进行直阻测量，阻值间偏差应不大于最小值的 2%。 （4）恢复冷却塔风机电动机接线盒盖，恢复进线电源及安全开关	40	未断开冷却塔风机电动机进线电源及安全开关扣 10 分； 未拆除冷却塔风机电动机接线盒盖扣 10 分； 未对电动机 X–U、Y–V、Z–W 三相绕组进行直阻测量扣 10 分； 未恢复冷却塔风机电动机接线盒盖，恢复进线电源及安全开关扣 10 分		
4	填写报告					
4.1	填写修试记录	正确填写更换报告。 报告应包括测量前系统状态、直阻数据、数据是否正常、恢复系统状态等信息	20	根据核对信息酌情扣分		
	合计		100			

Jc1003143038 阀外冷系统喷淋泵电动机绝缘测量。（100 分）

考核知识点：阀冷系统基本操作

难易度：难

技能等级评价专业技能考核操作工作任务书

一、任务名称

阀外冷系统喷淋泵电动机绝缘测量。

二、适用工种

换流站直流设备检修工（一次）高级技师。

三、具体任务

（1）工作状态为阀外冷系统处于自动停运模式。工作内容为阀外冷系统喷淋泵电动机绝缘测量。

（2）工作任务：阀外冷系统喷淋泵电动机绝缘测量。

四、工作规范及要求

按要求进行阀冷系统自动停运模式下对阀外冷系统喷淋泵电动机绝缘进行测量。

五、考核及时间要求

本考核操作时间为 60 分钟，时间到停止考评，包括阀冷系统状态确认和报告整理时间。

技能等级评价专业技能考核操作评分标准

工种	换流站直流设备检修工（一次）				评价等级	高级技师
项目模块	一次及辅助设备日常维护、检修—阀冷却系统日常维护、检修			编号		Jc1003143038
单位			准考证号		姓名	
考试时限	60 分钟	题型		单项操作	题分	100 分
成绩		考评员		考评组长	日期	
试题正文	阀外冷系统喷淋泵电动机绝缘测量					
需要说明的问题和要求	（1）要求单人进行操作。 （2）操作应注意安全，按照标准化作业书的技术安全说明做好安全措施。 （3）填写修试记录					

序号	项目名称	质量要求	满分	扣分标准	扣分原因	得分
1	安全措施					
1.1	相关安全措施的准备	（1）核对设备双重名称。 （2）进入作业现场正确佩戴安全帽，现场作业人员应穿全棉长袖工作服、绝缘鞋	20	未核对设备双重名称操作扣 10 分；安全帽佩戴不规范扣 4 分，未穿全棉长袖工作服扣 3 分，未穿绝缘鞋扣 3 分		
2	阀冷系统检查					
2.1	阀冷系统关键点检查	能对阀冷系统进行关键点检查，确认无异常后方可进行测量。 关键点：检查阀冷系统在自动停止状态、喷淋泵状态、进阀温度、阀冷系统告警界面无告警信息	20	关键点检查缺一项扣 5 分（可口述），扣完为止		
3	阀外冷系统喷淋泵电动机绝缘测量	能正确进行阀外冷系统喷淋泵电动机绝缘测量： （1）断开喷淋泵进线电源及安全开关。 （2）拆除喷淋泵电动机接线盒盖。 （3）对电动机 X、Y、Z 三相绕组进行对地绝缘测量，1000V 绝缘电阻表测量对地绝缘大于 1MΩ。 （4）恢复喷淋泵电动机接线盒盖，恢复进线电源及安全开关	40	未断开喷淋泵进线电源及安全开关扣 10 分； 未拆除喷淋泵电动机接线盒盖扣 10 分； 未对电动机 X、Y、Z 三相绕组进行对地绝缘测量，1000V 绝缘电阻表测量对地绝缘应大于 1MΩ 扣 10 分； 未恢复喷淋泵电动机接线盒盖，恢复进线电源及安全开关扣 10 分		
4	填写报告					
4.1	填写修试记录	正确填写更换报告。 报告应包括测量前系统状态、绝缘数据、数据是否正常、恢复系统状态等信息	20	根据核对信息酌情扣分		
	合计		100			

Jc1003143039　阀外冷系统冷却器风机电动机绝缘测量。（100 分）

考核知识点： 阀冷系统基本操作

难易度： 难

技能等级评价专业技能考核操作工作任务书

一、任务名称

阀外冷系统冷却器风机电动机绝缘测量。

二、适用工种

换流站直流设备检修工（一次）高级技师。

三、具体任务

（1）工作状态为阀外冷系统处于自动停运模式。工作内容为阀外冷系统冷却器风机电动机绝缘测量。

（2）工作任务：阀外冷系统冷却器风机电动机绝缘测量。

四、工作规范及要求

按要求进行阀冷系统自动停运模式下对阀外冷系统冷却器风机电动机绝缘进行测量。

五、考核及时间要求

本考核操作时间为 60 分钟，时间到停止考评，包括阀冷系统状态确认和报告整理时间。

技能等级评价专业技能考核操作评分标准

工种	换流站直流设备检修工（一次）				评价等级	高级技师
项目模块	一次及辅助设备日常维护、检修—阀冷却系统日常维护、检修			编号		Jc1003143039
单位			准考证号		姓名	
考试时限	60 分钟		题型	单项操作	题分	100 分
成绩		考评员		考评组长	日期	
试题正文	阀外冷系统冷却器风机电动机绝缘测量					
需要说明的问题和要求	（1）要求单人进行操作。 （2）操作应注意安全，按照标准化作业书的技术安全说明做好安全措施。 （3）填写修试记录					

序号	项目名称	质量要求	满分	扣分标准	扣分原因	得分
1	安全措施					
1.1	相关安全措施的准备	（1）核对设备双重名称。 （2）进入作业现场正确佩戴安全帽，现场作业人员应穿全棉长袖工作服、绝缘鞋	20	未核对设备双重名称操作扣 10 分； 安全帽佩戴不规范扣 4 分，未穿全棉长袖工作服扣 3 分，未穿绝缘鞋扣 3 分		
2	阀冷系统检查					
2.1	阀冷系统关键点检查	能对阀冷系统进行关键点检查，确认无异常后方可进行测量。 关键点：检查阀冷系统在自动停止状态、冷却器风机状态、进阀温度、阀冷系统告警界面无告警信息	20	关键点检查缺一项扣 5 分（可口述），扣完为止		
3	阀外冷系统冷却器风机电动机绝缘测量	能正确进行阀外冷系统冷却器风机电动机绝缘测量： （1）断开冷却器风机进线电源及安全开关。 （2）拆除冷却器风机电动机接线盒盖。 （3）对电动机 X、Y、Z 三相绕组进行对地绝缘测量，1000V 绝缘电阻表测量对地绝缘应大于 $1M\Omega$。 （4）恢复冷却器风机电动机接线盒盖，恢复进线电源及安全开关	40	未断开冷却器风机进线电源及安全开关扣 10 分； 未拆除冷却器风机电动机接线盒盖扣 10 分； 未对电动机 X、Y、Z 三相绕组进行对地绝缘测量，1000V 绝缘电阻表测量对地绝缘应大于 $1M\Omega$ 扣 10 分； 未恢复冷却器风机电动机接线盒盖，恢复进线电源及安全开关扣 10 分		

续表

序号	项目名称	质量要求	满分	扣分标准	扣分原因	得分
4	填写报告					
4.1	填写修试记录	正确填写更换报告。报告应包括测量前系统状态、绝缘数据、数据是否正常、恢复系统状态等信息	20	根据核对信息酌情扣分		
	合计		100			

Jc1003143040　阀外冷系统闭式冷却塔风机电动机绝缘测量。（100分）

考核知识点： 阀冷系统基本操作

难易度： 难

技能等级评价专业技能考核操作工作任务书

一、任务名称

阀外冷系统闭式冷却塔风机电动机绝缘测量。

二、适用工种

换流站直流设备检修工（一次）高级技师。

三、具体任务

（1）工作状态为阀外冷系统处于自动停运模式。工作内容为阀外冷系统闭式冷却塔风机电动机绝缘测量。

（2）工作任务：阀外冷系统闭式冷却塔风机电动机绝缘测量。

四、工作规范及要求

按要求进行阀冷系统自动停运模式下阀外冷系统闭式冷却塔风机电动机绝缘的测量。

五、考核及时间要求

本考核操作时间为60分钟，时间到停止考评，包括阀冷系统状态确认和报告整理时间。

技能等级评价专业技能考核操作评分标准

工种	换流站直流设备检修工（一次）			评价等级		高级技师
项目模块	一次及辅助设备日常维护、检修—阀冷却系统日常维护、检修			编号		Jc1003143040
单位			准考证号		姓名	
考试时限	60分钟	题型		单项操作	题分	100分
成绩		考评员		考评组长	日期	
试题正文	阀外冷系统闭式冷却塔风机电动机绝缘测量					
需要说明的问题和要求	（1）要求单人进行操作。 （2）操作应注意安全，按照标准化作业书的技术安全说明做好安全措施。 （3）填写修试记录					

序号	项目名称	质量要求	满分	扣分标准	扣分原因	得分
1	安全措施					
1.1	相关安全措施的准备	（1）核对设备双重名称。 （2）进入作业现场正确佩戴安全帽，现场作业人员应穿全棉长袖工作服、绝缘鞋	20	未核对设备双重名称操作扣10分；安全帽佩戴不规范扣4分，未穿全棉长袖工作服扣3分，未穿绝缘鞋扣3分		

续表

序号	项目名称	质量要求	满分	扣分标准	扣分原因	得分
2	阀冷系统检查					
2.1	阀冷系统关键点检查	能对阀冷系统进行关键点检查，确认无异常后方可进行测量。 关键点：检查阀冷系统在自动停止状态、闭式冷却塔状态、进阀温度、阀冷系统告警界面无告警信息	20	关键点检查缺一项扣 5 分（可口述），扣完为止		
3	阀外冷系统闭式冷却塔风机电动机绝缘测量	能正确进行阀外冷系统闭式冷却塔风机电动机绝缘测量： （1）断开冷却塔风机进线电源及安全开关。 （2）拆除冷却塔风机电动机接线盒盖。 （3）对电动机 X、Y、Z 三相绕组进行对地绝缘测量，1000V 绝缘电阻表测量对地绝缘应大于 1MΩ。 （4）恢复冷却塔风机电动机接线盒盖，恢复进线电源及安全开关	40	未断开冷却塔风机进线电源及安全开关扣 10 分； 未拆除冷却塔风机电动机接线盒盖扣 10 分； 未对电动机 X、Y、Z 三相绕组进行对地绝缘测量，1000V 绝缘电阻表测量对地绝缘应大于 1MΩ 扣 10 分； 未恢复冷却塔风机电动机接线盒盖，恢复进线电源及安全开关扣 10 分		
4	填写报告					
4.1	填写修试记录	正确填写更换报告。 报告应包括测量前系统状态、绝缘数据、数据是否正常、恢复系统状态等信息	20	根据核对信息酌情扣分		
	合计		100			

Jc1003142041　阀内冷系统电动三通阀执行器更换。（100 分）

考核知识点： 阀内冷系统电动三通阀执行器更换

难易度： 中

技能等级评价专业技能考核操作工作任务书

一、任务名称

阀内冷系统电动三通阀执行器更换。

二、适用工种

换流站直流设备检修工（一次）高级技师。

三、具体任务

（1）工作状态为阀冷系统停运。工作内容为电动三通阀 K001 执行器更换。

（2）工作任务：电动三通阀 K001 执行器更换，更换步骤应符合要求，确保设备正常稳定运行。

四、工作规范及要求

熟悉阀冷系统电动三通阀执行器更换的方法，熟练使用仪器仪表及工器具。

五、考核及时间要求

本考核操作时间为 60 分钟，时间到停止考评。

技能等级评价专业技能考核操作评分标准

工种	换流站直流设备检修工（一次）			评价等级	高级技师
项目模块	一次及辅助设备日常维护、检修—阀冷却系统日常维护、检修		编号		Jc1003142041
单位		准考证号		姓名	
考试时限	60 分钟	题型	单项操作	题分	100 分
成绩		考评员		考评组长		日期	

续表

试题正文	阀内冷系统电动三通阀执行器更换					
需要说明的问题和要求	（1）要求单人操作。 （2）操作应注意安全，按照标准化作业书的技术安全说明做好安全措施。 （3）填写修试记录					

序号	项目名称	质量要求	满分	扣分标准	扣分原因	得分
1	工具使用及安全措施					
1.1	相关安全措施的准备	（1）核对设备双重名称。 （2）进入作业现场正确佩戴安全帽，现场作业人员应穿全棉长袖工作服、绝缘鞋	20	未核对设备扣10分； 安全帽佩戴不规范扣4分，未穿全棉长袖工作服扣3分，未穿绝缘鞋扣3分		
2	电动三通阀执行器更换	（1）断开电动三通阀执行器电源断路器。 （2）在电柜侧拆出该故障电动执行器接线并记录（不可拆错）。 （3）打开电动执行器接线盒盖，拆除电缆接线，拆线前注意做好标记，以便恢复。 （4）用电动执行器专用扳手将原电动三通阀阀位调至全开或全关位置，拆除电动执行器底部固定螺栓，向上取出电动执行器。 （5）将新的电动执行器阀位调至全开或全关，与故障拆下的执行器阀位一致。 （6）按相反顺序安装电动执行器，接线	60	按照步骤开展，每少一步扣10分		
3	恢复现场并填写报告					
3.1	观察设备运行无异常后，恢复现场，填写修试记录	（1）合上电动三通阀执行器电源断路器，通过改变电动三通阀工作温度使电动执行器动作，检查动作是否正确。 （2）填写修试记录	20	记录填写不全按比例扣分，总计15分；无检查扣5分		
	合计		100			

Jc1003142042　阀内冷系统电动蝶阀执行器更换。（100分）

考核知识点： 阀内冷系统电动蝶阀执行器更换

难易度： 中

技能等级评价专业技能考核操作工作任务书

一、任务名称

阀内冷系统电动蝶阀执行器更换。

二、适用工种

换流站直流设备检修工（一次）高级技师。

三、具体任务

（1）工作状态为阀冷系统停运。工作内容为电动蝶阀V006执行器更换。

（2）工作任务：电动蝶阀V006执行器更换，更换步骤应符合要求，确保设备正常稳定运行。

四、工作规范及要求

熟悉阀冷系统电动蝶阀执行器更换的方法，熟练使用仪器仪表及工器具。

五、考核及时间要求

本考核操作时间为60分钟，时间到停止考评。

技能等级评价专业技能考核操作评分标准

工种		换流站直流设备检修工（一次）				评价等级	高级技师
项目模块		一次及辅助设备日常维护、检修—阀冷却系统日常维护、检修			编号		Jc1003142042
单位				准考证号		姓名	
考试时限	60分钟		题型		单项操作	题分	100分
成绩		考评员		考评组长		日期	
试题正文	阀内冷系统电动蝶阀执行器更换						
需要说明的问题和要求	（1）要求单人操作。 （2）操作应注意安全，按照标准化作业书的技术安全说明做好安全措施。 （3）填写修试记录						

序号	项目名称	质量要求	满分	扣分标准	扣分原因	得分
1	工具使用及安全措施					
1.1	相关安全措施的准备	（1）核对设备双重名称。 （2）进入作业现场正确佩戴安全帽，现场作业人员应穿全棉长袖工作服、绝缘鞋	20	未核对设备扣10分； 安全帽佩戴不规范扣4分，未穿全棉长袖工作服扣3分，未穿绝缘鞋扣3分		
2	电动蝶阀执行器更换	（1）断开电动蝶阀执行器电源断路器。 （2）在电柜侧拆出该故障电动执行器接线并记录（不可拆错）。 （3）打开电动执行器接线盒盖，拆除电缆接线，拆线前注意做好标记，以便恢复。 （4）拆除电动执行器底部固定螺栓，向上取出电动执行器。 （5）将新的电动执行器阀位调至全关。 （6）按相反顺序安装电动执行器，接线	60	按照步骤开展，每少一步扣10分		
3	恢复现场并填写报告					
3.1	观察设备运行无异常后，恢复现场，填写修试记录	（1）合上电动蝶阀执行器电源断路器，在控制柜面板上手动切换电动蝶阀，检查电动蝶阀动作是否正常。 （2）填写修试记录	20	记录填写不全按比例扣分，总计15分；无检查扣5分		
	合计		100			

Jc1003142043 阀内冷系统S-10压力变送器更换。（100分）

考核知识点： 阀内冷系统S-10压力变送器更换

难易度： 中

技能等级评价专业技能考核操作工作任务书

一、任务名称

阀内冷系统S-10压力变送器更换。

二、适用工种

换流站直流设备检修工（一次）高级技师。

三、具体任务

（1）工作状态为阀冷系统停运。工作内容为阀内冷系统S-10压力变送器更换。

（2）工作任务：S-10压力变送器更换，更换步骤应符合要求，确保设备正常稳定运行。

四、工作规范及要求

熟悉阀内冷系统S-10压力变送器更换的方法，熟练使用仪器仪表及工器具。

五、考核及时间要求

本考核操作时间为 60 分钟，时间到停止考评。

技能等级评价专业技能考核操作评分标准

工种	换流站直流设备检修工（一次）			评价等级	高级技师
项目模块	一次及辅助设备日常维护、检修—阀冷却系统日常维护、检修		编号		Jc1003142043
单位		准考证号		姓名	
考试时限	60 分钟	题型	单项操作	题分	100 分
成绩		考评员	考评组长		日期	
试题正文	阀内冷系统 S-10 压力变送器更换				
需要说明的问题和要求	（1）要求单人操作。 （2）操作应注意安全，按照标准化作业书的技术安全说明做好安全措施。 （3）填写修试记录				

序号	项目名称	质量要求	满分	扣分标准	扣分原因	得分
1	工具使用及安全措施					
1.1	相关安全措施的准备	（1）核对设备双重名称。 （2）进入作业现场正确佩戴安全帽，现场作业人员应穿全棉长袖工作服、绝缘鞋	20	未核对设备扣 10 分； 安全帽佩戴不规范扣 4 分，未穿全棉长袖工作服扣 3 分，未穿绝缘鞋扣 3 分		
2	S-10 压力变送器更换	（1）断开控制柜内该仪表接线端子（过程中会有故障预警信息）并做好记录。 （2）关闭压力变送器节流阀。 （3）用螺钉旋具将直角电缆连接器螺栓拧松，并拆下连接器。 （4）用一把扳手卡住节流阀卡位，另一把扳手卡住 S-10 压力变送器的卡位。 （5）逆时针缓慢地将压力变送器拆下；注意缓慢泄压。 （6）清理节流阀内螺纹生料带。 （7）将新的压力变送器螺纹顺时针缠绕生料带。 （8）按与拆卸相反的程序，将新压力变送器安装上	60	按照步骤开展，每少一步扣 8 分，扣完为止		
3	恢复现场并填写报告					
3.1	观察设备运行无异常后，恢复现场，填写修试记录	（1）开启节流阀；按记录恢复控制柜内该仪表接线端子，并检查故障预警以消除，压力采样正常。 （2）填写修试记录	20	每少填写一项扣 10 分		
	合计		100			

Jc1003142044　阀内冷系统主泵接触器解体检查。（100 分）

考核知识点： 阀内冷系统主泵接触器解体检查

难易度： 中

技能等级评价专业技能考核操作工作任务书

一、任务名称

阀内冷系统主泵接触器解体检查。

二、适用工种

换流站直流设备检修工（一次）高级技师。

三、具体任务

（1）工作状态为阀冷系统停运。工作内容为阀内冷系统主泵接触器解体检查。

（2）工作任务：阀内冷系统主泵接触器解体检查，更换步骤应符合要求，确保设备正常稳定运行。

四、工作规范及要求

熟悉阀内冷系统主泵接触器解体检查的方法，熟练使用仪器仪表及工器具。

五、考核及时间要求

本考核操作时间为 60 分钟，时间到停止考评。

技能等级评价专业技能考核操作评分标准

工种	换流站直流设备检修工（一次）			评价等级	高级技师
项目模块	一次及辅助设备日常维护、检修—阀冷却系统日常维护、检修		编号	Jc1003142044	
单位		准考证号		姓名	
考试时限	60 分钟	题型	单项操作	题分	100 分
成绩		考评员	考评组长	日期	
试题正文	阀内冷系统主泵接触器解体检查				
需要说明的问题和要求	（1）要求单人操作。 （2）操作应注意安全，按照标准化作业书的技术安全说明做好安全措施。 （3）填写修试记录				

序号	项目名称	质量要求	满分	扣分标准	扣分原因	得分
1	工具使用及安全措施					
1.1	相关安全措施的准备	（1）核对设备双重名称。 （2）进入作业现场正确佩戴安全帽，现场作业人员应穿全棉长袖工作服、绝缘鞋	10	未核对设备扣 5 分； 安全帽佩戴不规范扣 2 分，未穿全棉长袖工作服扣 1 分，未穿绝缘鞋扣 2 分		
2	主泵接触器解体检查	（1）检查外壳无破损。 （2）拆除相关接线，并逐条做好记录。 （3）拆下外壳固定螺栓，小心取下接触器外壳。 （4）检查消弧栅无脱落、丢失。 （5）检查触头无弯曲、无变形、无电蚀、无灼伤、无氧化、无异物等情况。 （6）检查辅助触点吸合状态上传正常。 （7）检查完毕后，恢复外壳安装，并确认机械部分无卡顿	63	按照步骤开展，每少一步扣 9 分		
3	恢复现场并填写报告					
3.1	观察设备运行无异常后，恢复现场，填写修试记录	（1）按记录恢复接线，检查接线正确。 （2）接线压接完好无老化，接触面良好，无松动；上电检查接触器动作正常。 （3）填写修试记录	27	记录填写不全按比例扣分，总计 15 分；无恢复扣 6 分，无检查扣 6 分		
	合计		100			

Jc1003142045　阀内冷系统主泵软启动器更换。（100 分）

考核知识点： 阀内冷系统主泵软启动器更换

难易度： 中

技能等级评价专业技能考核操作工作任务书

一、任务名称

阀内冷系统主泵软启动器更换。

二、适用工种

换流站直流设备检修工（一次）高级技师。

三、具体任务

（1）工作状态为阀冷系统停运。工作内容为阀内冷系统主泵软启动器更换。

（2）工作任务：阀内冷系统主泵软启动器更换，更换步骤应符合要求，确保设备正常稳定运行。

四、工作规范及要求

熟悉阀内冷系统主泵软启动器更换的方法，熟练使用仪器仪表及工器具。

五、考核及时间要求

本考核操作时间为60分钟，时间到停止考评。

技能等级评价专业技能考核操作评分标准

工种	换流站直流设备检修工（一次）			评价等级	高级技师
项目模块	一次及辅助设备日常维护、检修—阀冷却系统日常维护、检修		编号		Jc1003142045
单位		准考证号		姓名	
考试时限	60分钟	题型	单项操作	题分	100分
成绩		考评员		考评组长		日期	

试题正文	阀内冷系统主泵软启动器更换
需要说明的问题和要求	（1）要求单人操作，如涉及体力工作单人无法进行的，可申请外协协助进行。 （2）操作应注意安全，按照标准化作业书的技术安全说明做好安全措施。 （3）填写修试记录

序号	项目名称	质量要求	满分	扣分标准	扣分原因	得分
1	工具使用及安全措施					
1.1	相关安全措施的准备	（1）核对设备双重名称，核对被检修软启动器对应的主泵在检修状态。 （2）进入作业现场正确佩戴安全帽，现场作业人员应穿全棉长袖工作服、绝缘鞋	10	未核对设备扣5分；安全帽佩戴不规范扣2分，未穿全棉长袖工作服扣1分，未穿绝缘鞋扣2分		
2	主泵软启动器更换					
2.1	电源检查	（1）记录软启动器参数设定值，可与定值表进行比对。 （2）断开柜内所需更换软启动器上级断路器（先断开软启动器动力电源断路器，再断开软启动器控制电源断路器）。 （3）用万用表测量对应元器件端子是否已掉电。 （4）在断开断路器和开关处悬挂"禁止合闸，有人工作"标识牌	30	按照步骤开展，每少一步扣8分，扣完为止		
2.2	软启动器更换	（1）记录所需拆卸或更换导线、铜牌及其端子位置。 （2）将软启动器上所接导线、铜牌依次拆下，并用绝缘胶带缠住线头。 （3）小心更换软启动器，保证元器件安装稳固。 （4）将拆下的导线、铜牌按之前所记录的位置依次接上。 （5）依次试验每根导线、铜牌是否连接稳固并用万用表测量	40	按照步骤开展，每少一步扣8分		

续表

序号	项目名称	质量要求	满分	扣分标准	扣分原因	得分
3	恢复现场并填写报告					
3.1	观察设备运行无异常后，恢复现场，填写修试记录	（1）恢复相关断路器（先恢复控制断路器，再恢复交流断路器）。将记录参数在更换后软启动器重新设置，并核验。 （2）进行正常切泵实验，观察更换后的软启动器启动主泵过程中的电流大小，检验软启动器性能。 （3）填写修试记录	20	记录填写不全按比例扣分，总计10分；无恢复扣5分，无检查扣5分		
	合计		100			

Jc1003163046 阀内冷系统主泵同心度检测。（100分）

考核知识点： 阀内冷系统主泵同心度检测

难易度： 难

技能等级评价专业技能考核操作工作任务书

一、任务名称

阀内冷系统主泵同心度检测。

二、适用工种

换流站直流设备检修工（一次）高级技师。

三、具体任务

（1）工作状态为阀内冷系统停运，主泵已完成检修、联轴器保护罩已打开。工作内容为主泵同心度检测。

（2）工作任务：阀内冷系统主泵同心度检测，更换步骤应符合要求，确保设备正常稳定运行。

四、工作规范及要求

熟悉阀内冷系统主泵同心度检测的方法，熟练使用仪器仪表及工器具。

五、考核及时间要求

本考核操作时间为60分钟，时间到停止考评。

技能等级评价专业技能考核操作评分标准

工种	换流站直流设备检修工（一次）			评价等级	高级技师
项目模块	一次及辅助设备日常维护、检修—阀冷却系统日常维护、检修		编号		Jc1003163046
单位		准考证号		姓名	
考试时限	60分钟	题型	单项操作	题分	100分
成绩	考评员		考评组长	日期	
试题正文	阀内冷系统主泵同心度检测				
需要说明的问题和要求	（1）要求单人操作。 （2）操作应注意安全，按照标准化作业书的技术安全说明做好安全措施。 （3）填写修试记录				

序号	项目名称	质量要求	满分	扣分标准	扣分原因	得分
1	工具使用及安全措施					
1.1	相关安全措施的准备	（1）核对设备双重名称。 （2）进入作业现场正确佩戴安全帽，现场作业人员应穿全棉长袖工作服、绝缘鞋	10	未核对设备扣5分； 安全帽佩戴不规范扣2分，未穿全棉长袖工作服扣1分，未穿绝缘鞋扣2分		

续表

序号	项目名称	质量要求	满分	扣分标准	扣分原因	得分
2	主泵同心度检测					
2.1	初步检查	（1）使用钢尺平放在联轴器与电动机轴的连接处，盘泵一圈，初步检查联轴器中心的偏差情况。 （2）使用塞尺插入联轴器与电动机轴连接处 0°、90°、180°、270°位置的缝隙，初步检查联轴器轴向张口的偏差情况	10	按照步骤开展，每少一步扣 5 分，扣完为止		
2.2	百分表架设	（1）用无毛纸将联轴器和磁性表座擦拭干净，避免灰尘杂质引起测量偏差。 （2）用记号笔在电动机端盖上顺时针方向均匀标出 0°、90°、180°、270°四个对称的测量点，并在联轴器上在 0°位置标记一个标准点。测量时以联轴器上的标准点对应电动机端盖上的四个测量点进行测量。 （3）检查百分表，保证百分表动作灵活，无卡滞现象，表针不松动。 （4）把一个百分表架的磁性底座固定在联轴器上水泵侧的 0°位置，记为 A 表，将 A 表的百分表头与电动机联轴器外圆垂直接触，用于测量径向偏差；另一个百分表架的磁性底座固定在联轴器上水泵侧的 180°位置，记为 B 表，将 B 表的百分表头与电动机联轴器后端面垂直接触，用于测量轴向偏差。 （5）转动联轴器一圈，检查百分表架是否与其他物件发生碰擦，以免影响测量数值。当转动一周回到起始位置（0°）后百分表读数应与转动前一致。 （6）调整百分表测量杆的下压量约为 5mm，然后紧固百分表架的各个紧固螺栓。 （7）轻拉百分表的测量杆并让它自然回弹以确定其动作灵活，旋转百分表的表圈，使表圈刻度的零位对准指针。盘泵一圈，观察百分表是否归零；若不归零，应重新调整表架和表，使百分表归零	36	按照步骤开展，每少一步扣 5.5 分，扣完为止		
2.3	测量水泵联轴器的径向偏差和轴向偏差	（1）用专用扳手顺着泵的旋转方向转动联轴器，分别记录 A 表和 B 表在 0°、90°、180°、270°四个点的读数。0°位置两表读数记为 A_1、B_1，90°位置记为 A_2、B_2，180°位置记为 A_3、B_3，270°位置记为 A_4、B_4，并填入表中。 （2）对测量结果的正确性做检查，正确的测量数值应符合以下两个条件： $A_1+A_3 \approx A_2+A_4$ $B_1+B_3 \approx B_2+B_4$	12	按照步骤开展，每少一步扣 6 分		
2.4	中心偏差的计算	（1）圆周： 高低位移：$a=|A_1-A_3|$； 左右位移：$a'=|A_2-A_4|$。 （2）平面： 上下张口：$b=|B_1-B_3|$； 左右张口：$b'=|B_2-B_4|$	12	按照步骤开展，每少一步扣 6 分		
3	恢复现场并填写报告					
3.1	观察设备运行无异常后，恢复现场，填写修试记录	（1）根据五通检测管理规定中关于联轴器允许偏差值规定，检查 a、a'、b、b'均不超过 0.2mm。 （2）填写修试记录	20	记录填写不全按比例扣分，总计 15 分；无检查扣 5 分		
	合计		100			

Jc1003153047　阀内冷系统主泵在线更换。（100 分）

考核知识点：阀内冷系统主泵在线更换

难易度：难

技能等级评价专业技能考核操作工作任务书

一、任务名称

阀内冷系统主泵在线更换。

二、适用工种

换流站直流设备检修工（一次）高级技师。

三、具体任务

（1）工作状态为阀内冷系统运行，P01 运行。工作内容为 P02 主泵在线更换。

（2）工作任务：阀内冷系统主泵在线更换，更换步骤应符合要求，确保设备正常稳定运行。

主水回路如图 Jc1003153047 所示。

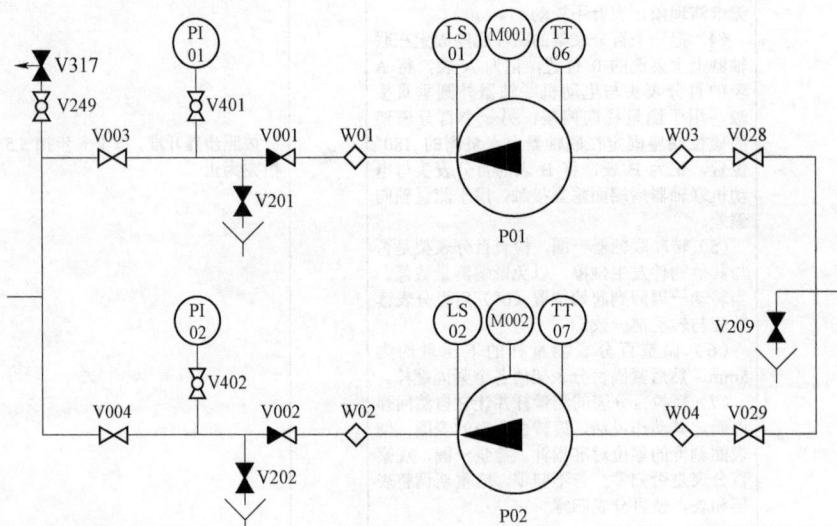

图 Jc1003153047

四、工作规范及要求

熟悉阀内冷系统主泵在线更换的方法，熟练使用仪器仪表及工器具。

五、考核及时间要求

本考核操作时间为 60 分钟，时间到停止考评。

技能等级评价专业技能考核操作评分标准

工种	换流站直流设备检修工（一次）			评价等级	高级技师
项目模块	一次及辅助设备日常维护、检修—阀冷却系统日常维护、检修		编号		Jc1003153047
单位		准考证号		姓名	
考试时限	60 分钟	题型	单项操作	题分	100 分
成绩		考评员		考评组长	日期
试题正文	阀内冷系统主泵在线更换				
需要说明的问题和要求	（1）要求单人主导操作，可申请外协协助开展。 （2）操作应注意安全，按照标准化作业书的技术安全说明做好安全措施。 （3）填写修试记录				

序号	项目名称	质量要求	满分	扣分标准	扣分原因	得分
1	工具使用及安全措施					

续表

序号	项目名称	质量要求	满分	扣分标准	扣分原因	得分
1.1	相关安全措施的准备	（1）核对设备双重名称。 （2）进入作业现场正确佩戴安全帽，现场作业人员应穿全棉长袖工作服、绝缘鞋。 （3）确认 P02 主泵在备用，电动机电源及安全开关已断开，安全开关处悬挂"禁止合闸，有人工作！"标示牌	15	未核对设备扣 5 分； 安全帽佩戴不规范扣 2 分，未穿全棉长袖工作服扣 1 分，未穿绝缘鞋扣 2 分； 未断开安全开关扣 5 分		
2	主泵在线更换					
2.1	退保护、退连接片、断开关	参考图 Jc1003153047： （1）核对目前运行的主泵，确认 P01 主泵运行，P01 主泵电动机运行。 （2）先对 AP5 柜或者 AP6 柜 OP 面板进行拍照留底，记录各个参数，以备泵头更换完成后复位。 （3）按下 OP 面板上的 K6 键（预警屏蔽），再按下 OP 面板上的 K4 键（泄漏屏蔽），屏蔽泄漏保护。 （4）在 AP5 柜将 XT1A、XT2A、XT3A、XT4A 跳闸连接片退出，在 AP6 柜将 XT1B、XT2B、XT3B、XT4B 跳闸连接片退出。 （5）确认断开 2 号主泵的安全开关；断开 AP2 柜内 QFP02G、QFP02R 断路器	30	按照步骤开展，每少一步扣 6 分		
2.2	百分表架设	（1）对 2 号主泵进出口的 V029、V004 蝶阀阀位进行标记，标记完成后关闭 V029、V004 蝶阀，打开 P02 主泵泄空阀开始排水，将泵体内的冷却介质排空。 （2）拆掉联轴器的保护外罩和联轴器。 （3）拆除泵体支撑的两个地脚螺栓和泵体端盖螺栓（在泵观察孔位置绑定吊带，利用撬杠穿过吊带准备将泵体抬出）；再紧固泵盖上的 4 个单头螺栓慢慢将泵盖顶出，必要时可用扳手，螺钉旋具等将泵盖慢慢翘出，搬运至指定物料存放区域。 （4）将备用泵抬至主泵位置放倒慢慢装到泵腔内，对角拧紧泵盖紧固螺栓以及泵底支撑螺栓，安装联轴器。 （5）用百分表检测主泵和电动机的同心度，要求同心度误差控制在+/−0.10mm 范围以内。将百分表的磁铁底座固定在水泵轴上，百分表表头紧挨到电动机轴上，确定好电动机轴上、下、左、右的 4 个点，转动电动机轴，记录 4 点的数据，左右误差大于+/−0.10mm，用撬棍将电动机左右摆动至误差允许范围内，上下大于+/−0.10mm，给电动机底座增加或者减小铜片来调整至误差允许范围内。同心度检测完成后安装联轴器保护罩。 （6）在确认主泵机封更换完成后，且所有部件安装完毕后开始往主泵内注水（注水前检查水泵泄空阀要在关闭状态），此时运行人员观察 OP 面板上的参数，确保 OP 面板上的参数变动范围在报警范围以内；一人缓慢打开主泵进水蝶阀 V029 开始注水，直到注满水后再完全打开 V029	45	按照步骤开展，每少一步扣 8 分，扣完为止		
3	恢复现场并填写报告					
3.1	观察设备运行无异常后，恢复现场，填写修试记录	（1）慢慢开启主泵出口阀门 V004 至标记位置。观察 10min，各运行参数正常后，合上 P02 主泵的安全开关及 AP2 柜内 QFP02G、QFP02R 断路器，按 K9 键切换至 2 号泵运行，观察 2 号主泵运行正常，恢复跳闸连接片、解除泄漏屏蔽及预警屏蔽。 （2）填写修试记录	10	记录未填写扣 5 分； 无检查扣 5 分		
	合计		100			

Jc1003153048 阀内冷系统主泵机械密封在线更换。（100分）

考核知识点： 阀内冷系统主泵机械密封在线更换

难易度： 难

技能等级评价专业技能考核操作工作任务书

一、任务名称

阀内冷系统主泵机械密封在线更换。

二、适用工种

换流站直流设备检修工（一次）高级技师。

三、具体任务

（1）工作状态为阀内冷系统运行，P01运行。工作内容为P02主泵机械密封在线更换。

（2）工作任务：阀内冷系统主泵机械密封在线更换，更换步骤应符合要求，确保设备正常稳定运行。

主水回路如图Jc1003153048所示。

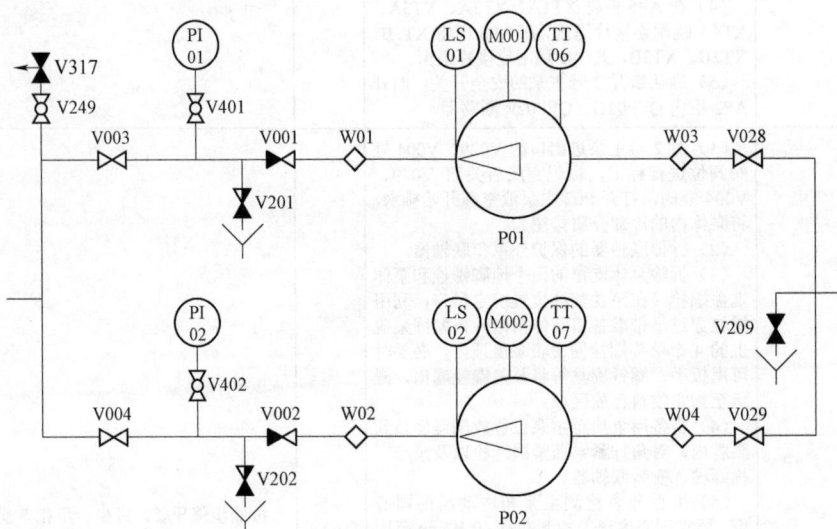

图 Jc1003153048

四、工作规范及要求

熟悉阀内冷系统主泵机械密封在线更换的方法，熟练使用仪器仪表及工器具。

五、考核及时间要求

本考核操作时间为60分钟，时间到停止考评。

技能等级评价专业技能考核操作评分标准

工种	换流站直流设备检修工（一次）			评价等级	高级技师
项目模块	一次及辅助设备日常维护、检修—阀冷却系统日常维护、检修		编号		Jc1003153048
单位			准考证号		姓名	
考试时限	60分钟	题型		单项操作	题分	100分
成绩		考评员		考评组长	日期	
试题正文	阀内冷系统主泵机械密封在线更换				
需要说明的问题和要求	（1）要求单人主导操作，可申请外协协助开展。 （2）操作应注意安全，按照标准化作业书的技术安全说明做好安全措施。 （3）填写修试记录				

续表

序号	项目名称	质量要求	满分	扣分标准	扣分原因	得分
1	工具使用及安全措施					
1.1	相关安全措施的准备	（1）核对设备双重名称。 （2）进入作业现场正确佩戴安全帽，现场作业人员应穿全棉长袖工作服、绝缘鞋。 （3）确认 P02 主泵在备用，电动机电源及安全开关已断开，安全开关处悬挂"禁止合闸，有人工作！"标示牌	15	未核对设备扣 5 分； 安全帽佩戴不规范扣 2 分，未穿全棉长袖工作服扣 1 分，未穿绝缘鞋扣 2 分； 未断开安全开关扣 5 分		
2	主泵机械密封在线更换					
2.1	退保护、退连接片、断开关	参考图 Jc1003153048： （1）核对目前运行的主泵，确认 P01 主泵运行，P01 主泵电动机运行。 （2）先对 AP5 柜或者 AP6 柜 OP 面板进行拍照留底，记录各个参数，以备泵头更换完成后复位。 （3）按下 OP 面板上的 K6 键（预警屏蔽），再按下 OP 面板上的 K4 键（泄漏屏蔽），屏蔽泄漏保护。 （4）在 AP5 柜将 XT1A、XT2A、XT3A、XT4A 跳闸连接片退出，在 AP6 柜将 XT1B，XT2B、XT3B、XT4B 跳闸连接片退出。 （5）确认断开 2 号主泵的安全开关；断开 AP2 柜内 QFP02G、QFP02R 断路器	30	按照步骤开展，每少一步扣 6 分		
2.2	百分表架设	（1）对 2 号主泵进出口的 V029、V004 蝶阀阀位进行标记，标记完成后关闭 V029、V004 蝶阀，打开 P02 主泵泄空阀开始排水，将泵体内的冷却介质排空。 （2）拆掉联轴器的保护外罩和联轴器。 （3）拆除泵体支撑的两个地脚螺栓和泵体端盖螺栓（在泵观察孔位置绑定吊带，利用撬杠穿过吊带准备将泵体抬出）；再紧固泵盖上的 4 个单头螺栓慢慢将泵盖顶出，必要时可用扳手，螺钉旋具等将泵盖慢慢翘出。 （4）拆除叶轮顶端的紧固螺栓（用 41 号扳手或者套筒），拆除泵体检查孔处的 4 个连接螺栓，慢慢将叶轮抬出。 （5）对机封的动环机封压盖进行位置标记，标记后用内六角拆除压盖上的 2 个内六角螺栓，并将机封动环缓慢拔出，然后再将机封静环缓慢拔出，拔出时最好在轴上涂抹凡士林润滑，方便拔出。 （6）安装机封与拆除机封的逆顺序进行，在轴上和静环槽内涂上润滑脂，用干净棉布将新的机封静环擦干净，在内机封静环外圈及断面上也涂上润滑脂，然后将机封静环断面朝外慢慢嵌入机封静环槽内，注意一定要平整，将机封静环槽及机封静环缓慢装到轴上，确保内机封静环不要脱出，然后再将机封动环擦干净后在其内圈及端面涂上润滑脂，端面朝内轻轻旋转慢慢将内机封动环与内机封静环端面贴紧，将内机封动环弹簧压紧至标记处上紧内六角螺栓。 （7）机封安装完成后将叶轮抬起装到轴上，紧固 4 脚螺栓和叶轮顶端固定螺栓，再将泵体放倒慢慢装到泵腔内，对角拧紧泵盖紧固螺栓以及泵底支撑螺栓，安装联轴器。	45	按照步骤开展，每少一步扣 5 分		

续表

序号	项目名称	质量要求	满分	扣分标准	扣分原因	得分
2.2	百分表架设	（8）用百分表检测主泵和电动机的同心度，要求同心度误差控制在+/−0.10mm范围以内。将百分表的磁铁底座固定在水泵轴上，百分表表头紧挨到电动机轴上，确定好电动机轴上、下、左、右的4个点，转动电动机轴，记录4点的数据，左右误差大于+/−0.10mm，用撬棍将电动机左右摆动至误差允许范围内，上下大于+/−0.10mm，给电动机底座增加或者减小铜片来调整至误差允许范围内。同心度检测完成后安装联轴器保护罩。 （9）在确认主泵机封更换完成后，且所有部件安装完毕后开始往主泵内注水（注水前检查水泵泄空阀要在关闭状态），此时运行人员观察OP面板上的参数，确保OP面板上的参数变动范围在报警范围以内；一人缓慢打开主泵进水蝶阀V029开始注水，直到注满水后再完全打开V029	45	按照步骤开展，每少一步扣5分		
3	恢复现场并填写报告					
3.1	观察设备运行无异常后，恢复现场，填写修试记录	（1）慢慢开启主泵出口阀门V004至标记位置。观察10min，各运行参数正常后，合上P02主泵的安全开关及AP2柜内QFP02G、QFP02R断路器，按K9键切换至2号泵运行，观察2号主泵运行正常，恢复跳闸连接片、解除泄漏屏蔽及预警屏蔽。 （2）填写修试记录	10	记录未填写扣5分；无检查扣5分		
	合计		100			

Jc1003153049 阀外风冷系统风机异响在线检查处理。（100分）
考核知识点：阀外风冷系统风机异响在线检查处理
难易度：难

技能等级评价专业技能考核操作工作任务书

一、任务名称
阀外风冷系统风机异响在线检查处理。
二、适用工种
换流站直流设备检修工（一次）高级技师。
三、具体任务
（1）工作状态为阀外风冷系统运行，备用空冷器冗余。工作内容为阀外风冷系统风机异响在线检查处理。
（2）工作任务：阀外风冷系统风机异响在线检查处理，处理步骤应符合要求，确保设备正常稳定运行。
四、工作规范及要求
熟悉阀外风冷系统风机异响在线检查处理的方法，熟练使用仪器仪表及工器具。
五、考核及时间要求
本考核操作时间为60分钟，时间到停止考评。

技能等级评价专业技能考核操作评分标准

工种	换流站直流设备检修工（一次）			评价等级	高级技师
项目模块	一次及辅助设备日常维护、检修—阀冷却系统日常维护、检修		编号		Jc1003153049
单位		准考证号		姓名	
考试时限	60分钟	题型	单项操作	题分	100分
成绩		考评员	考评组长		日期

试题正文	阀外风冷系统风机异响在线检查处理
需要说明的问题和要求	（1）要求单人主导操作，可申请外协协助开展。 （2）操作应注意安全，按照标准化作业书的技术安全说明做好安全措施。 （3）填写修试记录

序号	项目名称	质量要求	满分	扣分标准	扣分原因	得分
1	工具使用及安全措施					
1.1	相关安全措施的准备	（1）核对设备双重名称。 （2）进入作业现场正确佩戴安全帽，现场作业人员应穿全棉长袖工作服、绝缘鞋。 （3）在外冷控制面板上将该风机置为"维护"状态。 （4）断开该风机的安全开关，并悬挂"禁止合闸，有人工作！"标识牌	20	未核对设备扣5分； 安全帽佩戴不规范扣2分，未穿全棉长袖工作服扣1分，未穿绝缘鞋扣2分； 安全措施少执行一项扣5分		
2	风机异响在线检查处理					
2.1	风机皮带异响在线检查处理	若异响来自皮带，则对皮带松紧度进行检查和调节。 皮带松紧度检查： （1）沿着风机主动轮和从动轮间的皮带放一直尺，或用一卷尺来测量皮带的偏差。 （2）在两皮带轮跨度之间的中心位置上，沿着皮带的宽度方向用手施加一平均适中的力（大约18kN）。 （3）如果皮带的偏差为6～9mm，皮带的松紧度就足够了，反之则需进行调整。 皮带松紧度调节： （1）拧松电动机座固定螺栓。 （2）拧松拉杆上的紧固螺母。 （3）拧松紧固螺母后，调整调节螺母。 （4）当皮带较松时，顺时针调整调节螺母。 （5）当皮带较紧时，逆时针调整调节螺母。 （6）皮带松紧度调整完毕后，拧紧紧固螺母和电动机座固定螺栓	30	按照步骤开展，每少一步扣5分		
2.2	风机、电动机轴承的润滑	若异响来自风机轴承或电动机处，则进行如下操作： （1）用油枪将润滑油脂注入风机轴承室油嘴。 （2）用油枪将润滑油脂注入电动机上端轴承油嘴。 （3）用油枪将润滑油脂注入电动机下端轴承油嘴。 （4）完成注油后对风机进行盘车测试	10	按照步骤开展，每少一步扣2.5分		
2.3	电动机更换	若对风机和电动机润滑后异响仍未消除，且异响来自电动机，则对电动机进行更换操作： （1）拧松电机座紧固螺栓及位置调节螺母，拆下皮带。 （2）打开电动机上的两个接线盒，拆出接线。	25	按照步骤开展，每少一步扣5分，扣完为止		

序号	项目名称	质量要求	满分	扣分标准	扣分原因	得分
2.3	电动机更换	（3）用扳手松开电动机固定螺栓，拆除电动机。 （4）检查损坏的部件予以更换，必要时进行电动机的整体更换。 （5）按照相同相序安装电动机，并重新调节皮带松紧。 （6）试运行	25	按照步骤开展，每少一步扣5分，扣完为止		
3	恢复现场并填写报告					
3.1	观察设备运行无异常后，恢复现场，填写修试记录	（1）检查处理完毕后，启动该风机观察运行情况，应无异响及异常发热；再次确认安全开关已合、并在控制面板上将该风机从"维护"状态退出。 （2）填写修试记录	15	记录填写不全按比例扣分，总计10分； 无检查扣5分		
	合计		100			

Jc1003143050　阀内冷系统主泵止回阀检查更换。（100分）
考核知识点：阀内冷系统主泵止回阀检查更换
难易度：难

技能等级评价专业技能考核操作工作任务书

一、任务名称

阀内冷系统主泵止回阀检查更换。

二、适用工种

换流站直流设备检修工（一次）高级技师。

三、具体任务

（1）工作状态为阀内冷系统停运检修。工作内容为P01主泵止回阀检查更换。

（2）工作任务：阀内冷系统主泵止回阀检查更换，更换步骤应符合要求，确保设备正常稳定运行。

主水回路如图Jc1003143050所示。

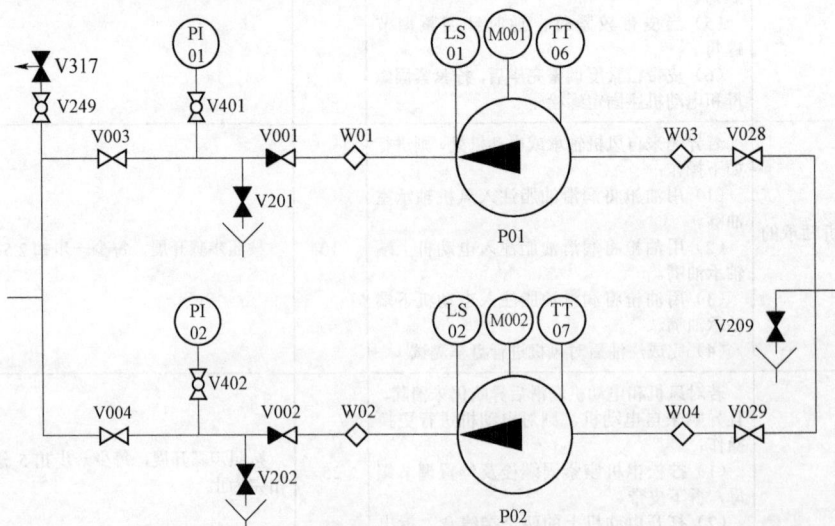

图Jc1003143050

四、工作规范及要求

熟悉阀内冷系统主泵止回阀检查更换的方法，熟练使用仪器仪表及工器具。

五、考核及时间要求

本考核操作时间为 60 分钟，时间到停止考评。

技能等级评价专业技能考核操作评分标准

工种	换流站直流设备检修工（一次）			评价等级	高级技师
项目模块	一次及辅助设备日常维护、检修—阀冷却系统日常维护、检修		编号		Jc1003143050
单位		准考证号		姓名	
考试时限	60 分钟	题型	单项操作	题分	100 分
成绩		考评员	考评组长	日期	
试题正文	阀内冷系统主泵止回阀检查更换				
需要说明的问题和要求	（1）要求单人主导操作，可申请外协协助开展。 （2）操作应注意安全，按照标准化作业书的技术安全说明做好安全措施。 （3）填写修试记录				

序号	项目名称	质量要求	满分	扣分标准	扣分原因	得分
1	工具使用及安全措施					
1.1	相关安全措施的准备	（1）核对设备双重名称。 （2）进入作业现场正确佩戴安全帽，现场作业人员应穿全棉长袖工作服、绝缘鞋。 （3）断开 P01 主泵安全开关，并悬挂"禁止合闸，有人工作！"标示牌	15	未核对设备扣 5 分； 安全帽佩戴不规范扣 2 分，未穿全棉长袖工作服扣 1 分，未穿绝缘鞋扣 2 分； 未断开安全开关扣 5 分		
2	主泵止回阀检查更换	（1）关闭 P01 主泵进出口 V003、V028 蝶阀。 （2）打开泵腔体底部泄空堵头/阀门，使用水管引流水至准备的水桶内，泄压后，再打开 V201 手动排气阀进气，泵腔体底部继续排水，直至管道内水位排至止回阀法兰下方，停止排水。 （3）拆松止回阀法兰螺栓，拆除法兰半圈螺栓，水平拿出止回阀进行检查，弹簧和阀板销磨损严重或断裂时，需进行更换新的止回阀。 （4）回装止回阀时更换上下 2 个密封圈，穿好螺栓后，用扳手对角紧固，后使用力矩扳手进行紧固；根据螺栓的大小、等级选择不同量程的扭力扳手对螺栓施加扭力。该螺栓施加的扭力值的 70%～80%，当听到"喀哒"声时，应停止施力，螺栓上以施加了预设扭力。逐个对螺栓施加扭力直到每个螺栓所加扭力一致。 （5）如果动了主泵出口波纹补偿器拉杆固定螺母，需调整定位尺寸，使每条拉杆上两个外螺母处于松弛状态，再进行止回阀法兰紧固和力矩校验。组装完成后必须把波纹补偿器每条拉杆上 2 个内螺母退回中间位置相互锁紧，外螺母紧至弹簧垫受力即可，锁紧背螺母。 （6）管道内补水，关闭泵腔体底部堵头/阀门，缓慢打开主泵进水口 V028 蝶阀，开度 15%即可，待手动排气阀 V201 有水出时关闭 V201。 （7）完全打开主泵进出口 V028、V003 蝶阀，手动盘动主泵使泵腔内充分排气	75	按照步骤开展，每少一步扣 11 分，扣完为止		

序号	项目名称	质量要求	满分	扣分标准	扣分原因	得分
3	恢复现场并填写报告					
3.1	观察设备运行无异常后，恢复现场，填写修试记录	（1）恢复阀门及主泵安全开关，试运行主泵，确认止回阀运行正常、无渗漏水现象。 （2）填写修试记录	10	记录未填写扣5分； 无检查扣5分		
	合计		100			

Jc1003163051 阀内冷系统 CPU 冗余链接同步故障在线检修。（100 分）

考核知识点： 阀内冷系统 CPU 冗余链接同步故障在线检修

难易度： 难

技能等级评价专业技能考核操作工作任务书

一、任务名称

阀内冷系统 CPU 冗余链接同步故障在线检修。

二、适用工种

换流站直流设备检修工（一次）高级技师。

三、具体任务

（1）工作状态为阀内冷系统运行，主用 CPU（A）单机运行；其中一个 IFM（1）F 常亮，另外一个 IFM（2）F 熄灭，备用 CPU（B）停机；其中一个 IFM（1）F 常亮，另外一个 IFM（2）F 熄灭。工作内容为阀内冷系统 CPU 冗余链接同步故障在线检修。

（2）工作任务：阀内冷系统 CPU 冗余链接同步故障在线检修，处理步骤应符合要求，确保设备正常稳定运行。

四、工作规范及要求

熟悉阀内冷系统 CPU 冗余链接同步故障在线检修的方法，熟练使用仪器仪表及工器具。

五、考核及时间要求

本考核操作时间为 60 分钟，时间到停止考评。

技能等级评价专业技能考核操作评分标准

工种	换流站直流设备检修工（一次）			评价等级	高级技师	
项目模块	一次及辅助设备日常维护、检修—阀冷却系统日常维护、检修		编号		Jc1003163051	
单位		准考证号		姓名		
考试时限	60分钟	题型	单项操作	题分	100分	
成绩		考评员	考评组长		日期	
试题正文	阀内冷系统 CPU 冗余链接同步故障在线检修					
需要说明的问题和要求	（1）要求单人操作。 （2）操作应注意安全，按照标准化作业书的技术安全说明做好安全措施。 （3）填写修试记录					

序号	项目名称	质量要求	满分	扣分标准	扣分原因	得分
1	工具使用及安全措施					

续表

序号	项目名称	质量要求	满分	扣分标准	扣分原因	得分
1.1	相关安全措施的准备	（1）核对设备双重名称。 （2）进入作业现场正确佩戴安全帽，现场作业人员应穿全棉长袖工作服、绝缘鞋。 （3）拍照记录阀冷系统状态和数据。 （4）退出阀冷系统所有保护连接片，防止保护误动	6	未核对设备扣 1.5 分； 安全帽佩戴不规范扣 0.5 分，未穿全棉长袖工作服扣 0.5 分，未穿绝缘鞋扣 0.5 分； 安全措施少执行一项扣 1.5 分		
2	CPU 冗余链接同步故障在线检修					
2.1	断电重启备用 CPU（B）（故障依旧，执行下一步，故障复归，完成检修）	（1）把 CPUB 打到 STOP 位，关掉 PS（B）电源，令 CPU（B）停电。 （2）拔掉 PS（B）备用电池，等待 1min。 （3）重新装上备用电池，重合 PS（B）电源，令 CPU（B）自检。 （4）等待 CPU（B）自检完成（自检过程约 10min）。 （5）把 CPUB 打到 RUN 位	9	按照步骤开展，每少一步扣 1.8 分，扣完为止		
2.2	故障排查（执行完每一步后，若故障依旧，执行下一步，若故障复归，完成检修）	（1）重新插拔冗余 CPU 之间的故障 IF(1) 同步光纤，不行则更换光纤。 （2）拔插备用 CPU（B）的故障 IF（1）同步模块。 （3）拔插主用 CPU（A）的故障 IF（1）同步模块。 （4）更换备用 CPU（B）的故障 IF（1）同步模块。 （5）更换主用 CPU（A）的故障 IF（1）同步模块。 （6）读取收集 CPU 诊断信息	10	按照步骤开展，每少一步扣 1.8 分，扣完为止		
2.3	更换备用 CPU（B）（故障依旧，执行下一步，故障复归，完成检修）	（1）读取主用 CPU（A）固件版本，确保运行中的 CPU(A)固件版本与备件 CPU(B)固件版本一致。 （2）备用 CPU（B）拨至 STOP 状态。 （3）备用 CPU（B）电源模板 PS 控制开关拨至关断电源状态（CPU 断电）。 （4）拆掉备用 CPU（B）的光纤和近距离同步模块，记录光纤的安装位置(上下位置)。 （5）用螺钉旋具拆卸备用 CPU（B）的 DP 总线插头，记录总线插头的安装位置。 （6）用螺钉旋具拆卸备用 CPU（B）的底部固定螺栓，拆下 CPU。 （7）拔下备用 CPU（B）的存储卡，并按标识把它插至新 CPU 处，检查新 CPU 整定背板拨码（CPUA 为 RACK 0,CPUB 为 RACK 1）并安装新 CPU，把新的 CPU（B）处于 STOP 位。 （8）PS（B）控制开关拨至 I（供电）状态（为 CPU 供电）。 （9）等待新 CPU（B）自检完成，自检过程中新 CPU（B）处于 STOP 位，且 STOP 黄灯闪烁。自检完成后，确认新 CPU（B）的 STOP 常亮。 （10）连接电脑确认新 CPU（B）的固件版本与运行 CPU（A）相同。 （11）插上近距离同步模块并按记录插上同步光纤。 （12）确认新的 CPU（B）的 MSTR 灯不亮，LINK1OK、LINK2OK 常亮，IMF1F、IMF2F 熄灭（无故障时），把 CPU（B）拨至 RUN 位	22	按照步骤开展，每少一步扣 2 分，扣完为止		

续表

序号	项目名称	质量要求	满分	扣分标准	扣分原因	得分
2.4	单光纤同步强制切换CPU（故障依旧，执行下一步，故障复归，完成检修）	（1）检查确认现场故障工况为主用 CPU（A）单机运行［REDF、IFM（1）F 常亮，MSTR、RUN 常亮，IFM（2）F、STOP 熄灭］、备用 CPU（B）模式开关在 RUN 位置但为 STOP 状态［REDF、IFM（1）F 常亮，STOP 常亮，MSTR、RUN、IFM（2）F 熄灭］。 （2）在工作电脑打开 SIMATIC Manager，用编程电缆连接主用 CPU（A）；点击选项/设置 PC/PG 接口；编程电缆连接选择编程电缆对应驱动并设置对应的波特率。 （3）新建空项目，上载主用 CPU（A）运行程序。 （4）SIMATIC Manager 窗口，CPUA 为第一个/型号不带后缀，CPUB 为第二个/型号带后缀（1），右键单击主用 CPU（A）——选择"PLC"——选择"工作模式……"，弹出"工作模式"对话框。 （5）"工作模式"对话框，检查确认：H 系统工作模式为"Solo 模式"，主用 CPU（A）工作模式为"RUN"、主站/从站为"主站"、模式开关为"RUN"，备用 CPU（B）工作模式为"STOP"、主站/从站为"待机"、模式开关"——"（CPU 本体实际须为 RUN）。 （6）"工作模式"对话框，选择"H 系统"单击"切换到（Ⅰ）……"，若弹出"工作模式（11：304）"对话框单击"确认"。 （7）"切换"对话框，选择"仅通过一个未修改的冗余链接（R）"单击"切换"。 （8）等待切换完成。 （9）"工作模式"对话框，检查确认：H 系统工作模式为"Solo 模式"，切换后备用 CPU（A）工作模式为"STOP"、主站/从站为"待机"、模式开关"——"，切换后主用 CPU（B）工作模式为"RUN"、主站/从站为"主站"、模式开关为"RUN"。 （10）CPU 本体，检查确认：切换后主用 CPU（B）单机运行［REDF、IFM（1）F 常亮，MSTR、RUN 常亮，IFM（2）F、STOP 熄灭］、切换后备用 CPU（A）模式开关在 RUN 位置但为 STOP 状态［REDF、IFM（1）F 常亮，STOP 常亮，MSTR、RUN、IFM（2）F 熄灭］；H 系统通过一个冗余链接切换完成	18	按照步骤开展，每少一步扣 2 分，扣完为止		
2.5	断电重启原主用 CPU（A）（故障依旧，执行下一步，故障复归，完成检修）	（1）把 CPUA 打到 STOP 位，关掉 PS（A）电源，令 CPU（A）停电。 （2）拔掉 PS（A）备用电池，等待 1min。 （3）重新装上备用电池，重合 PS（A）电源，令 CPU（A）自检。 （4）等待 CPU（A）自检完成（自检过程约 10min）。 （5）把 CPUA 打到 RUN 位	9	按照步骤开展，每少一步扣 1.8 分，扣完为止		
2.6	更换原主用 CPU（A）	（1）读取主用 CPU（B）固件版本，确保运行中的 CPU（B）固件版本与备件 CPU（A）固件版本一致。 （2）备用 CPU（A）拨至 STOP 状态。 （3）备用 CPU（A）电源模板 PS 控制开关拨至关断电源状态（CPU 断电）。	16	按照步骤开展，每少一步扣 1.5 分，扣完为止		

续表

序号	项目名称	质量要求	满分	扣分标准	扣分原因	得分
2.6	更换原主用 CPU（A）	（4）拆掉备用 CPU（A）的光纤和近距离同步模块,记录光纤的安装位置（上下位置）。 （5）用螺钉旋具拆卸备用 CPU（A）的 DP 总线插头,记录总线插头的安装位置。 （6）用螺钉旋具拆卸备用 CPU（A）的底部固定螺栓,拆下 CPU。 （7）拔下备用 CPU（A）的存储卡,并按标识把它插至新 CPU 处,检查新 CPU 整定背板拨码（CPUA 为 RACK 0,CPUB 为 RACK 1）并安装新 CPU,把新的 CPU（A）处于 STOP 位。 （8）PS（A）控制开关拨至 I（供电）状态（为 CPU 供电）。 （9）等待新 CPU（A）自检完成,自检过程中新 CPU（A）处于 STOP 位,且 STOP 黄灯闪烁。自检完成后,确认新 CPU（A）的 STOP 常亮。 （10）连接电脑确认新 CPU（A）的固件版本与运行 CPU（B）相同。 （11）插上近距离同步模块并按记录插上同步光纤。 （12）确认新的 CPU（A）的 MSTR 灯不亮,LINK1OK、LINK2OK 常亮,IMF1F、IMF2F 熄灭,把 CPU（A）拨至 RUN 位。 （13）按记录插上新 CPU（A）的 DP 总线插头,并拧紧	16	按照步骤开展,每少一步扣 1.5 分,扣完为止		
3	恢复现场并填写报告					
3.1	观察设备运行无异常后,恢复现场,填写修试记录	（1）检查阀冷系统运行正常、保护定制正确；投入所有保护连接片。 （2）填写修试记录	10	每少填写一项扣 1.5 分,扣完为止		
合计			100			

Jc1003163052　阀内冷系统主过滤器压差检测技术改造。（100 分）

考核知识点： 阀内冷系统主过滤器压差检测技术改造

难易度： 难

技能等级评价专业技能考核操作工作任务书

一、任务名称

阀内冷系统主过滤器压差检测技术改造。

二、适用工种

换流站直流设备检修工（一次）高级技师。

三、具体任务

（1）工作状态为阀内冷系统停运检修。工作内容为将主过滤器 Z01 目前采用的就地显示压差表更换为具备就地显示和开关量信号远传功能的压差表。

（2）工作任务：阀内冷系统主过滤器压差检测技术改造,处理步骤应符合要求,确保设备正常稳定运行。

主水回路如图 Jc1003163052 所示。

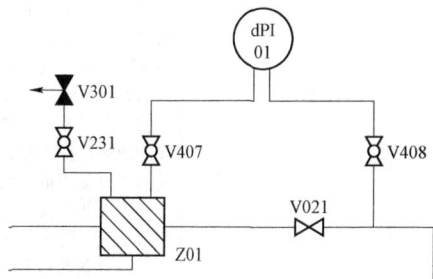

图 Jc1003163052

四、工作规范及要求

熟悉阀内冷系统主过滤器压差检测技术改造的方法，熟练使用仪器仪表及工器具。

五、考核及时间要求

本考核操作时间为 60 分钟，时间到停止考评。

技能等级评价专业技能考核操作评分标准

工种	换流站直流设备检修工（一次）				评价等级	高级技师
项目模块	一次及辅助设备日常维护、检修—阀冷却系统日常维护、检修			编号		Jc1003163052
单位			准考证号		姓名	
考试时限	60 分钟	题型		单项操作	题分	100 分
成绩		考评员		考评组长	日期	
试题正文	阀内冷系统主过滤器压差检测技术改造					
需要说明的问题和要求	（1）要求单人操作。 （2）操作应注意安全，按照标准化作业书的技术安全说明做好安全措施。 （3）填写修试记录					

序号	项目名称	质量要求	满分	扣分标准	扣分原因	得分
1	工具使用及安全措施					
1.1	相关安全措施的准备	（1）核对设备双重名称。 （2）进入作业现场正确佩戴安全帽，现场作业人员应穿全棉长袖工作服、绝缘鞋	10	未核对设备扣 5 分；安全帽佩戴不规范扣 2 分，未穿全棉长袖工作服扣 1 分，未穿绝缘鞋扣 2 分		
2	主过滤器压差检测技术改造					
2.1	硬件技改	参考图 Jc1003163052： （1）关闭压差表两端阀门 V407、V408，拆除原压差表 dPI01。 （2）安装新的电接点压差表。 （3）将电接点告警信号电缆接入阀冷控制屏 AP5 中备用端子排中。 （4）在 AP5 控制柜内增加一个中间继电器，用于接收主过滤器压差开关量输入信号，并连接至现有 CPUA 和 CPUB 的 DI 模块备用通道或新增 DI 模块的信号通道	25	按照步骤开展，每少一步扣 7 分，扣完为止		
2.2	软件技改	（1）在 PLC 的 DI 开关量输入的 DB 数据块中增加 DIPS01 主过滤器压差高报警信息 1 条。 （2）在 PLC 的 FC 程序块中增加 DIPS01 的主过滤器压差高报警控制逻辑。 （3）在 PLC 的报警信息 DB 数据块中增加 DIPS01 报警信号，并将其添加到上送至控制保护系统的数据中。 （4）重新编译更新 PLC 程序。 （5）在 HMI 程序的报警信息显示中，增加 DIPS01 主过滤器压差高报警信息 1 条，并为其分配变量，然后重新编译更新程序。 （6）更新换流站的保护定值表，增加主过滤器压差报警本体的设定值。 （7）更新与控制保护系统的通信协议内容，并在控制保护系统中增加相对应的主过滤器压差高报警信息	50	按照步骤开展，每少一步扣 8 分，扣完为止		

续表

序号	项目名称	质量要求	满分	扣分标准	扣分原因	得分
3	试验并恢复现场					
3.1	进行现场试验，验证设备运行无异常后，恢复现场，填写修试记录	（1）试验模拟电接点压差表达到动作定值后，屏柜即就地面板上可正常告警、恢复正常压力后告警复归；核对现场告警与后台一致。 （2）填写修试记录	15	记录填写不全按比例扣分，总计10分；无检查扣5分		
	合计		100			

Jc1003163053　阀内冷系统进阀压力传感器三冗余改造。（100分）

考核知识点： 阀内冷系统进阀压力传感器三冗余改造

难易度： 难

技能等级评价专业技能考核操作工作任务书

一、任务名称

阀内冷系统进阀压力传感器三冗余改造。

二、适用工种

换流站直流设备检修工（一次）高级技师。

三、具体任务

（1）工作状态为阀内冷系统停运检修，该阀冷系统配置两套进阀压力传感器。工作内容为阀压力传感器三冗余改造。

（2）工作任务：阀内冷系统进阀压力传感器三冗余改造，处理步骤应符合要求，确保设备正常稳定运行。

四、工作规范及要求

熟悉阀内冷系统进阀压力传感器三冗余改造的方法，熟练使用仪器仪表及工器具。

五、考核及时间要求

本考核操作时间为60分钟，时间到停止考评。

技能等级评价专业技能考核操作评分标准

工种		换流站直流设备检修工（一次）				评价等级		高级技师	
项目模块		一次及辅助设备日常维护、检修—阀冷却系统日常维护、检修				编号		Jc1003163053	
单位				准考证号			姓名		
考试时限		60分钟	题型		单项操作		题分		100分
成绩		考评员			考评组长		日期		
试题正文		阀内冷系统进阀压力传感器三冗余改造							
需要说明的问题和要求		（1）要求单人操作。 （2）操作应注意安全，按照标准化作业书的技术安全说明做好安全措施。 （3）填写修试记录							

序号	项目名称	质量要求	满分	扣分标准	扣分原因	得分
1	工具使用及安全措施					

续表

序号	项目名称	质量要求	满分	扣分标准	扣分原因	得分
1.1	相关安全措施的准备	（1）核对设备双重名称。 （2）进入作业现场正确佩戴安全帽，现场作业人员应穿全棉长袖工作服、绝缘鞋	10	未核对设备扣 5 分； 安全帽佩戴不规范扣 2 分，未穿全棉长袖工作服扣 1 分，未穿绝缘鞋扣 2 分		
2	进阀压力传感器三冗余改造					
2.1	硬件技改	（1）在主管道中，将原压力变送器检修球阀使用三通扩展两个出口。 （2）各出口设计检修球阀，使用引流管至最终安装位置，安装压力变送器。 （3）电气二次回路新增一条仪表连接线，将新增的压力变送器信号连接至阀冷控制系统 A 柜的备用端子排。 （4）新增隔离放大模块，将新增压力变送器的模拟量信号经隔离放大模块后分别送给阀冷控制系统 A 和 B 的模拟量输入模块	24	按照步骤开展，每少一步扣 6 分，扣完为止		
2.2	软件技改	（1）在 PLC 的 FC 程序块中，优化更新 PT03 进阀压力、PT04 进阀压力、PT05 进阀压力采样值工程转换模块。 （2）在 PLC 的 FC 程序块中，优化更新 PT03 进阀压力、PT04 进阀压力、PT05 进阀压力送器故障处理块。 （3）在 PLC 的 FC 程序块中，按照国网反措要求，进阀压力保护调用封装的"三取二仪表处理模块"子程序，对进阀压力低、进阀压力高、进阀压力超低报警进行更新。 （4）在 HMI 程序中，优化更新变送器报警信息，以及更新变送器显示值。 （5）重新编译更新 PLC 及 HMI 程序	30	按照步骤开展，每少一步扣 6 分，扣完为止		
3	试验并恢复现场					
3.1	进行现场试验，验证设备运行无异常后，恢复现场，填写修试记录	（1）完成仪表"三冗余配置"硬件改造及控制程序更新后，在 HMI 面板进行数据检查并完成多次数据记录，确认新增模拟量无异常。 （2）三台变送器均正常情况下，验证"三取二"控制逻辑正常。 （3）一台变送器故障情况下，验证"二取一"控制逻辑正常。 （4）两台变送器故障情况下，验证"一取一"控制逻辑正常。 （5）核对现场告警与后台一致；清理工作现场	36	修试记录中体现出试验结果，每少填写一项 8 分，扣完为止； 未恢复清理现场扣 4 分		
	合计		100			

Jc1003163054　阀内冷系统膨胀罐电容式液位传感器三冗余改造。（100分）

考核知识点： 阀内冷系统膨胀罐电容式液位传感器三冗余改造

难易度： 难

技能等级评价专业技能考核操作工作任务书

一、任务名称

阀内冷系统膨胀罐电容式液位传感器三冗余改造。

二、适用工种

换流站直流设备检修工（一次）高级技师。

三、具体任务

（1）工作状态为阀内冷系统停运检修，该阀冷系统配置两套膨胀罐电容式液位传感器、一套磁翻板液位计。工作内容为膨胀罐电容式液位传感器三冗余改造。

（2）工作任务：阀内冷系统膨胀罐电容式液位传感器三冗余改造，处理步骤应符合要求，确保设备正常稳定运行。

四、工作规范及要求

熟悉阀内冷系统膨胀罐电容式液位传感器三冗余改造的方法，熟练使用仪器仪表及工器具。

五、考核及时间要求

本考核操作时间为 60 分钟，时间到停止考评。

技能等级评价专业技能考核操作评分标准

工种	换流站直流设备检修工（一次）				评价等级	高级技师	
项目模块	一次及辅助设备日常维护、检修—阀冷却系统日常维护、检修			编号		Jc1003163054	
单位			准考证号			姓名	
考试时限	60 分钟	题型		单项操作		题分	100 分
成绩		考评员		考评组长		日期	
试题正文	阀内冷系统膨胀罐电容式液位传感器三冗余改造						
需要说明的问题和要求	（1）要求单人操作。 （2）操作应注意安全，按照标准化作业书的技术安全说明做好安全措施。 （3）填写修试记录						

序号	项目名称	质量要求	满分	扣分标准	扣分原因	得分
1	工具使用及安全措施					
1.1	相关安全措施的准备	（1）核对设备双重名称。 （2）进入作业现场正确佩戴安全帽，现场作业人员应穿全棉长袖工作服、绝缘鞋	10	未核对设备扣 5 分； 安全帽佩戴不规范扣 2 分，未穿全棉长袖工作服扣 1 分，未穿绝缘鞋扣 2 分		
2	膨胀罐电容式液位传感器三冗余改造					
2.1	硬件技改	（1）在稳压回路中，改造膨胀罐液位管路构造，增加一台电容式液位计。 （2）取消原磁翻板液位计的远传信号。 （3）电气二次回路新增一条仪表连接线，将新增的液位变送器信号连接至阀冷控制系统 A 柜的备用端子排。 （4）新增隔离放大模块，将新增液位变送器的模拟量信号经隔离放大模块后分别送给阀冷控制系统 A 和 B 的模拟量输入模块	24	按照步骤开展，每少一步扣 6 分，扣完为止		
2.2	软件技改	（1）在 PLC 的 FC 程序块中，优化更新 LT11 膨胀罐液位、LT12 膨胀罐液位、LT13 膨胀罐液位采样值工程转换模块。 （2）在 PLC 的 FC 程序块中，优化更新 LT11 膨胀罐液位、LT12 膨胀罐液位、LT13 膨胀罐液位送器故障处理块。 （3）在 PLC 的 FC 程序块中，按照上述国网反措要求，膨胀罐液位保护调用封装的"三取二仪表处理模块"子程序，对膨胀罐液位超低、泄漏报警进行更新。 （4）在 HMI 程序中，优化更新变送器报警信息，以及更新变送器显示值。 （5）重新编译更新 PLC 及 HMI 程序	30	按照步骤开展，每少一步扣 6 分，扣完为止		

续表

序号	项目名称	质量要求	满分	扣分标准	扣分原因	得分
3	试验，恢复现场并填写报告					
3.1	进行现场试验，验证设备运行无异常后，恢复现场，填写修试记录	（1）完成仪表"三冗余配置"硬件改造及控制程序更新后，在HMI面板进行数据检查并完成多次数据记录，确认新增模拟量无异常。 （2）三台变送器均正常情况下，验证"三取二"控制逻辑正常。 （3）一台变送器故障情况下，验证"二取一"控制逻辑正常。 （4）两台变送器故障情况下，验证"一取一"控制逻辑正常。 （5）核对现场告警与后台一致；清理工作现场	36	修试记录中体现出试验结果，每少填写一项扣8分，扣完为止；未恢复清理现场扣4分		
	合计		100			

Jc1003163055　阀内冷系统冷却水流量传感器三冗余改造。（100分）
考核知识点： 阀内冷系统冷却水流量传感器三冗余改造
难易度： 难

技能等级评价专业技能考核操作工作任务书

一、任务名称
阀内冷系统冷却水流量传感器三冗余改造。
二、适用工种
换流站直流设备检修工（一次）高级技师。
三、具体任务
（1）工作状态为阀内冷系统停运检修，该阀冷系统配置两套冷却水流量传感器。工作内容为冷却水流量传感器三冗余改造。
（2）工作任务：阀内冷系统冷却水流量传感器三冗余改造，处理步骤应符合要求，确保设备正常稳定运行。
四、工作规范及要求
熟悉阀内冷系统冷却水流量传感器三冗余改造的方法，熟练使用仪器仪表及工器具。
五、考核及时间要求
本考核操作时间为60分钟，时间到停止考评。

技能等级评价专业技能考核操作评分标准

工种	换流站直流设备检修工（一次）			评价等级	高级技师
项目模块	一次及辅助设备日常维护、检修—阀冷却系统日常维护、检修		编号		Jc1003163055
单位		准考证号		姓名	
考试时限	60分钟	题型	单项操作	题分	100分
成绩		考评员	考评组长	日期	
试题正文	阀内冷系统冷却水流量传感器三冗余改造				

续表

	需要说明的问题和要求	(1) 要求单人主导操作，可申请外协协助开展。 (2) 操作应注意安全，按照标准化作业书的技术安全说明做好安全措施。 (3) 填写修试记录				

序号	项目名称	质量要求	满分	扣分标准	扣分原因	得分
1	工具使用及安全措施					
1.1	相关安全措施的准备	(1) 核对设备双重名称。 (2) 进入作业现场正确佩戴安全帽，现场作业人员应穿全棉长袖工作服、绝缘鞋	10	未核对设备扣 5 分； 安全帽佩戴不规范扣 2 分，未穿全棉长袖工作服扣 1 分，未穿绝缘鞋扣 2 分		
2	冷却水流量传感器三冗余改造					
2.1	硬件技改	(1) 在主回路中，隔离一台冷却水流量传感器，排出管道中冷却介质。 (2) 将原单头涡街流量变送器替换为通径双头涡街流量变送器。 (3) 电气二次回路新增一条仪表连接线，将新增的冷却水流量变送器信号连接至阀冷控制系统 A 柜的备用端子排。 (4) 新增隔离放大模块，将新增冷却水流量变送器的模拟量信号经隔离放大模块后分别送给阀冷控制系统 A 和 B 的模拟量输入模块	24	按照步骤开展，每少一步扣 6 分，扣完为止		
2.2	软件技改	(1) 在 PLC 的 FC 程序块中，优化更新 FT01 冷却水流量、FT02 冷却水流量、FT03 冷却水流量采样值工程转换模块。 (2) 在 PLC 的 FC 程序块中，优化更新 FT01 冷却水流量、FT02 冷却水流量、FT03 冷却水流量送器故障处理块。 (3) 在 PLC 的 FC 程序块中，按照上述国网反措要求，冷却水流量保护调用封装的"三取二仪表处理模块"子程序，对冷却水流量低、冷却水流量超低报警进行更新。 (4) 在 HMI 程序中，优化更新变送器报警信息，以及更新变送器显示值。 (5) 重新编译更新 PLC 及 HMI 程序	30	按照步骤开展，每少一步扣 6 分，扣完为止		
3	试验、恢复现场并填写报告					
3.1	进行现场试验，验证设备运行无异常后，恢复现场，填写修试记录	1) 完成仪表"三冗余配置"硬件改造及控制程序更新后，在 HMI 面板进行数据检查并完成多次数据记录，确认新增模拟量无异常。 (2) 三台变送器均正常情况下，验证"三取二"控制逻辑正常。 (3) 一台变送器故障情况下，验证"二取一"控制逻辑正常。 (4) 两台变送器故障情况下，验证"一取一"控制逻辑正常。 (5) 核对现场告警与后台一致；清理工作现场	36	修试记录中体现出试验结果，每少填写一项扣 8 分，扣完为止； 未恢复清理现场扣 4 分		
	合计		100			

Jc1004163056 绕组连同套管的介质损耗因数和电容量测量。（100 分）

考核知识点：绕组连同套管的介质损耗因数和电容量测量

难易度：难

技能等级评价专业技能考核操作工作任务书

一、任务名称

绕组连同套管的介质损耗因数和电容量测量。

二、适用工种

换流站直流设备检修工（一次）高级技师。

三、具体任务

（1）工作状态为模拟换流站全停检修。工作内容为换流变压器绕组连同套管的介质损耗因数和电容量测量。

（2）工作任务：绕组连同套管的介质损耗因数和电容量测量。

四、工作规范及要求

（1）做好二次接线标识及断复引记录。

（2）按力矩要求紧固螺栓。

五、考核及时间要求

（1）本考核操作时间为 60 分钟，时间到停止考评。

（2）故障查找和排除过程中，如确实不能查找出故障，可向考评员申请排除故障，该项故障项目不得分，但不影响其他项目。

（3）按照技能操作记录单的操作要求进行操作，正确记录操作结果，试验记录项目包括动作元件、相别、动作出口时间等。

技能等级评价专业技能考核操作评分标准

工种	换流站直流设备检修工（一次）			评价等级	高级技师
项目模块	一次及辅助设备日常维护、检修—换流变压器、平波电抗器、直流穿墙套管日常维护、检修		编号		Jc1004163056
单位		准考证号		姓名	
考试时限	60 分钟	题型	单项操作	题分	100 分
成绩		考评员	考评组长	日期	
试题正文	绕组连同套管的介质损耗因数和电容量测量				
需要说明的问题和要求	（1）要求调试人员单人操作，故障查找及分析在调试过程中完成。 （2）操作应注意安全，按照标准化作业书的技术安全说明做好安全措施。 （3）装置调试检验在保护屏上完成操作。 （4）可选考场提供的测试仪或自带测试仪				

序号	项目名称	质量要求	满分	扣分标准	扣分原因	得分
1	工具使用及安全措施	正确使用工器具，安全措施布置正确	10	工作准备不齐全扣 10 分		
2	试验准备工作	核实工作票及工作票的内容、安全措施、地点等	6	错误一处扣 1 分，扣完为止		
		试验前工作交代：工作地点、工作内容、人员分工、安全措施、安全注意事项	6	错误一处扣 1 分，扣完为止		
		检查所有试验人员是否到位	6	错误一处扣 1 分，扣完为止		
		检查试验仪器接地良好	6	错误一处扣 1 分，扣完为止		
		检查操作试验人员站在绝缘垫上	6	错误一处扣 1 分，扣完为止		

续表

序号	项目名称	质量要求	满分	扣分标准	扣分原因	得分
3	开展试验工作	按照试验接线图接好试验线，加压线悬空	6	错误一处扣1分，扣完为止		
		用万用表测量试验电源确是220V，打开试验仪器开关，选择反接线试验方式	6	错误一处扣1分，扣完为止		
		选择试验电压10kV	6	错误一处扣1分，扣完为止		
		查看试验区内无其他人员	6	错误一处扣1分，扣完为止		
		大声呼唱"加压了"，得到监护人员回复后开始按下测试按钮进行测量	6	错误一处扣1分，扣完为止		
4	恢复并清理现场	等待试验结束后，立刻关闭高压输出电源	5	错误一处扣1分，扣完为止		
		记录试验数据，油温、环温和湿度	5	错误一处扣1分，扣完为止		
		关闭试验仪器总开关	5	错误一处扣1分，扣完为止		
		断开试验电源双刀开关	5	错误一处扣1分，扣完为止		
		对测试的试验数据进行分析，得出结论	5	错误一处扣1分，扣完为止		
		拆除试验线并清理工作现场	5	错误一处扣1分，扣完为止		
合计			100			

Jc1004463057　套管的介质损耗因数、电容量测量。（100分）

考核知识点： 套管的介质损耗因数、电容量测量

难易度： 难

技能等级评价专业技能考核操作工作任务书

一、任务名称

套管的介质损耗因数、电容量测量。

二、适用工种

换流站直流设备检修工（一次）高级技师。

三、具体任务

（1）工作状态为模拟换流站全停检修。工作内容为换流变套管的介质损耗因数、电容量测量。

（2）工作任务：套管的介质损耗因数、电容量测量。

四、工作规范及要求

（1）做好二次接线标识及断复引记录。

（2）按力矩要求紧固螺栓。

五、考核及时间要求

（1）本考核操作时间为60分钟，时间到停止考评。

（2）故障查找和排除过程中，如确实不能查找出故障，可向考评员申请排除故障，该项故障项目不得分，但不影响其他项目。

（3）按照技能操作记录单的操作要求进行操作，正确记录操作结果，试验记录项目包括动作元件、相别、动作出口时间等。

技能等级评价专业技能考核操作评分标准

工种	换流站直流设备检修工（一次）		评价等级	高级技师
项目模块	一次及辅助设备日常维护、检修—换流变压器、平波电抗器、直流穿墙套管日常维护、检修		编号	Jc1004463057
单位		准考证号	姓名	
考试时限	60分钟	题型	单项操作	题分	100分
成绩		考评员	考评组长	日期	
试题正文	套管的介质损耗因数、电容量测量			
需要说明的问题和要求	（1）要求调试人员单人操作，故障查找及分析在调试过程中完成。 （2）操作应注意安全，按照标准化作业书的技术安全说明做好安全措施。 （3）装置调试检验在保护屏上完成操作。 （4）可选考场提供的测试仪或自带测试仪			

序号	项目名称	质量要求	满分	扣分标准	扣分原因	得分
1	工具使用及安全措施	正确使用工器具，安全措施布置正确	10	工作准备不齐全扣10分		
2	试验准备工作	核实工作票及工作票的内容、安全措施、地点等	6	错误一处扣1分，扣完为止		
		试验前工作交代：工作地点、工作内容、人员分工、安全措施、安全注意事项	6	错误一处扣1分，扣完为止		
		检查所有试验人员是否到位	6	错误一处扣1分，扣完为止		
		检查试验仪器接地良好	6	错误一处扣1分，扣完为止		
		检查操作试验人员站在绝缘垫上	6	错误一处扣1分，扣完为止		
3	开展试验工作	按照试验接线图接好试验线，加压线悬空	6	错误一处扣1分，扣完为止		
		用万用表测量试验电源确是220V，打开试验仪器开关，选择反接线试验方式	6	错误一处扣1分，扣完为止		
		选择试验电压10kV	6	错误一处扣1分，扣完为止		
		查看试验区内无其他人员	6	错误一处扣1分，扣完为止		
		大声呼唱"加压了"，得到监护人员回复后开始按下测试按钮进行测量	6	错误一处扣1分，扣完为止		
4	恢复并清理现场	等待试验结束后，立刻关闭高压输出电源	5	错误一处扣1分，扣完为止		
		记录试验数据、油温、环温和湿度	5	错误一处扣1分，扣完为止		
		关闭试验仪器总开关	5	错误一处扣1分，扣完为止		
		断开试验电源双刃开关	5	错误一处扣1分，扣完为止		
		对测试的试验数据进行分析，得出结论	5	错误一处扣1分，扣完为止		
		拆除试验线并清理工作现场	5	错误一处扣1分，扣完为止		
	合计		100			

Jc1004463058 换流变压器铁芯、夹件绝缘电阻测量。（100分）

考核知识点：换流变压器铁芯、夹件绝缘电阻测量

难易度：难

技能等级评价专业技能考核操作工作任务书

一、任务名称

换流变压器铁芯、夹件绝缘电阻测量。

二、适用工种

换流站直流设备检修工（一次）高级技师。

三、具体任务

（1）工作状态为模拟换流站全停检修。工作内容为换流变压器铁芯、夹件绝缘电阻测量。

（2）工作任务：铁芯、夹件绝缘电阻测量。

四、工作规范及要求

（1）做好二次接线标识及断复引记录。

（2）按力矩要求紧固螺栓。

五、考核及时间要求

（1）本考核操作时间为 60 分钟，时间到停止考评。

（2）故障查找和排除过程中，如确实不能查找出故障，可向考评员申请排除故障，该项故障项目不得分，但不影响其他项目。

（3）按照技能操作记录单的操作要求进行操作，正确记录操作结果，试验记录项目包括动作元件、相别、动作出口时间等。

技能等级评价专业技能考核操作评分标准

工种	换流站直流设备检修工（一次）				评价等级	高级技师
项目模块	一次及辅助设备日常维护、检修—换流变压器、平波电抗器、直流穿墙套管日常维护、检修			编号		Jc1004463058
单位			准考证号		姓名	
考试时限	60 分钟	题型		单项操作	题分	100 分
成绩		考评员		考评组长	日期	
试题正文	换流变压器铁芯、夹件绝缘电阻测量					
需要说明的问题和要求	（1）要求调试人员单人操作，故障查找及分析在调试过程中完成。 （2）操作应注意安全，按照标准化作业书的技术安全说明做好安全措施。 （3）装置调试检验在保护屏上完成操作。 （4）可选考场提供的测试仪或自带测试仪					

序号	项目名称	质量要求	满分	扣分标准	扣分原因	得分
1	工具使用及安全措施	正确使用工器具，安全措施布置正确	10	工作准备不齐全扣 10 分		
2	试验准备工作	核实工作票及工作票的内容、安全措施、地点等	7	错误一处扣 1 分，扣完为止		
		试验前工作交代：工作地点、工作内容、人员分工、安全措施、安全注意事项	7	错误一处扣 1 分，扣完为止		
		检查所有试验人员是否到位	7	错误一处扣 1 分，扣完为止		
		检查操作试验人员站在绝缘垫上	7	错误一处扣 1 分，扣完为止		
3	开展试验工作	按照试验接线图接好试验线，负极性电压接 CC 或 CL，CL 或 CC 与 G 连接，正极性电压线接地测量 CC 与 CL 之间绝缘电阻时，负极性电压接 CC（CL），正极性电压线接 CL（CC），负极性电压悬空（CC：夹件，CL：铁芯）	6	错误一处扣 1 分，扣完为止		
		打开试验仪器开关，选择试验电压 2.5kV（老旧换流变压器采用 1kV）	6	错误一处扣 1 分，扣完为止		
		查看试验区内无其他人员	6	错误一处扣 1 分，扣完为止		
		大声呼唱"加压了"，得到监护人员回复后开始按下测试按钮进行测量	6	错误一处扣 1 分，扣完为止		
		加压时间 1min 后读取绝缘电阻值	6	错误一处扣 1 分，扣完为止		

续表

序号	项目名称	质量要求	满分	扣分标准	扣分原因	得分
4	恢复并清理现场	按下复位按钮，待放电指示无显示后关闭仪器电源开关	8	错误一处扣1分，扣完为止		
		等待试验结束后，记录试验数据，油温、环温和湿度	8	错误一处扣1分，扣完为止		
		对测试的试验数据进行分析，得出结论	8	错误一处扣1分，扣完为止		
		拆除试验线，恢复铁芯和夹件接地线	8	错误一处扣1分，扣完为止		
	合计		100			

Jc1004463059　干式平波电抗器绕组直流电阻测量。（100分）

考核知识点：干式平波电抗器绕组直流电阻测量

难易度：难

技能等级评价专业技能考核操作工作任务书

一、任务名称

干式平波电抗器绕组直流电阻测量。

二、适用工种

换流站直流设备检修工（一次）高级技师。

三、具体任务

（1）工作状态为模拟换流站全停检修。工作内容为干式平波电抗器绕组直流电阻测量。

（2）工作任务：干式平波电抗器绕组直流电阻测量。

四、工作规范及要求

（1）做好二次接线标识及断复引记录。

（2）按力矩要求紧固螺栓。

五、考核及时间要求

（1）本考核操作时间为60分钟，时间到停止考评。

（2）故障查找和排除过程中，如确实不能查找出故障，可向考评员申请排除故障，该项故障项目不得分，但不影响其他项目。

（3）按照技能操作记录单的操作要求进行操作，正确记录操作结果，试验记录项目包括动作元件、相别、动作出口时间等。

技能等级评价专业技能考核操作评分标准

工种	换流站直流设备检修工（一次）			评价等级	高级技师
项目模块	一次及辅助设备日常维护、检修—换流变压器、直流穿墙套管日常维护、检修		编号		Jc1004463059
单位		准考证号		姓名	
考试时限	60分钟	题型	单项操作	题分	100分
成绩		考评员	考评组长		日期	
试题正文	干式平波电抗器绕组直流电阻测量				
需要说明的问题和要求	（1）要求调试人员单人操作，故障查找及分析在调试过程中完成。 （2）操作应注意安全，按照标准化作业书的技术安全说明做好安全措施。 （3）装置调试检验在保护屏上完成操作。 （4）可选考场提供的测试仪或自带测试仪				

续表

序号	项目名称	质量要求	满分	扣分标准	扣分原因	得分
1	工具使用及安全措施	正确使用工器具，安全措施布置正确	10	工作准备不齐全扣10分		
2	试验准备工作	核实工作票及工作票的内容、安全措施、地点等	5	错误一处扣1分，扣完为止		
		试验前工作交代：工作地点、工作内容、人员分工、安全措施、安全注意事项	5	错误一处扣1分，扣完为止		
		检查所有试验人员是否到位	5	错误一处扣1分，扣完为止		
		检查试验仪器接地良好	5	错误一处扣1分，扣完为止		
		检查操作试验人员站在绝缘垫上	5	错误一处扣1分，扣完为止		
3	开展试验工作	按照试验接线图接好试验线	5	错误一处扣1分，扣完为止		
		用万用表测量试验电源确是220V，打开试验仪器电源开关	5	错误一处扣1分，扣完为止		
		查看试验区内无其他人员	5	错误一处扣1分，扣完为止		
		确认本干式平波电抗器上无人工作，确有试验人员监护	5	错误一处扣1分，扣完为止		
		打开仪器电源	5	错误一处扣1分，扣完为止		
		大声呼唱"加电流了！"，得到监护人员回复后开始按下测试按钮进行测量	5	错误一处扣1分，扣完为止		
4	恢复并清理现场	等待测量值稳定后，读取并记录直流电阻值	5	错误一处扣1分，扣完为止		
		按下复归按钮，仪器放电	5	错误一处扣1分，扣完为止		
		等待充分放电后，方可拆除试验线，断开试验电源	5	错误一处扣1分，扣完为止		
		断开试验电源双刃开关	5	错误一处扣1分，扣完为止		
		记录环境温度、绕组温度和湿度，对直流电阻值进行温度换算	5	错误一处扣1分，扣完为止		
		对测试的试验数据进行分析判断，得出结论	5	错误一处扣1分，扣完为止		
		拆除试验线并清理工作现场	5	错误一处扣1分，扣完为止		
	合计		100			

Jc1004463060 干式平波电抗器电感测量。（100分）

考核知识点： 干式平波电抗器电感测量

难易度： 难

技能等级评价专业技能考核操作工作任务书

一、任务名称

干式平波电抗器电感测量。

二、适用工种

换流站直流设备检修工（一次）高级技师。

三、具体任务

（1）工作状态为模拟换流站全停检修。工作内容为干式平波电抗器电感测量。

（2）工作任务：干式平波电抗器电感测量。

四、工作规范及要求

（1）做好二次接线标识及断复引记录。

（2）按力矩要求紧固螺栓。

五、考核及时间要求

（1）本考核操作时间为 60 分钟，时间到停止考评。

（2）故障查找和排除过程中，如确实不能查找出故障，可向考评员申请排除故障，该项故障项目不得分，但不影响其他项目。

（3）按照技能操作记录单的操作要求进行操作，正确记录操作结果，试验记录项目包括动作元件、相别、动作出口时间等。

技能等级评价专业技能考核操作评分标准

工种	换流站直流设备检修工（一次）		评价等级	高级技师
项目模块	一次及辅助设备日常维护、检修—换流变压器、平波电抗器、直流穿墙套管日常维护、检修	编号		Jc1004463060
单位		准考证号	姓名	
考试时限	60 分钟	题型 单项操作	题分	100 分
成绩	考评员	考评组长	日期	
试题正文	干式平波电抗器电感测量			
需要说明的问题和要求	（1）要求调试人员单人操作，故障查找及分析在调试过程中完成。（2）操作应注意安全，按照标准化作业书的技术安全说明做好安全措施。（3）装置调试检验在保护屏上完成操作。（4）可选考场提供的测试仪或自带测试仪			

序号	项目名称	质量要求	满分	扣分标准	扣分原因	得分
1	工具使用及安全措施	正确使用工器具，安全措施布置正确	10	工作准备不齐全扣 10 分		
2	试验准备工作	核实工作票及工作票的内容、安全措施、地点等	5	错误一处扣 1 分，扣完为止		
		试验前工作交代：工作地点、工作内容、人员分工、安全措施、安全注意事项	5	错误一处扣 1 分，扣完为止		
		检查所有试验人员是否到位	5	错误一处扣 1 分，扣完为止		
		检查试验仪器接地良好	5	错误一处扣 1 分，扣完为止		
		检查操作试验人员站在绝缘垫上	5	错误一处扣 1 分，扣完为止		
3	开展试验工作	按照试验接线图接好试验线，加压线悬空	15	错误一处扣 1 分，扣完为止		
		查看试验区内无其他人员	5	错误一处扣 1 分，扣完为止		
		打开试验仪器开关	5	错误一处扣 1 分，扣完为止		
		大声呼唱"加电压了"，得到监护人员回复后开始按下测试按钮进行测量	5	错误一处扣 1 分，扣完为止		
		等待测量值稳定后，读取并记录电感值	10	错误一处扣 1 分，扣完为止		
		按下复位按钮，待充分放电后关闭仪器电源开关	10	错误一处扣 1 分，扣完为止		
		记录环境温度、绕组温度和湿度	5	错误一处扣 1 分，扣完为止		
		对测试的试验数据进行分析判断，得出结论	5	错误一处扣 1 分，扣完为止		
		拆除试验线	5	错误一处扣 1 分，扣完为止		
	合计		100			

Jc1004463061　套管的主绝缘电阻和末屏绝缘电阻测量。（100分）

考核知识点： 套管的主绝缘电阻和末屏绝缘电阻测量

难易度： 难

技能等级评价专业技能考核操作工作任务书

一、任务名称

套管的主绝缘电阻和末屏绝缘电阻测量。

二、适用工种

换流站直流设备检修工（一次）高级技师。

三、具体任务

（1）工作状态为模拟换流站全停检修。工作内容为套管的主绝缘电阻和末屏绝缘电阻测量。

（2）工作任务：套管的主绝缘电阻和末屏绝缘电阻测量。

四、工作规范及要求

（1）做好二次接线标识及断复引记录。

（2）按力矩要求紧固螺栓。

五、考核及时间要求

（1）本考核操作时间为60分钟，时间到停止考评。

（2）故障查找和排除过程中，如确实不能查找出故障，可向考评员申请排除故障，该项故障项目不得分，但不影响其他项目。

（3）按照技能操作记录单的操作要求进行操作，正确记录操作结果，试验记录项目包括动作元件、相别、动作出口时间等。

技能等级评价专业技能考核操作评分标准

工种	换流站直流设备检修工（一次）				评价等级	高级技师
项目模块	一次及辅助设备日常维护、检修—换流变压器、平波电抗器、直流穿墙套管日常维护、检修			编号		Jc1004463061
单位			准考证号		姓名	
考试时限	60分钟	题型		单项操作	题分	100分
成绩		考评员		考评组长	日期	
试题正文	套管的主绝缘电阻和末屏绝缘电阻测量					
需要说明的问题和要求	（1）要求调试人员单人操作，故障查找及分析在调试过程中完成。 （2）操作应注意安全，按照标准化作业书的技术安全说明做好安全措施。 （3）装置调试检验在保护屏上完成操作。 （4）可选考场提供的测试仪或自带测试仪					

序号	项目名称	质量要求	满分	扣分标准	扣分原因	得分
1	工具使用及安全措施	正确使用工器具，安全措施布置正确	10	工作准备不齐全扣10分		
2	试验准备工作	核实工作票及工作票的内容、安全措施、地点等	7	错误一处扣1分，扣完为止		
		试验前工作交代：工作地点、工作内容、人员分工、安全措施、安全注意事项	7	错误一处扣1分，扣完为止		
		检查所有试验人员是否到位	7	错误一处扣1分，扣完为止		
		检查操作试验人员站在绝缘垫上	7	错误一处扣1分，扣完为止		

续表

序号	项目名称	质量要求	满分	扣分标准	扣分原因	得分
3	开展试验工作	按照试验接线图接好试验线，负极性电压接套管高压端，正极性电压线接套管的末屏测量末屏对地的绝缘电阻时，负极性电压线接末屏，正极性电压线接地，高压套管高压侧悬空	6	错误一处扣1分，扣完为止		
		打开试验仪器开关，选择试验电压2.5kV	6	错误一处扣1分，扣完为止		
		查看试验区内无其他人员	6	错误一处扣1分，扣完为止		
		大声呼唱"加压了"，得到监护人员回复后开始按下测试按钮进行测量	6	错误一处扣1分，扣完为止		
		加压时间1min后读取绝缘电阻值	6	错误一处扣1分，扣完为止		
4	恢复并清理现场	按下复位按钮，待放电指示无显示后关闭仪器电源开关	8	错误一处扣1分，扣完为止		
		等待试验结束后，记录试验数据，油温、环温和湿度	8	错误一处扣1分，扣完为止		
		对测试的试验数据进行分析，得出结论	8	错误一处扣1分，扣完为止		
		拆除试验线，恢复铁芯和夹件接地线	8	错误一处扣1分，扣完为止		
	合计		100			

Jc1004463062　套管回路电阻测量。（100分）

考核知识点： 套管回路电阻测量

难易度： 难

技能等级评价专业技能考核操作工作任务书

一、任务名称

套管回路电阻测量。

二、适用工种

换流站直流设备检修工（一次）高级技师。

三、具体任务

（1）工作状态为模拟换流站全停检修。工作内容为套管回路电阻测量。

（2）工作任务：套管回路电阻测量。

四、工作规范及要求

（1）做好二次接线标识及断复引记录。

（2）按力矩要求紧固螺栓。

五、考核及时间要求

（1）本考核操作时间为60分钟，时间到停止考评。

（2）故障查找和排除过程中，如确实不能查找出故障，可向考评员申请排除故障，该项故障项目不得分，但不影响其他项目。

（3）按照技能操作记录单的操作要求进行操作，正确记录操作结果，试验记录项目包括动作元件、相别、动作出口时间等。

技能等级评价专业技能考核操作评分标准

工种		换流站直流设备检修工（一次）				评价等级		高级技师
项目模块		一次及辅助设备日常维护、检修—换流变压器、直流穿墙套管日常维护、检修			编号		Jc1004463062	
单位				准考证号			姓名	
考试时限	60分钟		题型		单项操作		题分	100分
成绩		考评员		考评组长			日期	

试题正文	套管回路电阻测量

需要说明的问题和要求	（1）要求调试人员单人操作，故障查找及分析在调试过程中完成。 （2）操作应注意安全，按照标准化作业书的技术安全说明做好安全措施。 （3）装置调试检验在保护屏上完成操作。 （4）可选考场提供的测试仪或自带测试仪

序号	项目名称	质量要求	满分	扣分标准	扣分原因	得分
1	工具使用及安全措施	正确使用工器具，正确布置安全措施	10	工作准备不齐全扣10分		
2	试验准备工作	核实工作票及工作票的内容、安全措施、地点等	5	错误一处扣1分，扣完为止		
		试验前工作交代：工作地点、工作内容、人员分工、安全措施、安全注意事项	5	错误一处扣1分，扣完为止		
		检查所有试验人员是否到位	5	错误一处扣1分，扣完为止		
		检查试验仪器接地良好	5	错误一处扣1分，扣完为止		
		检查操作试验人员站在绝缘垫上	5	错误一处扣1分，扣完为止		
3	开展试验工作	按照试验接线图接好试验线	5	错误一处扣1分，扣完为止		
		用万用表测量试验电源确是220V，打开试验仪器电源开关	10	错误一处扣1分，扣完为止		
		查看试验区内无其他人员	5	错误一处扣1分，扣完为止		
		确认开关及相连设备上无人工作，确有试验人员监护	5	错误一处扣1分，扣完为止		
		选择输出电流值	5	错误一处扣1分，扣完为止		
		大声呼唱"加电流了"，得到监护人员回复后开始按下测试按钮进行测量	5	错误一处扣1分，扣完为止		
4	恢复并清理现场	等待测量值稳定后，读取并记录直流电阻值	5	错误一处扣1分，扣完为止		
		关闭仪器电源	5	错误一处扣1分，扣完为止		
		拉开试验电源双刃开关	5	错误一处扣1分，扣完为止		
		等待试验结束后，记录试验数据	5	错误一处扣1分，扣完为止		
		对测试的试验数据进行分析判断，得出结论	5	错误一处扣1分，扣完为止		
		拆除试验线并清理工作现场	5	错误一处扣1分，扣完为止		
	合计		100			

Jc1004463063　在线滤油机滤芯更换工作。（100分）

考核知识点： 在线滤油机滤芯更换工作

难易度： 难

技能等级评价专业技能考核操作工作任务书

一、任务名称
在线滤油机滤芯更换工作。

二、适用工种
换流站直流设备检修工（一次）高级技师。

三、具体任务
（1）工作状态为模拟换流站全停检修。工作内容为在线滤油机滤芯更换工作。

（2）工作任务：在线滤油机滤芯更换工作。

四、工作规范及要求
（1）做好二次接线标识及断复引记录。

（2）按力矩要求紧固螺栓。

五、考核及时间要求
（1）本考核操作时间为 60 分钟，时间到停止考评。

（2）故障查找和排除过程中，如确实不能查找出故障，可向考评员申请排除故障，该项故障项目不得分，但不影响其他项目。

（3）按照技能操作记录单的操作要求进行操作，正确记录操作结果，试验记录项目包括动作元件、相别、动作出口时间等。

技能等级评价专业技能考核操作评分标准

工种	换流站直流设备检修工（一次）			评价等级	高级技师
项目模块	一次及辅助设备日常维护、检修—换流变压器、直流穿墙套管日常维护、检修		编号		Jc1004463063
单位		准考证号		姓名	
考试时限	60 分钟	题型	单项操作	题分	100 分
成绩		考评员	考评组长	日期	
试题正文	在线滤油机滤芯更换工作				
需要说明的问题和要求	（1）要求调试人员单人操作，故障查找及分析在调试过程中完成。 （2）操作应注意安全，按照标准化作业书的技术安全说明做好安全措施。 （3）装置调试检验在保护屏上完成操作。 （4）可选考场提供的测试仪或自带测试仪				

序号	项目名称	质量要求	满分	扣分标准	扣分原因	得分
1	工具使用及安全措施	正确使用工器具，正确布置安全措施	5	工作准备不齐全，一处扣1分，扣完为止		
2	试验准备工作	关闭滤油机的进出油阀门	5	错误一处扣1分，扣完为止		
		将排油软管连接到排油阀门上，并打开泄压阀和排油阀进行排油	5	错误一处扣1分，扣完为止		
		排干油后，松开顶部螺母，取下滤油机外罩	5	错误一处扣1分，扣完为止		
		松开杆轴上的螺栓，取下弹簧和连接片，用抹布将油拭擦干净	5	错误一处扣1分，扣完为止		
		将旧的过滤网取下，将新的过滤网套在杆轴上，再套上连接片、弹簧和螺栓	5	错误一处扣1分，扣完为止		

续表

序号	项目名称	质量要求	满分	扣分标准	扣分原因	得分
3	开展试验工作	更换密封圈	10	错误一处扣1分，扣完为止		
		将螺栓紧固直到压紧过滤网为止	10	错误一处扣1分，扣完为止		
		装好滤油机壳体，紧固顶部螺母	10	错误一处扣1分，扣完为止		
		对过滤器进行注油，打开在线滤油机的进出油阀	10	错误一处扣1分，扣完为止		
		当泄压阀中有油流出来时，装上泄压阀	10	错误一处扣1分，扣完为止		
		打开泄压阀排气	10	错误一处扣1分，扣完为止		
4	恢复并清理现场	启动在线滤油机，检查压力表读数是否正常	5	错误一处扣1分，扣完为止		
		清理工作现场	5	错误一处扣1分，扣完为止		
	合计		100			

Jc1005143064　直流分压器分压比检测。（100分）

考核知识点： 直流分压器分压比检测

难易度： 难

技能等级评价专业技能考核操作工作任务书

一、任务名称

直流分压器分压比检测。

二、适用工种

换流站直流设备检修工（一次）高级技师。

三、具体任务

（1）工作状态为直流系统检修状态。工作内容为直流分压器分压比测试。

（2）工作任务：对直流分压器分压比测试，检测分压器分压比是否符合规程要求。

四、工作规范及要求

（1）工器具使用及安全措施。

（2）熟悉直流分压器分压比检测的方法，熟练使用仪器仪表。

（3）熟悉各种影响试验数据、结论的因素及消除方法并填写试验报告。

五、考核及时间要求

（1）本考核操作时间为60分钟，时间到停止考评。同一类现象故障不限一处故障点。

（2）按照技能操作记录单的操作要求进行操作，正确记录操作结果。

技能等级评价专业技能考核操作评分标准

工种	换流站直流设备检修工（一次）			评价等级	高级技师
项目模块	一次及辅助设备日常维护、检修—直流分压器的日常维护、检修		编号		Jc1005143064
单位		准考证号		姓名	
考试时限	60分钟	题型	单项操作	题分	100分
成绩		考评员	考评组长	日期	
试题正文	直流分压器分压比检测				

续表

序号	项目名称	质量要求	满分	扣分标准	扣分原因	得分
	需要说明的问题和要求	（1）要求调试人员单人操作，故障查找及分析在调试过程中完成。 （2）操作应注意安全，按照标准化作业书的技术安全说明做好安全措施。 （3）在直流分压器一次设备上完成操作。 （4）可选考场提供的测试仪或自带测试仪。 （5）试验或检修结果填入修试记录				
1	工具使用及安全措施					
1.1	各种工器具正确使用	熟练正确使用分压比测试仪	5	未正确使用，一次扣1分，扣完为止		
1.2	相关安全措施的准备	（1）试验仪器正确接地。 （2）试验电源应具备单独的工作接地和保护接地。 （3）人员及试验仪器与电力设备的高压部分保持足够的安全距离，且操作人员应使用绝缘垫。 （4）试验现场应装设遮栏或围栏，遮栏或围栏与试验设备高压部分应有足够的安全距离，向外悬挂"止步，高压危险！"的标示牌，并派人看守	10	试验仪器未正确接地扣2分； 试验电源未正常接地扣2分； 人员未使用绝缘垫扣3分； 未按照要求设置遮栏扣3分（可口述）		
2	分压比试验步骤					
2.1	进行分压比测试	（1）将被试设备对地放电。 （2）按检测标注接线图进行接线，检查接线无误、调压器在零位后合上开关。 （3）将调压器调到输出一定电压，在80%～100%额定电压范围内于一次侧加任一电压值，测量二次侧电压，并计算分压比，简单检查可取更低电压。 （4）降压为零并断开电源。 （5）对被试设备及升压设备高压部分放电，短路接地	50	设备未对地放电扣5分； 试验接线错误每处扣5分，最多扣20分； 调压范围选择错误或加压错误扣10分； 降压及断开电源顺序错误扣5分； 高压部分未短路放电扣10分		
3	分压比识别	将测量的一次侧电压值与二次侧电压值进行计算，得到被试设备的实际分压比，应符合相关要求	10	计算错误扣5分； 分压比是否符合要求判断不正确扣5分		
4	现场恢复	恢复现场	10	未进行现场恢复扣10分		
5	填写试验报告					
5.1	试验记录	正确填写试验结果	15	每少填写一项扣3分，扣完为止		
	合计		100			

Jc1005143065　直流电流互感器注流试验。（100分）

考核知识点：注流试验

难易度：难

技能等级评价专业技能考核操作工作任务书

一、任务名称

直流电流互感器注流试验。

二、适用工种

换流站直流设备检修工（一次）高级技师。

三、具体任务

（1）工作状态为直流系统停电。工作内容为使用直流电流互感器注流试验。

（2）工作任务：对直流电流互感器进行注流试验。

四、工作规范及要求

（1）工器具使用及安全措施。

（2）熟悉直流互感器注流的方法，熟练使用仪器仪表。

（3）熟悉各种影响试验数据、结论的因素及消除方法并填写试验报告。

五、考核及时间要求

（1）本考核操作时间为 60 分钟，时间到停止考评。

（2）按照技能操作记录单的操作要求进行操作。

技能等级评价专业技能考核操作评分标准

工种	换流站直流设备检修工（一次）				评价等级	高级技师
项目模块	一次及辅助设备日常维护、检修—直流电流互感器的日常维护、检修			编号		Jc1005143065
单位			准考证号		姓名	
考试时限	60 分钟	题型		单项操作	题分	100 分
成绩		考评员		考评组长	日期	
试题正文	直流电流互感器注流试验					
需要说明的问题和要求	（1）要求调试人员单人操作，故障查找及分析在调试过程中完成。 （2）操作应注意安全，按照标准化作业书的技术安全说明做好安全措施。 （3）在直流电流互感器一次设备上完成操作。 （4）可选考场提供的测试仪或自带测试仪。 （5）试验或检修结果填入修试记录					

序号	项目名称	质量要求	满分	扣分标准	扣分原因	得分
1	工具使用及安全措施					
1.1	各种工器具正确使用	熟练正确使用电流互感器注流仪	5	未正确使用，一次扣 1 分，扣完为止		
1.2	相关安全措施的准备	（1）试验仪器正确接地。 （2）试验电源应具备单独的工作接地和保护接地。 （3）人员及试验仪器与电力设备的高压部分保持足够的安全距离，且操作人员应使用绝缘垫。 （4）试验现场应装设遮栏或围栏，遮栏或围栏与试验设备高压部分应有足够的安全距离，向外悬挂"止步，高压危险！"的标示牌，并派人看守	10	试验仪器未正确接地扣2分； 试验电源未正常接地扣2分； 人员未使用绝缘垫扣3分； 未按要求设置遮栏扣3分（可口述）		
2	注流试验步骤					
2.1	绝缘电阻试验	待试设备在试验前，应先进行绝缘电阻试验	10	未进行绝缘电阻试验扣10分		
2.2	进行分压比测试	（1）将被试电流互感器一次、二次对地放电，使电流互感器一次绕组端子均与其他设备或接地装置断开。 （2）按图进行接线，检查接线无误，将直流电流源带电，按规程要求设置试验电流值；对于交接试验，注入额定电流10%、20%、50%、80%、100%，如果被检直流电流测量装置的技术条件还规定了其他工作电流范围，则还应增加相应的检定点；其他需开展注流试验时，注入电流值按相关规程执行。	40	未对地放电扣5分； 未按照接线图接线，每错一处扣4分，最高扣20分； 断开试验电源前未降流为零扣10分； 为对试品放电扣5分		

续表

序号	项目名称	质量要求	满分	扣分标准	扣分原因	得分
2.2	进行分压比测试	（3）记录数字电压表数值和后台测量装置电流数值。 （4）试验设备降流为零并断开试验电源。 （5）对电流互感器进行放电	40	未对地放电扣5分； 未按照接线图接线，每错一处扣4分，最高扣20分； 断开试验电源前未降流为零扣10分； 为对试品放电扣5分		
3	试验数据分析和处理					
3.1	变比误差	$\Delta K = \left(\dfrac{K_x - K_x'}{K_x} \right) \times 100\%$ 式中　K_x——被试电流互感器的实际变比； 　　　K_x'——被试电流互感器的额定变比； 　　　ΔK——变比误差	10	计算错误扣5分； 误差判断不符合标准扣5分		
4	现场恢复	恢复现场	10	未进行现场恢复扣10分		
5	填写试验报告					
5.1	试验记录	正确填写试验结果	15	每少填写一项扣3分，扣完为止		
	合计		100			

Jc1005153066　直流分压器高压臂参数测试。（100分）

考核知识点：直流分压器检测

难易度：难

技能等级评价专业技能考核操作工作任务书

一、任务名称

直流分压器高压臂参数测试。

二、适用工种

换流站直流设备检修工（一次）高级技师。

三、具体任务

（1）工作状态为直流系统检修状态。工作内容为开展直流分压器高压臂参数测试。

（2）工作任务：

1）开展直流分压器高压臂电容测试。

2）开展直流分压器高压臂电阻测试。

四、工作规范及要求

（1）工器具使用及安全措施。

（2）按要求进行直流分压器高压臂电容、电阻测试。

五、考核及时间要求

（1）本考核操作时间为60分钟，时间到停止考评。

（2）按照技能操作记录单的操作要求进行操作，正确记录操作结果，试验记录项目包括阀避雷器动作结果、后台计数器记录、报文记录。

技能等级评价专业技能考核操作评分标准

工种	换流站直流设备检修工（一次）				评价等级	高级技师
项目模块	一次及辅助设备日常维护、检修—直流分压器的日常维护、检修			编号		Jc1005153066
单位			准考证号		姓名	
考试时限	60分钟	题型		单项操作	题分	100分
成绩		考评员		考评组长	日期	
试题正文	直流分压器高压臂参数测试					
需要说明的问题和要求	（1）要求调试人员单人操作，故障查找及分析在调试过程中完成。 （2）操作应注意安全，按照标准化作业书的技术安全说明做好安全措施。 （3）在直流分压器一次设备上完成操作。 （4）可选考场提供的测试仪或自带测试仪。 （5）试验或检修结果填入修试记录					

序号	项目名称	质量要求	满分	扣分标准	扣分原因	得分
1	工具使用及安全措施					
1.1	各种工器具正确使用	熟练正确使用各种工器具	5	未正确使用，一次扣1分，扣完为止		
1.2	相关安全措施的准备	（1）试验仪器正确接地。 （2）试验电源应具备单独的工作接地和保护接地。 （3）人员及试验仪器与电力设备的高压部分保持足够的安全距离，且操作人员应使用绝缘垫。 （4）试验现场应安装遮栏或围栏，遮栏或围栏与试验设备高压部分应有足够的安全距离，向外悬挂"止步，高压危险！"的标示牌，并派人看守	10	试验仪器未正确接地扣2分； 试验电源未正常接地扣2分； 人员未使用绝缘垫扣3分； 未按照要求设置遮栏扣3分（可口述）		
2	高压臂电容测试					
2.1	直流分压器高压臂电容测试	（1）检查试验仪器接地良好，断开直流分压器H、L二次端子。 （2）检查操作试验人员站在绝缘垫上。 （3）按照试验接线图接好试验线，加压线悬空。加压线接直流分压器高压端，CX线接H端子。 （4）用万用表测量试验电源确是220V，打开试验仪器开关，选择正接线试验方式，选择试验电压10kV。 （5）等待试验结束后，立刻关闭高压输出电源，记录高压臂电容量。 （6）关闭试验仪器总开关，恢复H、L二次端子	40	开始试验前未检查仪器接地扣5分； 断开二次端子错误扣5分； 测试过程中未站在绝缘垫上扣5分； 试验接线错误扣10分； 未检查试验电源是否正常扣5分； 选择试验电压错误扣5分； 恢复端子错误扣5分		
2.2	直流分压器高压臂电阻测试	（1）检查试验仪器接地良好，断开直流分压器H、L二次端子。 （2）检查操作试验人员站在绝缘垫上。 （3）将电动绝缘电阻表接入H、L端子测量高压臂电阻。 （4）测量结束，恢复H、L二次端子	20	开始试验前未检查仪器接地扣5分； 断开二次端子错误扣5分； 试验表计接入端子位置错误扣5分； 恢复端子错误扣5分		
3	现场恢复	恢复现场	10	未进行现场恢复扣10分		
4	填写试验报告					
4.1	试验记录	按格式正确填写试验结果	15	每少填写一项扣5分，扣完为止		
	合计		100			

Jc1005153067　直流分压器高、低压臂参数测试。（100分）

考核知识点： 直流分压器检测
难易度： 难

技能等级评价专业技能考核操作工作任务书

一、任务名称

直流分压器高、低压臂参数测试。

二、适用工种

换流站直流设备检修工（一次）高级技师。

三、具体任务

（1）工作状态为直流系统检修状态。工作内容为开展直流分压器高、低压臂参数测试。

（2）工作任务：

1）开展直流分压器高压臂电容测试。

2）开展直流分压器高压臂电阻测试。

3）开展直流分压器低压臂电容测试。

4）开展直流分压器低压臂电阻测试。

四、工作规范及要求

（1）工器具使用及安全措施。

（2）按要求进行直流分压器高压臂电容、电阻测试。

（3）按要求进行直流分压器低压臂电容、电阻测试

五、考核及时间要求

（1）本考核操作时间为60分钟，时间到停止考评。

（2）按照技能操作记录单的操作要求进行操作，正确记录操作结果。

技能等级评价专业技能考核操作评分标准

工种	换流站直流设备检修工（一次）				评价等级	高级技师
项目模块	一次及辅助设备日常维护、检修—直流分压器的日常维护、检修			编号		Jc1005153067
单位			准考证号		姓名	
考试时限	60分钟	题型		单项操作	题分	100分
成绩		考评员		考评组长	日期	
试题正文	直流分压器高、低压臂参数测试					
需要说明的问题和要求	（1）要求调试人员单人操作，故障查找及分析在调试过程中完成。 （2）操作应注意安全，按照标准化作业书的技术安全说明做好安全措施。 （3）在直流分压器一次设备上完成操作。 （4）可选考场提供的测试仪或自带测试仪。 （5）试验或检修结果填入修试记录					

序号	项目名称	质量要求	满分	扣分标准	扣分原因	得分
1	工具使用及安全措施					
1.1	各种工器具正确使用	熟练正确使用万用表、电动绝缘电阻表等仪器	5	未正确使用，一次扣1分，扣完为止		

续表

序号	项目名称	质量要求	满分	扣分标准	扣分原因	得分
1.2	相关安全措施的准备	（1）试验仪器正确接地。 （2）试验电源应具备单独的工作接地和保护接地。 （3）人员及试验仪器与电力设备的高压部分保持足够的安全距离，且操作人员应使用绝缘垫。 （4）试验现场应装设遮栏或围栏，遮栏或围栏与试验设备高压部分应有足够的安全距离，向外悬挂"止步，高压危险！"的标示牌，并派人看守	10	试验仪器未正确接地扣2分； 试验电源未正常接地扣2分； 人员未使用绝缘垫扣3分； 未按照要求设置遮栏扣3分（可口述）		
2	参数测试					
2.1	直流分压器高压臂电容测试	（1）检查试验仪器接地良好，断开直流分压器 H、L 二次端子。 （2）检查操作试验人员站在绝缘垫上。 （3）按照试验接线图接好试验线，加压线悬空。加压线接直流分压器高压端，CX 线接 H 端子。 （4）用万用表测量试验电源确是 220V，打开试验仪器开关，选择正接线试验方式，选择试验电压 10kV。 （5）等待试验结束后，立刻关闭高压输出电源，记录高压臂电容量。 （6）关闭试验仪器总开关，恢复 H、L 二次端子	30	开始试验前未检查仪器接地扣5分； 断开二次端子错误扣5分； 试验接线错误扣10分； 选择试验电压错误扣5分； 恢复端子错误扣5分		
2.2	直流分压器高压臂电阻测试	（1）检查试验仪器接地良好，断开直流分压器 H、L 二次端子。 （2）检查操作试验人员站在绝缘垫上。 （3）将电动绝缘电阻表接入 H、L 端子测量高压臂电阻。 （4）测量结束，恢复 H、L 二次端子	10	开始试验前未检查仪器接地扣2.5分； 断开二次端子错误扣2.5分； 试验表计接入端子位置错误扣2.5分； 恢复端子错误扣2.5分		
2.3	直流分压器低压臂电阻测试	（1）检查试验仪器接地良好，断开直流分压器 H、L 二次端子。 （2）检查操作试验人员站在绝缘垫上。 （3）将万用表接入 H、L 端子测量低压臂电阻。 （4）测量结束，恢复 H、L 二次端子	10	开始试验前未检查仪器接地扣2.5分； 断开二次端子错误扣2.5分； 试验表计接入端子位置错误扣2.5分； 恢复端子错误扣2.5分		
2.4	直流分压器低压臂电容测试	（1）检查试验仪器接地良好，断开直流分压器 H、L 二次端子。 （2）检查操作试验人员站在绝缘垫上。 （3）将电容表接入 H、L 端子测量低压臂电容。 （4）测量结束，恢复 H、L 二次端子	10	开始试验前未检查仪器接地扣2.5分； 断开二次端子错误扣2.5分； 试验表计接入端子位置错误扣2.5分； 恢复端子错误扣2.5分		
3	现场恢复	恢复现场	10	未进行现场恢复扣10分		
4	填写试验报告					
4.1	试验记录	按格式正确填写试验结果	15	每少填写一项扣5分，扣完为止		
	合计		100			

Jc1005142068　直流参考电压及直流泄漏电流测量。（100分）

考核知识点：直流避雷器检测

难易度：中

技能等级评价专业技能考核操作工作任务书

一、任务名称

直流参考电压及直流泄漏电流测量。

二、适用工种

换流站直流设备检修工（一次）高级技师。

三、具体任务

（1）工作状态为直流系统检修状态。工作内容为开展直流参考电压及直流泄漏电流测量。

（2）工作任务：开展直流参考电压及直流泄漏电流测量。

四、工作规范及要求

（1）工器具使用及安全措施。

（2）按要求进行直流参考电压及直流泄漏电流测量。

五、考核及时间要求

（1）本考核操作时间为 60 分钟，时间到停止考评。

（2）按照技能操作记录单的操作要求进行操作，正确记录操作结果。

技能等级评价专业技能考核操作评分标准

工种	换流站直流设备检修工（一次）		评价等级	高级技师
项目模块	一次及辅助设备日常维护、检修—直流分压器的日常维护、检修	编号		Jc1005142068
单位		准考证号	姓名	
考试时限	60 分钟	题型	单项操作	题分	100 分
成绩		考评员	考评组长	日期	
试题正文	直流参考电压及直流泄漏电流测量				
需要说明的问题和要求	（1）要求调试人员单人操作，故障查找及分析在调试过程中完成。 （2）操作应注意安全，按照标准化作业书的技术安全说明做好安全措施。 （3）在直流避雷器一次设备上完成操作。 （4）可选考场提供的测试仪或自带测试仪。 （5）试验或检修结果填入修试记录				

序号	项目名称	质量要求	满分	扣分标准	扣分原因	得分
1	工具使用及安全措施					
1.1	各种工器具正确使用	熟练正确使用各种工器具	5	未正确使用，一次扣 1 分，扣完为止		
1.2	相关安全措施的准备	（1）试验仪器正确接地。 （2）试验电源应具备单独的工作接地和保护接地。 （3）人员及试验仪器与电力设备的高压部分保持足够的安全距离，且操作人员应使用绝缘垫。 （4）试验现场应装设遮栏或围栏，遮栏或围栏与试验设备高压部分应有足够的安全距离，向外悬挂"止步，高压危险！"的标示牌，并派人看守。	10	试验仪器未正确接地扣 2 分； 试验电源未正常接地扣 2 分； 人员未使用绝缘垫扣 3 分； 未按照要求设置遮栏扣 3 分（可口述）		
2	直流参考电压及直流泄漏电流测量	（1）检查试验仪器接地良好。 （2）按照试验接线图接好试验线，加压线悬空。 （3）用万用表测量试验电源确是 220V，打开试验仪器电源开关。 （4）升压到通过避雷器的电流为 1mA 时立刻读取此时的电压值。 （5）读取电压值后，将 U_{1mA} 下电压值降到 75% 时，读取此时的电流值。 （6）快速降压至开关零位置，断开高压接通按钮，等到仪器表显示电压为 0 后方可关闭总电源开关。 （7）对仪器和被试设备进行充分放电，并拆除试验接线	60	未检查仪器接地扣 10 分； 未按照接线图接线，每错一处扣 4 分，最高扣 20 分； 1mA 试验步骤不正确扣 10 分； 仪器断电方式不正确扣 10 分； 未对仪器放电扣 5 分； 未拆除试验线或拆除不完整扣 5 分		

续表

序号	项目名称	质量要求	满分	扣分标准	扣分原因	得分
3	现场恢复	恢复现场	10	未进行现场恢复扣10分		
4	填写试验报告					
4.1	试验记录	按格式正确填写试验结果	15	每少填写一项扣5分，扣完为止		
	合计		100			

Jc1005142069　光电流互感器远端模块更换及注流试验。（100分）

考核知识点：光电流互感器检修

难易度：中

技能等级评价专业技能考核操作工作任务书

一、任务名称

光电流互感器远端模块更换及注流试验。

二、适用工种

换流站直流设备检修工（一次）高级技师。

三、具体任务

（1）工作状态为直流系统检修状态。工作内容为开展光电流互感器远端模块更换及注流试验。

（2）工作任务：开展光电流互感器远端模块更换及注流试验。

四、工作规范及要求

（1）工器具使用及安全措施。

（2）按要求进行光电流互感器远端模块更换及注流试验。

五、考核及时间要求

（1）本考核操作时间为60分钟，时间到停止考评。

（2）按照技能操作记录单的操作要求进行操作，正确记录操作结果。

技能等级评价专业技能考核操作评分标准

工种	换流站直流设备检修工（一次）				评价等级	高级技师
项目模块	一次及辅助设备日常维护、检修—直流电流互感器的日常维护、检修			编号		Jc1005142069
单位			准考证号		姓名	
考试时限	60分钟	题型		单项操作	题分	100分
成绩		考评员		考评组长	日期	
试题正文	光电流互感器远端模块更换及注流试验					
需要说明的问题和要求	（1）要求调试人员单人操作，故障查找及分析在调试过程中完成。 （2）操作应注意安全，按照标准化作业书的技术安全说明做好安全措施。 （3）在光电流互感器一次设备上完成操作。 （4）可选考场提供的测试仪或自带测试仪。 （5）试验或检修结果填入修试记录					

序号	项目名称	质量要求	满分	扣分标准	扣分原因	得分
1	工具使用及安全措施					
1.1	各种工器具正确使用	熟练正确使用光纤测试仪等仪器	5	未正确使用，一次扣1分，扣完为止		

续表

序号	项目名称	质量要求	满分	扣分标准	扣分原因	得分
1.2	相关安全措施的准备	（1）高空作业时工器具及物品应采取防跌落措施，禁止上下抛掷物品。 （2）在进行光纤头清洁或检查时应确保直流控制保护主机电源断开，防止激光灼伤人眼。 （3）拆除光纤时应做好光纤保护措施，防止光纤弯曲半径过小导致折断。 （4）检修期间作业车应做好接地措施	10	未采取防跌落措施扣2分； 保护主机电源未断开扣2分； 光纤未采取保护措施扣3分； 作业车未接地扣3分（可口述）		
2	远端模块更换及注流试验					
2.1	远端模块更换	（1）拆开光TA盒子。 （2）从模块上取下光纤插件，并用防护帽保护光纤头。 （3）更换模块。 （4）用光纤清洁套装，对光纤头进行清洁处理，并回装至模块上。 （5）回装光TA盒子。 （6）在光TA主机里重新设置参数。 （7）重启主机，打开光通道监视窗口，对光纤进行光电流、光功率、奇偶校验值等参数检查	25	光纤未使用防护帽扣5分； 光纤未清洁扣5分； 参数未重新设置扣10分； 通道参数未检查口5分		
2.2	注流试验	（1）将被试电流互感器一次、二次对地放电，使电流互感器一次绕组端子均与其他设备或接地装置断开。 （2）按要求进行接线，检查接线无误，将直流电流源带电，设置电流值，应选取不少于3个测量值。 （3）记录数字电压表数值和后台测量装置电流数值。 （4）试验设备降流为零并断开试验电源	40	被试设备未放电扣5分； 未按照接线图接线，每错一处扣4分，最多扣20分； 未选取多个测量值扣5分； 设备电流未降为零扣5分； 试验电源未断开扣5分		
3	现场恢复	恢复现场	10	未进行现场恢复扣10分		
4	填写试验报告					
4.1	试验记录	按格式正确填写试验结果	10	每少填写一项扣5分，扣完为止		
	合计		100			

Jc1005142070　直流避雷器泄漏电流检测。（100分）

考核知识点：直流避雷器检测

难易度：中

技能等级评价专业技能考核操作工作任务书

一、任务名称

直流避雷器泄漏电流检测。

二、适用工种

换流站直流设备检修工（一次）高级技师。

三、具体任务

（1）工作状态为直流系统检修状态。工作内容为开展直流避雷器泄漏电流检测。

（2）工作任务：开展直流避雷器泄漏电流检测。

四、工作规范及要求

（1）工器具使用及安全措施。

（2）按要求进行直流避雷器泄漏电流检测。

五、考核及时间要求

（1）本考核操作时间为 60 分钟，时间到停止考评。

（2）按照技能操作记录单的操作要求进行操作，正确记录操作结果。

技能等级评价专业技能考核操作评分标准

工种	换流站直流设备检修工（一次）				评价等级	高级技师
项目模块	一次及辅助设备日常维护、检修—直流避雷器的日常维护、检修			编号		Jc1005142070
单位			准考证号		姓名	
考试时限	60 分钟	题型		单项操作	题分	100 分
成绩		考评员		考评组长	日期	
试题正文	直流避雷器泄漏电流检测					
需要说明的问题和要求	（1）要求调试人员单人操作，故障查找及分析在调试过程中完成。 （2）操作应注意安全，按照标准化作业书的技术安全说明做好安全措施。 （3）在直流避雷器一次设备上完成操作。 （4）可选考场提供的测试仪或自带测试仪。 （5）试验或检修结果填入修试记录					

序号	项目名称	质量要求	满分	扣分标准	扣分原因	得分
1	工具使用及安全措施					
1.1	各种工器具正确使用	熟练正确使用各种工器具	5	未正确使用，一次扣 1 分，扣完为止		
1.2	相关安全措施的准备	（1）试验仪器正确接地。 （2）试验电源应具备单独的工作接地和保护接地。 （3）人员及试验仪器与电力设备的高压部分保持足够的安全距离，且操作人员应使用绝缘垫。 （4）试验现场应装设遮栏或围栏，遮栏或围栏与试验设备高压部分应有足够的安全距离，向外悬挂"止步，高压危险！"的标示牌，并派人看守	10	试验仪器未正确接地扣 2 分； 试验电源未正常接地扣 2 分； 人员未使用绝缘垫扣 3 分； 未按照要求设置遮栏扣 3 分（可口述）		
2	直流避雷器泄漏电流检测	（1）将检测仪器可靠接地。 （2）测取全电流，将信号线与仪器连接，取信号端先接接地端，再接金属氧化物避雷器引下线，并观察泄漏电流表指针是否归零。 （3）按照检测接线图正确连接测试引线和测试仪器。 （4）设置试验参数、电压选取方式、电压互感器变比等参数。 （5）测试并记录数据。记录全电流、阻性电流基波峰值、运行电压数据。 （6）测试完毕，关闭电源，拆除接线时，先拆信号测，再拆接地端，最后拆除仪器接地线	60	未检查仪器可靠接地扣 10 分； 测取全电流接线顺序错误扣 10 分； 未按照试验接线，每错一处扣 4 分，最多扣 20 分； 设置参数错误的扣 10 分； 关闭电源拆除接线错误扣 10 分		
3	现场恢复	恢复现场	10	未进行现场恢复扣 10 分		
4	填写试验报告					
4.1	试验记录	按格式正确填写试验结果	15	每少填写一项扣 5 分，扣完为止		
	合计		100			

Jc1005143071　直流避雷器整体更换。（100分）

考核知识点： 直流避雷器检修

难易度： 难

技能等级评价专业技能考核操作工作任务书

一、任务名称

直流避雷器整体更换。

二、适用工种

换流站直流设备检修工（一次）高级技师。

三、具体任务

（1）工作状态为直流系统检修状态。工作内容为直流避雷器整体更换。

（2）工作任务：直流避雷器整体更换。

四、工作规范及要求

（1）工器具使用及安全措施。

（2）按要求对直流避雷器整体更换。

五、考核及时间要求

（1）本考核操作时间为60分钟，时间到停止考评。

（2）按照技能操作记录单的操作要求进行操作，正确记录操作结果。

技能等级评价专业技能考核操作评分标准

工种	换流站直流设备检修工（一次）		评价等级	高级技师
项目模块	一次及辅助设备日常维护、检修—直流避雷器的日常维护、检修	编号		Jc1005143071
单位		准考证号	姓名	
考试时限	60分钟	题型	单项操作	题分	100分
成绩		考评员	考评组长	日期	
试题正文	直流避雷器整体更换			
需要说明的问题和要求	（1）要求调试人员单人操作，故障查找及分析在调试过程中完成。 （2）操作应注意安全，按照标准化作业书的技术安全说明做好安全措施。 （3）在直流避雷器一次设备上完成操作。 （4）可选考场提供的测试仪或自带测试仪。 （5）试验或检修结果填入修试记录			

序号	项目名称	质量要求	满分	扣分标准	扣分原因	得分
1	工具使用及安全措施					
1.1	各种工器具正确使用	熟练正确使用各种工器具	5	未正确使用，一次扣2分，扣完为止		
1.2	相关安全措施的准备	（1）高空作业禁止将安全带系在避雷器及均压环上。 （2）工作过程中严禁攀爬避雷器、踩踏均压环。 （3）雷雨天气禁止进行避雷器检修。 （4）拆除前应先将被拆除部分可靠固定，避免引流线滑出、均压环坠落、绝缘件倒塌	10	高空未系安全带扣2.5分； 工作过程中踩踏避雷器扣2.5分； 恶劣天气检修避雷器扣2.5分； 拆除部分未可靠固定扣2.5分（可口述）		

续表

序号	项目名称	质量要求	满分	扣分标准	扣分原因	得分
2	避雷器整体更换	（1）设备型号及技术参数应满足设计要求，并对照货物清单检查元件是否齐全。 （2）避雷器法兰排水孔通畅、安装位置正确，无堵塞，法兰黏合牢靠，有防水措施。 （3）多节避雷器安装应按照使用说明书要求顺序装配，各节之间严禁互换。 （4）避雷器金属接触面在装配前应清理表面氧化膜及异物，并涂适量电力复合脂。 （5）避雷器金属接触面在装配前应清理表面氧化膜及异物，并涂适量电力复合脂。 （6）避雷器装配的垂直度应不大于其总高度的1.5%，铭牌易于巡视观察。 （7）禁止在装配中改变接线板、设备线夹原始角度。不应使各引线的连接端子受到超过允许负荷的外加应力	60	按照步骤开展，每少一步扣9分，扣完为止		
3	现场恢复	恢复现场	10	未进行现场恢复扣10分		
4	填写试验报告					
4.1	试验记录	按格式正确填写试验结果	15	每少填写一项扣5分，扣完为止		
	合计		100			

Jc1005142072　零磁通电流互感器载流金具接头例行检查。（100分）

考核知识点： 零磁通电流互感器检修
难易度： 中

技能等级评价专业技能考核操作工作任务书

一、任务名称
零磁通电流互感器载流金具接头例行检查。

二、适用工种
换流站直流设备检修工（一次）高级技师。

三、具体任务
（1）工作状态为直流系统检修状态。工作内容为开展零磁通电流互感器载流金具接头例行检查。
（2）工作任务：开展零磁通电流互感器载流金具接头例行检查。

四、工作规范及要求
（1）工器具使用及安全措施。
（2）按要求进行零磁通电流互感器载流金具接头例行检查。

五、考核及时间要求
（1）本考核操作时间为60分钟，时间到停止考评。
（2）按照技能操作记录单的操作要求进行操作，正确记录操作结果。

技能等级评价专业技能考核操作评分标准

工种	换流站直流设备检修工（一次）			评价等级	高级技师
项目模块	一次及辅助设备日常维护、检修—直流电流互感器的日常维护、检修		编号		Jc1005142072
单位		准考证号		姓名	
考试时限	60分钟	题型	单项操作	题分	100分
成绩		考评员	考评组长	日期	

續表

試題正文	零磁通電流互感器載流金具接頭例行檢查					
需要說明的問題和要求	（1）要求調試人員單人操作，故障查找及分析在調試過程中完成。 （2）操作應注意安全，按照標準化作業書的技術安全說明做好安全措施。 （3）在零磁通電流互感器一次設備上完成操作。 （4）可選考場提供的測試儀或自帶測試儀。 （5）試驗或檢修結果填入修試記錄					

序號	項目名稱	質量要求	滿分	扣分標準	扣分原因	得分
1	安全措施					
1.1	相關安全措施的準備	（1）確認設備轉至檢修狀態，檢修區域應設置安全圍欄與運行設備隔離，並懸掛"止步、高壓危險"標示牌，防止人員觸電或誤入帶電間隔。 （2）對作業車停放地面進行牢固處理，作業車支撐腳與電纜溝等蓋板至少保持 1m 的距離，檢修期間作業車應做好接地措施。 （3）作業車應有專人指揮和監護，防止操作不當碰壞設備。 （4）防靜電吸塵器應可靠接地	10	未檢查相應設備狀態扣 3 分； 未進行有效隔離扣 3 分； 沒有專人監護扣 2 分； 未可靠接地扣 2 分（可口述）		
2	載流金具接頭檢查					
2.1	載流金具接頭例行檢查	（1）線夾無裂紋、發熱現象；若出現嚴重銹蝕、裂紋、斷裂現象時，應及時更換。 （2）連接螺栓無銹蝕、裂紋、斷裂現象，用規定力矩檢查螺栓緊固情況，對不滿足要求的接頭重新緊固並用記號筆畫線標記。 （3）引線接觸良好，接頭無過熱，引線各連接部位無鬆動、發熱、變色現象。 （4）接頭復裝時，應先對角預緊、再用規定力矩擰緊，保證接線板受力均衡，並用記號筆做標記。 （5）引線無散股、扭曲、斷股現象，若引線出現散股、扭曲、斷股現象時，需對引線進行更換，線夾無裂紋、發熱現象。 （6）若接頭直流電阻超過 15μΩ 時，應按照"十步法"要求處理	30	口述檢查步驟，一處扣 5 分，扣完為止		
2.2	檢修故障排查	（1）線夾有裂紋。 （2）連接螺栓斷裂。 （3）接頭直流電阻 20μΩ	40	未發現故障一處扣 7 分，故障未處理一處扣 7 分，扣完為止		
3	現場恢復	恢復現場	10	未進行現場恢復扣 10 分		
4	填寫試驗報告					
4.1	試驗記錄	按格式正確填寫試驗結果	10	每少填寫一項扣 5 分，扣完為止		
	合計		100			

Jc1005153073 直流避雷器連接部位及外絕緣檢修。（100 分）

考核知識點：直流避雷器檢修

難易度：難

技能等級評價專業技能考核操作工作任務書

一、任務名稱

直流避雷器連接部位及外絕緣檢修。

二、適用工種

換流站直流設備檢修工（一次）高級技師。

三、具体任务

进行直流避雷器连接部位及外绝缘检修。

（1）工作状态为直流系统检修状态。工作内容为直流避雷器连接部位及外绝缘检修。

（2）工作任务：

1）直流避雷器连接部位检修。

2）直流避雷器外绝缘检修。

四、工作规范及要求

（1）工器具使用及安全措施。

（2）按要求对直流避雷器连接部位进行检修。

（3）按要求对直流避雷器外绝缘进行检修。

五、考核及时间要求

（1）本考核操作时间为 60 分钟，时间到停止考评。

（2）按照技能操作记录单的操作要求进行操作，正确记录操作结果。

技能等级评价专业技能考核操作评分标准

工种	换流站直流设备检修工（一次）			评价等级	高级技师
项目模块	一次及辅助设备日常维护、检修—直流避雷器的日常维护、检修		编号		Jc1005153073
单位		准考证号		姓名	
考试时限	60 分钟	题型	单项操作	题分	100 分
成绩		考评员	考评组长	日期	
试题正文	直流避雷器连接部位及外绝缘检修				
需要说明的问题和要求	（1）要求调试人员单人操作，故障查找及分析在调试过程中完成。 （2）操作应注意安全，按照标准化作业书的技术安全说明做好安全措施。 （3）在直流分压器一次设备上完成操作。 （4）可选考场提供的测试仪或自带测试仪。 （5）试验或检修结果填入修试记录				

序号	项目名称	质量要求	满分	扣分标准	扣分原因	得分
1	工具使用及安全措施					
1.1	各种工器具正确使用	熟练正确使用各种工器具	10	未正确使用，一次扣 2 分，扣完为止		
1.2	相关安全措施的准备	（1）高空作业禁止将安全带系在避雷器及均压环上。 （2）工作过程中严禁攀爬避雷器、踩踏均压环。 （3）雷雨天气禁止进行避雷器检修。 （4）拆除前应先将被拆除部分可靠固定，避免引流线滑出、均压环坠落、绝缘件倒塌	10	高空作业未系安全带扣 2.5 分； 工作过程中踩踏避雷器扣 2.5 分； 恶劣天气检修避雷器扣 2.5 分； 拆除部分未可靠固定扣 2.5 分（可口述）		
2	连接部位检修及故障排查					
2.1	连接部位检修	（1）连接螺栓无松动、缺失，定位标记无变化。 （2）避雷器各节连接螺栓应与螺孔尺寸相配套，否则应进行更换。 （3）螺栓外露丝扣及装配方向应符合规范要求。 （4）严重锈蚀或丝扣损伤的螺栓、螺帽应进行更换。 （5）避雷器各连接面无可见缝隙，并涂覆防水胶。 （6）避雷器垂直度应不大于其总高度的1.5%。 （7）更换或重新紧固后的螺栓应标识。 （8）螺栓材质及紧固力矩应符合技术标准	20	口述检查步骤，每少一处扣 2.5 分，扣完为止		

续表

序号	项目名称	质量要求	满分	扣分标准	扣分原因	得分
2.2	检修故障排查	（1）一处连接螺栓定位标记丢失。 （2）螺栓力矩不符合规范	10	未找出一处故障扣 2.5 分，故障未处理扣 2.5 分		
3	外绝缘检修及故障排查					
3.1	外绝缘部分检修	（1）瓷套管无破损，单个缺釉不大于 25mm²，釉面杂质总面积不超过 150mm²，瓷套表面无裂纹、脏污及放电痕迹。 （2）瓷外套与法兰处黏合应牢固、无破损，黏合处露砂高度不小于 10mm，并均匀涂覆防水密封胶。 （3）瓷外套伞裙边沿部位出现裂纹应采取措施，并定期进行监督，伞棱及瓷柱部位出现裂纹应更换。 （4）运行 10 年以上的瓷套，应对法兰黏合处防水层重点进行检查。 （5）瓷质绝缘子表面防污闪涂层有翘皮、起层、龟裂时，子将异常部位清除干净，然后复涂。严格按照防污闪涂料说明书进行涂覆工作，涂覆表面无瓷外套釉色、涂层厚度均匀、颜色一致，表面无挂珠、无流淌痕迹。 （6）复合外套单个缺陷面积不超过 25mm²，深度不大于 1mm，总缺陷面积不应超过复合外套面积的 0.2%。 （7）复合外套表面凸起高度不超过 0.8mm，黏结合缝处凸起高度不超过 1.2mm。 （8）复合外套表面不应出现严重变形、开裂、变色	20	口述检查步骤，每少一处扣 2.5 分，扣完为止		
3.2	检修故障排查	（1）复合外套表面有开裂一处。 （2）复合外套表面凸起一处	10	未找出一处故障扣 2.5 分，故障未处理扣 2.5 分		
4	现场恢复	恢复现场	10	未进行现场恢复扣 10 分		
5	填写试验报告					
5.1	试验记录	按格式正确填写试验结果	10	每少填写一项扣 5 分，扣完为止		
	合计		100			